PRÉFACE

Il n'existe pas en France de région qui soit mieux connue, au point de vue botanique, que la région parisienne; sous l'impulsion d'un groupe de botanistes en tête desquels il convient de citer les noms de MM. Cosson, Germain de Saint-Pierre, Weddel et de Schœnefeld, cette contrée a été l'objet d'explorations continues et méthodiques qui ont amené la connaissance de sa végétation spontanée à un degré de précision qui, nulle part ailleurs, n'a été égalé. Bien que de nombreux et importants travaux aient suivi ces recherches et en aient fixé les résultats, il m'a semblé qu'il y avait encore place pour une *Flore parisienne* plus spécialement destinée aux herborisations et qui, tout en restant suffisamment élémentaire, serait mise autant que possible au courant de la science.

Pour réaliser ces deux conditions, je me suis appliqué à rédiger avec beaucoup de soin la description des familles, des genres et des espèces, en condensant les caractères, sans cependant en omettre aucun ; j'ai, en outre, ajouté des clefs dichotomiques qui permettent à l'élève le moins exercé d'arriver rapidement au nom des plantes qu'il ne connaît pas , c'est-à-dire que j'ai combiné la méthode analytique avec la méthode descriptive, tout en laissant à chacune une complète indépendance.

Conformément aux lois de la nomenclature botanique, j'ai toujours adopté pour chaque espèce le nom le plus ancien, sauf dans des cas extrêmement rares et prévus, du reste, par lesdites lois ; j'ai ajouté les synonymes les plus usuels, mais il m'a paru inutile de faire suivre ces noms de l'indication des ouvrages où ils ont été mentionnés pour la première fois ; l'élève a rarement besoin de ces renseignements bibliographiques pendant les herborisations ; inutile d'avertir le lecteur que, pour chaque espèce, j'ai indiqué sa durée, l'époque de floraison et de fructification, son abondance ou sa rareté, ses stations, ses localités, la nature chimique du sol, etc., etc., tous ces renseignements forment le complément nécessaire de toute bonne description.

Depuis vingt-cinq à trente ans, la botanique descriptive s'est augmentée, je ne dirai pas enrichie, d'un assez grand nombre d'espèces créées aux dépens des anciens types ; je me suis appliqué à rechercher ces formes généralement négligées des auteurs parisiens, et je les ai indiquées toutes les fois qu'il m'a été possible de les reconnaître à des caractères suffisants ; il m'a paru nécessaire de distinguer ces espèces de création récente par une typographie spéciale ; car, si je pense qu'il est bon de mentionner les différentes formes végétales qui composent la flore d'une contrée, j'avoue que je ne puis accorder à toutes une valeur égale.

Les genres *Rubus*, *Rosa*, *Hieracium* et *Mentha* ont fourni un tel contingent de formes nouvelles que j'ai cru prudent de me limiter presque exclusivement aux types linnéens ; admettre, en effet, tout ou partie de ces espèces d'une stabilité douteuse et d'une valeur problématique eût augmenté mon livre sans aucune utilité, et l'élève se serait perdu dans ce dédale où le spécialiste lui-même a de la peine à se retrouver.

Sous le titre : *Espèces exclues*, j'ai mentionné à la fin de chaque famille un certain nombre de plantes cultivées ou étrangères à la région parisienne, les espèces subspontanées, sporadiques, ou celles qui, ayant fait autrefois partie de notre flore, ont aujourd'hui disparu par suite de l'extention des cultures ou par l'action de l'homme ; parmi ces dernières, il en est peut-être quelques-unes que l'on retrouvera un jour ou l'autre sur quelque point de la région parisienne ; mais cette probabilité ne m'a pas paru suffisante pour maintenir ces plantes parmi nos espèces indigènes, et j'ai préféré laisser au botaniste qui se servira de mon livre le plaisir de découvrir quelque espèce nouvelle, plutôt que de lui faire chercher des plantes qui n'existent plus.

Toute artificielle qu'elle soit, j'ai cependant adopté comme bornes de la région parisienne la délimitation proposée par MM. Cosson et Germain, et généralement admise aujourd'hui (1) ; j'ai mentionné de préférence les localités qui sont le plus à la portée des botanistes parisiens, et je me suis assuré par moi-même ou par l'examen d'échantillons authentiques que la plante citée existait bien dans la localité indiquée ; dans quelques cas très rares, le nom de la localité est suivi d'un ?, ce qui signifie que la plante a été indiquée en cet

____

(1) 95 kilomètres de rayon, en prenant Paris comme centre.

endroit, mais qu'elle a échappé à mes recherches et que je n'ai vu aucun échantillon de cette provenance.

En ce qui concerne d'une manière générale la rédaction de cet ouvrage, j'ai évité de me servir de termes nouveaux ou peu employés ; dans la description des familles et des genres, j'ai adopté, relativement à la morphologie de certains organes, l'interprétation qui m'a paru la plus rationnelle et la plus simple, sans jamais y attacher plus d'importance qu'il ne convenait et sans vouloir en faire une question d'école ou de principes.

J'ai disposé les familles végétales suivant l'ordre de A.-P. de Candolle, avec quelques légères modifications introduites dans le but de respecter des affinités bien évidentes et généralement reconnues.

Le format de cette Flore ne comportait pas d'observations critiques ; je prierai donc le lecteur de vouloir bien, avant de porter un jugement sur certaines parties de mon travail, consulter les divers articles que j'ai publiés dans *Le Naturaliste*, sous le titre : *Notes sur quelques plantes rares ou critiques des environs de Paris*.

Bien que j'aie apporté tous mes soins à la rédaction de cette petite flore, je n'ai pas la prétention de la croire exempte de défauts ; aussi profiterais-je volontiers des observations et des remarques que les botanistes parisiens voudront bien me communiquer.

J'adresserai maintenant quelques conseils au débutant sur la manière de se servir de ce livre.

Je suppose que l'élève possède les notions les plus élémentaires de la botanique, qu'il connaît les principaux organes dont se compose un végétal et le nom attribué à chacun de ceux-ci ; toutefois, pour aider son inexpérience et pour suppléer à l'infidélité de sa mémoire, j'ai placé à la fin du volume un petit vocabulaire où la plupart des termes spéciaux à la botanique descriptive sont brièvement expliqués.

Il importe, pour arriver avec plus de certitude à une détermination exacte, de ne récolter que des échantillons complets, c'est-à-dire munis de leurs racines, feuilles, fleurs et fruits.

Dans quelques végétaux, certains organes qui ont au point de vue de la détermination spécifique une importance capitale, s'observent difficilement en raison de leur extrême petitesse; une loupe est alors nécessaire pour percevoir ces détails d'organisation qui échappent à l'œil nu.

Ayant donc devant lui la plante qu'il s'agit de déterminer, l'élève consultera la clef dichotomique des familles (p. 483), et si, trop novice encore, il ne sait pas distinguer, à première vue, une phanérogame d'une cryptogame et une dicotylédone d'une monocotylédone, il trouvera p. 483, 494 et 496 les caractères de ces grands embranchements du règne végétal; lisant ensuite les deux questions réunies sous l'accolade n° 1, il verra que ces deux phrases sont rédigées de telle sorte que l'une s'accorde exactement avec la plante à déterminer, tandis que l'autre ne lui convient nullement; laissant donc de côté cette dernière, il se reportera à l'alinéa indiqué par le numéro qui termine la première question; là encore il se trouvera en présence de deux nouvelles questions entre lesquelles il faudra opter en procédant comme la première fois, et, après avoir parcouru une série de questions, en choisissant toujours celle qui convient à la plante qu'il a sous les yeux, l'élève arrivera sans difficultés au nom de la famille dans laquelle se place l'espèce inconnue. Une lecture attentive des caractères de cette famille montrera si cette première détermination est exacte. Pour arriver ensuite au nom de genre et d'espèce, l'élève n'aura qu'à employer, de la même façon que précédemment, les clefs dichotomiques placées en tête des genres et des espèces ; je ferai remarquer cependant que, lorsqu'une famille ne contient que deux ou trois genres ou un genre deux ou trois espèces, je n'ai pas rédigé de clefs dichotomiques, car il m'a paru que le lecteur pouvait, sans perdre beaucoup de temps, comparer ces descriptions et voir celle qui convenait à sa plante.

Je ne saurais trop engager l'élève à suivre les herborisations publiques qui, pendant la belle saison, sont faites tous les dimanches, aux environs de Paris, sous la direction des professeurs de l'enseignement supérieur ; il apprendra à récolter les plantes, à les étudier, à les déterminer, etc. ; il se familiarisera surtout avec le facies des différentes familles végétales. Enfin, si l'élève veut faire de rapides progrès dans la connaissance des plantes, il est important pour lui de conserver les espèces qu'il a déterminées et surtout celles qu'il a recueillies dans les herborisations publiques ; en un mot, il est nécessaire de composer un herbier : on donne ce nom à une collection de plantes sèches préparées pour l'étude.

On ne doit conserver pour l'herbier que des échantillons bien complets et en parfait état, et il est nécessaire de les dessécher aussitôt en rentrant de l'herborisation.

Les objets les plus indispensables pour la préparation des plantes sont : 1° une ou deux rames de papier gris non collé, dit papier à herbier; 2° deux planchettes d'une dimension égale à celle du papier; 3° un poids de 20 kilos ou une pierre d'une pesanteur égale. On dispose environ la moitié du papier en petits cahiers de cinq à six feuilles (*coussins*, *matelas*); sur l'un de ces coussins on place une feuille double du papier gris, et, dans l'intérieur de cette feuille, on étale un échantillon en lui conservant, autant que possible, son port naturel et en le ployant à angle aigu, si ses dimensions excèdent le format du papier; par-dessus cette feuille on place un coussin semblable au premier et par-dessus ce coussin un nouvel échantillon disposé dans une autre feuille de papier; on continue ainsi en ayant toujours soin de faire alterner une feuille contenant un échantillon avec un coussin de papier; lorsque toute la récolte a été préparée, on place le paquet ainsi formé entre les deux planchettes et l'on comprime le tout avec le poids de 20 kilos; après douze ou quinze heures, on retire les coussins qui ont absorbé l'humidité dégagée par les plantes et on les remplace par d'autres coussins parfaitement secs; le paquet est ensuite remis en presse comme précédemment et laissé ainsi pendant environ vingt-quatre heures; on profite de ce temps pour faire sécher les premiers coussins, en les étalant dans une chambre sèche et bien aérée. Après avoir changé cinq ou six fois les coussins, en laissant écouler entre chaque renouvellement une durée d'environ vingt-quatre heures, les échantillons sont ordinairement assez secs pour être introduits dans l'herbier.

Voici la disposition la plus simple que je conseillerai de donner à l'herbier : tous les échantillons de la même espèce et d'une même récolte sont fixés sur une feuille de papier bulle (de 44 cent. de longueur sur 28 cent. de largeur) au moyen de quelques bandelettes de papier gommé ; à gauche et au bas de cette feuille on colle une étiquette portant le nom botanique de la plante suivi de l'abréviation du nom d'auteur, le lieu et la date de la récolte, la station, la nature du sol, et enfin la couleur de la fleur lorsque celle-ci s'est altérée pendant la dessiccation ; ces feuilles simples sont ensuite placées dans des feuilles doubles de papier de même qualité et d'un format un peu supérieur, en ayant soin que chaque feuille double ne contienne que des échantillons appartenant à la même espèce ; la collection est enfin rangée par genre et par familles, suivant la classification adoptée dans la Flore.

Pour préserver les plantes du contact de la poussière et des ravages des insectes, il est nécessaire d'enfermer l'herbier dans des boîtes ou dans des cartons, au fond desquels on place un petit tube contenant du camphre en poudre ou une petite éponge imbibée de créosote, d'acide phénique ou d'essence de mirbane.

Dr BONNET.

Paris, 15 avril 1883.

PETITE FLORE

PARISIENNE

I. SPERMATOPHYTES

(PHANÉROGAMES OU COTYLÉDONÉES)

A. DICOTYLÉDONÉES.

I. RENONCULACÉES Juss.

Herbes annuelles ou vivaces, plus rar. sous-arbrisseaux ou arbrisseaux sarmenteux-grimpants. Feuilles alternes ou radicales fasciculées, plus rar. opposées, simples, plus ou moins divisées, rar. entières, quelquefois composées, ord. dépourvues et plus rar. munies de stipules. Fleurs hermaphrodites, régulières ou irrégulières, à préfloraison ord. imbriquée, plus rarement valvaire, solitaires, en cymes, en grappes ou en panicules, ord. terminales. Calice à 5, plus rar. 3-15 sépales herbacés ou pétaloïdes, libres, caducs, rar. persistants. Corolle quelquefois nulle, ou à 3-15, plus souv. 5 pétales caducs, libres, rar. connés, réguliers ou irréguliers. Étamines ord. en nombre indéfini, plus rar. 5-12, libres, hypogynes ou plus rar. périgynes (*Péoniées*), disposées sur un ou plusieurs rangs en séries rayonnantes ou en spirale continue; anthères biloculaires à déhiscence extrorse ou latérale, plus rar. introrse. Styles libres, latéraux ou presque nuls, souvent persistants et accrescents; stigmates entiers ou en crête. Ovaire supère, composé de carpelles rar. solitaires, ord. en nombre indéfini, libres ou connés inférieurement, 1-loculaires, 1-pluri-ovulés. Fruit formé le plus souvent d'achaines libres entre eux, en nombre indéfini, ou de follicules plus ou moins nombreux, libres ou connés inférieurement, plus rar. le fruit est une baie oligosperme Graines insérées dans l'angle interne du carpelle, à testa coriace ou crustacé, quelquefois munies près de la chalaze d'un arille très-développé; embryon très-petit; albumen épais, charnu ou corné.

1
- Tiges sarmenteuses, grimpantes; feuilles opposées; préfloraison valvaire. . . . . *Clematis* (1).
- Tiges herbacées, non grimpantes; feuilles alternes ou radicales; préfloraison imbriquée. 2

2
- Anthères à déhiscence extrorse ou latérale; ovaire composé de plusieurs carpelles; fruit sec. 3
- Anthères à déhiscence introrse; ovaire composé d'un seul carpelle; fruit bacciforme . . . . *Actæa* (3).

3
- Fruit composé de plusieurs achaines 4
- Fruit composé de 1 ou plusieurs follicules 10

4
- Fleurs munies seulement d'un calice pétaloïde; corolle nulle. . . 5
- Fleurs munies d'un calice et d'une corolle. 6

5
- Fleurs petites en panicules dépourvues d'involucre; étamines plus longues que le périanthe; achaines munis de côtes. *Thalictrum* (2).
- Feuilles caulinaires formant un involucre; fleurs assez grandes, jamais en panicule; anthères plus courtes que le périanthe; achaines dépourvus de côtes. . . . . *Anemone* (4).

6
- Feuilles toutes radicales; sépales prolongés en éperon à la base; pétales à onglet tubuleux très-long; réceptacle cylindro-conique très-allongé à la maturité. . . . . *Myosurus* (6).
- Feuilles caulinaires plus ou moins nombreuses; sépales non éperonnés à la base; pétales à onglet plan très-court; réceptacle convexe ou cylindrique, peu allongé. 7

7
- Fibres radicales renflées-claviformes; calice à 3 sépales; achaines dépourvus de bec. . . . . *Ficaria* (8).
- Fibres radicales grêles, non renflées; calice à 5 sépales; achaines prolongés en bec 8

8
- Fleurs ord. rouges, très-rar. jaunes; pétales à onglet souv. maculé de noir et dépourvu de fossette nectarifère. . . . *Adonis* (5).
- Fleurs jaunes ou blanches; jamais rouges; pétales à onglet non maculé de noir et muni d'une fossette nectarifère 9

9
- Plantes nageantes ou submergées; pétales blancs à fossette nectarifère nue; pédoncules fructifères courbés en arc à la maturité; achaines ridés en travers, non bordés . . *Ranunculus-Batrachium* (7).
- Plantes non nageantes, ni submergées; pétales jaunes à fossette nectarifère couverte par une écaille, très-rar. nue; pédoncules fructifères non courbés en arc; achaines non ridés en travers, ord. bordés. . . . . *Ranunculus* (7).

10
- Fleurs régulières 11
- Fleurs irrégulières. 15

11 { Feuilles suborbiculaires-réniformes ; calice pétaloïde, d'un beau jaune ; corolle nulle . . . . *Caltha* (9).
Feuilles plus ou moins divisées ; fleurs jamais jaunes, munies d'un calice et d'une corolle. 12

12 { Pétales tous prolongés en cornet au-dessous de leur insertion et terminés en éperon saillant entre les sépales. . *Aquilegia* (13).
Pétales non prolongés en cornet ni en éperon 13

13 { Feuilles 2-3-pennatiséquées à segments étroitement linéaires ; fleurs solitaires d'un blanc bleuâtre ; pétales onguiculés, non contractés en cornet ou en tube . . . . *Nigella* (12).
Feuilles palmatiséquées à segments élargis ; fleurs d'un blanc pur ou verdâtres ord. en corymbe ou en grappe terminal ; pétales tubuleux ou contractés en cornet à la base 14

14 { Feuilles molles un peu glauques ; fleurs d'un blanc pur à sépales caducs ; follicules libres dans toute leur longueur. *Isopyrum* (11).
Feuilles très-vertes, plus ou moins coriaces ; fleurs verdâtres à sépales persistants ; follicules connés à la base. *Helleborus* (10).

15 { Racine grêle annuelle ; sépale postérieur prolongé en éperon ; pétale postér. éperonné, emboîté exactement dans le sépale correspondant . . . . *Delphinium* (14).
Souche épaisse, munie de racines charnues-napiformes ; sépale postér. en forme de casque ; pétales postér. très-petits en forme de bonnet phrygien, à onglet grêle très-allongé. *Aconitum* (15).

Trib. I. Clématidées. — Feuilles opposées ou alternes ; préfloraison imbriquée ou valvaire ; corolle ord. nulle ; fruit composé d'achaines en nombre indéfini, plus rar. d'une baie solitaire.

1. **CLEMATIS** Tourn. (Clématite). — Fleurs régulières ; calice pétaloïde à 4-5 sépales en préfloraison valvaire ; corolle nulle ; achaines nombreux ord. surmontés par le style accrescent et plumeux.

C. Vitalba L. (Herbe aux gueux). — Tiges très-longues, sillonnées, sarmenteuses, grimpantes ; feuilles pennées à 3-5 segments grands, ovales-cordés, aigus, longuement pétiolulés, à pétiole commun tortile ; fleurs blanches en panicules axillaires ; sépales tomenteux. ♃ juill.-sept. — C. Haies, bois et buissons.

Var. *integrata* DC.; *C. integrata* Jord.; folioles grandes, entières ou munies de quelques dents peu nombreuses ; anthères ord. mutiques. C.

Var. *crenata* Crép.; *C. crenata* Jord.; folioles plus petites munies de dents nombreuses plus courtes ; anthères ord. apiculées. A. R.

2. **THALICTRUM** Tourn. (Pigamon). Fleurs régulières ; calice pétaloïde, à 4-5 sépales très-caducs, plus courts que les étamines, en préfloraison imbriquée ; corolle nulle ; achaines nombreux, munis de côtes longitudinales, surmontés par le stigmate persistant, subsessile.

1 { Panicule corymbiforme, ord. assez dense; fleurs brièvement pédi-
    cellées, agglomérées au sommet des rameaux; anthères mu-
    tiques . . . . *T. flavum.*
    Panicule pyramidale, lâche; fleurs longuement pédicellées, ord.
    éparses, jamais agglomérées, anthères apiculées. 2

2 { Feuilles triternatiséquées, aussi larges que longues, à folioles
    obovales ou suborbiculaires; étamines pendantes. 3
    Feuilles tripennatiséquées, plus longues que larges, à folioles
    oblongues-cunéiformes; étamines dressées. . . . *T. medium.*

3 { Souche grêle, munie de nombreux stolons allongés; folioles à
    2-3-dents ord. arrondies; achaines atténués aux deux extré-
    mités. . . . . *T. sylvaticum.*
    Souche épaisse, dépourvue de stolons; folioles à 3-5 lobes;
    achaines à peine atténués. . . . . *T. calcareum.*

1. T. calcareum Jord.; *T. majus* Auct. mult. (an Jacq.?)—Souche
épaisse dépourvue de stolons et portant les débris des anciennes
tiges, celle de l'année ord. dépourvue de feuilles à la base, mais
munie de gaînes, fortement striée, très-rameuse; feuilles triternatiséquées, ovales-triangulaires aussi larges que longues, à folioles
obovales ou suborbiculaires, à pétiole commun canaliculé en dessus
et fortement sillonné en dessous; panicule pyramidale, lâche, diffuse; fleurs jaunes, longuement pétiolées, ord. éparses, à anthères
pendantes et apiculées; achaines ovoïdes, à peine atténués aux
deux extrémités. ℔ juill.-sept. — Indiqué aux bois de Boulogne et
de Vincennes où il n'existe plus; forêt de Compiègne (Graves);
la présence de cette espèce dans le rayon de la flore parisienne
est très-douteuse.

2. T. sylvaticum Kch.; *T. minus, saxatile* et *collinum* Auct.
paris.—Souche grêle, rameuse, allongée, munie de nombreux stolons; tige grêle, à peine striée, ord. nue à la base, plus ou moins
rameuse; feuilles triternatiséquées à folioles ord. moins larges que
dans l'espèce précédente et à pétiole à peine sillonné; achaines
fusiformes, atténués aux deux extrémités (Les autres caractères
sont ceux du *Th. calcareum*). ℔ juin-sept. — A. R. Bois et forêts:
Fontainebleau, Moret, Malesherbes, forêt de Hallatte, l'Isle-Adam,
etc.; la plante de Malesherbes est le *T. macilentum* Jord.

3. T. medium Jacq., *T. lucidum* Auct. mult. (non L.) — Plante
ayant le port et les principaux caractères des deux précédentes;
souche plus ou moins épaisse, munie de stolons rampants; tige
finement striée; feuilles tripennatiséquées, ovales-lancéolées, plus
longues que larges, à folioles oblongues-cunéiformes; anthères
dressées. ℔ juill.-sept. — T. R. Bois humides: Meudon? Malesherbes; ne se trouve plus aux bois de Boulogne et de Vincennes où
il avait été indiqué.

4. T. flavum L. — Souche munie de stolons longuement rampants; tige robuste, élevée, fortement cannelée, fistuleuse, dressée, rameuse au sommet; feuilles pennées, triangulaires, oblongues, à folioles souv. très-grandes, obovales-cunéiformes 3-5-fides ou sub-entières; panicule corymbiforme, assez dense; fleurs jaunes, brièvement pédicellées, agglomérées au sommet des rameaux; anthères dressées, mutiques; achaines ovoïdes-subglobuleux, arrondis aux deux extrémités. ♃ juill.-sept. — T. C. Prés et lieux humides, bords des eaux.

3. **ACTÆA** L. (Actée).— Fleurs régulières; calice pétaloïde, à 4 sépales caducs en préfloraison imbriquée; corolle à 4 pétales plus courts que les étamines, ou nulle; fruit bacciforme, solitaire, polysperme.

A. spicata L. (Herbe de Saint-Christophe). — Souche épaisse, rampante; tige grêle, dressée, simple, nue à la base; feuilles 2-3, assez grandes, triangulaires, pétiolées, 2-3-pennatiséquées, à seg-ments ovales-lancéolés, incisés-dentés, le terminal trifide; fleurs blanches, petites, en 1-2 grappes courtes et un peu serrées; baies oblongues, noires à la maturité (vénéneuses). ♃ juin-juill.— R. Bois et forêts : Ermenonville, Chantilly, Halaincourt près Magny, Compiègne, Chaumont, Guitrancourt, etc.

Trib. II. Renonculées.—Feuilles alternes ou toutes radicales; préflo-raison imbriquée; corolle régulière à pétales souv. munis à l'onglet d'une fossette nectarifère nue ou recouverte par une écaille; plus rar. corolle nulle; fruit composé d'achaines plus ou moins nom-breux.

4. **ANEMONE** Tourn. (Anémone).—Fleurs régulières; calice pé-taloïde, à 5-15 sépales caducs; corolle nulle; achaines nombreux, lisses ou plus rar. creusés de sillons longitudinaux, surmontés par le style persistant ou accrescent.

1	Feuilles coriaces, cordées, trilobées, à lobes larges, entiers; in-volucre à 3 folioles ovales, entières, placées sous la fleur et simulant un calice. . . . . **A. Hepatica.**	
	Feuilles molles, palmatiséquées ou bipennatiséquées à segments linéaires ou cunéiformes, incisés-dentés; involucre à folioles plus ou moins divisées ou lobées et écartées de la fleur. . . .	2
2	Feuilles bipennatiséquées à divisions linéaires, nombreuses; calice d'un beau violet, campanulé; style plumeux s'allongeant beau-coup après l'anthèse . . . . **A. Pulsatilla.**	
	Feuilles palmatiséquées à 3-7 segments cunéiformes ou rhomboï-daux; calice blanc, rosé ou jaune, étalé; style court non plu-meux.	3
3	Sépales velus ou soyeux extérieurement.	4
	Sépales glabres extérieurement. . . . . **A. nemorosa.**	

4 {
Feuilles radicales rapprochées de la hampe ; fleurs blanchâtres ; pédoncule fructifère dressé ; achaines laineux, très-nombreux.   *A. sylvestris.*

Feuilles radicales écartées de la hampe ; fleurs jaunes ; pédoncule fructifère courbé en arc ; achaines 15-20, velus mais non laineux. . . . . *A. ranunculoides.*
}

1. **A. Pulsatilla** L. ; *Pulsatilla vulgaris* Mill. (Pulsatille, Coquelourde, Herbe-au-Vent). — Plante plus ou moins couverte de poils blancs soyeux ; souche épaisse, rameuse ; feuilles radicales bipennatiséquées, à divisions linéaires, la caulinaire sessile formant un involucre écarté de la fleur ; celle-ci solitaire, grande, campanulée, violacée ; achaines velus surmontés par le style plumeux très-allongé. ♃ avril-mai.—C. Pelouses sèches et coteaux, principalement des terrains calcaires.

2. **A. sylvestris** L. — Plante mollement velue ; souche courte ; feuilles radicales palmatiséquées à 3-5 segments rhomboïdaux, incisés-dentés, les caulinaires pétiolées formant un involucre éloigné de la fleur ; celle-ci solitaire, étalée, assez grande, blanchâtre, soyeuse extérieurement ; pédoncule fructifère dressé ; achaines très-nombreux, fortement laineux, à bec très-court. ♃ mai-juin. — R. Clairières des bois : Bouron près Fontainebleau, Dreux, Saint-Sauveur près Compiègne.

3. **A. nemorosa** L. (Sylvie). — Plante glabrescente ; souche grêle, rameuse ; feuilles radicales palmatiséquées à 3-5 segments rhomboïdaux, incisés-dentés, les caulinaires pétiolées formant un involucre à 6-7 folioles écartées de la fleur ; celle-ci médiocre, étalée, blanchâtre, rosée ou pourprée, glabre extérieurement ; pédoncule fructifère courbé en arc à la maturité ; achaines 10-20, velus, surmontés par un bec égalant à peine la moitié de leur longueur. ♃ avril-mai. — T. C. Bois frais, lieux ombragés.

4. **A. ranunculoïdes** L.—Plante ayant le port et l'aspect de la précédente, dont elle se distingue facilement : par ses feuilles radicales à segment ord. plus nombreux (5-7) ; les caulinaires très-brièvement pétiolées et par ses fleurs (1-3-5) jaunes velues extérieurement ♃ avril-mai. — T. R. Bois et forêts ombragés : forêt de Romeny près Charly, forêt de Compiègne.

5. **A. Hepatica** L. ; *Hepatica triloba* Chaix. (Herbe de la Trinité). — Plante très-mollement velue ; souche courte, fibreuse ; feuilles toutes radicales, longuement pétiolées, coriaces, persistantes, profondément cordées, à 3 lobes largement ovales, entiers ; involucre formé de 3 folioles petites, sessiles, ovales, entières, placées sous la fleur et simulant un calice ; fleurs solitaires, bleues, violacées, rosées ou blanches, glabres ; achaines velus, à bec très-court. ♃ avril-mai.—T. R. Coteaux calcaires à Jeufosse et Port-Villez.

5. **ADONIS** Dill. (Adonide).—Fleurs régulières; calice à 5 sépales colorés ou herbacés, caducs ; corolle à 5-20 pétales dépourvus de fossette nectarifère et ord. maculés de noir à l'onglet; achaines nombreux, ridés-sillonnés, surmontés par le style court et persistant, disposés en épi sur un réceptacle allongé.

1. **A. autumnalis** L. (Goutte de sang).—Tige simple ou rameuse, dressée ; feuilles décomposées - pennées à segments linéaires ; sépales glabres ; pétales d'un pourpre foncé, concaves, connivents, tachés de noir à l'onglet; achaines à bord antérieur courbé non denté, le postérieur droit dépourvu de dent, terminé par un bec concolore, ascendant ; épi fructifère ovoïde-oblong, très-dense. ☉ mai-juill. — A. R. Champs et moissons.

2. **A. æstivalis** L. —Tige simple ou rameuse, dressée ; feuilles décomposées-pennées, à segments linéaires ; sépales glabres; pétales d'un rouge de minium (*A. miniata* Jacq.) ou jaunes (*A. flava* Vill.), plans-étalés, ord. tachés de noir à l'onglet; achaines à bord antér. courbé, unidenté, le postér. uni-bidenté, terminé par un bec concolore redressé-ascendant ou un peu courbé ; épi fructifère dense, oblong-cylindrique. ☉ mai-juillet. — C. Champs et moissons.

3. **A. flammea** Jacq. — Plante ayant le port et l'aspect de la précédente dont elle se distingue : par ses sépales velus; par ses pétales d'un rouge vif, plus rar. jaunes (*A. citrina* DC.), inégaux, souv. réduits à 2-3 par avortement (var. *abortiva* Gr. et Godr.); par ses achaines à bord postér. muni près du sommet d'une dent obtuse, terminé par un bec court noirâtre, fortement redressé-appliqué contre l'achaine; par ses épis plus lâches. ☉ mai-juill. — A. R. Champs et moissons.

6. **MYOSURUS** Dill. (Ratoncule).—Fleurs régulières; calice à 5 sépales prolongés en éperon à la base ; corolle à 5 pétales à onglet tubuleux-filiforme, nectarifère ; achaines très-nombreux, lisses, rostrés, disposés en spirale sur un réceptacle cylindro-conique et formant à la maturité un épi très-allongé.

M. minimus L. (Queue de souris). — Plante petite; feuilles linéaires, toutes radicales; hampes uniflores, dressées, fistuleuses; fleurs d'un vert jaunâtre, à pétales plus courts que les sépales; achaines comprimés, imbriqués, à bec aigu, dressé. ☉ avril-mai. — A. C. Champs argilo-sablonneux.

7. **RANUNCULUS** Tourn.—Fleurs régulières; calice à 5 sépales caducs; corolle à 5 pétales, rar. plus, munis d'une fossette nectarifère à l'onglet; achaines nombreux ord. surmontés d'un bec, disposés sur un réceptacle globuleux ou conique, plus rar. cylindrique.

A. *Batrachium* S. F. Gray, *Nat. arr. brit. pl.*, 2, p. 720 (Grenouillette). — *Plantes nageantes ou submergées, accidentellement exondées; pétales blancs à fossette nectarifère nue; pédoncules fructifères courbés en arc à la maturité; achaines ridés en travers, non bordés.*

1 { Réceptacle glabre. 2
  { Réceptacle velu ou hérissé. 3

2 { Feuilles toutes réniformes à 5 lobes larges et superficiels; pédoncules floraux grêles, plus courts que les feuilles. *B. hederaceum.*
  { Feuilles toutes découpées en lanières linéaires; pédoncules renflés à la base, égalant à peu près les feuilles. . . . . *B. fluitans.*

3 { Fleurs grandes; corolle au moins deux fois plus longue que le calice. 4
  { Fleurs petites; corolle à peine une fois plus longue que le calice. 7

4 { Pétales complètement blancs, sans tache jaune à l'onglet: *B. hololeucos.*
  { Pétales tachés de jaune à l'onglet. 5

5 { Pétales largement obovés, contigus; réceptacle globuleux. . . . 6
  { Pétales obovés-cunéiformes, non contigus; réceptacle ovoïde-conique.. *B. confusum.*

6 { Feuilles ord. dimorphes, les supér. pétiolées, réniformes ou orbiculaires, lobées, les autres divisées en lanières capillaires, flasques, se réunissant en pinceau hors de l'eau. *B. aquatile.*
  { Feuilles toutes conformes, sessiles, divisées en lanières capillaires raides, divariquées et ne se réunissant pas en pinceau hors de l'eau.. . . . . *B. divaricatum.*

7 { Feuilles dimorphes, les supér. à 3-5 lobes cunéiformes, les autres divisées en lanières capillaires, gaînes adhérentes au pétiole dans son tiers infér.; pétales à peine plus longs que le calice. *B. tripartitum.*
  { Feuilles toutes conformes, divisées en lanières capillaires; gaînes adhérentes au pétiole dans ses deux tiers infér.; pétales une fois plus longs que le calice. . . . . *B. trichophyllum.*

1. B. hederaceum S. F. Gray; *Ranunculus hederaceus* L.—Tiges rampantes, radicantes, rameuses; feuilles longuement pétiolées, toutes réniformes à 5 lobes larges et superficiels; fleurs très-petites sur des pédoncules grêles, plus courts que les feuilles; réceptacle globuleux, glabre; étamines 10. ♃ mai-juillet. — R. Ruisseaux et lieux fangeux : Marcoussis, Montfort-l'Amaury, St-Léger, Beauvais, etc.

2. B. tripartitum S. F. Gray; *Ranunculus tripartitus* D. C. — Tiges grêles, rampantes, rameuses, diffuses; feuilles les unes submergées, découpées en lanières capillaires molles, les autres nageantes, longuement pétiolées, à 3 lobes cunéiformes, profonds; fleurs très-petites, sur des pédoncules égaux aux feuilles ou un peu plus courts; réceptacle globuleux, hérissé; étamines 5-10. ♃ avril-juillet. — T. R. Mares de la forêt de Fontainebleau; Beauvais.

3. **B. hololeucos** Van den Bosch; *Ranunculus hololeucos* Lloyd. — Tiges grêles, allongées, peu rameuses; feuilles les unes submergées, découpées en lanières capillaires, molles, les autres nageantes, longuement pétiolées, à 3 segments profonds, cunéiformes, bilobés; fleurs grandes, à pétales entièrement blancs, sur des pédoncules égaux aux feuilles ou un peu plus longs; réceptacle globuleux, hérissé; étamines 15-20. ♃ avril-juill. — R. Mares de la forêt de Fontainebleau.

4. **B. confusum** Schultz; *Ranunculus confusus* Godr.; *R. Baudotii* var. *confusus* Symes.—Tiges souv. un peu épaisses, rameuses, fistuleuses; feuilles les unes submergées, découpées en lanières capillaires, molles, les autres nageantes, longuement pétiolées, subréniformes, à 3 lobes obovales-cunéiformes, profonds, bilobés, les latéraux plus larges que le médian; fleurs médiocres, à pédoncules presque 2 fois plus longs que les feuilles; réceptacle ovoïdeconique, velu; étamines très-nombreuses. Se distingue en outre très-facilement du précédent par ses pétales tachés de jaune à l'onglet. ♃ mai-juillet. — T. R. Mare de Bellecroix dans la forêt de Fontainebleau (Chabert).

5. **B. divaricatum** Schur; *B. circinatum* Spach; *Ranunculus divaricatus* Schrank; *R. circinatus* Sibth. — Tiges submergées, sillonnées, rameuses, fragiles; feuilles sessiles; toutes découpées en lanières capillaires, courtes, raides, divariquées et ne se prenant pas en pinceau hors de l'eau; fleurs grandes, sur des pédoncules grêles, 2-3 fois plus longs que les feuilles; réceptacle globuleux, hérissé; étamines 10-20. ♃ juin-août.—A. C. Ruisseaux, mares et rivières.

6. **B. trichophyllum** Van den Bosch; *Ranunculus trichophyllos* Chaix. — Tiges submergées, allongées, sillonnées, rameuses, fistuleuses; feuilles toutes découpées en lanières capillaires, étalées, molles, ne se prenant pas en pinceau hors de l'eau; fleurs souv. assez petites sur des pédoncules grêles, striés, égalant ou dépassant peu les feuilles; réceptacle globuleux, hérissé; étamines 12-15. Cette plante se distingue en outre de la süivante par ses pétales étroits, à peine une fois plus longs que le calice. ♃ avriljuill. — A. C. Mares, ruisseaux et rivières.

Var. *Drouetii* Lorr. et Barr.; *Batrachium Drouetii* Nym.; *Ranunculus Drouetii* Schultz; plante plus grêle, à fleurs plus petites et à feuilles se prenant en pinceau hors de l'eau. — Avec le type, mais bien plus R.

Var. *heterophyllum* Freyn.; *Batrachium Godroni* Gren.; feuilles supérieures nageantes, subréniformes, à 3-5 segments profonds, cunéiformes, lobés au sommet. A. R. avec le type.

7. R. aquatile Wimm.; *Ranunculus aquatilis* L. — Tiges ord. allongées, fistuleuses, rameuses; feuilles ord. dimorphes, les infér. submergées, découpées en lanières capillaires molles, se prenant en pinceau hors de l'eau, les supér. nageantes, longuement pétiolées, réniformes ou suborbiculaires, à 5 lobes dentés; fleurs grandes, sur des pédoncules un peu renflés, égalant ou dépassant les feuilles; réceptacle globuleux, hérissé; étamines nombreuses. ♃ mai-juin. — T. C. Fossés, rivières, mares et lieux aquatiques.

Var. *heterophyllum* Bor.; feuilles supér. nageantes, réniformes ou suborbiculaires, les infér. submergées, à divisions capillaires.

Var. *submersum* Godr.; feuilles toutes submergées, à divisions capillaires.

Var. *succulentum* Kch.; *R. aquatilis* var. *terrestris* Godr. et Gren.; plante émergée, à tiges courtes, gazonnantes; feuilles nombreuses, rapprochées, charnues, toutes divisées en lanières linéaires, courtes et raides.

8. R. fluitans Fries; *Ranunculus fluitans* Lam. — Tiges très-longues, ord. peu rameuses; feuilles toutes submergées, plus ou moins pétiolées divisées en lanières linéaires, allongées, souv. arquées au sommet; fleurs grandes sur des pédoncules épais, renflés à la base, plus courts que les feuilles ou les égalant; réceptacle globuleux, glabre; étamines nombreuses. ♃ mai-juill.. — C. Ruisseaux, rivières et eaux courantes.

Var. *terrestre* Godr.; plante croissant dans les lieux asséchés; tiges et feuilles courtes, raides, charnues, dressées.

B. *Ranunculus* Tourn. (Renoncule). — *Plantes jamais nageantes, ni submergées; pétales jaunes, à fossette nectarifère couverte par une écaille, très-rar. nue; pédoncules fructifères dressés; achaines lisses, tuberculeux ou épineux, bordés-carénés; très-rar. achaines irrégulièrement ridés ou dépourvus de carène.*

1 {	Feuilles toutes entières ou superficiellement dentées. 2
	Feuilles toutes ou au moins les supér. divisées ou profondément lobées. 5
2 {	Achaines lisses 3
	Achaines irrégulièrement ridés ou tuberculeux. 4
3 {	Tige robuste, épaisse; pédoncules floraux lisses; fleurs grandes; achaines comprimés. . . . . *R. Lingua.*
	Tige grêle; pédoncules floraux sillonnés; fleurs assez petites; achaines renflés. . . . . *R. Flammula.*
4 {	Souche épaisse, couronnée par les débris des anciennes feuilles; fleurs grandes, longuement pédonculées; achaines ridés. *R. gramineus.*
	Souche grêle, nue au sommet; fleurs très-petites, subsessiles; achaines tuberculeux. . . . . *R. nodiflorus.*

5 { Sépales réfléchis sur le pédoncule 6
  { Sépales dressés ou étalés, appliqués contre la corolle. 9

6 { Fossette nectarifère nue ; achaines très-petits, très-nombreux, fine-
  {   ment ridés au centre, dépourvus de carène et disposés en tête
  {   ovale-oblongue . . . . *R. sceleratus.*
  { Fossette nectarifère couverte par une écaille ; achaines plus ou
  {   moins gros, lisses ou tuberculeux, munis d'une carène saillante
  {   et disposés en tête globuleuse. 7

7 { Souche bulbiforme ; achaines lisses surmontés par un bec crochu
  {   au sommet. . . . . *R. bulbosus.*
  { Souche grêle, annuelle ; achaines tuberculeux, surmontés par un
  {   bec droit ou à peine courbé. 8

8 { Pédoncules floraux sillonnés ; calice de moitié plus court que la
  {   corolle ; réceptacle velu ; achaines munis sur les bords de un
  {   ou plusieurs rangs de tubercules. . . . . *R. sardous.*
  { Pédoncules lisses ; calice égalant ou dépassant la corolle ; récep-
  {   tacle glabre ; achaines couverts sur toutes leurs faces de tuber-
  {   cules . . . . *R. parviflorus.*

9 { Fleurs petites d'un jaune verdâtre ; achaines hérissés sur les deux
  {   faces de pointes épineuses et terminés par un bec subulé plus
  {   long que la moitié de l'achaine . . . . *R. arvensis.*
  { Fleurs assez grandes d'un beau jaune ; achaines lisses ou à peu
  {   près, terminés par un bec non subulé, plus court que la moitié
  {   de l'achaine 10

10 { Souche formée d'une réunion de fibres ovoïdes-renflées, grume-
   {   leuses ; achaines disposés en capitule oblong. *R. flabellatus.*
   { Souche dépourvue de fibres ovoïdes-grumeleuses ; achaines dis-
   {   posés en tête subglobuleuse. 11

11 { Feuilles radicales à contour réniforme-suborbiculaire ; carpelles
   {   velus-soyeux. *R. auricomus.*
   { Feuilles radicales à contour oblong ou pentagonal ; achaines gla-
   {   bres. 12

12 { Pédoncules floraux sillonnés ; réceptacle velu. 13
   { Pédoncules floraux lisses ; réceptacle glabre. . . . . . . *R. acer.*

13 { Tiges couchées-radicantes ; feuilles radicales pennatiséquées à seg-
   {   ment moyen longuement pétiolulé ; achaines à bec arqué.
   {   *R. repens.*
   { Tiges ascendantes ou dressées, non radicantes ; feuilles palmati-
   {   séquées à divisions jamais pétiolulées ; achaines à bec plus ou
   {   moins enroulé. . . . . *R. nemorosus.*

1. **R. gramineus** L.— Souche épaisse munie de fibres renflées,
fasciculées, couronnée par les débris des anciennes feuilles ; tige
dressée, simple ou peu rameuse ; feuilles lancéolées-linéaires
entières, les infér. atténuées en pétiole ; fleurs grandes, d'un beau
jaune, longuement pédonculées ; achaines irrégulièrement ridés.
en tête ovoïde. ♃ mai. — R. Clairières des bois: forêt de Fontainebleau, Milly, Malesherbes, Ermenonville.

2. **R. Lingua** L. (Grande douve).—Tige élevée, épaisse, robuste,

fistuleuse, dressée, rameuse; feuilles allongées, sessiles, oblongues-lancéolées, aiguës, entières ou très-finement denticulées; fleurs grandes, au sommet de longs pédoncules lisses; achaines lisses ou très-finement ponctués, comprimés, surmontés d'un bec large, persistant, disposés en tête suglobuleuse. ♃ juin-sept. — A. R. Étangs et marais; bords des eaux.

3. R. Flammula L. (Petite douve). — Tige grêle, peu élevée, dressée, ascendante, ou étalée, fistuleuse, rameuse; feuilles ovales-lancéolées ou lancéolées-linéaires, entières ou superficiellement dentées, les infér. longuement pétiolées, les supér. subsessiles; fleurs petites au sommet de pédoncules sillonnés; achaines petits, lisses, renflés, surmontés par un bec étroit, caduc, disposés en tête subglobuleuse. ♃ juin-sept. — C. Fossés, étangs, lieux humides.

Var. *tenuifolius* Walh.; *R. reptans* Auct. gall. (an. L?); tiges couchées-radicantes; feuilles toutes sublinéaires.

4. R. nodiflorus L. — Plante naine à tige fistuleuse, rameuse-dichotome à rameaux ord. divariqués; feuilles entières ou superficiellement denticulées, les infér. oblongues-elliptiques très-longuement pétiolées, les supér. lancéolées à pétioles plus courts ou même subsessiles; fleurs très-petites, d'un jaune pâle, subsessiles à l'extrémité des rameaux ou à l'angle des dichotomies; achaines petits, ord. peu nombreux, tuberculeux, surmontés d'un bec court, élargi. ☉ mai-juin. — R. Mares à fonds siliceux : forêt de Fontainebleau, La Ferté-Aleps, Nanteau près Nemours.

5. R. flabellatus Desf. var. *acutilobus* Freyn Œst. bot. Zeit. 26, p. 128; *R. Chærophyllos* Auct. mult. (non L.). — Souche un peu épaisse formée de fibrilles capillaires entremêlés de nombreuses fibres ovoïdes-renflées, grumeleuses; tige munie, ainsi que les pétioles, de poils assez longs, étalés, simple, raide, dressée, ord. uniflore, presque nue; feuilles pétiolées pentagonales, les radicales suborbiculaires ou tripartites, ord. détruites au moment de l'anthèse, les autres pennatiséquées à segments cunéiformes ou sublinéaires, aigus; fleur assez grande à pédoncule lisse; achaines nombreux, finement ponctués, disposés en épi cylindrique ou oblong. ♃ mai-juin — R. Bois, clairières, lieux herbeux : Saint-Germain, Lardy, Fontainebleau, Milly, La Ferté-Aleps, Mennecy, Châteaudun, etc.; manque sur le calcaire.

6. R. auricomus L. — Souche courte, oblique; tiges dressées ou ascendantes, rameuses, nues à la base; feuilles radicales longuement pétiolées, réniformes, crénelées ou palmatipartites à 3-5 lobes obovales-cunéiformes, les caulinaires sessiles à 5-7 divisions profondes, linéaires-oblongues; fleurs grandes, d'un beau jaune, à pétales souv. plus ou moins avortés; achaines assez gros, renflés, brièvement velus-soyeux, en tête subglobuleuse, surmontés d'un bec unciné. ♃ avril-mai.— T. C. Bois, haies et buissons.

7. **R. acer** L. (Bassin d'or).— Souche rhizomateuse, horizontale, plus ou moins épaisse et allongée; tige souv. assez élevée, dressée, fistuleuse rameuse au sommet, couverte à la base de poils apprimés ou subétalés ; feuilles plus ou moins velues, palmatipartites, à 3-5 lobes cunéiformes, plus ou moins larges, incisés-dentés; les radicales et les caulinaires moyennes, longuement pétiolées, les supér. sessiles ; fleurs grandes, au sommet de pédoncules lisses ; réceptacle glabre ; achaines lisses, glabres, surmontés d'un bec courbé au sommet, disposés en tête subglobuleuse. ♃ mai-juill. — T. C. Prés, bois, lieux herbeux, bords des chemins. — Les deux formes suivantes démembrées de cette espèce sont assez fréquentes aux environs de Paris :

R. vulgatus Jord.; *R. lanuginosus* Thuill. pro parte (non L.). — Rhizome ord. oblique et un peu grêle; feuilles à segments larges, ne se recouvrant pas par leurs bords ; achaines à bec presque droit.

R. Steveni Andrz.; *R. sylvaticus* Thuill. pro parte. — Rhizome ord. épais, horizontal ; tige et pétioles couverts ord. de poils étalés; feuilles velues presque soyeuses, à segments plus étroits, ne se recouvrant pas par leurs bords; achaines a bec unciné.

8. **R. nemorosus** DC.; *R. sylvaticus* Auct. mult. (non Thuill.). — Souche assez épaisse, courte, verticale, couronnée par les débris des anciennes feuilles; tiges dressées ou ascendantes, rameuses, munies ainsi que les pétioles de poils roux, ord. étalés ; feuilles plus ou moins longuement pétiolées et velues, cordées à la base, palmatipartites à 3 lobes cunéiformes plus ou moins larges, trifides ou incisés-dentés, les supér. sessiles à divisions sublinéaires; réceptacle velu ; achaines glabres et lisses, à bec plus ou moins enroulé, disposés en tête globuleuse. ♃ mai-juill.—R. Bois et forêts, plus rar. lieux herbeux, humides. — Les formes suivantes démembrées de cette espèce ont été observées dans le rayon de notre flore :

R. Amansii Jord.; *R. villosus* St-Am. (non DC.). — Tige et pétioles couverts de poils ord. réfléchis; feuilles à divisions largement obovales-subrhomboïdales, souv. se recouvrant par leurs bords dans les feuilles radicales; achaines à bec roulé en cercle, largement épaissi à la base, égalant le tiers de la hauteur de l'achaine. — R. Bois d'Orsay, forêt de Ste-Geneviève près Épinay, Fontainebleau, Nemours, Compiègne, etc.

R. Delacouri Gaudefroy et Mabille. — Tige et pétioles couverts de poils dressés-appliqués; feuilles à divisions très-profondes, cunéiformes, se recouvrant un peu par leurs bords, mais toujours plus étroites que dans la forme précédente; achaines à bec à peine roulé en cercle au sommet, très-peu épaissi à la base, égalant le tiers de la hauteur de l'achaine. — T. R. Bois des Longues-Mares près Montfort-l'Amaury.

R. polyanthemoïdes Bor. — Souche et tige plus grêles que dans les formes précédentes et dans la suivante; tige et pétioles couverts de poils ord. dressés-appliqués, plus rar. subétalés ; feuilles à divisions cunéiformes, étroites, ne se recouvrant pas par leurs bords et même ord. écartées-subdivariquées dans les feuilles caulinaires ; achaines a bec convoluté, décrivant une demi-circonférence au sommet, étroit à la base, égalant le tiers de la hauteur de l'achaine. — T. R. Marais de la Genevraye.

R. Questieri Billot. — Tige et pétioles couverts de poils dressés-appliqués, plus rar. subétalés ; feuilles à divisions cunéiformes profondes, se recouvrant souvent par leurs bords, subdivisées en segments linéaires, profonds ; achaines à bec un peu élargi à la base, fortement courbé-unciné au sommet, égalant le quart ou à peine le tiers de la hauteur de l'achaine. — T. R. Bois de St-Martin près Thury-en-Valois.

9. **R. repens** L. (Pied de poule). — Souche courte, oblique, non renflée ; tiges couvertes de poils plus ou moins nombreux, étalés ou apprimés, allongées, ascendantes ou couchées-radicantes ; feuilles pétiolées, pennatiséquées, allongées-pentagonales, à 3 segments 2-3-fides, incisés-dentés, le moyen longuement pétiolulé ; fleurs grandes à calice étalé, sur des pédoncules sillonnés ; réceptacle un peu hérissé ; achaines glabres, en tête globuleuse, terminés par un bec grêle, courbé au sommet, égalant presque la moitié de la hauteur de l'achaine. 2⊥ mai-sept. — T. C. Prés, fossés, lieux humides.

10. **R. bulbosus** L. (Pied de coq). — Souche courte, renflée, bulbiforme ; tiges velues, dressées ou ascendantes ; feuilles velues, pennatiséquées, ovales-oblongues, à 3 segments 3-fides, incisés, le moyen longuement pétiolulé, les feuilles radicales longuement pétiolées ; fleurs assez grandes, à calice réfléchi, sur des pédoncules sillonnés ; réceptacle un peu velu ; achaines glabres, finement ponctués, en tête globuleuse, terminés par un bec élargi à la base, unciné au sommet. 2⊥ mai-juill.—T. C. Prés, lieux herbeux, bords des chemins. — Cette espèce comprend les deux formes suivantes :

R. bulbifer Jord. — Feuilles d'un vert clair, concolores, à dents ord. aiguës.

R. albonævus Jord. — Feuilles d'un vert cendré, maculées de taches blanches, à dents ord. subobtuses ; achaines à bec plus allongé.

11. **R. sardous** Crantz ; *R. philonotis* Ehrh. — Souche grêle, fibreuse ; tiges nombreuses, dressées-ascendantes ou étalées, très-rameuses ou solitaires, naines, 1-2 flores (*R. parvulus* L.) ; feuilles infér. pétiolées, pennatiséquées, ovales, à 3 segments 2-3-lobés, le moyen pétiolulé, les supér. sessiles à 3 divisions linéaires-lancéolées ; fleurs médiocres, à calice réfléchi, sur des pédoncules sillonnés, allongés ; réceptacle velu ; achaines assez petits, lenticulaires, tuberculeux, en tête globuleuse ou ovale. ☉ mai-sept. — C. Champs et lieux humides ; manque sur le calcaire.

12. **R. parviflorus** L. — Souche grêle ; tiges et feuilles molles, grêles, dressées ou ascendantes, rameuses-dichotomes au sommet ; feuilles pétiolées, suborbiculaires, cordées à la base, à 3-5 lobes ord. peu profonds, crénelés, les sup. subsessiles à 3-5 lobes ord.

oblongs et entiers; fleurs petites, d'un jaune pâle, à calice réfléchi; pédoncules sillonnés, assez courts; réceptacle glabre; achaines ord. peu nombreux, tuberculeux, en tête subglobuleuse, terminés par un bec élargi, triangulaire, unciné au sommet. ⊙ mai-juin. — T. R. Champs et lieux un peu humides : La Minière près Versailles (spont?), Béchereau près Provins.

13. **R. arvensis** L. — Racine grêle, fibreuse; tige glabrescente, rameuse, dressée; feuilles d'un vert pâle, 3-séquées à segments pétiolulés, divisés en lobes linéaires, allongés, les supér. plus étroites, subsessiles; fleurs petites, d'un jaune pâle, un peu verdâtres, à calice étalé et à pédoncules lisses; réceptacle velu; achaines peu nombreux (4-10) assez gros, hérissés de pointes épineuses, en tête globuleuse, terminés par un bec subulé, presque droit, dépassant la moitié de la longueur de l'achaine. ⊙ mai-juin. — T. C. Champs et moissons.

14. **B. sceleratus** L.; *Hecatonia palustris* Lour. — Plante glabre, un peu molle, d'un vert clair; tige souv. épaisse, dressée, sillonnée, fistuleuse, très-rameuse; feuilles inf. pétiolées, palmatipartites à 3 lobes obovales-cunéiformes, incisés-crénelés, écartés, les supér. sessiles entières ou à 3 lobes plus étroits; fleurs nombreuses, petites, d'un jaune pâle, à calice réfléchi, à pédoncules sillonnés; réceptacle un peu velu; achaines très-petits, très-nombreux, très-caducs, dépourvus de carène, finement ridés sur les faces, terminés par un bec épais, très-court, disposés en tête ovale-oblongue. ⊙ mai-sept. — C. Lieux humides et fangeux, bords des eaux.

8. **FICARIA** Dill. (Ficaire). — Ce genre, qu'on peut à peine séparer du précédent, n'en diffère guère, indépendamment du port, que par son calice ord. à 3 sépales et par ses achaines renflés, dépourvus de bec et à stigmate sessile.

F. ranunculoides Mœnch; *Ranunculus Ficaria* L. — Plante glabre, d'un vert luisant; souche munie de fibres charnues, renflées-claviformes; tiges rameuses, ascendantes, ou couchées-radicantes; feuilles pétiolées, ovales-cordées, entières ou sinuées; fleurs jaunes, solitaires, assez longuement pédonculées; achaines pubescents, en tête globuleuse, sur des pédoncules recourbés. ♃ mars-mai. — T. C. Haies, bois et lieux humides.

Trib. III. Helléborées. — Feuilles alternes ou radicales; préfloraison imbriquée; corolle régulière ou irrégulière, à pétales ord. nectarifères; plus rar. corolle nulle; fruit composé de 1 ou plusieurs follicules.

9. **CALTHA** L. (Populage). — Fleurs régulières; calice à 5-7 sépales

pétaloïdes, caducs; corolle nulle; follicules libres, étalés-divergents en étoile à la maturité, surmontés par un bec court, unciné.

C. palustris L. (Souci d'eau). — Souche courte, verticale, épaisse; tige dressée ou ascendante, sillonnée, fistuleuse, rameuse; feuilles réniformes-cordées, crénelées; les infér. grandes, longuement pétiolées; fleurs grandes, d'un beau jaune d'or, luisant. ♃ avril-mai. — C. Prés et lieux humides, bords des eaux.

10. **HELLEBORUS** Tourn. (Hellébore):—Fleurs régulières; calice à 5 sépales herbacés ou pétaloïdes, persistants; corolle à 5-10 pétales très-petits, tubuleux, nectariformes, tronqués, subbilobés au sommet; follicules connés à la base, terminés par un bec allongé, presque droit.

1. **H. fœtidus** L. (Pied de griffon). — Plante très-fétide; souche épaisse, dure, subligneuse; tige dure, persistante, rameuse, feuillée inférieurement; feuilles coriaces, pétiolées, pédatilobées, à 7-10 segments lancéolés, denticulés; fleurs assez grandes, verdâtres, penchées, très-nombreuses, à sépales dressés, connivents, à étamines dépassant longuement les pétales. ♃ févr.-mars.—A. C. Coteaux et lieux découverts principalement des terrains calcaires.

2. **H. occidentalis** Reut.; *H. viridis* Auct. gall. (non L.) (Herbe à sétons). — Plante presque inodore; souche courte, noirâtre; tige annuelle, peu rameuse, longuement nue inférieurement; feuilles à peine coriaces, pédatilobées, à segments lancéolés, denticulés, les radicales longuement pétiolées à 9-13 segments, les caulinaires sessiles à 3 segments; fleurs très-grandes, vertes, dressées, peu nombreuses (3-5) à sépales étalés et à étamines égalant les pétales. ♃ mars-avril. — R. Haies, bois et lieux pierreux : Bois de Lognes près Lagny, Malesherbes, Nemours, forêt de Villers-Cotterets, Compiègne, etc.

11. **ISOPYRUM** L.—Fleurs régulières; calice à 5 sépales pétaloïdes, caducs; corolle à 5 pétales petits, nectariformes, contractés en cornet à la base; follicules libres, comprimés, terminés par un bec court et droit.

1. **I. thalictroïdes** L.; *Helleborus* Lam. — Souche grêle, rampante; tige grêle, dressée, simple, nue inférieurement; feuilles pétiolées, bi-triternatiséquées, à segments ovales, 2-5 lobés : fleurs blanches, solitaires, axillaires, longuement pédonculées; follicules 1-3. ♃ avril. — T. R. Bois et clairières : carrefour de Vélizy dans le bois de Meudon, Satory (spont?), bois de l'Avocat près Nemours, forêt de Châteauneuf, Souppes.

12. **NIGELLA** Tourn.—Fleurs régulières, à 5 sépales pétaloïdes, caducs; corolle à 5-10 pétales, petits, onguiculés, nectariformes à

la base, bilabiés au sommet; follicules connés dans leur moitié infér., terminés par un bec grêle très-allongé.

N. arvensis L.—Racine grêle ; tiges ord. nombreuses, dressées, striées, rameuses ; feuilles bi-tripennatiséquées à divisions étroitement linéaires ; fleurs assez grandes, d'un blanc bleuâtre , à sépales étalés , ovales-acuminés , longuement onguiculés ; follicules 5-7, 3-nervés sur le dos , un peu divergents au sommet, à bec égalant presque leur longueur. ⊙ juill.-août. — A. C. Champs et moissons.

13. AQUILEGIA Tourn. (Ancolie).—Fleurs régulières; calice à 5 sépales pétaloïdes, caducs ; corolle à 5 pétales infundibuliformes, prolongés au-dessous de leur insertion en éperon courbé au sommet et dépassant longuement les sépales ; follicules libres ou brièvement connés à la base, terminés par un bec grêle et droit.

A. vulgaris L. (Ancolie). — Souche épaisse, noirâtre ; tige assez élevée, dressée, fistuleuse, rameuse; feuilles bi-triternatiséquées, à segments obovales-cunéiformes , 2-3 lobés, les radicales longuement pétiolées, les caulinaires peu nombreuses, subsessiles ; fleurs grandes, bleues ou violacées, plus rar. roses ou blanches; follicules pubescents à bec plus court que la moitié de leur longueur. ♃ mai-juin. — A. C. Prés, bois et coteaux.

14. DELPHINIUM Tourn. (Dauphinelle).—Fleurs irrégulières ; calice à 5 sépales pétaloïdes, caducs, inégaux, le postérieur prolongé en éperon ; corolle à 4 pétales, les deux latéraux petits ou nuls, les deux postérieurs soudés, prolongés en un éperon qui s'emboîte dans celui du sépale correspondant ; follicules libres, à bec court.

D. Consolida L. (Pied d'alouette). — Racine grêle, annuelle ; tige grêle, dressée, rameuse-divariquée ; feuilles biternatiséquées, à segments linéaires, les infér. pétiolées, les supér. sessiles ; fleurs nombreuses, assez grandes, bleues, plus rar. roses ou blanches, à pédicelles grêles assez courts; follicules solitaires, glabres, à bec égalant le tiers de leur longueur. ⊙ juin-sept. — C. Champs et moissons.

15. ACONITUM Tourn. (Aconit).—Fleurs irrégulières ; calice à 5 sépales pétaloïdes, caducs, inégaux; les deux antérieurs très-petits, le postérieur très-grand, en forme de casque ; corolle à 5 pétales, les deux postérieurs en forme de bonnet phrygien au sommet d'un onglet grêle et allongé, logés dans la cavité du sépale correspondant; les trois autres pétales très-petits ou nuls; follicules libres, à bec grêle.

A. Napellus L. (Aconit Napel, Char de Vénus).—Souche épaisse, munie de racines charnues-napiformes; tige élevée, ferme, dressée, rameuse au sommet ; feuilles pétiolées, palmatiséquées à segments divisés en 2-3 lobes linéaires-lancéolés ; fleurs assez grandes, bleues, en grappe allongée, assez serrée, à pédicelles courts, dressés, hérissés; follicules 3, glabres, dressés-appliqués contre l'axe. ♃ août-sept. — R. Marécages, prés tourbeux : Marines, Marcuil-sur-Ourcq, le Port-aux-Perches et Silly-la-Poterie près Villers-Cotterts; la plante de cette dernière localité est l'*A. pyramidale* Mill. sec. Rchb.

ESPÈCES EXCLUES.

Clematis Flammula L., subspontané au voisinage des jardins ; *C. erecta* L., introduit aux bois de Boulogne, Vincennes et Saint-Cloud, où il n'existe plus ; *Thalictrum angustifolium* L., introduit à Vincennes d'où il a disparu ; *T. aquilegifolium* L., signalé à Loconville, Liancourt-Saint-Pierre, Noyers et l'Isle-Adam, n'est spontané dans aucune de ces localités ; *Anemone vernalis* L., indiqué par Husnot, à La Ferté-sous-Jouarre, n'y a pas été retrouvé ; *Eranthis hyemalis* Salisb., signalé dans plusieurs localités, n'est point spontané dans la région parisienne, naturalisé au Raincy, à Trianon, etc., où il est devenu très-rare ; *Nigella damascena* L. (Cheveux de Vénus) et *Delphinium Ajacis* L., souv. subspontanés au voisinage des jardins et des cultures.

II. BERBÉRIDÉES Vent.

Arbrisseaux à bois ord. jaune. Feuilles simples, dépourvues de stipules, alternes ou fasciculées au sommet de courts rameaux qui naissent à l'aisselle d'une feuille transformée en épine digitée. Fleurs hermaphrodites, régulières, en grappes allongées ou pauciflores, plus rar. réduites à une seule fleur. Calice à 6 sépales, pétaloïdes, caducs, disposés sur 2 rangs. Corolle à 6 pétales, concaves, paraissant opposés aux sépales, disposés sur 2 rangs, en préfloraison imbriquée, et munis à leur base de 2 glandes latérales. Étamines 6, opposées aux pétales, libres, hypogynes, articulées à leur base; anthères biloculaires, primitivement introrses et paraissant extrorses au moment de la déhiscence qui se fait par une valve qui se relève de la base au sommet de la loge. Style presque nul; stigmate discoïde, paraissant sessile. Ovaire supère, uniloculaire, pauciovulé, à placenta basilaire ou un peu oblique et pariétal. Fruit bacciforme disperme ou oligosperme. Graines munies d'un albumen charnu entourant un petit embryon, droit.

BERBERIS Tourn. (Vinettier). — (Les caractères sont ceux de la famille).

B. vulgaris L. (Épine-Vinette). — Rameaux arrondis ou un peu anguleux, glabres; feuilles glabres, obovées, denticulées-épineuses, atténuées en un court pétiole; épines à 3-5-7 branches, bien plus courtes que la feuille; fleurs jaunes, odorantes, en grappes, axillaires, pendantes; baies rouges, acides. ♄ Fl. mai; fr. sept.-oct.— C. Bois, haies et buissons; assez souv. planté.

III. NYMPHÉACÉES Salisb.

Herbes aquatiques vivaces, à rhizome épais, charnu, émettant des feuilles alternes, dimorphes, les unes submergées, minces, membraneuses, les autres nageantes, coriaces, épaisses, longuement pétiolées. Fleurs hermaphrodites, régulières, grandes, solitaires au sommet de longs pédoncules axillaires. Calice à 4-5 sépales, libres, marcescents ou persistants. Corolle à pétales nombreux, insérés suivant une ligne spirale, en préfloraison imbriquée. Étamines en nombre indéfini, insérées suivant une ligne spirale, avec les pétales, sur le réceptacle concave ou convexe; filets libres, plus ou moins pétaloïdes; anthères biloculaires, introrses. Style nul, dilaté en un disque sessile, persistant, couvert de stigmates linéaires, rayonnants, en nombre égal à celui des loges. Ovaire formé de nombreux carpelles, supère ou semi-infère, multiloculaire, à loges en nombre variable, multiovulées. Fruit bacciforme-herbacé, indéhiscent, à loges nombreuses, polyspermes. Graines insérées sur les parois des cloisons, ord. entourées d'un arille charnu, munies de 2 albumens placés l'un dans l'autre, l'extérieur épais et farineux.

1. **NYMPHÆA** Tourn. (Nénuphar). — Sépales 4, marcescents, lancéolés, herbacés; pétales décroissant de la circonférence au centre, insérés avec les étamines sur le réceptacle concave, les extérieurs égalant ou dépassant les sépales; ovaire semi-infère; graines entourées d'un arille charnu.

N. alba L. (Nénuphar, Lis des étangs). — Feuilles grandes, ovales-arrondies, entières, divisées à la base en deux lobes plus ou moins écartés; fleurs grandes, blanches, élégantes, odorantes, nageantes; stigmate convexe au centre, crénelé sur les bords; fruit sphérique non rétréci au sommet. ♃ juin-août. — C. Étangs, mares et rivières.

Var. *minor* DC.; *N. permixta* Bor.; feuilles bien plus petites, plus brièvement pétiolées; fleurs plus petites, à pédoncules plus courts et à pétales moins nombreux.

2. **NUPHAR** Sibth. et Sm.—Sépales 5, persistants, obovales-suborbiculaires, colorés-pétaloïdes; pétales petits, charnus, bien

plus courts que les sépales ; réceptacle convexe ; ovaire supère ; graines dépourvues d'arille.

N. luteum Sibth. et Sm. ; *Nymphæa lutea* L. (Nénuphar jaune). — Feuilles grandes, ovales-arrondies, largement échancrées à la base en deux lobes écartés ; fleurs grandes, jaunes, globuleuses, odorantes, émergées ; stigmate fortement ombiliqué au centre, ondulé sur les bords ; fruit sphérique, rétréci en col au sommet. ♃ juin-août. — C. Mares, étangs et rivières.

IV. PAPAVÉRACÉES Juss.

Herbes annuelles, bisannuelles ou vivaces, à suc lactescent ou coloré, narcotique ou âcre. Feuilles simples, alternes, dépourvues de stipules. Fleurs hermaphrodites, régulières, solitaires et terminales ou en cymes ombelliformes, lâches. Calice à 2 sépales très-caducs, l'un antérieur, l'autre postérieur. Corolle à 4 pétales libres, caducs, disposés sur 2 rangs, l'un alterne, l'autre opposé au calice, en préfloraison imbriquée-chiffonnée. Étamines très-nombreuses, libres, hypogynes ; anthères biloculaires, introrses. Style très-court, divisé en deux branches stigmatiques ou nul à stigmates plus ou moins nombreux, rayonnants sur un disque aplati qui couronne l'ovaire et qui est muni, sur les bords, d'autant de lobes qu'il y a de placentas. Ovaire supère, formé de 2 ou plusieurs carpelles, uniloculaire, multiovulé, à 2 ou plusieurs placentas pariétaux, plus ou moins saillants. Fruit sec, capsulaire, polysperme, tantôt linéaire, siliquiforme, uni-biloculaire, s'ouvrant par 2 valves, tantôt renflé, globuleux ou oblong, uniloculaire, muni de nombreux placentas et s'ouvrant au sommet par un grand nombre de trous placés sous le disque stigmatifère. Graines réniformes, munies ou dépourvues de strophiole ; albumen charnu-huileux.

1. PAPAVER Tourn. (Pavot).—Fleurs solitaires et terminales ; stigmates 4-20 sessiles, rayonnants sur un disque sessile plus ou moins lobé qui surmonte l'ovaire ; capsule renflée, globuleuse ou oblongue, à 4 placentas ou plus, s'ouvrant au sommet par des trous placés sous le disque stigmatifère ; graines dépourvues de strophiole.

<table>
<tr><td>1</td><td>{</td><td>Ovaire ou capsule glabre et lisse. . . . .</td><td>2</td></tr>
<tr><td></td><td></td><td>Ovaire ou capsule plus ou moins hérissé de poils raides. . . . .</td><td>4</td></tr>
<tr><td rowspan="2">2</td><td rowspan="2">{</td><td>Feuilles glauques et glabres, ou munies sur la nervure médiane et à l'extrémité des dents de poils raides, les caulinaires amplexicaules-auriculées, incisées ou dentées. . . P. sylvestre.</td><td></td></tr>
<tr><td>Feuilles vertes, non glauques, velues au moins sur la face infér., les caulinaires pennatifides ou pennatipartites, non embrassantes. . . . .</td><td>3</td></tr>
</table>

3 { Capsule globuleuse ou brièvement obovée, arrondie à la base
disque stigmatifère régulièrement lobé à lobes se recouvrant par
leurs bords. . . . . *P. Rhœas.*
Capsule oblongue-claviforme, atténuée du sommet à la base ; disque
stigmatifère superficiellement lobé à lobes écartés les uns des
autres. . . . . *P. dubium.*

4 { Pétales d'un rouge écarlate ; capsule oblongue-claviforme atténuée
à la base. . . . . *P. Argemone.*
Pétales d'un rouge vineux ; capsule ovoïde-globuleuse, arrondie à
la base. . . . . *P. hybridum.*

1. **P. sylvestre** Dal. (Pavot). — Tige assez robuste, dressée,
fistuleuse, simple ou rameuse ; feuilles glabres et glauques, incisées-dentées ou lobées, les infér. atténuées en un court pétiole,
les caulinaires auriculées-embrassantes ; pétales très-grands blancs,
rosés, rougeâtres ou violacés, tachés de noir à la base ; capsule
grosse, subglobuleuse ou oblongue-subglobuleuse, glabre. ⊙ juin-
juill.

Var. *officinale* Coss. et Germ. ; *P. somniferum* Auct. mult. ; feuilles
dépourvues sur la nervure médiane et à l'extrémité des dents de
poils raides ; pédoncules et sépales glabres ; disque stigmatifère à
lobes écartés ; capsule indéhiscente. — Assez souv. cultivé et
quelquefois subspontané.

Var. *setigerum* Coss. et Germ. ; *P. setigerum* DC. ; feuilles plus
profondément incisées à lobes plus aigus, munies sur la nervure
médiane et à l'extrémité des dents de poils raides ; pédoncules et
sépales plus ou moins hérissés de poils raides ; disque stigmatifère à lobes contigus ; capsule déhiscente. — Cult. et subspontané
comme la forme précédente, mais plus rare.

2. **P. Rhœas** L. (Coquelicot). — Plante hérissée de poils raides ;
tige dressée, rameuse ; feuilles palmatipartites ou pennatiséquées
à segments lancéolés, acuminés, incisés-dentés, les caulinaires
non auriculées embrassantes ; pédoncules hérissés de poils étalés
ord. nombreux ; fleurs grandes d'un beau rouge foncé ; capsule
glabre, globuleuse ou brièvement obovée, arrondie à la base ; disque
stigmatifère régulièrement lobé à lobes se recouvrant par leurs
bords. ⊙ juin-juill. — T. C. Champs et moissons.

Var. *strigosum* Kch. ; *P. strigosum* Boenn. ; pédoncules munis de
poils dressés-appliqués, moins nombreux que dans le type.

3. **P. dubium** L. —Plante plus ou moins velue, à poils ord. appliqués ; tige dressée, rameuse ; feuilles palmatipartites ou pennatiséquées, à segments lancéolés, aigus, entiers ou subdentés, les
caulinaires non embrassantes ; fleurs assez grandes, d'un rouge
vif ; disque stigmatifère superficiellement lobé à lobes écartés les
uns des autres ; capsule glabre, oblongue-claviforme atténuée à la
base. ⊙ juin-juill.—T. C. Champs et moissons ; la forme parisienne
de cette espèce rentre dans le *P. modestum* Jord.

4. P. Argemone L. — Plante ord. hérissée de poils raides ; tige dressée, simple ou rameuse ; feuilles pennatiséquées ou bipennatiséquées à segments lancéolés-linéaires, aigus, les caulinaires non embrassantes ; fleurs médiocres, d'un rouge écarlate ; disque stigmatifère irrégulièrement sinué, non lobé ; capsule hérissée, au moins au sommet, de poils raides, oblongue-claviforme, atténuée à la base, marquée de sillons longitudinaux correspondants aux stigmates. ⊙ mai-juill. — C. Champs et moissons.

5. P. hybridum L. — Plante plus ou moins velue ; tige dressée plus ou moins rameuse ; feuilles pennatiséquées ou bipennatiséquées, à segments lancéolés-linéaires, aigus ou subobtus, les caulinaires non embrassantes ; fleurs médiocres, d'un rouge vineux ; disque stigmatifère sinué-lobé, bien moins large que la capsule, celle-ci ovoïde-globuleuse, arrondie à la base, hérissée de poils raides, étalés-ascendants. ⊙ mai-juill.—A. R. Champs et moissons.

2. CHELIDONIUM Tourn. (Chélidoine).—Fleurs en cymes ombelliformes, lâches ; stigmate à 2 lobes obliques ; fruit linéaire, siliquiforme, à 2 placentas pariétaux, s'ouvrant de la base au sommet par 2 valves ; graines munies d'une strophiole.

C. majus L. (Éclaire).—Plante glauque, un peu pubescente, à suc jaune ; tiges dressées, rameuses, fragiles ; feuilles molles, pennatiséquées, à segments larges, ovales, obtus, crénelés-lobés ; fleurs jaunes sur des pédicelles inégaux ; capsule un peu toruleuse ; graines olivâtres à strophiole blanche. ♃ mai-sept.—T. C. Haies, décombres, lieux incultes, vieux murs.

ESPÈCES EXCLUES.

Glaucium flavum Crantz, erratique et subspont. sur quelques points de la région parisienne ; *Chelidonium laciniatum* Mill. observé autrefois sur un vieux mur à Versailles, a disparu de cette unique localité.

V. FUMARIACÉES D. C.

Herbes annuelles ou vivaces, à feuilles très-découpées, alternes, très-glabres, dépourvues de stipules. Fleurs hermaphrodites, irrégulières, naissant chacune à l'aisselle d'une bractée et disposées en grappes terminales ou oppositifoliées. Calice à 2 sépales, l'un antér., l'autre postér., petits, membraneux, pétaloïdes, caducs. Corolle à 4 pétales inégaux, connivents, caducs, libres ou un peu connés à la base, disposés sur 2 verticilles, en préfloraison imbriquée ; des deux pétales les plus extérieurs, alternes avec les sépales, l'un est prolongé en éperon ou en bosse à la base ; les deux pétales intérieurs, opposés aux sépales, sont onguiculés à la base, dilatés et cohérents au sommet. Étamines 4, hypogynes, soudées dans presque toute la longueur de leurs filets en 2 faisceaux opposés aux pétales extér. et paraissant composés chacun de 3 étamines à anthères extrorses : la médiane seule est biloculaire, les deux latérales uniloculaires ne représentent en réalité qu'une demi-étamine résultant du dédoublement de l'étamine oppositisépale, dont chaque moitié s'est soudée sur le côté des étamines alternisépales. Style allongé, filiforme, terminé par un stigmate 2-4 lobé. Ovaire supère, 1-loculaire, 1-pluriovulé, à 2 placentas pariétaux. Fruit subdrupacé, devenant sec à la maturité, 1-loculaire, monosperme, indéhiscent, ou complètement sec, polysperme, s'ouvrant par deux valves. Graines souvent munies d'une strophiole ; albumen charnu, très-développé ; embryon très-petit ou nul au moment de la déhiscence du fruit.

1. **CORYDALLIS** DC. — Fruit linéaire, siliquiforme, polysperme, s'ouvrant par 2 valves ; graines à testa crustacé, noir, lisse, brillant, et munies d'une strophiole.

1. **C. solida** Sm.; *C. bulbosa* DC. — Souche bulbiforme, subglobuleuse ; tige ord. solitaire, munie dans sa partie infér. de 1, rar. 2 écailles ; feuilles biternatiséquées, à segments cunéiformes, obscurément palmatilobés ; bractées flabelliformes-palmatifides, plus rar. entières (*C. intermedia* Mér.); fleurs purpurines en grappe terminale ; sépales entiers. ♃ avril-mai. — R. Bois des terrains calcaires : Compiègne, Villers-Cotterets, Chantilly, Belfort, Nemours, etc.; naturalisé dans le parc de St-Germain et sur quelques autres points de la région parisienne.

2. **C. lutea** DC.; *C. capnoïdes* All. — Souche grêle, fibreuse ; tiges nombreuses, rameuses, diffuses ; feuilles glauques, bi-tri-pennatiséquées, à segments obovés plus ou moins lobés ; bractées petites, lancéolées-cuspidées ; fleurs jaunes en grappes oppositifoliées ; sépales entiers ou obscurément denticulés. ♃ mai-sept. — A. R. Naturalisé sur les vieux murs au voisinage des jardins : Vincennes, Versailles, Fontainebleau, la Ferté-Milon, etc.

2. **FUMARIA** Tourn. (Fumeterre).—Fruit subdrupacé, sec à la maturité, subglobuleux, monosperme, indéhiscent ; graines à testa membraneux, opaque, finement ponctué, et dépourvues de strophiole.

1	Sépales suborbiculaires, bien plus larges que la base de la corolle. . . . . *F. micrantha.*	
	Sépales ovales ou lancéolés, plus étroits que la base de la corolle ou la débordant à peine.	2
2	Fruits plus larges que longs, tronqués-émarginés au sommet. *F. officinalis.*	
	Fruits globuleux, non émarginés au sommet.	3

3 { Fruits mûrs terminés en pointe au sommet. . . . *F. parviflora.*
{ Fruits mûrs obtus ou mutiques au sommet. 4

4 { Fruits lisses, portés sur des pédicelles fortement recourbés.
{ *F. capreolata.*
{ Fruits rugueux, portés sur des pédicelles dressés, étalés ou à peine
{ recourbés 5

5 { Sépales très-petits, lancéolés, plus étroits que les pédicelles ;
{ fruits dépourvus de fossettes au sommet. . . . *F. Vaillantii.*
{ Sépales obovales-aigus, plus larges que les pédicelles ; fruits munis
{ de deux petites fossettes au sommet. 6

6 { Fleurs d'un beau rose ; fruits à base étroite et ne débordant pas
{ le sommet des pédicelles. . . . . *F. Borœi.*
{ Fleurs blanchâtres ou d'un rose pâle ; fruits à base élargie et dé-
{ bordant le sommet du pédicelle. . . . . *F. Bastardi.*

1. **F. capreolata** L., var. *albiflora* Hamm., Monogr. Fum. 25 ;
F. pallidiflora Jord. — Tiges très-rameuses, diffuses, grimpantes et
accrochantes au moyen des pétioles ; feuilles pennatiséquées, à
segments larges, cunéiformes, lobés, obtus ou mucronés ; fleurs
grandes, blanchâtres, d'un pourpre foncé au sommet, en grappes
un peu lâches, longuement pédonculées ; sépales larges, ovales-
aigus, dépassant un peu la largeur de la corolle ; fruits subglobuleux,
lisses, obtus et munis de 2 petites fossettes au sommet, portés sur
des pédicelles fortement recourbés à la maturité. ⊙ mai-sept. —
A. R. Haies, lieux cultivés, vieux murs : St-Germain, Trappes,
Meaux, Étampes, etc., etc.

2. **F. Borœi** Jord. ; *F. media* Lois., pro parte. — Tiges rameuses,
dressées, décombantes ou grimpantes au moyen des pétioles ;
feuilles bipennatiséquées, à segments obovales ou lancéolés, obtus
ou aigus ; fleurs assez grandes, d'un beau rose, d'un pourpre foncé
au sommet, en grappes courtes ; sépales ovales-aigus, un peu plus
larges que la corolle ; fruits globuleux, finement rugueux, obtus et
munis de 2 petites fossettes au sommet, à base étroite et ne
débordant pas le sommet du pédicelle étalé ou un peu recourbé à
la maturité. ⊙ mai-juin. — R. Lieux cultivés : les Vaux de Cernay ;
se retrouvera probablement dans d'autres localités.

3. **F. Bastardi** Bor., ; *F. confusa* Jord. ; *F. capreolata* var. *Bastardi* Coss. et Germ. — Plante très-voisine de la précédente dont
elle diffère : par ses fleurs plus petites, blanchâtres ou d'un rose
pâle mêlé de verdâtre, en grappes plus grêles ; par ses sépales de
moitié plus petits, ord. plus longtemps persistants ; par son fruit
élargi à la base et débordant le sommet du pédicelle. ⊙ mai-sept.
— A. R. Haies et lieux cultivés : St-Germain, Marly, Marcoussis,
Épernon, Mennecy, etc.

4. **F. officinalis** L. (Fumeterre). — Tiges dressées, étalées ou
diffuses, plus rar. grimpantes-accrochantes par les pétioles (*F.*

officinalis s.-var. *scandens* Coss. et Germ.; *F. media* Lois., pro parte);
feuilles bipennatiséquées, à segments étroits, lobés, aigus; fleurs
médiocres, purpurines, en grappes courtes, multiflores, assez
denses; sépales ovales-acuminés, aussi larges que la corolle et
plus larges que le pédicelle; fruits légèrement rugueux, plus larges
que longs, tronqués, émarginés au sommet, sur des pédicelles
dressés. ☉ avril-sept. — T. C. Jardins, vignes et lieux cultivés.

5. **F. Vaillantii** Lois. — Plante un peu glauque, à tige grêle
très-rameuse, dressée ou diffuse; feuilles bi-tripennatiséquées, à
segments lancéolés ou linéaires, aigus; fleurs petites, roses ou
blanchâtres, en grappes courtes et lâches; sépales très-petits,
linéaires, aigus, plus étroits que la corolle et que le pédicelle;
fruits tuberculeux, globuleux, arrondis au sommet, sur des
pédicelles dressés ou étalés. ☉ juin-juill. — A. C. Champs, lieux
cultivés, bords des chemins.

6. **F. micrantha** Lag.; *F. densiflora* DC. — Plante glaucescente
à tiges rameuses, dressées, diffuses; feuilles bipennatiséquées à segments un peu charnus, lancéolés ou linéaires, aigus, ord. canaliculés; fleurs petites, purpurines, en grappes denses, courtes, très-
brièvement pédonculées; sépales grands, suborbiculaires, bien plus
larges que la corolle et que le pédicelle; fruits tuberculeux, subglobuleux, arrondis-obtus au sommet, sur des pédicelles courts et
étalés. ☉ juin-sept. — A. R. Champs et lieux cultivés : St-Germain,
Marly, Poissy, Versailles, Lardy, Etrechy, Meaux, etc., etc.

7. **F. parviflora** Lam. —Plante glauque à tiges grêles, rameuses,
ascendantes, diffuses ; feuilles un peu charnues, bipennatiséquées,
à segments linéaires aigus ou obtus, canaliculés, souv. divergents;
fleurs petites, d'un pourpre noirâtre au sommet, en grappes courtes,
denses, très-brièvement pédonculées ; sépales petits, ovales-aigus,
plus étroits que la corolle et plus larges que le pédicelle; fruits tuberculeux, subglobuleux, terminés en pointe apiculée au sommet,
sur des pédicelles courts, épaissis, dressés ou subétalés. ☉ juin-
sept. — C. Champs, lieux cultivés, bords des chemins.

ESPÈCE EXCLUE.

Corydallis cava Schw. Naturalisé à Trianon et à Malesherbes, où
il est devenu très-rare.

VI. CRUCIFÈRES Juss.

Herbes annuelles, bisannuelles ou vivaces, plus rar. plantes
sous-frutescentes. Feuilles alternes, simples, entières ou plus ou
moins découpées, dépourvues de stipules. Fleurs hermaphrodites,

4*

régulières ou à peine irrégulières, ord. en grappes simples, terminales et rar. axillaires. Calice à 4 sépales en croix, libres,
ord. caducs, les latéraux souvent gibbeux à la base. Corolle à
4 pétales, rar. moins ou nuls par avortement, libres, caducs,
onguiculés, en croix et en préfloraison imbriquée. Étamines 6,
hypogynes, libres, inégales, 4 grandes superposées par paires aux
2 sépales antérieur et postérieur, 2 plus courtes superposées chacune à l'un des sépales latéraux ; anthères biloculaires, introrses.
Glandes hypogynes 2-4 ou nulles, sessiles, de forme variable et
diversement placées à la base des étamines, entre elles et le pistil
ou entre elles et les sépales. Style simple, plus rar. nul, ord. persistant, surmonté d'un stigmate entier ou bilobé. Ovaire supère,
formé de 2 carpelles, uni-biloculaire, à loges uni-pluriovulées, à placentas pariétaux. Fruit sec, allongé (*silique*) ou court (*silicule*), divisé
en 2 loges mono-polyspermes par une fausse cloison, déhiscent par
2 valves qui se séparent de la base au sommet du cadre qui sous-
tend la fausse cloison, ou indéhiscent, uniloculaire et monosperme
ou se séparant en articles transversaux, monospermes. Graines à
téguments plus ou moins testacés, souv. prolongés en aile; albumen
nul ou très-mince ; embryon courbé à cotylédons oléagineux, plans,
pliés en long ou enroulés, et à radicule appliqué sur la commissure
des cotylédons ou sur la face dorsale de l'un d'eux.

1 { Fruit linéaire ou lancéolé-linéaire, bien plus long que large
    (*silique*). 2
    Fruit court, à peine plus long que large (*silicule*). 23

2 { Silique indéhiscente, renflée-spongieuse ou articulée-moniliforme
    se séparant à la maturité en plusieurs articles transversaux
    monospermes. . . . . *Raphanus* (1).
    Silique déhiscente, non renflée-spongieuse ni articulée, s'ouvrant
    à la maturité par 2 valves longitudinales 3

3 { Graines insérées alternativement à droite et à gauche, mais se
    superposant de manière à ne former qu'un seul rang dans
    chaque loge 4
    Graines insérées de chaque côté en série continue ou à peu près
    et formant dans chaque loge deux rangs parallèles. 18

4 { Valves de la silique dépourvues de nervure longitudinale, s'en-
    roulant en dehors à la maturité. 5
    Valves de la silique munies de 1 ou plusieurs nervures longitu-
    dinales et ne s'enroulant pas à la maturité 6

5 { Souche charnue, écailleuse, articulée; style conique, un peu
    allongé; graines à funicule dilaté, ailé. . . . *Dentaria* (15).
    Souche non charnue-écailleuse, ni articulée; style conique, court
    ou presque nul; graines à funicule filiforme. *Cardamine* (14).

6 { Valves de la silique munies d'une seule nervure longitudinale
    saillante. 7
    Valves de la silique munies de 3-5 nervures longitudinales plus ou
    moins saillantes. 16

7 { Silique subcylindrique ou tétragone, à valves plus ou moins convexes. 9
{ Silique comprimée, à valves presque planes. 8

8 { Grappe fructifère fournie; silique à valves bosselées; graines ailées
{ au sommet ou étroitement marginées . . . . . Arabis (13).
{ Grappe fructifère très-lâche; siliques à valves non bosselées;
{ graines ni ailées, ni marginées. . . . . . Sisymbrium (7).

9 { Silique subcylindrique. 10
{ Silique tétragone 14

10 { Feuilles toutes pennatipartites ou pennatiséquées. 11
{ Feuilles caulinaires entières ou plus ou moins profondément den-
{ tées, mais non pennatipartites ou pennatiséquées. 12

11 { Feuilles d'un vert foncé, à segments ovales ou oblongs; siliques
{ bosselées; graines brunes, finement alvéolées. Erucastrum (4).
{ Feuilles d'un vert blanchâtre, à segments linéaires; siliques un peu
{ toruleuses; graines jaunes, lisses . . . . . Sisymbrium (8).

12 { Siliques terminées par un bec allongé; graines globu-
{ leuses. . . . . Brassica (3).
{ Siliques à bec nul ou très-court; graines ovoïdes ou comprimées. 13

13 { Feuilles toutes pétiolées; valves convexes à nervure dorsale peu
{ saillante. . . . . Sisymbrium (7).
{ Feuilles caulinaires embrassantes; valves carénées à nervure dor-
{ sale très-saillante. . . . . Barbarea (12).

14 { Feuilles toutes entières ou denticulées, rar. les radicales roncinées;
{ graines ovoïdes ou oblongues non comprimées 15
{ Feuilles infér. lyrées-pennatifides, les supér. à dents profondes, larges
{ et inégales; graines elliptiques comprimées. . Barbarea (12).

15 { Style conique; stigmate bilobé à lobes divergents; graines com-
{ primées, ailées au sommet. . . . . Cheiranthus (11).
{ Style cylindrique; stigmate entier ou seulement échancré; graines
{ oblongues rar. comprimées, ni ailées. . . . Erysimum (10).

16 { Stigmate à 2 lobes lamelleux, plans, dressés-connivents; graines
{ oblongues-subtriquètres. . . . . Hesperis (9).
{ Stigmate entier ou un peu émarginé; graines ovoïdes ou globuleuses. 17

17 { Siliques terminées par un bec allongé, comprimé-ensiforme;
{ graines globuleuses. . . . . Sinapis (2).
{ Silique à bec nul ou très-court; graines ovoïdes. Sisymbrium (7).

18 { Bec de la silique aplati, ensiforme, presque aussi long que les
{ valves; stigmate profondément bilobé. . . . . . Eruca (6).
{ Bec de la silique conique ou cylindrique, court; stigmate entier
{ ou émarginé. 19

19 { Feuilles caulinaires embrassantes-auriculées; siliques très-allongées
{ à valves planes . . . . Turritis (16).
{ Feuilles caulinaires non embrassantes-auriculées; siliques à valves
{ plus ou moins convexes 20

20 { Siliques 3-4 fois plus longues que leurs pédicelles ou à valves
{ munies d'une nervure dorsale ou hérissées d'aspérités blanchâtres. 21
{ Siliques n'étant pas 3-4 fois plus longues que leurs pédicelles,
{ souv. plus courtes, à valves dépourvues de nervure dorsale et
{ d'aspérités. . . . . Nasturtium (17).

<table>
<tr><td>21</td><td>Pédicelles fructifères épais; siliques épaisses, à valves hérissées d'aspérités blanchâtres et dépourvues de nervure dorsale . . . . Nasturtium (17).
Pédicelles fructifères grêles ou non épaissis; siliques linéaires, non épaissies, à valves munies d'une nervure dorsale et dépourvues d'aspérités blanchâtres. . . . . 22</td></tr>
<tr><td>22</td><td>Tiges couchées, étalées en cercle; grappe fructifère feuillée; graines mates, alvéolées; fleurs blanches . . . . Braya (8).
Tiges ascendantes ou dressées, non étalées en cercle; grappe fructifère non feuillée; graines luisantes, lisses; fleurs jaunes . . . . Diplotaxis (5).</td></tr>
<tr><td>23</td><td>Silicule indéhiscente ou se partageant en 2 valves qui retiennent les graines. 24
Silicule déhiscente, à valves ne retenant pas ord. les graines. . . 27</td></tr>
<tr><td>24</td><td>Silicules réniformes, dispermes, se partageant en 2 valves épaisses, convexes, qui retiennent les graines; grappes oppositifoliées . . . . Senebiera (28).
Silicules monospermes, subglobuleuses ou oblongues, ne se partageant pas en 2 valves; grappes jamais oppositifoliées. . . . . 25</td></tr>
<tr><td>25</td><td>Silicules oblongues-cunéiformes, fortement comprimées en forme d'aile membraneuse, pendantes . . . . Isatis (30).
Silicules subglobuleuses, dressées . . . . 26</td></tr>
<tr><td>26</td><td>Feuilles radicales lyrées; silicules munies de 4 nervures disposées en croix et surmontées d'un style épais; fleurs blanches. . . . . Calepina (32).
Feuilles radicales oblongues entières ou superficiellement dentées; silicules munies d'une seule nervure dorsale et surmontées d'un style filiforme; fleurs jaunes . . . . Neslia (31).</td></tr>
<tr><td>27</td><td>Silicules comprimées parallèlement à la cloison, celle-ci aussi large que le grand diamètre transversal de la silicule 28
Silicules comprimées perpendiculairement à la cloison, celle-ci sublinéaire ou plus étroite que le grand diamètre transversal de la silicule . . . . 32</td></tr>
<tr><td>28</td><td>Silicules oblongues, planes ou suborbiculaires-comprimées; valves planes au moins sur les bords, rar. subconvexes. 29
Silicule renflée, subglobuleuse; valves très-convexes. . . . . . . 30</td></tr>
<tr><td>29</td><td>Plante parsemée de poils simples ou 2-3-fides; feuilles toutes radicales, en rosette; silicules oblongues à loges polyspermes; fleurs blanches . . . . Draba (19).
Plante couverte de poils étoilés; feuilles non en rosette; silicules suborbiculaires à loges 1-2-spermes; fleurs jaunes. Alyssum (18).</td></tr>
<tr><td>30</td><td>Silicules obovoïdes-pyriformes à valves munies d'une forte nervure dorsale; feuilles caulinaires sagittées à la base. Camelina (20).
Silicules globuleuses ou oblongues-subglobuleuses à valves dépourvues de nervure dorsale; feuilles caulinaires non sagittées. . . 31</td></tr>
<tr><td>31</td><td>Silicules ellipsoïdes-renflées ou oblongues-subglobuleuses; plus de 5-6 graines lisses ou 5-6 graines fortement alvéolées dans chaque loge; fleurs jaunes . . . . Nasturtium (17).
Silicules renflées-globuleuses; graines 5-6 dans chaque loge, toujours lisses; fleurs blanches . . . . . . Cochlearia (21).</td></tr>
</table>

32 { Silicules formées de 2 lobes orbiculaires, comprimés, rapprochés en forme de lunettes . . . . *Biscutella* (29).
Silicules n'étant pas formées de 2 lobes orbiculaires, disposés comme ci-dessus 33

33 { Silicules triangulaires, émarginées au sommet près de la base du style; graines 20-24 dans chaque loge . . . . *Capsella* (23).
Silicules jamais triangulaires; graines 4-6 et souv. 1-2 dans chaque loge 34

34 { Silicules à loges monospermes. 35
Silicules à loges 2-spermes ou oligospermes (4-5-6 graines). . . . 36

35 { Silicules fortement échancrées au sommet, à échancrure limitée par 2 lobes aigus; fleurs assez grandes, à pétales très-inégaux, les extérieurs plus grands . . . . *Iberis* (22).
Silicules non échancrées au sommet, ou à échancrure limitée par 2 lobes arrondis; fleurs petites à pétales tous égaux. *Lepidium* (26).

36 { Silicules échancrées ou bilobées au sommet; valves à carène plus ou moins ailée au sommet 37
Silicules entières et non échancrées au sommet; valves à carène non ailée. . . . . *Hutchinsia* (25).

37 { Silicules très-étroitement ailées au sommet; feuilles presque toutes radicales, ord. lyrées-pennatipartites; pétales inégaux, les extérieurs plus grands . . . . *Teesdalia* (27).
Silicules assez largement ailées au sommet; feuilles plus ou moins nombreuses sur la tige, les radicales obovées; pétales égaux . . . . *Thlaspi* (24).

I. SILIQUEUSES. — Fruit linéaire ou linéaire-lancéolé (silique) très-rar. oblong ou subglobuleux.

* Siliques indéhiscentes, continues ou articulées.

1. **RAPHANUS** L. (Radis). — Sépales dressés, les latéraux bossus à la base; style conique; silique allongée, arrondie, renflée-spongieuse, indéhiscente ou articulée-moniliforme, se séparant à la maturité en plusieurs articles transversaux, monospermes; graines globuleuses.

1. **R. sativus** L. (Radis). — Plante hérissée de poils raides; racine épaisse, charnue, petite, globuleuse, rose extérieurement (*R. Radicula* Pers.; Radis, petite Rave) ou grosse, napiforme, noire extérieurement (*R. niger* Mér.; Radis noir, Raifort); tige élevée, rameuse; feuilles infér. lyrées, les supér. oblongues, dentées ou incisées; fleurs grandes, blanches ou violacées, veinées; siliques oblongues-coniques, renflées-spongieuses, ne se séparant pas en articles à la maturité. ☉, ② mai-juillet. — Communément cult. et quelquefois subspont.

2. **R. Raphanistrum** L. (Ravenelle). — Plante hérissée de poils raides; racine grêle; tige peu élevée, rameuse; feuilles inf. lyrées, les supér. oblongues, dentées; fleurs grandes, blanches ou jaunes,

veinées de violet ; siliques linéaires, moniliformes, se séparant à la maturité en articles transversaux monospermes. ☉ juin-sept. — T. C. Champs et moissons.

** Siliques déhiscentes par 2 valves se détachant de la base au sommet.

a. = *Cotylédons pliés en long (condupliqués).*

2. **SINAPIS** Tourn. (Moutarde). — Sépales étalés, non bossus à la base ; style allongé, comprimé-ensiforme ; siliques linéaires ou oblongues, arrondies, à valves convexes, munies de 3-5 nervures dorsales, saillantes ; graines globuleuses, unisériées.

1 { Feuilles supér. sessiles, ovales-lancéolées, sinuées-dentées ; graines noires, lisses. . . . . *S. arvensis.*
{ Feuilles toutes pétiolées, pennatipartites ou lyrées-pennatipartites ; graines jaunes ou brunes, alvéolées 2

2 { Sépales dressés ; siliques glabres ; style bien plus court que la silique ; graines brunes. . . . . *S. Cheiranthus.*
{ Sépales étalés ; siliques velues-hispides ; style égalant la silique ou plus long ; graines jaunes . . . . *S. alba.*

1. **S. arvensis** L. (Moutarde sauvage). — Tige dressée, anguleuse, rameuse, à rameaux étalés ; feuilles infér. pétiolées, lyrées, les supér. sessiles, ovales-lancéolées, sinuées-dentées ; fleurs jaunes à sépales étalés ; siliques ord. étalées, glabres ou hispides, surmontées d'un bec conique égalant la silique ou plus court ; graines noires, lisses. ☉ mai-sept. — T. C. Champs, moissons, vignes, lieux incultes.

Var. *Schkuhriana* Lge. ; *S. Schkuhriana* Rchb. ; siliques plus allongées et plus grêles, fortement toruleuses, d'abord étalées puis redressées ; bec allongé un peu comprimé. A. C. Avec le type.

2. **S. alba** L. (Moutarde blanche). — Tige dressée, un peu anguleuse, rameuse, à rameaux dressés ; feuilles toutes pétiolées, lyrées-pennatipartites ; fleurs jaunes à sépales étalés ; siliques étalées, velues-hispides, toruleuses, surmontées d'un bec comprimé égalant la silique ou plus long ; graines jaunes, finement alvéolées. ☉ juin-juillet. — C. Champs et moissons, places à charbon dans les bois ; souv. cult.

3. **S. Cheiranthus** Kch. ; *Brassica* Vill. ; *B. cheirantiflora* DC. — Tige dressée, arrondie, peu rameuse, à rameaux dressés ; feuilles toutes pétiolées, pennatipartites ; fleurs jaunes à sépales dressés-connivents ; siliques étalées ou étalées-ascendantes, glabres, subcylindriques, surmontées d'un bec conique, comprimé, 6-8 fois plus court que la silique ; graines brunes, finement alvéolées. ☉, ②, ♃ juin-août. — A. C. Champs et lieux sablonneux ; manque sur le calcaire.

3. **BRASSICA** Tourn. (Chou). — Sépales dressés, non bossus ou les latéraux bossus à la base ; style conique, ord. allongé ; siliques

linéaires, subcylindriques ou subcomprimées, à valves convexes, munies d'une seule nervure dorsale; graines globuleuses, unisériées.

1. **B. nigra** Kch.; *Sinapis* L. (Moutarde noire). — Plante un peu hispide inférieurement; tige dressée, rameuse, à rameaux étalés; feuilles toutes pétiolées, les infér. lyrées-pennatipartites; les supér. lancéolées, entières ou incisées-dentées; fleurs jaunes, à sépales étalés; siliques courtes, dressées-appliquées contre l'axe; graines finement alvéolées. ⊙ juin-août. — C. Champs, lieux incultes, bords des rivières et des voies ferrées, décombres.

2. **B. oleracea** L. (Chou). — Plante glabre; tige dressée, rameuse, à rameaux dressés; feuilles grandes, glauques, les infér. lyrées; les supér. sessiles, auriculées-amplexicaules, entières; fleurs jaunes ou blanches à sépales dressés; siliques allongées, un peu arquées, plus ou moins étalées; graines lisses. ② mai-juin. — Communément cultivé; quelquefois subspont.; comprend un grand nombre de variétés maraîchères.

3. **B. Napus** L. (Navet). — Plante glabre; tige rameuse, à rameaux dressés; feuilles glauques, les infér. pétiolées, lyrées-pennatipartites, les supér. sessiles, oblongues-cordées, amplexicaules; fleurs jaunes, à sépales étalés; siliques allongées, subcomprimées, étalées; graines très-finement et très-légèrement ponctuées. ⊙, ② avril-mai. — Communément cultivé et souv. subspont.

Var. *oleifera* DC. (Colza); racine grêle, graines oléagineuses.

Var. *esculenta* DC. (Navet); racine assez grosse, charnue, fusiforme.

4. **B. asperifolia** Lam.; *B. Rapa* Kch. — Plante hérissée inférieurement; tige rameuse, à rameaux dressés; feuilles vertes, les infér. pétiolées, lyrées-pennatifides, hérissées; les supér. sessiles, oblongues-cordées, embrassantes-auriculées; fleurs jaunes, à sépales étalés; siliques subtoruleuses, étalées-dressées; graines lisses. ⊙, ② avril-mai. — Communément cultivé et souv. subspont.

Var. *oleifera* DC.; *B. campestris* L. (Navette); racine grêle; graines oléagineuses.

Var. *esculenta* Godr. et Gren.; *B. Rapa* L. (Rave); racine assez grosse, charnue, fusiforme ou turbinée.

4. **ERUCASTRUM** Spenn. — Sépales dressés ou étalés, les latéraux légèrement bossus à la base; style court, conique; siliques subcylindriques, un peu toruleuses, à valves convexes, munies d'une seule nervure dorsale; graines ovoïdes-oblongues, subcomprimées, unisériées.

1. **E. obtusangulum** Rchb.; *Sisymbrium* Lois.; *Brassica Erucastrum* L.; *Diplotaxis Erucastrum* Godr. et Gr. — Racine dure, épaisse, allongée; tige dressée, anguleuse-striée, rameuse, à rameaux

dressés; feuilles pennatiséquées ou pennatipartites; fleurs jaunes, à sépales étalés; grappe fructifère dépourvue de bractées; siliques redressées sur leurs pédicelles étalés. ②, ♃ mai-sept. — R. Lieux secs et incultes, décombres : Vincennes, St-Maur, Chelles.

2. **E. Pollichii** Spenn.; *Brassica ochroleuca* S. W.; *Diplotaxis bracteata* Godr. et Gren. — Racine grêle; tige dressée, rameuse, à rameaux dressés; feuilles pennatiséquées; fleurs d'un blanc jaunâtre, à sépales dressés; grappe fructifère munie inférieurement de bractées pennatiséquées; siliques étalées ou étalées-redressées. ②, ♃ mai-sept. — T. R. Décombres, lieux incultes : Grenelle, Sartrouville.

5. **DIPLOTAXIS** DC. — Sépales un peu étalés, non bossus à la base; style court, conique-comprimé; siliques linéaires, comprimées, à valves un peu convexes, munies d'une seule nervure dorsale; graines ovoïdes ou oblongues, comprimées, bisériées.

1. **D. tenuifolia** DC.; *Sisymbrium* L. — Plante fétide; souche dure, épaisse subligneuse; tiges ord. nombreuses, dressées, feuillées; feuilles un peu épaisses, pennatifides, pennatipartites ou oblongues-lancéolées, les infér. pétiolées; fleurs jaunes, grandes, à sépales étalés; siliques dressées ou ascendantes, égalant à peu près leurs pédicelles. ♃ mai-sept. — T. C. Lieux incultes, décombres, bords des chemins.

2. **D. muralis** DC.; *Sisymbrium* L. — Plante à peu près inodore; racine grêle; tiges dressées, ord. simples, feuillées seulement à la base; feuilles sinuées-dentées, ou sinuées-pennatipartites, pétiolées; fleurs jaunes, petites, à sépales dressés; siliques peu nombreuses, ascendantes, 2-3 fois plus longues que leurs pédicelles. ⊙ mai-sept. — A. C. Champs pierreux, vieux murs, bords des chemins.

3. **D. viminea** DC.; *Sisymbrium* L. — Plante non fétide, à racine grêle; tiges grêles, simples, subétalées, nues; feuilles presque toutes radicales, formant rosette, sinuées-dentées ou sinuées-pennatipartites; fleurs jaunes, très-petites, à sépales dressés; siliques ascendantes, 2-3 fois plus longues que leurs pédicelles, terminées par un bec contracté à la base. ⊙ juin-sept. — A. C. Vignes et champs sablonneux.

6. **ERUCA** Tourn. (Roquette). — Sépales dressés, les latéraux à peine bossus à la base; style allongé, comprimé, ensiforme; siliques courtes, subcylindriques, un peu renflées, à valves convexes, carénées, munies d'une seule nervure dorsale; graines globuleuses, bisériées.

E. sativa Lam.; *Brassica Eruca* L. (Roquette). — Plante un peu hérissée, à odeur désagréable; tige dressée, assez robuste, simple ou rameuse; feuilles lyrées-pennatipartites; fleurs grandes, blanches ou jaunâtres, veinées de violet; siliques dressées, appliquées contre l'axe, brièvement pédicellées, à bec égalant la moitié de leur longueur. ⊙, ② mai-juin. — R. Décombres, champs arides, sur le calcaire : Chelles, Vétheuil, La Roche-Guyon, Dreux.

b. ═ *Cotylédons plans.*

§ Radicule appliquée sur la face dorsale de l'un des cotylédons (radicule dorsale).

7. **SISYMBRIUM** Tourn. — Sépales dressés ou un peu étalés, non bossus à la base; style très-court ou presque nul, à stigmate entier ou émarginé; siliques linéaires, arrondies ou subtrigones, à valves convexes, munies de 1-3 nervures dorsales; graines ovoïdes ou oblongues, unisériées.

1 {
Feuilles infér. entières ou sinuées-dentées; fleurs blanches. . . . 2
Feuilles infér. roncinées-pennatipartites ou pennatiséquées; fleurs jaunes. 3

2 {
Plante élevée, robuste, exhalant par le froissement une odeur d'ail; feuilles infér. réniformes-cordées; siliques 7-8 fois plus longues que leurs pédicelles. . . . . *S. Alliaria.*
Plante peu élevée, grêle, sans odeur; feuilles infér. oblongues; siliques à peine plus longues que leurs pédicelles. *S. Thalianum.*

3 {
Feuilles pubescentes, un peu blanchâtres, 2-3-pennatiséquées, à segments linéaires; sépales jaunâtres. . . . . . . *S. Sophia.*
Feuilles glabres ou pubescentes, non blanchâtres, roncinées-pennatipartites, à lobes oblongs; sépales verdâtres 4

4 {
Siliques velues, courtes, coniques, appliquées contre l'axe, à pédicelles épais . . . . *S. officinale.*
Siliques glabres, allongées, linéaires, étalées, à pédicelles grêles. *S. Irio.*

1. **S. Alliaria** Scop.; *Erysimum* L.; *Alliaria officinalis* Andrz. (Alliaire). — Plante exhalant par le froissement une odeur d'ail; tige élevée, robuste, dressée, rameuse; feuilles toutes pétiolées, les infér. réniformes-cordées, crénelées, les supér. ovales-acuminées; fleurs blanches, siliques allongées, subcylindriques, étalées ou étalées-redressées, à pédicelles épais, très-courts. ② avril-juin. — T. C. Lieux incultes, haies, bords des chemins.

2. **S. Thalianum** Gay; *Arabis Thaliana* L. — Plante dépourvue d'odeur; tige grêle, peu élevée, dressée, simple ou rameuse; feuilles radicales oblongues, entières ou sinuées-dentées, ord. rapprochées en rosette, atténuées en pétiole, les caulinaires lancéolées, sessiles; fleurs blanches très-petites; siliques grêles, linéaires-comprimées, étalées ou étalées-redressées, à pédoncules très-grêles, un peu plus courts que la silique. ⊙ avril-mai. — T. C. Champs et lieux sablonneux.

3. **S. officinale** Scop.; *Erysimum* L. (Vélar; herbe aux chantres).

— Plante pubescente, d'un vert sombre; tige dressée, raide, rameuse, à rameaux étalés-divariqués; feuilles infér. roncinées-pennatifides, à lobes oblongs, dentés, les supér. hastées; fleurs jaunes, petites; siliques courtes, velues, coniques, appliquées contre l'axe, à pédicelles épais, très-courts. ⊙ juin-sept.—T. C. Décombres, lieux incultes, bords des chemins.

4. **S. Sophia** L. (Sagesse des Chirurgiens).—Plante pubescente, d'un vert blanchâtre; tige dressée, rameuse, à rameaux étalés-arqués; feuilles toutes 2-3-pennatiséquées, à segments linéaires; fleurs petites, d'un jaune pâle; siliques linéaires, glabres, subtoruleuses, étalées-arquées, à pédicelles grêles, égalant le tiers de leur longueur. ⊙ mai-sept. — T. C. Décombres, lieux incultes, bords des chemins.

5. **S. Irio** L. — Plante glabre ou subpubescente; tige dressée, simple ou rameuse; feuilles infér. roncinées-pennatifides, à lobes oblongs, dentés, les supér. hastées; fleurs petites, jaunes; siliques linéaires, allongées, glabres, subtoruleuses, redressées, à pédicelles grêles, 5-6 fois plus courts qu'elles. ⊙, ② mai-sept. — T.C. Décombres, vieux murs, bords des chemins et des grandes rivières.

8. **BRAYA** Sternb. — Stigmate entier; siliques un peu comprimées, à valves munies d'une seule nervure dorsale; graines ovoïdes, bisériées. (Les autres caractères sont ceux du genre précédent.)

B. supina Koh.; *Sisymbrium supinum* L. — Plante couverte de poils raides, peu nombreux; tiges nombreuses, rameuses, étalées en cercle; feuilles pennatipartites à segments oblongs, entiers ou crénelés; fleurs blanches, petites, solitaires à l'aisselle de feuilles bractéiformes; siliques allongées, lâches, dressées, glabres ou hérissées, à pédicelles très-courts; graines jaunes, finement ponctuées. ⊙, ② juin-sept. — A. R. Prairies et lieux sablonneux, près des rivières.

9. **HESPERIS** Tourn. (Julienne).—Sépales dressés, les latéraux bossus à la base; style court, conique, à stigmate formé de 2 lobes lamelleux, plans, dressés-connivents; siliques allongées, subcylindriques, à valves convexes, munies d'une seule nervure dorsale; graines oblongues-subtriquètres, unisériées.

H. matronalis L. (Julienne, Girarde).—Plante couverte de poils raides; tige élevée, robuste, dressée, rameuse; feuilles oblongues ou lancéolées, denticulées, les infér. larges, pétiolées, les supér. plus étroites, subsessiles; fleurs grandes, odorantes, blanches, rosées ou lilacées; siliques grêles, toruleuses, arquées, très-étalées. ②, ♃ juin. — A. R. Haies au voisinage des habitations; souv. cultivé.

10. **ERYSIMUM** Tourn. (Vélar). — Sépales dressés, non bossus ou les latéraux bossus à la base; style court, conique; siliques linéaires-tétragones, à valves carénées, munies d'une seule nervure dorsale; graines oblongues, unisériées.

1. **E. cheiranthoides** L. — Plante couverte de poils en navette; tige dressée, striée, rameuse; feuilles lancéolées ou oblongues, subdenticulées, atténuées aux deux extrémités, les infér. pétiolées, les supér. subsessiles; fleurs jaunes, petites, inodores; siliques médiocres, étalées-redressées, à pédicelles grêles. ⊙ juin-sept. — C. Lieux incultes, décombres, bords des eaux.

2. **E. cheiriflorum** Walbr.; *E. odoratum* Kch. — Plante couverte de poils en navette, d'un vert un peu jaunâtre; tige dressée, anguleuse, simple ou peu rameuse; feuilles oblongues-lancéolées, atténuées aux 2 extrémités, sinuées-dentées, brièvement pétiolées, les supér. subsessiles; fleurs jaunes, grandes, odorantes; siliques allongées, étalées-redressées, à pédicelles épais. ② mai-juill. — R. Coteaux, bords des chemins des terrains calcaires : Fontainebleau, Souppes, Château-Landon, Provins.

3. **E. orientale** R. Br.; *E. perfoliatum* Crantz; *Conringia orientalis* Andrz. — Plante glauque, très-glabre; tige dressée, arrondie, simple ou rameuse; feuilles un peu charnues, très-entières, les infér. obovales, atténuées en pétiole court, les supér. oblongues, sessiles, cordées, auriculées-amplexicaules; fleurs médiocres, d'un blanc jaunâtre, inodores; siliques très-lâches, très-longues, étalées, à pédicelles courts et épais. ⊙ mai-juillet.—R. Champs et moissons : Lardy, Étrechy, Mantes, Malesherbes, Nemours, etc.

§§. Radicule appliquée sur la commissure des cotylédons (radicule commissurale).

11. **CHEIRANTHUS** R. Br. (Giroflée). — Sépales dressés, les latéraux bossus à la base; style court, conique-subtétragone, à stigmate profondément bipartit en 2 lobes arrondis, divergents; siliques subtétragones, à valves carénées, munies d'une nervure dorsale saillante; graines oblongues, comprimées, ailées, unisériées.

C. Cheiri L. (Giroflée, Carafée). — Tige frutescente, dressée ou courbée à la base, rameuse au sommet; feuilles rapprochées, lancéolées, entières, atténuées aux deux extrémités; fleurs grandes d'un beau jaune, très-odorantes; siliques allongées, dressées, pubescentes, blanchâtres. ♃ avril-juin. — T. C. Ruines et vieux murs.

12. **BARBAREA** R. Br. — Sépales dressés, non bossus à la base; style court, arrondi, à stigmate entier ou subémarginé; siliques subtétragones, à valves convexes, carénées, munies d'une nervure dorsale saillante; graines comprimées, unisériées.

B. vulgaris R. Br. (Barbarée, Herbe de sainte Barbe). — Tige dressée, rameuse; feuilles luisantes, les infér. lyrées, pétiolées, les supér. obovales, auriculées-amplexicaules; fleurs jaunes; siliques étalées-redressées, en grappe assez fournie. ② mai-juin. — T. C. Lieux humides et herbeux, haies, bords des chemins.

Var. *arcuata* Fries; *B. arcuata* Rchb.; siliques étalées-arquées en grappe assez lâche. Avec le type, principalement dans les endroits ombragés.

13. **ARABIS** L. (Arabette). — Sépales dressés, non bossus ou les latéraux bossus à la base; style court; siliques grêles, linéaires, allongées, comprimées, à valves presque planes, munies d'une seule nervure dorsale; graines comprimées, plus ou moins ailées ou marginées, unisériées.

1. **A. arenosa** Scop.; *Sisymbrium arenosum* L. — Plante mollement velue, à tiges grêles, dressées ou flexueuses, rameuses; feuilles radicales en rosette, atténuées en pétiole, lyrées-pennatipartites, les caulinaires sessiles, entières ou lyrées-pennatifides; fleurs assez grandes, rosées, lilacées ou blanches; siliques lâches, ascendantes, sur des pédoncules filiformes, allongés, étalés; graines ailées au sommet. ②, ♃ avril-mai. — R. Rochers, vieux murs : Jeufosse, Port-Villez, Vézillon, les Andelys; sur la craie.

2. **A. hirsuta** Scop.; *A. sagittata* DC.; *Turritis hirsuta* L. — Plante ord. hérissée; tiges dressées, raides, simples, rar. rameuses; feuilles radicales en rosette, oblongues-spathulées, atténuées en pétiole, les caulinaires oblongues, dentées, auriculées-amplexicaules; fleurs petites, blanches; siliques denses, dressées-appliquées contre l'axe à pédicelles courts; graines étroitement marginées. ② mai-juill. — C. Bois, pelouses et coteaux secs.

14. **CARDAMINE** Tourn. (Cardamine). — Sépales dressés ou un peu étalés, non bossus à la base; style court ou presque nul; siliques linéaires-allongées, comprimées, à valves presque planes, dépourvues de nervure dorsale, s'enroulant souvent en dehors à la maturité; graines comprimées, unisériées, aptères ou étroitement ailées au sommet, à funicule filiforme.

1	Souche stolonifère; fleurs grandes; pétales 3 fois plus longs que le calice, à limbe large et étalé.	2
	Souche annuelle ou bisannuelle, non stolonifère; fleurs petites; pétales à limbe étroit, dressé, à peine plus longs que le calice.	3
2	Segments des feuilles supér. linéaires-entiers; anthères jaunes; siliques à peine plus longues que leurs pédicelles. *C. pratensis.*	
	Segments des feuilles supér. obovales, anguleux ou dentés; anthères violettes; siliques plus longues que leurs pédicelles. *C. amara.*	
3	Feuilles caulinaires à pétiole embrassant la tige par 2 oreillettes linéaires, arquées. . . . . *C. impatiens.*	
	Feuilles caulinaires à pétiole dépourvu d'oreillettes embrassantes.	4

4 { Feuilles caulinaires aussi grandes ou plus grandes que les radicales ; fleurs non ou à peine dépassées par les siliques infér.; étamines 6 . . . . *C. sylvatica.*
Feuilles caulinaires plus petites que les radicales; fleurs longuement dépassées par les siliques infér. ; étamines 4.   *C. hirsuta.*

1. C. pratensis L. (Cresson des prés). — Souche courte, stolonifère ; tiges dressées ou ascendantes, simples ou rameuses ; feuilles pennatiséquées, les radicales longuement pétiolées, à segments ovales ou arrondis, anguleux, les caulinaires à segments linéaires, entiers ; fleurs grandes, rosées, lilacées ou blanches ; pétales à limbe large et étalé ; anthères jaunes ; siliques à peine plus longues que leurs pédicelles. ♃ avril-mai. — T. C. Prés humides, lieux herbeux.

2. C. amara L. — Souche allongée, noueuse, stolonifère ; tiges ascendantes, flexueuses, rameuses au sommet ; feuilles pennatiséquées, à segments obovales, anguleux ou dentés, le terminal bien plus grand que les latéraux ; fleurs grandes, blanches ; pétales à limbe large et étalé ; anthères violettes ; siliques sensiblement plus longues que leurs pédicelles. ♃ mai-juin. — R. Prés humides, bords des ruisseaux : Dampierre, Dreux, Compiègne, Beauvais.

3. C. impatiens L. — Racine grêle, dépourvue de stolons ; tige grêle, dressée, simple ou rameuse ; feuilles pennatiséquées, à segments nombreux, ovales ou oblongs, mucronulés, incisés ou dentés, les caulinaires à pétiole embrassant la tige par 2 oreillettes linéaires-arquées ; fleurs petites, blanches ; pétales à limbe étroit et dressé ; siliques grêles, redressées, bien plus longues que leurs pédicelles. ☉, ② mai-juin. — T. R. Bois : lieux frais et ombragés de la forêt de Compiègne.

4. C. hirsuta L. — Plante parsemée de poils mous, peu nombreux ; racine grêle, fibreuse ; tiges grêles, dressées ou ascendantes, peu rameuses ; feuilles pennatiséquées, les radicales en rosette, à segments suborbiculaires, ciliés, les caulinaires plus petites, à segments ovales ou sublinéaires, à pétiole non auriculé ; fleurs petites, blanches ; pétales à limbe étroit et dressé ; étamines 4 ; siliques grêles, redressées, les infér. dépassant longuement les fleurs. ☉, ② avril-juill. — R. Bois et lieux humides : Ville-d'Avray, Palaiseau, Senlisse, St-Léger, Compiègne, etc.

C. sylvatica Link. — Plante voisine de la précédente, dont elle se distingue par ses tiges ord. plus nombreuses ; par ses feuilles caulinaires aussi grandes ou plus grandes que les radicales, à segments plus nombreux et plus grands ; par ses fleurs à 6 étamines, non dépassées ou à peine dépassées par les siliques infér. ②, ♃ avril-juill. — R. Aux mêmes lieux que le précédent.

15. DENTARIA Tourn. (Dentaire). — Sépales dressés, non bossus à la base ; style conique ; siliques lancéolées, comprimées, à valves presque planes, dépourvues de nervure dorsale, s'enroulant

38   CRUCIFÈRES.

en dehors à la maturité; graines comprimées, unisériées, aptères, à funicules dilatés.

D. bulbifera L. — Souche horizontale, épaisse, charnue, écailleuse, articulée; tige dressée, simple; feuilles infér. et moyennes pennatiséquées, à 3-7 segments lancéolés, dentés, les supér. entières, munies d'un bulbille à leur aisselle; fleurs grandes, lilacées ou blanches; siliques ord. avortées. ♃ mai. — T. R. Bois montagneux : Villers-Cotterets? Compiègne? La Meilleraye près La Ferté-Gaucher, forêt de Thelle près Sérifontaine.

16. **TURRITIS** Dill. — (Tourette). — Sépales étalés, non bossus à la base; style presque nul; siliques linéaires, comprimées, à valves presque planes, munies d'une nervure dorsale; graines comprimées, bisériées.

T. glabra L.; *Arabis perfoliata* Lam. — Plante souv. glabre, glauque; tige dressée, raide, simple ou peu rameuse; feuilles radicales en rosette, sinuées-dentées, atténuées en pétiole, les caulinaires lancéolées, sessiles, auriculées-embrassantes ; fleurs d'un blanc jaunâtre; siliques allongées, dressées-appliquées contre l'axe, en grappe dense, très-longue. ② mai-juill. — A. C. Bois et taillis.

17. **NASTURTIUM** R. Br. (Cresson). — Sépales étalés, non bossus à la base; style court ou presque nul; siliques courtes, cylindriques, ou silicules oblongues ou subglobuleuses, à valves convexes, dépourvues de nervure dorsale; graines ovales ou arrondies, bisériées.

1 { Fleurs blanches; siliques lisses, ord. plus longues que les pédicelles. . . . . *N. officinale.*
{ Fleurs jaunes; siliques ou silicules lisses et de même longueur que les pédicelles, souv. beaucoup plus courtes, ou siliques rudes. . 2

2 { Siliques hérissées d'aspérités blanchâtres, à pédicelles épais. . . . . *N. asperum.*
{ Siliques ou silicules lisses, non hérissées, à pédicelles grêles . . . 3

3 { Feuilles supér. entières ou dentées . . . . . . *N. amphibium.*
{ Feuilles supér. pennatiséquées ou pennatifides. 4

4 { Feuilles supér. à segments linéaires, entiers; silicules 4 fois plus courtes que les pédicelles . . . . *N. pyrenaicum.*
{ Feuilles supér. à segments lancéolés, dentés; siliques égalant les pédicelles ou de moitié plus courtes 5

5 { Pétales égalant le calice; siliques ellipsoïdes-renflées ; graines jaunes . . . . *N. palustre.*
{ Pétales 2 fois plus longs que le calice; siliques linéaires-cylindriques ou un peu comprimées; graines brunes 6

6 { Feuilles à lobe terminal à peine plus grand que les latéraux; siliques cylindriques, égalant les pédicelles ou un peu plus courtes. . . . . *N. sylvestre.*
{ Feuilles à lobe terminal très-ample; siliques ancipitées, de moitié plus courtes que les pédicelles . . . . *N. anceps.*

1. **N. officinale** R. Br.; *Sisymbrium Nasturtium* L. (Cresson de fontaine). — Souche rampante; tiges fistuleuses, ascendantes, rameuses, radicantes à la base; feuilles pennatiséquées à segments ovales ou oblongs, le terminal plus grand, suborbiculaire, subcordé à la base; fleurs blanches; siliques linéaires-cylindriques, arquées, étalées, ord. rapprochées, plus longues que les pédicelles. ♃ mai-sept. — T. C. Ruisseaux et fontaines.

Var. *siifolium* Steud.; *N. siifolium* Rchb.; tige plus robuste et plus élevée; feuilles à segments plus grands ovales-lancéolés, tous de même forme et presque de même dimension. — A. C. Avec le type.

2. **N. asperum** Coss.; *Sisymbrium* L. — Souche grêle, non rampante; tiges ord. nombreuses, grêles, rameuses, étalées ou diffuses; feuilles pennatiséquées, à segments nombreux, linéaires, entiers ou dentés, les radicales en rosette; fleurs jaunes; siliques rapprochées, oblongues-linéaires, droites ou arquées, étalées, couvertes d'aspérités blanchâtres, portées sur des pédicelles très-courts, épaissis. ⊙, ② mai-juill. — T. R. Bords des eaux, lieux sablonneux humides : Thurelles près Dordives, Fontenay et Montigny-sur-Loing.

3. **N. sylvestre** R. Br.; *Sisymbrium* L.— Souche grêle, rampante; tiges dressées, flexueuses, rameuses; feuilles pennatiséquées ou pennatipartites à segments ord. lancéolés, dentés, presque tous égaux; fleurs jaunes à pétales du double plus long que le calice; siliques linéaires-cylindriques, arquées, étalées, égalant les pédicelles ou plus courtes; graines brunes. ♃ juin-sept. — T. C. Lieux humides, bords des eaux.

4. **N. anceps** DC.; *Sisymbrium* Wahl. — Plante voisine de la précédente, dont elle se distingue par ses tiges plus robustes; par ses feuilles plus amples, à segment terminal plus grand; par ses fleurs plus grandes; par ses siliques ancipitées, de moitié plus courtes que les pédicelles. ♃ juin-sept. — Lieux humides, bords des eaux : bords de la Seine près Paris, Épisy, Gournay, Andilly.

5. **N. palustre** DC.; *Sisymbrium* Leyss.; *Roripa nasturtioides* Spach. — Racine fibreuse; tiges dressées, sillonnées, rameuses; feuilles pennatiséquées, à segments lancéolés, dentés, confluents dans les feuilles supér., le terminal plus grand; fleurs jaunes à pétales égalant le calice; siliques elliptiques-renflées, étalées égalant presque les pédicelles; graines jaunes. ② juin-sept. — A. C. Lieux humides, bords des eaux.

6. **N. pyrenaicum** R. Br.; *Sisymbrium* L.; *Roripa pyrenaica* Spach. — Souche courte, dure, rameuse; tiges nombreuses, grêles, dressées, flexueuses, rameuses au sommet; feuilles pennatifides, à segments linéaires, entiers dans les feuilles caulinaires; fleurs jaunes, à pétales dépassant le calice; silicules elliptiques-renflées, étalées, 4 fois plus courtes que les pédicelles; graines brunes,

alvéolées. ♃ mai-juill. — T. R. Sables siliceux à Thurelles près Dordives.

7. N. amphibium R. Br.; *Sisymbrium* L.; *Roripa amphibia* Bess. — Souche courte, stolonifère; tiges couchées et radicantes à la base, redressées, épaisses, sillonnées, fistuleuses; feuilles toutes lancéolées, entières ou dentées ou pennatifides, les supér. toujours entières; fleurs jaunes, à pétales 2 fois plus longs que le calice; silicules oblongues-subglobuleuses, étalées, 3-4 fois plus courtes que les pédicelles; graines brunes, ponctuées. ♃ juin-juill. — T. C. Fossés, rivières, bords des eaux.

II. SILICULEUSES. — Fruit à peine plus long que large (silicule).

* Silicules déhiscentes, comprimées parallèlement à la cloison; valves ne retenant pas les graines.

18. ALYSSUM L. — Sépales dressés, non bossus à la base; filets des étamines ou au moins ceux des étamines courtes ailés ou dentés; silicules suborbiculaires, comprimées, surmontées par le style persistant, à valves convexes au centre et planes sur les bords, sans nervure; graines comprimées, souvent marginées.

1. A. calycinum L. — Plante d'un vert grisâtre ou blanchâtre, toute couverte de poils étoilés; souche grêle; tiges nombreuses, ascendantes, rameuses; feuilles petites, obovales ou oblongues, entières, atténuées à la base; fleurs petites, à pétales d'un jaune pâle, dépassant à peine le calice; étamines courtes munies d'une dent de chaque côté de leur base; silicules très-brièvement émarginées, style très-court. ☉, ② mai-juill. — T. C. Champs, lieux secs et sablonneux.

2. A. montanum L.; *A. xerophilum* Jord. et Fourr., Brev. plant. II, p. 10. — Plante blanchâtre, couverte de poils étalés; souche dure, subligneuse; tiges nombreuses, ascendantes, diffuses, simples; feuilles obovales-oblongues ou lancéolées entières, atténuées à la base; fleurs d'un beau jaune, à pétales dépassant longuement le calice; étamines longues à filets ailés-bidentés; silicules très-brièvement émarginés; style presque aussi long que la silicule. ♃ mai-juill.—R. Sables et lieux secs : Fontainebleau (Chaise-à-l'Abbé, Gorge-du-Houx), Bouron, Maisse.

19. DRABA Dill. (Drave). — Sépales un peu étalés, non bossus à la base; étamines à filets dépourvus d'ailes et de dents; silicules ovales, oblongues ou lancéolées, comprimées, à valves planes ou subconvexes, munies de quelques nervures très-faibles; style très-court ou presque nul; graines ovales, comprimées, non marginées, bisériées.

D. verna L. *(sensu latiori)*; *Erophila vulgaris* DC. — Plante petite, couverte de poils simples, ou 2-3 fides; tiges nombreuses, grêles, dressées, étalées ou ascendantes; feuilles toutes radicales, en rosette, oblongues ou spathulées, atténuées à la base, entières ou dentées; fleurs petites, blanches, à pétales bilobés; silicules elliptiques, oblongues ou linéaires-elliptiques, plus courtes que les pédicelles. ⊙ mars-mai. — T. C. Champs, murs, lieux cultivés et incultes. — Cette espèce a été démembrée par M. Jordan en un grand nombre de formes; les suivantes sont les plus communes aux environs de Paris :

Erophila glabrescens Jord. — Feuilles lancéolées, étroites, entières ou subdentées, glabrescentes; sépales glabrescents; silicules elliptiques, un peu atténuées aux 2 extrémités; graines rousses, presque lisses, 20-24 dans chaque loge.

E. hirtella Jord. — Feuilles lancéolées, aiguës, ord. 2-dentées sur les bords, couvertes de poils nombreux; sépales hérissés au sommet; silicules oblongues, très-atténuées à la base; graines brunes, couvertes de fines aspérités, 30-35 dans chaque loge.

E. stenocarpa Jord. — Feuilles linéaires aiguës, entières ou subdentées, couvertes de poils ord. 3-furqués; sépales hispides; silicules linéaires-elliptiques, env. 4 fois aussi longues que larges, atténuées aux deux extrémités; graines d'un brun pâle, 40 env. dans chaque loge.

E. majuscula Jord. — Feuilles oblongues ou obovales, élargies, fortement dentées, couvertes de poils ord. 2-3-furqués; sépales un peu hispides au sommet; silicules oblongues-elliptiques, un peu atténuées à la base; graines d'un brun pâle, couvertes de fines aspérités, env. 40 dans chaque loge. Plante plus élevée et plus robuste que les précédentes.

20. **CAMELINA** Crantz (Cameline). — Sépales dressés ou étalés, non bossus à la base; silicules obovoïdes-pyriformes ou turbinées, à valves convexes, très-renflées, munies d'une nervure dorsale saillante, prolongée sur la base du style persistant et allongé; graines ovoïdes, bisériées.

1. **C. sativa** Crantz; *C. sativa* var. *glabrata* Coss. et Germ. — Plante peu velue, à tige dressée, simple ou rameuse; feuilles infér. lancéolées-spathulées, atténuées en pétiole, les supér. lancéolées-sagittées, embrassantes; fleurs jaunes; silicules obovoïdes-pyriformes visiblement réticulées, non ponctuées; graines jaunâtres. ⊙ mai-juill. — Assez souvent cultivé en plein champ.

2. **C. sylvestris** Wallr.; *C. microcarpa* Andrz.; *C. sativa* var. *sylvestris* Coss. et Germ. — Plante voisine de la précédente, dont elle se distingue par une pubescence plus fournie qui lui donne un aspect grisâtre; par ses grappes fructifères très-allongées; par ses silicules de moitié plus petites et plus arrondies, ponctuées, obscurément réticulées; par son style plus allongé. ⊙ mai-juill. — A. R. Champs et moissons.

21. COCHLEARIA Tourn. — Sépales un peu étalés, non bossus à la base; silicules subglobuleuses ou ovoïdes, à valves convexes-renflées, réticulées-veinées, apiculées par le style persistant; graines obovoïdes, comprimées, bisériées, plus ou moins tuberculeuses.

C. Armoracia L.; *Roripa rusticana* Gr. et Godr.; *Armoracia rusticana* Fl. d. Wett. (Cran, Cranson, Grand-Raifort). — Souche épaisse, charnue, cylindrique, stolonifère; tige robuste, dressée, fistuleuse; feuilles radicales grandes, oblongues-cordées, longuement pétiolées, les caulinaires infér. pennatifides, les supér. lancéolées, entières; fleurs blanches; silicules petites, globuleuses-renflées. ♃ mai-juill. — Très-fréquemment cultivé et quelquefois subspontané.

** Silicules déhiscentes, comprimées perpendiculairement à la cloison; valves ne retenant pas les graines.

22. IBERIS Dill. — Sépales dressés, non bossus à la base; pétales inégaux, les extérieurs plus grands, rayonnants; silicules comprimées perpendiculairement à la cloison, obovales ou suborbiculaires, échancrées au sommet et surmontées par le style persistant, à valves ailées au moins au sommet; graines ovoïdes, subcomprimées, solitaires dans chaque loge.

I. amara L.; *I. vulgaris* Jord. — Tiges raides, dressées, rameuses au sommet; feuilles oblongues-spathulées, atténuées à la base, profondément dentées, les supér. plus étroites; fleurs grandes, blanches ou plus rar. d'un violet pâle, en grappes corymbiformes; silicules orbiculaires, ailées au sommet par 2 lobes triangulaires; style dépassant peu l'échancrure. ⊙ juin-sept. — C. Champs, moissons, lieux secs. La forme suivante est souv. confondue avec l'*I. amara* dont elle n'est peut-être qu'une variété :

I. arvatica Jord.; *I. amara* var. *minor* Kch., var. *violacea* de Lacroix. — Feuilles ord. plus étroites et à dents moins nombreuses; fleurs violettes, d'un tiers plus petites; silicules suborbiculaires, rétrécies au sommet, plus petites; échancrure moins ouverte; style longuement saillant. Avec le type, mais plus R.

23. CAPSELLA Vent. — Sépales dressés, non bossus à la base; silicules comprimées perpendiculairement à la cloison, triangulaires-cunéiformes, émarginées au sommet, surmontées par le style très-court, à valves non ailées; graines oblongues-comprimées, nombreuses dans chaque loge.

C. Bursa-pastoris Mœnch; *Thlaspi* L. (Bourse à pasteur).—Tiges dressées ou ascendantes, simples ou rameuses; feuilles oblongues, sinuées, incisées-dentées, lyrées-pennatifides, les radicales en rosette, atténuées en pétiole, les sup. souv. entières, auriculées-amplexicaules; fleurs blanches, petites; grappes fructifères très-lâches et allongées. ☉ mars-déc. — T. C. Bords des chemins, lieux incultes, gazons, etc.

THLASPI Dill. (Tabouret). — Sépales dressés, non bossus à la base; silicules comprimées perpendiculairement à la cloison, oblongues, obovales ou suborbiculaires, émarginées au sommet, à valves assez largement ailées au sommet; graines ovoïdes, comprimées, 2-4-5-6 dans chaque loge.

1. **T. arvense** L. — Racine grêle; tige dressée, simple ou rameuse au sommet; feuilles radicales spathulées, entières ou dentées, pétiolées, les caulinaires oblongues, sinuées-dentées, sessiles, auriculées-sagittées; fleurs blanches; silicules très-grandes, planes, suborbiculaires, profondément émarginées, largement ailées; graines 5-6 dans chaque loge, brunes, munies de stries concentriques. ☉ mai-sept. — C. Champs, moissons, lieux cultivés.

2. **T. perfoliatum** L. — Plante glauque; racine grêle; tiges souvent nombreuses, dressées ou un peu flexueuses, simples ou rameuses; feuilles entières ou obscurément denticulées, les radicales obovées, pétiolées, les caulinaires oblongues-cordées, auriculées-embrassantes; fleurs blanches; silicules petites, obcordées renflées d'un côté, concaves de l'autre, à valves ailées, largement échancrées au sommet; graines 4 dans chaque loge, jaunâtres, lisses. ☉ avril-mai. — C. Champs, lieux cultivés, bords des chemins.

3. **T. montanum** L. — Plante formant des touffes larges, épaisses, arrondies; souche ligneuse émettant de nombreuses tiges florifères et des rosettes stériles; tiges grêles, ascendantes, ord. simples; feuilles ord. entières, les radicales spathulées, pétiolées, les caulinaires ovales, sessiles; fleurs blanches, assez grandes; silicules obcordées, largement ailées et échancrées au sommet; style filiforme assez long; graines 1-2 dans chaque loge, brunes, lisses. ♃ mai-juin. — T. R. Coteaux et rochers calcaires : La Roche-Guyon, rocher St-Jacques aux Andelys.

25. **HUTCHINSIA** R. Br. — Sépales dressés, non bossus à la base; silicules elliptiques ou suborbiculaires, comprimées, non émarginées, à valves carénées, non ailées; graines oblongues, comprimées, 2 dans chaque loge.

H. petræa R. Br.; *Lepidium petræum* L. — Plante basse, souv. très-petite; tiges grêles, filiformes, solitaires ou plus souv. nombreuses, dressées, flexueuses, simples ou rameuses; feuilles pectinées-pennatipartites, les radicales pétiolées, en rosette, les caulinaires sessiles; fleurs blanches très-petites; silicules en grappes lâches, à pédicelles étalés. ☉ avril-mai. — R. Coteaux, lieux secs, vieux murs : Bouron, Bouray, Maisse, Malesherbes, Nemours, etc.

26. **LEPIDIUM** Tourn. (Passerage). — Sépales dressés ou étalés,

non bossus à la base; silicules ovales, elliptiques ou orbiculaires, comprimées, entières ou émarginées au sommet, à valves ailées, ou plus souv. carénées, aptères; style filiforme ou presque nul; graines ovoïdes ou oblongues, comprimées, 1-2 dans chaque loge.

1 { Feuilles caulinaires sagittées-amplexicaules. 2
{ Feuilles caulinaires non sagittées-amplexicaules 3

2 { Pédicelles filiformes ord. glabres; silicules subdidymes, triangu-
{ laires-cordées, non émarginées au sommet, ni ailées. *L. Draba.*
{ Pédicelles épaissis, ord. longuement ciliés; silicules obovales,
{ échancrées et largement ailées au sommet. . . *L. campestre.*

3 { Feuilles caulinaires pennatipartites. 4
{ Feuilles caulinaires oblongues-lancéolées ou linéaires 5

4 { Plante subpubescente, d'un vert foncé; silicules ovales, non ailées,
{ à pédicelles étalés. . . . . *L. ruderale.*
{ Plante glabre, un peu glauque; silicules suborbiculaires largement
{ ailées au sommet, à pédicelles dressés.. . . . . . *L. sativum.*

5 { Feuilles caulinaires largement ovales-lancéolées; silicules pubes-
{ centes, subéchancrées au sommet, en grappes courtes et assez
{ denses. . . . . *L. latifolium.*
{ Feuilles caulinaires linéaires; silicules glabres, aiguës au sommet,
{ en grappes lâches et allongées . . . . *L. graminifolium.*

  — **1. L. Draba** L.; *Cardaria* Desv.—Plante d'un vert pâle, à souche stolonifère; tiges raides, dressées, rameuses au sommet; feuilles plus ou moins pubescentes, larges, ovales-oblongues, les radicales pétiolées, les caulinaires sagittées-amplexicaules; fleurs blanches en large corymbe assez dense; pédicelles filiformes; silicules sub-didymes, triangulaires-cordées, non émarginées ni ailées; style filiforme, assez long. ♃ mai-juill. — A. R. Champs, bords des routes et des voies ferrées : Montmartre, Charenton, St-Germain, Bondy, etc., etc.; plante erratique.

  2. L. campestre R. Br.; *Thlaspi* L. — Plante pubescente d'un vert grisâtre; tiges dressées, raides, simples ou rameuses; feuilles radicales en rosette, lyrées ou obovales, sinuées-dentées, pétiolées, les caulinaires oblongues, auriculées-amplexicaules; fleurs blanches; pédicelles un peu épais; silicules obovales, échancrées et largement ailées au sommet, en grappes lâches et allongées; style très-court. ② mai-juill. — T. C. Champs, lieux incultes, bords des chemins.

  3. L. ruderale L.; *Thlaspi* All. — Plante d'un vert foncé, sub-pubescente ou glabrescente, très-fétide; tiges peu élevées, très-rameuses, dressées ou ascendantes, souv. un peu diffuses; feuilles infér. pennatiséquées, pétiolées, les supér. linéaires, entières, sessiles; fleurs blanches très-petites, à pétales souv. avortés; sili-cules ovales, subémarginées, non ailées, à pédicelles étalés. ② mai-sept. — T. R. Plante erratique, toujours introduite, dans les décombres, aux bords des quais, au pied des murs.

4. **L. sativum** L. (Cresson alénois). — Plante glabre, d'un vert glauque, un peu fétide; tiges dressées, rameuses; feuill. infér. pennatipartites, assez longuement pétiolées, les supér. linéaires, subsessiles; fleurs blanches; silicules suborbiculaires, échancrées et largement ailées au sommet, à pédicelles courts, dressés, presque appliqués contre l'axe. ⊙ juin-juill. — Fréquemment cultivé et souv. subspontané.

5. **L. latifolium** L. — Plante glabre, d'un vert glauque; souche forte, munie de stolons hypogés, rameux; tiges robustes, dressées, rameuses; feuilles un peu épaisses, les infér. grandes, ovales, obtuses, denticulées, les supér. largement ovales-lancéolées; fleurs blanches en grappes courtes, denses, formant une large panicule; silicules suborbiculaires, pubescentes, subémarginées, non ailées. ♃ juin-août. — A. R. Lieux herbeux, aux bords des rivières et des canaux : Neuilly, Charenton, St-Maur, Nemours, etc., etc.

6. **L. graminifolium** L.; *L. Iberis* Auct. mult. (non L.). — Plante glabre; tiges dressées, raides, allongées, rameuses-subdivariquées; feuilles radicales en rosette, oblongues-lancéolées, incisées-dentées, ou lyrées-pennatifides, pétiolées, les caulinaires supér. linéaires, entières; fleurs blanches; silicules ovoïdes, glabres, aiguës au sommet, non ailées, en grappes lâches et allongées. ♃ juin-sept. — C. Lieux incultes, bords des chemins et des grands cours d'eaux, décombres.

27. **TEESDALIA** R. Br. — Sépales un peu étalés, non bossus à la base; pétales inégaux, les extérieurs plus grands; étamines à filets munis à la base d'une écaille pétaloïde; silicules suborbiculaires, planes ou un peu convexes d'un côté, concaves de l'autre, brièvement émarginées, à valves carénées, brièvement ailées au sommet; graines ovoïdes, 2 dans chaque loge.

T. nudicaulis R. Br.; *Iberis* L.; *T. Iberis* DC.; *Guepinia nudicaulis* Bast. — Plante petite; tiges grêles, filiformes, solitaires ou nombreuses, simples, dressées ou subétalées; feuilles presque toutes radicales, en rosette, lyrées-pennatipartites, pétiolées; fleurs blanches, très-petites; silicules étalées en grappes lâches et allongées. ⊙ avril-mai. — A. C. Lieux sablonneux; manque sur le calcaire.

*** Silicules indéhiscentes ou se partageant en valves qui retiennent les graines.

28. **SENEBIERA** Pers. — Sépales étalés, non bossus à la base; étamines courtes souv. avortées; silicules indéhiscentes, didymes, comprimées perpendiculairement à la cloison, à valves épaisses, convexes, aptères, réticulées-rugueuses; graines subtriquètres, solitaires dans chaque loge.

S. Coronopus Poir.; *Cochlearia* L.; *Coronopus vulgaris* Desf.

(Corne de Cerf). — Tiges nombreuses, rameuses, couchées-étalées en cercle sur la terre; feuilles pennatipartites, à segments linéaires, les infér. pétiolées, les supér. subsessiles; fleurs blanches très-petites, à calice persistant; silicules subréniformes, convexes, subsessiles en grappes courtes et serrées. ⊙ juin-sept. — T. C. Décombres, lieux incultes, bords des chemins.

29. **BISCUTELLA** L. (Lunetière). — Sépales dressés, non bossus ou les latéraux bossus à la base; silicules très-comprimées perpendiculairement à la cloison, formées de 2 lobes orbiculaires, surmontés par le style allongé et persistant; valves orbiculaires, submembraneuses-ailées se détachant de l'axe en retenant les graines, celles-ci comprimées, solitaires dans chaque loge.

B. lævigata Auct. (an L. ?); *B. neustriaca* Ed. Bonn. — Souche dure, ligneuse, rameuse, émettant des tiges florifères et des rosettes de feuilles stériles; tiges grêles, allongées, dressées, rameuses, presque nues; feuilles hérissées, les radicales oblongues ou lancéolées, atténuées en pétiole, les caulinaires étroites, sessiles; fleurs jaunes; silicules en grappes lâches et allongées. ♃ mai-août. — T. R. Rocher St-Jacques aux Andelys.

30. **ISATIS** Tourn. (Pastel). — Sépales étalés, non bossus à la base; silicules indéhiscentes, oblongues, comprimées-ailées perpendiculairement à la cloison qui manque ou qui est rudimentaire, uniloculaires, monospermes; style presque nul; graines subcylindriques.

I. tinctoria L. (Pastel, Guède). — Plante glabre ou plus ou moins hérissée; tige robuste, élevée, raide, dressée, rameuse au sommet; feuilles infér. oblongues-lancéolées, pétiolées, les supér. lancéolées, sagittées-amplexicaules; fleurs petites, jaunes, très-nombreuses en grappes denses, formant des corymbes fastigiés; pédicelles filiformes; silicules oblongues-cunéiformes, pendantes, noirâtres à la maturité. ② mai-juin. — A. C. Champs, lieux secs et incultes.

31. **NESLIA** Desv. — Sépales dressés ou un peu étalés, les latéraux à peine bossus à la base; silicules indéhiscentes, subglobuleuses, subcomprimées parallèlement à la cloison, uniloculaires, monospermes par avortement, plus rar. 2-loculaires, 2-spermes, surmontées par le style persistant.

N. paniculata Desv.; *Myagrum paniculatum* L. — Plante pubescente, hérissée; tige dressée, ord. rameuse au sommet à rameaux étalés; feuilles entières ou obscurément dentées, les radicales oblongues, atténuées en pétiole, les caulinaires lancéolées, sagittées-amplexicaules; fleurs petites, d'un jaune pâle; silicules à valves dures, subligneuses, réticulées-rugueuses, étalées, en grappes très-allongées. ⊙ mai-juill. — Champs et moissons.

32. CALEPINA Adans. — Sépales étalés, non bossus à la base; silicules indéhiscentes, ovoïdes, un peu comprimées parallèlement à la cloison, uniloculaires, monospermes, prolongées au sommet en bec très-court; style nul.

C. Corvini Desv.; *Crambe* All.; *Bunias cochlearioides* DC. — Plante glabre, un peu glauque; tiges grêles, dressées, simples ou rameuses au sommet; feuilles radicales en rosette, lyrées-pennatifides, pétiolées, les caulinaires oblongues, auriculées-amplexicaules; fleurs blanches; silicules à valves dures, subligneuses, réticulées-rugueuses, dressées, en grappes lâches et allongées. ☉ mai-juin. — T. R. Bord du canal du Loing, entre Moret et Nemours.

ESPÈCES EXCLUES.

Barbarea præcox R. Br., très-rarement cultivé, a été trouvé accidentellement à l'état subspontané; *Arabis Turrita* L., naturalisé à Grenelle et sur les murs du Luxembourg où il n'existe plus; *Dentaria pinnata* Lam., indiqué à Longpont où il n'a pas été revu : localité fort douteuse; *Sisymbrium Columnæ* L. et *S. strictissimum* L., naturalisés sur quelques points de la région parisienne où on ne les retrouve plus aujourd'hui; *Erysimum murale* Desf., n'appartient pas à flore parisienne et n'existe plus dans les localités où il a été indiqué; *Vesicaria sinuata* L. et *Alyssum saxatile* L. (Corbeille d'Or), naturalisés à Arpajon et St-Cloud d'où ils ont complètement disparu; *Draba muralis* L., n'existe pas dans les localités où Mérat l'a indiqué; *Cochlearia glastifolia* L., plante méridionale introduite sur les vieux murs de Nemours où elle devient très-rare; *Camelina fœtida* Fr., introduit accidentellement avec les graines de lin de Riga; *Teesdalia Lepidium* DC., indiqué par Mérat, par erreur, à St-Léger; *Thlaspi alliaceum* L., semé au bois de Boulogne où il n'existe plus; *Iberis intermedia* Guers., indiqué entre Mantes et Rouen, ne croît pas dans la région de la flore parisienne; *Lepidium heterophyllum* Benth., introduit au bois de Boulogne, et *L. virginicum* L. à Charenton; *Senebiera pinnatifida* DC., plante erratique, observée quelquefois sur les décombres et les quais; *Bunias orientalis* L., *B. Erucago* L. et *Rapistrum rugosum* All., introduits quelquefois avec des graines de céréales ou subspont. au voisinage des moulins.

VII. CISTINÉES Juss.

Plantes sous-frutescentes ou herbacées, vivaces, rar. annuelles. Feuilles simples, entières, opposées, rar. alternes, ord. sessiles, rar. pétiolées, munies ou dépourvues de stipules. Fleurs hermaphrodites régulières, rar. solitaires, ord. en grappes scorpioïdes, terminales ou en cymes pauciflores. Calice à 3 sépales libres, persistant, muni de 2 bractées simulant des sépales souv. plus petits. Corolle à 5 pétales libres, caducs, en préfloraison contournée. Étamines libres, hypogynes, en nombre indéfini, ord. disposées sur plusieurs rangs; anthères biloculaires, introrses. Style simple, allongé, filiforme, rar. nul, terminé par un stigmate élargi, entier ou lobulé. Ovaire supère, uniloculaire ou divisé en 3-5-6-10 loges incomplètes, multiovulé, à placentas pariétaux. Fruit capsulaire, polysperme, uniloculaire ou à 3-5-6-10 loges incomplètes, s'ouvrant du sommet à la base en 3-5 valves. Graines subglobuleuses ou anguleuses, munies d'un albumen farineux au centre duquel se trouve un embryon plus ou moins arqué.

1. **HELIANTHEMUM** Tourn. (Hélianthème). — Étamines toutes fertiles; capsule subuniloculaire, à 3 valves; graines dépourvues de raphé.

1 { Feuilles toutes pourvues de stipules 2
{ Feuilles toutes ou au moins les infér. dépourvues de stipules. . . 3

2 { Fleurs blanches; sépales tomenteux . . . . . . *H. polifolium.*
{ Fleurs jaunes; sépales glabrescents . . . . . *H. Chamæcistus.*

3 { Fl. blanches, en ombelles ou en cymes verticillées. *H. umbellatum.*
{ Fleurs jaunes, en grappes lâches. 4

4 { Tiges ligneuses; pétales non tachés; graines lisses. . *H. canum.*
{ Tiges herbacées; pétales tachés de violet à la base; graines finement tuberculeuses . . . . *H. guttatum.*

1. **H. Chamæcistus** Mill.; *H. vulgare* Gœrtn.; *Cistus Helianthemum* L. — Souche ligneuse; tiges grêles, couchées ou étalées, pubescentes au sommet; feuilles elliptiques ou oblongues, planes ou à bords à peine roulés en dessous, velues-vertes sur les 2 faces (*H. obscurum* Pers.) ou blanches-tomenteuses en dessous, munies de 2 stipules; fleurs jaunes en grappes scorpioïdes allongées, à calice glabrescent. ♃ juin-août. — T. C. Pelouses, coteaux, bois, bruyères.

× **H. Chamæcisto-polifolium** Focke Pflanz. Mischl. 45; *H. vulgari-pulverulentum* et *H. sulfureum* de Larcmb. Bull. Soc. bot. de Fr., 5, p. 27 (an Willd.?). — Plante ayant l'aspect de l'*H. polifolium;* tiges plus ou moins diffuses; feuilles de la partie infér. des rameaux petites, elliptiques ou subarrondies; fleurs d'un jaune soufré, devenant beaucoup plus foncées par la dessiccation; calices couverts d'une pubescence très-courte et munis sur les nervures de poils plus allongés, hérissés. ♃ mai-juin. — T. R. Coteau calcaire près Mantes, au voisinage des parents.

2. **H. polifolium** DC.; *H. pulverulentum* et *apenninum* DC.; *Cistus apenninus* et *polifolius* L. — Souche dure, ligneuse; tiges subligneuses à la base, dressées ou couchées, tomenteuses-blan-

châtres dans leur partie supér.; feuilles elliptiques ou oblongues-linéaires ou linéaires-lancéolées, tomenteuses-blanchâtres au moins sur la face inférieure, à bords ord. fortement roulés en dessous, munies de stipules; fleurs blanches en grappes scorpioïdes allongées, à calice tomenteux. ♃ mai-juin. — A. R. Pelouses sèches et coteaux arides des terrains calcaires.

3. **H. canum** Dun.; *H. œlandicum* var. *canum* Coss. et Germ. — Souche et tiges ligneuses, étalées-diffuses; rameaux dressés, pubescents; feuilles ovales, planes, plus ou moins velues sur la face supér., blanches-tomenteuses à la face infér., toutes dépourvues de stipules; fleurs jaunes, assez petites, en grappes lâches; graines lisses. ♃ mai-août. — R. Pelouses et coteaux secs des terrains calcaires : la Genevraye, Mantes, Vernon, les Andelys, etc.

4. **H. umbellatum** Mill.; *Cistus umbellatus* L. — Souche ligneuse; tiges ligneuses, rameuses, étalées-diffuses, à rameaux redressés, pubescents, un peu rugueux; feuilles linéaires, vertes sur la face supér., tomenteuses-blanchâtres à la face infér., à bords plus ou moins roulés en dessous, toutes dépourvues de stipules; fleurs blanches ou très-rar. rougeâtres (var. *rubriflorum* Chabert), en ombelles ou en cymes-verticillées; graines tuberculeuses. ♃ mai-juill. — T. R. Coteaux secs, pelouses arides : Mail Henri IV, mont Merle, rocher Cuvier dans la forêt de Fontainebleau.

5. **H. guttatum** Mill.; *Cistus guttatus* L. — Racine grêle, annuelle; tiges herbacées, grêles, dressées, hérissées ou glabrescentes, souv. un peu visqueuses au sommet; feuilles lancéolées, elliptiques ou linéaires-lancéolées, planes, plus ou moins hérissées, les supér. souv. alternes, munies de stipules, les infér. opposées, dépourvues de stipules; fleurs jaunes en grappes lâches, unilatérales; sépales hérissés; pétales tachés de violet à la base; graines finement tuberculeuses. ☉ juin-août. — A. C. Coteaux secs, lieux sablonneux; manque sur le calcaire.

2. **FUMANA** Spach. — Étamines extérieures stériles, moniliformes; capsule subtriloculaire, à 3 valves, graines munies d'un raphé

F. procumbens Gren. et Godr.; *F. vulgaris* Spach (pro parte); *Helianthemum Fumana* Mill. — Souche et tiges ligneuses, rameuses, diffuses, étalées ou couchées; feuilles linéaires, éparses, sessiles, rapprochées, brièvement mucronées, ord. glabres, à bords roulés en dessous, dépourvues de stipules; fleurs jaunes à calice rougeâtre, ord. solitaires à l'extrémité des rameaux; graines anguleuses, lisses. ♃ juin-juill. — A. R. Coteaux secs, lieux sablonneux, pelouses arides.

VIII. VIOLARIÉES DC.

Herbes annuelles, bisannuelles ou vivaces. Feuilles alternes ou paraissant toutes radicales, rar. opposées, simples, pétiolées, munies de 2 stipules persistantes, libres ou soudées au pétiole, souv. foliacées. Fleurs hermaphrodites, irrégulières, solitaires et penchées au sommet de pédoncules axillaires ou radicaux munis de 2 bractées latérales. Calice à 5 sépales persistants, libres ou un peu connés à la base, prolongés au delà de leur insertion en un petit appendice. Corolle à 5 pétales inégaux, libres, marcescents, en préfloraison imbriquée-contournée, l'antérieur prolongé en éperon à la base. Étamines 5, hypogynes, à filets libres, très-courts, souv. dilatés, les 2 antérieurs prolongés à leur base en un appendice qui s'enfonce dans l'éperon; anthères biloculaires, introrses, conniventes en un tube conique qui coiffe l'ovaire, à connectif prolongé en un appendice membraneux, pétaloïde. Style simple, allongé, irrégulièrement renflé au sommet, souv. terminé par une cavité garnie de papilles stigmatiques. Ovaire supère, uniloculaire, multi-ovulé, à 3 placentas pariétaux. Fruit capsulaire, uniloculaire, polysperme, s'ouvrant par 3 valves, à déhiscence loculicide. Graines à testa crustacé ou coriace, munies d'un arille plus ou moins développé; embryon placé au centre d'un albumen charnu.

VIOLA Tourn. (Violette). — (Caractères de la famille).

1 { Tige presque nulle; pédoncules floraux paraissant tous radicaux; sépales obtus. 2
Tige allongée, très-visible; pédoncules naissant le long de cette tige; sépales aigus. 5

2 { Plante glabre; feuilles réniformes-orbiculaires; fleurs lilacées; capsule trigone. . . . . *V. palustris.*
Plante plus ou moins pubescente; feuilles cordiformes; fleurs bleues, violettes ou blanches: capsule globuleuse. 3

3 { Rosettes radicales émettant des stolons allongés, feuillés et rampants; fleurs plus ou moins odorantes 4
Rosettes radicales dépourvues de stolons allongés et rampants; fleurs inodores . . . . *V. hirta.*

4 { Stolons radicants; feuilles ovales-cordées ou réniformes, obtuses; fleurs violettes, rar. blanches, à éperon violet . . *V. odorata.*
Stolons non radicants; feuilles oblongues-cordées, rétrécies en pointe au sommet; fleurs blanches, rar. violacées, à éperon d'un blanc-verdâtre. . . . . *V. alba.*

5 { Stipules entières, ciliées ou incisées-dentées; 2 pétales supér. dressés; stigmate aigu. 6
Stipules pennatifides à lobe moyen, assez semblable aux feuilles; 4 pétales supér. dressés; stigmate urcéolé . . . . . *V. tricolor.*

6 { Tiges florifères naissant à l'aisselle de feuilles formant une rosette radicale. 7
Tiges florifères naissant directement sur la souche; rosette radicale nulle 8

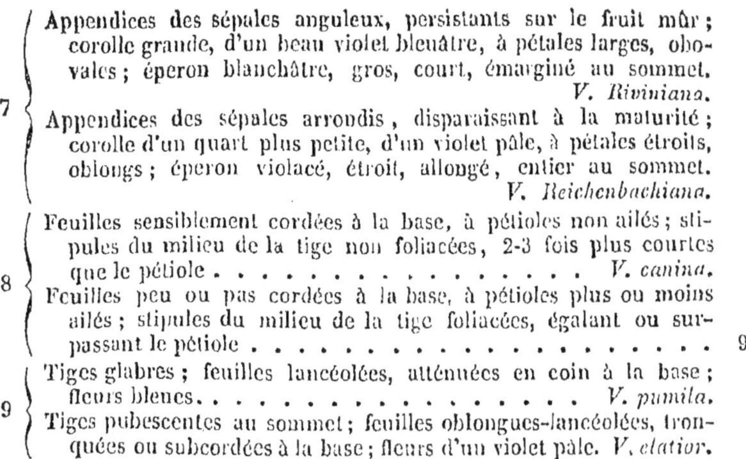

7 — Appendices des sépales anguleux, persistants sur le fruit mûr ; corolle grande, d'un beau violet bleuâtre, à pétales larges, obovales ; éperon blanchâtre, gros, court, émarginé au sommet.
V. Riviniana.

Appendices des sépales arrondis, disparaissant à la maturité ; corolle d'un quart plus petite, d'un violet pâle, à pétales étroits, oblongs ; éperon violacé, étroit, allongé, entier au sommet.
V. Reichenbachiana.

8 — Feuilles sensiblement cordées à la base, à pétioles non ailés ; stipules du milieu de la tige non foliacées, 2-3 fois plus courtes que le pétiole . . . . *V. canina.*

Feuilles peu ou pas cordées à la base, à pétioles plus ou moins ailés ; stipules du milieu de la tige foliacées, égalant ou surpassant le pétiole 9

9 — Tiges glabres ; feuilles lancéolées, atténuées en coin à la base ; fleurs bleues . . . . *V. pumila.*

Tiges pubescentes au sommet ; feuilles oblongues-lancéolées, tronquées ou subcordées à la base ; fleurs d'un violet pâle. *V. elatior.*

1. **V. hirta** L. — Rhizome épais, noueux, rameux, produisant des rosettes de feuilles dépourvues de stolons ; feuilles plus ou moins velues, ovales-cordées, obtuses, longuement pétiolées ; stipules courtes, lancéolées, ciliées ; fleurs inodores, portées sur de longs pédoncules tous radicaux, les vernales, grandes, violettes, stériles, les autres, apétales, fertiles ; sépales obtus ; stigmate aigu, courbé au sommet ; capsules globuleuses, hérissées. ♃ mars-mai. — T. C. Haies, bois, prés et lieux herbeux.

2. **V. alba** Bess. ; *V. virescens* Jord. — Rhizome épais, noueux, rameux, produisant des rosettes de feuilles munies de stolons allongés, feuillés, non radicants ; feuilles plus ou moins velues, oblongues-cordées, rétrécies en pointe au sommet ; stipules courtes, linéaires, ciliées ; fleurs odorantes, portées sur de longs pédoncules tous radicaux, les vernales, médiocres, blanches ou rar. violacées, à éperon d'un blanc verdâtre, stériles, les autres, apétales, fertiles ; sépales obtus ; stigmate aigu, courbé au sommet ; capsules globuleuses, déprimées, hérissées. ♃ avril-mai. — T. R. Haies, buissons et lieux herbeux : Poigny près Provins, Meudon ? (Grenier).

3. **V. odorata** L. — Rhizome épais, subligneux, noueux, rameux, produisant des rosettes de feuilles munies de stolons allongés, feuillés, radicants ; feuilles peu velues, ovales-cordées ou subréniformes, obtuses ; stipules courtes, ovales-lancéolées, ciliées ; fleurs très-odorantes, portées sur de longs pédoncules tous radicaux, les vernales, grandes, violettes ou blanches, à éperon violet, stériles, les autres, apétales, fertiles ; sépales obtus ; stigmate aigu, courbé au sommet ; capsule subglobuleuse, glabrescente ou brièvement velue. ♃ mars-mai. — C. Haies, bois, lieux herbeux.

4. **V. Riviniana** Rchb.; *V. sylvatica* Fr. (pro parte); *V. sylvestris* Auct. (non Lam.); *V. sylvestris* var. *Riviniana* Coss. et Germ. — Rhizome court, écailleux, produisant des tiges ascendantes glabres ou glabrescentes qui naissent à l'aisselle de feuilles réunies en rosettes radicales; feuilles un peu velues, ovales-cordées ou sub-réniformes, un peu acuminées; stipules courtes, linéaires-lancéolées, ciliées; fleurs toutes fertiles, inodores, grandes, d'un beau violet bleuâtre, portées sur des pédoncules qui naissent le long de la tige; sépales aigus, à appendices anguleux, persistants sur le fruit; pétales larges, obovales; éperon blanchâtre, gros, court, émarginé au sommet; style aigu, courbé au sommet; capsules ovoïdes-trigones, aiguës, glabres. ♃ avril-mai. — T. C. Bois, buissons, bords des chemins, lieux herbeux.

Var. *arenicola*; *V. arenicola* Chabert; *V. sylvestris* var. *pumila* Coss. et Germ. Fl. par., 1ᵉ éd., p. 111; plante naine, à rhizome plus gros que dans le type, d'un vert sombre; feuilles et fleurs bien plus petites que dans le *V. Riviniana*; stipules supér. égalant les pétioles, rar. plus longues. — R. Lieux sablonneux et arides de la forêt de Fontainebleau.

V. Reichenbachiana Jord.; *V. sylvatica* Fries (pro parte). — Plante ayant le port et l'aspect de la précédente, dont elle se distingue par ses sépales à appendices arrondis, disparaissant à la maturité du fruit; par sa corolle d'un quart plus petite d'un violet pâle, à pétales étroits et oblongs; par son éperon violacé, étroit, allongé, entier au sommet. ♃ avril-mai. — Avec le précédent, mais plus R.

5. **V. canina** L. (Violette de chien). — Rhizome grêle, tortueux, rameux, produisant des tiges étalées-ascendantes, grêles, glabres, qui naissent directement sur le rhizome dépourvu de rosettes radicales; feuilles glabres étroitement ovales, obtuses, cordées à la base, à pétiole non ailé; stipules lancéolées ou lancéolées-linéaires, ciliées, toutes plus courtes que les pétioles; fleurs toutes fertiles, inodores, d'un bleu pâle, portées sur des pédoncules qui naissent le long de la tige; sépales aigus; style aigu, courbé au sommet; capsules ovales, obtuses, brièvement apiculées, glabres. ♃ mai-juin. — A. C. Bois, lieux sablonneux un peu humides, tourbières, principalement des terrains siliceux.

6. **V. pumila** Vill.; *V. pratensis* M. et K.; *V. canina* var. *pumila* Coss. et Germ. — Rhizome grêle, tortueux, rameux, produisant des tiges glabres, grêles, dressées, qui naissent directement sur le rhizome; feuilles glabres, lancéolées, atténuées en coin à la base, décurrentes sur le pétiole; stipules du milieu de la tige, grandes, foliacées, incisées, dentées, égalant ou dépassant les pétioles; fleurs toutes fertiles, inodores, bleues, portées sur des pédoncules qui naissent le long de la tige; sépales aigus; stigmate aigu, courbé au sommet; capsule obtuse, tronquée, glabre. ♃ mai. — T. R. Prés tourbeux : pré des Planchettes dans la forêt de Compiègne.

7. **V. elatior** Fr.; *V. montana* DC. — Rhizome épais, rameux,

produisant des tiges pubescentes au sommet, dressées, assez élevées, qui naissent directement sur le rhizome; feuilles pubescentes ovales-lancéolées, allongées, tronquées ou subcordiformes à la base, un peu décurrentes sur le pétiole; stipules du milieu de la tige grandes, foliacées, incisées-dentées égalant ou dépassant les pétioles; fleurs toutes fertiles, inodores, grandes, lilacées, portées sur des pédoncules qui naissent le long de la tige; sépales aigus; stigmate aigu, courbé au sommet; capsule ovale, aiguë, glabre. ♃ mai-juin. — T. R. Bois et prés humides ou tourbeux: Bray-sur-Seine près Provins.

8. **V. palustris** L. — Rhizome grêle, rampant, rameux; feuilles glabres, au moins à l'âge adulte, réniformes-orbiculaires, longuement pétiolées, naissant toutes sur le rhizome et formant des rosettes radicales composées de 2-5 feuilles; stipules courtes, ovales, brièvement ciliées; fleurs toutes fertiles, médiocres, inodores, lilacées, veinées de violet, portées sur de longs pédoncules tous radicaux; sépales obtus; stigmate élargi-discoïde au sommet; capsule ovoïde-trigone, glabre. ♃ mai-juin. — R. Marais et lieux tourbeux: St-Léger, les vaux de Cernay, Angènes près Rambouillet.

9. **V. tricolor** T. (Pensée). — Plante glabre, glabrescente ou peu velue; racine grêle, fibreuse, annuelle ou bisannuelle; tiges ord. nombreuses, dressées, ascendantes ou diffuses; feuilles crénelées, plus ou moins décurrentes sur le pétiole, les infér. ovales ou réniformes-cordées, les supér. ovales-oblongues ou elliptiques lancéolées; stipules grandes, pennatifides, à lobe moyen grand, foliacé, crénelé; fleurs toutes fertiles, plus ou moins grandes, inodores, teintes de jaune et de violet plus ou moins foncé, portées sur des pédoncules plus ou moins longs, naissant tous sur les tiges; sépales aigus; les 4-pétales supérieurs dressés; stigmate épaissi, urcéolé au sommet; capsule ovoïde-trigone, glabre. ⊙, ② mai-sept. — T. C. Champs et moissons. — Cette espèce comprend plusieurs formes parmi lesquelles on peut distinguer, aux environs de Paris, les deux suivantes :

V. segetalis Jord. — Tiges dressées; feuilles moyennes atténuées aux deux extrémités, les supér. acuminées, planes; stipules à lobe moyen étroit, entier ou à peine denté; les deux pétales supér. ne se recouvrant pas complètement; capsule courte.

V. agrestis Jord. — Tiges étalées; feuilles moyennes ovales ou elliptiques, obtuses au sommet, les supér. aiguës, non acuminées, ord. pliées en gouttière; stipules à lobe moyen élargi, foliacé, denté, simulant une feuille; les deux pétales supér. se recouvrant complètement; capsule allongée.

ESPÈCE EXCLUE.

Viola rothomagensis Desf., n'a pas été retrouvé dans les deux localités indiquées; *V. lancifolia* Auct. paris., n'est pas l'espèce de Thore.

IX. RÉSÉDACÉES DC.

Herbes annuelles, bisannuelles ou vivaces, à feuilles alternes ou éparses, simples, entières ou plus ou moins divisées, dépourvues de stipules ou munies à leur base de 2 petites glandes. Fleurs hermaphrodites, irrégulières, en grappes spiciformes terminales. Calice à 4-8 sépales, plus ou moins inégaux, libres ou un peu connés à la base, persistants ou caducs. Corolle à 4-8 pétales libres, caducs, très-inégaux, formés d'une écaille membraneuse ou charnue, munie sur le dos ou au sommet d'une lame pétaloïde plus ou moins divisée, les postérieurs très-grands, palmatipartites, les antérieurs très-petits, entiers. Étamines 8-40, libres, ord. disposées sur 2 verticilles, insérées sur un disque charnu, hypogyne, insymétrique, bien plus développé sur le côté postérieur que sur l'antérieur; anthères biloculaires, introrses. Styles 3-6 très-courts, stigmatifères au sommet, plus rar. stigmates sessiles. Ovaire supère, formé de 3-4 carpelles, uniloculaire, à placentas pariétaux, multiovulés, ou à 3-6 carpelles libres, verticillés, 1-2 ovulés. Fruit capsulaire, uniloculaire, polysperme, s'ouvrant par des fentes au sommet, ou composé de 3-6 follicules, verticillés, monospermes, s'ouvrant par leur bord interne. Graines réniformes, dépourvues d'albumen; embryon arqué.

1. **RESEDA** Tourn. — Ovaire uniloculaire, formé de 3-5 carpelles; fruit capsulaire, uniloculaire, polysperme, surmonté de 3-4 dents et s'ouvrant au sommet par 3-6 fentes.

1. **R. Luteola** L. (Gaude).—Tige élevée, simple, dressée, glabre, fistuleuse; feuilles oblongues-lancéolées, entières; fleurs petites, d'un jaune pâle, en grappe serrée, très-longue; pétale postérieur, à lame pétaloïde divisée en 5-7 lanières; étamines à filets épaissis à la base; capsule ovoïde surmontée de 4 dents; graines lisses. ② juin-sept. — C. Lieux incultes, décombres, bords des chemins.

2. **R. lutea** L. — Tiges ord. nombreuses, ascendantes, fistuleuses, chargées sur les angles d'aspérités blanchâtres; feuilles munies principalement sur les bords de papilles blanchâtres, les infér. oblongues, entières ou 3-fides, les supér. pennatipartites ou 2-3-pennatipartites; fleurs d'un jaune verdâtre, en grappes denses, coniques, peu allongées; pétales postérieurs à lame pétaloïde 2-3-fide; étamines à filets épaissis au sommet; capsule oblongue, subtrigone, surmontée de 3 dents; graines lisses. ②, ♃ juin-sept. — T. C. Champs, lieux incultes, bords des chemins.

3. **R. Phyteuma** L. — Tiges ord. nombreuses, ascendantes ou dressées, pleines, souv. chargées d'aspérités sur les angles; feuilles oblongues-spathulées, les infér. et les moyennes entières,

les supér. 2-3-fides ; fleurs blanchâtres, en grappes d'abord denses, puis très-allongées, lâches à la maturité; pétales postérieurs à lame pétaloïde divisée en 9-11 segments ; étamines à filets épaissis au sommet ; capsule allongée, obovée, trigone, surmontée de 3 dents ; graines rugueuses. ⊙, ②, rar. ♃ juin-sept. —R. Champs et lieux sablonneux : St-Maur, Sénart, l'Isle-Adam, etc.

2. **ASTROCARPUS** Neck. — Ovaire formé de 3-6 carpelles libres, verticillés, 1-2-ovulés ; fruit composé de 3-6 follicules monospermes, s'ouvrant par leur bord interne.

1. **A. purpurascens** Raf. ; *A. Clusii* Gay; *A. sesamoides* var. *purpurascens* Mull. Arg. ; *Reseda purpurascens* L.—Plante glauque, souv. plus ou moins rougeâtre à la maturité; souche subligneuse, rameuse; tiges plus ou moins nombreuses, grêles, allongées, étalées, diffuses; feuilles radicales lancéolées-spathulées, détruites au moment de l'anthèse, les caulinaires lancéolées-linéaires; fleurs blanches, petites, en grappes assez denses, allongées ; pétales postérieurs à lame pétaloïde ord. divisée en 7 segments ; anthères souv. orangées ou rougeâtres ; graines finement rugueuses. ♃ juin-sept. —T. R. Clairières sablonneuses-siliceuses à Thurelles près Dordives.

ESPÈCE EXCLUE.

Reseda odorata L. (Réséda), communément cultivé.

X. DROSÉRACÉES Salisb.

Herbes vivaces à feuilles alternes ou disposées en rosettes radicales, simples, entières, pétiolées, ord. dépourvues de stipules, souv. couvertes de glandes pédicellées, rougeâtres, visqueuses, irritables. Fleurs hermaphrodites, régulières, en grappes scorpioïdes, terminales, ou solitaires au sommet de longs pédoncules axillaires. Calice à 5 sépales libres et caducs, ou un peu connés à la base et persistants. Corolle à 5 pétales libres, caducs ou marcescents en préfloraison imbriquée ou contournée. Étamines 5-10, libres, hypogynes; anthères biloculaires, introrses ou extrorses. Styles 3-5, entiers ou bifides, ou presque nuls ; stigmates capités. Ovaire supère, uniloculaire, à 3-5 placentas pariétaux, multiovulés. Fruit capsulaire, uniloculaire, polysperme, s'ouvrant en 3-5 valves, à déhiscence loculicide. Graines à testa alvéolé, rar. tuberculeux, souv. prolongé aux deux extrémités opposées en forme d'aile ; albumen charnu ou presque nul ; embryon très-petit.

1. **DROSERA** L. (Rossolis). — Pétales marcescents ; étamines 5; nectaires nuls ; styles 3-5, bifides ; fleurs en grappes scor-

pioïdes, terminales ; feuilles couvertes de glandes rouges, visqueuses, stipitées.

1
- Feuilles appliquées sur la terre, à limbe orbiculaire, brusquement contracté en pétiole. . . . . *D. rotundifolia.*
- Feuilles dressées, à limbe linéaire-oblong, ovale ou obové-cunéiforme, insensiblement atténué en pétiole 2

2
- Hampes florales coudées à la base, dépassant peu les feuilles ; graines fortement tuberculeuses, non ailées. . *D. intermedia.*
- Hampes florales dressées dès la base, dépassant longuement les feuilles ; graines non tuberculeuses, ailées aux deux extrémités, ou graines avortées 3

3
- Feuilles à limbe linéaire-oblong ; capsule aussi longue ou plus longue que le calice. . . . . *D. longifolia.*
- Feuilles à limbe obovale ; capsule de moitié plus courte que le calice. . . . . *D. longifolio-rotundifolia.*

1. **D. rotundifolia** L. — Feuilles étalées-appliquées sur la terre, à limbe orbiculaire brusquement contracté en pétiole non cilié ; hampes florales, dressées dès la base, dépassant très-longuement les feuilles ; stigmates capités ; capsule aussi longue ou plus longue que le calice ; graines finement striées, ailées aux deux extrémités. ♃ juin-sept. — A. C. marais tourbeux.

2. **D. longifolia** L. ; *D. anglica* Huds. — Feuilles dressées , à limbe linéaire-oblong , insensiblement atténué en pétiole peu ou pas cilié ; hampe florale dressée dès la base, dépassant longuement les feuilles ; stigmates en massue ; capsule aussi longue ou plus longue que le calice ; graines un peu rugueuses, ailées aux deux extrémités. ♃ juin-sept. — R. Marais tourbeux : Morfontaine, Marines, Silly-la-Poterie, Buthiers, etc.

× **D. longifolio-rotundifolia** Gren., Fl. jurass., 91 ; *D. rotundifolio-anglica* Schiede ; *D. obovata* M. et K. — Feuilles dressées à limbe obovale, insensiblement atténué à la base en un long pétiole non cilié ; hampe florale dressée dès la base, dépassant longuement les feuilles ; stigmates en massue ; capsule de moitié plus courte que le calice ; graines avortées. ♃ juin-sept. — T. R. Marais tourbeux, au milieu des parents : Morfontaine, Pouilly près Beauvais.

3. **D. intermedia** Hayne. — Feuilles dressées, à limbe obové-cunéiforme , insensiblement atténué en pétiole non cilié ; hampe florale coudée à la base, puis redressée, dépassant peu les feuilles ; stigmates plans ; capsule plus longue que le calice ; graines fortement tuberculeuses, non ailées. ♃ juill.-sept. — R. Marais tourbeux : St-Léger, Rambouillet, Larchant près Nemours, Sérans près Magny.

2. **PARNASSIA** Tourn. (Parnassie). — Pétales caducs ; étamines 5, alternes avec 5 nectaires laciniés-frangés ; styles presque nuls ; fleurs solitaires au sommet de longs pédoncules axillaires ; feuilles dépourvues de glandes,

1. P. palustris L. — Souche épaisse, prémorse ; feuilles presque toutes radicales, ovales-cordées, longuement pétiolées ; hampes florales naissant à l'aisselle des feuilles radicales, munies d'une seule feuille embrassante ; fleurs blanches, assez grandes. ♃ juin-sept. — A. C. Prairies humides, marais tourbeux.

XI. POLYGALÉES Juss.

Herbes vivaces ou sous-frutescentes à la base. Feuilles simples, entières, alternes ou éparses, plus rar. opposées, dépourvues de stipules. Fleurs hermaphrodites, irrégulières, en grappes termi-nales. Calice à 5 sépales persistants, libres, très-inégaux ; 3 exté-rieurs herbacés, très-petits, 2 intérieurs, latéraux, pétaloïdes, très-grands (*ailes*). Pétales 3, inégaux, connés avec les filets des étamines en un tube fendu, simulant une corolle gamopétale sub-bilabiée ; pétale antérieur, grand, canaliculé, cuculté, renfermant les étamines et le pistil, muni sur le dos d'une crête laciniée (*ca-rène*) ; pétales latéraux entiers, connivents. Étamines 8, hypogynes à filets connés avec les pétales en un tube fendu sur le côté posté-rieur ; anthères uniloculaires, s'ouvrant au sommet par un pore. Style simple, dilaté au sommet en 2 lobes, bilabiés, stigmatifères sur la lèvre infér. Ovaire supère, ord. muni à sa base d'un disque hypogyne, à 2 loges, l'une antérieure, l'autre postérieure, uni-ovulées. Fruit capsulaire, comprimé, à 2 loges monospermes à déhiscence loculicide ou septicide. Graines munies d'une caroncule lobée ; albumen charnu.

1. POLYGALA Tourn. — Capsule très-comprimée, oblongue ou obovée, échancrée en cœur au sommet, entourée d'un bord mince plus ou moins large ; graines à caroncule 3-lobée. (Les autres caractères sont ceux de la famille.)

1	Feuilles infér. bien différentes des caulinaires, très-grandes, obo-vales, rapprochées en rosette	2
	Feuilles infér. non en rosette, peu différentes des caulinaires et plus petites.	3
2	Plante à saveur herbacée ; tiges étalées ; ailes aussi larges et bien plus longues que la capsule, à 3 nervures anastomosées au sommet. . . . . *P. amarella.*	
	Plante à saveur amère ; tiges dressées ; ailes plus étroites et plus courtes que la capsule, ou à peine plus longues, à 3 nervures palmées, non anastomosées au sommet. . . . . . . *P. amara.*	
3	Feuilles infér. la plupart opposées ; fleurs en grappes courtes, d'abord terminales, puis paraissant latérales par le développe-ment d'un rameau axillaire. . . . . *P. serpyllacea.*	
	Feuilles infér. alternes ; fleurs en grappes ord. allongées, toujours terminales et dépourvues de rameau axillaire	4

4 {
Bractées très-proéminentes formant une houppe au sommet des
jeunes grappes assez serrées, coniques ; ailes à nervures obscurément anastomosées. . . . . *P. comosa.*
Bractées peu ou pas proéminentes ; grappes lâches, ord. unilatérales ; ailes à nervures nettement anastomosées au sommet et sur
les côtés. . . . . *P. vulgaris.*
}

1. **P. vulgaris** L. — Souche dure, subligneuse ; tiges nombreuses
allongées, ascendantes ou dressées ; feuilles alternes ou éparses, les
infér. non en rosette, oblongues-spathulées, les caulinaires plus
longues, lancéolées ; fleurs bleues, roses ou blanches, en grappes
allongées, lâches, ord. unilatérales ; bractées peu ou pas proéminentes au sommet de la jeune grappe ; ailes elliptiques égalant ou
dépassant la capsule à nervures anastomosées au sommet et sur les
côtés. ♃ Mai-juin. — T. C. Bois, coteaux, lieux herbeux.

Var. *oxyptera; P. oxyptera* Auct. mult. (an Rchb.?); tiges plus ou
moins étalées puis redressées ; ailes à peine plus longues que la
capsule et plus étroites. — Bois, avec le type, mais moins commun.

Var. *parviflora* Coss. et Germ. ; *P. Lensei* Bor. ; souche grêle ; tiges
grêles, courtes, plus ou moins étalées ; fleurs petites en grappes
courtes ; ailes égalant la largeur de la capsule, à nervures obscurément anastomosées. — T. R. Pelouses sèches, à Luzarches.

2. **P. comosa** Schk. ; *P. vulgaris* var. *comosa* Coss. et Germ. —
Plante ayant le port de la précédente dont elle se distingue par
ses grappes assez serrées, coniques au sommet, plus rar. subunilatérales ; par ses bractées très-proéminentes, formant une houppe
au sommet des jeunes grappes ; par ses ailes à nervures obscurément anastomosées. ♃ mai-juin. — Pelouses et lieux herbeux,
principalement des terrains calcaires : Plessis-Piquet, Luzarches,
l'Isle-Adam, Fontainebleau, Malesherbes, Beauvais, etc.

3. **P. amarella** Crantz ; *P. calcarea* Schltz. — Plante à saveur
herbacée ; tiges nombreuses, filiformes, étalées ; feuilles infér.
grandes, obovales, rapprochées en rosette, les caulinaires lancéolées-linéaires, plus petites ; fleurs d'un beau bleu, plus rar. roses
ou blanches en grappe lâche plus ou moins allongée ; ailes larges,
elliptiques, aiguës, aussi larges et plus longues que la capsule, à nervures anastomosées au sommet et réticulées sur les
bords. ♃ mai-juin. — A. R. Coteaux herbeux des terrains calcaires.

4. **P. serpyllacea** Weihe ; *P. depressa* Wend. — Plante à saveur
herbacée ; tiges nombreuses, filiformes, étalées-couchées, diffuses ;
feuilles infér. opposées, obovales, non rapprochées en rosette, les
caulinaires ovales-lancéolées, alternes ou éparses, plus grandes et
plus longues que les infér. ; fleurs médiocres, d'un bleu pâle, en
grappes lâches et courtes, d'abord terminales, puis paraissant latérales par le développement d'un rameau axillaire, qui s'allonge et

les dépasse ; ailes oblongues , aiguës , plus étroites et bien plus longues que la capsule, à nervures anastomosées au sommet et réticulées sur les bords. ♃ mai-juin. — A. C. Bois et prairies humides ; manque sur le calcaire.

5. **P. amara** L.; *P. austriaca* Crantz. — Plante à saveur très-amère ; souche grêle, courte, donnant naissance à plusieurs tiges grêles , dressées ; feuilles infér. grandes, obovales, rapprochées en rosette, les caulinaires lancéolées, plus petites ; fleurs petites, d'un bleu pâle ou blanches, en grappe d'abord assez serrée, conique au sommet, puis allongée ; ailes oblongues, plus étroites et plus courtes que la capsule ou à peine plus longues, à nervures palmées, peu ou pas anastomosées ni réticulées. ♃ mai-juin. — R. Prés , lieux humides et tourbeux : Fontainebleau, Buthiers, Nemours, l'Isle-Adam, Compiègne , Villers-Cotterets , etc.

XII. CARYOPHYLLÉES Juss.

Herbes annuelles ou vivaces, rar. plantes sous-frutescentes à la base. Tiges noueuses-articulées. Feuilles simples , opposées , dépourvues de stipules ou dilatées à la base en gaînes qui peuvent simuler des stipules. Fleurs hermaphrodites , rar. dioïques par avortement, régulières, ord. en cymes terminales. Calice ord. persistant, à 5 , rar. 4 sépales , libres ou connés et formant un tube allongé. Corolle à 5, rar. 4 pétales libres, plus ou moins onguiculés , en préfloraison imbriquée ou tordue , souv. munis au point d'union du limbe et de l'onglet d'appendices dont l'ensemble constitue la coronule ; rar. pétales nuls par avortement. Étamines libres , hypogynes , en nombre égal ou double de celui des pétales , disposées en 2 verticilles , le plus intérieur souv. un peu adhérent aux pétales ; anthères biloculaires , introrses. Styles 2-5 libres, stigmatifères sur la face interne. Ovaire supère , souv. porté sur un prolongement de l'axe *(gynophore)*, primitivement à 2-5 loges multiovulées , devenant uniloculaire par destruction des cloisons. Ovules insérés dans l'angle des loges où sur un placenta devenu libre et central par suite de la destruction des cloisons. Fruit trèsrar. bacciforme indéhiscent, ord. capsulaire, uniloculaire, ou à 2-5 loges incomplètes, polysperme, rar. oligosperme, s'ouvrant par des valves ou par des dents en nombre égal à celui des styles ou double. Graines réniformes ou scutiformes, à embryon annulaire et périphérique ou droit ou plié et latéral ; albumen farineux.

Calice à 5 sépales connés au moins dans leur moitié infér. formant un tube ord. allongé ; pétales 5, ord. longuement onguiculés ; ovaire porté sur un prolongement de l'axe (gynophore). *Silénées* (p. 60).

Calice à 4-5 pétales libres ou à peine connés à la base ; pétales 4-5, brièvement onguiculés, rar. nuls ; ovaire dépourvu de gynophore, ... *Alsinées* (p. 66).

1. SILÉNÉES DC.

1 { Calice muni à sa base d'un calicule formé de 2-6 bractées imbriquées ; graines scutiformes . . . . *Dianthus* (1).
  { Calice dépourvu de calicule ; graines réniformes. 2

2 { Styles 2. 3
  { Styles 3-5 4

3 { Calice pentagonal ; corolle dépourvue de coronule. *Gypsophila* (2).
  { Calice cylindrique ; corolle munie d'une coronule. *Saponaria* (3).

4 { Fruit bacciforme, indéhiscent, noir à la maturité. *Cucubalus* (4).
  { Fruit capsulaire s'ouvrant au sommet par des dents. . . 5

5 { Styles 3 ; capsule à 6 dents. . . . . *Silene* (5).
  { Styles 5 ; capsule à 5 ou à 10 dents. 6

6 { Fleurs dioïques ; capsule à 10 dents. . . . . *Melandrium* (6).
  { Fleurs hermaphrodites ; capsule à 5 dents. 7

7 { Pétales munis d'une coronule ; styles opposés aux divisions calicinales ; calice à dents courtes . . . . *Lychnis* (7).
  { Pétales dépourvus de coronule ; styles alternes avec les divisions calicinales ; calice à dents linéaires, très-longues. *Agrostemma* (8).

1. DIANTHUS L. (Œillet). — Calice tubuleux-cylindrique, à 5 dents, muni à la base d'un calicule formé de 2-6 bractées imbriquées ; pétales longuement onguiculés, à limbe émarginé, denté ou frangé, muni d'une coronule ; étamines 10 ; styles 2 ; capsule s'ouvrant par 4 dents ; graines scutiformes.

1 { Fleurs réunies en fascicules compactes 2
  { Fleurs solitaires à l'extrémité des rameaux 4

2 { Souche grêle ; feuilles très-brièvement connées à la base ; bractées vertes ou jaunâtres toutes ou au moins les intérieures aussi longues que le calice. 3
  { Souche subligneuse ; feuilles connées dans leur quart infér. ; bractées brunâtres, toutes plus courtes que le calice. *D. Carthusianorum.*

3 { Plante glabre ; bractées scarieuses, oblongues-obtuses ; calice à dents obtuses ; pétales émarginés. . . . . . *D. prolifer.*
  { Plante velue ; bractées herbacées, lancéolées-subulées ; calice à dents lancéolées-subulées ; pétales dentés. . . . *D. Armeria.*

4 { Fleurs glabres à la gorge ; pétales dentés 5
  { Fleurs velues à la gorge ; pétales frangés-ciliés. . . . *D. superbus.*

5 { Plante glabre ; souche ligneuse ; feuilles pliées en gouttière ; fleurs grandes, très-odorantes . . . . *D. Cariophyllus.*
  { Plante finement pubescente ; souche non ligneuse ; fleurs petites, peu ou pas odorantes. . . . . *D. deltoides.*

1. D. prolifer L.; *Kohlrauschia prolifera* Knth.; *Tunica* Scop. — Plante glabre, à racine grêle ; tiges simples ou rameuses, grêles, dressées ; feuilles linéaires, aiguës, uninervées, brièvement connées à la base ; fleurs très-petites, roses, réunies en têtes terminales, serrées, entourées de bractées scarieuses, elliptiques-obtuses, les intérieures plus longues que le calice, les extérieures de moitié plus courtes; calice à dents obtuses; pétales à limbe court, obové, émarginé. ⊙ juin-sept. — T. C. Sables, lieux secs et incultes.

2. **D. Armeria** L. — Plante velue, à racine grêle; tiges simples ou rameuses, raides, dressées; feuilles linéaires-lancéolées, obtuses, brièvement connées à la base, à 3-7 nervures; fleurs purpurines, réunies en fascicules denses, obliques, entourées de bractées herbacées, lancéolées-subulées, égalant ou dépassant les fleurs; calice à dents lancéolées-subulées; pétales à limbe court, obové, denticulé. ② juin-août. — Clairières et bords des bois, lieux herbeux.

3. **D. Carthusianorum** L.—Plante glabre, à souche subligneuse; tiges ord. nombreuses, simples, dressées; feuilles linéaires, longuement aiguës, munies de plusieurs nervures, la médiane très-accusée, connées dans leur quart inférieur; fleurs assez grandes, purpurines, rar. roses ou blanches, plus ou moins nombreuses, réunies en fascicules denses, entourés de bractées scarieuses, brunâtres, brusquement et brièvement acuminées, toutes plus courtes que le calice, celui-ci à dents lancéolées-aiguës; pétales à limbe obové-cunéiforme, irrégulièrement denté. ♃ juin-sept. — C. Prés et coteaux secs.
Var. *congestus* Gr. et Godr.; *D. vaginatus* Vill.; *D. congestus* Bor.; plante plus robuste à tiges ord. plus nombreuses et plus élevées; fleurs en capitules très-denses, formés de 10 à 30 fleurs. —R. Bois montueux : Nemours.

4. **D. deltoïdes** L. — Plante pubescente à souche rameuse, munie de rejets stériles, allongés, feuillés; tiges nombreuses, simples ou rameuses, couchées-ascendantes; feuilles planes, 3-nervées, brièvement connées à la base, celles des rejets stériles et de la base des tiges fertiles, courtes, linéaires-lancéolées, obtuses, les autres plus allongées, aiguës; fleurs médiocres, roses ou purpurines, ponctuées, en panicule lâche, dichotome, munies chacune de 2-6 bractées ovales, aristées, scarieuses sur les bords, les intérieures égalant la moitié de la longueur du calice, celui-ci à dents lancéolées, acuminées; pétales à limbe obovale-cunéiforme, denté. ♃ juin-sept. — R. Clairières sèches et herbeuses des bois : Marcoussis, Sénart, Rambouillet, Poigny, etc.

5. **D. Caryophyllus** L. (Œillet des jardins). — Plante glabre, à souche ligneuse, émettant des fascicules de feuilles, stériles; tiges rameuses au sommet, ascendantes-dressées, assez fortement renflées aux nœuds; feuilles épaisses, linéaires-obtuses, pliées en gouttière, brièvement connées à la base, les supér. bractéiformes; fleurs grandes, purpurines ou rosées, très-odorantes, solitaires au sommet des tiges et des rameaux, munies chacune de 4 bractées,

coriaces, obovales, brièvement acuminées, beaucoup plus courtes que le calice, celui-ci à dents lancéolées-acuminées; pétales à limbe très-grand, obovale-cunéiforme, irrégulièrement denté. ♃ juill.-août. — R. Murs et ruines des vieux châteaux : La Roche-Guyon, Château-Gaillard près les Andelys, La Ferté-Milon, Provins.

6. D. superbus L. — Plante glabre, à souche rameuse; tiges peu nombreuses, assez élevées, dressées, simples ou rameuses au sommet; feuilles linéaires-lancéolées, obtuses, brièvement connées à la base, 3-5-nervées; fleurs grandes, odorantes, d'un rose pâle, en corymbe lâche, munies chacune de 4 bractées herbacées, ovales, brièvement acuminées, bien plus courtes que le calice, celui-ci à dents allongées, acuminées-subulées; pétales à limbe grand, cunéiforme, divisé presque jusqu'à l'onglet en lanières multifides, linéaires. ♃ juill.-août. — T. R. Prairies humides et tourbeuses : Itteville, St-Sauveur près Donnemarie.

2. GYPSOPHILA L. — Calice tubuleux-pentagonal, à 5 dents, dépourvu de calicule; pétales plus ou moins onguiculés, à limbe tronqué, émarginé ou denté, dépourvu de coronule; étamines 10; styles 2; capsule s'ouvrant au sommet par 4 dents; graines réniformes ou subglobuleuses.

1. G. muralis L. — Tige pubescente, basse, divisée dès la base en nombreux rameaux grêles, subfiliformes, étalés-divariqués; feuilles étroitement linéaires, atténuées aux deux extrémités; fleurs nombreuses, roses, très-petites, sur des pédicelles allongés, filiformes, formant des cymes très-lâches; calice tubuleux, non renflé; pétales à onglet presque nul; graines réniformes. ☉ juill.-sept. — A. C. Champs sablonneux; manque sur le calcaire.

2. G. Vaccaria Sibth. et Sm.; *Saponaria* L.; *Vaccaria vulgaris* Host. — Tige glabre, de 25-50 cent., simple, raide, dressée, rameuse-dichotome au sommet; feuilles sessiles, glauques, les infér. oblongues, atténuées à la base, les supér. ovales-lancéolées, cordées et un peu connées à la base; fleurs roses, médiocres, longuement pédicellées, formant une cyme très-lâche; calice tubuleux, à la fin renflé-subglobuleux; pétales à onglet égalant le calice; graines subglobuleuses. ☉ juin-juill. — A. R. Champs et moissons : Billancourt, Montgeron, St-Maur, Moret, les Andelys, etc.

3. SAPONARIA L. (Saponaire). — Calice tubuleux-cylindrique, à 5 dents, dépourvu de calicule; pétales longuement onguiculés, à limbe tronqué ou émarginé, muni d'une coronule; étamines 10; styles 2; capsule s'ouvrant au sommet par 4 dents; graines réniformes.

1. S. officinalis L. (Saponaire). — Plante glabre, à souche

rameuse, rampante ; tige robuste , dressée, un peu rameuse au sommet ; feuilles grandes, oblongues ou ovales-lancéolées, aiguës, 3-nervées , les infér. atténuées en pétiole, les supér. sessiles ; fleurs grandes, roses, réunies en fascicules formant une cyme dense ; calice ombiliqué à la base, un peu renflé à la maturité ; capsule à dents courtes, recourbées en dehors. ♃ juill.-août. — T. C. Champs et lieux incultes , bords des chemins et des rivières.

4. **CUCUBALUS** Tourn. — Calice campanulé, à 5 lobes, dépourvu de calicule ; pétales onguiculés, à limbe bifide , muni d'une coronule ; étamines 10 ; styles 3 ; fruit bacciforme , indéhiscent, 3-loculaire ; graines réniformes.

1. **C. baccifer** L. — Plante pubescente à souche rampante ; tiges faibles , diffuses , couchées ou grimpantes ; feuilles ovales , aiguës, à pétiole court, les infér. grandes ; fleurs d'un blanc verdâtre, en cyme paniculée , lâche ; baies globuleuses , noires , luisantes. ♃ juill.-août. — A. R. Lieux herbeux et humides , haies et buissons : Vincennes, St-Maur, Fontainebleau, Lardy, etc.

5. **SILENE** L. — Calice tubuleux, cylindrique ou plus ou moins renflé-vésiculeux à la maturité, à 5 dents, dépourvu de calicule ; pétales longuement onguiculés, à limbe entier ou plus souv. bifide, ord. muni et plus rar. dépourvu de coronule ; étamines 10 ; styles 3 ; capsule s'ouvrant au sommet par 6 dents ; graines réniformes.

1 { Fleurs en grappes spiciformes, unilatérales, allongées. *S. gallica.*
  { Fleurs en cymes paniculées, bi-trichotomes. 2

2 { Fleurs dioïques très-petites d'un jaune verdâtre, verticillées , formant une cyme paniculée interrompue. . . . . *S. Otites.*
  { Fleurs hermaphrodites assez grandes, rouges, roses ou blanches , non verticillées. 3

3 { Calice renflé ou vésiculeux, à 20-30 nervures. 4
  { Calice non renflé ni vésiculeux à 10 nervures. 5

4 { Calice glabre, ovale-vésiculeux, à 20 nervures anastomosées ; pétales à limbe bifide . . . . *S. Cucubalus.*
  { Calice pubescent, conique-renflé, à 30 nervures anastomosées ; pétales à limbe émarginé. . . . . *S. conica.*

5 { Souche subligneuse, rameuse ; fleurs en cyme large, lâche, trichotome ; calice à dents courtes, lancéolées. . . . *S. nutans.*
  { Racine grêle, simple, annuelle ; fleurs rar. solitaires terminales, ord. en cyme dichotome, pauciflore ; calice à dents très-longues, subulées. . . . . *S. noctiflora.*

1. **S. Cucubalus** Wib.; *S. inflata* Sm.; *Cucubalus Behen* L. — Plante glauque, glabre, à souche subligneuse ; tiges ascendantes, simples ou rameuses ; feuilles elliptiques-oblongues ou ovales, lancéolées, les infér. atténuées à la base ; fleurs blanches, penchées, en cyme dichotome, terminale ; calice glabre, ovale-vésiculeux, à 20

nervures anastomosées ; pétales à limbe bifide, ord. dépourvu de coronule et muni en place de deux callosités ; graines tuberculeuses. ♃ juin-août. — T. C. Prés, coteaux, bords des chemins.

Var. *pubescens* DC. ; *S. puberula* Jord. ; tige couverte dans sa partie infér. de poils crépus ; feuilles aiguës, pubescentes-ciliées. Avec le type, mais plus R.

2. **S. conica** L. — Plante couverte d'une pubescence courte, à racine grêle ; tiges dressées, simples ou peu rameuses ; feuilles linéaires-lancéolées, aiguës ; fleurs roses, rar. blanches, dressées, rar. solitaires, ord. en cyme dichotome ; calice pubescent, conique-renflé, ombiliqué à la base, à 30 nervures non anastomosées ; pétales à limbe émarginé, muni d'une coronule ; graines obscurément tuberculeuses. ② mai-juill. — C. Champs et moissons ; manque sur le calcaire.

3. **S. gallica** L. — Plante couverte de poils blancs étalés, mélangés de poils glanduleux ; tiges dressées, simples ou rameuses ; feuilles ciliées, les inf. obliques-spathulées, les supér. lancéolées ou sublinéaires, souv. apiculées ; fleurs blanches ou rosées, en grappes spiciformes, unilatérales, allongées ; calice hérissé, glanduleux, d'abord tuberculeux, puis ovoïde, à 10 nervures ; pétales à limbe entier ou denticulé, muni d'une coronule ; graines tuberculeuses. ⊙, ② juin-sept. — A. R. Champs et moissons ; manque sur le calcaire.

4. **S. noctiflora** L. — Plante velue, glanduleuse surtout dans sa partie supér. ; tige dressée, simple ou dichotome au sommet ; feuilles infér. ovales-oblongues, atténuées en pétiole, les supér. lancéolées ; fleurs rosées intérieurement, jaunâtres extérieurement, solitaires ou en cyme dichotome, pauciflore ; calice velu-glanduleux, d'abord tubuleux, puis ventru, à 10 nervures et à dents subulées très-longues ; pétales à limbe bifide, muni d'une coronule ; graines fortement tuberculeuses. ⊙ juill.-sept. — T. R. Champs : entre Versailles et Villepreux, Freneuse près Bonnières.

5. **S. nutans** L.—Plante velue, glanduleuse dans sa partie supér.; souche rameuse, subligneuse, émettant des rosettes de feuilles stériles ; tiges dressées, simples ou peu rameuses, peu feuillées ; feuilles ciliées, les radicales elliptiques, acuminées, longuement atténuées en pétiole, les caulinaires lancéolées ; fleurs blanches, rar. roses ou rouges, penchées en cyme trichotome, lâche, élargie ; calice velu-glanduleux, tubuleux, à 10 nervures et à dents courtes ; pétales à limbe bifide, muni d'une coronule ; graines fortement tuberculeuses. ♃ mai-juill. — C. Coteaux, bois montagneux.

6. **S. Otites** Sm. ; *Cucubalus* L. — Plante ord. dioïque, couverte d'une pubescence courte ; souche subligneuse, émettant des ro-

settes de feuilles stériles, rapprochées, formant gazon ; tiges dressées, grêles, simples ou rameuses, très-peu feuillées ; feuilles radicales spathulées, atténuées en pétiole, les caulinaires linéaires ; fleurs très-petites, d'un jaune verdâtre, nombreuses, verticillées autour des rameaux et formant une cyme paniculée, interrompue ; calice campanulé, puis ovoïde, glabrescent, à 10 nervures ; pétales à limbe entier, dépourvu de coronule ; graines chagrinées. ♃ juin-août. — A. C. Coteaux et lieux sablonneux.

6. **MELANDRIUM** Rœhl. — Calice tubuleux, plus ou moins renflé à la maturité, à 5 dents, dépourvu de calicule ; pétales longuement onguiculés, à limbe bifide, muni d'une coronule ; étamines 10 ; styles 5, oppositisépales ; capsule s'ouvrant au sommet par 10 dents assez profondes.

1. **M. album** Gke. ; *M. dioicum* Rœhl ; *Lychnis alba* Mill. ; *L. dioica* Sibth. ; *Silene pratensis* Gr. et Godr. (Compagnon blanc). — Plante dioïque, velue-glanduleuse, à souche rampante ; tiges dressées, rameuses ; feuilles ovales ou oblongues-lancéolées, acuminées, les infér. plus larges, atténuées en pétiole ; fleurs blanches en cyme dichotome, lâche ; calice à dents obtuses ; capsule à dents dressées ; graines couvertes de tubercules obtus. ②, ♃ juin-sept. — T. C. Prés, bords des champs et des chemins.

2. **M. sylvestre** Rœhl.; *Lychnis sylvestris* Hoppe; *Silene diurna* Gr. et Godr. (Ivrogne, Compagnon rouge).—Plante dioïque, velue, non glanduleuse, à souche rampante ; tiges dressées, rameuses ; feuilles infér. et celles des rosettes stériles, oblongues-spathulées, largement atténuées en pétiole, les caulinaires ovales, acuminées, subsessiles; fleurs roses ou pourprées en cyme dichotome, lâche ; calice à dents aiguës ; capsule à dents roulées en dehors ; graines couvertes de tubercules aigus. ♃ mai-août. — R. Bois humides : Port-Villez, Beausséré près Gisors, Magny, Compiègne, Beauvais, etc.

7. **LYCHNIS** Tourn. — Calice tubuleux, puis ovoïde, à 5 dents courtes, dépourvu de calicule; pétales longuement onguiculés, à limbe entier, échancré ou profondément divisé, muni d'une coronule ; étamines 10 ; styles 5, oppositisépales ; capsule s'ouvrant au sommet par 5 dents.

1. **L. Flos-cuculi** L. (Fleur de coucou). — Plante glabre ou brièvement pubescente dans sa partie infér., à souche rameuse stolonifère ; tiges dressées, rameuses, un peu visqueuses au sommet; feuilles infér. fasciculées, oblongues-lancéolées, longuement pétiolées, les supér. lancéolées ou lancéolées-linéaires ; fleurs roses en panicule dichotome lâche; pétales à limbe profondément divisé en 4 lanières linéaires divergentes. ♃ mai-juillet. — C. Prés humides.

8. **L. Viscaria** L.; *Viscaria purpurea* Wimm. — Plante glabre, à souche subligneuse; tiges dressées, simples, très-visqueuses dans leur partie supér.; feuilles infér. lancéolées-spathulées, longuement atténuées en pétiole, les sup. lancéolées-linéaires très-espacées sur la tige; fleurs purpurines en panicule trichotome allongée; pétales à limbe tronqué ou émarginé. ♃ mai-juill. — Bois secs et montagneux: Chailly, Samoreau, La Ferté-Alais, Compiègne, etc.

8. **AGROSTEMMA** L. (Nielle). — Calice tubuleux, plus ou moins renflé à la maturité, à 5 divisions linéaires plus longues que le tube; pétales longuement onguiculés, à limbe tronqué, dépourvu de coronule; étamines 10; styles 5, alternisépales; capsule s'ouvrant par 5 dents.

1. **A. Githago** L.; *Lychnis Githago* Lam.; *Githago segetum* Desf. — Plante couverte de poils blancs, soyeux; tige robuste, dressée, rameuse-dichotome; feuilles linéaires-allongées, aiguës; fleurs grandes, d'un rouge violacé, rar. blanches, solitaires, longuement pédonculées; calice coriace, à 10 nervures très-saillantes à dents légèrement aiguës, dressées, dépassant les pétales. ② juin-juill. — T. C. Moissons.

2. ALSINÉES Bartl.

1	Capsule à valves ou à dents en nombre égal à celui des styles. . .	2
	Capsule à valves ou à dents en nombre double de celui des styles.	5
2	Feuilles dilatées à la base en gaine membraneuse qui simule 2 stipules latérales	3
	Feuilles dépourvues de gaine membraneuse	4
3	Feuilles fasciculées; styles 5; capsule à 5 valves opposées aux sépales . . . . *Spergula* (10).	
	Feuilles non fasciculées; styles 3; capsule à 3 valves. *Spergularia* (9).	
4	Sépales acuminés, fortement nervés, styles 3, capsule à 3 valves. . . . . *Alsine* (12).	
	Sépales non acuminés ni nervés; styles 4-5; capsule à 4-5 valves. . . . . *Sagina* (11).	
5	Pétales bifides ou bipartites, rar. nuls	6
	Pétales entiers, denticulés ou émarginés	8
6	Styles 3, capsule s'ouvrant par 6 valves. . . . . *Stellaria* (16).	
	Styles 5, rar. 4; capsule s'ouvrant par 5 valves ou par 8-10 dents.	7
7	Styles opposés aux sépales; capsule cylindrique ou cylindro-conique s'ouvrant par 8-10 dents. . . . . . . *Cerastium* (17).	
	Styles opposés aux pétales; capsule ovoïde, s'ouvrant par 5 valves bidentées . . . . *Myosoton* (18).	
8	Fleurs en ombelle; pétales ord. denticulés. . . *Holosteum* (15).	
	Fleurs n'étant pas en ombelle; pétales entiers ou émarginés. . . .	9
9	Graines lisses, munies d'une strophiole à l'ombilic. *Mœhringia* (14).	
	Graines tuberculeuses, dépourvues de strophiole	10

$\left\{\begin{array}{l}\text{Style 2-3; capsule ovoïde, s'ouvrant par 6 dents ou par 2-3 valves}\end{array}\right.$

10 { Style 2-3; capsule ovoïde, s'ouvrant par 6 dents ou par 2-3 valves
     2-dentées . . . . *Arenaria* (15).
     Styles 5, rar. 4; capsule cylindrique ou cylindro-conique, s'ou-
     vrant par 8-10 dents . . . . *Cerastium* (17).

9. **SPERGULARIA** Pers. — Sépales 5; pétales 5, entiers ;
étamines 10, rar. 5; styles 3; capsule s'ouvrant jusqu'à la base
par 3 valves; graines lenticulaires, aptères, rar. les 2-3 du fond de
la capsule ailées ; embryon annulaire, périphérique ; albumen
central.

1. **S. segetalis** Fenzl; *Alsine* L. ; *Arenaria* Lam. — Tige grêle,
filiforme, glabre, très-rameuse-dichotome, à rameaux divariqués ;
feuilles cylindriques-filiformes, mucronées, dépourvues à leur
aisselle de fascicules de feuilles stériles, munies de stipules lancéolées, laciniées ; fleurs blanches sur des pédicelles filiformes,
allongés, divariqués, non feuillés ; sépales scarieux, lancéolés,
aigus, munis d'une nervure verte, plus longs que la corolle.
⊙ juin-juill. — A. R. Moissons et lieux sablonneux principalement
des terrains siliceux : Montmorency, Bouray, Fontainebleau,
Gambaiseuil, Malesherbes, Nemours, etc.

2. **S. campestris** Asch.; *S. rubra* Pers. ; *Arenaria rubra* et
campestris L. ; *A. campestris* All. — Tiges nombreuses, poilues-
glanduleuses au sommet, très-rameuses, étalées-ascendantes ;
feuilles linéaires, mucronées, ord. pourvues à leur aisselle de
fascicules de feuilles stériles, munies de stipules ovales-acuminés,
entières ou bifides ; fleurs rouges ou roses sur des pédicelles
courts, étalés ou réfléchis après l'anthèse ; sépales herbacés, lancéolés, obtus, dépourvus de nervure, égalant la corolle. ⊙, ② mai-
sept. — C. Champs et lieux sablonneux et incultes, bords des
chemins.

10. **SPERGULA** Dill. (Spargoute). — Sépales 5; pétales 5,
entiers; étamines 5-10; styles 5, alternisépales; capsule s'ouvrant
jusqu'à la base par 5 valves; graines lenticulaires, ailées; embryon
annulaire, périphérique; albumen central.

1. **S. arvensis** L. (Spargoute). — Tiges solitaires ou nombreuses,
dressées ou ascendantes, rameuses, plus ou moins poilues-glanduleuses ; feuilles linéaires-filiformes, obtuses, munies d'un sillon
à la face infér., fasciculées ou verticillées ; fleurs blanches sur des
pédicelles filiformes, réfractés à la maturité ; pétales ovales, obtus;
étamines 10; graines subglobuleuses-comprimées, papilleuses,
bordées d'une aile membraneuse, lisse, très-étroite. ⊙ juin-juill,
— T. C. Champs sablonneux, principalement siliceux.
Var. *maxima* Kch.; *S. maxima* Bœnning. ; tiges glabres, plus
élevées et plus robustes ; capsules et graines 3 fois plus grosses
que dans le type. — A. R. Introduit dans les champs cultivés.

2. S. pentandra L. — Tiges plus ou moins nombreuses, un peu grêles, glabres, dressées ou ascendantes, à mérithalle supér. ord. allongé ; feuilles courtes, linéaires-filiformes, obtuses, arrondies, fasciculées, dépourvues de sillon à la face infér. ; fleurs blanches sur des pédoncules filiformes étalés ou réfléchis après l'anthèse ; pétales oblongs, aigus ; étamines 5 ; graines discoïdes, très-comprimées, lisses, bordées d'une aile membraneuse, large, blanche, rayée. ⊙ avril-mai. — R. Champs et lieux sablonneux-siliceux : Le Vésinet, Poissy, Étampes, Fontainebleau, etc.

3. S. Morisonii Bor.; *S. vernalis* Auct. aliq. (non Wild.).—Plante ayant le port et l'aspect de la précédente, dont elle se distingue par ses feuilles d'un vert plus foncé, en fascicules plus denses ; par ses fleurs moins longuement pédicellées en cymes plus lâches et surtout par ses graines papilleuses sur leur pourtour et lisses au centre, bordées d'une aile membraneuse rousse. ⊙ avril-mai. — A. R. Lieux sablonneux, siliceux : C. dans la forêt de Fontainebleau.

11. SAGINA L. — Sépales 4-5 ; pétales 4-5, entiers ou très-petits ou nuls ; étamines 4-5 ou 10 ; styles 4-5, alternisépales ; capsule s'ouvrant jusqu'à la base par 4-5 valves.

1 Fleurs tétramères ; sépales étalés après l'anthèse ; pétales de moitié plus courts que le calice ou nuls. 2
Fleurs pentamères ; sépales dressés après l'anthèse ; pétales égalant ou dépassant le calice 3

2 Tiges couchées, radicantes ; feuilles glabres ; pédicelles courbés en crochet après l'anthèse. . . . . *S. procumbens.*
Tiges étalées, non radicantes ; feuilles ciliées, pédicelles droits ou à peine courbés après l'anthèse. . . . . *S. apetala.*

3 Pédicelles courbés au sommet après l'anthèse ; pétales égalant le calice. *S. subulata.*
Pédicelles toujours dressés après l'anthèse ; pétales 1-3 fois plus longs que le calice . . . . *S. nodosa.*

1. S. apetala L. — Tiges nombreuses, rameuses, étalées ou ascendantes, non radicantes ; feuilles subulées-aristées, ciliées à la base ; fleurs tétramères, très-petites, sur des pédicelles droits ou à peine courbés après l'anthèse ; sépales étalés après l'anthèse ; pétales très-petits ou nuls. ⊙ mai-oct. — C. Champs, lieux cultivés ou incultes, vieux murs.

2. S. procumbens L. — Tiges nombreuses, rameuses, gazonnantes, couchées, radicantes ; feuilles linéaires, brièvement subulées-aristées, glabres ; fleurs tétramères, petites, d'un blanc verdâtre, sur des pédicelles courbés en crochet après l'anthèse ; sépales étalés après l'anthèse ; pétales de moitié plus courts que le calice. ⊙, ② mai-oct.—T. C. Lieux sablonneux, humides, bords des chemins, vieux murs.

3. **S. nodosa** Fenzl; *Spergula* L.; *Spergella* Rchb. — Tiges nombreuses, simples ou un peu rameuses au sommet, étalées ou ascendantes; feuilles linéaires, filiformes, obtuses ou mucronulées; fleurs pentamères, blanches, sur des pédicelles courts, dressés après l'anthèse; sépales dressés-appliqués sur la capsule; pétales 1-3 fois plus longs que le calice. ♃ juin-sept.—A. R. Lieux sablonneux et humides, prairies tourbeuses, bords des étangs : Fontainebleau, Malesherbes, Nemours, Ermenonville, Chantilly, Compiègne, Beauvais, etc.

4. **S. subulata** Wimm.; *Spergula* Sw.; *Spergella* Rchb. — Tiges nombreuses, gazonnantes, simples ou peu rameuses au sommet, ascendantes-dressées; feuilles linéaires, assez longuement subulées-aristées; fleurs pentamères, blanches sur des pédicelles allongés, courbés après l'anthèse, puis redressés; sépales dressés-appliqués sur la capsule; pétales égalant le calice. ♃ juill.-sept. —T. R. Grèves des étangs de St-Hubert et de St-Léger.

12. **ALSINE** Wahl. — Sépales 5; pétales 5, entiers; étamines 10, rar. 3-5; styles 3; capsule s'ouvrant jusqu'à la base par 3 valves.

1. **A. tenuifolia** Crantz; *Arenaria* L.; *Sabulina* Rchb. — Souche grêle; tiges grêles, brunâtres, simples ou rameuses-dichotomes ord. glabres; feuilles linéaires, élargies à la base, planes, subaristées, dépourvues à leur aisselle de fascicules de feuilles stériles; fleurs blanches en cymes paniculées, lâches; sépales lancéolés-subulés, 3-nervés, étroitement scarieux sur les bords; pétales plus courts que le calice. ☉ mai-sept. — T. C. Champs et lieux secs, bords des chemins, vieux murs.
Var. *viscidula* Coss. et Germ.; *Arenaria viscidula* Thuill.; *Alsine viscida* Schreb.; partie supér. des tiges et calices couverts de poils glanduleux; fleurs plus petites que dans le type. — A. R. Lieux très-secs, vieux murs.

2. **A. setacea** M. et K.; *Arenaria* Thuill.; *Sabulina* Rchb. — Souche dure, subligneuse; tiges nombreuses, rapprochées, simples ou rameuses-dichotomes, plus ou moins pubescentes; feuilles linéaires, sétacées, mucronulées, ord. arquées et munies à leur aisselle de fascicules de feuilles stériles; fleurs blanches en cymes dichotomes, paniculées, un peu lâches; sépales ovales-lancéolés, 1-nervés, largement scarieux sur les bords; pétales dépassant le calice. ♃ juin-juill. — A. R. Coteaux et lieux sablonneux : Fontainebleau, Buthiers, Nemours, Bouray, La Ferté-Aleps, etc.; manque sur le calcaire.

13. **HOLOSTEUM** L. — Sépales 5; pétales 5, entiers ou denticulés; étamines 3-4-5, très-rar. 10; styles 3; capsule s'ouvrant

par 6 dents recourbées en dehors et dont la déhiscence, en se prolongeant presque jusqu'à la base, forme 6 valves ; graines tuberculeuses, dépourvues de strophiole à l'ombilic.

1. **M. umbellatum** L. ; *Alsine umbellata* DC. — Plante glauque ; tiges solitaires ou plus ou moins nombreuses, simples, dressées, nues ou à peines feuillées ; feuilles oblongues, les infér. atténuées en pétiole, les supér. sessiles ; fleurs blanches, rar. rosées, en cymes ombelliformes terminales ; pédicelles d'abord réfléchis, puis redressés. ⊙ avril-mai. — T. C. Champs sablonneux, vignes, bords des chemins, vieux murs.

14. **MŒHRINGIA** L. — Sépales 4-5 ; pétales 4-5, entiers ou émarginés ; étamines 8-10 ; styles 2-3 ; capsule s'ouvrant jusqu'à la base par 6 valves, roulées en dehors ; graines lisses, munies d'une strophiole à l'ombilic.

1. **M. trinervia** Clairv. ; *Arenaria* L. — Tiges nombreuses, grêles, rameuses-divariquées, étalées ou ascendantes, plus ou moins pubescentes ; feuilles ovales-lancéolées, mucronulées, ciliées, 3-nervées ; fleurs blanches en cymes lâches, pauciflores ; pédicelles d'abord étalés, puis recourbés après l'anthèse ; sépales lancéolés, acuminés, largement scarieux sur les bords, 3-nervés, ciliés sur la nervure médiane. ⊙ mai-juin. — C. Bois humides.

15. **ARENARIA** L. (Sabline). — Sépales 5, rar. 4 ; pétales 5, rar. 4, entiers ou émarginés ; étamines 10, rar. 8 ; styles 3 ; capsule s'ouvrant par 6 valves égales ou par 3 valves bidentées au sommet ; graines chagrinées, dépourvues de strophiole à l'ombilic ; embryon périphérique entourant un albumen central.

1. **A. serpyllifolia** L. ; *A. sphærocarpa* Ten. — Racine grêle ; tiges nombreuses, rameuses, étalées, ascendantes ou diffuses, brièvement pubescentes ; feuilles ovales, aiguës, sessiles, brièvement hérissées, à 1-5 nervures, dépourvues à leur aisselle de fascicules de feuilles stériles ; fleurs blanches, petites, sur des pédicelles filiformes ord. courts, formant des cymes lâches, pauciflores ; sépales ovales, acuminés ; pétales plus courts que le calice ; capsule cartilagineuse, ovoïde-ventrue, brusquement rétrécie au sommet. ⊙ Mai-juill. — T. C. Champs, bords des chemins, lieux secs, vieux murs.

A. leptoclados Guss. ; *A. serpyllifolia* var. *leptoclados* Rchb. — Plante plus grêle que la précédente dans toutes ses parties ; elle en diffère en outre par ses sépales lancéolés plus longuement acuminés, par ses capsules moins épaisses, plus petites, cylindro-coniques, non ventrues. ⊙ mai-juillet. — A. C. Avec la précédente.

2. **A. grandiflora** All. ; *A. triflora* L. — Souche dure, subligneuse ; tiges nombreuses, diffuses ou ascendantes, rapprochées, formant des gazons compactes, pubescentes-glanduleuses au moins

dans leur partie supér.; feuilles lancéolées-linéaires ou linéaires-subulées, cuspidées, sessiles, les infér. munies à leur aisselle de fascicules de feuilles stériles; fleurs blanches, grandes, sur des pédicelles allongés, formant des cymes lâches, ord. triflores; sépales lancéolés, cuspidés; pétales une fois plus larges que le calice; capsule ovoïde. ♃ mai-juin. — T. R. Coteaux siliceux : Mail Henri IV et mont Merle dans la forêt de Fontainebleau.

16. **STELLARIA** L. (Sabline). — Sépales 5; pétales 5, bifides ou bipartits; étamines 10, rar. moins; styles 3; capsule s'ouvrant jusqu'au milieu ou au-delà par 6 valves; graines chagrinées, dépourvues de strophiole à l'ombilic.

1 { Bractées herbacées. 2
  { Bractées scarieuses. 4

2 { Feuilles toutes sessiles, lancéolées ou linéaires; pétales 1-2 fois
  {   plus longs que le calice . . . . *S. Holostea.*
  { Feuilles ovales, pétiolées, au moins les infér.; pétales égalant le
  {   calice, plus courts ou nuls. 3

3 { Plante d'un beau vert; pétales blancs; anthères rougeâtres; styles
  {   égalant les étamines. . . . . *S. media.*
  { Plante d'un vert pâle ou jaunâtre; pétales nuls; anthères vio-
  {   lacées; styles très-courts, presque nuls. . . . . *S. Boræana.*

4 { Bractées ciliées; pétales à lobes rapprochés. . . . *S. graminea.*
  { Bractées glabres; pétales à lobes plus ou moins divergents. . . . 5

5 { Feuilles lancéolées-linéaires, glabres; pétales 1 fois plus longs que
  {   le calice; capsule dépassant le calice. . . . . . . *S. glauca.*
  { Feuilles elliptiques lancéolées, ciliées à la base; pétales plus courts
  {   que le calice; capsule égalant le calice. . . . . *S. uliginosa.*

1. S. **Holostea** L. — Plante glabre, d'un vert gai; tiges quadrangulaires, couchées, puis ascendantes, rameuses-dichotomes au sommet; feuilles sessiles, connées à la base, lancéolées ou linéaires-lancéolées, longuement acuminées; bractées herbacées; fleurs blanches, grandes, longuement pédicellées, en cymes paniculées, lâches; pétales du double plus longs que le calice, à lobes rapprochés; capsule globuleuse dépassant à peine le calice. ♃ mai-juin. — T. C. Lieux herbeux.

2. S. **media** Vill.; *Alsine* L. (Morgeline, Mouron des oiseaux). — Plante d'un beau vert; tiges arrondies, faibles, diffuses ou ascendantes, munies d'une ligne de poils; feuilles ovales ou ovales-subcordiformes, acuminées, les infér. pétiolées; bractées herbacées; fleurs blanches, petites, longuement pédicellées, à la fin réfléchies, en cymes lâches; pétales ord. plus courts que le calice, rar. l'égalant, à lobes écartés; capsule oblongue, dépassant à peine le calice. ☉ Toute l'année. — T. C. Champs, bords des chemins, partout.

S. Boræana Jord.; *S. apetala* Boreau; *Alsina pallida* Dumort. — Cette plante diffère de la précédente dont elle n'est peut être qu'une variété : par sa teinte d'un vert pâle souvent jaunâtre; par ses feuilles de moitié plus petites, dépourvues de pétales; par ses anthères violacées au moment de l'anthèse et non rougeâtres; par ses styles très-courts, presque nuls et n'égalant pas les étamines comme dans le *S. media*; par ses graines de moitié plus petites. ⊙ mars-mai. — A. C. Avec le précédent.

3. **S. glauca** With. — Plante glabre, glauque, plus rar. d'un beau vert; tiges quadrangulaires, dressées, radicantes à la base; feuilles sessiles, lancéolées-linéaires, glabres; bractées scarieuses, glabres; fleurs blanches, assez grandes, longuement pédicellées, en cymes lâches, pauciflores; pétales une fois plus longs que le calice, à lobes un peu divergents; capsule oblongue dépassant peu le calice. ⊙ mai-juill. — R. Prés humides, bords des eaux : bords de l'étang de St-Quentin près Trappes, St-Léger, Dreux.

4. **S. graminea** L. — Plante glabre, d'un vert clair; tiges quadrangulaires, diffuses, radicantes à la base; feuilles sessiles, lancéolées ou linéaires-lancéolées, aiguës, ciliées à la base; bractées scarieuses, ciliées; fleurs blanches, petites, longuement pédicellées, à pédicelles d'abord étalés, puis réfléchis, formant des cymes paniculées, lâches, divariquées; pétales dépassant peu le calice, à lobes rapprochés; capsule oblongue, d'un tiers plus longue que le calice. ♃ juin-juill. — A. C. Bois, lieux herbeux, prés humides.

5. **S. uliginosa** Murr.; *Larbræa aquatica* St-Hil. — Plante glabre, glauque, un peu charnue; tiges quadrangulaires, diffuses, rameuses; feuilles sessiles, oblongues ou elliptiques, lancéolées, aiguës, ciliées à la base; bractées scarieuses, glabres; fleurs blanches, petites, sur des pédicelles peu allongés, renflés au sommet, d'abord étalés, puis redressés, formant des cymes pauciflores axillaires et terminales; pétales plus courts que le calice, à lobes divergents; capsule ovoïde égalant le calice. ⊙ juin-juill. — A. C. Prés et lieux herbeux et humides, tourbières.

17. **CERASTIUM** L. (Céraiste). — Sépales 5, plus rar. 4; pétales 5, plus rar. 4, bifides, rar. entiers; étamines ord. 10, plus rar. 4-5 ou 8; styles 5, rar. 4, oppositisépales; capsule cylindrique ou cylindro-conique, s'ouvrant au sommet par 10 et rar. par 8 dents; graines lisses ou tuberculeuses.

1 { Plante glauque et glabre; fleurs ord. tétramères sur des pédoncules très-allongés; pétales entiers à peine émarginés. . *C. erectum.*
{ Plante plus ou moins velue ou glanduleuse; fleurs ord. pentamères sur des pédoncules assez courts; pétales bilobés ou bifides. . . 2

2 { Plante perennante ou vivace, à tiges ou à rejets radicants ; sépales
    obtus 3
  { Plante annuelle à tiges non radicantes ; sépales aigus 4

3 { Bractées supérieures scarieuses et glabres ; pétales égalant ou dépas-
    sant peu le calice . . . . *C. vulgatum.*
  { Bractées toutes scarieuses et ciliées au sommet ; pétales 2-3 fois
    plus longs que le calice. . . . . *C. arvense.*

4 { Sépales barbus au sommet ou filets des étamines ciliés. 5
  { Sépales non barbus ; étamines glabres. 6

5 { Pédicelles plus courts que le calice ; pétales velus au-dessus de
    l'onglet ; étamines à filets glabres . . . . *C. viscosum.*
  { Pédicelles 2-3 fois plus longs que le calice ; pétales glabres à
    l'onglet ; étamines à filets ciliés . . . . . *C. brachypetalum.*

  { Bractées toutes scarieuses ; pédicelles réfractés après l'anthèse ; pé-
    tales plus courts que le calice. . . . . . *C. semidecandrum.*
  { Bractées infér. herbacées ; pédicelles étalés horizontalement après
    l'anthèse ; pétales égalant le calice ou le dépassant. *C. pumilum.*

1. **C. erectum** Coss. et Germ. ; *C. quaternellum* Fenzl ; *Mœnchia
erecta* Fl. d. Wett. ; *Sagina erecta* L. —Plante glabre et glauque ;
tiges solitaires ou peu nombreuses, simples, filiformes, presque
nues ; feuilles linéaires-lancéolées, sessiles ; bractées scarieuses ;
fleurs tétramères, blanches, au sommet de pédoncules dressés ,
très allongés ; pétales entiers, de moitié plus courts que le
calice. ☉ avril-mai. — A. C. Lieux sablonneux-siliceux , prés et
fossés humides.

2. **C. viscosum** L ; *C. glomeratum* Thuill. — Plante couverte
d'une pubescence courte, simple ou glanduleuse ; tiges dressées ou
ascendantes, simples ou rameuses ; feuilles ovales ou oblongues,
les infér. atténuées en pétiole, les autres sessiles ; bractées toutes
herbacées ; fleurs pentamères, blanches, sessiles, à pédicelles plus
courts que le calice, en cymes dichotomes, étalées ou compactes ;
sépales barbus au sommet ; pétales bifides, velus au-dessus de l'onglet , égalant le calice ; étamines à filets glabres. ☉ avril-août.—
T. C. Champs, lieux sablonneux, bords des chemins.

3. **C. brachypetalum** Desp. —Plante hérissée de longs poils
étalés, ord. non glanduleux ; tiges solitaires ou peu nombreuses ,
dressées ; feuilles ovales ou oblongues, hérissées, les infér. atténuées en pétiole ; bractées toutes herbacées ; fleurs pentamères ,
blanches, petites, à pédicelles 2-3 fois plus longs que le calice,
formant des cymes lâches ; sépales barbus au sommet ; pétales
bifides, glabres à l'onglet, ord. de moitié plus courts que le calice ;
étamines à filets ciliés. ☉ mai-juin.—A. C. Avec le précédent.

4. **C. semidecandrum** L. ; *C. pellucidum* Chaub. — Plante
pubescente-glanduleuse, visqueuse, d'un vert pâle ; tiges solitaires
ou peu nombreuses, étalées, dressées ; feuilles ovales ou oblon-

BONNET — *Petite Flore parisienne.*   3

gues, les infér. atténuées en pétiole; bractées toutes scarieuses dans leur moitié supér.; fleurs pentamères, blanches, petites , à pédicelles réfractés après l'anthèse, formant des cymes pauciflores, un peu denses; sépales glabres; pétales émarginés ou bidentés plus courts que le calice; étamines à filets glabres. ⊙ avril-mai.— C. Champs et lieux sablonneux, bords des chemins.

3. **C. pumilum** Curt. ; *C. alsinoïdes* Lois. ; *C. glutinosum* Fries ; *C. obscurum* Chaub. — Plante très velue-glanduleuse, visqueuse ; tiges solitaires ou peu nombreuses, étalées-dressées; feuilles oblongues, les infér. atténuées en pétiole; bractées toutes ou au moins les infér. herbacées, étroitement scarieuses; fleurs pentamères, blanches, petites, à pédicelles étalés horizontalement après l'anthèse, formant des cymes dichotomes un peu lâches; sépales non barbus au sommet; pétales bifides égalant ou dépassant le calice; étamines à filets glabres. ⊙ avril-mai.—C. Champs, coteaux et lieux secs, bords des chemins, vieux murs.

Var. *litigiosum* Gren. ; *C. litigiosum* de Lens; *C. Lensei* Schltz. ; *C. pumilum* var. *campanulatum* Coss. et Germ. ; pétales 2 fois plus longs que le calice.—R. Talus des fortifications près le bois de Boulogne, St-Cloud, St-Mandé, St-Maur, etc.

6. **C. vulgatum** L. ; *C. triviale* Link. — Plante couverte de poils étalés ; tiges nombreuses, couchées, radicantes à la base, puis redressées ; feuilles infér. ovales-spathulées, pétiolées, les caulinaires oblongues ou lancéolées, sessiles; bractées supér. scarieuses et glabres au sommet; fleurs pentamères, blanches, médiocres, en cymes dichotomes lâches; sépales obtus, non barbus; pétales bilobés égalant ou dépassant peu le calice ; étamines à filets glabres. ♃ avril-novemb. — T. C. Champs , lieux sablonneux, bords des chemins.

7. **C. arvense** L. — Plante plus ou moins velue, rar. tout à fait glabre ; souche cespiteuse, produisant des tiges stériles couchées, radicantes et des tiges florifères dressées ; feuilles oblongues-lancéolées ou lancéolées, souv. munies à leur aisselle d'un fascicule de feuilles stériles ; bractées toutes scarieuses et ciliées au sommet; fleurs pentamères, blanches, grandes, en cymes pauciflores, étalées; sépales obtus, non barbus; pétales bilobés, 2-3 fois plus longs que le calice ; étamines à filets glabres. ♃ avril-juin. — T. C. Champs, lieux incultes, bords des chemins.

18. **MYOSOTON** Mœnch., Methodus, 225 ; *Malachium* Fr. — Styles 5, alternisépales ; capsule ovoïde-pentagonale, s'ouvrant par 5 valves bidentées. (Le reste comme dans le genre *Cerastium*.)

1. **M. aquaticum** Mœnch ; *Malachium aquaticum* Fr. ; *Myosanthus aquaticus* Desv.; *Cerastium aquaticum* L. — Plante d'un vert clair, pubescente-glanduleuse, visqueuse; tiges allongées, rameuses, faibles, fragiles, couchées ou grimpantes ; feuilles grandes, ovales-

lancéolées, aiguës, les infér. atténuées en pétiole, les supér. sessiles ; fleurs assez grandes, blanches, à pédicelles réfléchis après l'anthèse, en cymes dichotomes lâches, feuillées ; pétales divisés presque jusqu'à la base, dépassant les sépales obtus. ♃ juin-sept. — C. Lieux humides, bords des eaux et des fossés.

ESPÈCES EXCLUES.

Gypsophila Saxifraga L., indiqué à Fontainebleau par Thuillier, n'y a jamais été retrouvé ; *Dianthus barbatus* L. souv. cult. a été introduit au bois d'Ageux ; *Silene catholica* Oth., naturalisé à Vincennes et St-Cloud, a disparu de ces localités ; *S. viridiflora* L. et *S. Armeria* L. ont été observés accidentellement sur quelques points de la région parisienne ; *Stellaria nemorum* L., indiqué par Thuillier à Compiègne, n'y a pas été récemment retrouvé ; *Mœhringia muscosa* L. signalé sur les murs du Luxembourg, et *Cerastium tomentosum* L. souv. cult. et indiqué par Saint-Hilaire aux environs de Malesherbes, n'existent plus dans ces localités.

XIII. PARONYCHIÉES St-Hil.

Herbes annuelles, bisannuelles ou vivaces, rar. sous-frutescentes à la base. Feuilles simples, entières, opposées ou alternes, dépourvues ou munies de stipules scarieuses. Fleurs ord. petites, hermaphrodites, régulières, en glomérules axillaires ou en cymes terminales. Calice persistant à 5, rar. 4 sépales libres ou plus ou moins connés en tube à la base. Corolle à 5, rar. 4 pétales libres, souv. rudimentaires-filiformes, en préfloraison quinconciale. Étamines 5, rar. 4 ; anthères biloculaires introrses. Styles 2-3 ord. très-courts, libres ou connés ; stigmates 2-3. Ovaire supère uniloculaire, à loge uniovulée. Fruit *achaine* enveloppé par le calice persistant, uniloculaire, monosperme, indéhiscent, à parois membraneuses ou crustacées. Graine à albumen farineux, central, entouré d'un embryon annulaire.

1 { Feuilles éparses ; pétales oblongs, égalant ou dépassant le calice ; achaine à parois crustacées. . . . . *Corrigiola* (1).
Feuilles opposées ou alternes ; pétales filiformes ou nuls ; achaine à parois membraneuses 2

2 { Feuilles stipulées, opposées ou alternes, mais non connées ; divisions calicinales libres ou à peine connées à la base. 3
Feuilles dépourvues de stipules, connées-scarieuses à la base ; divisions calicinales connées à la base en tube urcéolé. *Scleranthus* (4).

3 { Divisions calicinales vertes extérieurement, non épaissies-spongieuses, ni aristées-subulées au sommet ; péricarpe indéhiscent. . . . . *Herniaria* (2).
Divisions calicinales blanches, épaissies-spongieuses, subulées-aristées au sommet ; péricarpe se déchirant irrégulièrement à sa base . . . . *Illecebrum* (3).

1. CORRIGIOLA L. — Calice à 5 divisions concaves; corolle à 5 pétales persistants, oblongs, égalant ou dépassant le calice; étamines 5; stigmates 3; achaine ovoïde-trigone, à parois crustacées, indéhiscentes.

1. C. littoralis L. — Tiges nombreuses, grêles, rameuses, étalées en cercle sur la terre; feuilles éparses, glauques, oblongues-spathulées, atténuées à la base et munies de petites stipules scarieuses; fleurs blanches ou rosées, en glomérules multiflores à l'extrémité de rameaux feuillés; divisions calicinales blanches-scarieuses sur les bords. ⊙ juill.-août. — A. R. Lieux sablonneux-siliceux, au bord des étangs et des rivières : étang de St-Quentin, St-Léger, Fontainebleau, Nemours, etc.

2. HERNIARIA Tourn. (Herniaire). — Calice à 5 divisions presque planes, vertes-herbacées; corolle à 5 pétales filiformes ou presque nuls; étamines 5; stigmates 2; achaine oblong, à parois membraneuses, indéhiscentes.

1. H. glabra L. (Herniole, Turquette). — Plante glabre, d'un vert gai; tiges nombreuses, rameuses, étalées en cercle sur la terre; feuilles infér. opposées, celles des rameaux alternes, oblongues, atténuées à la base, munies de petites stipules scarieuses, ciliées; fleurs d'un vert jaunâtre en glomérules feuillés, nombreux; calice complètement glabre. ⊙, ②, ♃ mai-sept. — C. Lieux sablonneux frais ou un peu humides.

2. H. hirsuta L. — Plante velue-pubescente, grisâtre, ayant le port de la précédente, dont elle se distingue : par ses feuilles pubescentes, ciliées; par ses fleurs du double plus grandes; par son calice hérissé, à divisions terminées par une soie longue et raide. ⊙, ②, ♃ mai-sept. — C. Lieux sablonneux, champs incultes.

3. ILLECEBRUM L. — Calice à 5 divisions blanches, épaissies-spongieuses, concaves, comprimées latéralement, subulées-aristées au sommet; corolle à 5 pétales filiformes ou nuls; étamines 5; stigmates 2; achaine oblong, à parois membraneuses, se déchirant irrégulièrement à la base en plusieurs lambeaux.

1. I. verticillatum L. — Plante glabre; tiges nombreuses, filiformes, radicantes à la base, étalées sur la terre; feuilles opposées, obovées, atténuées à la base, munies de petites stipules scarieuses; fleurs blanches en glomérules axillaires paraissant verticillés et formant des grappes feuillées, assez denses. ⊙, ② juill.-sept. — R. Lieux sablonneux-siliceux aux bords des mares et des étangs : Fontainebleau, St-Léger, St-Hubert, Rambouillet.

4. SCLERANTHUS L. (Gnavelle). — Calice à 4-5 divisions planes, connées à la base en tube urcéolé; corolle à 4-5 pétales filiformes ou nuls; étamines 5, ou 10 dont 5 stériles; styles 2; achaine oblong, à parois membraneuses, indéhiscent, renfermé dans le tube du calice, induré.

1. S. annuus L. — Racine annuelle ou bisannuelle; tiges nombreuses, rameuses-dichotomes, un peu noueuses, couchées, ascendantes ou dressées; feuilles linéaires-subulées, opposées-connées, scarieuses et ciliées à la base; fleurs verdâtres, en cymes dichotomes formant des glomérules feuillés; calice à divisions atténuées-aiguës au sommet, étroitement scarieuses aux bords, divergentes après l'anthèse. ☉, ② mai-oct. — T. C. Champs sablonneux. — La forme bisannuelle constitue le *S. biennis* Reut.

2. S. perennis L. — Plante ayant le port de la précédente, dont elle se distingue: par sa racine pérennante; par ses tiges ord. rougeâtres et non glauques; par ses fleurs blanchâtres, formant des glomérules terminaux et plus rar. axillaires; par ses divisions calicinales non atténuées, subarrondies au sommet, largement scarieuses aux bords, dressées-subconniventes après l'anthèse. ♃ juin-sept. — A. C. Champs et lieux sablonneux-siliceux.

ESPÈCE EXCLUE.

Polycarpon tetraphyllum L. introduit à Paris (cour de l'école des Beaux-Arts), à St-Cloud, à Malesherbes et à Compiègne, ne paraît pas avoir persisté dans ces diverses localités.

XIV. PORTULACÉES Juss.

Herbes charnues, annuelles. Feuilles épaisses, simples, entières, alternes ou opposées, munies de petits faisceaux de poils tenant la place des stipules. Fleurs hermaphrodites, régulières, terminales, solitaires ou réunies en cymes pauciflores. Calice à 2 sépales, l'un antérieur, l'autre postérieur, libres ou brièvement connés à la base, persistants ou en partie caducs; rar. 3-5 sépales. Corolle à 5, rar. 4-6 pétales libres ou brièvement connés à la base, en préfloraison quinconciale. Étamines ord. nombreuses, formant 5 groupes oppositipétales, plus rar. étamines en nombre moindre ou égal à celui des pétales; anthères biloculaires, introrses. Style simple ou à 3-5 divisions stigmatifères sur la face interne. Ovaire supère ou semi-infère, à 3-5 loges, devenant uniloculaire par destruction des cloisons; ovules nombreux, attachés sur un faux placenta central. Fruit capsulaire, uniloculaire, s'ouvrant par un opercule *pyxide*, polysperme, ou 3-sperme, s'ouvrant par 3 valves. Graines munies d'un albumen farineux central, autour duquel s'enroule un embryon annulaire, périphérique.

1. PORTULACA Tourn. (Pourpier). — Calice à 2 sépales, à la fin caducs ; corolle à 5, rar. 4-6 pétales , fugaces, libres ou brièvement connés à la base ; étamines 6-15 ; style ord. à 5 divisions ; ovaire semi-infère ; capsule polysperme, s'ouvrant par un opercule (pyxide).

1. **P. oleracea** L. — Tiges couchées, rameuses, subdichotomes, souv. rougeâtres ; feuilles obovales, ou oblongues , sessiles, atténuées à la base, opposées ou éparses ; fleurs jaunes, sessiles, solitaires ou agglomérées à la bifurcation ou au sommet des rameaux ; graines noires, subréniformes, chagrinées. ⊙ juin-sept. — C. Champs, vignes, jardins, décombres.

2. **MONTIA** L. — Calice à 2-3 sépales persistants ; corolle à 5 pétales caducs, connés à la base en un tube fendu d'un côté ; étamines 3, rar. 4-5 ; style ord. 3-fide ; ovaire libre ; capsule 3-sperme, s'ouvrant par 3 valves.

1. **M. minor** Gmel. — Tiges basses, grêles, rameuses-dichotomes, dressées ou ascendantes ; feuilles oblongues ou spathulées, opposées, connées à la base, ou atténuées en pétiole ; fleurs petites, blanches , portées sur des pédicelles recourbés , à la fin redressés, disposées en petites cymes terminales ou latérales ; graines noires, réniformes, fortement tuberculeuses. ⊙ avril-juin. — A. C. Champs humides , bords des mares et des étangs, dans les terrains siliceux ; manque sur le calcaire.

ESPÈCES EXCLUES.

Portulaca sativa Haw. (Pourpier doré), plante alimentaire, quelquefois cultivée dans les jardins ; *Montia rivularis* Gmel. n'existe plus à la mare d'Auteuil, seule localité de la Flore parisienne où cette espèce ait été indiquée.

XV. ÉLATINÉES Camb.

Herbes annuelles ou vivaces, charnues, aquatiques, à tiges articulées. Feuilles simples, opposées ou verticillées , munies de stipules. Fleurs hermaphrodites, régulières, très petites, axillaires, solitaires ou en cymes unipares. Calice persistant à 3-4 sépales connés à la base. Corolle à 3-4 pétales libres , caducs , en préfloraison imbriquée. Étamines hypogynes, libres, en nombre égal ou double de celui des pétales, et alors disposées sur 2 verticilles, l'un alterne et l'autre superposé aux pétales ; anthères biloculaires, introrses. Styles 3-4, courts ; stigmates capités. Ovaire supère à 3-4 loges multiovulées, à ovules portés sur un gros placenta situé dans l'angle interne de la loge. Fruit capsulaire à 3-4 loges polyspermes, s'ouvrant par 3-4 valves, à déhiscence septifrage ; graines droites ou arquées, à testa crustacé, strié transversalement, dépourvues d'albumen.

ÉLATINE L. — Fleurs trimères ou tétramères ; étamines 3-4 ou 6-8 ; capsule à 3-4 loges polyspermes ; graines plus ou moins arquées.

1 { Tige très-grêle ; feuilles opposées ; fleurs alternes. 2
{ Tige assez robuste, fistuleuse ; feuilles et fleurs verticillées. *E. Alsinastrum.*

2 { Feuilles à pétiole plus long que le limbe ; fleurs sessiles ou très-brièvement pédicellées ; graines courbées en fer à cheval. *E. Hydropiper.*
{ Feuilles à pétiole plus court que le limbe ; fleurs pédicellées ; graines faiblement arquées 3

3 { Fleurs trimères ; étamines 6 ; capsule à 3 valves. . *E. hexandra.*
{ Fleurs tétramères ; étamines 8 ; capsule à 4 valves. . *E. major.*

1. **E. Alsinastrum** L. — Tiges assez robustes, fistuleuses, dressées ou ascendantes ; feuilles sessiles, ovales-lancéolées, verticillées, souv. plus longues que les entre-nœuds ; fleurs blanches, tétramères, verticillées, sessiles ou subsessiles ; étamines 8 ; capsule à 4 valves ; graines faiblement arquées. ♃ juill.-sept. — A. R. Étangs et lieux inondés : étang de Trou-Salé et de St-Quentin ; mares de Fontainebleau, Mennecy, etc.

2. **E. Hydropiper** L.—Tiges grêles, couchées-radicantes ; feuilles opposées, oblongues-elliptiques, à pétiole plus long que le limbe ; fleurs rosées, tétramères, alternes, sessiles ou subsessiles ; étamines 8 ; capsule à 4 valves ; graines courbées en fer à cheval. ⊙ juill.-sept. — T. R. Étang de St-Quentin, près Trappes, où il n'a été trouvé qu'une seule fois.

3. **E. hexandra** DC. ; *E. paludosa* var. *hexandra* Gren. et Godr. — Tiges grêles, nombreuses, rameuses, radicantes, couchées ou ascendantes ; feuilles opposées, oblongues-elliptiques, à pétiole plus court que le limbe ; fleurs rosées, trimères, alternes, à pédoncule égalant ou dépassant la longueur de la fleur ; étamines 6 ; capsule à 3 valves ; graines faiblement arquées. ⊙ juill.-sept. — A. R. Mares et étangs : Trou-Salé, St-Hubert ; Fontainebleau, etc.

4. **E. major** A. Br. ; *E. paludosa* var. *octandra* Gren. et Godr. ; *E. hexandra* var. *major* Coss. et Germ. — Cette plante diffère de la précédente, dont elle n'est peut-être qu'une variété, par ses fleurs tétramères, par ses 8 étamines et par sa capsule à 4 valves. ⊙ juill.-sept. — T. R. Mares de Bellecroix, dans la forêt de Fontainebleau.

XVI. CRASSULACÉES DC.

Herbes succulentes, annuelles, bisannuelles ou vivaces. Feuilles épaisses-charnues, simples, alternes, opposées ou verticillées, dépourvues de stipules. Fleurs hermaphrodites, rar. unisexuées par avortement, régulières, rar. solitaires, axillaires, ord. en cymes scorpioïdes ou glomérulées. Calice à 5, rar. 3-20 sépales, persistants, libres ou connés à la base. Corolle à 5, rar. 3-20 pétales, caducs ou marcescents, libres ou connés à la base, en préfloraison imbriquée ou tordue. Étamines plus ou moins périgynes ou même visiblement hypogynes, en nombre égal aux pétales, ou en nombre double et disposées sur deux verticilles; filets libres ou plus ou moins adnés à la base avec les pétales; anthères biloculaires, introrses. Ovaire supère, formé de carpelles libres ou à peu près, uniloculaires, 2-pluri-ovulés, en nombre égal à celui des pétales auxquels ils sont opposés, munis chacun à leur base d'une glande en forme d'écaille, et surmontés chacun par un style libre. Fruit formé de 5, rar. 3-20 follicules libres, polyspermes, rar. 2-spermes, déhiscents suivant leur bord interne. Graines très-petites; albumen charnu, très-mince ou nul.

1. Plantes très-petites (2-6 cent.); tige grêle, filiforme; feuilles opposées-connées; étamines 3-4. 2
Plantes plus élevées (6-70 cent.); tige non filiforme; feuilles éparses; étamines 5 ou plus. 3

2. Fleurs blanches sessiles, axillaires, solitaires; écailles glanduleuses hypogynes nulles ou presque nulles; follicules 2-spermes. . . . . *Tillæa* (1)
Fleurs rosées ou rougeâtres, pédicellées, en cymes irrégulières; écailles glanduleuses hypogynes linéaires; follicules polyspermes . . . . *Bulliarda* (2).

3. Feuilles infér. non rapprochées en rosette dense; calice et corolle à 5, rar. 4-8 divisions; écailles entières ou émarginées. *Sedum* (4).
Feuilles infér. rapprochées en rosette dense; calice et corolle à 6-20 divisions; écailles dentées ou laciniées. . . *Sempervivum* (5).

1. **TILLÆA** Mich. — Calice à 3-4 divisions; corolle à 2-4 pétales; étamines 3-4; glandes hypogynes nulles ou presque nulles; follicules 3-4, dispermes, étranglés au milieu.

1. **T. muscosa** L. — Plante très petite, d'une teinte souvent rougeâtre; tiges nombreuses, rapprochées, grêles, simples ou rameuses; feuilles opposées-connées, ovales-aiguës, mucronées; fleurs blanches, très petites, sessiles, axillaires, solitaires. ☉ juin-juill. — A. R. Rochers et lieux sablonneux; manque sur le calcaire.

2. **BULLIARDA** DC. — Calice et corolle à 4 divisions; étamines 4; glandes hypogynes linéaires; follicules 4, polyspermes.

1. **B. Vaillantii** DC.; *Tillæa aquatica* L. — Plante très petite,

verdâtre, rar. rougeâtre ; tiges grêles, nombreuses, rameuses-dichotomes ; feuilles opposées-connées, oblongues ou linéaires, obtuses ; fleurs rosées ou rougeâtres, très petites, pédicellées, disposées en cymes lâches, irrégulières. ☉ mai-juill. — R. Mares et lieux humides, dans les creux de rochers sur le grès : Fontaine-bleau, Lardy, Itteville, La Ferté-Aleps, etc.; manque sur le calcaire.

3. **SEDUM** Tourn. (Orpin). — Calice à 5, rar. 4-6-8 divisions ; corolle à 5, rar. 4-6-8 pétales ; étamines en nombre double de celui des pétales, rar. en nombre égal ; glandes hypogynes ovales, entières ou émarginées ; follicules 5, rar. 4-6-8, polyspermes.

1	Fleurs jaunes.	2
	Fleurs blanches, rosées ou purpurines	5
2	Feuilles obtuses, mutiques, celles des tiges stériles assez régulièrement imbriquées sur 6 rangs ; carpelles divergents	3
	Feuilles cuspidées, celles des tiges stériles non imbriquées sur 6 rangs ; carpelles dressés	4
3	Feuilles ovoïdes-gibbeuses, non prolongées à la base ; divisions calicinales ovoïdes, prolongées à la base ; graines non tuberculeuses. . . . . *S. acre.*	
	Feuilles cylindriques-linéaires, prolongées en éperon à la base ; divisions calicinales cylindriques, non prolongées à la base ; graines tuberculeuses . . . . *S. sexangulare.*	
4	Tiges peu compressibles ; feuilles cylindracées, celles des rejets stériles non rapprochées en cône renversé ; fleurs en cymes scorpioïdes munies de bractées ; étamines à filets ciliolés-glanduleux . . . . *S. reflexum.*	
	Tiges compressibles ; feuilles presque planes, celles des rejets stériles rapprochées en cône renversé ; fleurs en cymes scorpioïdes dépourvues de bractées ; étamines à filets glabres. *S. pruinatum.*	
5	Feuilles planes, plus ou moins élargies.	6
	Feuilles cylindracées ou subglobuleuses.	7
6	Souche vivace, épaisse, renflée ; tiges robustes ; feuilles larges, ord. éparses, rar. opposées ou verticillées ; fleurs en corymbe compact. . . . . *S. purpurascens.*	
	Racine grêle, annuelle ; tiges un peu grêles ; feuilles moins larges, ord. opposées ou verticillées, rar. éparses ; fleurs en panicule lâche. . . . . *S. Cepœa.*	
7	Souche vivace, émettant à sa base des rejets stériles pérennants.	8
	Racine grêle, annuelle ou bisannuelle, dépourvue à sa base de rejets stériles pérennants	10
8	Tiges florifères et feuilles pubescentes-glanduleuses ; feuilles souvent glaucescentes ; fleurs rosées ou rougeâtres en dehors	9
	Tiges et feuilles glabres, celles-ci souvent rougeâtres ; fleurs complètement blanches. . . . . *S. album.*	
9	Feuilles obovoïdes, gibbeuses sur le dos, ord. opposées ; pétales ovales, non aristés . . . . *S. dasyphyllum.*	
	Feuilles oblongues, semi-cylindriques, éparses ; pétales oblongs, aristés . . . . *S. hirsutum.*	

10 { Feuilles glabres ; fleurs sessiles, en cymes unilatérales ; pétales acuminés-aristés ; étamines 5 ; follicules divergents. *S. rubens.*
Feuilles pubescentes ; fleurs pédicellées, en cymes dichotomes ; pétales ovales-aigus , non aristés ; étamines 10 ; follicules dressés . . . . *S. villosum.*

1. **S. purpurascens** Kch. ; *S. Telephium* Coss. et Germ. (non L.), (Reprise, herbe à la coupure). — Souche épaisse, munie de fibres renflées-napiformes ; tiges fortes, dressées ou ascendantes ; feuilles larges, planes, obovales ou oblongues, sessiles ou subsessiles, ord. éparses, rar. opposées ou subverticillées par 3-4 ; fleurs roses ou purpurines en corymbe terminal compacte. ♃ août-sept. — C. Bois.

2. **S. Cepæa** L. — Souche grêle, fibreuse ; tiges un peu grêles, ord. nombreuses, couchées à la base, puis redressées, pubescentes-glanduleuses au sommet ; feuilles planes, obovées-cunéiformes, ord. opposées ou verticillées, rar. éparses, les infér. plus larges et atténuées en pétiole ; fleurs blanches ou rosées, assez longuement pédicellées, disposées en panicule lâche et allongée. ⊙ juin-août. — A. C. Bois, haies, bords des chemins.

3. **S. rubens** L. ; *Crassula* L. — Racine grêle, fibreuse ; tige peu élevée, simple ou rameuse, dressée, rougeâtre, pubescente-glanduleuse au sommet ; feuilles demi-cylindriques, oblongues, obtuses, sessiles, éparses, souv. rougeâtres ; fleurs rosées, subsessiles, en cymes unilatérales, réunies en corymbe terminal ; pétales lancéolés, acuminés-aristés ; étamines 5 ; follicules divergents. ⊙ mai-juill. — A. R. Champs, lieux secs, vieux murs.

4. **S. villosum** L. — Racine grêle, fibreuse ; tige basse, simple ou rameuse, dressée, pubescente-glanduleuse, surtout au sommet ; feuilles pubescentes, semi-cylindriques, obtuses, sessiles ; fleurs rosées ou blanchâtres, pédicellées, en cymes obscurément dichotomes et réunies en corymbe irrégulier ; pétales ovales-aigus, mucronulés, non aristés ; étamines 10 ; follicules dressés. ⊙, ② juin-juill. — R. Mares et tourbières à fond siliceux : Ballancourt, Fontainebleau, env. de Nemours ; manque sur le calcaire.

5. **S. hirsutum** All. — Racine grêle, rameuse, cespiteuse ; émettant des rejets stériles pérennants ; tiges basses, ord. simples, dressées, pubescentes-glanduleuses surtout au sommet ; feuilles semi-cylindriques, obtuses, velues-hérissées, sessiles, éparses ; fleurs blanches ou rosées, pédicellées, en fausses grappes rapprochées en corymbe lâche ; pétales oblongs, aristés ; follicules dressés. ♃ juin-juill. — T. R. Rochers siliceux : Itteville, La Ferté-Aleps.

6. **S. album** L. (Trique-Madame). — Souche grêle, rameuse, munie de rejets stériles pérennants, rampants, nombreux ; tiges peu élevées, nombreuses, simples, dressées, glabres ; feuilles glabres, vertes ou rougeâtres, cylindracées, subcomprimées en

dessus, éparses; fleurs blanches, assez longuement pédicellées, en corymbe lâche, étalé; pétales lancéolés, obtus; follicules dressés. ⚥ juin-août. — T. C. Sur tous les terrains; vieux murs, rochers, lieux secs et incultes.

Var. *micranthum* DC.; *S. micranthum* Bast.; plante plus grêle; tiges ord. plus courtes; fleurs de moitié plus petites. — A. R. Itteville, Malesherbes, Bourron, Nemours, etc.

7. **S. dasyphyllum** L. — Plante glauque; souche grêle, rameuse, cespiteuse, émettant des rejets stériles pérennants, souv. radicants; tiges basses, simples, dressées; feuilles glabres, obovoïdes, gibbeuses sur le dos, ord. opposées; fleurs blanches, rosées en dehors, brièvement pédicellées, en corymbe obscurément dichotome, pubescent-glanduleux; pétales obovales, obtus; follicules dressés. ⚥ juin-août. — R. Vieux murs : Rambouillet, Ste-Catherine près Vernon; toujours introduit et naturalisé.

Var. *glanduliferum* Gren. et Godr.; *S. corsicum* Dub.; feuilles pubescentes-glanduleuses. — R. Château-Gaillard près les Andelys, Marigny-Ste-Geneviève.

8. **S. acre** L.—Souche grêle, rameuse, cespiteuse, émettant des rejets stériles pérennants, radicants; tiges basses, nombreuses, simples, couchées-radicantes, puis redressées; feuilles ovoïdes-gibbeuses, sessiles, subéchancrées à la base, celles des rejets stériles assez régulièrement imbriquées sur 6 rangs; fleurs jaunes, subsessiles en cymes scorpioïdes réunies en corymbe terminal; sépales ovoïdes, prolongés à la base; graines non tuberculeuses. ⚥ juin-juillet.—T. C. Vieux murs, lieux secs et incultes.

9. **S. sexangulare** L.; *S. boloniense* Lois. — Plante ayant le port et l'aspect du *S. acre* dont elle se distingue : par ses tiges souv. plus élevées et plus roides; par ses feuilles cylindriques, linéaires, plus longues, prolongées en éperon à la base; par ses fleurs d'un jaune plus pâle, à sépales cylindriques, non prolongés à la base; par ses graines tuberculeuses. ⚥ juin-juill. — R. Vieux murs, champs et lieux secs, principalement sur le calcaire : Charenton, Corbeil, Fontainebleau, Épizy, Thurelles, etc.

10. **S. reflexum** L. — Souche rameuse, subcespiteuse, émettant des rejets stériles, pérennants, radicants, nombreux; tiges nombreuses, assez élevées, couchées-radicantes, puis redressées, simples, peu compressibles; feuilles cylindracées, linéaires, mucronées, prolongées en éperon à la base, celles des rejets stériles rapprochées, étalées ou réfléchies; fleurs d'un jaune pâle, en cymes scorpioïdes munies de bractées; sépales épaissis au sommet; étamines à filets ciliolés-glanduleux à la base; graines fortement ridées. ⚥ juill.-août.—T. C. Vieux murs, lieux secs et incultes.

11. **S. pruinatum** Brot.; *S. elegans* Lej.—Plante ayant le port et

l'aspect du *S. reflexum* dont elle se distingue : par ses tiges plus fistuleuses, compressibles; par ses feuilles comprimées, linéaires presque planes, fortement cuspidées, plus longuement prolongées à la base, celles des rejets stériles rapprochées en forme de cône renversé; par ses fleurs d'un jaune vif, en cymes dépourvues de bractées; par ses sépales plans, non épaissis au sommet; par ses étamines à filets glabres; par ses graines à peine ridées. ♃ juin-juill. — A. R. Vieux murs, lieux secs et sablonneux, principalement sur la silice : St-Germain, Chambourcy, Lardy, Maisse, Provins, etc.

4. **SEMPERVIVUM** L. (Joubarbe).—Calice à 6-20 divisions; corolle à 6-20 pétales, marcescents; étamines en nombre double de celui des pétales; glandes hypogynes dentées ou laciniées; follicules 6-20, polyspermes.

1. **S. tectorum** L. — Tige assez élevée, épaisse, simple, dressée, velue-glanduleuse surtout au sommet, munie à sa base de nombreux rejets stériles pérennants; feuilles oblongues ou obovées, mucronées, ciliées, charnues, éparses, celles des rejets stériles disposées suivant une spire régulière et formant des rosettes denses, subglobuleuses; fleurs purpurines, subsessiles, en cymes scorpioïdes réunies en corymbe terminal. ♃ juill.-août.—A. C. Vieux murs, toits de chaume; toujours planté et naturalisé.

ESPÈCES EXCLUES.

Sedum maximum Pers. et *S. Anacampseros* L. n'ont pas persisté aux localités où ils avaient été observés à l'état subspontané.

XVII. LINÉES DC.

Plantes herbacées, annuelles ou vivaces et quelquefois sous-frutescentes à la base. Feuilles simples, alternes ou plus rar. opposées, dépourvues de stipules. Fleurs hermaphrodites, régulières, rar. solitaires, ord. en cymes. Calice à 5, rar. 4 sépales persistants, libres ou connés à la base. Corolle à 5, rar. 4 pétales très caducs, libres, onguiculés, en préfloraison tordue. Étamines 4-5, hypogynes, un peu connées à la base, oppositisépales, souv. alternes avec 5 languettes qui représentent des étamines stériles; anthères biloculaires, introrses. Styles 4-5, libres ou connés à la base, à stigmate capité. Ovaire supère à 4-5 loges 2-ovulées, subdivisées chacune en 2 loges secondaires uniovulées par une fausse cloison qui s'avance de la paroi extérieure vers l'angle interne. Fruit capsulaire, paraissant à 8-10 loges monospermes, s'ouvrant par 4-5 valves, à déhiscence septicide. Graines dépourvues d'albumen; embryon oléagineux.

1. RADIOLA Dill. — Feuilles opposées; fleurs tétramères à sépales bi-trifides, connés à la base; capsule à loges divisées incomplètement en 2 loges secondaires par une fausse cloison incomplète.

R. linoïdes Gmel.; *Linum Radiola* L. — Plante très petite, à tige filiforme, rameuse-dichotome; feuilles très petites, ovales, aiguës, sessiles, uninervées; fleurs très petites, blanches, solitaires dans les dichotomies ou agglomérées au sommet des rameaux. ⊙ juin-août. — A. C. Lieux humides des bois, bords des étangs; principalement dans les terrains siliceux.

2. LINUM Tourn. (Lin). — Feuilles alternes, rar. opposées; fleurs pentamères, à sépales libres, entiers; capsule à loges divisées complètement en 2 loges secondaires par une fausse cloison complète.

1 { Feuilles opposées; fleurs blanches, petites . . . *L. catharticum.*
  { Feuilles alternes; fleurs non blanches, ou assez grandes. 2

2 { Fleurs jaunes, espacées sur les rameaux; sépales un peu plus longs que la capsule . . . . *L. gallicum.*
  { Fleurs jamais jaunes, en cymes corymbiformes; sépales plus courts que la capsule ou l'égalant. 3

3 { Fleurs carnées ou d'un lilas pâle; sépales ciliés-glanduleux, longuement subulés. . . . . *L. tenuifolium.*
  { Fleurs bleues; sépales non ciliés-glanduleux, acuminés ou obtus, mais non subulés. 4

4 { Souche subligneuse; tiges décombantes; sépales 4 fois plus courts que la capsule, les intérieurs ovales-obtus . . . . *L. Leonii.*
  { Souche grêle, annuelle; tiges dressées; sépales tous ovales-acuminés, égalant presque la capsule . . . *L. usitatissimum.*

1. L. catharticum L. — Racine grêle; tiges grêles, dressées ou ascendantes, rameuses-dichotomes; feuilles oblongues ou lancéolées, opposées; fleurs petites, blanches, en cymes dichotomes; sépales ovales-lancéolés, acuminés, ciliés-glanduleux, égalant la capsule. ⊙ juin-juill. — C. Prés, bois, lieux herbeux.

2. L. gallicum L. — Racine grêle; tiges grêles, dressées, rameuses-dichotomes; feuilles linéaires-lancéolées, alternes; fleurs petites, jaunes, espacées et formant des cymes dichotomes très lâches; sépales lancéolés, acuminés, ciliés-glanduleux, dépassant un peu la capsule; stigmates capités. ⊙ juill.-sept. — T. R. Champs sablonneux; Villedon, Villers-Cotterets.

3. L. usitatissimum L. (Lin). — Racines grêles; tige ord. solitaire, dressée, rameuse au sommet; feuilles lancéolées-linéaires, alternes; fleurs grandes, d'un beau bleu, rar. blanches, en cymes subscorpioïdes, allongées; sépales ovales-acuminés, non ciliés-glanduleux, égalant presque la capsule; stigmates filiformes. ⊙ juill.-août. —

Cult. aux environs de Compiègne et dans quelques autres localités; souv. subspont. au voisinage des habitations.

4. **L. tenuifolium** L. — Souche subligneuse; tiges ord. nombreuses, arquées-ascendantes, puis dressées; feuilles alternes, nombreuses, linéaires, aiguës; fleurs grandes, d'un lilas pâle ou carnées, en cymes corymbiformes; sépales elliptiques, ciliés-glanduleux, longuement subulés, égalant la capsule; stigmates capités. ♃ juin-août. — A. C. Coteaux et lieux secs des terrains calcaires.

5. **L. Leonii** Schltz.; *L. alpinum* var. *Leonii* Coss. et Germ. — Souche subligneuse; tiges ord. nombreuses décombantes, puis redressées, à la fin souv. étalées; feuilles alternes, linéaires-lancéolées, mucronées; fleurs grandes, d'un beau bleu, rar. blanches, en cymes allongées, pauciflores; sépales non ciliés-glanduleux, les extérieurs lancéolés-acuminés, les intérieurs ovales-obtus, de moitié plus courts que la capsule; stigmates capités. ♃ juin-juill. — R. Champs et coteaux secs et calcaires : Malesherbes, Épizy, Nemours.

XVIII. MALVACÉES Juss.

Herbes annuelles, bisannuelles ou vivaces, à feuilles alternes, pétiolées, simples, entières, lobées ou plus ou moins divisées, munies de stipules souv. caduques. Fleurs hermaphrodites, régulières, axillaires, solitaires, aggrégées ou en cymes. Calice gamosépale, persistant, à 5, rar. 3-4 divisions, souv. accrescentes à la maturité, ord. pourvu à sa base d'un calicule formé de bractéoles libres ou connées. Corolle caduque, à 5 pétales brièvement connés à la base, en préfloraison tordue. Étamines nombreuses, hypogynes, à filets libres seulement à leur sommet, connés dans le reste de leur longueur en un tube qui enveloppe le pistil et adhère aux pétales par sa base; anthères réniformes, uniloculaires. Styles nombreux, connés à la base, libres et stigmatifères au sommet. Ovaire supère, formé de carpelles nombreux, uniovulés, disposés en verticille autour de l'axe. Fruit sec, à carpelles monospermes, nombreux, se séparant de l'axe et s'ouvrant par leur bord interne ou plus rar. par leur face dorsale. Graines munies d'un albumen mucilagineux, très-mince ou presque nul, à cotylédons foliacés, plissés longitudinalement.

1. **MALVA** Tourn. (Mauve). — Calicule formé de 3 bractéoles libres; stigmates obtus; fruit orbiculaire, déprimé au centre, formé de nombreux carpelles, monospermes, verticillés autour d'un prolongement de l'axe *(carpophore)*.

1 {
Pédoncules floraux solitaires à l'aisselle des feuilles; carpelles noircissant à la maturité. 2
Pédoncules floraux agrégés à l'aisselle des feuilles; carpelles ne noircissant pas à la maturité 3
}

2 { Tige et calices couverts de poils étoilés; calicule à folioles ovales-
aiguës; carpelles réticulés, glabres ou presque glabres. *M. Alcea.*
Tige et calices couverts de poils simples; calicule à folioles
linéaires; carpelles lisses, velus . . . . *M. moschata.*

3 { Pédicelles fructifères dressés; calicule à folioles oblongues;
pétales 3-4 fois plus longs que le calice; carpelles glabres,
réticulés . . . . *M. sylvestris.*
Pédicelles fructifères réfléchis; calicule à folioles linéaires; pétales
2 fois plus longs que le calice; carpelles velus, lisses.
M. rotundifolia.

1. **M. Alcea** L. — Tiges élevées, dressées, rameuses, couvertes de
poils étoilés; feuilles radicales cordées-suborbiculaires, à 3-5 lobes
crénelés, les caulinaires palmatiséquées à 3-5 lobes entiers ou incisés-crénelés; fleurs roses, très-grandes, solitaires à l'aisselle des
feuilles et fasciculées au sommet des rameaux; calicule à folioles
ovales-aigues; calice couvert de poils étoilés; carpelles noircissant
à la maturité, réticulés, glabres ou à peine velus au sommet. ♃
juill.-août. — A. C. Bois et buissons, coteaux.

2. **M. moschata** L.; *M. laciniata* Desr. — Tiges élevées, dressées,
rameuses, presque glabres ou munies de poils simples; feuilles radicales réniformes, superficiellement lobées-crénelées, les caulinaires palmatiséquées à 3-5 lobes étroits, ord. palmatipartits; fleurs
assez grandes, roses, solitaires à l'aisselle des feuilles et fasciculées
au sommet des rameaux; calicule à folioles linéaires; calice couvert de poils simples, étalés; carpelles noircissant à la maturité,
lisses, velus. ♃ juill.-sept. — A. C. Bois, lieux sablonneux, alluvions
des rivières.

3. **M. sylvestris** L. — Tiges plus ou moins élevées, rameuses,
étalées, couvertes de poils simples; feuilles toutes orbiculaires-
cordées, à 5-7 lobes peu profonds, crénelés; fleurs assez grandes
purpurines ou violacées, agrégées à l'aisselle des feuilles et au
sommet des rameaux; calicule à folioles oblongues; pétales 3-4
fois plus longs que le calice; carpelles glabres, réticulés, ne noircissant pas à la maturité. ② juin-sept. — C. Bords des chemins, haies
et décombres.

4. **M. rotundifolia** L. (Mauve, Fromagère). — Tiges souvent peu
élevées, plus ou moins couvertes de poils simples ou étoilés, la
centrale dressée, les latérales étalées; feuilles toutes arrondies-
cordées, à 5-7 lobes superficiels, crénelés; fleurs petites, d'un rose
pâle, agrégées à l'aisselle des feuilles; calicule à folioles linéaires;
pétales 2 fois plus longs que le calice; carpelles lisses, velus, ne
noircissant pas à la maturité. ☉ juin-sept. — T. C. Bords des chemins,
lieux cultivés ou incultes.

2. **ALTHÆA** L. (Guimauve). — Calicule formé de 6-9 bractéoles

connées dans leur tiers infér.; stigmates sétacés. (Le reste comme dans le genre Malva.)

1. A. officinalis L. (Guimauve).—Souche épaisse, rameuse; tiges élevées , dressées; feuilles tomenteuses-veloutées , blanchâtres , ovales-cunéiformes, à 3-5 lobes superficiels , dentés, les infér. cordées à la base; stipules caduques; fleurs médiocres, d'un rose pâle, fasciculées à l'aisselle des feuilles, sur des pédoncules plus courts que la feuille; sépales ovales, brièvement acuminés; carpelles velus, peu ridés. ♃ juill.-août.—Fréquemment cultivé comme plante officinale et souv. naturalisé dans les haies et les lieux humides, près des villages.

2. A. hirsuta L. — Souche grêle, pivotante; tiges peu élevées, hérissées de poils roides , la centrale dressée , les latérales étalées; feuilles vertes, pubérulentes, les infér. orbiculaires-réniformes, obscurément lobées, les supér. palmatipartites, à 3-5 lobes oblongs , incisés; stipules persistantes; fleurs médiocres, d'un rose pâle, solitaires sur des pédoncules axillaires, plus longs que la feuille ; sépales lancéolés, longuement acuminés ; carpelles glabres, fortement ridés. ⊙ juin-juill.—A. R. Champs, coteaux et lieux secs, principalement sur le calcaire : Sénart, Marcoussis, Étréchy, Fontainebleau, Malesherbes, etc.

ESPÈCES EXCLUES.

Althœa cannabina L. indiqué à Malesherbes n'appartient pas à notre Flore; les *Hibiscus syriacus* L. (Althéa) et *Alcea rosea* L. (Rose trémière) sont souvent cultivés dans les jardins: ce dernier se trouve quelquefois à l'état subspontané sur les décombres et au voisinage des habitations.

XIX. TILIACÉES Juss.

Arbres ord. élevés, à feuilles simples, alternes, munies de stipules caduques. Fleurs hermaphrodites, régulières, en cymes axillaires. Calice à 5 sépales libres, caducs. Corolle à 5 pétales libres , en préfloraison imbriquée, souv. munis intérieurement à leur base d'une écaille ou d'un épaississement glanduleux. Étamines nombreuses, hypogynes, libres ou à peine connées à la base et formant 5 faisceaux opposés aux pétales; anthères biloculaires, extrorses. Style simple, divisé au sommet en 5 lobes stigmatifères. Ovaire supère, à 5 loges 2-ovulées, à placentation axile. Fruit ligneux, indéhiscent (*noix*), uniloculaire et 1-2-sperme par destruction des cloisons et avortement des ovules. Graines à albumen charnu; cotylédons foliacés.

TILIA Tourn. (Tilleul). — Sépales pétaloïdes; fleurs en cymes au sommet d'un long pédoncule axillaire, adné dans une partie de sa longueur à une bractée membraneuse très-développée. (Les autres caractères sont ceux de la famille.)

1. **T. platyphyllos** Scop.; *T. grandifolia* Ehrh.—Arbre à branches dressées; jeunes rameaux et bourgeons velus; feuilles grandes, inéquilatères, suborbiculaires ou largement ovales, concolores, mollement velues en dessous; fleurs assez grandes, d'un blanc jaunâtre; noix tomenteuse, à 5 côtes saillantes, à parois épaisses, résistantes. ♄ fl. mai-juin; fr. juill. — A. C. Bois et forêts; souv. planté dans les parcs et les promenades.

2. **T. ulmifolia** Scop.; *T. parvifolia* Ehrh.; *T. sylvestris* Desf. — Arbre à branches étalées; jeunes rameaux et bourgeons glabres; feuilles petites, inéquilatères, suborbiculaires-cordées, brusquement acuminées, glabres et glauques en dessous; fleurs petites, d'un blanc sale; noix tomenteuse, subglobuleuse, dépourvue de côtes saillantes, à parois minces, fragiles. ♄ fl. juin-juill.; fr. juill.-août. — A. C. Bois et forêts; souv. planté avec le précédent.

ESPÈCES EXCLUES.

T. vulgaris Hayne (*T intermedia* DC.) et *T. argentea* Desf., souv. plantés dans les parcs et les promenades.

XX. HYPÉRICINÉES Juss.

Plantes herbacées, vivaces ou sous-frutescentes, à feuilles simples, opposées, souv. parsemées d'une grande quantité de glandes oléorésineuses, translucides, dépourvues de stipules. Fleurs hermaphrodites, régulières, en cymes, en corymbes ou en panicules. Calice à 5 sépales, persistants, libres ou connés à la base. Corolle à 5 pétales libres, caducs ou marcescents, en préfloraison imbriquée ou tordue. Étamines en nombre indéfini, hypogynes, réunies par la base de leurs filets en 3-5 faisceaux oppositipétales; anthères versatiles, biloculaires, introrses. Styles 3-5, filiformes, libres; stigmates capités. Ovaire supère, formé de 3-5 carpelles, uniloculaire ou à 3-5 loges plus ou moins complètes formées par 3-5 placentas pariétaux qui se réunissent au centre de l'ovaire. Ovules nombreux insérés dans l'angle interne des loges, ou sur les placentas. Fruit rar. bacciforme, indéhiscent, plus souv. capsulaire, à 3-5 loges polyspermes, à déhiscence septicide, s'ouvrant par 3-5 valves ou seulement au sommet par 3 dents. Graines très petites, à testa lâche ord. réticulé, dépourvues d'albumen.

1. **HYPERICUM** Tourn. (Millepertuis). — Sépales 5', plus ou moins inégaux, libres ou un peu connés à la base; étamines 20 ou

plus rar. 15-20, réunies en 3-5 faisceaux; glandes hypogynes nulles; fruit capsulaire, déhiscent par 3-5 valves ou bacciforme avant la maturité, s'ouvrant au sommet, rar. indéhiscent.

1 { Sépales très inégaux; fruit d'abord bacciforme, puis capsulaire à la maturité, s'ouvrant au sommet par 3 dents, rar. tout à fait indéhiscent . . . . *H. Androsæmum.*
Sépales peu inégaux; fruit toujours capsulaire s'ouvrant par 3-5 valves. 2

2 { Tiges arrondies; pétales bordés de glandes noires plus ou moins pédicellées. 3
Tiges munies de 2-4 lignes plus ou moins saillantes; pétales entiers ou érodés au sommet, mais non bordés de glandes pédicellées. 5

3 { Tiges et feuilles couvertes de poils cloisonnés. . . *H. hirsutum.*
Tiges et feuilles parfaitement glabres. 4

4 { Feuilles toutes ponctuées-pellucides; fleurs d'un beau jaune, en panicule peu fournie; sépales bordés de glandes subsessiles. *H. pulchrum.*
Feuilles supér. seules ponctuées-pellucides; fleurs d'un jaune pâle, en corymbe dense; sépales bordés de glandes longuement pédicellées. . . . . *H. montanum.*

5 { Tiges basses, grêles, filiformes, étalées ou ascendantes; sépales elliptiques-oblongs, obtus . . . . *H. humifusum.*
Tiges assez robustes et élevées, raides, dressées; sépales lancéolés, acuminés, subulés 6

6 { Souche munie à l'anthèse de stolons flagelliformes, rougeâtres; tige munie, dans toute sa longueur ou au moins au sommet, de 4 lignes saillantes; valves de la capsule couvertes de bandelettes oléo-résineuses longitudinales. 7
Souche dépourvue de stolons flagelliformes; tige munie de 2 lignes peu saillantes; valves de la capsule pourvues de vésicules oléo-résineuses, allongées, disposées obliquement. *H. perforatum.*

7 { Tige munie, dans toute sa longueur, ou au moins au sommet, de 4 lignes peu saillantes, non ailées; fleurs grandes (2 cent. diam.), d'un beau jaune, en panicule lâche, capsule ovoïde allongée. . . . . *H. Desetangsii.*
Tige munie, dans toute sa longueur de 4 lignes saillantes, ailées; fleurs petites (1 cent. diam.), d'un jaune pâle, en panicule dense; capsule conique, plus petite et plus courte. . *H. tetrapterum.*

1. H. Androsæmum L.; *Androsæmum officinale* All. (Toute-saine). — Tiges sous-frutescentes, rameuses, dressées; feuilles grandes, coriaces, sessiles, ovales-cordées, obtuses; fleurs d'un beau jaune, en cyme terminale lâche, pauciflore; sépales ovales-obtus, entiers, très inégaux, étalés après l'anthèse; fruit d'abord bacciforme, puis sec, indéhiscent, plus souv. déhiscent au sommet. ♃ juin-juill. —T. R. Bords des ruisseaux et lieux humides des bois : Magny, forêt de Hallate, Villers-Cotterets.

2. H. montanum L. — Tige arrondie, dressée, simple ou peu rameuse; feuilles assez grandes, ovales ou ovales-oblongues, demi-embrassantes, bordées de glandes noires, les supér. seules ponctuées-pellucides; fleurs grandes, d'un jaune pâle, en corymbe dense; sépales lancéolés-aigus, bordés de glandes noires, visiblement pédicellées; capsule assez grosse, ovoïde; graines ovales, noirâtres finement alvéolées. ♃ juin-août. — A. C. Bois et forêts.

3. H. pulchrum L. — Tige arrondie, un peu grêle, dressée, simple ou rameuse, souvent rougeâtre; feuilles petites, ovales-cordées, embrassantes, obtuses, glauques en dessous, toutes ponctuées-pellucides; fleurs médiocres, d'un beau jaune, souv. lavées de rouge, en panicule lâche, allongée; sépales obovales, obtus, bordés de glandes noires subsessiles; capsule médiocre, ovoïde; graines cylindriques, jaunâtres, finement ponctuées-tuberculeuses. ♃ juin-août. — C. Bois, bruyères et terrains humides; manque sur le calcaire.

4. H. hirsutum L. — Souche subligneuse, rampante; tige arrondie, dressée, simple ou rameuse, hérissée de poils cloisonnés et étalés; feuilles ovales-oblongues, obtuses, très-brièvement pétiolées, pubescentes, blanchâtres en dessous, toutes ponctuées-pellucides; fleurs assez grandes, d'un beau jaune, en panicule composée, dense, allongée; sépales lancéolés, aigus, bordés de glandes noires, subsessiles; capsule assez grosse, ovoïde; graines cylindriques, fauves, tuberculeuses-papilleuses. ♃ juin-août. — C. Buissons, bois et forêts.

5. H. humifusum L. — Tiges basses, grêles, filiformes, étalées ou ascendantes, munies de 2 lignes saillantes; feuilles petites, sessiles, elliptiques ou oblongues, obtuses, bordées de glandes noires sessiles, les supér. seules ponctuées-pellucides; fleurs petites, d'un beau jaune, en cymes terminales pauciflores; sépales elliptiques, obtus, mucronés, érodés-glanduleux au sommet; capsule petite, ovoïde; graines ovales, fauves, régulièrement et finement alvéolées. ♃ juin-sept. — C. Champs et prés humides; manque sur le calcaire.

6. H. perforatum L. (Millepertuis). — Souche subligneuse, dépourvue à l'anthèse de stolons flagelliformes; tige assez robuste, dressée, rameuse, munie de 2 lignes peu saillantes; feuilles médiocres, sessiles, elliptiques-ovales, obtuses, bordées de glandes noires, sessiles, toutes ponctuées-pellucides; fleurs assez grandes, d'un beau jaune, en panicule large; sépales lancéolés, subulés, érodés au sommet et souv. glanduleux; capsule assez grosse, ovoïde, à valves couvertes de vésicules oléo-résineuses allongées, disposées obliquement par séries; graines ovales, brunâtres, finement alvéolées. ♃ juill.-août. — T. C. Bords des chemins, lieux incultes, bois et buissons. A cette espèce se rattachent les deux formes suivantes :

H. lineolatum Jord. — Feuilles munies de points pellucides moins nombreux et plus gros que dans le type; sépales et pétales striés sur la face infér. de linéoles noires plus ou moins abondantes. ♃ juill.-août. — A. C. Avec le type.

H. microphyllum Jord. ; *H. perforatum* var. *angustifolium* Coss. et Germ. — Tige plus courte que dans le type, étalée ou ascendante; feuilles linéaires-oblongues, obtuses, à bords souvent roulés en dessous; panicule plus resserrée et plus dense que dans le type. ♃ juill.-août. — R. Lieux secs et sablonneux : Fontainebleau.

7. **H. Desetangsii** Lamotte; *H. intermedium* Bellinck. ; *H. tetrapterum* var. *intermedium* Coss. et Germ. — Souche subligneuse, munie à l'anthèse de stolons flagelliformes, rougeâtres; tige assez robuste, dressée, très rameuse dans le haut, munie, dans toute sa longueur ou seulement au sommet, de 4 lignes peu saillantes; feuilles assez grandes, ovales-oblongues, obtuses, sessiles, à nervures non réticulées, criblées de ponctuations pellucides, très fines et très nombreuses surtout sur les feuilles supér.; fleurs grandes (2 cent. diam.), d'un beau jaune, en panicule lâche; sépales lancéolés-aigus, subulés ou érodés au sommet; capsule ovoïde-allongée, assez grosse, à valves chargées de nombreuses bandelettes oléo-résineuses, longitudinales; graines cylindriques, brunâtres, finement alvéolées. ♃ juill.-août.— R. Bois et terrains humides; Villers-Cotterets, Rentilly, Nemours.

Var. *imperforatum; H. quadrangulum* Coss. et Germ.; feuilles dépourvues de ponctuations pellucides, à nervures secondaires, réticulées-transparentes; sépales un peu obtus, entiers ou érodés au sommet, plus courts que dans le type. ♃ juill.-août. — C. Bois et lieux humides.

8. **H. tetrapterum** Fr. — Souche subligneuse, munie à l'anthèse de stolons flagelliformes, rougeâtres; tige raide, dressée, ord. rameuse dans le haut, munie dans toute sa longueur de 4 lignes saillantes, ailées, ponctuées de noir; feuilles souv. assez grandes, ovales-elliptiques, obtuses, semi-embrassantes, criblées de nombreuses ponctuations pellucides, très fines; fleurs petites (1 cent. diam.) d'un jaune pâle, en panicule dense; sépales très entiers, lancéolés-acuminés, subulés; capsule petite, conique, à valves chargées de bandelettes oléo-résineuses longitudinales; graines très petites, ellipsoïdes, d'un brun jaunâtre, finement alvéolées. — ♃ juill.-août. — T. C. Prés, bois et lieux humides.

2. **ELODES** Spach. — Sépales 5, connés à la base; étamines 15, réunies en 3 faisceaux alternes avec trois glandes hypogynes, pétaloïdes, bifides; fruit capsulaire, uniloculaire, s'ouvrant par 3 valves.

1. **E. palustris** Spach; *Hypericum Elodes* L. — Plante aquatique, d'un vert glauque, couverte de poils courts, crépus; souche rampante; tiges cylindriques, dressées ou ascendantes; feuilles suborbiculaires, obtuses, semi-amplexicaules, criblées de points pellucides très fins; fleurs grandes en cymes courtes, pauciflores; sépales ovales, un peu aigus, bordés de glandes purpurines,

pédicellées; pétales d'un jaune pâle 3-4 fois plus longs que le calice; graines brunes, striées, ovales, mucronées aux deux extrémités. ♃ juill.-sept. — R. Mares et étangs à fond siliceux : Fontainebleau, St-Léger, Guipereux près Rambouillet, Mortefontaine.

ESPÈCE EXCLUE.

Hypericum calycinum L., souv. cultivé dans les jardins, naturalisé dans le parc de Malesherbes.

XXI. GÉRANIACÉES Juss.

Herbes annuelles ou vivaces à tiges articulées-noueuses, souv. dichotomes. Feuilles alternes ou opposées, lobées, plus ou moins divisées ou palmatiséquées, munies de stipules. Fleurs hermaphrodites régulières ou à peine irrégulières, solitaires, géminées ou en cymes, axillaires ou terminales. Calice à 5 sépales libres, persistants. Corolle à 5 pétales libres, fugaces, égaux ou un peu dissemblables, en préfloraison tordue, plus rar. imbriquée. Glandes hypogynes 5, alternipétales. Étamines 10, hypogynes, à filets dilatés à leur partie infér., libres ou un peu connés par la base, disposées sur 2 rangs, 5 extérieures plus courtes, oppositipétales, quelquefois stériles et réduites à des filets squamiformes, les intérieures oppositisépales; anthères versatiles, biloculaires, introrses. Styles 5, filiformes, adnés avec un prolongement de l'axe, stigmatifères à la face interne. Ovaire supère, à 5 carpelles, 2-ovulés, à placentation axile, verticillés et réunis par leur angle interne autour d'un prolongement de l'axe. Fruit sec, à 5 loges, 1-rar. 2-spermes, chacune se détachant élastiquement de l'axe, de la base au sommet par déhiscence septifrage, avec une longue languette qui supporte inférieurement la loge et qui se courbe en cercle ou s'enroule en spirale. Graines munies d'un albumen charnu, très mince ou réduit à une couche membraneuse.

1. **GERANIUM** Tourn. (pro parte). — Pétales égaux; étamines toutes fertiles; languettes qui supportent les carpelles glabres à la face interne, et s'enroulant en cercle sur elles-mêmes au moment de la déhiscence.

1	Calice dressé à l'anthèse, à sépales appliqués et contractés au sommet; pétales à onglet égalant le limbe.	2
	Calice étalé à l'anthèse; pétales à onglet bien plus court que le limbe.	3
2	Plante glabre, luisante; feuilles palmatifides, orbiculaires-réniformes dans leur pourtour; calice glabre; carpelles ridés en long . . . . *G. lucidum.*	
	Plante plus ou moins velue, glanduleuse; feuilles palmatiséquées, triangulaires dans leur pourtour; calice glanduleux; carpelles ridés en travers. . . . . *G. Robertianum.*	

3 { Plante vivace à souche épaisse ; corolle une fois au moins plus grande que le calice. 4
{ Plante annuelle à racine grêle ; corolle dépassant à peine le calice. 5

4 { Pédoncules uniflores, non glanduleux, ainsi que les calices ; corolle pourpre, 2 fois plus longue que le calice ; carpelles glabres. *G. sanguineum.*
{ Pédoncules biflores, poilus-glanduleux, ainsi que les calices ; corolle lilacée ou violette, 1 fois plus longue que le calice ; carpelles très-pubescents . . . . *G. pyrenaicum.*

5 { Feuilles à limbe divisé presque jusqu'à sa base en lobes linéaires. 6
{ Feuilles à limbe divisé à peine jusqu'au milieu en lobes élargis, non linéaires. 7

6 { Tiges pubescentes, non glanduleuses au sommet ; pédoncules bien plus longs que les feuilles ; carpelles glabres. *G. columbinum.*
{ Tiges velues-glanduleuses au sommet ; pédoncules plus courts que les feuilles ; carpelles velus. . . . . *G. dissectum.*

7 { Pédoncule plus long que la feuille florale ; pétales bifides, ciliés au-dessus de l'onglet ; carpelles non barbus à la commissure ; graines lisses. 8
{ Pédoncule plus court que la feuille florale ; pétales entiers, glabres au-dessus de l'onglet ; carpelles barbus à la commissure ; graines ponctuées. . . . . *G. rotundifolium.*

8 { Fleurs violacées ; étamines à filets finement ciliés ; carpelles lisses, pubescents. . . . . *G. pusillum.*
{ Fleurs roses ; étamines à filets glabres ; carpelles ridés en travers, glabres . . . . *G. molle.*

1. G. sanguineum L. — Souche épaisse, horizontale ; tiges hérissées, diffuses ou ascendantes, à rameaux divariqués ; feuilles palmatiséquées, à 5-7 segments cunéiformes, 3-fides ; pédoncules allongés, uniflores, non glanduleux ; fleurs grandes, purpurines ; sépales non glanduleux, étalés ; pétales obcordés, 2 fois plus longs que le calice, à onglet très court, velu sur les bords ; carpelles lisses et glabres ; graines ponctuées. ♃ juin-août.— A. R. Bois et coteaux.

2. G. pyrenaicum L.—Souche épaisse, fusiforme ; tige dressée, à rameaux étalés, finement pubescents-glanduleux ; feuilles à limbe orbiculaire-réniforme, divisé jusqu'au milieu en 5-7 lobes élargis, incisés ; pédoncules biflores, poilus-glanduleux ; sépales étalés, poilus-glanduleux ; pétales lilacés ou violets, obcordés, une fois plus longs que le calice, ciliés au-dessus de l'onglet très court ; carpelles très pubescents ; graines lisses. ♃ mai-sept.— A. R. Prés, buissons, lieux herbeux, bords des chemins.

3. G. columbinum L.—Racine grêle ; tiges dressées ou ascendantes, divariquées, pubescentes ; feuilles palmatiséquées, divisées presque jusqu'à la base du limbe en 5-7 lobes linéaires, incisés ; pédoncules biflores, bien plus longs que les feuilles ; sépales courbés en dehors, longuement mucronés ; pétales obcordés, purpurins ou lilacés, à peine plus longs que le calice, ciliés au-dessus de l'onglet très court; carpelles glabres, lisses; graines ponctuées. ⊙ mai-sept. — A. C. Buissons, bords des chemins, lieux cultivés.

4. **G. dissectum** L. — Racine grêle, pivotante; tiges ascendantes ou diffuses, sillonnées, velues-glanduleuses au sommet; feuilles palmatiséquées, divisées presque jusqu'à la base du limbe en 5-7 lobes linéaires, incisés; pédoncules biflores plus courts que les feuilles, ou à peine plus longs; sépales étalés, aristés; pétales obcordés, purpurins, à peine plus longs que le calice, ciliés au-dessus de l'onglet très court; carpelles lisses, pubescents; graines ponctuées. ⊙ ② mai-sept. — C. Champs, lieux cultivés, bords des chemins.

5. **G. pusillum** L. — Racine grêle; tiges rameuses, dressées, diffuses, pubescentes-glanduleuses, surtout au sommet; feuilles orbiculaires-réniformes, divisées jusqu'au milieu du limbe en 5-7 lobes élargis, incisés; pédoncules biflores, plus longs que la feuille florale; sépales étalés, brièvement mucronulés; pétales violacés, rar. blancs, bifides, à peine plus longs que le calice, ciliés au-dessus de l'onglet très court; carpelles lisses, pubescents; graines lisses. ⊙ mai-sept. — T. C. Bords des chemins, pelouses, lieux incultes.

6. **G. molle** L. — Racine grêle; tiges rameuses, ascendantes, diffuses, pubescentes-glanduleuses surtout au sommet; feuilles orbiculaires-réniformes, divisées jusqu'au milieu du limbe en 5-7 lobes élargis, incisés; pédoncules biflores, plus longs que la feuille florale; sépales étalés, brièvement mucronulés; pétales rosés, obcordés, dépassant à peine le calice, ciliés au-dessus de l'onglet très court; carpelles glabres, ridés en travers; graines lisses. ⊙ mai-sept. — T. C. Bords des chemins, pelouses, lieux incultes.

7. **G. rotundifolium** L. — Racine grêle; tiges rameuses, ascendantes, diffuses, pubescentes-glanduleuses surtout au sommet; feuilles orbiculaires-réniformes, divisées jusqu'au milieu du limbe en 5-7 lobes élargis, incisés-crénelés; pédoncules biflores, plus courts que la feuille florale; sépales étalés, brièvement mucronulés; pétales roses, entiers au sommet, un peu plus longs que le calice, glabres au-dessus de l'onglet très court; carpelles lisses, velus, barbus à la commissure; graines ponctuées. ⊙ mai-sept. — C. Haies, bords des chemins, lieux incultes.

8. **G. lucidum** L. — Plante inodore, très-glabre, luisante; racine grêle; tiges rameuses, trichotomes, diffuses, fragiles; feuilles orbiculaires-réniformes, divisées jusqu'au milieu du limbe en 5-7 lobes élargis, incisés; pédoncules biflores, plus longs que les feuilles florales; sépales glabres, dressés, appliqués et contractés au sommet; pétales roses, entiers, une fois plus longs que le calice, non ciliés au-dessus de l'onglet qui égale le limbe; carpelles ridés en long;

graines lisses. ⊙ mai-août. — R. Vieux murs, bords des rivières : Corbeil, Bouray, Malesherbes, Nemours, etc.

9. G. Robertianum L. (Herbe à Robert).—Plante fétide, plus ou moins velue-glanduleuse; racine grêle; tiges rameuses, dichotomes, diffuses, fragiles; feuilles triangulaires, palmatiséquées, à limbe divisé jusqu'à la base en 3-5 segments pennatipartits pétiolulés; pédoncules biflores, plus longs que les feuilles florales; sépales glanduleux, dressés, appliqués et contractés au sommet; pétales purpurins, rosés ou blanchâtres, entiers, une fois plus longs que le calice, non ciliés au-dessus de l'onglet qui égale le limbe; carpelles ridés en travers; graines lisses. ⊙ mai-sept. — T. C. Décombres, vieux murs, haies, lieux incultes.

2. ERODIUM L'Hérit. — Pétales un peu inégaux, les 2 supér. plus courts; étamines extérieures stériles; languettes qui supportent les carpelles barbues à la face interne et s'enroulant en spirale au moment de la déhiscence.

E. cicutarium L'Hérit.; *Geranium* L. — Plante plus ou moins pubescente ou poilue-glanduleuse; racine grêle, pivotante; tiges rameuses, étalées, redressées ou diffuses; feuilles oblongues, pennatiséquées, à segments étroits, incisés-dentés ; pédoncules multiflores, plus longs que les feuilles florales; sépales ovales, brièvement mucronulés et marginés, couverts de poils simples ou glanduleux; pétales inégaux, un peu plus longs que le calice, obovés, purpurins, rosés, blanchâtres ou lilacés; carpelles couverts de poils apprimés, munis au sommet d'un sillon surmonté d'une fossette. ⊙ ② mai-oct. — T. C. Champs, bords des chemins, pelouses, lieux incultes. — On peut, dans cette espèce, distinguer les formes suivantes :

E. prætermissum Jord. — Plante couverte de poils peu nombreux, étalés, ord. non glanduleux ; feuilles à limbe n'étant pas découpé jusqu'au rachis, à lobes élargis ; sépales couverts de poils glanduleux; pétales purpurins, lilacés ou blanchâtres, dont 2 munis à l'onglet d'une tache brune; languettes des fruits à 6-7 tours de spire ⊙ ② — Champs, pelouses, bords des chemins.

E. triviale Jord. — Plante plus ou moins pubescente, à poils non glanduleux; feuilles à lobes élargis, à découpure n'atteignant pas le rachis ; sépales ord. poilus non glanduleux; pétales purpurins non maculés à l'onglet; languettes des fruits à 9 tours de spire. ⊙ ② — Lieux herbeux, bords des chemins.

E. pilosum Bor.; *Geranium* Thuill. — Plante couverte de poils glanduleux, très nombreux; feuilles découpées jusqu'au rachis en lobes linéaires; sépales fortement blanchâtres, poilus-glanduleux; pétales roses ou d'un pourpre clair, dont 2 munis à l'onglet d'une tache pâle; languettes des fruits à 8-9 tours de spire. ② — Lieux sablonneux-siliceux.

ESPÈCE EXCLUE.

Erodium moschatum Willd. n'appartient pas à notre flore et ne paraît pas spontané dans les localités (Bois de Boissy, Magny, Compiègne) où il a été indiqué.

XXII. OXALIDÉES DC.

Herbes annuelles ou vivaces à feuilles trifoliolées, éparses, dépourvues ou munies de stipules, enroulées en crosse dans leur jeunesse. Fleurs hermaphrodites régulières, solitaires ou en petites cymes, au sommet de pédoncules radicaux ou axillaires. Calice persistant à 5 divisions plus ou moins connées à la base. Corolle à 5 pétales caducs, libres ou un peu connés à la base, en préfloraison tordue. Étamines 10, alternipétales, hypogynes, réunies par la base de leurs filets; anthères biloculaires, introrses. Styles 5, libres ou connés à la base; stigmates entiers, fendus ou laciniés. Ovaire supère à 5 loges multiovulées, rar. uniovulées, à placentas axiles. Fruit capsulaire à 5 loges polyspermes, rar. 1-spermes, à déhiscence loculicide et à valves persistantes. Graines enveloppées d'un arille charnu qui se fend à la maturité en projetant la graine. Embryon droit ou arqué, placé au centre d'un albumen charnu.

OXALIS L. — (Caractères de la famille).

1. **O. acetosella** L. (Pain de coucou, Alleluia). — Souche rameuse, à rhizome couvert d'écailles charnues; feuilles toutes radicales, à 3 folioles obcordées au sommet d'un long pétiole cilié à sa base et muni de stipules; fleurs solitaires, les vernales grandes, à pétales blancs ou rosés, à pédoncules radicaux très longs, les estivales à pétales nuls ou presque nuls, à pédoncules radicaux très-courts. Capsule ovoïde; graines luisantes, ridées longitudinalement. ♃ avril-mai. — C. Bois ombragés et humides.

O. stricta L.; *O. europœa* Jord.— Souche grêle, munie de stolons grêles, charnus; tiges dressées ou ascendantes, simples ou rameuses; feuilles à 3 folioles obcordées, longuement pétiolées, dépourvues de stipules; fleurs toutes semblables, jaunes, en cymes ombelliformes au sommet de pédoncules axillaires très longs; capsule pentagonale-cylindracée; graines ternes, ridées transversalement. ♃ juin-août. — C. Champs et lieux cultivés.

ESPÈCES EXCLUES.

O. corniculata L. indiqué à Trianon et à Compiègne, où il n'était point spontané; *O. Navieri* Jord. que j'ai vainement cherché aux environs de Paris, où il avait été indiqué par son auteur.

3*

XXIII. BALSAMINÉES A. Rich.

Herbes annuelles à feuilles simples, alternes, rar. opposées, dépourvues de stipules, ord. munies de deux glandes à la base du pétiole. Fleurs hermaphrodites, irrégulières, solitaires ou aggrégées au sommet d'un pédoncule axillaire. Calice caduc, à 5 sépales pétaloïdes, le postérieur très-grand, prolongé en éperon à la base, les deux latéraux plus petits et les deux antérieurs très-petits ou nuls. Corolle à 5 pétales caducs, inégaux, en préfloraison chiffonnée, l'antérieur plus grand et enveloppant les 4 autres plus petits et plus ou moins connés par paire de manière à simuler 2 pétales profondément bilobés. Étamines 5, alternipétales, hypogynes, à filets courts et élargis-aplatis à la base; anthères biloculaires, introrses, cohérentes entre elles et coiffant le pistil. Stigmate sessile, entier ou divisé en 5 lobes. Ovaire supère, à 5 loges multiovulées. Fruit capsulaire à 5 loges polyspermes, à déhiscence loculicide et à 5 valves allongées, se séparant de l'axe à la maturité et s'enroulant sur elles-mêmes avec élasticité pour lancer les graines. Embryon charnu, dépourvu d'albumen.

IMPATIENS L.—(Caractères de la famille).

I. Noli-tangere L. — Tige dressée, rameuse, renflée aux nœuds; feuilles ovales, crénelées, à pétiole plus court que le limbe; fleurs jaunes, à éperon recourbé, réunies par 3-4 au sommet d'un pédoncule grêle, les latérales ne s'épanouissant pas ou même apétales; capsule grêle, fusiforme-pentagonale, pendante; graines brunâtres, striées. ☉ juill.-août. — R. Bois humides, bords des étangs : parc de Fontainebleau, étang de Luciennes, étang St-Pierre dans la forêt de Compiègne, Villers-Cotterets, Beauvais.

XXIV. ACÉRINÉES Juss.

Arbres plus ou moins élevés à feuilles opposées, palmatilobées, dépourvues de stipules. Fleurs régulières, hermaphrodites ou unisexuées, en grappes ou en cymes terminales ou axillaires. Calice à 5, rar. 4-9 sépales caducs, connés à la base. Pétales libres, en nombre égal à celui des sépales, rar. nuls, en préfloraison imbriquée. Étamines 4-8 ou 10, insérées sur un disque épais, lobé, disposées sur deux rangs, 3-5 oppositisépales et 5 oppositipétales; anthères biloculaires, introrses. Style à 2 branches connées inférieurement, stigmatifères à leur face interne. Ovaire supère, à 2 loges 2-ovulées. Fruit sec, indéhiscent, formé de deux carpelles ailés (*samare*) et soudés par leur base, à 2 loges 1-rar. 2-spermes. Albumen nul; embryon replié sur lui-même.

ACER Tourn. (Érable).—Fleurs polygames, d'un jaune verdâtre, ord. à 5 sépales et à 5 pétales ; étamines ord. 8, rar. 5-10.

1. **A. pseudo-platanus** L. (Sycomore).—Arbre élevé, à écorce lisse et à bourgeons velus; feuilles grandes, velues-blanchâtres en dessous, cordées à la base, à 5 lobes inégaux, dentés ; fleurs pubescentes, en grappes allongées, pendantes; étamines velues à la base; samares velues intérieurement, à ailes atténuées à la base, dilatées au sommet, dressées, presque parallèles. ♄ fl. avril-mai; fr. juill.-août. — Communément planté dans les parcs et les promenades publiques.

2. **A. platanoides** L. (Faux Sycomore). — Arbre élevé, à écorce lisse et à bourgeons glabres; feuilles grandes, vertes et glabres en dessous, peu ou pas cordées à la base, à 5 lobes inégaux, sinués-dentés, acuminés; fleurs glabres en cymes dichotomes, dressées ; étamines glabres à la base; samares glabres intérieurement, à ailes non atténuées à la base, divergentes, presque étalées horizontalement. ♄ fl. avril-mai; fr. juin-juill. — Fréquemment planté avec le précédent.

3. **A. campestre** L. (Érable). — Arbre peu élevé, à écorce fendillée-subéreuse et à bourgeons pubescents; feuilles petites, vertes et glabres sur les deux faces, cordées à la base, à 3-5 lobes inégaux, obscurément dentés ou bi-tri-fides au sommet; fleurs velues, en cymes dressées; étamines glabres à la base; samares glabres intérieurement, à ailes non atténuées à la base, étalées horizontalement et même un peu réfléchies. ♄ fl. avril-mai; fr. juill. — C. Bois et forêts ; buissons.

ESPÈCE EXCLUE.

Acer Negundo L. (*Negundo fraxinifolium* Nutt.) planté quelquefois dans les parcs et les promenades publiques.

XXV. HIPPOCASTANÉES DC.

Arbres élevés, à feuilles amples, opposées, composées-digitées, dépourvues de stipules. Fleurs hermaphrodites, irrégulières , en thyrses terminaux. Calice gamosépale, caduc, à 5 divisions inégales. Corolle à 5, rar. 4 pétales libres, inégaux, en préfloraison imbriquée. Étamines 6-7 ou 8, libres, hypogynes, disposées sur deux verticilles : l'un complet, formé de 5 étamines alternipétales ; l'autre incomplet, formé de 2 étamines oppositipétales; anthères biloculaires, introrses. Style simple, arqué-réfléchi, atténué au sommet; stigmate très-petit. Ovaire supère, à 3 loges 2-ovulées. Fruit capsulaire, charnu-coriace, ord. hérissé de pointes, s'ouvrant par 3 valves, à déhiscence loculicide. Graines 1-3, très grosses, à testa sub-ligneux, munies d'un hile très large; albumen nul; cotylédons très gros, épais, féculents.

ÆSCULUS L. (Marronnier d'Inde). — Calice campanulé; pétales 5, étalés; étamines ascendantes-arquées; capsule plus ou moins hérissée de pointes raides.

Æ. Hippocastanum L.; *Hippocastanum vulgare* Gœrtn. — Grand arbre touffu; feuilles longuement pétiolées, à 7-9 folioles obovales-cunéiformes, acuminées, dentées; fleurs d'un blanc jaunâtre ou rosé, en thyrses pyramidaux, denses, allongés, dressés; capsule grosse, d'un vert pâle; graines brunes, luisantes. ♄ fl. mai; fr. sept. — Originaire de Grèce, communément planté dans les parcs, les promenades et quelquefois au bord des chemins.

XXVI. RHAMNÉES R. Br.

Arbustes ou arbres peu élevés, à rameaux souv. spinescents. Feuilles alternes, simples, munies de stipules caduques. Fleurs régulières, hermaphrodites, ou plus rar. unisexuées, en cymes axillaires, composées. Périanthe et androcée insérés sur les bords du réceptacle concave, muni intérieurement d'un disque glandu-leux, périgyne. Calice à 4-5 sépales, à la fin caducs; corolle à 4-5 pétales souv. très petits et concaves, rar. nulle. Etamines 4-5 libres, oppositipétales; anthères 2-loculaires, introrses. Styles 2-4, plus ou moins connés; stigmates capités. Ovaire libre au fond du réceptacle ou plongé par sa base dans le disque, à 2-4 loges 1-ovulées. Fruit drupacé, à 2-4 noyaux 1-spermes, indéhiscents. Graines ord. munies d'un sillon dorsal ou d'une échancrure latérale; albumen charnu.

RHAMNUS L. (Nerprun). — (Caractères de la famille).

1. **R. cathartica** L. (Nerprun). — Arbuste à rameaux grisâtres, étalés, spinescents; feuilles ovales, finement denticulées, fascicu-lées, brièvement pétiolées; fleurs verdâtres, fasciculées sur de jeunes rameaux très courts; étamines 4; fruit globuleux, d'abord verdâtre, puis noir à la maturité; graine munie d'un sillon dorsal. ♄ mai-juin. — C. Bois, broussailles, lieux humides.

2. **R. Frangula** L.; *Frangula vulgaris* Rchb. (Bourdaine, Bour-gène). — Arbuste à rameaux brunâtres, ponctués de gris, non spi-nescents; feuilles ovales ou ovales-elliptiques, entières, pétiolées, très rarement fasciculées; fleurs verdâtres, fasciculées à l'aisselle des feuilles; étamines 5; fruit globuleux, d'abord rougeâtre, puis noir à la maturité; graine munie à sa base d'une échancrure latérale. ♄ mai-juin. — C. Bois, haies et lieux humides.

XXVII. CÉLASTRINÉES R. Br.

Arbustes ou arbres peu élevés, à feuilles opposées, simples, munies de stipules très petites, caduques. Fleurs hermaphrodites ou uni-sexuées par avortement, régulières, en cymes axillaires. Périanthe et androcée insérés sur les bords du réceptacle discoïde revêtu, à sa face interne, d'un épaississement glanduleux. Calice à 4-5 sépales plus ou moins connés à la base, persistants. Corolle à 4-5 pétales, caducs, en préfloraison imbriquée. Étamines 4-5, alternipétales, libres; anthères biloculaires, extrorses, souvent avortées et portées alors sur des filets très-courts. Style simple, plus ou moins allongé, ou très court, surmonté d'un stigmate presque entier, ou à 3-4 lobes peu prononcés. Ovaire libre ou plus ou moins plongé à sa base dans le disque glanduleux, à 3-5 loges, 2-ovulées. Fruit capsulaire, à 3-5 loges, 1-2-spermes, à déhiscence loculicide. Graines munies d'un arille charnu, rougeâtre; albumen abondant, charnu.

EVONYMUS Tourn. (Fusain). — Fleurs tetra-pentamères; capsule à 3-5 angles obtus; graines presque entièrement enveloppées par l'arille.

E. europæus L. (Bonnet de prêtre; bonnet carré). — Arbuste à rameaux lisses, un peu quadrangulaires; feuilles elliptiques ou ovales-lancéolées, acuminées, brièvement pétiolées, finement denti-culées; fleurs petites, d'un blanc verdâtre, à pétales étalés, très-caducs; capsule d'abord verte, puis rouge à la maturité; arille orangé. ♄ fl. avril-mai; fr. août-sept. — C. Bois, haies et buissons.

ESPÈCES EXCLUES.

Evonymus verrucosus Scop. et *Staphylea pinnata* L. (Nez coupé) souvent plantés et presque naturalisés dans les parcs.

XXVIII. BUXACÉES Endl.

Arbrisseaux ou arbres peu élevés, à feuilles persistantes, coriaces, ord. opposées, simples, dépourvues de stipules. Fleurs régulières, monoïques, en épi court, formé d'une fleur terminale femelle entourée de fleurs mâles. Fleur mâle : calice à 4 divisions profondes, en préfloraison imbriquée; corolle nulle; étamines 4, hypogynes, oppositisépales, libres; anthères biloculaires, introrses; ovaire avorté, réduit à un petit corps cuboïde occupant le centre de la fleur. Fleur femelle: calice à 4-12 divisions profondes, verticillées sur 2-3 rangs, à préfloraison imbriquée; corolle et étamines nulles;

styles 3, très-courts, stigmatifères sur leur face interne, alternes avec 3 petites saillies correspondant au sommet des placentas ; ovaire supère, à 2-3 loges, 2-ovulées. Fruit capsulaire, couronné par les styles persistants, à 2-3 loges, 1-2 spermes, à déhiscence loculicide, s'ouvrant par 3 valves. Graines à téguments épais, souv. munies d'un arille ; embryon placé au centre d'un albumen charnu.

BUXUS Tourn. (Buis).—(Caractères de la famille).

B. sempervirens L. — Tige très rameuse, dressée, tortueuse, à jeunes rameaux pubérulents ; feuilles elliptiques ou ovales, luisantes, très entières, obtuses ou émarginées, très brièvement pétiolées ; fleurs fétides, d'un blanc verdâtre, toutes sessiles, réunies à l'aisselle des feuilles supér. ; capsule jaunâtre, ovoïde, tronquée au sommet et surmontée par les styles persistants et indurés ; graines oblongues, trigones, noires, luisantes. ♄ fl. mars-avril ; fr. juill.-août. — R. Coteaux, bois montagneux et calcaires : Port-Villez, La Roche-Guyon, Baignot près Nemours. Le Buis ne paraît pas spontané aux environs de Paris ; sa naturalisation semble remonter à l'époque romaine.

XXIX. ILICINÉES Ad. Brongn.

Arbustes à feuilles simples, alternes, coriaces, persistantes, souv. épineuses, dépourvues de stipules. Fleurs hermaphrodites ou uni-sexuées, régulières, en cymes axillaires. Calice gamosépale, à 4-6 divisions persistantes. Corolle hypogyne, à 4-6 pétales libres ou connés à la base, en préfloraison imbriquée. Étamines 4-6, hypogynes, alternipétales ; anthères biloculaires, introrses. Ovaire supère, à 4 loges 1-ovulées, surmonté de 4 lobes stigmatiques déprimés, sessiles ou subsessiles. Fruit drupacé, à 2-4 noyaux osseux, 1-spermes. Embryon très petit placé au sommet d'un gros albumen charnu.

ILEX L. (Houx).—(Caractères de la famille).

I. aquifolium L. — Arbuste très rameux, à rameaux luisants, verdâtres ; feuilles elliptiques ou ovales, brièvement pétiolées, luisantes, ondulées-épineuses sur les bords, ou planes-inermes sur les vieux rameaux ; fleurs brièvement pédonculées, rar. subsolitaires ; corolle blanche, rotacée, à lobes étalés, un peu concaves ; fruit sub-globuleux, d'un beau rouge. ♄ fl. mai-juin ; fr. hiver. — C. Bois et forêts.

XXX. AMPÉLIDÉES Kunth.

Arbustes sarmenteux, grimpants, noueux, munis de vrilles. Feuilles simples, palmatilobées, les infér. opposées, les autres alternes, munies de stipules membraneuses. Fleurs régulières, hermaphrodites ou unisexuées, en cymes ou en panicules rameuses, opposées aux feuilles. Calice caduc, gamosépale, entier ou à 4-5 dents rudimentaires. Corolle à 4-5 pétales caducs, en préfloraison valvaire, libres ou plus souv. connés au sommet et se détachant en une seule pièce au moment de l'anthèse. Étamines 5, rar. 4, oppositipétales, insérées à la base d'un disque hypogyne lobé; anthères biloculaires, introrses. Style simple, très court ou nul; stigmate capité. Ovaire supère ou plus moins plongé par sa base dans le disque, à 2-6 loges, 1-2-ovulées. Fruit bacciforme, succulent, à 1-6 loges, 1-2 spermes. Graines à testa osseux; embryon petit, situé à la base d'un albumen cartilagineux.

VITIS Tourn. (Vigne). — Calice à 5 dents rudimentaires; pétales 5, connés au sommet et se détachant en une seule pièce; étamines 5; baie à 1-2 loges, 1-2-spermes.

V. vinifera L. — Feuilles à pétiole renflé à la base, à limbe glabre ou tomenteux, cordé à la base, divisé en 3-5 lobes plus ou moins profonds; fleurs verdâtres, odorantes, en panicules denses, pendantes; baies globuleuses, vertes, jaunes, violacées ou noires. ♄ fl. juin; fr. sept-oct. — Communément cultivé et souvent naturalisé dans les haies, les buissons et les bois.

ESPÈCE EXCLUE.

Ampelopsis quinquefolia R. et S. (Vigne vierge) fréquemment planté dans les jardins.

XXXI. PAPILIONACÉES L.

Herbes annuelles, bisannuelles ou vivaces, ou arbrisseaux, plus rar. arbres. Feuilles alternes, souvent composées, rar. à folioles toutes avortées et réduites au rachis ou seulement les latérales avortées, ordinairement munies de stipules; rachis souv. terminé en vrille. Fleurs hermaphrodites, irrégulières, en grappes, en épis, en têtes ou en fausses ombelles, axillaires ou terminales; rar. fleurs solitaires. Calice gamosépale, persistant ou caduc, à 5, rar. 4, divisions régulières ou bilabiées. Corolle irrégulière, papilionacée, à 5 pétales libres ou plusieurs connés entre eux, plus rar. tous connés à la base, en préfloraison vexillaire, c'est-à-dire le pétale postérieur (*étendard*) unique, ord. plus grand, plié en long et recouvrant les deux latéraux (*ailes*) ord. plus petits, qui recouvrent eux-mêmes les deux pétales antérieurs, rar. libres, ord. connés par leurs bords contigus et simulant un pétale unique (*carène*). Étamines 10, périgynes, 5 oppositisépales et 5 oppositipétales ord. plus courtes; filets tous connés (*monadelphes*) en un tube entier ou fendu, ou diadelphes, l'étamine (*vexillaire* superposée à l'étendard seule restant libre; anthères biloculaires, introrses. Style simple, stigmate latéral ou terminal. Ovaire supère, formé d'un seul carpelle, uniloculaire, uni-pluriovulé, à placenta pariétal. Fruit (*gousse, légume*) sec, uniloculaire ou biloculaire par l'introflexion de l'une des sutures, mono-polysperme, ord. déhiscent en 2 valves par 2 fentes longitudinales, plus rar. indéhiscent ou (*lomentacé*) se partageant en autant d'articles indéhiscents que de graines. Graines ord. bisériées, à téguments souv. épais; albumen nul ou presque nul; cotylédons épais.

1 — Feuilles imparipennées, 3-foliolées, 4-foliolées ou réduites au rachis non prolongé en vrille ou en arête 2
Feuilles paripennées à rachis prolongé en vrille ou en arête, rar. réduites au rachis transformé en vrille ou en phyllode 20

2 — Étamines diadelphes; gousse indéhiscente, divisée transversalement en articles monospermes ou réduite à un seul article monosperme, comprimé, denticulé sur le bord externe. . . . 3
Étamines monadelphes ou diadelphes; gousse continue, non articulée, déhiscente par 2 valves, droite, arquée ou contournée en spirale. 6

3 — Fleurs roses, veinées de rouge, en épi dense, allongé; gousse à un seul article denticulé sur le bord externe . » *Onobrychis* (23).
Fleurs jaunes, blanchâtres ou d'un blanc rosé, en fausses ombelles multiflores ou pauciflores; gousse composée de plusieurs articles 4

4 — Pédicelles et calices complètement glabres; gousse subcylindrique ou anguleuse à articles renflés . . . . *Coronilla* (20).
Pédicelles et calices velus ou pubescents; gousse comprimée à articles non renflés 5

5 — Carène prolongée en bec; gousse sinuée, composée d'articles semi-lunaires. . . . . *Hippocrepis* (22).
Carène arrondie et non rostrée; gousse arquée, composée d'articles oblongs . . . . *Ornithopodium* (21).

6 — Étamines monadelphes. 7
Étamines diadelphes. 12

7 — Feuilles simples, sessiles, linéaires, épineuses; calice fendu en 2 lèvres jusqu'à la base . . . . *Ulex* (1).
Feuilles jamais linéaires-épineuses; calice tubuleux ou campanulé, non fendu jusqu'à la base 8

8 — Calice tubuleux, bilabié. 9
Calice tubuleux ou campanulé; non bilabié. 11

9 — Feuilles 1-foliolées; calice à lèvres porrigées; stigmate incliné en dedans sur le côté interne du style . . . . *Genista* (3).
Feuilles au moins les infér. 3-foliolées; calice à lèvres divariquées; stigmate capité ou incliné sur le côté externe du style 10

10 — Feuilles supér. 1-foliolées, les infér. 3-foliolées; style roulé en spirale; stigmate capité. . . . . *Sarothamnus* (2).
Feuilles toutes 3-foliolées; style seulement courbé au sommet; stigmate incliné sur le côté externe du style . . • *Cytisus* (4).

11 { Feuilles imparipennées . les infér. à foliole terminale très grande ; calice tubuleux, vésiculeux après l'anthèse ; carène obtuse. *Anthyllis* (6).
Feuilles supér. 1-foliolées, les infér. 3-foliolées ; calice campanulé, non vésiculeux après l'anthèse ; carène rostrée . . *Ononis* (5).

12 { Feuilles 3-foliolées. 13
Feuilles imparipennées. 19

13 { Calice bilabié ; carène tordue en spirale avec le style et les étamines ; gousse divisée intérieurement avant la maturité par des épaississements celluleux. . . . . *Phaseolus* (13).
Calice non bilabié ; carène, style et étamines non tordus en spirale ; gousse toujours uniloculaire-continue 14

14 { Stipules foliacées 16
Stipules non foliacées 16

15 { Fleurs réunies par 4-12 en capitules ou en fausses ombelles ; style atténué au sommet ; gousse non ailée . . . *Lotus* (11).
Fleurs ord. solitaires, rar. géminées ; style épaissi au sommet ; gousse munie de 4 ailes longitudinales. *Tetragonolobus* (12).

16 { Gousse réniforme, falciforme ou en spirale. . . . *Medicago* (7).
Gousse droite ou presque droite. 17

17 { Fleurs en fausses ombelles subsessiles ; gousse linéaire, comprimée, un peu arquée . . . . *Trigonella* (8).
Fleurs en grappes spiciformes, allongées, en capitules ou en épis compactes ; gousse courte, ovoïde ou oblongue. 18

18 { Fleurs en grappes spiciformes, allongées ; corolle caduque ; gousse exserte. . . . . *Melilotus* (9).
Fleurs en capitules ou en épis compactes ; corolle marcescente-persistante ; gousse incluse ou à peine exserte. *Trifolium* (10).

19 { Arbre élevé ; fleurs en grappes pendantes, carène aiguë ; gousse comprimée uniloculaire. . . . . *Robinia* (14).
Herbes vivaces ; fleurs en grappes dressées ; carène obtuse ; gousse subcylindrique, plus ou moins complètement biloculaire. *Astragalus* (15).

20 { Étamines à tube tronqué très obliquement ; style filiforme. . . . 21
Étamines à tube tronqué transversalement à angle droit ; style aplani ou plié en carène. 22

21 { Tiges ord. grimpantes ; feuilles à rachis terminé par une vrille rameuse, rar. simple ; étamines diadelphes ; graines subglobuleuses, anguleuses ou lenticulaires. . . . . *Vicia* (16).
Tige non grimpante ; feuilles à rachis terminé par une arête ; étamines monadelphes, graines oblongues-tronquées. *Faba* (17).

22 { Calice à dents presque égales ; style plié en carène et canaliculé en dessous. . . . . *Pisum* (18).
Calice à dents inégales, les 2 supér. plus courtes ; style aplani-comprimé d'avant en arrière . . . . *Lathyrus* (19).

Trib. I. Génistées.—Feuilles 1-3-foliolées ou imparipennées ; étamines monadelphes ; gousse continue, uniloculaire.

1. ULEX L. (Ajonc).—Calice membraneux, coloré, divisé presque jusqu'à la base en deux lèvres, la supér. 2-dentée, l'infér. 3-dentée; pétales presque égaux, dépassant peu le calice; étendard oblong-émarginé, dressé; style arqué; stigmate capité; gousse ovoïde, renflée, oligosperme, dépassant peu le calice.

1. **U. europæus** L. (Ajonc). — Arbrisseau très rameux, épineux; feuilles simples, sessiles, coriaces, linéaires-épineuses; fleurs jaunes, solitaires ou géminées, brièvement pédicellées, munies de deux bractées plus larges que le pédicelle, rapprochées au sommet des rameaux; calice très velu; carène égalant les ailes; gousse très velue. ♄ printemps et automne. — C. Haies, friches, lieux incultes; manque sur le calcaire.

2. **U. nanus** Sm.—Arbrisseau peu élevé, très rameux, à rameaux diffus, épineux; feuilles simples, sessiles, coriaces, linéaires-épineuses; fleurs jaunes, solitaires ou géminées, brièvement pédicellées, munies de deux bractées plus étroites que le pédicelle, rapprochées au sommet des rameaux; calice pubescent; carène plus longue et plus large que les ailes; gousse peu velue. ♄ juin-oct. — A. C. Friches, coteaux et lieux incultes; manque sur le calcaire.

2. **SAROTHAMNUS** Wimm. — Calice scarieux, tubuleux, à deux lèvres courtes, la supér. 2-dentée, l'infér. 3-dentée; pétales très inégaux, dépassant longuement le calice; étendard suborbicu-laire, dressé; style filiforme, roulé en spirale pendant la floraison; stigmate capité; gousse oblongue, très comprimée, polysperme, bien plus longue que le calice.

1. **S. scoparius** Kch.; *S. vulgaris* Wimm.; *Spartium scoparium* L. (Genêt à balais). — Arbrisseau noircissant par la dessiccation, très rameux, à rameaux grêles, effilés; feuilles infér. pétiolées, 3-foliolées, les supér. sessiles, 1-foliolées, à folioles obovées, pubescentes-soyeuses; fleurs grandes, jaunes, pédicellées, solitaires ou géminées, en grappes terminales, lâches; gousse noire, hérissée. ♄ avril-juin. — T. C. Bois, coteaux, lieux incultes; manque sur le calcaire.

3. **GENISTA** Tourn. (Genêt). — Calice herbacé ou subcoriace, tubuleux, à deux lèvres porrigées, la supér. 2-dentée, l'infér. 3-dentée; pétales inégaux; étendard étroit, oblong, non redressé; style courbé au sommet; stigmate incliné en dedans sur le côté interne du style; gousse oblongue ou linéaire-oblongue, comprimée ou un peu renflée, polysperme ou oligosperme, plus longue que le calice; feuilles 1-foliolées.

1 { Tige et rameaux épineux. 2
{ Tige et rameaux non épineux. 3

2 { Rameaux, feuilles et carène glabres ; gousse glabre, renflée.
        G. anglica.
    { Rameaux velus ; feuilles ciliées, carène velue ; gousse velue-
        comprimée. . . . . *G. germanica.*

3 { Tiges comprimées, munies de 2-4 ailes foliacées. *G. sagittalis.*
    { Tiges ni comprimées, ni ailées 4

4 { Folioles pliées-canaliculées ; corolle pubescente-soyeuse. *G. pilosa.*
    { Folioles planes ; corolle glabre. 5

5 { Tiges couchées-diffuses, radicantes ; fleurs à pédicelles 3 fois plus
        longs que le calice. . . . . *G. Halleri.*
    { Tiges et rameaux dressés ou ascendants ; fleurs à pédicelles plus
        courts que le calice . . . . *G. tinctoria.*

1. **G. Halleri** Reyn.; *G. prostrata* Lam.; *Cytisus decumbens* Walp.
— Sous-arbrisseau rameux, à rameaux couchés-diffus, radicants,
velus ; folioles planes, oblongues-obovées, velues à la face infér. ;
fleurs jaunes, à corolle glabre, solitaires ou réunies par 3-4, formant des grappes lâches, unilatérales ; pédicelle 3 fois plus long
que le calice ; gousse velue. ♃ mai-juin. — R. Coteaux calcaires :
les Célestins près Mantes, la Roche-Guyon, les Andelys.
    Var. *diffusa* Coss. et Germ.; *G. diffusa* Willd.; rameaux, feuilles
et gousses glabres ou à peu près. Avec le type.

2. **G. pilosa** L. — Sous-arbrisseau très rameux, à rameaux diffus,
striés, noueux ; folioles oblongues-obovées, pliées-canaliculées,
brièvement pétiolées, pubescentes-soyeuses en dessous ; fleurs
jaunes, pubescentes-soyeuses, solitaires ou géminées, réunies en
grappes unilatérales ; pédicelles ord. plus courts que le calice ;
gousse velue. ♃ mai-juin. — A. R. Bois et coteaux secs : Fontainebleau, Lardy, Maisse, Malesherbes, Nemours, etc.

3. **G. sagittalis** L. — Sous-arbrisseau à tiges nombreuses, herbacées, comprimées, munies de 2-4 ailes foliacées, interrompues au
niveau de l'insertion des folioles ; celles-ci peu nombreuses, ovales-
lancéolées, sessiles, velues ; fleurs jaunes, à corolle glabre, rapprochées en grappes terminales, spiciformes, denses ; gousse
velue. ♃ mai-juin. — A. C. Bois, friches et collines sèches.

4. **G. tinctoria** L. (Genêt des teinturiers, Genestrolle). — Sous-
arbrisseau très rameux, à rameaux cylindriques, dressés ou ascendants ; folioles nombreuses, lancéolées ou linéaires-lancéolées,
sessiles, glabres ou subpubescentes ; fleurs jaunes, à corolle glabre,
en grappes terminales plus ou moins serrées ; gousse glabre.
♃ juin-août. — C. Friches et bords des bois.

5. **G. anglica** L. — Sous-arbrisseau très-rameux, à rameaux
glabres, diffus, munis d'épines étalées, simples ou tripartites ;
folioles très petites, subsessiles, glabres, celles des rameaux
florifères obovées-obtuses, celles des rameaux stériles linéaires ou

lancéolées, aiguës; fleurs jaunes, petites, à étendard et à carène glabres, en grappes terminales, courtes, serrées; gousse glabre, renflée-subcylindrique. ♄ avril-juin. — A. C. Bruyères. friches, bois et coteaux; manque sur le calcaire.

6. G. germanica L.—Sous-arbrisseau rameux, à rameaux velus, dressés, les anciens munis d'épines simples ou pennatipartites, étalées-courbées en dehors; folioles lancéolées, subsessiles, pubescentes, longuement ciliées; fleurs jaunes, à étendard et à carène velus, en grappes terminales, oblongues, ord. peu serrées; gousse velue, comprimée. ♄ mai-juin. — T. R. Bois de l'Abbesse près Nemours.

4. CYTISUS L. (Cytise). — Calice tubuleux, à deux lèvres divariquées, la supér. tronquée ou 2-dentée, l'infér. 3-dentée; pétales très inégaux; étendard ovale, dressé; style courbé au sommet; stigmate incliné en dehors, sur le côté externe du style; gousse linéaire-oblongue, comprimée, polysperme, longuement exserte.

1. C. supinus L. — Sous-arbrisseau à tiges rameuses, couchées, souv. radicantes, à rameaux grêles, velus-hérissés, couchés-redressés; feuilles 3-foliolées, pétiolées, noircissant ord. par la dessiccation, à folioles obovales, velues-ciliées; fleurs jaunes, réunies par 2-4 au sommet des rameaux; calice et gousse velus-hérissés. ♄ mai-juin. — R. Coteaux secs et herbeux des terrains calcaires : Malesherbes, Nemours, Provins, etc.

5. ONONIS Tourn. (Bugrane). —Calice campanulé, à 5 divisions presque égales; pétales inégaux, étendard très grand, ovale, strié; carène rostrée; style subulé, coudé à angle droit vers son milieu; stigmate capité; gousse courte, renflée, oligosperme, incluse ou exserte.

1	Fleurs roses, rar. blanches, veinées de pourpre	2
	Fleurs jaunes, plus ou moins veinées de pourpre.	3
2	Tiges dressées; rameaux munis d'épines divariquées. *O. campestris.*	
	Tiges étalées, couchées, radicantes, à rameaux inermes. *O. procurrens.*	
3	Pédicelles égalant le tube du calice; corolle une fois plus longue que le calice; gousse longuement exserte . . . . *O. natrix.*	
	Pédicelles plus courts que le tube du calice; corolle et gousse ne dépassant pas le calice . . . . *O. subocculta.*	

1. O. campestris Kch. et Ziz; *O. spinosa* Wallr. an L.? — Plante non fétide, dépourvue de stolons; tiges dressées, rameuses, à rameaux munis d'épines divariquées; feuilles infér. 3-foliolées, les supér. 1-foliolées, à folioles oblongues, finement dentées; fleurs roses, rar. blanches, veinées de pourpre; gousse plus courte que le calice. ♄ juin-sept.—C. Champs, pâturages; bords des chemins,

2. O. procurrens Wallr.; *O. repens* L.? — Plante fétide, à souche rampante, stolonifère; tiges étalées, couchées, radicantes, rameuses, à rameaux inermes; feuilles infér. 3-foliolées, les supér. 1-foliolées, à folioles ovales, finement dentées; fleurs roses, rar. blanches, veinées de pourpre; gousse plus courte que le calice. ♄ juin-sept. — C. Champs, pelouses, bords des chemins.

3. O. subocculta Vill.; *O. Columnæ* All. — Plante basse; tiges pubescentes à la base, souv. nombreuses, simples ou peu rameuses, dressées; feuilles 3-foliolées, rar. les supér. 1-foliolées, à folioles oblongues ou obovées, finement dentées. Fleurs petites, d'un jaune pâle, peu ou pas veinées, à pédicelles plus courts que le tube du calice; gousse égalant le calice. ♃ juin-juill. — A. R. Coteaux secs et calcaires : Fontainebleau, Bouray, Étampes, Maisse, les Andelys, Dreux, etc.

4. O. Natrix L. — Plante assez élevée, très velue-glanduleuse, visqueuse; tiges dressées, ascendantes, rameuses, à rameaux allongés; feuilles infér. à 3-5-7 folioles, les supér. 1-foliolées, à folioles obovales ou oblongues finement dentées; fleurs grandes d'un jaune vif, veinées de pourpre, à pédicelles égalant le tube du calice; gousse longuement exserte. ♄ juin-sept. — A. R. Coteaux secs, bords des champs et des chemins.

6. ANTHYLLIS L. — Calice tubuleux, obscurément labié, souvent accrescent-vésiculeux après l'anthèse; pétales inégaux; étendard ovale, dressé; carène obtuse; style arqué; stigmate capité; gousse ovoïde, un peu comprimée, 1-2-sperme, incluse dans le calice.

1. A. Vulneraria L. (Vulnéraire). — Tiges nombreuses, couchées-ascendantes ou dressées; feuilles imparipennées, les radicales à folioles oblongues, la terminale beaucoup plus grande, les caulinaires à folioles plus étroites, toutes égales; fleurs jaunes en capitules solitaires ou géminés; gousse brune, veinée, 1-sperme. ♃ mai-juill. — C. Prés secs, bois et coteaux.

Trib. II. Trifoliées. — Feuilles 3-foliolées ou imparipennées; étamines diadelphes; gousse continue uniloculaire ou plus ou moins biloculaire.

* Feuilles trifoliolées.

7. MEDICAGO Tourn. (Luzerne). — Calice campanulé à 5 divisions presque égales; pétales caducs; étendard droit ou un peu courbé; carène obtuse; style filiforme; stigmate capité; gousse polysperme ou oligosperme, ord. longuement exserte, réniforme, falciforme ou en spirale, souv. épineuse sur les bords.

BONNET, Petite Flore parisienne.   4

<table>
<tr><td rowspan="2">1</td><td>Gousse munie d'épines. . . . .</td><td>4</td></tr>
<tr><td>Gousse dépourvue d'épines. . . . .</td><td>5</td></tr>
<tr><td rowspan="2">2</td><td>Plante couverte de poils blanchâtres nombreux; gousse plus ou moins pubescente. . . . .</td><td>3</td></tr>
<tr><td>Plante glabre ou parsemée de poils rares; gousse glabre. . . . .</td><td>4</td></tr>
<tr><td rowspan="2">3</td><td>Stipules lancéolées entières ou presque entières; gousse petite subpubescente, à épines rapprochées, visiblement canaliculées. . . . . M. minima.</td><td></td></tr>
<tr><td>Stipules profondément découpées, à divisions sétacées; gousse médiocre tomenteuse, à épines écartées, obscurément ou non canaliculées. . . . . M. cinerascens.</td><td></td></tr>
<tr><td rowspan="2">4</td><td>Folioles ord. maculées de noir; stipules semi-sagittées-dentées; gousse déprimée-globuleuse, finement veinée, à épines arquées en dehors. . . . . M. arabica.</td><td></td></tr>
<tr><td>Folioles non maculées; stipules laciniées, à divisions sétacées; gousse discoïde fortement réticulée, à épines subulées. M. polycarpa.</td><td></td></tr>
<tr><td rowspan="2">5</td><td>Fleurs en capitules ou en grappes multiflores; gousse réniforme, falciforme, ou à 1-3 tours de spire, non déprimée-discoïde. . . .</td><td>6</td></tr>
<tr><td>Fleurs réunies par 1-4 au sommet de pédoncules axillaires; gousse à 4-5 tours de spire, déprimée-discoïde . . . . M. ambigua.</td><td></td></tr>
<tr><td rowspan="2">6</td><td>Fleurs et fruits très petits en capitules ovoïdes, denses; gousse réniforme, monosperme . . . . M. lupulina.</td><td></td></tr>
<tr><td>Fleurs assez grandes en grappes; gousse polysperme, falciforme ou à 1-3 tours de spire. . . . .</td><td>7</td></tr>
<tr><td rowspan="2">7</td><td>Tiges dressées dès la base; fleurs violacées ou bleuâtres; gousse à 2-3 tours de spire. . . . . M. sativa.</td><td></td></tr>
<tr><td>Tiges couchées à la base; fleurs jaunes, verdâtres ou violacées; gousse falciforme ou à un seul tour de spire. . . . .</td><td>8</td></tr>
<tr><td rowspan="2">8</td><td>Fleurs jaunes; gousse falciforme. . . . . M. falcata.</td><td></td></tr>
<tr><td>Fleurs variant du jaune au verdâtre et au violacé; gousse à un tour de spire. . . . . M. media. .</td><td></td></tr>
</table>

1. **M. falcata** L. — Souche subligneuse; tiges rameuses, dures, couchées à la base puis redressées; folioles oblongues-cunéiformes, denticulées, émarginées, mucronées au sommet; fleurs jaunes à pédicelles plus longs que le tube du calice, réunies en grappe courte, subglobuleuse; gousse falciforme, dépourvue d'épines. ♃ juin-sept. — C. Bords des chemins, coteaux, lieux herbeux et prés secs.

M. media Pers.; *M. falcato-sativa* Rchb. — Plante paraissant intermédiaire entre les *M. falcata* et *sativa*, mais plus voisine du *M. falcata*, dont elle possède les tiges couchées à la base, les folioles étroites et les fleurs en grappe courte; elle s'en distingue par ses fleurs d'abord jaunes, puis verdâtres et enfin violacées, et par sa gousse qui décrit un tour complet de spire; plusieurs de ces caractères permettent de la distinguer du *M. sativa*. ♃ juin-sept. — En société avec les *M. falcata* et *sativa*.

2. **M. sativa** L. (Luzerne). — Souche subligneuse; tiges rameuses, dressées dès la base; folioles elliptiques-cunéiformes ou oblongues-cunéiformes, denticulées, émarginées, mucronées au sommet; fleurs

violacées ou bleuâtres, à pédicelles plus courts que le tube calicinal, réunies en grappes oblongues, gousse dépourvue d'épines, décrivant 2-3 tours de spire. ♃ juin-sept. — Communément cultivée et souv. subspontanée.

3. **M. lupulina** L. (Lupuline, Minette, Mignonnette). — Racine grêle; tiges grêles, rameuses, étalées ou couchées, la centrale souv. dressée; folioles obovées-cunéiformes, denticulées, émarginées, mucronulées au sommet; fleurs jaunes, très-petites, réunies en capitules ovoïdes, assez denses; gousse réniforme, dépourvue d'épines, 1-sperme, rar. 2-sperme. ☉, ② mai-sept. — T. C. Prés, lieux herbeux ou incultes, bords des chemins.

4. **M. ambigua** Jord.; *M. orbicularis* Auct. paris.—Souche sub-ligneuse; tiges dures, rameuses, étalées, diffuses; folioles obcordées ou obovales-cunéiformes, denticulées, émarginées, mucronulées, au sommet; fleurs jaunes, petites, réunies 1-4 au sommet d'un pédoncule plus court que la feuille axillante; gousse glabre, dépourvue d'épines, veinée-réticulée, déprimée-discorde, à bords tranchants, décrivant 4-5 tours de spire. ☉ juin-juill. — R. Lieux secs et herbeux, bords des chemins: Malesherbes, Pithiviers.

5. **M. minima** Lam.—Plante pubescente, à poils appliqués; tiges dressées ou étalées; folioles obovées-cunéiformes, denticulées au sommet; stipules lancéolées, entières ou presque entières, fleurs jaunes, petites, réunies 1-5 au sommet d'un pédoncule égalant à peu près la feuille axillante; gousse subglobuleuse, subpubescente, à 3-5 tours de spire, munie d'un double rang d'épines rapprochées, subulées, crochues au sommet. ☉ mai-juill.—C. Coteaux secs, lieux herbeux ou incultes.

6. **M. arabica** All.; *M. maculata* Willd.—Plante parsemée de poils rares, articulés; tiges rameuses, couchées; folioles largement obovées-cunéiformes, denticulées au sommet, ord. maculées de noir; stipules semi-sagittées-dentées; fleurs jaunes, assez petites, réunies 1-5 au sommet d'un pédoncule plus long que la feuille axillante; gousse déprimée-globuleuse, glabre, finement veinée, à 4-5 tours de spire, munie d'un double rang d'épines arquées en dehors. ☉ mai-juill. — C. Champs, prairies, lieux herbeux, bords des chemins.

7. **M. polycarpa** Willd. — Plante glabre; tiges rameuses, couchées ou ascendantes; folioles obovées, cunéiformes, ord. cordées, denticulées-mucronulées au sommet; stipules laciniées, à divisions sétacées; fleurs petites, jaunes, réunies 3-10 au sommet d'un pédoncule ord. plus court que la feuille axillante; gousse glabre, discoïde-déprimée, fortement réticulée-veinée, à 2-5 tours de spire, munie d'un double rang d'épines subulées, droites, arquées ou crochues au sommet. ☉ mai-juill. — C. Champs, moissons, lieux secs.

Var. *apiculata* Gren. et Godr.; *M. apiculata* Willd.; épines droites n'égalant pas la moitié du diamètre de la gousse.

Var. *denticulata* Gren. et Godr.; *M. denticulata* Willd.; épines cro-chues au sommet, égalant ou dépassant la moitié du diamètre de la gousse.

8. **M. cinerascens** Jord.; *M. Gerardi* Auct. paris. — Plante pu-bescente, couverte de poils blanchâtres; tiges rameuses, couchées ou ascendantes; folioles obovées-cunéiformes, denticulées au sommet; stipules profondément découpées, à divisions sétacées; fleurs jaunes, petites, réunies 1-4 au sommet d'un pédoncule égalant ord. la feuille axillante; gousse ovoïde, tomenteuse, non ré-ticulée, à 5-6 tours de spire, munie d'un double rang d'épines écartées, coniques, crochues au sommet. ☉, ② mai-juill.—R. Pelouses et lieux herbeux, secs : Point-du-Jour, le Vésinet, Argenteuil, Poissy, Croissy, Bonnières.

8. **TRIGONELLA** L. (Trigonelle). — Calice campanulé, à 5 di-visions presque égales; pétales caducs; carène courte, obtuse; style filiforme; stigmate capité; gousse polysperme, linéaire, comprimée, un peu arquée, longuement exserte.

1. **T. monspeliaca** L. — Plante basse, pubescente, odorante surtout à l'état sec; tiges rameuses, couchées; folioles obovées-cunéiformes, denticulées au sommet; fleurs jaunes, très petites, réunies 5-15 en fausses ombelles, subsessiles; gousses pubescentes, réticulées-veinées, étalées en étoile. ☉ mai-juill. — R. Lieux secs et herbeux, bords des chemins : Point-du-Jour, Auteuil, Vésinet, Bouray, Étampes, Poissy, l'Isle-Adam, Malesherbes.

9. **MELILOTUS** Tourn. (Mélilot).—Calice campanulé, à 5 divi-sions presque égales; pétales caducs; carène obtuse; style filiforme; stigmate capité; gousse mono-oligosperme, obovée ou ovale, exserte, indéhiscente.

1. **M. alba** Desr. — Tiges rameuses, dressées; folioles denticu-lées, celles des feuilles infér. obovales-oblongues, celles des feuilles supér. oblongues lancéolées; stipules sétacées; fleurs blanches, inodores, en grappes spiciformes allongées; étendard plus long que les ailes qui égalent la carène; gousse glabre, à bord supér. obtus. ☉ juin-sept. — A. R. Prairies, lieux herbeux, bords des chemins, talus des voies ferrées.

2. **M. officinalis** Desr.; *M. arvensis* Wallr. — Tiges rameuses dressées ou étalées; folioles denticulées, celles des feuilles infér. obovales, celles des feuilles supér. oblongues; stipules lan-céolées-acuminées; fleurs jaunes odorantes, en grappes spici-formes allongées; étendard plus long que les ailes qui dépassent

la carène ; gousse glabre, à bord supér. obtus. ② juin-sept. —
C. Prés, moissons, bords des chemins.

3. **M. altissima** Thuill. ; *M. officinalis* Willd. ; *M. macrorhiza*
Pers. — Tiges rameuses, dressées ; folioles denticulées, celles
des feuilles infér. obovales, celles des feuilles supér. oblongues-
obtuses ; stipules sétacées ; fleurs jaunes odorantes, en grappes
spiciformes allongées ; pétales égaux ; gousse couverte de poils
appliqués, à bord supér. aigu. ② juill.-sept. — C. Prés et bois
humides, bords des cours d'eaux.

10. **TRIFOLIUM** Tourn. (Trèfle). — Calice campanulé, tubuleux
ou subbilabié, à 5 divisions inégales ou presque égales ; corolle
marcescente-persistante ; carène obtuse plus courte que les ailes ;
style filiforme, stigmate capité ; gousse petite, ovoïde ou oblongue,
1-4 sperme, incluse ou à peine exserte, indéhiscente ou se rompant
irrégulièrement au sommet.

1 { Fleurs toutes munies de bractéoles. 2
{ Fleurs toutes dépourvues de bractéoles. . . , ... 12

2 { Fleurs blanches, rosées ou pourprées ; gousse sessile ou subsessile. 3
{ Fleurs jaunes ; gousse stipitée 8

3 { Fleurs en capitules sessiles ; calice à divisions élargies-auriculées à
{   la base. . . . . *T. glomeratum.*
{ Fleurs en capitules pédonculés ; calice à divisions non auriculées
{   à la base. 4

4 { Folioles denticulées à dents glanduleuses ; calice à divisions égalant
{   presque la longueur de la corolle . . . . *T. strictum.*
{ Folioles à dents non glanduleuses ; calice à divisions ne dépassant
{   pas la moitié de la longueur de la corolle. 5

5 { Calice à tube et à divisions glabres ou à peu près ; pétioles glabres. 6
{ Calice à tube et à divisions velus ou tomenteux ; pétioles velus. . 7

6 { Tiges couchées-radicantes ; stipules ovales-oblongues ; calice à
{   divisions supér. contiguës. . . . . *T. repens.*
{ Tiges ascendantes, non radicantes ; stipules lancéolées-acuminées ;
{   calice à divisions supér. séparées par un sinus obtus. *T. elegans.*

7 { Tiges rampantes, radicantes ; folioles glabres ; fleurs roses ; calice
{   fructifère enflé-vésiculeux . . . . *T. fragiferum.*
{ Tiges dressées ; folioles soyeuses en dessous ; fleurs blanches ;
{   calice fructifère, non enflé-vésiculeux . . . . *T. montanum.*

8 { Fleurs d'un beau jaune ; style égalant à peu près la gousse. . . 9
{ Fleurs d'un jaune clair ; style 3-5 fois plus court que la gousse. . 10

9 { Folioles toutes sessiles ; stipules lancéolées-linéaires ; pédoncules
{   épais, égalant ou dépassant peu la feuille . . . *T. agrarium.*
{ Foliole moyenne ord. pétiolulée; stipules ovales, auriculées à la base;
{   pédoncules filiformes bien plus longs que la feuille. *T. patens.*

10 { Fleurs 20-40 en capitules assez denses et assez gros ; étendard
{   strié et bien plus long que les ailes. . . . . *T. procumbens.*
{ Fleurs 2-15 en petits capitules lâches ; étendard lisse ou presque
{   lisse, dépassant à peine les ailes. 11

11 — Foliole moyenne pétiolulée; capitules de 5-15 fleurs, sur des pédoncules raides et droits; fleurs à pédicelles plus courts que le tube du calice . . . . *T. minus.*
Folioles toutes sessiles; capitules de 2-6 fleurs sur des pédoncules flexueux; fleurs à pédicelles plus longs que le tube du calice . . . . *T. filiforme.*

12 — Capitules pauciflores, s'enfonçant dans le sol après l'anthèse, à 2-4 fleurs fertiles, les autres stériles; calice ouvert et nu à la gorge. . . . . *T. subterraneum.*
Capitules multiflores, ne s'enfonçant pas dans le sol après l'anthèse, à fleurs toutes ou presque toutes fertiles; calice resserré et velu à la gorge. 13

13 — Capitules tous terminaux. 14
Capitules les uns terminaux, les autres axillaires. 18

14 — Capitules oblongs-cylindracés; calice à 20 nervures. *T. rubens.*
Capitules subglobuleux, ovoïdes ou oblongs; calice à 10 nervures. 15

15 — Fleurs jaunâtres; division infér. du calice dépassant 2 fois la longueur des autres et courbée en dehors à la maturité. *T. ochroleucum.*
Fleurs blanches, rosées ou d'un rouge vif; divisions du calice toutes dressées ou étalées à la maturité, l'infér. égalant à peine 2 fois la longueur des autres 16

16 — Plante annuelle; fleurs en épis ovoïdes-subcylindriques; divisions calicinales égalant ou dépassant la moitié de la longueur de la corolle . . . . *T. incarnatum.*
Souche cespiteuse ou traçante; fleurs en capitules subglobuleux; divisions calicinales n'égalant pas la moitié de la longueur de la corolle 17

17 — Souche traçante rameuse; feuilles toutes pétiolées; calice à tube glabrescent; étendard aigu. . . . . *T. medium.*
Souche cespiteuse, pivotante; feuilles supér. sessiles; calice à tube velu; étendard échancré. . . . . *T. pratense.*

18 — Fleurs en épis oblongs cylindriques assez longuement pédonculés; calice à divisions presque égales, plus longues que la corolle. . . . . *T. arvense.*
Fleurs en capitules sessiles ou subpédonculés; calice à divisions inégales, égalant à peine la corolle. 19

19 — Folioles à nervures latérales saillantes et arquées en dehors; calice campanulé, à divisions divergentes et subépineuses à la maturité. . . . . *T. scabrum.*
Folioles à nervures latérales peu ou pas saillantes, non arquées; calice urcéolé à la maturité, à dents dressées ou étalées, non épineuses. . . . . *T. striatum.*

I. Fleurs dépourvues de bractéoles.

1. **T. rubens** L.—Plante robuste, glabre; tiges raides, dressées; feuilles brièvement pétiolées, à folioles oblongues-lancéolées, veinées, denticulées; stipules lancéolées, acuminées, dentées; fleurs

assez grandes, pourprées, en capitules assez gros, oblongs, cylindracés, souv. allongés ; calice à tube resserré et velu à la gorge, à
20 nervures, à divisions très inégales, sétacées, ciliées, dressées.
♃ juin-juill.—A. R. Bois et coteaux secs et herbeux.

2. **T. incarnatum** L. (Trèfle incarnat).—Plante annuelle, mollement velue ; feuilles longuement pétiolées, à folioles largement
obovales-cunéiformes, denticulées ; fleurs d'un rouge vif ou blanches (*T. Molinieri* Auct. paris., non Balb.), en épis ovoïdes-subcylindriques, ord. peu allongés ; calice à tube resserré et velu à la
gorge, à 10 nervures, à divisions presque égales, subulées, ciliées,
étalées en étoile à la maturité. ⊙ mai-juill. — C. Cultivé en prairies
et souv. subspontané aux bords des chemins et des champs.

3. **T. medium** L. — Souche traçante, rameuse ; tiges étalées, ou
ascendantes, flexueuses, rameuses ; feuilles toutes pétiolées, à
folioles elliptiques, veinées, à peine denticulées ; stipules lancéolées-acuminées ; fleurs rosées, en capitules subglobuleux ; calice à
tube glabrescent, resserré et velu à la gorge, à 10 nervures, à divisions inégales, sétacées, dressées ou subétalées à la maturité. ♃
juin-août.—A. C.—Bois et collines herbeux.

4. **T. pratense** L. — Plante cespiteuse, glabrescente, à racine
pivotante ; tiges dressées ou subétalées, simples ou rameuses ;
feuilles infér. seules pétiolées, à folioles molles, oblongues, à peine
denticulées ; stipules membraneuses, triangulaires, rayées de violet ;
fleurs rosées, rar. blanches, en capitules subglobuleux ; calice à
10 nervures, à tube velu, resserré et velu à la gorge, à divisions inégales, sétacées, dressées. ♃ mai-sept. — C. Prés, lieux herbeux ;
très souvent cultivé.

5. **T. ochroleucum** L. — Plante mollement velue, cespiteuse, à
racine épaisse, pivotante ; tiges couchées-redressées ; feuilles toutes
pétiolées à folioles obovales, non denticulées, souvent émarginées
au sommet ; stipules lancéolées, longuement subulées ; fleurs jaunâtres en capitules subglobuleux, puis ovoïdes ; calice à 10 nervures, à tube velu, resserré et velu à la gorge, à divisions linéaires,
sétacées, l'infér. dépassant 2 fois la longueur des autres et courbée
en dehors à la maturité. ♃ juin-juill. — A. C. Prés secs et lieux
herbeux.

6. **T. arvense** L. (Pied de lièvre). — Plante grêle, pubescente-
soyeuse ; tiges rameuses, dressées diffuses ; feuilles brièvement
pétiolées à folioles linéaires-oblongues, denticulées ; stipules ovales,
longuement acuminées ; fleurs petites, blanches ou rosées, en
capitules ovoïdes-cylindriques, velus-soyeux, assez longuement
pédonculés ; calice à 10 nervures, à tube très-velu, resserré et velu
à la gorge, à divisions subégales, sétacées, plumeuses, du double

plus longues que la corolle. ⊙ juill.-sept. — T. C. Champs et lieux sablonneux; rare sur le calcaire. A ce type se rattachent les deux formes suivantes :

T. agrestinum Jord. — Tiges souv. rameuses dès la base, à rameaux allongés, étalés-dressés; calice à divisions plumeuses, d'un tiers environ plus longues que la corolle.

T. gracile Thuill.; *T arvense* var. *gracile* Coss. et Germ. — Tiges rameuses dès la base, diffuses, étalées; calice à divisions rougeâtres, ciliées, mais non plumeuses, du double plus longues que la corolle.

7. **T. scabrum** L. — Plante pubescente à poils appliqués; tiges grêles, étalées, couchées, puis redressées; folioles coriaces, obovales ou oblongues, denticulées, à nervures latérales saillantes et arquées en dehors; stipules courtes, ovales aiguës; fleurs petites, blanches ou rosées, en capitules petits, ovoïdes, sessiles à l'aisselle des feuilles; calice à 10 nervures, à tube campanulé, resserré et velu à la gorge, à divisions divergentes et subépineuses à la maturité. ⊙ mai-juill. — A. C. Pelouses sèches.

8. **T. striatum** L. — Plante mollement velue à poils étalés; tiges étalées-redressées; folioles obovales-cunéiformes, denticulées, à nervures latérales peu saillantes non arquées en dehors; stipules ovales-aiguës; fleurs petites, blanches ou rosées, en capitules petits, oblongs, sessiles ou subpédonculés à l'aisselle des feuilles; calice à 10 nervures, à tube urcéolé, contracté et velu à la gorge, à divisions sétacées, roides, non épineuses, dressées ou étalées à la maturité. ⊙ juin-juill. — A. C. Pelouses sèches, coteaux herbeux.

9. **T. subterraneum** L. — Plante mollement velue; tiges flexueuses, couchées, étalées en cercle; folioles obovales-cunéiformes ou obcordées, denticulées; stipules ovales, aiguës; fleurs blanches 2-5, recouvertes par des fleurs stériles nombreuses, réduites au calice et formant un petit capitule subglobuleux, longuement pédonculé, s'enfonçant dans le sol après l'anthèse; calice à 10 nervures, ouvert et nu à la gorge, à divisions sétacées, longuement ciliées. ⊙ mai-juill.—R. Pelouses et lieux herbeux : Ville-d'Avray, Jouy, Orsay, Mennecy, forêt de Rougeaux et de Fontainebleau.

II. Fleurs munies de bractéoles.

10. **T. repens** L. — Plante glabre; tiges couchées radicantes; feuilles longuement pétiolées à folioles obovales, denticulées, obtuses ou émarginées; stipules ovales, subulées; fleurs blanches, pédicellées, réfléchies après l'anthèse, en capitules lâches, subglobuleux; calice à 10 nervures, élargi et nu à la gorge, à divisions lancéolées, les deux supér. contiguës. ♃ mai-sept. — T. C. Prés, lieux herbeux, bords des chemins.

Var. *prostratum* Lec. et Lamotte; *T. prostratum* Biasol.; tiges couchées-étalées ; folioles de moitié plus petites que dans le type ; fleurs rosées. R. avec le type : Orsay, Marcoussis.

11. **T. elegans** Savi. — Plante presque glabre ; tiges ascendantes, non radicantes ; feuilles supér. brièvement pétiolées ; folioles obovales, denticulées, obtuses ou émarginées ; stipules lancéolées-acuminées ; fleurs rosées, pédicellées, réfléchies après l'anthèse, en capitules lâches subglobuleux ; calice à 5 nervures, élargi et nu à la gorge, à divisions subulées, les deux supér. séparées par un sinus obtus. ♃ juin-août.—R. Lieux herbeux : Poissy, St-Germain, Satory, Bazoches, Armainvilliers, Fontainebleau, Malesherbes, Villers-Cotterets, etc.

12. **T. fragiferum** L. — Plante glabre ou glabrescente ; tiges rampantes, radicantes ; feuilles longuement pétiolées à folioles obovales, denticulées, émarginées ; stipules grandes, lancéolées-subulées ; fleurs roses, sessiles, non réfléchies après l'anthèse, en capitules subglobuleux, longuement pédonculés, souv. axillaires ; calice bilabié, pubescent-tomenteux, nu à la gorge, devenant enflé-vésiculeux après l'anthèse, à divisions sétacées, dressées. ♃ juin-sept.—T. C. Prés, lieux herbeux, bords des chemins.

13. **T. glomeratum** L. — Plante glabre ; tiges étalées-diffuses ou dressées ; folioles obovales-cunéiformes, denticulées, obtuses ou émarginées ; stipules ovales, acuminées ; fleurs petites, d'un rose pâle, sessiles, en petits capitules ; calice non bilabié, glabre, à 10 nervures, nu à la gorge, non vésiculeux à la maturité, à divisions presque égales, ovales-aristées, élargies-auriculées à la base, réfléchies après l'anthèse. ⊙ mai-juin. — T. R. Prés et lieux herbeux secs : Étréchy, Beauvais près Mennecy.

14. **T. strictum** L.; *T. lævigatum* Desf. — Plante glabre ; tiges simples ou rameuses, dressées ou ascendantes ; folioles oblongues ou oblongues-linéaires, denticulées, à dents glanduleuses ; stipules larges, ovales, denticulées-glanduleuses ; fleurs petites rosées, en petits capitules subglobuleux, pédonculés, les uns terminaux, les autres axillaires ; calice glabre, à 10 nervures, nu à la gorge, à divisions triangulaires-subulées, inégales, l'infér. plus longue, toutes étalées à la maturité. ⊙ mai-juin.—T. R. Lieux secs et herbeux : Bellecroix, Rocher-Cuvier, Chêne-Clovis, dans la forêt de Fontainebleau ; Bois-le-Roi ; Nemours.

15. **T. montanum** L. — Plante pubescente ; souche épaisse, rameuse ; tiges dressées, simples ou rameuses ; feuilles infér. longuement pétiolées, les supér. sessiles, à folioles oblongues-elliptiques, denticulées, coriaces, velues-soyeuses en dessous ; stipules lancéolées-subulées ; fleurs blanches, réfléchies après l'anthèse, en capitules denses, subglobuleux, puis ovoïdes ; calice velu, à 10 nervures, nu à la gorge, à divisions lancéolées, acuminées, iné-

gales, dressées. ♃ mai-juill. — R. Bois herbeux, prés montagneux : Fontainebleau, Malesherbes, Juvisy.

16. **T. agrarium** L. ; *T. aureum* Poll. — Tiges rameuses, dressées ; folioles obovales-oblongues, denticulées, obtuses ou émarginées, toutes sessiles ; stipules lancéolées, aiguës, plus longues que le pétiole ; fleurs d'un beau jaune, pédicellées, réfléchies, en capitules fournis, ovoïdes-subglobuleux, à pédoncules égalant ou dépassant peu la feuille ; calice glabre, à 5 nervures, à divisions lancéolées, inégales ; étendard strié, plus long que les ailes ; style égalant la gousse. ☉, ② juin-août.—T. R. Bois et prés montagneux : côte de Champagne près Fontainebleau, Provins, Compiègne, Villers-Cotterets.

17. **T. procumbens** L. ; *T. campestre* Schreb. ; *T. agrarium* Gren. et Godr. (non L.).—Tiges rameuses, étalées-diffuses ou ascendantes ; folioles obovales ou oblongues, denticulées, obtuses ou émarginées, la moyenne pétiolulée ; stipules ovales-lancéolées, plus courtes que le pétiole ; fleurs d'un jaune pâle, pédicellées, réfléchies, en capitules nombreux, ovoïdes, à pédoncules égalant ou dépassant la feuille ; calice glabre, à 5 nervures, à divisions lancéolées très inégales ; étendard strié, plus long que les ailes ; style 3-4 fois plus court que la gousse. ☉ mai-sept. — C. Champs, prés, lieux herbeux.

18. **T. patens** Schreb. ; *T. parisiense* DC. — Tiges simples ou peu rameuses, grêles, flexueuses, dressées ou ascendantes ; folioles obovales ou oblongues, denticulées, obtuses ou émarginées, toutes sessiles ou la moyenne pétiolulée ; stipules lancéolées, aiguës, plus courtes que le pétiole ; fleurs d'un beau jaune, pédicellées, réfléchies, en capitules subglobuleux, à pédoncules filiformes bien plus longs que la feuille ; calice glabre, à 5 nervures, à divisions lancéolées, très inégales ; étendard strié, plus long que les ailes ; style égalant presque la gousse. ☉ juin-août. — A. C. Prés humides et marécages.

19. **T. minus** Relhan ap. Sm. ; *T. filiforme* Auct. mult. (non L.). —Tiges grêles, filiformes, rameuses, étalées-diffuses ou redressées ; folioles obovales-cunéiformes, denticulées, émarginées, la moyenne pétiolulée, rar. subsessile ; stipules ovales, acuminées ; fleurs petites, d'un jaune clair, réfléchies, à pédicelles plus courts que le tube du calice, en capitules de 5-15 fleurs, petits, hémisphériques, portés sur des pédoncules raides et droits, plus longs que la feuille ; calice glabre, à 5 nervures, à divisions très inégales ; étendard à peine strié, dépassant peu les ailes ; style bien plus court que la gousse. ☉ mai-sept. — Prés, lieux herbeux, bords des chemins.

20. **T. filiforme** L. ; *T. micranthum* Viv.—Plante ord. très petite ; tiges filiformes, étalées, diffuses ; folioles obovales-cunéiformes, très petites, denticulées, émarginées, la moyenne sessile ; stipules

oblongues, aiguës; fleurs très petites, d'un jaune clair, souv. réfléchies, à pédicelles plus longs que le tube du calice, en capitules de
2-6 fleurs, lâches, petits, portés sur des pédoncules filiformes,
flexueux, plus longs que la feuille; calice glabre, à 5 nervures, à
divisions peu inégales; étendard lisse, dépassant peu les ailes;
style bien plus court que la gousse. ⊙ mai-juin. — R. Lieux
herbeux : Versailles, Trappes, Montfort-l'Amaury, Beauvais.

11. **LOTUS** L. (Lotier). — Calice campanulé ou tubuleux, à
5 divisions presque égales; corolle caduque, à carène rostrée; style
atténué au sommet; gousse droite, linéaire, allongée, cylindrique
polysperme, déhiscente par 2 valves qui se tordent en spirale.

1. **L. corniculatus** L. — Plante glabre ou velue; tiges couchées-
étalées ou ascendantes; folioles obovales, entières, sessiles; fleurs
jaunes, ord. verdissant plus ou moins par la dessiccation, réunies
2-6 en fausses ombelles longuement pédonculées; calice à divisions conniventes avant l'anthèse; étendard orbiculaire; ailes
ovales, fortement courbées au bord inférieur; carène brusquement
atténuée en bec. ♃ mai-sept. — T. C. Prés, bois, lieux herbeux.

2. **L. tenuis** Kit. ap. Willd.; *L. corniculatus* var. *tenuis* Coss. et
Germ. — Diffère du précédent par ses tiges plus grêles et plus
rameuses; par ses feuilles plus étroites, ord. linéaires aiguës; par
ses fleurs portées sur des pédoncules filiformes, à ailes oblongues
non courbées au bord infér.; par ses gousses plus grêles. ♃ mai-
sept. — C. Prairies humides, siliceuses ou argileuses; manque sur
le calcaire.

3. **L. major** Scop.; *L. uliginosus* Schkr. — Plante assez élevée,
glabrescente ou pubescente; souche rampante stolonifère; tiges
dressées, fistuleuses; folioles obovales, glauques; fleurs jaunes,
ne verdissant ord. pas par la dessiccation, réunies 6-12 en fausses
ombelles longuement pédonculées; calice à divisions étalées et
même réfléchies avant l'anthèse; étendard ovale; ailes obovales,
non courbées au bord infér.; carène insensiblement atténuée en
bec. ♃ juill.-sept. — C. Prairies et lieux humides; rare ou nul sur
le calcaire.

12. **TETRAGONOLOBUS** Scop.—Calice tubuleux-campanulé,
à 5 divisions presque égales; corolle caduque, à carène rostrée;
style épaissi au sommet; gousse allongée, cylindracée, polysperme,
munie de 4 ailes longitudinales, déhiscente par 2 valves qui se
tordent en spirale.

1. **T. siliquosus** Roth. — Plante velue; tiges couchées à la base,
puis redressées; folioles obovales-cunéiformes, d'un vert glaucescent; fleurs grandes, jaunes, solitaires ou rar. géminées, longuement pédonculées, portant à la base du calice une feuille florale

1-foliolée, linéaire-lancéolée, rar. 3-foliolée. ♃ juin-juill. A. C. Prés et lieux humides.

13. **PHASEOLUS** Tourn. (Haricot). — Calice campanulé, à 2 lèvres, la supér. bidentée, l'infér. tripartite ; corolle caduque, à étendard réfléchi ; carène tordue en spirale avec les étamines et le style barbu au sommet ; gousse très allongée, comprimée ou sub-cylindrique, polysperme, divisée intérieurement, avant la maturité, par des épaississements celluleux.

1. **P. vulgaris** L. (Haricot). — Tige pubescente, rameuse, volubile, rar. basse, dressée non volubile ; folioles grandes acuminées, la terminale rhomboïdale assez longuement pétiolulée ; les latérales obliquement ovales; fleurs d'un blanc jaunâtre ou lilacées en grappes pauciflores plus courtes que la feuille opposée ; gousses droites, glabres, pendantes. ☉ juill.-août.—Cult. en grand dans les champs.

2. **P. multiflorus** Willd. (Haricot d'Espagne). — Tige glabrescente, très allongée, rameuse, volubile ; folioles grandes, ovales, acuminées, la terminale plus longuement pétiolulée ; fleurs entièrement rouges ou à étendard rouge et à carène et à ailes blanches, en grappes multiflores plus longues que la feuille opposée; gousses pendantes, un peu courbées-falciformes, velues surtout dans leur jeunesse. ☉ juill.-sept.—Cult. en grand dans les champs de la région du nord-est.

** Feuilles imparipennées.

14. **ROBINIA** L. (Robinier). — Calice campanulé, brièvement subbilabié, à 5 divisions ; étendard suborbiculaire réfléchi ; carène aiguë ; style courbé, hérissé au sommet ; gousse allongée, comprimée, polysperme étroitement ailée sur la suture supér., déhiscente en 2 valves.

1. **R. Pseudo-Acacia** L. (Acacia).—Arbre élevé ; folioles 11-21, elliptiques, pourvues chacune d'une petite stipelle, pétiole commun muni à sa base de 2 stipules transformées en aiguillons ; fleurs nombreuses, blanches, odorantes, en longues grappes pendantes. ♄ mai-juin. — Originaire de l'Amérique septentrionale ; communément planté et naturalisé.

15. **ASTRAGALUS** Tourn. (Astragale).—Calice campanulé ou tubuleux, bilabié, à 5 divisions presque égales; carène obtuse, mutique ; style droit ou légèrement courbé ; gousse subcylindrique, polysperme, plus ou moins biloculaire par l'introflexion de la suture dorsale.

1. **A. glycyphyllos** L. (Réglisse sauvage). — Souche longue, rampante ; tiges flexueuses, étalées-couchées; folioles 9-15 ovales, obtuses; fleurs d'un jaune verdâtre, en capitules ovoïdes, denses, pédonculés, bien plus courts que la feuille axillante ; gousses gla-

bres, cylindriques-trigones, acuminées, arquées-conniventes, munies d'un sillon sur la face externe. ♃ juin-juill.—C. Bois, lieux herbeux.

2. **A. monspessulanus** L.—Souche épaisse, rameuse, subligneuse; tiges courtes, dressées ou couchées-ascendantes; folioles 16-41 petites, oblongues, obtuses ou aiguës; fleurs longues, purpurines, en capitules lâches, oblongs, pédonculés, égalant ou dépassant la feuille axillante; gousses pubescentes, subcylindriques, longuement acuminées, un peu arquées, dépourvues de sillon sur la face externe. ♃ mai-juill.—R. Coteaux secs et herbeux des terrains calcaires : Mantes, La Roche-Guyon, Vernon.

Trib. III. Viciées. — Feuilles paripennées, à rachis prolongé en vrille ou en arête, rar. réduites au rachis transformé en vrille ou en phyllode; étamines monadelphes ou diadelphes; gousse continue, uniloculaire, bivalve.

16. **VICIA** Tourn. (Vesce).—Calice tubuleux-campanulé à 5 divisions inégales ou presque égales; étamines diadelphes, à tube tronqué très-obliquement; style filiforme, courbé au sommet, un peu comprimé; gousse allongée, polysperme ou courte, oligosperme; graines subglobuleuses, anguleuses ou lenticulaires.

1 { Corolle dépassant longuement les divisions calicinales. 2
  { Corolle ne dépassant pas ou dépassant à peine les divisions calicinales 13

2 { Fleurs solitaires, géminées, sessiles, ou en grappes portées sur un pédoncule commun plus court que l'une d'elles. 3
  { Fleurs en grappes portées sur des pédoncules assez longs, rar. 4-5 fleurs au sommet d'un pédoncule plus long que l'une d'elles. 9

3 { Fleurs en grappes courtes, très-brièvement pédonculées 4
  { Fleurs solitaires ou géminées 6

4 { Folioles peu nombreuses, larges de 2-3 cent., dentées en scie; gousses tuberculeuses sur les sutures. . . . . *V. serratifolia.*
  { Folioles ord. nombreuses, linéaires ou larges de 1 cent. environ, non dentées en scie; gousses non tuberculeuses sur les sutures. 5

5 { Folioles ovales-oblongues; étendard glabre; gousses glabres, noires à la maturité. . . . . *V. sepium.*
  { Folioles oblongues-linéaires; étendard velu; gousses pubescentes-soyeuses, jaunâtres à la maturité . . . . . *V. purpurascens.*

6 { Fleurs jaunes; calice irrégulier; gousses stipitées, hérissées de poils tuberculeux à la base. . . . . *V. lutea.*
  { Fleurs rouges, purpurines ou lilacées; calice régulier; gousses sessiles, glabres ou pubescentes, à poils courts non tuberculeux. 7

7 { Rachis des feuilles terminé par une vrille simple; fleurs lilacées, solitaires, très petites; graines tuberculeuses, cubiques. *V. lathyroïdes.*
  { Rachis des feuilles terminé par une vrille rameuse; fleurs grandes, rouges ou purpurines, ord. géminées; graines lisses, subglobuleuses. 8

8 { Gousses larges, comprimées, toruleuses, pubescentes ou glabres, d'un fauve pâle à la maturité. . . . . *V. sativa.*
Gousses linéaires-cylindracées, à peine comprimées, très peu toruleuses, glabres, noires, luisantes à la maturité *V. angustifolia.*

9 { Fleurs grandes, violettes ou panachées de bleu et de violet; gousses polyspermes, tronquées et rostrées au sommet 10
Fleurs petites, lilacées ou blanchâtres; gousses oligospermes, arrondies au sommet et non rostrées. 12

10 { Fleurs s'ouvrant à peu près toutes ensemble; calice bossu à la base; graines à hile occupant le huitième de leur circonférence. . . . . *V. varia.*
Fleurs s'ouvrant successivement de bas en haut; calice non bossu à la base; graines à hile occupant le tiers ou le quart de leur circonférence 11

11 { Grappes florales égalant ou dépassant peu les feuilles; étendard à onglet aussi long que le limbe; gousse à support plus court que le tube calicinal . . . . *V. Cracca.*
Grappes florales dépassant un peu les feuilles; étendard à limbe une fois plus long que l'onglet; gousse à support égalant le tube calicinal. . . . . *V. tenuifolia.*

12 { Fleurs 1-2 au sommet d'un pédoncule non aristé, ord. plus court que la feuille; graines à hile occupant le sixième de leur circonférence . . . . *V. tetrasperma.*
Fleurs 2-5 au sommet d'un pédoncule aristé beaucoup plus long que la feuille; graines à hile occupant environ le dixième de leur circonférence. . . . . *V. gracilis.*

13 { Tiges grimpantes; pétioles terminés par une vrille ord. rameuse; gousses velues; graines globuleuses. . . . . . . *V. hirsuta.*
Tiges dressées; pétioles terminés par une vrille ord. simple; gousses glabres; graines lenticulaires. . . . . . . *V. Lens.*

1. **V. sativa** L. (Vesce commune). — Plante plus ou moins velue; tiges rameuses, flexueuses; feuilles terminées en vrille rameuse, à 6-14 folioles oblongues-obovées, tronquées ou émarginées au sommet; fleurs grandes, violettes, axillaires, solitaires ou géminées; gousse sessile, large, comprimée, toruleuse, pubescente, d'un fauve pâle et glabrescente à la maturité; graines brunes, lisses, subglobuleuses. ⊙, ② mai-juill. — T. C. Champs et moissons; souv. cultivé.

2. **V. angustifolia** All. — Plante plus ou moins pubescente; tiges rameuses; feuilles terminées en vrille rameuse, à 6-14 folioles oblongues, lancéolées ou linéaires, aiguës, tronquées ou émarginées et mucronées au sommet; fleurs grandes, violettes, axillaires, solitaires ou géminées; gousse sessile linéaire-cylindracée, peu comprimée, très peu toruleuse, glabre, noire, luisante à la maturité; graines lisses, subglobuleuses, noirâtres ou brunâtres, tachées de noir. ⊙ mai-juill. — T. C. Prés, buissons, moissons.

Var. *segetalis* Kch.; *V. segetalis* Thuill.; feuilles supér. à folioles oblongues-lancéolées, arrondies ou tronquées, acuminées au sommet; gousse fendant le calice à la maturité.

Var. *Bobartii* Kch.; *V. Bobartii* Forst.; feuilles supér. à folioles linéaires ou linéaires-lancéolées, tronquées ou émarginées, mucronées au sommet; gousse ne fendant pas le calice à la maturité.

3. **V. lathyroides** L.—Plante glabrescente; tiges basses, grêles, rameuses, non grimpantes; feuilles terminées en arête ou en vrille simple, à 4-8 folioles obovales ou oblongues, tronquées ou subémarginées; fleurs très petites, lilacées, axillaires, solitaires; gousse sessile, linéaire, comprimée, dressée, glabre, noire à la maturité; graines brunes, cubiques, tuberculeuses. ☉ avril-mai. — A. C. Bois et lieux sablonneux.

4. **V. lutea** L. — Plante pubescente ou glabrescente; tiges un peu grêles, rameuses, non grimpantes; feuilles terminées en vrille rameuse, à 10-14 folioles oblongues ou linéaires, arrondies, mucronées au sommet; fleurs grandes, jaunes, axillaires, solitaires ou géminées; gousse stipitée, large, oblongue, hérissée de poils tuberculeux à la base, noirâtre à la maturité; graines subglobuleuses, lisses, brunes, tachées de noir. ☉ mai-juill. — A. C. Moissons, haies et buissons; manque sur le calcaire.

5. **V. serratifolia** Jacq.; *V. narbonensis* L. var. *serratifolia* Kch. — Plante pubescente; tige robuste, striée, ord. simple, dressée ou ascendante; feuilles infér. dépourvues de vrille, les supér. terminées en vrille rameuse, à 2-6 folioles larges (2-3 cent.), ovales, obtuses, dentées en scie; fleurs purpurines, 1-5 en grappes axillaires, très courtes et très brièvement pédonculées; gousses larges, allongées, comprimées, noirâtres à la maturité, hérissées-tuberculeuses seulement sur les sutures; graines brunes, globuleuses-comprimées. ☉ mai-juin. — T. R. Bois Yon près Dreux.

6. **V. sepium** L. (Vesce sauvage). — Plante glabrescente ou pubescente; tiges faibles, flexueuses, rameuses; feuilles terminées en vrille rameuse, à 6-14 folioles ovales-oblongues, tronquées, mucronulées au sommet; fleurs 3-7 violacées, rar. d'un blanc jaunâtre (var. *albiflora* Gaud.), en grappe courte, brièvement pédonculée; étendard glabre; gousse stipitée, linéaire-oblongue, glabre, noirâtre à la maturité; graines subglobuleuses, lisses, brunâtres, tachées de noir. ♃ août-sept. — T. C. Prés, bois, haies et buissons.

7. **V. purpurascens** DC.; *V. pannonica* Auct. gall. (an Jacq.?)— Plante pubescente; tiges dressées, rameuses; feuilles terminées en vrille rameuse, à 10-16 folioles oblongues ou oblongues-linéaires, tronquées, mucronulées au sommet; fleurs 2-4 grandes, purpurines, en grappe courte, brièvement pédonculée; étendard velu;

gousse stipitée, oblongue, comprimée, pubescente-soyeuse, jaunâtre à la maturité ; graines grosses, subglobuleuses, tachées de brun. ⊙ mai-juill. — R. Moissons : Bicêtre, Gentilly, Ivry, Palaiseau.

8. **V. Cracca** L. ; *Cracca major* Frank. — Plante pubescente ou velue-soyeuse ; tiges très rameuses, longuement grimpantes ; feuilles terminées en vrille rameuse, à 16-20 folioles oblongues, lancéolées ou linéaires, obtuses ou aiguës, mucronées au sommet ; fleurs 15-20 d'un violet bleuâtre, s'ouvrant successivement de bas en haut, en grappe égalant ou dépassant peu les feuilles ; calice non bossu à la base ; étendard à limbe égalant l'onglet ; gousse à support plus court que le tube calicinal. ♃ juin-août. — T. C. Prés, moissons, haies et buissons.

9. **V. tenuifolia** Roth ; *Cracca tenuifolia* Godr. et Gren. — Plante pubescente ; tiges très rameuses, grimpantes ; feuilles terminées en vrille rameuse, à 16-20 folioles linéaires oblongues ou linéaires obtuses ou aiguës, mucronées au sommet ; fleurs 15-20, violacées, panachées de blanc, s'ouvrant successivement de bas en haut, en grappes dépassant longuement les feuilles ; calice non bossu à la base ; étendard à limbe une fois plus long que l'onglet ; gousse à support égalant le tube calicinal. ♃ juin-août.—A. C. Bois, haies et buissons.

10. **V. varia** Host ; *Cracca varia* Godr. et Gren. — Plante plus ou moins pubescente ; tiges rameuses, grimpantes ; feuilles terminées en vrille rameuse, à 10-16 folioles lancéolées ou sublinéaires, obtuses ou aiguës, mucronées au sommet ; fleurs 12-25, violettes panachées de blanc, s'ouvrant à peu près toutes ensemble, en grappe égalant ou dépassant peu les feuilles ; calice bossu à la base, étendard à limbe au moins une fois plus court que l'onglet ; gousse oblongue, large, à support plus long que le tube calicinal. ⊙, ② juin-août.—A. R. Champs et moissons.

11. **V. tetrasperma** Mœnch ; *Ervum tetraspermum* L. — Plante glabre ; tiges grêles, rameuses, grimpantes ; feuilles terminées en vrille simple ou bifide, à 6-10 folioles linéaires, obtuses, mucronulées ; fleurs 1-2 petites, lilacées, au sommet d'un pédoncule non aristé, ord. plus court que les feuilles ; gousse glabre, linéaire-oblongue ; graines 3-5, globuleuses, à hile occupant le sixième de leur circonférence. ⊙ juin-sept.—C. Champs et moissons.

12. **V. gracilis** Lois. ; *V. tetrasperma* var. *gracilis* Coss. et Germ. ; *Ervum gracile* DC. — Plante ayant le port et l'aspect du *V. tetrasperma* dont elle se distingue : par son port plus robuste ; par ses feuilles toujours aiguës ; par ses fleurs d'un tiers plus grandes, au sommet d'un pédoncule aristé, beaucoup plus long que la feuille ; par sa gousse plus allongée, à 4-6 graines, dont le hile

occupe environ le dixième de la circonférence. ☉ juin-sept.—A. R. Champs et moissons.

13. **V. hirsuta** Kch.; *Ervum hirsutum* L.; *Cracca minor* Riv.— Plante pubescente ou glabre; tiges grêles, rameuses, grimpantes; feuilles terminées en vrille ord. rameuse, à 16-20 folioles lancéolées ou linéaires, tronquées, mucronées; fleurs 3-8 très petites, d'un blanc-bleuâtre au sommet d'un pédoncule aristé, égalant à peine les feuilles; gousse sessile, oblongue, velue, noire à la maturité; graines 2 lisses, globuleuses. ☉ mai-sept.—T. C. Champs, moissons, haies et buissons.

14. **V. Lens** Coss. et Germ.; *Ervum Lens* L.; *Lens esculenta* Mœnch (Lentille).—Plante pubescente; tiges rameuses, dressées, non grimpantes; feuilles terminées en vrille simple ou bifide, à 10-14 folioles oblongues, obtuses, à peine mucronulées; fleurs 1-3, petites, d'un blanc bleuâtre, au sommet d'un pédoncule aristé égalant à peu près les feuilles; gousse stipitée, glabre, rhomboïdale, comprimée; graines 1-2 comprimées-lenticulaires, lisses. ☉ juin-août. — Fréquemment cultivé en plein champ.

17. **FABA** Tourn. (Fève). — Calice campanulé-tubuleux à 5 divisions inégales, les 2 supér. plus courtes; étamines mona-delphes à tube tronqué très-obliquement: style filiforme, comprimé, barbu au sommet; gousse allongée, enflée-charnue, munie intérieurement d'épaississements celluleux; graines oblongues-tronquées.

1. **F. vulgaris** Mœnch var. *equina*; *Vicia Faba* L. (Féverolle). — Plante glabre; tige robuste, simple, dressée, fistuleuse; feuilles terminées en arête, à 1-6 folioles grandes, oblongues, obtuses, mucronées; fleurs 2-3, grandes, blanches ou rosées, à ailes tachées de noir, en grappe très brièvement pédonculée; gousse très grosse, pubescente, noire à la maturité; graines brunes, à hile linéaire très allongé. ☉ mai-août. — Fréquemment cultivé en plein champ.

18. **PISUM** Tourn. (Pois). — Calice campanulé, à 5 divisions presque égales; étamines diadelphes, à tube tronqué à angle droit; style arqué, comprimé latéralement, plié en carène, canaliculé en dessous; gousse oblongue, comprimée, polysperme; graines globuleuses ou anguleuses.

P. sativum L. (Pois).—Plante glauque; tige rameuse grimpante; feuilles terminées en vrille rameuse, à 4-6 folioles grandes, ovales, mucronulées, entières ou à peine dentées; fleurs 1-2 grandes, blanches, au sommet d'un pédoncule aristé, plus court que la feuille axillante; gousse glabre, coriace, réticulée-veinée, graines globuleuses, jaunâtres. ☉ mai-sept. — Communément cultivé et souv. subspontané.

2. **P. arvense** L. (Pisaille). — Diffère du précédent par ses feuilles à 2-4 folioles; par ses fleurs à carène jaunâtre, à étendard bleuâtre et à ailes d'un pourpre violet; par ses graines comprimées-anguleuses, grisâtres, marbrées de brun. ☉ mai-juill. — Communément cultivé en plein champ et souv. subspontané.

19. **LATHYRUS** Tourn. (Gesse). — Calice campanulé, à 5 divisions inégales, les 2 supér. plus courtes; étamines monadelphes ou diadelphes, à tube tronqué, à angle droit; style aplani-comprimé d'avant en arrière; gousse oblongue ou linéaire, comprimée, polysperme, obliquement tronquée en bec; graines subglobuleuses-comprimées.

1 { Feuilles à rachis terminé en vrille rameuse, plus rar. simple . . . 1
{ Feuilles à rachis terminé par une arête courte ou nulle. 10

2 { Rachis muni de 2-8 folioles 3
{ Rachis dépourvu de folioles, muni de stipules ovales-sagittées
{ très amples, simulant 2 feuilles opposées et sessiles. *L. Aphaca.*

3 { Plante vivace; pédoncules multiflores. 4
{ Plante annuelle; pédoncules 1-3 flores. 7

4 { Tige ailée 5
{ Tige non ailée 6

5 { Pétiole fortement ailé; 2 folioles lancéolées, très allongées; fleurs
{ roses; graines obscurément chagrinées . . . . *L. silvestris.*
{ Pétiole non ailé; 4-6 folioles oblongues; fleurs purpurines;
{ graines lisses . . . . *L. palustris.*

6 { Souche rameuse, fibreuse; folioles lancéolées; fleurs jaunes.
{ *L. pratensis.*
{ Souche à ramifications renflées-tubériformes; folioles oblongues;
{ fleurs d'un rose vif. . . . . *L. tuberosus.*

7 { Tiges non ailées; fleurs portées sur des pédoncules longuement
{ aristés; gousse linéaire; graines cubiques. . *L. angulatus.*
{ Tiges ailées; fleurs portées sur des pédoncules non aristés; gousse
{ oblongue ou lancéolée-oblongue; graines globuleuses ou angu-
{ leuses. 8

8 { Fleurs 1-3; gousse hérissée de poils tuberculeux à la base,
{ graines tuberculeuses . . . . *L. hirsutus.*
{ Fleurs toujours solitaires; gousse glabre; graines lisses. 9

9 { Fleurs blanches, rosées ou bleuâtres; gousse réticulée, munie de
{ 2 ailes sur la suture supér. . . . . *L. sativus.*
{ Fleurs purpurines; gousse lisse, étroitement bordée sur la suture
{ supér. . . . . *L. Cicera.*

10 { Rachis dépourvu de folioles, aplani, élargi, foliacé et simulant
{ une feuille de graminée . . . . *L. Nissolia.*
{ Rachis muni de plusieurs folioles 11

11 { Souche rampante, munie de renflements tubériformes; tige et pé-
{ tioles ailés; pédoncules floraux égalant la feuille. *L. macrorhizus.*
{ Souche non rampante dépourvue de tubercules; tiges et pétioles non
{ ailés; pédoncules floraux plus longs que la feuille. *L. niger.*

1. L. silvestris L. — Tiges grimpantes, rameuses, fortement ailées ; feuilles à pétiole ailé, terminé en vrille rameuse, à 2 folioles lancéolées, très allongées ; fleurs 4-10, d'un rose pâle, en grappe lâche au sommet d'un pédoncule ord. plus long que la feuille axillante ; gousse oblongue-linéaire, glabre, veinée, jaunâtre à la maturité ; graines subglobuleuses, obscurément chagrinées, à hile occupant la moitié de leur circonférence. ♃ juin-août. — C. Bois, haies et buissons.

2. L. palustris L.—Tiges grimpantes, rameuses, ailées ; feuilles à pétiole non ailé, terminé en vrille ord. rameuse, à 4-6 folioles oblongues ; fleurs 2-8, purpurines ou bleuâtres en grappe lâche au sommet d'un pédoncule plus long que la feuille axillante ; gousse oblongue-linéaire, glabre, veinée, noirâtre à la maturité ; graines subglobuleuses, lisses, à hile occupant le quart de leur circonférence. ♃ juill.-août. — R. Prairies humides et marécages : Gentilly, Enghien, St-Gratien, Moret, etc.

3. L. pratensis L. — Tiges rameuses, grimpantes, anguleuses, non ailées ; feuilles à pétiole non ailé, terminé en vrille rameuse, à 2 folioles lancéolées-acuminées ; fleurs 3-8, jaunes, en grappe au sommet d'un pédoncule bien plus long que la feuille axillante ; gousse linéaire-oblongue, glabre ou pubescente, veinée, noirâtre à la maturité ; graines subglobuleuses, lisses, à hile occupant environ le sixième de leur circonférence. ♃ juin-août.—T. C. Prés, bois, haies.

4. L. tuberosus L.— Souche rampante, à ramifications renflées-tubériformes ; tiges couchées ou grimpantes, anguleuses, non ailées ; feuilles à pétiole non ailé, terminé en vrille rameuse, à 2 folioles oblongues ; fleurs 3-5, d'un rose vif, en grappe lâche au sommet d'un pédoncule plus long que la feuille axillante ; gousse linéaire-oblongue ; glabre, veinée, jaunâtre à la maturité ; graines subglobuleuses, obscurément chagrinées, à hile très court. ♃ juin-août. — A. C. Champs, moissons, haies, lieux herbeux.

5. L. sativus L. (Gesse). — Tiges couchées ou grimpantes, étroitement ailées ; feuilles à pétiole ailé, terminé en vrille rameuse, à 2 folioles lancéolées ou linéaires ; fleurs blanches, rosées ou bleuâtres, solitaires au sommet d'un pédoncule plus long que la feuille axillante ; gousse lancéolée-oblongue, réticulée, munie de 2 ailes membraneuses sur la suture supér.; graines anguleuses, lisses. ☉ juin-juillet. — Cultivé en plein champ et subspontané dans les moissons : St-Denis, Dreux, les Andelys, etc.

6. L. Cicera L. (Garousse, Jarosse).—Tiges grimpantes, étroitement ailées ; feuilles à pétiole ailé, terminé en vrille rameuse, à 2 folioles lancéolées ; fleurs purpurines, solitaires au sommet d'un pédoncule ord. plus long que la feuille axillante ; gousse lancéolée-oblongue, glabre, lisse, étroitement bordée sur la suture supér.; graines anguleuses, lisses. ⊙ juin-juill.—Cultivé en plein champ et subspontané dans les moissons : Gentilly, Malesherbes, etc.

7. **L. hirsutus** L. — Tiges grimpantes, rameuses, un peu velues, étroitement ailées; feuilles à pétiole brièvement bordé, terminé en vrille rameuse, à 2 folioles oblongues-lancéolées, mucronées; fleurs 1-3, violacées, au sommet d'un pédoncule bien plus long que la feuille axillante; gousse oblongue, non veinée, hérissée de poils tuberculeux à leur base; graines globuleuses, tuberculeuses. ② juin-sept.—A. R. Champs et moissons.

8. **L. angulatus** L. — Tiges dressées ou ascendantes, glabres, anguleuses, non ailées; feuilles à pétiole court, non bordé, terminé en vrille simple ou rameuse, à 2 folioles linéaires, aiguës; fleurs d'un pourpre bleuâtre, solitaires sur un pédoncule filiforme, longuement aristé, égalant ou dépassant la feuille axillante; gousse linéaire, glabre, fauve à la maturité; graines cubiques, tuberculeuses. ⊙ mai-juill. — T. R. Champs et moissons : Thurelles.

9· **L. Aphaca** L. (Pois de serpent). — Tiges couchées ou grimpantes, glabres, anguleuses, non ailées; feuilles à pétiole filiforme, terminé en vrille simple ou rameuse, dépourvu de folioles, muni de stipules ovales-sagittées, très amples, simulant 2 feuilles opposées et sessiles; fleurs jaunes, 1-2 au sommet d'un pédoncule non aristé, bien plus long que le pétiole axillant; gousse oblongue, glabre, falciforme et jaunâtre à la maturité; graines ovoïdes, lisses. ⊙ mai-sept.—T. C. Champs, moissons, bords des chemins.

10. **L. Nissolia** L.; *Orobus* Gren.—Tige simple, dressée, presque glabre, anguleuse, non ailée; feuilles à pétiole dépourvu de folioles, aplani, élargi, foliacé et simulant une feuille de graminée; fleurs 1-2, purpurines, au sommet d'un pédoncule grêle, plus court que le phyllode axillant; gousse oblongue-linéaire, droite, pubescente, jaunâtre à la maturité; graines subglobuleuses ou anguleuses, verruqueuses. ⊙ mai-août. — R. Champs et moissons : Combreux, St-Germer, le Chatelet, Bailly près Compiègne, etc.

11. **L. macrorhizus** Wimm.; *Orobus tuberosus* L. — Souche rampante, stonolifère, renflée-tubériforme; tige ord. simple, ailée, ascendante; feuilles à pétiole ailé; terminé par une arête courte, à 4-8 folioles oblongues ou lancéolées, mucronulées; fleurs rouges-violacées, 2-4 en grappe courte, pédonculée, égalant ou dépassant la feuille axillante; gousse linéaire-oblongue, glabre, noirâtre à la maturité; graines globuleuses, lisses. ♃ avril-juin. — T. C. Bois.

Var. *tenuifolius* DC.; *Orobus tenuifolius* Roth; feuilles linéaires ou linéaires lancéolées. — A. R. Bois de Meudon, des Camaldules, forêt de Fontainebleau.

12. **L. niger** L. — Plante noircissant par la dessiccation; souche

subligneuse, non rampante , ni tubériforme; tige dressée, rameuse, glabre, non ailée; feuilles à pétiole non ailé, ni aristé, à 8-12 folioles ovales-oblongues, obtuses, mucronulées; fleurs 4-8, purpurines , en grappe courte, pédonculée, plus longue que la feuille axillante; gousse linéaire-oblongue, glabre, noire à la maturité; graines ovoïdes, lisses. ♃ juin-juill. — R. Bois calcaires : Ste-Geneviève, Marcoussis , Fontainebleau, Malesherbes, etc.

Trib. IV. Hédysarées.—Feuilles imparipennées; étamines diadelphes; gousse divisée transversalement en articles monospermes, indéhiscents, qui se séparent à la maturité.

20. **CORONILLA** Tourn. (Coronille). — Calice brièvement campanulé, subbilabié, à 5 dents, les 2 supér. presque réunies; carène rostrée; gousse linéaire, anguleuse ou subcylindrique, composée de plusieurs articles oblongs-renflés.

1. **C. varia** L. — Tiges herbacées, rameuses, couchées diffuses; folioles 15-25, obovales-oblongues , obtuses ou subémarginées, mucronulées; fleurs 12-15, roses panachées de blanc et de violet, en fausses-ombelles au sommet d'un pédoncule 1 fois plus long que la feuille axillante; pédicelles 1-2 fois plus longs que le calice; gousse assez longue, dressée. ♃ juin-sept. — C. Champs, moissons, lieux herbeux, bords des chemins.

2. **C. minima** L. — Tiges ligneuses à la base, rameuses, couchées, diffuses; folioles 7-9, glauques, obovales-cunéiformes, obtuses; fleurs 8-12, jaunes, en fausses-ombelles au sommet d'un pédoncule 2-3 fois plus long que la feuille axillante; pédicelles égalant à peine le calice; gousse courte, pendante. ♃ juin-août. — A. R. Coteaux calcaires.

21. **ORNITHOPODIUM** Tourn.; *Ornithopus* L. — Calice tubuleux-campanulé, à 5 dents presque égales; carène arrondie, obtuse, non rostrée; gousse linéaire, comprimée, arquée, composée de plusieurs articles oblongs-comprimés.

1. **O. perpusillum** L. (Pied-d'Oiseau). — Plante petite , pubescente; tiges nombreuses; grêles, diffuses, étalées-couchées; folioles 7-25, petites, ovales-oblongues , obtuses; fleurs 2-7, très petites , rosées, panachées de blanc et de jaune, au sommet d'un pédoncule égalant la feuille axillante; gousse pubescente. ☉ mai-juin. — C. Champs, bois, lieux herbeux : manque sur le calcaire.

22. **HIPPOCREPIS** L. — Calice campanulé à 5 dents presque égales; carène rostrée; gousse linéaire, comprimée, arquée, sinuée, composée de plusieurs articles semi-lunaires.

1. **H. comosa** L. (Fer-à-Cheval). — Souche ligneuse; tiges nombreuses, diffuses, couchées-ascendantes; folioles 9-15, obovales ou oblongues, obtuses, subémarginées, mucronulées; fleurs 6-12, jaunes, au sommet d'un pédoncule axillaire ou terminal plus long que les feuilles; gousse allongée, à articles tuberculeux. ⚥ mai-juin. — T. C. Prés, coteaux, lieux herbeux.

23. **ONOBRYCHIS** Tourn. (Sainfoin, Esparcette).—Calice campanulé à 5 dents presque égales; carène élargie, non rostrée, tronquée obliquement au sommet; gousse formée d'un seul article comprimé, discoïde, réticulé, creusé de fossette, à bords externe caréné-épineux.

1. **O. sativa** Lam.; *Hedysarum Onobrychis* L. — Plante pubescente; tiges membraneuses, dressées, simples ou rameuses; folioles 11-25, oblongues ou sublinéaires, obtuses ou émarginées, mucronulées; fleurs roses, très-nombreuses, en épis denses, allongés, au sommet de pédoncules bien plus longs que la feuille axillante; gousses dressées, pubescentes; graines réniformes. ⚥ mai-juill. — T. C. Cultivé en grand et souvent subspontané.

ESPÈCES EXCLUES.

Spartium junceum L., *Cytisus capitatus* Jacq., *sessilifolius* L. et *Laburnum* L. souvent plantés dans les parcs, se trouvent quelquefois à l'état subspontané; *Melilotus parviflora* Desf.; *Lotus angustissimus* L., *Trigonella Fœnum-græcum* L., *Astragalus Cicer* L., n'appartiennnent pas à notre région; *Galega officinalis* L. et *Colutea arborescens* L., cultivés ou plantés dans les parcs et les jardins, se rencontrent quelquefois à l'état subspontané; *Medicago scutellata* All., *Trifolium nigrescens* Viv.; *Michelianum* Sav., *resupinatum* L., *hybridum* L., *angustifolium* L. *purpureum* Lois., et *hirtum* All. ont été observés à l'état d'introduc tion; *Vicia hybrida* L., *Ervum monanthos* L. et *Lens nigricans* Godr. n'appartiennent pas à notre région et n'ont pas été retrouvés dans les localités où ils avaient été indiqués; *Ervum Ervilia* L. et *Cicer arietinum* L. (Pois-chiche), se rencontrent accidentellement à l'état subspontané; *Lathyrus sphœricus* Retz, introduit dans les moissons à Créteil; *Coronilla Emerus* L. et *Cercis Siliquastrum* (Arbre de Judée) sont souvent plantés dans les parcs et les jardins.

XXXII. ROSACÉES Juss. (emend.).

Herbes annuelles ou vivaces, arbrisseaux ou arbres à rameaux lisses, spinescents ou munis d'aiguillons. Feuilles alternes, simples ou composées-pennées, munies de stipules libres ou adnées au pétiole, caduques ou persistantes. Fleurs hermaphrodites, rar. unisexuées par avortement, régulières, solitaires, géminées, en corymbes, en grappes, en cymes ou en fascicules, paraissant souv.

avant les feuilles. Périanthe et androcée insérés sur les bords du réceptacle. Calice caduc, marcescent ou persistant, à 5, rar. 4 sépales libres ou plus rar. connés à la base, souvent muni d'un calicule à divisions alternes avec celles du calice. Corolle quelquefois nulle, ord. à 5, rar. 4 pétales libres, caducs en préfloraison imbriquée. Étamines rar. 1-4, ord. 15-30 ou en nombre indéfini, périgynes, libres; anthères biloculaires introrses. Styles simples, en nombre égal à celui des carpelles, latéraux ou terminaux, libres, agglutinés en colonne ou réunis à la base. Ovaire supère ou infère, 1-2-pluriloculaire, formé de 1-2, de plusieurs ou d'un nombre indéfini de carpelles libres ou inclus dans la cavité réceptaculaire, 1-2 ovulés, rar. pluriovulés. Fruit sec ou charnu, à endocarpe coriace ou osseux, 1 rar. 2-sperme, ou formé de carpelles plus ou moins nombreux, 1-spermes, indéhiscents ou 2-spermes et déhiscents, plus rar. polyspermes, libres ou renfermés dans une induvie sèche ou charnue, ou disposés en capitule sur le réceptacle. Graine dépourvue d'albumen; cotylédons ord. épais.

<table>
<tr><td rowspan="2">1</td><td>Feuilles simples, entières, dentées, lobulées, palmatilobées ou profondément divisées. . . . .</td><td>2</td></tr>
<tr><td>Feuilles composées, 3-foliolées, palmati ou pennatiséquées. . .</td><td>11</td></tr>
<tr><td rowspan="2">2</td><td>Tige ligneuse; fleurs très-apparentes blanches ou roses; étamines 15-30. . . . .</td><td>3</td></tr>
<tr><td>Tige herbacée; fleurs petites, d'un jaune verdâtre; étamines 1-4. . . . . Alchemilla (12).</td><td></td></tr>
<tr><td rowspan="2">3</td><td>Calice caduc; style 1; ovaire supère; fruit drupacé. . . . . .</td><td>4</td></tr>
<tr><td>Calice ord. persistant ou marcescent; styles 5, rar. 1-2 par avortement; ovaire infère; fruit pomacé. . . . .</td><td>6</td></tr>
<tr><td rowspan="2">4</td><td>Fleurs en fascicules ou en grappes corymbiformes; drupe glabre et dépourvue d'efflorescence glauque; noyau subglobuleux. Cerasus (3).</td><td></td></tr>
<tr><td>Fleurs solitaires ou géminées; drupe pubescente-veloutée ou couverte d'une efflorescence glauque, très rar. lisse; noyau ovoïde ou oblong. . . . .</td><td>5</td></tr>
<tr><td rowspan="2">5</td><td>Feuilles en vernation condupliquée; noyau creusé de sillons irréguliers ou d'anfractuosités profondes. . . . Amygdalus (1).</td><td></td></tr>
<tr><td>Feuilles en vernation convolutive; noyau lisse ou à peine rugueux. . . . . Prunus (2).</td><td></td></tr>
<tr><td rowspan="2">6</td><td>Calice et fruit tomenteux ou pubescents . . . .</td><td>7</td></tr>
<tr><td>Calice et fruit glabres. . . . .</td><td>8</td></tr>
<tr><td rowspan="2">7</td><td>Arbrisseau épineux; fruit globuleux déprimé, à large disque ombiliqué égalant le diamètre transversal du fruit, à 5 noyaux osseux. . . . . Mespilus (15).</td><td></td></tr>
<tr><td>Arbre non épineux; fruit piriforme, à disque ombiliqué très étroit, à 10-15 pépins entourés de mucilage. . Cydonia (17).</td><td></td></tr>
<tr><td rowspan="2">8</td><td>Pétales linéaires-oblongs; fruit d'un noir bleuâtre à la maturité . . . . Amelanchier (20).</td><td></td></tr>
<tr><td>Pétales suborbiculaires; fruit n'étant jamais d'un noir bleuâtre à maturité. . . . .</td><td>9</td></tr>
</table>

9 {
Arbrisseau de 1-2 mètres; stipules foliacées, subfalciformes, fortement dentées; fruit à noyaux. . . . . *Cratægus* (16).
Arbre ou arbuste élevé; stipules non falciformes, très caduques;
  fruit à pépins. 10
}

10 {
Feuilles dentées; fleurs en fascicules ombelliformes; fruit plus ou
  moins gros, à endocarpe coriace, parcheminé. . *Pirus* (18).
Feuilles lobulées ou palmatilobées; fleurs en corymbes rameux;
  fruit petit, à endocarpe membraneux et mou. . *Sorbus* (19).
}

11 {
Tige herbacée 12
Tige ligneuse 20
}

12 {
Fleurs petites, dépourvues de corolle, réunies en épis terminaux
  denses, ovoïdes ou globuleux 13
Fleurs souv. assez grandes, munies d'une corolle très apparente,
  jamais disposées en épis denses. 14
}

13 {
Fleurs toutes hermaphrodites, d'un pourpre brun; étamines 4,
  égalant le périanthe; achaine 1. . , . *Sanguisorba* (13).
Fleurs monoïques et polygames, verdâtres, mêlées de pourpre;
  étamines 20-30, longuement pendantes hors du périanthe;
  achaines 2-3 . . . . *Poterium* (14).
}

14 {
Carpelles ord. nombreux, verticillés ou disposés sur un réceptacle
  saillant. 15
Carpelles 1-2, renfermés dans une induvie turbinée, ligneuse
  à la maturité et chargée au sommet d'acicules subulés.
                                      Agrimonia (11).
}

15 {
Calice dépourvu de calicule 16
Calice muni d'un calicule 17
}

16 {
Carpelles secs, polyspermes, déhiscents par leur bord interne,
  disposés sur un seul verticille. . . . . . . *Spiræa* (4).
Carpelles drupacés-succulents, monospermes, indéhiscents, disposés en tête subglobuleuse. . . . . *Rubus* (9).
}

17 {
Fleurs d'un pourpre foncé; pétales lancéolés-acuminés; réceptacle
  spongieux. . . . . *Comarum* (7).
Fleurs blanches, jaunes ou d'un jaune rougeâtre; pétales orbiculaires ou obcordés; réceptacle sec ou charnu-succulent. . 18
}

18 {
Styles terminaux, persistants, s'allongeant à la maturité en une
  longue arête plumeuse. . . . . *Geum* (5).
Styles latéraux, marcescents ou caducs, non accrescents ni plumeux. 19
}

19 {
Réceptacle convexe, sec; styles caducs. . . . *Potentilla* (6).
Réceptacle ovoïde accrescent, charnu-succulent, rougeâtre à la
  maturité; styles marcescents. . . , ... *Fragaria* (8).
}

20 {
Arbres ou arbustes élevés, dépourvus d'aiguillons; stipules libres,
  caduques; fruit pomacé à 2-5 graines. . . . *Sorbus* (19).
Arbrisseaux peu élevés, à tige chargée d'aiguillons; stipules adnées
  au pétiole; fruit non pomacé, à carpelles nombreux. 21
}

21 {
Feuilles ord. palmatiséquées; carpelles drupacés-succulents, rapprochés en tête sur un réceptacle saillant. . . . *Rubus* (9).
Feuilles imparipennées; carpelles osseux, renfermés dans une
  induvie turbinée, charnue à la maturité. . . . *Rosa* (10).
}

Trib. I. **Amygdalées** Juss. — Tige ligneuse; feuilles simples; ovaire supère, uniloculaire, biovulé; style 1, inséré au sommet de l'ovaire; fruit charnu, à noyau osseux, 1-2 sperme.

1. **AMYGDALUS** Tourn. (Amandier). — Drupe grosse, sub-globuleuse ou oblongue, charnue, succulente ou coriace; noyau ovoïde ou oblong, creusé de sillons irréguliers ou d'anfractuosités profondes; feuilles en vernation condupliquée.

1. **A. communis** L. (Amandier). — Arbre à feuilles elliptiques lancéolées, dentées en scie; fleurs blanches ou rosées naissant avant les feuilles sur les rameaux de l'année précédente; drupe oblongue, charnue-coriace, veloutée, verdâtre à la maturité; noyau oblong, lisse, creusé de sillons étroits, irréguliers. ♄ fl. mars, fr. août-sept. — Cultivé dans les jardins.

2. **A. Persica** L. (Pêcher). — Arbre peu élevé; feuilles lancéolées, acuminées, dentées en scie; fleurs d'un rose vif, naissant avant les feuilles sur les rameaux de l'année précédente; drupe subglobuleuse, charnue-succulente, ord. veloutée, d'un jaune verdâtre teinté de rouge à la maturité; noyau ovoïde creusé d'anfractuosités profondes. ♄ fl. avril, fr. août-sept. — Cultivé dans les jardins et dans les vignes.
Var. *lœvis* (Brugnon); *P. lœvis* DC.; drupe lisse et glabre.

2. **PRUNUS** Tourn. (Prunier). — Drupe globuleuse ou oblongue, charnue-succulente; noyau ovoïde ou oblong, lisse ou à peine rugueux, jamais sillonné ou anfractueux; feuilles en vernation convolutive.

<table>
<tr><td rowspan="2">1</td><td>Ovaire ou fruit glabre, couvert à la maturité d'une efflorescence glauque, très visiblement pédicellé. . . . . 2</td></tr>
<tr><td>Ovaire ou fruit pubescent-velouté, à pédicelle très court ou nul. . . . . P. Armeniaca.</td></tr>
<tr><td rowspan="2">2</td><td>Arbrisseau de 1-2 mètres, à rameaux épineux; pédoncules floraux glabres; fruit acerbe, dressé . . . . 3</td></tr>
<tr><td>Arbre ou arbrisseau élevé, à rameaux non épineux; pédoncules floraux pubescents; fruit pendant ou penché, à saveur douce. 4</td></tr>
<tr><td rowspan="2">3</td><td>Arbrisseau très-épineux; feuilles ord. ovales-oblongues, pubescentes à la face infér.; fruit petit (8 mill. diam.) ord. globuleux. . . . . P. spinosa.</td></tr>
<tr><td>Arbrisseau peu épineux; feuilles ord. ovales-lancéolées; glabres à la face infér.; fruit de moitié plus gros, ord. ovoïde ou oblong. . . . . P. fruticans.</td></tr>
<tr><td rowspan="2">4</td><td>Jeunes rameaux glabres; calice velu intérieurement; style velu à la base; fruit ovoïde ou oblong . . . . P. domestica.</td></tr>
<tr><td>Jeunes rameaux pubescents-veloutés; calice et style glabres; fruit globuleux. . . . . P. insititia.</td></tr>
</table>

4*

1. P. domestica L. (Prunier). — Arbre ou arbrisseau à jeunes rameaux glabres, non épineux; feuilles oblongues-aiguës, crénelées-dentées; fleurs blanches, paraissant avant les feuilles, solitaires ou géminées sur des pédicelles ord. pubescents; calice velu intérieurement; style velu à la base; fruit ovoïde ou oblong, penché, doux, violet, rougeâtre ou jaunâtre. ♄ fl. avril, fr. juill.-août. — Communément cultivé, présente un grand nombre de variétés; souvent subspont. au voisinage des habitations.

2. P. insititia L. (Prunier). — Diffère du précédent par ses jeunes rameaux pubescents veloutés; par ses pédoncules toujours pubescents-tomenteux; par son calice glabre intérieurement; par son style nu à la base; par ses pétales plus blancs et par ses fruits globuleux. ♄ fl. avril, fr. juill.-août. — Fréquemment cultivé comme le précédent, a fourni un grand nombre de variétés et se rencontre de même à l'état subspontané.

3. P. spinosa L. (Prunellier, Épine-noire). — Arbrisseau peu élevé, très-rameux, à rameaux très épineux; feuilles ovales-oblongues, dentées en scie, ord. pubescentes à la face infér.; fleurs blanches, paraissant avant les feuilles, solitaires ou géminées sur des pédoncules glabres; fruits petits (8 mill. diam. environ); globuleux, d'un bleu noirâtre, glauque, dressé, à saveur très acerbe. ♄ fl. avril, fr. sept.-oct. — T. C. Haies, bois et buissons.

4. P. fruticans Weihe; *P. spinosa*, var. *fruticans* Coss. et Germ.; *P. spinosa*, var. *macrocarpa* DC. — Diffère du précédent par sa taille plus élevée; par ses rameaux moins épineux; par ses feuilles plus grandes, ovales-lancéolées, ord. glabres à la face infér.; par ses fleurs plus grandes, à floraison plus tardive; par son fruit de moitié plus gros, ovoïde ou oblong. ♄ fl. avril-mai, fr. sept. — A. R. Haies et buissons : Mantes, St-Léger, Malesherbes, etc.

5. P. Armeniaca L.; *Armeniaca vulgaris* Lam. (Abricotier). — Arbre peu élevé, à rameaux non épineux; feuilles ovales-suborbiculaires, doublement dentées, subcordées à la base; fleurs blanches, paraissant avant les feuilles, sur des pédoncules solitaires ou géminés, très courts; drupe grosse, pubescente-veloutée, globuleuse, jaune-rougeâtre, à saveur sucrée. ♄ fl. avril, fr. juill. — Fréquemment cult. dans les jardins et les vergers, notamment aux environs de Triel et de Poissy.

3. CERASUS Tourn. (Cerisier). — Drupe subglobuleuse, charnue-succulente, glabre, jamais glauque; noyau subglobuleux, très lisse; feuilles en vernation condupliquée.

1. C. avium Mœnch; *Prunus* L. (Griottier). — Arbre élevé, à rameaux étalés-dressés; feuilles ovales-oblongues, doublement dentées, acuminées, pubescentes à la face infér., munies sur le pétiole, au-dessous du limbe, de 2 glandes rougeâtres ; fleurs blanches fasciculées, naissant avec les feuilles ; drupe rouge ou noirâtre, à saveur douce. ♄ fl. avril, fr. juin-juill. — C. Bois. Les *C. Juliana* DC. (Guigne) et *C. Duracina* DC. (Bigarreau) sont des variétés cultivées de cette espèce.

2. **C. vulgaris** Mill.; *C. Caproniana* DC.; *Prunus Cerasus* L. — Se distingue du précédent par sa taille moins élevée ; par ses rameaux plus grêles, étalés et pendants ; par ses feuilles toujours glabres, luisantes, un peu coriaces, à pétioles dépourvus de glandes ; par ses fruits d'un rouge vif, jamais noir, à saveur acidule. ♄ fl. avril-mai, fr. juin-juill. — Très fréquemment cult. sous le nom de Cerise-aigre et souvent subspont. au voisinage des vergers.

3. **C. Mahaleb**. Mill.; *Prunus* L. (Bois de Ste-Lucie). — Arbrisseau rameux, à rameaux étalés, grisâtres ; feuilles ovales-arrondies, subcordées à la base, dentées, glabres luisantes, un peu coriaces ; fleurs petites, blanches, odorantes, naissant avec les feuilles, en grappes courtes, corymbiformes ; drupe de la grosseur d'un pois, noirâtre, à saveur amère-acerbe. ♄ fl. mai, fr. août. — C. Bois et buissons.

Trib. II. Spirées DC.—Tige herbacée ou frutescente ; calice dépourvu de calicule ; carpelles 5, rar. 1-2, secs, polyspermes, déhiscents par leur bord interne, disposés sur un seul verticille.

4. **SPIRÆA** L. (Spirée). — Calice à 5 divisions ; pétales 5 ; étamines en nombre indéfini ; styles terminaux, marcescents.

1. **S. Filipendula** L. (Filipendule). — Racines à fibres munies de renflements ovoïdes, tubériformes ; tige herbacée, simple, dressée ; feuilles presque toutes radicales, pennatiséquées, à segments très nombreux, étroits, non confluents, incisés-pennatifides ; fleurs blanches ou rosées, en corymbe terminal ; étamines plus courtes que les pétales très brièvement onguiculés ; follicules pubescents, dressés, non contournés en spirale. ♃ juin-juill. — A. C. Bois, pelouses et coteaux secs et sablonneux.

2. **S. Ulmaria** L. (Reine des prés). — Racine à fibres non renflées-tubériformes ; tige herbacée, dressée, rameuse au sommet ; feuilles pennatiséquées, argentées-tomenteuses en dessous (var. *tomentosa* Gaud.) ou vertes et glabres (*S. denudata* Hayne) à 5-9 segments larges, inégaux, dentés, les supérieurs confluents ; fleurs blanches en corymbe terminal ; étamines plus longues que les pétales longuement onguiculés ; follicules glabres, contournés en spirale. ♃ juin-juill. — T. C. Prés, lieux humides, bords des eaux.

Trib. III. Dryadées Vent. — Tige herbacée ou frutescente ; calice muni ou dépourvu de calicule ; ovaire supère ; carpelles nombreux, monospermes, indéhiscents, secs ou drupacés, disposés en tête sur un réceptacle saillant, sec ou charnu.

5. **GEUM** L. (Benoite).—Calice à 5 divisions, muni d'un calicule ; pétales 5 ; styles terminaux, persistants, s'allongeant à la maturité en une longue arête plumeuse ; carpelles secs, poilus, sur un réceptacle sec, cylindroïde.

1. **G. urbanum** L. (Benoite). — Rhizome court, tronqué ; tige dressée, rameuse ; feuilles lyrées-pennatiséquées, à 3-7 segments incisés-dentés ; fleurs jaunes, dressées ; calice à divisions vertes, à la fin réfléchies ; pétales arrondis au sommet ; carpophore nul ; style genouillé et velu dans son quart supérieur, glabre dans sa partie inférieure. ♃ mai-juill. — T. C. Haies, bois et buissons.

2. **G. aleppicum** Jacq.; *G. intermedium* Ehrh.; *G. urbano-rivale* Focke. — Rhizome allongé ; tige dressée, rameuse; feuilles lyrées-pennatiséquées, à segments incisés-dentés; fleurs jaunes ou jaunes veinées de rouge, dressées ou penchées ; calice à divisions rougeâtres, à la fin étalées; pétales arrondis au sommet ; carpophore nul ; style genouillé dans son quart supérieur, velu seulement à la base de l'article. ♃ mai-juill. — T. R. Vallée de l'Epte près Gisors, Beauvais; hybride produite par le croisement de l'espèce précédente avec la suivante.

3. **G. rivale** L. — Rhizome allongé ; tige dressée, rameuse ; feuilles lyrées-pennatiséquées, à segments plus rapprochés que dans les espèces précédentes, le terminal suborbiculaire ; fleurs jaunes, veinées de rouge, penchées ; calice à divisions rougeâtres, à la fin dressées ; pétales tronqués ou émarginés au sommet ; carpophore égalant le calice ; style genouillé vers son milieu, velu dans toute sa longueur. ♃ mai-juill. — R. Bords des ruisseaux, lieux humides : vallée de l'Epte près Gisors, Beauvais, Compiègne, l'Isle-Adam.

6. **POTENTILLA** L. (Potentille). — Calice à 5, rar. 4 divisions, muni d'un calicule ; pétales 5, rar. 4, arrondis, obovales ou obcordés ; styles latéraux, caducs ; carpelles secs sur un réceptacle convexe ou conique, sec, persistant.

1 { Fleurs blanches ; carpelles velus à l'ombilic. 2
{ Fleurs jaunes ; carpelles glabres. 3

2 { Folioles dentées, au moins dans leur moitié supér. ; pétales dépassant à peine le calice . . . . *P. Fragariastrum.*
{ Folioles dentées seulement au sommet; pétales une fois plus longs que le calice . . . . *P. splendens.*

$3 \begin{cases} \end{cases}$ Feuilles palmatiséquées ou 3-foliolées. 4
Feuilles imparipennées. 8

$4 \begin{cases} \end{cases}$ Stipules des feuilles caulinaires foliacées ; fleurs toutes ou presque toutes tétramères 5
Stipules des feuilles caulinaires non foliacées ; fleurs toutes pentamères 6

$5 \begin{cases} \end{cases}$ Tiges ascendantes, non radicantes ; feuilles caulinaires sessiles ; stipules à 3-5 lobes profonds ; carpelles ridés. *P. Tormentilla.*
Tiges couchées-radicantes ; feuilles caulinaires pétiolées ; stipules entières ou incisées ; carpelles tuberculeux . . . . *P. mixta.*

$6 \begin{cases} \end{cases}$ Tiges allongées, flagelliformes, radicantes ; calicule à divisions plus longues que celles du calice. . . . . *P. reptans.*
Tiges non flagelliformes, ord. courtes, rar. radicantes ; calicule à divisions égales ou plus courtes que celles du calice. 7

$7 \begin{cases} \end{cases}$ Feuilles tomenteuses-argentées en dessous ; pétales à peine émarginés, à peine plus longs que le calice. . . . . *P. argentea.*
Feuilles vertes en dessous ; pétales obcordés, d'un tiers plus longs que le calice. . . . . *P. verna.*

$8 \begin{cases} \end{cases}$ Feuilles à 13-25 segments veloutés-argentés en dessous ; pétales une fois plus longs que le calice. . . . . *P. Anserina.*
Feuilles à 7-11 segments verts en dessous ; pétales égalant à peine le calice . . . . *P. supina.*

1. **P. Fragariastrum** Ehrh.; *P. Fragaria* Poir.; *Fragaria sterilis* L. — Souche épaisse, munie de stolons souv. assez longs ; feuilles 3-foliolées, soyeuses-argentées en dessous, à folioles profondément dentées, au moins dans leur moitié supér., les radicales longuement pétiolées ; fleurs blanches, solitaires ou géminées au sommet de longs pédoncules grêles ; pétales obcordés, à peine plus longs que le calice ; carpelles finement rugueux. ♃ avril-mai.— T. C. Bois, lieux herbeux.

2. **P. splendens** Ram.; *P. Vaillantii* Nestl. — Souche épaisse, munie de stolons allongés ; feuilles 3-foliolées, rar. 4-5 foliolées, soyeuses-argentées en dessous, dentées seulement au sommet ou dans leur tiers supér., les radicales longuement pétiolées ; fleurs blanches solitaires ou géminées sur des pédoncules grêles, allongés ; pétales obcordés, une fois plus longs que le calice ; carpelles lisses. ♃ mai.—A. R. Bois sablonneux : le Vésinet, Sénart, Séguigny, Fontainebleau, etc.

3. **P. verna** L. — Souche subligneuse, très-rameuse ; tiges couchées, rar. radicantes ; feuilles pubescentes, assez longuement pétiolées, les radicales à 5-7 folioles oblongues-cunéiformes, dentées dans leurs deux tiers supér., les caulinaires à 2 folioles ; fleurs jaunes ; calicule à divisions plus courtes que celles du calice ; pétales obcordés d'un tiers plus longs que le calice ; carpelles lisses. ♃ avril-mai. — T. C. Coteaux, bois, pelouses et lieux secs.

4. **P. Tormentilla** Sibth.; *Tormentilla erecta* L. (Tormentille). —

Souche épaisse, rougeâtre intérieurement; tiges grêles, ascendantes, rameuses; feuilles d'unt vert gai, les radicales 5-foliolées, pétiolées, détruites à l'anthèse, les caulinaires 3-foliolées sessiles, à folioles profondément dentées dans leur moitié supér.; stipules grandes, 3-5-fides, simulant 2 folioles sessiles; fleurs jaunes, tétramères, solitaires au sommet de longs pédoncules grêles; carpelles finement ridés. ♃ juin-sept. — C. Bois, prairies et lieux tourbeux.

5. **P. mixta** Nolte; *P. Tormentilla*, var. *mixta* Coss. et Germ.; *P. reptanti-Tormentilla* Gren. — Plante ayant le port et l'aspect du *P. reptans* L. Tiges couchées dans toute leur longueur, très-radicantes; feuilles 3-5-foliolées, les caulinaires toutes ou la plupart pétiolées; stipules larges, foliacées, ord. entières ou seulement incisées; fleurs jaunes, les unes tétramères, les autres pentamères; carpelles tuberculeux, souv. avortés. ♃ juin-août. — R. Bois, lieux humides : Rambouillet, Villers-Coterets. — Quelques auteurs considèrent cette plante comme un produit hybride des *P. reptans* L. et *Tormentilla* Sibth.

6. **P. reptans** L. (Quintefeuille). — Souche épaisse; tiges allongées, flagelliformes, couchées-radicantes, ord. simples; feuilles inégalement, mais toutes pétiolées, à 5 folioles dentées dans leur 2/3 supér., à dents subobtuses; stipules entières ou incisées; fleurs jaunes, solitaires ou géminées au sommet de pédoncules égalant ou dépassant les feuilles; pétales obcordés plus longs que le calice; carpelles tuberculeux. ♃ juin-août. — T. C. Prés, lieux herbeux, bords des chemins.

7. **P. Anserina** L. (Argentine). — Souche assez épaisse, rameuse; tiges flagelliformes, radicantes; feuilles imparipennées à 13-25 folioles veloutées-argentées en dessous, dentées presque jusqu'à la base; stipules incisées; fleurs jaunes assez grandes, solitaires, au sommet de longs pédoncules axillaires; pétales ovales, presque une fois plus longs que le calice; carpelles lisses. ♃ mai-juill. — T. C. Bords des chemins et des fossés, lieux humides.

8. **P. supina** L. — Souche grêle, fusiforme; tiges allongées, couchées, rameuses; feuilles pennatiséquées à 7-11 segments verts sur les deux faces, dentés presque jusqu'à la base, les supér. décurrents sur le pétiole; feuilles radicales longuement pétiolées; stipules ovales, entières; fleurs jaunes, petites, solitaires sur des pédoncules axillaires ou terminaux, souv. assez courts; pétales obovales égalant à peine le calice; carpelles ridés. ⊙ juill.-sept. — A. R. Bords des étangs : Trou-Salé, St-Quentin, St-Hubert, etc.; manque sur le calcaire.

9. **P. argentea** L. — Souche dure, subligneuse; tiges nombreuses, dressées ou étalées-ascendantes; feuilles à 5 folioles

oblongues-cunéiformes, tomenteuses-argentées, à la face infér., profondément incisées ou même pennatifides ; feuilles radicales et caulinaires infér. pétiolées, les supér. sessiles ; stipules entières ou 2-3-dentées ; fleurs jaunes, médiocres, en cymes terminales feuillées ; pétales obovés-cunéiformes, à peine plus longs que le calice ; carpelles finement ridés. ♃ juin-juill. — C. Vieux murs, bords des chemins, lieux secs et sablonneux ; manque sur le calcaire.

7. **COMARUM** L. — Calice à 5 divisions, muni d'un calicule ; pétales 5, lancéolés-acuminés, bien plus courts que le calice ; styles latéraux, marcescents ; carpelles secs sur un réceptacle elliptique, accrescent, spongieux, persistant.

1. **C. palustre** L.; *Potentilla comarum* Scop. — Souche d'un brun foncé, longuement rampante ; tiges rougeâtres, rameuses, ascendantes ; feuilles à 5-7 segments oblongs, fortement dentés, glauques en dessous ; calice à divisions rougeâtres, ovales, acuminées, plus longues que les pétales, accrescentes après l'anthèse, dépassant longuement le fruit ; pétales d'un rouge foncé ; carpelles brunâtres, lisses. ♃ juin-juill. — R. Marais tourbeux à fonds siliceux : St-Léger, Montfort-l'Amaury, Rambouillet, Poigny, etc.

8. **FRAGARIA** Tourn. (Fraisier). — Calice à 5 divisions, muni d'un calicule; pétales 5, obovales-orbiculaires; styles latéraux marcescents; carpelles secs, très nombreux, sur un réceptacle ovoïde, accrescent, charnu-succulent, caduc à la maturité.

1 { Calice redressé-appliqué sur le fruit 2
  { Calice étalé ou réfléchi 3

2 { Stolons dépourvus d'écailles dans l'intervalle des bouquets de feuilles ; folioles subsessiles ou toutes brièvement pétiolulées. *F. collina.*
  { Stolons ord. pourvus d'écailles entre les bouquets de feuilles ; folioles toutes pétiolulées, la moyenne plus longuement que les latérales. . . . . *F. Hagenbachiana.*

3 { Folioles latérales sessiles ; pédicelles couverts de poils appliqués. . . . . *F. vesca.*
  { Folioles latérales pétiolulées ; pédicelles couverts de poils étalés. *F. elatior.*

1. **F. vesca** L. (Fraisier). — Stolons allongés, filiformes, radicants, munis d'écailles dans l'intervalle des bouquets de feuilles ; tiges florales nues ou munies d'une feuille 1-foliolée ; feuilles radicales assez longuement pétiolées, à 3 folioles blanchâtres-soyeuses en dessous, les latérales sessiles ; fleurs blanches sur des pédicelles couverts de poils appliqués ; calice à divisions étalées ou réfléchies à la maturité ; réceptacle ovoïde, élargi et muni de car-

pelles à la base, peu adhérent au calice. ♃ avril-juin.—T. C. Bois, clairières et buissons.

2. **F. collina** Ehrh. (Capiton, Breslinge).—Stolons ord. dépourvus d'écailles dans l'intervalle des bouquets de feuilles; tiges florales nues ou munies d'une feuille 1-foliolée; feuilles radicales assez longuement pétiolées, à 3 folioles pubescentes-soyeuses en dessous, toutes également pétiolulées; fleurs blanches sur des pédicelles couverts de poils appliqués; calice à divisions redressées, appliquées sur le fruit; réceptacle subglobuleux, rétréci et dépourvu de carpelles à la base, très adhérent au calice. ♃ mai-juin. — A. R. Bois, clairières et coteaux : St-Germain, Fontainebleau, Malesherbes, etc.

F. **Hagenbachiana** Lang; *F. collina* var. *Hagenbachiana* Godr.; *F. collina* var. *petiolulata* Gren. (Majaufe). — Plante ayant le port et l'aspect du *F. collina* Ehrh., dont elle ne se distingue guère que par ses stolons ord. munis d'écailles dans l'intervalle des bouquets de feuilles et par ses folioles toutes pétiolulées, la moyenne plus longuement que les latérales. Quelques auteurs la considèrent comme une simple variété du *F. collina* Ehrh.; d'autres au contraire y voient une hybride produite par le croisement des *F. vesca* L. et *collina* Ehrh. ♃ mai-juin. — R. Bois et clairières : St-Germain, Fontainebleau.

3. **F. elatior** Ehrh.; *F. magna* Thuill. (Capron). — Plante bien plus élevée que les précédentes; stolons rares ou nuls, munis d'écailles dans l'intervalle des bouquets de feuilles; celles-ci à 3 folioles très grandes, pubescentes, blanchâtres en dessous, les latérales pétiolulées; fleurs blanches, grandes, souv. stériles, sur des pédicelles couverts de poils étalés; calice à divisions étalées ou réfléchies à la maturité; réceptacle ovoïde, rétréci et dépourvu de carpelles à la base, adhérent au calice. ♃ avril-juin. — A. R. Bois montueux : Meudon, Viroflay, Satory, St-Germain, etc.

9. **RUBUS** Tourn. (Ronce). — Calice à 5 divisions, dépourvu de calicule; pétales 5, suborbiculaires ou oblongs, brièvement onguiculés; styles presque terminaux, marcescents; carpelles drupacés-succulents, à noyau osseux, rapprochés en tête sur un réceptacle charnu, ovoïde ou conique, persistant, et simulant un fruit bacciforme.

1	Tige grêle, courte, herbacée; stipules naissant sur la tige; réceptacle discoïde; carpelles peu nombreux. . . . *R. saxatilis.* Tige robuste, allongée, frutescente; stipules naissant sur le pétiole; réceptacle ovoïde ou conique; carpelles ord. nombreux. 2
2	Feuilles des tiges stériles pennatiséquées; carpelles rouges ou jaunes, se détachant du réceptacle . . . . *R. idæus.* Feuilles toutes palmatiséquées; carpelles pourprés, bleuâtres ou noirs, adhérents au réceptacle 3
3	Tige cylindracée ou obscurément anguleuse. . . . . 4 Tige anguleuse à 5 faces planes ou canaliculées 7

4 { Folioles latérales sessiles. 5
  { Folioles latérales pétiolulées 6

5 { Foliole terminale cunéiforme ; calice glanduleux ; pétales chiffonnés ;
  {   fruits bleuâtres, couverts d'une poussière glauque.   *R. cæsius.*
  { Foliole terminale cordiforme à la base ; calice non glanduleux ;
  {   pétales lisses ; fruits noirs, luisants . . . . . *R. dumetorum.*

6 { Pétiole arrondi ; grappe florale lâche, à rameaux étalés ; pé-
  {   tales écartés, calice d'abord redressé, puis réfléchi à la ma-
  {   turité. . . . . *R. glandulosus.*
  { Pétiole canaliculé ; grappe florale assez serrée, à rameaux
  {   dressés ; pétales rapprochés ; calice toujours redressé sur le
  {   fruit . . . . *R. hirtus.*

7 { Feuilles plus ou moins blanches-tomenteuses en dessous ; sépales
  {   non bordés ou à bordure peu distincte. 8
  { Feuilles vertes sur les 2 faces ; sépales munis d'une bordure
  {   blanche prononcée . . . . *R. fastigiatus.*

8 { Tiges à faces planes ou subcanaliculées ; pétiole plan ou arrondi en
  {   dessus ; folioles ovales-arrondies, toutes longuement pétiolulées ;
  {   grappe florale dense, à pédoncules divariqués. *R. rusticanus.*
  { Tige à faces canaliculées ; pétiole canaliculé en dessus ; folioles
  {   rhomboïdales-oblongues, les latérales sessiles, grappe allongée,
  {   étroite, à pédoncules étalés-redressés . . . . . *R. tomentosus.*

1. **R. saxatilis** L.—Tiges grêles, herbacées, peu élevées, les fertiles
dressées, les stériles couchées ; feuilles palmatiséquées, à 3 folioles
ovales, rhomboïdales ; stipules naissant sur la tige à la base du
pétiole ; fleurs blanches ou carnées, en cymes ombelliformes ; calice
d'abord redressé, puis réfléchi à la maturité ; fruit rouge, formé de
2-6 carpelles gros, se détachant facilement du réceptacle discoïde.
♃ mai-juill. — T. R. Près des mares St-Louis au carrefour des
Clavières dans la forêt de Compiègne.

2. **R. idæus** L. (Framboisier). — Tige robuste, frutescente,
dressée, cylindrique, munie d'aiguillons sétacés ; feuilles des rameaux stériles, pennatiséquées, à 5 folioles, celles des rameaux fertiles, palmatiséquées, à 3 folioles obovales, tomenteuses-blanchâtres
en dessous ; stipules naissant sur le pétiole ; fleurs blanches, fasciculées ; calice étalé, puis réfléchi ; fruit rouge ou rar. jaune, se
détachant facilement du réceptacle ovoïde, à carpelles nombreux,
veloutés. ♄ mai-juill. — C. Bois un peu humides.

3 **R. cæsius** L. — Tiges frutescentes, plus ou moins allongées,
ord. peu élevées, munies d'aiguillons presque sétacés ; les fertiles
dressées, les stériles plus allongées, couchées ; feuilles palmatiséquées, à 3 ou plus rar. 5 folioles rhomboïdales-cunéiformes, les
latérales sessiles, la terminale longuement pétiolulée ; fleurs blanches, en corymbes peu fournis ; calice glanduleux, redressé-
appliqué à la maturité ; fruit d'un noir-bleuâtre, couvert d'une

poussière glauque, adhérent au réceptacle conique, formé de 3-15 carpelles gros. ♄ juin-août. — T. C. Bois, haies et buissons.

4. **R. dumetorum** W. et N.; *R. cæsius* var. *dumetorum* Coss. et Germ.—Tiges robustes, munies d'aiguillons nombreux, robustes, arqués, les fertiles étalées, les stériles arquées, rampantes ; feuilles palmatiséquées, à 3-5 folioles ovales, un peu cordées à la base et légèrement blanchâtres en dessous, les latérales infér. sessiles; fleurs blanches ou rosées, en corymbes rameux; calice blanc-cotonneux, redressé à la maturité; fruits noirs, adhérents au réceptacle, formés de 10-15 carpelles assez gros. — A. R. Haies et buissons.

5. **R. glandulosus** Bell.; *R. Bellardi* W. et N.—Tiges robustes, cylindriques, couvertes d'aiguillons grêles, sétacés et de glandes stipitées, les fertiles dressées, flexueuses, les stériles couchées, rampantes; feuilles palmatiséquées à pétiole arrondi, à 3 folioles ovales ou elliptiques, velues, vertes sur les deux faces, les latérales pétiolulées; fleurs blanches ou rosées, en grappe lâche, irrégulière, à rameaux étalés; pétales elliptiques, écartés-distants; calice glanduleux, d'abord redressé, puis réfléchi à la maturité. ♄ juin-juill.—A. C. Bois humides.

6. **R. hirtus** W. et N. — Se distingue du précédent, dont il n'est peut-être qu'une variété, par ses pétioles canaliculés en dessus; par sa grappe florale plus serrée à rameaux dressés; par son calice toujours exactement appliqué sur le fruit; par ses pétales obovés ou arrondis, rapprochés; par ses carpelles ord. moins nombreux et plus gros. ♄ juin-juill. —A. C. Bois humides.

7. **R. rusticanus** Merc. ap. Reut. Catal. pl. de Genève, p. 279 : *R. discolor* Auct. mult. (an W. et N.?).—Tiges robustes, anguleuses à 5 faces planes ou subcanaliculées, couvertes d'aiguillons robustes, droits ou un peu courbés, élargis à la base, les fertiles dressées, les stériles arquées-décombantes, rampantes; feuilles palmatiséquées, à pétiole plan ou arrondi, à 3-5 folioles ovales-arrondies, tomenteuses-blanchâtres en dessous, toutes assez longuement pétiolulées; fleurs d'un beau rose ou carnées, en grappe dense, à pédoncules divariqués; fruit composé de 40 carpelles petits, rar. moins et souv. plus. ♄ juin-juill.—C. Haies, buissons, bois.

8. **R. tomentosus** Borckh. — Tiges robustes, anguleuses, à 5 faces canaliculées, munies d'aiguillons coniques, courts, élargis à la base, droits sur la tige, un peu courbés sur les rameaux; feuilles palmatiséquées à pétiole canaliculé en dessus, à 3-5 folioles rhomboïdales-oblongues, blanches-tomenteuses en dessous, les latérales sessiles; fleurs blanches, petites, en grappe dense, étroite, allongée, à pédoncules étalés-redressés; fruit petit, formé de 10-20 carpelles. ♄ juin-juill.—A. R. Bois et buissons.

9. **R. fastigiatus** W. et N. — Tiges robustes, anguleuses, à 5 faces planes ou subcanaliculées, munies d'aiguillons rares, élargis à la base, droits ou arqués à la partie supér. de la tige; feuilles palmatiséquées, à 3-5 folioles ovales-oblongues, planes ou un peu plissées, plus ou moins pubescentes, vertes sur les 2 faces, les latérales subsessiles; pétiole plan ou subcanaliculé; fleurs grandes, blanches ou carnées en grappe lâche, étroite, fastigiée, à pédoncules grêles, étalés, redressés; fruit assez gros, formé d'un grand nombre de carpelles. ♄ juin-juill.—C. Haies, buissons et bois.

Trib. IV. Rosées DC. — Tige ligneuse; feuilles ord. imparipennées, calice dépourvu de calicule; ovaire infère; carpelles nombreux, monospermes, indéhiscents-renfermés dans le réceptacle accrescent et charnu à la maturité.

10. **ROSA** Tourn. (Rosier). — Calice à 5 divisions ord. pennatiséquées, dépourvu de calicule; pétales 5, grands, brièvement onguiculés; styles latéraux, saillants, persistants; réceptacle globuleux, ovoïde ou urcéolé, renfermant les carpelles entremêlés de poils.

1 { Aiguillons ord. grêles, arrondis, sétacés ou subulés, droits ou à peine arqués. 2
{ Aiguillons robustes, comprimés, élargis à la base, fortement recourbés et crochus 3

2 { Aiguillons sétacés; feuilles glabres; fruit globuleux, déprimé, couronné par les sépales persistants . . . . *R. spinosissima.*
{ Aiguillons subulés; feuilles tomenteuses; fruit ovoïde, atténué au sommet; sépales caducs. . . . . *R. tomentosa.*

3 { Folioles très glanduleuses en dessous, plus ou moins odorantes, surtout lorsqu'on les froisse. 4
{ Folioles glabres, pubescentes ou tomenteuses, mais non glanduleuses et inodores. 6

4 { Folioles très odorantes; fleurs d'un rose vif; styles velus. *R. rubiginosa.*
{ Folioles peu odorantes; fleurs blanches ou d'un rose pâle; styles glabres ou à peu près 5

5 { Pétioles glabres; folioles atténuées à la base, glabres en dessous; pédoncules et fruits glabres et non glanduleux . . *R. sepium.*
{ Pétioles pubescents; folioles arrondies à la base, pubescentes en dessous; pédoncules et fruits hispides-glanduleux, rar. le fruit est glabre . . . . *R. micrantha.*

6 { Styles glabres, réunis ou rapprochés en colonne plus ou moins saillante. 7
{ Styles plus ou moins pubescents ou velus, distincts et non rapprochés en colonne 8

7 { Rameaux dressés; sépales pennatiséqués; colonne stylaire plus courte que les étamines. . . . . *R. stylosa.*
{ Rameaux allongés, décombants; sépales presque entiers; colonne stylaire égalant les étamines . . . . *R. arvensis.*

> Feuilles, pétioles et pédoncules glabres; fruits nus. *R. canina.*
> Feuilles et pétioles glabres; pédoncules et fruits hérissés de soies
>   glanduleuses. . . . . *R. andegavensis.*
> Pétioles tomenteux; folioles pubescentes en dessous; pédoncules
>   glabres ou hispides; fruit nu . . . . *R. dumetorum.*

8

1. R. spinosissima L.; *R. pimpinellifolia* DC. et Auct. mult.
(pro parte).—Tiges peu élevées, un peu grêles, dressées, rameuses,
couvertes d'aiguillons très nombreux, inégaux, droits, sétacés ou
subulés; feuilles à pétioles glabres, à 5-9 folioles petites, ovales ou
suborbiculaires, glabres, simplement dentées; stipules glabres;
fleurs odorantes blanches ou rar. rosées, solitaires sur des pédoncules glabres ou hispides; sépales entiers, persistants; fruits
globuleux, déprimés, glabres, bruns à la maturité. ♃ mai-juin.—
R. Coteaux et bois secs : Fontainebleau, Maisse, Malesherbes,
Nemours, etc.

2. R. tomentosa Sm.—Tiges assez élevées et robustes, rameuses,
dressées ou subétalées, munies d'aiguillons droits ou presque droits,
égaux, peu nombreux, subulés, assez robustes; feuilles à pétioles
velus-tomenteux, à 5-7 folioles assez grandes, ovales-aiguës, tomenteuses-grisâtres à la face infér., doublement dentées; stipules
pubescentes, glanduleuses en dessous; fleurs d'un rose clair, solitaires ou agrégées, sur des pédoncules hérissés glanduleux; sépales
pennatiséqués, caducs avant la maturité des fruits, ceux-ci ovoïdes,
atténués au sommet ou presque subglobuleux, plus ou moins
hérissés-glanduleux ou presque nus. ♃ juin-juill.—R. Haies, bois et
collines : Meudon, Fontainebleau, Valvins, Villers-Cotterets, Compiègne, etc.

3. R. arvensis Huds.; *R. repens* Scop. — Tiges dressées ou
couchées à rameaux un peu grêles, allongés, décombants, munis
d'aiguillons robustes, arqués, élargis et comprimés à la base; feuilles
à pétioles plus ou moins pubescents, à 5-7 folioles ovales ou subellip-
tiques, aiguës, glabres à la face infér. simplement dentées; stipules
pubescentes en dessous; fleurs blanches, solitaires ou en corymbes,
sur des pédoncules glabres ou hérissés-glanduleux; sépales presque
entiers, caducs; styles réunis ou agglutinés en colonne égalant ou
dépassant les étamines; fruits ovoïdes ou subglobuleux nus ou
hérissés de glandes stipitées. ♃ juin-juill. — T. C. Bois, haies et
buissons.

4. R. stylosa Desv.; *R. systyla* Bast.—Tiges et rameaux robustes,
dressés, munis d'aiguillons robustes, très arqués, comprimés et
élargis à la base; feuilles à pétioles plus ou moins pubescents, à 5-7
folioles ovales-aiguës, pubescentes ou plus rar. glabres à la face
infér., simplement dentées; stipules pubescentes; fleurs blanches ou
rosées, solitaires ou en corymbes sur des pédoncules hérissés-glanduleux; sépales pennatiséqués, caducs; styles glabres réunis ou

agglutinés en colonne plus courte que les étamines ; fruits ovoïdes, nus. ♄ juin-juill. — T. R. Haies et buissons : Vanteuil, Ville-d'Avray (Rouy).

5. **R. canina** L. (Eglantier). — Tiges robustes à rameaux allongés, étalés, munis d'aiguillons très robustes, fortement arqués, comprimés et élargis à la base; feuilles à pétioles glabres ou subpubescents, à 5-7 folioles ovales, aiguës, simplement dentées, glabres ou subpubescentes à la face infér.; stipules élargies, glabres ou subpubescentes ; fleurs blanches ou rosées, odorantes, solitaires ou en corymbes sur des pédoncules glabres et nus ; sépales pennatiséqués, caducs; styles hérissés, distincts, fruits ovoïdes ou piriformes, nus. ♄ juin. — T. C. Bois, collines, haies et buissons.

R. andegavensis Bast. ; *R. canina*, var. *hirtella* Gren. et Godr. — Diffère du *R. canina* par ses pédoncules et par ses fruits hérissés de glandes stipitées. — A. C.

R. dumetorum Thuill.; *R. canina*, var. *dumetorum* Kch. — Diffère du *R. canina* par ses pétioles tomenteux et par ses folioles pubescentes sur toutes la face infér. — C.

6. **R. rubiginosa** L. — Tiges dressées, robustes, à rameaux courts, nombreux, munis d'aiguillons nombreux, robustes, fortement arqués, rar. presque droits, comprimés et élargis à la base; feuilles à pétioles pubescents-glanduleux, à 5-7 folioles ovales ou suborbiculaires, doublement dentées-glanduleuses, glabrescentes ou pubescentes en dessous et chargées de nombreuses glandes trèsodorantes; stipules pubescentes ou glanduleuses ; fleurs d'un rose vif, solitaires ou en corymbes sur des pédoncules fortement hérissésglanduleux ; sépales glanduleux, assez longtemps persistants; styles velus, distincts; fruits ovoïdes ou subglobuleux, plus ou moins hérissés de glandes stipitées. ♄ juin. — C. Bois, haies et buissons.

7. **R. sepium** Thuill.; *R. canina* var. *sepium* Coss. et Germ. — Tiges robustes, dressées, à rameaux allongés, munis d'aiguillons robustes, fortement arqués, élargis et comprimés à la base ; feuilles à pétioles glabres et glanduleux, à 5-7 folioles oblongues, atténuées aux deux extrémités, doublement dentées-glanduleuses, glabres en dessous et chargées de nombreuses glandes peu odorantes; stipules glabres, plus ou moins glanduleuses ; fleurs blanches ou d'un rose pâle, solitaires ou en corymbes, sur des pédoncules glabres et nus ; sépales peu glanduleux, promptement caducs, styles glabres ou à peu près, distincts; fruits ovoïdes-oblongs ou plus rarement subglobuleux, nus. ♄ juin-juill. — A. C. Bois, haies et buissons.

8. **R. micrantha** Sm.; *R. nemorosa* Lib. (non Désegl.). — Tiges plus ou moins robustes, dressées ou flexueuses, à rameaux ord. un peu grêles, allongés, munis d'aiguillons robustes, arqués, com-

primés et élargis à la base ; feuilles à pétioles pubescents et glanduleux, à 5-7 folioles ord. petites, ovales, arrondies et non atténuées
à la base, doublement dentées-glanduleuses, plus ou moins pubescentes en dessous et chargées de nombreuses glandes peu
odorantes ; stipules plus ou moins pubescentes, glanduleuses ;
fleurs d'un rose pâle, solitaires ou en corymbes sur des pédoncules
hérissés de glandes stipitées ; sépales plus ou moins glanduleux,
ord. promptement caducs ; styles glabres ou à peu près, distincts ;
fruits ovoïdes, souv. atténués au sommet nu ou hérissés à la
base de glandes stipitées. ♄ juin-juill. — A. R. Collines, haies et
buissons : Meudon, St-Léger, Malesherbes, etc.

Trib. V. Agrimoniées H. Bn.—Tige herbacée ; feuilles imparipennées,
plus rar. simples ; fleurs hermaphrodites ou unisexuées ; calice
dépourvu de calicule ; corolle à 5 pétales et plus souv. nulle ;
ovaire ord. infère ; carpelles 1-2, rar. 3, monospermes, indéhiscents, renfermés dans le réceptacle induré.

11. AGRIMONIA Tourn. (Aigremoine).—Fleurs hermaphrodites
en grappes spiciformes ; réceptacle turbiné, subligneux à la maturité, muni de 10 sillons et hérissé au sommet de soies uncinées ;
sépales 5, persistants ; pétales 5, étamines 12-15 ; styles terminaux ;
carpelles 1-2.

1. **A. Eupatorium** L. (Aigremoine). — Souche épaisse, rameuse ; tige simple ou peu rameuse ; feuilles à 5-15 segments
ovales, aigus, profondément dentés, cendrés-tomenteux en dessous,
entremêlés de segments plus petits ; fleurs jaunes, en grappe lâche,
allongée ; réceptacle fructifère muni de sillons profonds, prolongés
jusqu'à sa base, hérissé au sommet de soies dont les extérieures
sont étalées-ascendantes. ♃ juin-oct. — T. C. Haies, buissons,
bois, bords des routes.

2. **A. odorata** Mill. ; *A. Eupatorium* var. *odorata* Coss. et Germ.
— Plante ayant le port et l'aspect de la précédente ; feuilles à
segments ord. plus larges, obscurément cendrés en dessous, par-
semés de glandes résineuses, brillantes, très odorantes ; fleurs en
grappe ord. compacte ; réceptacle fructifère muni de sillons superficiels ou ne dépassant pas son milieu, à soies extérieures réfléchies.
♃ juin-sept. — A. R. Bois ombragés : Chaville, Versailles, Villers-
Cotterets, etc. ; manque sur le calcaire.

12. ALCHEMILLA Tourn. (Alchémille). — Fleurs hermaphrodites en cymes corymbiformes ou fasciculées ; réceptacle urcéolé,
induré à la maturité ; sépales 8-10, bisériés, les extérieurs plus
petits, à la fin caducs ; pétales nuls ; étamines 1-4 ; styles basilaires ;
carpelles (achaines) 1-2.

1. **A. vulgaris** L. (Pied de lion). — Souche épaisse, subligneuse; tiges dressées ou ascendantes; feuilles pubescentes, réniformes, dentées, à 5-9 lobes, semi-orbiculaires, peu profonds, les radicales longuement pétiolées; fleurs verdâtres en cymes corymbiformes, terminales; divisions calicinales presque égales. ♃ mai-sept. — T. R. Bois humides : Villers-Cotterets, Beauvais.

2. **A. arvensis** Scop.; *Aphanes* L. — Racine grêle; tiges couchées ou étalées-ascendantes; feuilles pubescentes, semi-orbiculaires, profondément divisées en 3 lobes 3-5-fides, les radicales détruites à l'anthèse; fleurs verdâtres en cymes fasciculées, axillaires; divisions calicinales très inégales, les extér. réduites à de petites dents. ☉ mai-juill. — C. Champs secs et sablonneux.

13. **SANGUISORBA** L. — Fleurs hermaphrodites, en épis ovoïdes-oblongs, très compactes; réceptacle turbiné, induré à la maturité; sépales 4, à la fin caducs; pétales nuls; étamines 4; style terminal; carpelle (achaine) 1.

1. **S. officinalis** L. — Souche épaisse, subligneuse, rampante; tige dressée, subanguleuse, presque nue, rameuse au sommet; feuilles à 7-13 folioles coriaces, glaucescentes, ovales-oblongues-cordées, dentées, pétiolulées, souv. munies de 2 stipules; fleurs d'un pourpre foncé, munies de bractées lancéolées; réceptacle fructifère à 4 angles ailés. ♃ juill.-août. — T. R. Prairies humides et tourbeuses : Épisy, la Genevraie, Nemours. — La plante parisienne rentre dans la forme *S. serotina* Jord.

14. **POTERIUM** L. (Pimprenelle). — Fleurs monoïques et polygames, en épis ovoïdes, très compactes, les femelles placées au sommet, les mâles ou les hermaphrodites à la base; réceptacle turbiné, induré à la maturité; sépales 4, à la fin caducs; pétales nuls; étamines 20-30 longuement pendantes; style terminal; carpelles (achaines) 2, rar. 3.

1. **P. dictyocarpum** Spach; *P. Sanguisorba* L. (pro parte); *P. Sanguisorba* var. *dictyocarpum* Coss. et Germ. — Souche courte, subligneuse; tiges dressées, anguleuses, rameuses au sommet; feuilles à 9-25 folioles, ovales ou arrondies, cordées à la base, dentées. pétiolulées; fleurs verdâtres, mêlées de pourpre, munies de bractées écailleuses; achaines à 4 angles saillants, à faces plus ou moins réticulées. ♃ mai-août. — T. C. Prés, lieux herbeux, bords des chemins.
Var. *virescens* Spach; *P. dictyocarpum* var. *genuinum* Gren. et Godr.; folioles vertes et glabres; achaines à faces obscurément réticulées.
Var. *glaucum* Spach; *P. glaucescens* Rchb.; *P. guestphalicum* Bonning.; folioles glaucescentes munies de rares poils apprimés; achaines à faces fortement et largement réticulées.

2. P. polygamum W. et K.; *P. muricatum* Spach; *P. Sanguisorba* L. (pro parte); *P. Sanguisorba* var. *muricatum* Coss. et Germ.— Plante ayant le port et l'aspect de la précédente dont elle se distingue par ses achaines creusés sur les faces de fossettes profondes, limitées par des crêtes denticulées, à angles relevés en ailes entières ou denticulées, dépassant beaucoup (*P. platylophum* Jord.) ou très peu (*P. stenolophum* Jord.) les fossettes. ⚥ juin-août.—A. R. Toujours dans les prairies artificielles et par conséquent introduit.

Trib. VI. Pirées H. Bn. — **Tige ligneuse; feuilles simples, lobées ou imparipennées; fleurs hermaphrodites; calice à 5 sépales persistants ou caducs, dépourvu de calicule; pétales 5 en préfloraison imbriquée; ovaire infère à 5 ou plus rar. 2-3 carpelles en totalité ou en grande partie logés dans le réceptacle, uniloculaires, 2-pluriovulés; fruit pomacé, couronné par les restes ou les cicatrices des sépales, à 5 loges ou moins, ord. 1-2-spermes, rar. polyspermes, à endocarpe coriace ou osseux.**

15. MESPILUS Tourn. (Néflier). — Réceptacle turbiné; sépales foliacés, persistants; pétales suborbiculaires; styles 5; fruit globuleux-déprimé, muni d'un œil (disque de plusieurs auteurs) large, ombiliqué, égalant le diamètre transversal du fruit, à 5 noyaux osseux, 1-spermes.

1. M. germanica L. — Arbrisseau à rameaux épineux, tortueux; feuilles oblongues-elliptiques, obtuses ou aiguës, velues en dessous, brièvement pétiolées; fleurs grandes, blanches, solitaires, terminales, subsessiles; fruit gros (3-4 cent. diam.), brun, pubescent, d'abord dur et acerbe, puis mou-pulpeux et acidulé-sucré. ♄ fl. mai, fr. sept-oct. — A. C. Bois et forêts : Fontainebleau, Nemours, Compiègne, Villers-Cotterets, St-Léger, etc.; fréquemment cult. dans les jardins ou planté dans les haies.

16. CRATÆGUS L. (Aubépine). — Réceptacle urcéolé; sépales courts, marcescents; pétales suborbiculaires; styles 1-2, rar. 3-5; fruit subglobuleux, à œil ombiliqué moins large que le diamètre transversal du fruit, à 1-2 noyaux osseux, 1-spermes.

1. C. Oxyacantha L.; *C. oxyacanthoides* Thuill. (Aubépine, Épine blanche). —Arbrisseau à rameaux épineux, glabres; feuilles obovales-cunéiformes, ord. vertes sur les 2 faces, à peine lobées ou à 3-7 lobes peu profonds; fleurs blanches, rar. rosées, en corymbes, à pédicelles glabres; réceptacle et calice glabres; styles 2-3; fruit d'un rouge foncé, à 2-3 noyaux. ♄ fl. mai, fr. août-sept. — A. C. Haies, bois et buissons.

2. C. monogyna Jacq.; *C. Oxyacantha* var. *monogyna* Coss. et Germ.—Diffère du précédent par ses rameaux velus, par ses feuilles ord. glauques en dessous, à 3-7 lobes profonds; par ses pédicelles, son réceptacle et son calice velus; par son style solitaire; par son fruit à un seul noyau. ♄ fl. fin mai-juin, fr. août-sept.—T. C. Haies, bois et buissons.

17. **CYDONIA** Tourn. (Cognassier). — Réceptacle urcéolé; sépales foliacés, persistants, un peu accrescents; pétales très grands, suborbiculaires; styles 5; fruit très gros, piriforme, couvert d'une laine floconneuse, à œil très étroit, à 10-15 pépins entourés de mucilage.

1. **C. vulgaris** Tourn.; *Pirus Cydonia* L. — Arbre ou arbuste à jeunes rameaux tomenteux; feuilles ovales-oblongues, entières, laineuses-grisâtres en dessous, brièvement pétiolées; fleurs grandes, d'un blanc rosé, solitaires, subsessiles, à pédicelle et à calice laineux-grisâtres; fruit jaune, odorant, à saveur aromatique-sucrée. ♄ fl. mai, fr. sept. — Planté dans les vergers et dans les haies; rar. subspontané.

18. **PIRUS** Tourn. (Poirier).—Réceptacle urcéolé; sépales petits, non accrescents, marcescents; pétales suborbiculaires; styles 5; fruit plus ou moins gros, globuleux ou piriforme, à œil très étroit, à endocarpe coriace, parcheminé, ord. à 10 pépins.

1 { Fleurs blanches; styles libres; fruit non ombiliqué à la base. . . 2
{ Fleurs rosées; styles réunis à la base; fruit ombiliqué à la base. . . . . *P. Malus.*

2 { Feuilles finement denticulées, pubescentes ou tomenteuses dans leur jeunesse, ord. glabres avant la maturité du fruit. *P. communis.*
{ Feuilles très entières, velues en dessus, laineuses-grisâtres en dessous, jusqu'à la maturité du fruit . . . . . . *P. nivalis.*

1. **P. communis** L. (Poirier). — Arbre ord. élevé à rameaux spinescents chez les individus sauvages, inermes chez les sujets cultivés; bourgeons glabres; feuilles arrondies ou ovales, finement denticulées, velues-aranéeuses dans leur jeunesse, glabres à l'état adulte, à pétiole aussi long que le limbe; fleurs blanches en corymbes simples ou rameux; pédoncules, calice et réceptacle velus ou glabres; styles libres; fruit plus ou moins gros, globuleux (*P. Piraster* Wallr.) ou turbiné (*P. Achras* Spach), non ombiliqué au niveau du pédoncule, acerbe à l'état sauvage, sucré chez les individus cultivés. ♄ fl. avril-mai; fr. juill-sept. — A. R. Bois; très communément cultivé sous une foule de variétés.

Var. *cordata; P. cordata* Desv. Obs. pl. Ang., p. 152; Bor. fl. centr., 3e éd., p. 235; arbuste de 3-5 mètres, à rameaux épineux; feuilles suborbiculaires, tronquées ou subcordiformes à la base; fruits turbinés, très petits. — Avec le type mais plus R. : vallée de l'Yvette, environ de Thurelles, St-Léger.

2. **P. nivalis** Jacq. Fl. austr. 2, p. 4, tab. 107; Dec. Jard. fruit, 1, tab. 21; *P. salvifolia* DC.; *P. Pollveria* et *P. amygdali-*

formis Mér. (non Bauh. nec Vill.) (Poirier Sauger). — Arbre élevé à rameaux inermes; bourgeons laineux, grisâtres; feuilles obovales, elliptiques ou lancéolées, très entières, velues en dessus, laineuses-grisâtres en dessous, à pétiole 2-4 fois plus court que le limbe; fleurs en corymbes ord. simples; pédoncules, calice et réceptacle laineux-grisâtres; fruit médiocre assez longuement pédonculé. ♄ fl. avril-mai; fr. sept. — Fréquemment planté dans les champs et aux bords des routes aux environs de Trappes, Marcoussis, Rambouillet, etc.

3. **P. Malus** L. (Pommier). — Arbre plus ou moins élevé, ou arbuste, à rameaux étalés, épineux chez les individus sauvages; bourgeons velus, ord. cotonneux; feuilles ovales ou ovales-oblongues, acuminées, finement denticulées, plus ou moins velues ou tomenteuses en dessous, glabres à l'état adulte, à pétiole une fois plus court que le limbe; fleurs rosées, en fascicules ombelliformes; pédoncules, calice et réceptacle pubescents, tomenteux ou glabres; styles soudés à la base; fruit plus ou moins gros, globuleux ou déprimé, brièvement pédonculé, fortement ombiliqué au niveau du pédoncule, acerbe ou sucré. ♄ fl. avril-mai; fr. sept.

Var. *mitis* Wallr.; *P. Malus* DC.; arbre assez élevé, à rameaux inermes; bourgeons cotonneux-blanchâtres; feuilles d'abord tomenteuses-blanchâtres dans leur jeunesse, toujours plus ou moins velues à l'âge adulte; fruit plus ou moins gros, à saveur sucrée. — Communément planté dans les champs et aux bords des routes.

Var. *austera* Wallr.; *P. acerba* DC.; arbuste ou arbre peu élevé, à rameaux spinescents; bourgeons velus, mais non cotonneux-blanchâtres; feuilles velues ou pubescentes dans leur jeunesse; toujours glabres à l'âge adulte; fruit petit, à saveur acerbe. — A. C. Bois et forêts.

19. **SORBUS** Tourn. (Sorbier). — Réceptacle urcéolé; sépales petits, non accrescents, persistants; pétales suborbiculaires; styles 2-5, plus souv. 3; fruit assez petit, globuleux ou piriforme, à œil très étroit, à endocarpe membraneux et mou, à 2-5 pépins.

1 { Feuilles imparipennées. 2
  { Feuilles palmatilobées ou seulement lobulées. 3

2 { Bourgeons glabres-glutineux; fruits piriformes, relativement assez gros, bruns à la maturité. . . . . *S. domestica.*
  { Bourgeons tomenteux-blanchâtres; fruits petits, globuleux, d'un rouge vif à la maturité. . . . . *S. aucuparia.*

3 { Feuilles glabres, vertes sur les deux faces, palmatilobées à 5-7 lobes; fruits ovoïdes, bruns, ponctués de jaune . *S. torminalis.*
  { Feuilles tomenteuses-blanchâtres en dessous, incisées-lobulées; fruits globuleux, orangés. . . . . *S. latifolia.*

1. **S. domestica** L.; *Pirus Sorbus* Gœrtn. (Sorbier, Cormier). —

Arbre élevé, à écorce noirâtre, à bourgeons glabres-glutineux ; feuilles imparipennées, à 11-19 folioles oblongues, dentées, velues-grisâtres dans leur jeunesse, glabres à l'âge adulte ; fleurs blanches en large corymbe rameux, dense ; sépales recourbés en dehors ; fruit assez gros, pyriforme, brun, un peu pruineux, pulpeux et sucré à la maturité. ♄ fl. mai-juin ; fruit sept-oct. — A.C. Bois et forêts ; fréquemment planté au bord des routes.

2. **S. aucuparia** L.; *Pirus* Gærtn. (Sorbier des oiseaux). — Arbre peu élevé, à écorce grisâtre, à bourgeons tomenteux-blanchâtres ; feuilles imparipennées, à 11-17 folioles oblongues, dentées, velues, grisâtres en dessous dans leur jeunesse, glabrescentes ou glabres à l'âge adulte ; fleurs blanches en large corymbe, dense, rameux, sépales recourbés en dedans après l'anthèse ; fruit petit, globuleux, d'un rouge vif, pulpeux, acerbe à la maturité. ♄ fl. mai-juin ; fr. sept. — A. R. Bois et forêts : l'Isle-Adam, St-Léger, Rambouillet, Villers-Cotterets, Compiègne, etc.

3. **S. latifolia** Pers.; *Cratægus* Lam. (Alisier de Fontainebleau). — Arbre peu élevé ; feuilles largement ovales, tomenteuses-blanchâtres en dessous, minces à l'âge adulte, incisées-lobulées, à lobes peu profonds, dentés-acuminés, les infér. plus profonds que les supér.; fleurs blanches en corymbes denses, rameux, blanchâtres tomenteux ; styles velus à la base ; fruits globuleux, orangés, pulpeux et sucrés à la maturité. ♄ fl. mai ; fr. sept. — A. C. dans la forêt de Fontainebleau ; n'existe pas à l'état spontané dans d'autres localités.

4. **S. torminalis** Crantz; *Pirus* Ehrh. (Alisier). — Arbre élevé ; feuilles largement ovales ou rhomboïdales, vertes et glabres sur les deux faces à l'âge adulte, palmatilobées, à 5-7 lobes lancéolés-triangulaires, dentés, les infér. plus larges que les supér.; fleurs blanches en corymbes larges, denses, rameux, tomenteux ; styles glabres à la base ; fruits ovoïdes, bruns, ponctués de jaune, pulpeux, acidulés à la maturité. ♄ fl. mai ; fr. sept. — A. C. Bois et forêts.

20. **AMELANCHIER** Medic. — Réceptacle turbiné ; sépales linéaires-lancéolés, persistants ; pétales linéaires-oblongs, cunéiformes ; styles 5, soudés à la base ; fruit très petit, subglobuleux, à œil très étroit, à endocarpe membraneux, à 10 pépins.

1. **A. rotundifolia** Desne; *A. vulgaris* Mœnch; *Cratægus rotundifolia* Lam. — Petit arbuste à jeunes rameaux pubescents ou tomenteux ; feuilles elliptiques, obtuses, dentées, tomenteuses-pubescentes en dessous dans leur jeunesse, glabres et coriaces à l'âge adulte, à pétiole égalant env. la moitié de la longueur du limbe; fleurs blanches en cymes pauciflores, terminales ou latérales; fruit d'un noir bleuâtre, de la grosseur d'un pois. ♄ fl. mai ; fr.

juill.-août. — A. R. Rochers et coteaux principalement calcaires : Fontainebleau, Bonneville, Maisse, Nemours, la Roche-Guyon, les Andelys, etc.

ESPÈCES EXCLUES.

Cerasus Padus DC. et *C. Laurocerasus* Lois. cultivés dans les parcs et les jardins ; *Prunus cerasifera* Ehrh. n'existe plus dans la localité où il avait été indiqué ; *Spiræa salicifolia* L. trouvé à l'état d'introduction dans la forêt de Villers-Cotterets et *S. hypericifolia* naturalisé depuis très longtemps sur la Butte de la Justice, près Malesherbes ; *Rubus odoratus* introduit à Montlignon ; les *Potentilla hirta* L. et *pensylvanica* L. ont disparu des localités où ils s'étaient naturalisés ; *Rosa lutea* Mill., *R. gallica* L. (Rose de Provins) et *R. fraxinifolia* Gmel. quelquefois cultivés et naturalisés à Fontainebleau, Malesherbes, Nemours, Provins, etc.; *R. pomifera* Herm. trouvé à Garches et à Fontainebleau, n'y est point spontané ; *Sorbus Aria* Crantz et *S. hybrida* L. plantés quelquefois dans les parcs, n'appartiennent ni l'un ni l'autre à notre flore.

XXXIII. LYTHRARIÉES Juss.

Herbes annuelles ou vivaces. Feuilles simples, alternes, opposées ou verticillées, munies de 4 stipules ou plus, axillaires, très petites. Fleurs hermaphrodites, régulières, plus rar. subirrégulières, axillaires, solitaires ou rapprochées en cymes contractées. Calice persistant, à 8-12 divisions insérées en 2 rangs sur le réceptacle creusé en coupe et simulant un calice tubuleux ou campanulé. Pétales en nombre égal à celui des divisions calicinales internes, en préfloraison imbriquée-chiffonnée, rar. nuls. Étamines périgynes, en nombre égal ou double de celui des pétales, et dans ce cas superposées sur 2 rangs, l'un oppositisépale, l'autre oppositipétale: anthères biloculaires, introrses. Style simple, terminé par un stigmate capité ou bilobé. Ovaire supère à 2, rar. 4-6 loges, pluriovulées. Fruit capsulaire, membraneux 2-loculaire ou uniloculaire par destruction des cloisons, rar à 4-6 loculaire, à loges polyspermes, se rompant irrégulièrement ou s'ouvrant régulièrement par 2 valves ou plus. Graines dépourvues d'albumen.

1. **LYTHRUM** L. (Salicaire). — Calice à 8-12 divisions insérées en 2 rangs sur le réceptacle tubuleux-cylindrique, les extérieures plus longues ; pétales 4-6 ; étamines 4-12 ; style filiforme ; capsule oblongue, renfermée dans la coupe réceptaculaire persistante.

1. **L. Salicaria** L. (Salicaire). — Souche robuste, subligneuse ; tige assez élevée, anguleuse, dressée, simple ou rameuse ; feuilles

sessiles, lancéolées-aiguës, cordées à la base, opposées ou ternées, rar. alternes; fleurs purpurines, rapprochées par 4-10 sur des pédoncules communs et formant une longue grappe spiciforme interrompue à la base; pédoncules dépourvus de bractées; étamines 12 exsertes ou incluses, plus longues ou plus courtes que le style. ⵌ juill.-sept. — T. C. Prés humides, bords des eaux.

2. **L. hyssopifolium** L.—Racine grêle, fibreuse; tige peu élevée, arrondie, dressée, simple ou rameuse; feuilles sessiles, linéaires-oblongues atténuées à la base, alternes, rar. les infér. opposées; fleurs purpurines, solitaires ou géminées à l'aisselle des feuilles, sur des pédoncules munis de 2 petites bractées scarieuses-subulées; étamines 5, incluses. ⊙ juill.-sept. — A. R. Champs sablonneux-siliceux humides, bords des étangs.

2. **PEPLIS** L. — Calice à 12 divisions insérées en 2 rangs sur le réceptacle court, campanulé, les extérieures plus courtes; pétales 6, très petits ou nuls; étamines 6; style nul ou presque nul; capsule subglobuleuse enveloppée seulement dans sa moitié infér. par la coupe réceptaculaire persistante.

1. **P. Portula** L. Tige grêle, rameuse, couchée, radicante à la base ou flottante; feuilles spatulées, atténuées en un court pétiole, opposées; fleurs subsessiles, solitaires à l'aisselle des feuilles, à pétales rosés, petits ou nuls. ⊙, ② juin-sept. — Lieux inondés pendant l'hiver, mares et étangs, principalement sur les terrains siliceux.

XXXIV. ONAGRARIÉES Juss.

Herbes vivaces, plus rar. annuelles, bisannuelles ou sous-frutescentes à la base. Feuilles simples, opposées ou éparses, ord. munies de stipules très petites, souvent caduques, ou réduites à un bourrelet ou à un petit tubercule. Fleurs hermaphrodites, ord. régulières, axillaires, solitaires ou réunies en épi ou en grappe terminale. Réceptacle fortement concave, souv. prolongé en tube au-dessus de l'ovaire. Calice à 2-4 divisions, persistant ou caduc. Corolle à 2-4 pétales, en préfloraison contournée; rar. pétales nuls. Étamines 2-4 unisériées, ou 8 bisériées; anthères biloculaires, introrses. Style filiforme, terminé par 2-4 lobes stigmatifères étalés en croix ou rapprochés en massue. Ovaire infère, à 2-4 loges, uni-multiovulées. Fruit sec, indéhiscent, à 1-2 loges monospermes, ou capsulaire à 4 loges polyspermes, s'ouvrant par 2-4 valves, à déhiscence loculicide. Graines à testa ord. membraneux, souv. munies d'un bouquet de poils sur la région chalazique; albumen nul.

1 {
Calice à 2 divisions; corolle à 2 pétales bilobés; étamines 2; fruit 2-loculaire, couvert de longs poils crochus. *Circæa* (4).
Calice à 4 divisions; corolle à 4 pétales, rar. nuls; étamines 4-8; fruit 4-loculaire, glabre ou pubescent, mais dépourvu de longs poils crochus. 2

2 {
Calice caduc; pétales 4; étamines 8; capsule déhiscente par 4 valves. 3
Calice persistant; pétales nuls; étamines 4; capsule indéhiscente. *Isnardia* (3).

3 {
Fleurs roses ou purpurines, rar. blanches; graines munies d'un bouquet de poils sur la chalaze. . . . . *Epilobium* (1).
Fleurs jaunes; graines dépourvues de bouquet de poils. *Œnothera* (2).

1. **EPILOBIUM** L. (Épilobe). — Réceptacle prolongé en tube dépassant à peine l'ovaire; calice caduc, à 4 divisions; pétales 4; étamines 8, dont 4 oppositipétales plus courtes; capsule linéaire-tétragone, allongée, à 4-5 loges, s'ouvrant par 4 valves; graines munies d'un bouquet de poils soyeux sur la région chalazique.

1 {
Feuilles éparses ou alternes; pétales entiers ou subémarginés; étamines et styles réfléchis ou arqués. . . . . *E. spicatum.*
Feuilles la plupart ou au moins les infér. opposées; pétales bilobés; étamines et styles dressés 2

2 {
Tige munie de 2-4 lignes saillantes ou de 4 lignes de poils; stigmates rapprochés en massue 3
Tige dépourvue de lignes saillantes ou de lignes de poils; stigmates distincts, ord, étalés en croix. 7

3 {
Souche munie de rosettes de feuilles et dépourvue de stolons. . . 4
Souche munie de stolons allongés. 6

4 {
Feuilles ovales-lancéolées, toutes assez longuement pétiolées; fleurs d'un rose pâle, penchées avant l'anthèse. . *E. roseum.*
Feuilles lancéolées ou sublinéaires, sessiles ou brièvement pétiolées; fleurs purpurines dressées avant l'anthèse. 5

5 {
Lignes saillantes de la tige, naissant du limbe décurrent des feuilles, celles-ci, d'un beau vert et fortement dentées. . *E. adnatum.*
Lignes saillantes de la tige, naissant du pétiole des feuilles, celles-ci d'un vert clair, brièvement pétiolées, presque entières ou à dents peu saillantes . . . . *E. Lamyi.*

6 {
Tige munie de 2-4 lignes saillantes; feuilles arrondies à la base; fleurs dressées avant l'anthèse; graines à aigrette sessile. *E. obscurum.*
Tige munie de 4 lignes de poils; feuilles cunéiformes à la base; fleurs penchées avant l'anthèse; graine à aigrette stipitée . . . . *E. palustre.*

7 {
Feuilles toutes ou au moins les moyennes et les supér. sessiles ou amplexicaules; fleurs dressées avant l'anthèse 8
Feuilles toutes pétiolulées; fleurs penchées avant l'anthèse. . . . 9

8 {
Stolons épais, écailleux, très longs; feuilles amplexicaules; fleurs purpurines très grandes; sépales mucronés. . . *E. hirsutum.*
Stolons grêles, courts, terminés par une rosette de feuilles; fleurs petites d'un rose pâle; sépales aigus, non mucronés. . . . . *E. parviflorum.*

9 {
Tige simple; feuilles espacées, opposées ou ternées, dépourvues de faisceaux de feuilles à leur aisselle. . . . *E. montanum,*
Tige ord. rameuse dès la base; feuilles rapprochées, toutes ou au moins les supér. alternes, munies à leur aisselle d'un faisceau de petites feuilles. . . . . *E. collinum.*

1. **E. spicatum** Lam. (Laurier St-Antoine). — Souche rampante; tige assez élevée, dressée, simple ou rameuse au sommet; feuilles lancéolées, entières ou subdenticulées, sessiles, éparses ou plus rar. alternes; fleurs grandes, purpurines, en grappe terminale, allongée; pétales entiers ou subémarginés; étamines et styles réfléchis-arqués; stigmates étalés en croix. ⚥ juin-sept. — A. R. Bois humides.

2. **E. hirsutum** L. — Souche munie de stolons épais, écailleux, très longs; tige assez élevée, dressée, simple ou rameuse, dépourvue de lignes saillantes; feuilles oblongues-lancéolées, denticulées, amplexicaules; fleurs purpurines, très grandes, dressées avant l'anthèse; sépales mucronés; pétales bilobés; étamines et styles dressés; stigmates étalés en croix. ⚥ juin-sept. — T. C. Marais, bords des eaux.

3. **E. parviflorum** Schreb. — Souche munie de stolons grêles, courts, terminés par une rosette de feuilles; tige un peu grêle, dressée, simple ou rameuse, dépourvue de lignes saillantes; feuilles lancéolées, denticulées, arrondies à la base, opposées ou alternes; les infér. pétiolulées, les autres sessiles; fleurs petites, d'un rose pâle, dressées avant l'anthèse; pétales aigus, non mucronés; stigmates étalés en croix. ⚥ juin-sept. — T. C. Lieux humides et marécages.

4. **E. montanum** L. — Souche courte, tronquée, ord. munie de bourgeons subsessiles; tige ord. simple, dressée, dépourvue de lignes saillantes; feuilles ovales-lancéolées, arrondies à la base, denticulées, toutes pétiolulées, espacées, opposées ou rar. ternées; fleurs médiocres, rose ou d'un pourpre clair, penchées avant l'anthèse; sépales lancéolés obtus; stigmates étalés en croix. ⚥ juill.-sept. — A. C. Bois humides.

5. **E. collinum** Gmel.; *E. montanum* var. *collinum* Coss. et Germ. — Diffère du précédent : par sa taille moins élevée; par sa tige plus grêle, ord. étalée-flexueuse et rameuse dès la base; par ses feuilles plus petites, rapprochées, les infér. opposées, les supér. alternes, ord. munies à leur aisselle d'un faisceau de petites feuilles; par ses fleurs plus petites. ⚥ juill.-sept. — A. R. Vieux murs, rochers, lieux pierreux et montagneux.

6. **E. roseum** Schreb. — Souche munie de rosettes de feuilles courtes; tige dressée, simple ou rameuse, munie de 2-4 lignes saillantes; feuilles ovales-lancéolées, atténuées aux deux extrémités, denticulées, opposées ou alternes, toutes assez longuement pétiolées; fleurs d'un rose pâle, penchées avant l'anthèse; sépales lancéolés-aigus; stigmates rapprochés en massue. ♃ juin-sept. — A. R. Lieux humides, bois frais.

7. **E. adnatum** Griseb.; *E. tetragonum* Auct. (an L.?) — Souche munie de rosettes de feuilles obovées, pétiolées; tige dressée, ord. rameuse dès la base, munie de 2-4 lignes saillantes qui naissent du limbe des feuilles; celles-ci d'un beau vert, étroitement lancéolées, fortement dentées, la plupart opposées, les infér. pétiolulées, les autres sessiles, à limbe décurrent; fleurs purpurines, très petites, dressées avant l'anthèse; stigmates rapprochés en massue. ♃ juill.-sept. — C. Lieux humides, bords des eaux.

E Lamyi Schultz Flora 1844, p. 806, et Archives, p. 53. — Plante voisine de la précédente, dont elle a le port et l'aspect et dont elle se distingue par sa souche bisannuelle, rar. annuelle, jamais vivace; par sa tige plus grêle, munie de 2-4 lignes très peu saillantes, qui naissent des pétioles et non du limbe des feuilles; celles-ci d'un vert clair, toutes pétiolulées, presque entières ou à dents peu saillantes. ⊙, ② juill.-sept. — R. Bois et lieux humides : Marly, Ste-Geneviève, Boursonne.

8. **E. obscurum** Schreb.; *E. virgatum* Fr. — Souche munie de stolons filiformes, allongés, feuillés dans leur longueur; tige couchée-radicante à la base, puis redressée, peu rameuse, munie de 2-4 lignes peu saillantes; feuilles lancéolées, denticulées, arrondies à la base, la plupart opposées, sessiles; fleurs petites, purpurines, dressées avant l'anthèse; stigmates rapprochés en massue; graines à aigrette sessile. ♃ juill.-sept. — R. Bois et lieux humides : Montmorency, St-Léger, Fontainebleau, Villers-Cotterets.

9. **E. palustre** L. — Souche pourvue de stolons filiformes, allongés, munis de petites feuilles dans leur longueur et terminés par un bourgeon bulbiforme; tige rampante à la base, puis dressée, peu rameuse, dépourvue de lignes saillantes et munie de 2-4 lignes de poils; feuilles linéaires-lancéolées, entières ou presque entières, cunéiformes à la base, la plupart opposées et sessiles ou subsessiles; fleurs petites, purpurines, roses ou blanchâtres, penchées avant l'anthèse; stigmates rapprochés en massue; graine à aigrette stipitée. ♃ juill.-sept. — R. Prairies tourbeuses : St-Léger, Rambouillet, Dreux, Chantilly, Villers-Cotterets, Beauvais, Moret, etc.

2. **OENOTHERA** L. (Onagre). — Réceptacle prolongé en tube dépassant longuement l'ovaire; calice caduc, à 4 divisions; pétales 4; étamines 8, dont 4 oppositipétales plus courtes; capsule sub-ligneuse, oblongue, subtétragone, à 4 loges, s'ouvrant par 4 valves; graines dépourvues de bouquet de poils.

1. Œ. biennis L. (Herbe aux ânes). — Tige robuste, élevée, dressée, très feuillée, simple ou rameuse; feuilles radicales oblongues, denticulées, pétiolées, disposées en rosette, les caulinaires lancéolées, denticulées, subsessiles ou atténuées en pétiole, éparses; fleurs grandes, jaunes, odorantes, en longue grappe feuillée; capsule sessile, appliquée contre la tige. ② juin-sept. — C. Lieux sablonneux, décombres, clairières des bois, bords des rivières, talus des voies ferrées; originaire de l'Amérique du Nord et aujourd'hui abondamment naturalisé.

3. **ISNARDIA** L. — Réceptacle prolongé en tube ne dépassant pas l'ovaire; calice persistant à 4 divisions; pétales nuls; étamines 4; ovaire surmonté d'un disque épais, déprimé; capsule tétragone, à 4 loges, indéhiscente; graines dépourvues de bouquet de poils.

1. I. palustris L. — Tiges grêles, tétragones, peu rameuses, couchées-radicantes ou nageantes; feuilles oblongues, aiguës, entières, atténuées en pétioles, opposées; fleurs petites, axillaires, opposées, solitaires, verdâtres, peu visibles; capsule jaunâtre à la maturité, à 4 angles verdâtres. ♃ juill.-août. — T. R. Mares et étangs : Étang neuf près St-Léger (?), tourbière de Buzancy près Vernon, Nemours.

4. **CIRCÆA** Tourn. (Circée). — Réceptacle un peu prolongé en tube et contracté au-dessus de l'ovaire; calice caduc, à 2 divisions; pétales 2, bilobés; étamines 2; style entouré à sa base d'un disque épigyne, terminé par un stigmate bilobé; fruit sec, indéhiscent, couvert de longs poils crochus, à 2 loges monospermes.

1. C. lutetiana L. (Herbe à la magicienne). — Souche rampante, stolonifère; tige dressée-ascendante, simple ou rameuse; feuilles ovales, aiguës, denticulées, longuement pétiolées; fleurs blanches ou rosées en grappe terminale grêle et lâche; fruit piriforme, réfléchi à la maturité. ♃ juin-juill. — C. Bois humides.

ESPÈCES EXCLUES.

Epilobium obscuro-montanum Michal., Bull. Soc. Bot. de Fr., II, p. 734; plante ayant le port de l'*E. montanum* avec des feuilles plus étroites et sessiles, des fleurs semblables à celles de l'*E. obscurum* et des ovaires la plupart stériles; cette hybride sur laquelle Michalet a toujours conservé quelques doutes a été trouvée une seule fois à Marly par Weddel, il y a plus de 35 ans. L'*E. lanceolatum* S. et M. indiqué vaguement à Montfort-l'Amaury n'y a pas été retrouvé. L'*Œnothera suaveolens* DC., originaire du Mexique, est souvent cultivé et a été rencontré au voisinage des jardins à l'état subspontané.

XXXV. HALORAGÉES Juss.

Herbes aquatiques, submergées ou nageantes, vivaces, rar. annuelles. Feuilles verticillées, opposées ou éparses, souvent pennatiséquées, à stipules soudées au pétiole ou nulles. Fleurs régulières, hermaphrodites ou monoïques, axillaires, solitaires, verticillées ou groupées en petites cymes et formant souvent par leur réunion un épi terminal. Calice à 4 divisions souv. très courtes ou presque nulles. Corolle à 4 pétales en préfloraison imbriquée ou tordue ; plus rar. pétales nuls. Étamines 8, rar. 4, à anthères biloculaires, introrses. Style simple souv. très court , à 4 stigmates très gros, presque sessiles. Ovaire infère (quelquefois accompagné d'étamines stériles, dans les fleurs femelles), à 2-4 loges uniovulées. Fruit sec, indéhiscent, quelquefois subligneux, ou drupacé, à peine charnu, uniloculaire par avortement ou à 4 loges monospermes. Graines à testa membraneux ; albumen charnu, mince ou nul.

1. **MYRIOPHYLLUM** Vaill. (Volant d'eau.) — Fleurs monoïques, les supérieures mâles, les inférieures femelles et quelquefois des fleurs hermaphrodites intermédiaires ; fleurs tétramères, les mâles à 4 pétales caducs et à 8 étamines, les femelles à 4 pétales très petits ou nuls ; stigmates 4, papilleux, très gros, subsessiles ; fruit drupacé, à peine charnu , à 4 noyaux monospermes.

1. **M. verticillatum** L. — Tiges nageantes, radicantes à la base ; feuilles verticillées pennatipartites à segments capillaires ; fleurs rosées, sessiles, verticillées à l'aisselle de bractées pennatiséquées-pectinées, plus longues que les fleurs, formant un épi interrompu à la base et terminé par un faisceau de feuilles. ♃ juin-août. — C. Étangs, rivières, mares et fossés.
Var. *pectinatum*, Wallr. ; *M. pectinatum* DC.; bractées à segments rapprochés, égalant les fleurs ou à peine plus longues.

2. **M. spicatum** L. — Tiges nageantes, radicantes à la base ; feuilles verticillées, pennatipartites à segments capillaires ; fleurs rosées, sessiles, verticillées à l'aisselle de bractées ; les infér. dentées, égalant les fleurs ; les supér. entières, plus courtes ; épi interrompu à la base et au sommet. ♃ juill.-août. — C. Dans les mêmes lieux que le précédent.

3. **M. alterniflorum** DC. — Diffère du précédent par sa tige plus grêle et plus rameuse ; par ses feuilles à segments plus fins, plus souples et moins raides ; par ses fleurs alternes, les infér. réunies par 2-3 ou semi-verticillées, munies d'une bractée plus longue qu'elles, semblable aux feuilles ; les supér. solitaires, munies d'une bractée plus courte qu'elles, entière. ♃ juin-août. — R. Mares

et étangs : Fontainebleau, Montfort-l'Amaury, étangs de Hollande, Chartres. etc.

ESPÈCE EXCLUE.

Trapa natans L. (Mâcre, Chataigne d'eau) naturalisé autrefois dans les bassins de Versailles et dans quelques autres localités d'où il semble avoir disparu ; se retrouve encore dans les lacs du bois de Boulogne.

XXXVI. HIPPURIDÉES Link.

Herbes vivaces, aquatiques. Feuilles verticillées, sessiles, linéaires, très entières, dépourvues de stipules. Fleurs hermaphrodites, rar. unisexuées par avortement, axillaires, solitaires. Périanthe nul ou très petit, gamophylle, inséré sur le réceptacle et couronnant l'ovaire par un rebord peu distinct, entier. Étamine 1, insérée sur la marge du périanthe ou sur le bord du réceptacle, du côté extérieur; anthère biloculaire, introrse. Ovaire infère, uniloculaire, uniovulé; style unique, subulé. Fruit un peu charnu, monosperme, indéhiscent, à noyau ligneux. Graine à testa membraneux; albumen très mince.

1. **HIPPURIS** L. (Pesse). — (Caractères de la famille).

1. **H. vulgaris** L. — Rhizome horizontal, spongieux; tige ord. submergée, rar. flottante, simple, dressée, raide, fistuleuse, articulée; fleurs verdâtres, très petites, solitaires et sessiles à l'aisselle des feuilles; fruits ovoïdes, verdâtres. ♃ juin-août.—A. C. Rivières, ruisseaux et étangs.

XXXVII. GROSSULARIÉES DC.

Arbrisseaux à rameaux épineux ou inermes. Feuilles simples alternes, dépourvues de stipules. Fleurs hermaphrodites, rar. unisexuées par avortement, régulières, axillaires, solitaires, géminées ou en grappes. Périanthe et androcée insérés sur le bord du réceptacle concave. Calice à 5, rar. 4 sépales marcescents, plus ou moins connés à la base; corolle à 5, rar. 4 pétales libres, submarcescents, en préfloraison subvalvaire. Étamines 5, rar. 4, libres; anthères biloculaires, introrses. Styles 2, rar. 3-4 plus ou moins réunis à la base. Ovaire infère, uniloculaire, à 2 placentas pariétaux, multiovulés. Fruit bacciforme, succulent, uniloculaire, oligo-polysperme. Graines à tégument externe devenant pulpeux; albumen charnu ou corné.

1. **RIBES** L. (Groseillier). — (Caractères de la famille).

1. **R. Uva-crispa** L.—Arbrisseau très rameux, à rameaux épineux; feuilles suborbiculaires, à 3-5 lobes crénelés, disposées en fascicules munis de 2-3 épines à leur base; fleurs verdâtres ou rougeâtres, solitaires ou géminées sur un pédoncule court; calice barbu à la gorge; pétales poilus; baie verdâtre, jaune ou rougeâtre, lisse ou hérissée. ♄ fl. avril-mai, fr. juin-juill. — C. Haies et buissons.

2. **R. rubrum** L. — Arbrisseau peu rameux, à rameaux non épineux; feuilles à 3-5 lobes profondément dentés, cordées à la base; fleurs verdâtres avec une tache brune au fond, en grappes axillaires pendantes; calice et pétales glabres; baie rouge ou blanchâtre, lisse. ♄ fl. avril-mai, fr. juin-juill. — C. Bois, haies et buissons, où il n'est probablement que subspontané; fréquemment cultivé.

ESPÈCES EXCLUES.

Ribes Grossularia L. (Groseillier à maquereau) et *R. nigrum* L. (Cassis), très communément cultivés.

XXXVIII. SAXIFRAGÉES Juss.

Herbes annuelles ou vivaces à feuilles simples, alternes, rar. opposées, dépourvues de stipules. Fleurs hermaphrodites, régulières, rar. irrégulières ou incomplètes, disposées en cymes ou en corymbes terminaux. Calice à 5, rar. 4 sépales libres ou brièvement connés à la base, persistants ou caducs, insérés sur les bords du réceptacle. Corolle rar. nulle, ord. à 4-5 pétales libres, caducs, insérés sur les bords du réceptacle ou sur le disque plus ou moins développé qui entoure la base de l'ovaire, en préfloraison imbriquée, rar. tordue. Étamines 5, aternipétales, ou 8-10 bisériées, insérées avec les pétales; anthères biloculaires, introrses. Styles 2. Ovaire supère, semi-infère ou infère, formé de 2 carpelles plus ou moins connés, 1-2 loculaire, à loges multi-ovulées. Fruit capsulaire, 1-2 loculaire, à loges polyspermes, formé de 2 follicules s'ouvrant suivant leur suture interne. Graines nombreuses, très petites; albumen charnu.

1. **SAXIFRAGA** L. (Saxifrage). — Calice à 5 divisions libres ou connées à la base; corolle à 5 pétales; étamines 10; capsule 2-loculaire s'ouvrant au sommet suivant les sutures.

1. **S tridactylites** L. (Perce-pierre). — Plante petite (2-10 cent); racine grêle, dépourvue de bulbilles; tige dressée simple ou plus souv. rameuse dès la base; feuilles radicales pétiolées, spathulées, entières ou 3-lobées, disposées en rosette, les caulinaires sessiles, cunéiformes, palmatilobées, les supér. linéaires-lancéolées; fleurs blanches, assez longuement pédonculées. ☉ mars-mai.—T. C. Vieux murs, rochers, lieux secs.

2. **S. granulata** L. — Plante plus élevée que la précédente (20-50 cent.); racine munie de nombreux bulbilles arrondis, rougeâtres; tige dressée, simple ou peu rameuse, presque nue; feuilles radicales pétiolées, réniformes, crénelées, les caulinaires sessiles ou subsessiles, cunéiformes, 3-lobées ou sublinéaires; fleurs blanches inégalement et souv. brièvement pédonculées. ♃ mai-juin. — T. C. Pelouses, bois, lieux secs et herbeux.

2. **CHRYSOSPLENIUM** Tourn. (Dorine). — Calice à 4, rar. 5 divisions; corolle nulle; étamines 8, rar. 10; capsule uniloculaire s'ouvrant du sommet au milieu en 2 valves planes, étalées.

1. **C. alternifolium** L. — Tiges dressées. trigones, rameuses-dichotomes; feuilles suborbiculaires, fortement crénelées, profondément échancrées à la base, les radicales longuement pétiolées, les caulinaires alternes; fleurs en cyme dichotome, glomérulée, jaunâtre. ♃ avril-mai. — R. Lieux humides, bords des ruisseaux : Vaux de Cernay, Villers-Cotterets, Beauvais.

2. **C. oppositifolium** L. — Tiges quadrangulaires, étalées-diffuses, radicantes, rameuses-dichotomes; feuilles toutes brièvement pétiolées, opposées, semi-orbiculaires, obscurément crénelées, atténuées à la base; fleurs en cyme dichotome, glomérulée, plus petite et plus pâle que dans l'espèce précédente. ♃ mai-juin. — R. Lieux frais et humides, ruisseaux, bords des eaux : Forêt de Hallate, Villers-Cotterets, Compiègne, Beauvais.

XXXIX. OMBELLIFÈRES Juss.

Herbes annuelles, bisannuelles ou vivaces. Tiges souv. fistuleuses, striées ou cannelées, noueuses au niveau de l'insertion des pétioles. Feuilles alternes, dépourvues de stipules, entières, plus ou moins pennati ou palmatiséquées, rar. peltées ou épineuses. Fleurs hermaphrodites, rar. unisexuées, ord. régulières, rar. celles de la circonférence à corolle rayonnante, disposées en petites ombelles *(ombellules)* réunies elles-mêmes en ombelle *(ombelle composée)*, plus rar. disposées en ombelle simple ou en capitules. Ombelles et ombellules entourées d'un verticille de bractées *(involucre et involucelle)* ou munies de l'un seulement, ou dépourvues de tous deux. Périanthe et androcée insérés sur les bords du réceptacle ou du disque épigyne, charnu. Calice à 5 sépales souvent très petits, dentiformes ou presque nuls, caducs ou persistants. Corolle à 5 pétales, caducs, en préfloraison valvaire. Étamines 5, alternes avec les pétales, insérées à la base du disque épigyne souv. dilaté et conique *(stylopode)* qui surmonte le sommet de l'ovaire et entoure la base des styles; anthères biloculaires, introrses. Styles 2, souv. persistants. Ovaire infère à 2 loges 1-ovulées par avortement. Fruit (*diachaine*) sec, composé de 2 achaines *(méricarpes)* 1-spermes, se séparant ord. à la maturité et restant suspendus pendant quelque temps au sommet d'une colonne centrale *(columelle, carpophore)* grêle, simple ou bifide qui prolonge l'axe. Achaines à face commissurale, plane, concave ou enroulée en dedans, munis extérieurement de 5-9 côtes plus ou moins saillantes, quelquefois développées en ailes ou découpées en épines; les 5 côtes principales *(côtes primaires)* 1 dorsale médiane, 2 latérales situées de chaque côté de la première et 2 marginales placées en dehors des latérales, sont séparées par des intervalles *(vallécules)* dans lesquels naissent quelquefois 4 autres côtes *(côtes secondaires)*; chaque vallécule est ord. occupée par un ou plusieurs canaux gommo-résinifères colorés *(bandelettes)*; sur la face commissurale il existe souvent une bandelette de chaque côté de la ligne médiane. Graine à enveloppe mince; albumen corné.

<table>
<tr><td rowspan="2">1</td><td>Fruits en ombelles composées et régulières, rar. les ombelles réduites à des ombellules latérales. . . . .</td><td>2</td></tr>
<tr><td>Fruits en capitules ou en verticilles solitaires ou superposés, simulant quelquefois une ombelle irrégulière . . . .</td><td>35</td></tr>
<tr><td rowspan="2">2</td><td>Achaines à côtes primaires ord. filiformes et à côtes secondaires ord. plus saillantes; rar. les côtes primaires et secondaires semblables.</td><td>3</td></tr>
<tr><td>Achaines à côtes primaires égales ou inégales, filiformes, saillantes ou ailées; côtes secondaires nulles. . . . .</td><td>8</td></tr>
<tr><td rowspan="2">3</td><td>Achaines à côtes primaires et secondaires hérissées de soies, d'épines ou d'aiguillons. . . . .</td><td>4</td></tr>
<tr><td>Achaines à côtes primaires filiformes, non hérissées de soies ou d'épines, les secondaires toutes développées en aile membraneuse large . . . . *Laserpitium* (6).</td><td></td></tr>
<tr><td rowspan="2">4</td><td>Fruit comprimé perpendiculairement à la commissure; achaines à face commissurale concave ou enroulée par les bords . . . . .</td><td>5</td></tr>
<tr><td>Fruit comprimé parallèlement à la commissure; achaines à face commissurale plane. . . . .</td><td>7</td></tr>
<tr><td rowspan="2">5</td><td>Achaines à côtes primaires et secondaires semblables, munies chacune de 2-3 rangs d'épines. . . . . *Turgenia* (1).</td><td></td></tr>
<tr><td>Achaines à côtes dissemblables, les primaires filiformes hérissées de soies, les secondaires plus visibles, munies d'épines sur 1 ou plusieurs rangs. . . . .</td><td>6</td></tr>
<tr><td rowspan="2">6</td><td>Côtes secondaires saillantes, munies d'un seul rang d'épines robustes. . . . . *Caucalis* (2).</td><td></td></tr>
<tr><td>Côtes secondaires non saillantes, couvertes de plusieurs rangs d'épines subulées qui remplissent les vallécules. . *Torilis* (3).</td><td></td></tr>
<tr><td rowspan="2">7</td><td>Involucre à 2-3 folioles pennatiséquées; achaines à côtes secondaires munies d'un seul rang d'épines. . . . . . *Daucus* (4).</td><td></td></tr>
<tr><td>Involucre à folioles entières; achaines à côtes secondaires munies de 2-3 rangs d'épines. . . . . *Orlaya* (5).</td><td></td></tr>
<tr><td rowspan="2">8</td><td>Achaines à face commissurale plane . . . .</td><td>9</td></tr>
<tr><td>Achaines à face commissurale creusée d'un sillon ou enroulée par les bords. . . . .</td><td>31</td></tr>
</table>

9 { Fruit comprimé parallèlement à la commissure ; achaines à côtes primaires inégales, toutes ailées ou seulement les 2 marginales développées en aile ou en rebord aplani ou épaissi 10
Fruit non comprimé ou comprimé perpendiculairement à la commissure ; achaines à côtes primaires égales ou presque égales, filiformes ou peu saillantes. 15

10 { Achaine non complètement contigu avec l'achaine voisin, dont il est écarté par les bords ; 3 côtes dorsales ailées ou filiformes et 2 côtes marginales largement ailées-membraneuses. 11
Achaines complètement et étroitement contigus, à 3 côtes dorsales filiformes et à 2 côtes marginales développées en rebord aplani ou épaissi 12

11 { Tige sillonnée-anguleuse ; feuilles à segments pennatipartits ; achaines à côtes toutes ailées. . . . . *Selinum* (7).
Tige lisse ou à peu près ; feuilles à segments ovales-lancéolés ; achaines à côtes dorsales filiformes, les marginales seules ailées. . . . . *Angelica* (8).

12 { Achaines glabres, entourés d'une bordure marginale mince et lisse. 13
Achaines hérissés sur la face dorsale de poils roides et entourés d'une bordure marginale épaisse et tuberculeuse. *Tordylium* (12).

13 { Tige glabre ou glabrescente ; vallécules à 1-3 bandelettes linéaires égalant la longueur de l'achaine ou plus courtes. 14
Tige rude-hérissée ; vallécules à 1 bandelette renflée en massue à sa base et égalant environ la moitié de la longueur de l'achaine. *Heracleum* (11).

14 { Tige profondément sillonnée-anguleuse ; feuilles pubescentes en dessous ; vallécules à 1 bandelette plus courte que l'achaine. *Pastinaca* (10).
Tige plus ou moins cannelée ou striée : feuilles glabres en dessous ; vallécules à 1-3 bandelettes de la longueur de l'achaine. *Peucedanum* (9).

15 { Fruit non comprimé, à coupe transversale suborbiculaire 16
Fruit comprimé perpendiculairement à la commissure. 20

16 { Achaines à côtes subailées-submembraneuses ; vallécules à 3-4 bandelettes. . . . . *Silaus* (13).
Achaines à côtes filiformes, non subailées ; vallécules à 1 seule bandelette 17

17 { Columelle bipartite ; achaines se séparant à la maturité 18
Columelle et achaines réunis ensemble et ne se séparant pas à la maturité. 19

18 { Fruit ovoïde-oblong, pubescent ou hérissé ; achaines à côtes épaisses, obtuses ; styles réfléchis . . . . *Seseli* (14).
Fruit ovoïde-subglobuleux, glabre ou presque glabre ; achaines à côtes carénées ; styles dressés. . . . . *Æthusa* (15).

19 { Feuilles découpées en lanières capillaires-allongées : fruit ellipsoïde ; achaines à côtes saillantes, subcarénées . . *Fœniculum* (16).
Feuilles à segments linéaires, non capillaires-allongés ; fruit cylindracé ou subtétragone ; achaines à côtes obtuses, *Œnanthe* (17).

20 { Feuilles simples, entières. . . . . *Bupleurum* (18).
   { Feuilles plus ou moins découpées 21

21 { Involucre nul ou oligophylle 22
   { Involucre polyphylle. 28

   { Plante dioïque ; racine napiforme entourée à sa partie supér. de nom-
   {   breuses fibrilles roussâtres ; fruit noir à la maturité. *Trinia* (19).
22 { Plante hermaphrodite ; racine non napiforme, dépourvue de
   {   fibrilles à sa partie supér. ; fruit n'étant pas ord. noir à la
   {   maturité 23

23 { Involucelles nuls 24
   { Involucelles oligophylles ou polyphylles. 25

   { Racine fusiforme ; feuilles pennatiséquées ; vallécules munies de
24 {   plusieurs bandelettes . . . . *Pimpinella* (23).
   { Racine rampante ; feuilles ternatiséquées ; vallécules dépourvues
   {   de bandelettes. . . . . *Ægopodium* (22).

   { Plante des lieux marécageux ; souche rampante ou tige couchée-
25 {   radicante à la base 26
   { Plante des champs et des lieux secs ; souche non rampante ; tige
   {   dressée, non radicante 27

   { Feuilles pennatiséquées, à segments ovales-lancéolés ou suborbi-
   {   culaires ; involucelles à folioles lancéolées ; fruit ovoïde ou
26 {   oblong. . . . . *Helosciadium* (24).
   { Feuilles bipennatiséquées, à segments linéaires-lancéolés ; involu-
   {   celles à folioles linéaires-sétacées ; fruit subglobuleux. *Cicuta* (25).

   { Vallécules à 1 bandelette égalant la longueur de l'achaine et
27 {   atténuée aux deux extrémités. . . . . . . *Petroselinum* (20).
   { Vallécules à 1 bandelette plus courte que l'achaine et élargie
   {   supérieurement . . . . , ... *Sison* (24).

   { Racine épaisse, fusiforme, très longue ; feuilles coriaces, palma-
28 {   tiséquées, à 3-7 segments ; fruit oblong . . . . *Falcaria* (27).
   { Racine non fusiforme ; feuilles non coriaces, pennatiséquées ou
   {   plus rar. 2-3 pennatiséquées ; fruit ovoïde. 29

   { Souche rampante ou tige couchée-radicante à la base ; feuilles ovales-
   {   lancéolées ou suborbiculaires, jamais divisées en lobes linéaires. . 30
29 { Souche bulbiforme ou fibres renflées, jamais rampante ; tige dressée
   {   non radicante ; feuilles à segments découpés en lobes li-
   {   néaires . . . . *Bunium* (26).

   { Vallécules à 3 bandelettes ; columelle bipartite, à divisions réunies
30 {   avec les achaines. . . . . *Sium* (28).
   { Vallécules à 1 bandelette ; columelle indivise, libre.
   {   *Helosciadium* (21).

   { Fruit subglobuleux non atténué ni prolongé en bec ; achaines à 5
   {   côtes saillantes ondulées ; tige tachée de violet. *Conium* (33.
31 { Fruit ovoïde, atténué au sommet ou prolongé en bec ; achaines
   {   à côtes filiformes ou obtuses, non ondulées ; tige non tachée de
   {   violet. 32

   { Fruit prolongé en bec ; vallécules dépourvues de bandelettes. . . . 33
32 { Fruit atténué au sommet, dépourvu de bec ; vallécules à 1-3 ban-
   {   delettes. 34

33 { Achaine à bec beaucoup plus long que lui-même et à côtes très
apparentes dans toute la longueur de l'achaine.   *Scandix* (29).
Achaine à bec bien plus court que lui-même et à côtes apparentes
seulement dans la moitié supér. de l'achaine.   *Anthriscus* (30).

34 { Souche bulbiforme, globuleuse; involucelles nuls ou à 1-3
folioles; achaines à côtes filiformes; feuilles à segments linéaires. . . . .   *Conopodium* (31).
Souche non bulbiforme; involucelles à 5-8 folioles; achaines
à côtes obtuses; feuilles à segments ovales ou oblongs.
Chærophyllum (32).

35 { Feuilles orbiculaires-peltées; fruits verticillés dépourvus d'épines
et d'écailles. . . . .   *Hydrocotyle* (34).
Feuilles non orbiculaires-peltées; fruits en capitules, couverts
d'épines ou d'écailles 36

36 { Feuilles coriaces-épineuses; fruits couverts d'écailles acuminés, sessiles à l'aisselle de bractées coriaces, épineuses.   *Eryngium* (36).
Feuilles non coriaces-épineuses; fruits hérissés d'épines subulées crochues, sessiles à l'aisselle de bractées herbacées.   *Sanicula* (35).

**§ I. Fleurs ou fruits en ombelles composées et régulières, rar.
réduites à des ombellules latérales.**

A. *Achaines munis de côtes primaires et de côtes secondaires.*

1. **TURGENIA** Hoffm. — Calice à dents aiguës; pétales émarginés avec un lobule infléchi en dedans, les extérieurs rayonnants;
fruit ovoïde, subdidyme; achaines à côtes marginales tuberculeuses ou brièvement aculéolées sur un seul rang, les côtes dorsales,
primaires et secondaires semblables, toutes munies de 2-3 rangs
d'épines; valléculcs à une bandelette; columelle libre, bifide; involucre à 3-5 folioles entières.

1. **T. latifolia** Hoffm.; *Caucalis* L. — Tige rameuse, dressée,
rude-hérissée; feuilles pennatiséquées à segments oblongs, dentés;
ombelle longuement pédonculée, à 2-4 rayons, raides, anguleux;
involucre et involucelles à folioles scarieuses; fleurs blanches,
rougeâtres en dehors; fruits à épines glochidiées, souvent violacées. ⊙ juin-août. — A. R. Champs et moissons, surtout des
terrains calcaires.

2. **CAUCALIS** Tourn. — Fruit oblong, un peu comprimé latéralement; achaines à côtes primaires filiformes, hérissées de soies,
à côtes secondaires saillantes, munies d'un seul rang d'épines
robustes; involucre nul ou presque nul (le reste comme dans
le genre *Turgenia*).

1. **C. daucoïdes** L. — Tige rameuse, à rameaux étalés; feuilles
2-3 pennatiséquées, à divisions courtes, sublinéaires, entières ou
incisées; ombelle à 2-4 rayons, robustes, anguleux; involucelles à

folioles lancéolées, ciliées; fleurs blanches ou rougeâtres; fruits gros, brièvement pédicellés, à épines des côtes secondaires assez longues, uncinées au sommet. ⊙ juin-sept. — C. Champs et moissons.

3. **TORILIS** Adans. — Calice à dents lancéolées; pétales émarginés, avec un lobule infléchi, presque égaux ou les extérieurs rayonnants; fruit ovoïde, un peu comprimé latéralement; achaines à côtes primaires filiformes, hérissées de soies, à côtes secondaires non saillantes, munies de plusieurs rangs d'épines subulées, scabres, qui remplissent les vallécules, celles-ci à une seule bandelette; columelle libre, bifide; involucre nul ou à 1-5 folioles.

1. **T. Anthriseus** Gmel.; *Tordylium* L. — Tige dressée, rameuse, hérissée-scabre, à rameaux étalés-dressés; feuilles bipennatiséquées, à segments lancéolés, dentés ou pennatifides, le terminal allongé; ombelle à 5-10 rayons, longuement pédonculée; involucre à 5 folioles subulées; fleurs blanches ou rosées, celles de la circonférence presque régulières; fruit à épines arquées, aiguës, plus courtes que le diamètre transversal du fruit. ② juin-sept. — C. Haies, buissons, bois.

2. **T. arvensis** Gren.; *T infesta* Hoffm.; *T. helvetica* Gmel.; *Caucalis arvensis* Gmel. — Tige dressée, rameuse, hérissée-scabre; à rameaux divariqués; feuilles bipennatiséquées, à segments ovales-lancéolés, pennatifides ou incisés, le terminal allongé; ombelle à 3-8 rayons, longuement pédonculée; involucre nul ou à 1-3 folioles courtes; fleurs blanches ou rosées, celles de la circonférence rayonnantes; fruit à épines droites, renflées-uncinées au sommet, presque aussi longues que le diamètre transversal du fruit. ⊙ juill.-sept. — C. Champs et moissons.

3. **T. nodosa** Gærtn.; *Tordylium* L. — Tige rameuse, à rameaux grêles, allongés, diffus; feuilles bipennatiséquées, à segments lancéolés, incisés; ombelle sessile ou subsessile, à 2-3 rayons très courts; involucre nul; fleurs blanches ou rosées, toutes régulières; fruits, les intérieurs tuberculeux, les extérieurs à épines droites, glochidiées au sommet, aussi longues ou plus longues que le diamètre transversal du fruit. ⊙ mai-juill. — A. C. Haies, bords des chemins, lieux incultes.

4. **DAUCUS** Tourn. (Carotte). — Calice à dents très courtes; pétales émarginés, avec un lobule infléchi, les extérieurs rayonnants; fruit ovoïde, comprimé par le dos; achaines à côtes primaires linéaires, hérissées de 1-3 rangs de soies courtes, à côtes secondaires très saillantes, découpées presque jusqu'à la base en aiguillons disposés sur un seul rang; vallécules à une seule bandelette; columelle libre, bifide; involucre à folioles pennatifides.

4. **D. Carota** L. — Tige rameuse, ord. rude-hérissée; feuilles 2-3 pennatiséquées, à segments oblongs ou linéaires, mucronés; ombelle à 10-40 rayons; involucre à 9-12 folioles, 2-3-pennatiséquées égalant ou dépassant les ombellules; fleurs blanches ou jaunâtres, la centrale d'un pourpre foncé, stérile. ② juin-oct. — T. C. Prés, champs, lieux herbeux.

5. **ORLAYA** Hoffm. — Calice à dents courtes; pétales émarginés avec un lobule infléchi, les extérieurs très grands, rayonnants, profondément bifides; fruit ovoïde, comprimé par le dos; achaines à côtes primaires filiformes, hérissées de 1-3 rangs de soies courtes, à côtes secondaires saillantes, carénées, découpées presque jusqu'à la base en épines subulées, disposées sur 2-3 rangs; vallécules à une bandelette; columelle libre, bipartite; involucre et involucelles à folioles entières.

1. **O. grandiflora** Hoffm.; *Caucalis* L. — Plante glabrescente à tige rameuse, dressée; feuilles 2-3-pennatiséquées à segments linéaires, mucronulés, incisés ou entiers; ombelle à 5-8 rayons; involucre à 3-5 folioles lancéolées, acuminées, scarieuses aux bords; involucelles à 5 folioles inégales; fleurs blanches; fruits assez gros, à pédicelles plus courts qu'eux-mêmes. ☉ juin-sept.—T. R. Champs et moissons : Nemours, Compiègne, Villers-Cotterets, Beauvais.

6. **LASERPITIUM** Tourn. (Laser). — Calice à dents triangulaires-subulées; pétales émarginés, avec un lobule infléchi; fruit ovoïde, comprimé par le dos; achaines à côtes primaires filiformes, à peine visibles, à côtes secondaires dilatées en aile large, membraneuse; vallécules à une bandelette; columelle libre, bifide; involucre et involucelle polyphylles.

1. **L. latifolium** L. var. *asperum* S. W.; *L. asperum* Crantz. — Racine épaisse, entourée dans sa partie supér. de nombreuses fibrilles fauves ou jaunâtres; tige robuste, élevée, glabre, rameuse au sommet; feuilles glauques, 2-3-pennatiséquées, à segments pétiolulés, ovales-cordés, dentés, hérissés en dessous de poils rudes; ombelle à 3-50 rayons inégaux; involucre à folioles lancéolées, subulées; fleurs blanches. ♃ juill. sept. — T. R. Bois élevés et calcaires : Fontainebleau, Nemours.

B. *Achaines munis de côtes primaires et dépourvus de côtes secondaires.*

* Achaines à face commissurale plane.

7. **SELINUM** Hoffm. — Calice à dents presque nulles; pétales émarginés avec un lobule infléchi; fruit ovoïde un peu comprimé par le dos; achaines à bords écartés, à côtes **toutes ailées, les mar-**

ginales du double plus larges que les dorsales ; vallécules à une bandelette ; columelle libre, bipartite ; involucre nul ou à 1-2 folioles.

1. S. carvifolium L. —Plante glabre, à tige dressée, anguleuse, simple ou peu rameuse ; feuilles 2-3 pennatiséquées à segments divisés en lobes lancéolés-linéaires, mucronulés, les radicales longuement pétiolées ; ombelle à 10-20 rayons ; involucelles polyphylles ; pétales blancs, connivents. ♃ juill.-sept. — A. C. Prés et bois humides et marécageux.

8. ANGELICA Tourn. (Angélique). — Calice à dents presque nulles ; pétales entiers, acuminés ; fruit ovoïde, comprimé par le dos ; achaines à côtes marginales largement ailées-membraneuses, les dorsales filiformes ; vallécules à une bandelette ; columelle libre, bipartite ; involucre nul ou à 1-2 folioles.

1. A. silvestris L. (Angélique sauvage). — Tige élevée, robuste, largement fistuleuse, rameuse et souv. teintée de pourpre à la partie supér. ; feuilles grandes, 2-3-pennatiséquées, à segments ovales-lancéolés, dentés ; pétiole des feuilles supér. dilaté en une large graine ventrue-membraneuse ; ombelle très grande, à 20-30 rayons pubescents ; fleurs blanches ou rosées. ♃ juill.-sept. — C. Lieux humides, bords des eaux.

9. PEUCEDANUM Tourn. (Peucédan). — Calice à dents courtes ou nulles ; pétales émarginés ou entiers avec un lobule infléchi ; fruit ovoïde ou oblong, comprimé par le dos ; achaines à bords contigus, à côtes marginales obscures ou confondues avec le bord dilaté et plus ou moins épaissi qui entoure l'achaine, les dorsales filiformes ou un peu épaissies ; vallécules à 1-3 bandelettes ; columelle libre, bipartite ; involucre nul ou polyphylle.

1 { Involucre nul ou à 1-3 folioles 2
{ Involucre à plus de 3 folioles. . . . . , 3

2 { Feuilles à divisions du premier ordre sessiles ; involucelles nuls ou
{ à 1-4 folioles ; vallécules à 3 bandelettes. . . *P. carvifolium.*
{ Feuilles à divisions du premier ordre pétiolulées ; involucelles à
{ plus de 4 folioles ; vallécules à 1 bandelette. . . *P. gallicum.*

3 { Feuilles à segments coriaces, glauques en dessous, ovales, lobés-
{ dentés, à dents cuspidées-mucronées . . . . . *P. Cervaria.*
{ Feuilles à segments non coriaces, verts sur les 2 faces, cunéiformes-
{ 3-lobés ou lancéolés-linéaires, mucronulés. 4

4 { Tige striée ; pétioles brisés-inclinés à chacune de leurs divisions ;
{ involucre à folioles non bordées-membraneuses. *P. Oreoselinum.*
{ Tige cannelée ; pétioles droits ; involucre à folioles largement
{ bordées-membraneuses. . . . . *P. palustre.*

1. P. carvifolium Vill. ; *P. Chabraei* Gaud. ; *Palimbia Chabraei* DC. — Souche entourée de fibrilles au sommet ; tige sillonnée, simple ou rameuse; feuilles 2-pennatiséquées, à divisions du premier ordre sessiles, segments divisés en lanières linéaires ; ombelle à 6-15 rayons; involucre nul ; involucelles à 1-4 folioles, ou nuls; fleurs d'un blanc-verdâtre ou jaunâtres; fruit ovale-lenticulaire; vallécules à 3 bandelettes. ♃ juill.-sept. — A. R. Prairies humides ou marécageuses.

2. **P. gallicum** Latourr.; *P. parisiense* DC. — Souche entourée de fibrilles dans sa partie supér. ; tige striée, rameuse au sommet; feuilles 2-3-pennatiséquées, à divisions du premier ordre pétiolulées, à segments linéaires-lancéolées, entiers; ombelle à 10-20 rayons; involucre nul ou à 1-3 folioles; involucelles à 5-8 folioles; fleurs blanches ou rosées; fruit oblong-lenticulaire; vallécules à une seule bandelette. ♃ juill.-sept. — C. Bois et taillis herbeux.

3. **P. palustre** Mœnch ; *Thysselinum* Hoffm. — Souche nue dans sa partie supér. ; tige cannelée, rameuse supérieurement; feuilles 3-4-pennatiséquées, à divisions du premier ordre pétiolulées, à segments lancéolés-linéaires; ombelle à 20-30 rayons; involucre et involucelles à 5-8 folioles largement membraneuses aux bords; fleurs blanches; fruit ovale-lenticulaire; vallécules à une seule bandelette; commissure à 2 bandelettes cachées par le péricarpe. ♃ juill.-sept. — T. R. Marais et lieux tourbeux : Itteville, env. de Beauvais.

4. **P. Cervaria** Lap.; *Athamanta* L. — Souche épaisse entourée dans sa partie supér. de nombreuses fibrilles; tige robuste, striée, rameuse supérieurement; feuilles 2-3-pennatiséquées, grandes, à divisions du premier ordre pétiolulées, à segments coriaces, glauques en dessous, ovales, lobés-dentées, à dents cuspidées-mucronées; ombelles à 10-30 rayons; involucre et involucelles à 5-8 folioles, non membraneuses aux bords; fleurs blanches; fruit suborbiculaire-lenticulaire; vallécules à une seule bandelette; commissure à 2 bandelettes superficielles. ♃ juill.-sept.—A. R. Coteaux secs et calcaires.

5. **P. Oreoselinum** Mœnch ; *Athamanta* L. — Souche ord. entourée de fibrilles dans sa partie supér.; tige striée, rameuse supérieurement ; feuilles 2-3-pennatiséquées à pétioles brisés-inclinés à chacune de leurs divisions, les inférieures assez longues, à segments cunéiformes, 3-lobés, divariqués, incisés ou dentés, mucronulés ; ombelle à 10-20 rayons; involucre et involucelles à 8-10 folioles, non membraneuses; fleurs blanches; fruit suborbiculaire-lenticulaire; vallécules à une seule bandelette; commissure à 2 bandelettes superficielles. ♃ juill.-sept. — A. C. Pelouses, coteaux et lieux herbeux.

10. **PASTINACA** Tourn. (Panais). — Calice à dents presque nulles; pétales entiers, à sommet enroulé en dedans; fruit orbicu-

laire-ovale, comprimé par le dos; achaines à côtes marginales dilatées en aile aplanie, les dorsales filiformes; vallécules à une seule bandelette, plus courte que l'achaine; columelle libre, bipartite; involucre nul ou à 1-2 folioles.

1. **P. silvestris** Mill.; *P. pratensis* Jord.; *P. sativa* L. (partim). — Tige sillonnée-anguleuse, rameuse supérieurement; feuilles pennatiséquées à segments sessiles, ovales-oblongs, crénelés ou dentés, pubescents à la face infér.; ombelle à 6-20 rayons; fleurs d'un jaune verdâtre. ♃ juin-sept. — C. Prés, champs, bords des chemins.

11. **HERACLEUM** L. (Berce). — Calice à dents courtes; pétales émarginés-obcordés, avec un lobule infléchi, les extérieurs rayonnants, profondément bifides; fruit suborbiculaire, comprimé par le dos; achaines à côtes marginales dilatées en aile membraneuse, les dorsales filiformes; vallécules à une seule bandelette renflée en massue à sa base, égalant environ la moitié supér. de l'achaine; columelle libre, bipartite; involucre nul ou oligophylle.

1. **H. Sphondylium** L. (Branc-Ursine).—Tige robuste, sillonnée-anguleuse, rameuse, hérissée de poils roides; feuilles grandes, pennatiséquées, à 3-5 segments amples, 2-3-lobés, les inférieurs pétiolulés; ombelle à 15-30 rayons; fleurs blanches; achaines à face commissurale munie de 2 bandelettes. ♃ juin-sept. — T. C. Prés, lieux herbeux et humides.

Var. *stenophyllum* Gren.; *H. stenophyllum* Jord.; feuilles à segments plus ou moins lancéolés-allongés, quelquefois presque linéaires. — T. R. Malesherbes.

12. **TORDYLIUM** Tourn. — Calice à dents courtes; pétales émarginés-obcordés, avec un lobule infléchi, les extérieurs rayonnants, profondément bifides; fruit ovale ou orbiculaire, comprimé par le dos; achaines à côtes à peine visibles, entourés d'une bordure marginale épaisse, tuberculeuse; vallécules à 1 ou plusieurs bandelettes; columelle libre, bipartite; involucre polyphylle.

1. **T. maximum** L. — Plante hérissée de poils raides; tige sillonnée-anguleuse, rameuse; feuilles pennatiséquées à 5-7 segments oblongs, incisés-crénelés, les inférieurs pétiolulés; ombelle à 5-10 rayons; fleurs blanches; fruits très brièvement pédicellés, hérissés de poils raides. ☉ juill.-août. — A. R. Haies, bords des chemins, lieux secs et incultes.

13. **SILAUS** Bess. — Calice à dents nulles; pétales tronqués à la base, entiers ou subémarginés avec un lobule infléchi; fruit oblong-cylindracé; achaines à côtes toutes égales, subailées, submembraneuses; vallécules à 3-4 bandelettes; columelle libre, bipartite; involucre nul ou à 1-2 folioles.

1. S. pratensis Bess.; *Peucedanum Silaus* L. — Plante glabre, à tige striée, rameuse et presque nue au sommet ; feuilles 2-3-pennatiséquées, à segments divisés en lanières linéaires-lancéolées, mucronulées, denticulées-scabres aux bords ; ombelles à 12-15 rayons ; fleurs jaunâtres. ♃ juill.-sept. — C. Prairies humides et marécageuses.

14. SESELI L. — Calice à dents courtes ; pétales subentiers ou émarginés, avec un lobule infléchi ; fruit ovoïde-oblong, non comprimé ; achaines à côtes épaisses, obtuses, presque égales ou les marginales un peu plus saillantes ; vallécules à une seule bandelette ; columelle libre, bipartite ; involucre nul ou polyphylle.

1. S. montanum L. — Plante glauque, glabre ; souche rameuse, tortueuse ; tiges à peine striées, simples ou rameuses, presque nues ; feuilles un peu raides, les infér. 3-pennatiséquées à segments linéaires, mucronulés, plus ou moins allongés ; les supér. pennatiséquées ou réduites au pétiole ; ombelle à 6-12 rayons ; involucre nul ; involucelles à folioles linéaires, lancéolées, étroitement bordées-scarieuses ; fleurs blanches ; calice à dents courtes et persistantes ; fruit pubescent. ♃ juill.-sept. — C. Coteaux secs et calcaires.

2. S. annuum L. ; *S. coloratum* Ehrh. ; *S. bienne* Crantz. — Plante un peu pubescente ; souche simple ; tige à peine striée, simple ou rameuse, souv. de couleur pourpre ; feuilles infér. 2-3-pennatiséquées, à segments linéaires, les supér. 2-pennatiséquées ; ombelle souv. colorée de pourpre, à 20-30 rayons serrés ; involucre nul ; involucelles à folioles lancéolées, largement bordées-scarieuses ; fleurs blanches ou pourprées ; calice à dents courtes et persistantes ; fruit à peine pubescent ou presque glabre. ②, ♃ juill.-sept. — A. R. Coteaux secs et herbeux, principalement calcaires : Vésinet, Chantilly, Mantes, Maisse, Nemours, etc.

3. S. Libanotis Kch. ; *Libanotis montana* All. — Plante presque glabre ; souche épaisse fusiforme ; tige robuste, pleine, cannelée-anguleuse, rameuse ; feuilles 2-pennatiséquées à segments sessiles, ovales ou oblongs, incisés-pennatifides ; ombelle très large à 30-40 rayons ; involucre et involucelles à 7-9 folioles linéaires-acuminées, souv. étroitement scarieuses aux bords ; fleurs blanches ; calice à dents subulées, caduques ; fruit hérissé de poils roides. ♃ monocarp. juill.-sept. — A. R. Coteaux secs et calcaires : Mantes, Port-Villez, Vernon, les Andelys, env. de Compiègne, etc.

15. ÆTHUSA L. — Calice à dents presque nulles ; pétales émarginés avec un lobule infléchi ; fruit ovoïde-subglobuleux ; achaines à côtes saillantes, carénées, les marginales un peu plus larges que les dorsales ; vallécules à une seule bandelette ; columelle libre, bipartite ; involucre nul ou à une seule foliole.

1. Æ. Cynapium L. (Petite ciguë). — Tige dressée, striée, rameuse; feuilles minces, 2-3-pennatiséquées à segments ovales-lancéolés, découpés en lanières linéaires; ombelle à 8-20 rayons très inégaux; involucelles à 3 folioles linéaires, réfléchies, placées sur le côté externe de l'obellule et plus longues qu'elle; fleurs blanches, les extérieures rayonnantes. ⊙ juill.-sept. — C. Lieux cultivés, décombres, bois frais.

16. FOENICULUM Tourn. (Fenouil). — Calice à dents nulles; pétales entiers au sommet et enroulé en dedans; fruit ellipsoïde ou oblong, non comprimé; achaines à côtes saillantes, obtuses, subcarénées, les marginales un peu plus larges; vallécules à une seule bandelette; columelle bipartite, adhérent aux achaines; involucre nul.

1. F. capillaceum Gilib.; *F. officinale* All. — Plante très odorante, aromatique; souche épaisse; tiges assez élevées, glaucescentes, striées rameuses; feuilles 3-4-pennatiséquées, à lanières capillaires, nombreuses; ombelles à 12-20 rayons; fleurs jaunes. ②, ♃ juill.-sept. — C. Berges des rivières et des voies ferrées, bords des chemins, lieux incultes, voisinages des habitations.

17. OENANTHE Tourn. — Calice à dents subulées, accrescentes après l'anthèse; pétales obovés-émarginés, avec un lobule infléchi; fruit cylindracé ou subtétragone; achaines à côtes obtuses, égales; vallécules à une seule bandelette; columelle adhérente aux achaines; involucre nul ou oligophylle, caduc.

1.
Feuilles découpées en lobes oblongs, très petits; ombelles brièvement pédonculées; ombellules à fleurs toutes pédicellées et fertiles . . . . *OE. Phellandium.*
Feuilles, au moins les caulinaires, découpées en lobes linéaires-allongés; ombelles longuement pédonculées; fleurs du centre des ombellules subsessiles et seules fertiles 2

2.
Souche longuement stolonifère; tige très fistuleuse, facilement compressible; ombelle à 2-4 rayons courts et épais. *OE. fistulosa.*
Souche non stolonifère; tige pleine ou à peine fistuleuse; ombelle à 6-20 rayons grêles, allongés 3

3.
Feuilles toutes semblables, à segments linéaires-étroits; pétales des fleurs de la circonférence des ombellules 1 fois plus grands que les intérieurs; styles égalant la longueur du fruit. *OE. peucedanifolia.*
Feuilles radicales, à segments obovales-cunéiformes ou oblongs, incisés, les caulinaires à segments linéaires; fleurs de la circonférence des ombellules à pétales presque tous égaux; styles égalant la moitié de la longueur du fruit . . . . . . *OE. Lachenalii.*

1. OE. fistulosa L. — Souche munie de fibres renflées-fusiformes, et de stolons allongés; tige très fistuleuse, striée, peu rameuse; feuilles à pétioles fistuleux, les radicales 2-3-pennatiséquées, à segments ovales, entiers ou trilobés, les caulinaires pennatiséquées, à segments linéaires, entiers ou trifides ; ombelle à 2-4 rayons courts et épais ; fleurs blanches, en ombellules subsphériques, celles de la circonférence pédicellées, rayonnantes, stériles. ♃ juill.-août. — C. Prés humides, marécages, bords des eaux.

2. **OE. peucedanifolia** Poll. — Souche munie de fibres renflées-napiformes, dépourvue de stolons ; tige à peine fistuleuse, sillonnée, rameuse ; feuilles à pétioles pleins, toutes 2-3-pennatiséquées, à segments linéaires-étroits ; ombelles longuement pédonculées, à 5-10 rayons grêles, allongés ; fleurs blanches, celles de la circonférence des ombellules pédicellées, stériles, à pétales extérieurs rayonnants, 1 fois plus grands que les intérieurs ; styles égalant la longueur du fruit. ♃ juin-juill. — Prés humides, marécages, bords des eaux.

3. **OE. Lachenalii** Gmel. ; *Œ. approximata* Mér.—Souche munie de fibres renflées-subfusiformes, dépourvue de stolons ; tige à peine fistuleuse, sillonnée, rameuse ; feuilles à pétioles pleins, 2-pennatiséquées, les radicales à segments obovales-cunéiformes ou oblongs, incisés, les caulinaires à segments linéaires-allongés ; ombelles longuement pédonculées, à 8-20 rayons grêles, allongés ; fleurs blanches, celles de la circonférence des ombellules pédicellées, stériles, à pétales extérieurs à peine rayonnants ; styles égalant la moitié de la longueur du fruit. ♃ juill.-sept. — A. C. Marécages et lieux tourbeux.

4. **OE. Phellandrium** Lam. ; *Phellandrium aquaticum* L. (Phellandre, Ciguë aquatique). — Souche munie de fibres filiformes et souvent de stolons ; tige largement fistuleuse, sillonnée, rameuse, ord. couchée-radicante à la base ; feuilles 2-3-pennatiséquées, à segments divisés en lobes oblongs, très petits, entiers ou incisés ; ombelles brièvement pédonculées, à 7-40 rayons grêles ; ombellules à fleurs blanches, toutes pédicellées, fertiles, les extérieures à peine rayonnantes. ♃ juill.-sept. — T. C. Lieux humides et marécageux, bords des eaux.

18. **BUPLEURUM** Tourn. (Buplèvre). — Calice à dents presque nulles ; pétales entiers, à sommet enroulé en dedans, à lobule large et tronqué ; fruit ovoïde ou oblong comprimé par le côté ; achaines à côtes égales, plus ou moins saillantes, ou filiformes ; vallécules dépourvues ou munies de 1 ou plusieurs bandelettes ; columelle libre, bipartite ; involucre nul ou à 1-4 folioles.

1 { Feuilles ovales-suborbiculaires, perfoliées, les infér. amplexicaules ; involucre nul. . . . . *B. rotundifolium.*
Feuilles oblongues ou linéaires-lancéolées, non perfoliées ni embrassantes ; involucre à 1-4 folioles 2

> Ombellules à 3-5 fleurs ; fruits tuberculeux, à côtes plissées-crénelées. . . . . *B. tenuissimum.*
> 2
> Ombellules à plus de 6 fleurs ; fruits non tuberculeux, à côtes lisses 3

> Plante annuelle ; ombelles à 2-4 rayons, plus courts que les folioles de l'involucre. . . . . *B. aristatum.*
> 3
> Plante vivace ; ombelles à 5-10 rayons, plus longs que les folioles de l'involucre . . . . *B. falcatum.*

1. B. falcatum L. (Oreille de lièvre). — Tige grêle, flexueuse, très rameuse, à rameaux étalés ; feuilles subcoriaces, les infér. oblongues ou elliptiques, souv. ondulées, longuement pétiolées, les supér linéaires-lancéolées, sessiles, souv. falciformes ; ombelle à 5-10 rayons plus longs que l'involucre à 1-3 folioles ; fleurs jaunes ; fruits non tuberculeux, à côtes lisses. ♃ août-oct. — C. Lieux secs, bords des chemins.

2. B. tenuissimum L. — Tiges très grêles, raides, ord. très rameuses, étalées ; feuilles linéaires-lancéolées, acuminées-cuspidées, subsessiles ; ombelle très petite à 2-4 rayons grêles, inégaux, plus longs que l'involucre à 3-5 folioles ; fleurs jaunes ; fruit finement et irrégulièrement tuberculeux, à côtes plissées-crénelées. ☉ juill.-sept. — A. R. Lieux secs, bords des chemins : env. de Melun, Trou-Salé, etc.

3. B. aristatum Bartl. — Tige très grêle, flexueuse, rameuse, à rameaux étalés ; feuilles linéaires-lancéolées, acuminées, subsessiles ; ombelle petite, à 2-4 rayons inégaux, plus courts que l'involucre à 3-5 folioles, ou l'égalant ; fleurs jaunes ; fruit non tuberculeux, à côtes lisses, très fines. ☉ juill.-sept. — T. R. Coteaux secs et herbeux : Lardy, Nemours.

4. B. rotundifolium L. (Percefeuille). — Tige dressée, raide, rameuse à la partie supér., à rameaux un peu étalés ; feuilles ovales-suborbiculaires perfoliées, les infér. amplexicaules ; ombelle à 3-8 rayons courts ; involucre nul ; fleurs jaunes ; fruit à côtes filiformes, lisses, à vallécules striées. ☉ juin-août. — A. R. Champs et moissons calcaires.

19. TRINIA Hoffm. — Fleurs dioïques, rar. monoïques ; calice à dents presque nulles ; pétales entiers, terminés par une pointe infléchie ou roulée en dedans ; fruit ovoïde, comprimé par le côté ; achaines à côtes égales, filiformes ; vallécules munies ou dépourvues de bandelettes ; columelle libre, bipartite ; involucre nul ou oligophylle.

1. T. vulgaris DC.; *Pimpinella dioica* L. — Souche napiforme, entourée à sa partie supér. de nombreuses fibrilles ; tige anguleuse, rameuse dichotome, à rameaux divergents ; feuilles 2-3-pennatiséquées, à segments linéaires; ombelles à 3-9 rayons grêles, ceux des individus femelles bien plus longs que ceux des mâles; fleurs blanches. ② mai-juin. — A. R. Coteaux secs et herbeux : Fontainebleau, Moret, Maisse, Malesherbes, etc.

20. **PETROSELINUM** Hoffm. (Persil).—Calice à dents presque nulles; pétales brièvement émarginés, avec un lobule infléchi; fruit ovoïde, comprimé par le côté, subdidyme; achaines à côtes égales, filiformes; vallécules à une seule bandelette; columelle libre, bipartite; involucre oligophylle.

1. **P. sativum** Hoffm. (Persil). — Plante odorante, aromatique; tige dressée, striée, fistuleuse, rameuse; feuilles radicales 2-pennatiséquées à segments ovales-cunéiformes, incisés-dentés, les supér. triséquées à segments lancéolés-linéaires; ombelles à 10-20 rayons presque égaux; fleurs d'un vert jaunâtre; styles réfléchis. ⊙, ② juin-août. — Cultivé comme condiment, souvent subspontané au voisinage des habitations.

2. **P. segetum** Kch. — Plante non aromatique; tige dressée, striée, fistuleuse, très rameuse, à rameaux grêles, allongés; feuilles peu nombreuses, pennatiséquées, à segments ovales-lancéolés, incisés-dentés; ombelles à 2-6 rayons très inégaux; fleurs blanches ou rougeâtres; styles dressés. ⊙, ② juill.-sept. — R. Champs secs, moissons, bords des chemins : Arcueil, St-Germain, etc.

21. **HELOSCIADIUM** Kch. — Calice à dents courtes; pétales entiers, à sommet dressé ou un peu infléchi; fruit ovoïde, comprimé par le côté, subdidyme; achaines à côtes égales, filiformes; vallécules à une seule bandelette; columelle libre, indivise; involucre nul, oligophylle ou polyphylle.

1. **H. nodiflorum** Kch.; *Sium* L. — Tige striée, largement fistuleuse, rameuse, couchée-radicante à la base, puis redressée; feuilles pennatiséquées, à segments ovales-lancéolés, dentés, sessiles, les feuilles infér. souv. submergées, à segments capillaires; ombelles sessiles ou brièvement pédonculées, à 5-12 rayons; involucre nul ou à 1-2 folioles caduques; fleurs d'un blanc-verdâtre. ♃ juill.-sept. — C. Ruisseaux, étangs et marécages.

2. **H. repens** Kch.; *Sium* Jacq. — Plante basse; tige grêle, rameuse, couchée-radicante dans toute sa longueur; feuilles pennatiséquées, à segments petits, ovales ou suborbiculaires, dentés, le terminal trifide; ombelles pédonculées, à 4-7 rayons; involucre à 3-4 folioles persistantes; fleurs d'un blanc verdâtre. ♃ juill.-sept. — A. R. Étangs, tourbières et lieux marécageux.

3. **H. inundatum** Kch.; *Sium* Roth. — Tige grêle, simple ou rameuse, submergée, flottante ou couchée-radicante; feuilles sub-

mergées, divisées en segments capillaires; feuilles aériennes pennatiséquées, à segments petits, cunéiformes, entiers ou 3-4-fides; ombelles pédonculées, à 2-3 rayons; involucre nul; fleurs blanches. ♃ juin-juill. — R. Marécages, mares et lieux tourbeux : Fontainebleau, Montfort-l'Amaury, St-Léger, etc.

22. ÆGOPODIUM L. — Calice à dents presque nulles; pétales obcordés-émarginés, avec un lobule infléchi; fruit ovoïde, comprimé par le côté; achaines à côtes égales, filiformes; vallécules dépourvues de bandelettes; columelle libre, bifide au sommet; involucre nul.

1. **Æ. Podagraria** L. (Herbe aux goutteux). — Souche rampante; tige sillonnée, fistuleuse, rameuse; feuilles ternatiséquées ou triséquées, à segments assez grands, ovales-lancéolés, dentés, le terminal souv. lobé; ombelles à 15-20 rayons; fleurs blanches ou rougeâtres. ♃ juin-août. — A. R. Bois, haies et lieux frais.

23. PIMPINELLA L. (Boucage). — Calice à dents presque nulles; pétales obovales-émarginés, avec un lobule infléchi; fruit ovoïde, comprimé par le côté; achaines à côtes égales, filiformes; vallécules à plusieurs bandelettes; columelle libre, bifide; involucre nul.

1. **P. magna** L. — Tige dressée, sillonnée-anguleuse, fistuleuse, rameuse; feuilles assez nombreuses, pennatiséquées, à segments ovales-aigus, incisés-dentés; ombelle à 8-15 rayons; fleurs blanches ou rosées; styles plus longs que l'ovaire; fruit finement rugueux. ♃ juin-sept. — A. R. Prairies et bois humides.
Var. *dissecta* Wallr.; *P. dissecta* Retz.; feuilles pennatifides, à segments linéaires-lancéolés.

2. **P. saxifraga** L. — Tige grêle, dressée, cylindrique, finement striée, rameuse; feuilles peu nombreuses, pennatiséquées, à segments ovales, incisés-dentés; ombelle à 8-16 rayons; fleurs blanches; styles plus courts que l'ovaire; fruit lisse. ♃ juin-sept. — T. C. Prés secs, lieux incultes, bords des chemins.
Var. *dissectifolia* Wallr.; *P. pratensis* Thuill.; feuilles 2-pennatiséquées, à segments linéaires-lancéolés.

24. SISON L. — Calice à dents presque nulles; pétales émarginés avec un lobule infléchi; fruit ovoïde, comprimé par le côté; achaines à côtes égales, filiformes; vallécules à une seule bandelette élargie supérieurement et plus courte que l'achaine; columelle libre, bipartite; involucre à 1-3 folioles.

1. **S. Amomum** L. — Tige dressée, striée, très-rameuse; feuilles pennatiséquées, à segments ovales-oblongs, lobés-dentés, ceux des

feuilles supér. sublinéaires ; ombelle à 3-6 rayons filiformes très inégaux ; fleurs blanches. ② juill.-sept. — R. Haies, champs, bords des chemins : Sceaux, Ver, Mennecy, Magny, etc.

25. **CICUTA** L. (Cicutaire). — Calice à dents larges, foliacées ; pétales obcordés-émarginés, avec un lobule infléchi ; fruit subglobuleux, didyme ; achaines à côtes égales, aplanies, obtuses ; vallécules à une seule bandelette ; columelle libre, bipartite ; involucre nul.

1. **C. virosa** L. (Ciguë vireuse, Ciguë aquatique).—Plante à odeur vireuse, désagréable ; souche rhizomateuse, très épaisse, blanche, caverneuse, cloisonnée ; tige robuste, striée, largement fistuleuse, rameuse ; feuilles molles, 2-3-pennatiséquées, à segments lancéolés-linéaires dentés, les infér. très grandes ; ombelle très grande à 10-16 rayons, s'allongeant après l'anthèse ; fleurs blanches. ♃ juill.-sept. – T. R. Marais, étangs et lieux tourbeux : bois de Cresne près Villers-Cotterets, Ons-en-Bray. *Plante très vénéneuse.*

26. **BUNIUM** L. — Calice à dents presque nulles ; pétales obcordés-émarginés, avec un lobule infléchi ; fruit ovoïde, un peu comprimé par le côté ; achaines à côtes égales, filiformes ; vallécules à une seule bandelette ; columelle libre, bifide ; involucre polyphylle.

1. **B. verticillatum** Gren. et Godr. ; *Carum* Kch.—Souche munie de fibres fusiformes-renflées, fasciculées ; tige grêle, dressée, peu rameuse ; feuilles peu nombreuses pennatiséquées, à segments nombreux, très courts, découpés en lanières capillaires ; ombelle à 6-12 rayons, grêles et lisses ; fleurs blanches. ♃ juin-sept. — R. Prairies tourbeuses et lieux marécageux : Montfort-l'Amaury, St-Hubert, St-Léger, etc.

2. **B. Bulbocastanum** L. ; *Carum* Kch. (Terre-noix). — Souche bulbiforme, globuleuse ; tige grêle, dressée, rameuse dans sa partie supér. ; feuilles 2-3-pennatiséquées, à segments divariqués, découpés en lanières linéaires ; ombelle à 12-20 rayons, rudes sur le côté interne ; fleurs blanches. ♃ juin-juill.—R. Champs et moissons : Vincennes, Boulogne, Mantes, Chaumont, etc.

27. **FALCARIA** Riv.—Calice à dents aiguës ; pétales obcordés-émarginés, avec un lobule infléchi ; fruit ovoïde-oblong, comprimé par le côté ; achaines à côtes égales, filiformes ; vallécules à une seule bandelette ; columelle libre, bifide ; involucre polyphylle.

1. **F. Rivini** Host ; *Sium Falcaria* L. — Racine fusiforme, très longue ; tige dressée, striée, très rameuse, à rameaux étalés ; feuilles fermes, glauques, les radicales entières ou triséquées, les caulinaires palmatiséquées à 3-7 segments linéaires-lancéolés, dentés, souv. falciformes ; ombelle à 12-15 rayons presque capillaires ; involucre à

folioles linéaires-sétacées ; fleurs blanches. ②, ♃ juill.-sept. — T. R. Champs et moissons : Arcueil, Hennemont près St-Germain, Malesherbes.

28. **SIUM** Tourn. (Berle). — Calice à 5 dents aiguës ; pétales obcordés-émarginés, avec un lobule infléchi ; fruit ovoïde, comprimé par le côté, subdidyme ; achaines à côtes égales, filiformes ; vallécules à 3 bandelettes ; columelle bipartite, ord. adhérente avec les achaines ; involucre polyphylle.

1. **S. latifolium** L. (Grande Berle). — Souche rampante, stolonifère ; tige robuste, dressée, sillonnée, fistuleuse, rameuse ; feuilles pennatiséquées, à 9-11 segments oblongs-lancéolés, dentés, les inférieures très grandes ; ombelle grande, à 20-30 rayons ; involucre à folioles ord. uninervées ; fleurs blanches ; achaines à bords contigus. ♃ juill.-sept. — R. Marais, rivières, bords des eaux : Fontainebleau, Moret, Nemours, etc.

2. **S. angustifolium** L. ; *Berula angustifolia* Kch. (Berle). — Souche rampante, stolonifère ; tige assez robuste, dressée, sillonnée, fistuleuse, rameuse ; feuilles pennatiséquées, à 9-15 segments oblongs, incisés-lobés, ou profondément dentés, les inférieures plus grandes ; ombelle moyenne, à 8-12 rayons grêles ; involucre à folioles ord. 3-nervées ; fleurs blanches ; achaines à bords écartés, non contigus. ♃ juill.-sept. — C. Ruisseaux, étangs, bords des eaux.

** Achaines à face commissurale creusée d'un sillon ou enroulée par les bords.

29. **SCANDIX** Tourn. — Calice à dents presque nulles ; pétales obovés-émarginés ou tronqués, avec un lobule infléchi ; fruit oblong-linéaire, comprimé par le côté, prolongé en un bec beaucoup plus long que les achaines, ceux-ci à côtes égales, obtuses ; vallécules dépourvues de bandelettes ; columelle libre, entière ou à peine bifide ; involucre nul ou à une seule foliole.

1. **S. Pecten-Veneris** L. (Aiguillon, Peigne de Vénus). — Tige basse, dressée, un peu hérissée, souvent rameuse dès la base ; feuilles 2-3 pennatiséquées, à segments divisés en lanières linéaires ; ombelle à 1-3 rayons ; involucelles à 3-5 folioles ailées ; fleurs blanches, celles de la circonférence hermaphrodites, celles du centre mâles ; fruit terminé par un bec strié, hérissé, 4-6 fois plus long que les achaines. ☉ mai-sept. — T. C. Champs et moissons.

30. **ANTHRISCUS** Hoffm. — Calice à dents nulles ; pétales obovés-émarginés ou tronqués avec un lobule infléchi ; fruit ovoïde-conique ou sublinéaire, comprimé par le côté, prolongé en un bec bien plus court que les achaines, ceux-ci à côtes nulles ou visibles seulement à la base du bec ; vallécules dépourvues de bandelettes ; columelle libre, bifide au sommet ; involucre nul.

1. A. vulgaris Pers. ; *Scandix Anthriscus* L. — Souche grêle, annuelle ; tige dressée ou ascendante, striée, rameuse ; feuilles 2-3-pennatiséquées, à segments nombreux divisés en lanières courtes ; ombelle à 3-7 rayons glabres, brièvement pédonculés ; involucelles à folioles étalées ; fleurs blanches ; fruit couvert d'épines subulées, crochues. ⊙ mai-juin. — T. C. Décombres, lieux incultes, bords des chemins.

2. A. cerefolium Hoffm. ; *Scandix* L. (Cerfeuil). — Plante odorante-aromatique ; souche grêle, annuelle ; tige dressée, striée, rameuse, pubescente sous les nœuds ; feuilles 2-pennatiséquées, à segments ovales, divisés en lanières obtuses ; feuilles infér. munies d'un pétiole à gaîne ciliée ; ombelle à 3-5 rayons pubescents, presque sessile ; involucelles à folioles réfléchies ; fleurs blanches ; fruits lisses, atténués en un bec qui égale la moitié de la longueur des achaines. ⊙ mai-sept. — Communément cultivé et souv. subspontané au voisinage des habitations.

3. A. silvestris Hoffm. ; *Chærophyllum silvestre* L. — Souche épaisse, vivace ; tige dressée, striée, fistuleuse, rameuse-dichotome ; feuilles ciliées, 3-pennatiséquées, à segments divisés en lanières courtes, linéaires-lancéolées, les feuilles infér. grandes, munies d'un long pétiole engaînant-auriculé à la base ; ombelle à 8-16 rayons glabres, assez longuement pédonculée ; involucelles à foliole réfléchies ; fleurs blanches ; fruit lisse, atténué en un bec 4 fois plus court que les achaines. ♃ mai-juill. — A. C. Haies, bois et prés humides.

31. CONOPODIUM DC.—Calice à dents nulles ; pétales obovés-émarginés avec un lobule infléchi ; fruit ovoïde-conique, comprimé par le côté, atténué au sommet ; achaines à côtes égales, filiformes ; vallécules à 2-3 bandelettes ; columelle libre, bifide ; involucre nul ou à 1-3 folioles.

1. C. denudatum Kch. ; *Bunium* DC. (Terre-noix). — Souche bulbiforme-globuleuse ; tige grêle, dressée, fistuleuse, flexueuse à la base, rameuse au sommet ; feuilles 2-pennatiséquées, à segments divisés en lanières linéaires ou oblongues-lancéolées, les infér. pétiolées, les supér. plus petites, sessiles ; ombelle à 8-12 rayons grêles ; fleurs blanches, rar. rosées. ♃ juin-juill. — T. R. Prés secs et herbeux : env. de Pithiviers? et de Dreux?

32. CHÆROPHYLLUM Tourn. (Cerfeuil). — Calice à dents presque nulles ; pétales obcordés, émarginés ou tronqués, avec un lobule infléchi ; fruit oblong-linéaire, comprimé par le côté, atténué au sommet ; achaines à côtes égales, obtuses ; vallécules à une seule bandelette ; columelle libre, bifide ; involucre nul ou à 1-3 folioles.

1. C. temulum L. (Cerfeuil bâtard). — Tige dressée, striée, pleine, rameuse, renflée sous les nœuds, souvent tachée de pourpre; feuilles velues, 2-pennatiséqués à segments ovales-oblongs, obtus, divisés en lanières obtuses, incisées-dentées; ombelle à 6-12 rayons; involucelles à 5-8 folioles lancéolées, ciliées ; fleurs blanches. ② juin-août. — T. C. Haies, buissons, bois.

33. CONIUM L. (Ciguë). — Calice à dents presque nulles; pétales obovales, brièvement émarginés, avec un lobule infléchi; fruit subglobuleux, subdidyme, un peu comprimé par le côté; achaines non atténués au sommet, à côtes égales, saillantes, ondulées ; valléules dépourvues de bandelettes; columelle libre, bipartite; involucre à 3-5 folioles.

1. C. maculatum L. (Grande Ciguë). — Plante fétide; tige assez élevée, dressée, striée, fistuleuse, rameuse, ord. maculée de pourpre dans sa partie infér.; feuilles grandes, 3-4-pennatiséquées, à segments ovales-oblongs, incisés-dentés ou pennatifides; ombelle à 10-20 rayons; involucre et involucelles à folioles réfléchies; fleurs blanches. ② juill.-sept. —C. Lieux incultes, décombres, bords des chemins. *Plante vénéneuse.*

§ II. Fleurs ou fruits én capitules ou en verticilles solitaires ou superposés.

34. HYDROCOTYLE Tourn. — Calice à dents nulles; pétales ovales, entiers, à sommet aigu dressé ou légèrement infléchi; fruit comprimé par le côté. sublenticulaire, didyme, ayant un peu l'aspect d'une silicule de Biscutella; achaines à côtes inégales, filiformes, les marginales nulles, la dorsale plus développée que les latérales; valléules dépourvues de bandelettes; columelle adhérente avec les achaines; inflorescence verticillée; involucre oligophylle.

1. H. vulgaris L. (Écuelle d'eau). — Tige grêle, allongée, rampante, radicante; feuilles orbiculaires-peltées, crénelées, longuement pétiolées; fleurs très petites, blanches ou rosées, subsessiles, formant 1-3 verticilles de 2-3-fleurs, superposées au sommet de pédoncules axillaires, grêles, nus, plus courts que les feuilles. ♃ juin-août. — C. Marais et prairies tourbeuses.

35. SANICULA Tourn. (Sanicle). — Calice à dents foliacées; pétales émarginés, avec un lobule infléchi; fruit subglobuleux; achaines dépourvus de côtes, hérissés d'épines subulées, crochues; valléules à bandelettes nombreuses, mais peu distinctes; columelle entière, adhérente avec les achaines ; fleurs polygames, réunies en petits capitules subglobuleux, formant une ombelle irrégulière; involucre polyphylle.

1. S. europæa L. — Tige grêle, dressée, ord. simple ; feuilles presque toutes radicales, longuement pétiolées, palmatipartites, à 3-5 segments cunéiformes, incisés-dentés ; fleurs blanches ou rosées, les mâles pédicellées, les femelles sessiles à l'aisselle de bractées herbacées ; étamines longuement exsertes. ♃ mai-juin. — C. Bois humides.

36. ERYNGIUM Tourn. (Panicaut). — Calice à dents foliacées, aristées ; pétales obcordés-émarginés , avec un lobule infléchi ; fruit ellipsoïde ; achaines dépourvus de côtes, couverts d'écailles acuminées ; vallécules dépourvues de bandelettes ; columelle entière, adhérente avec les achaines ; fleurs sessiles, solitaires à l'aisselle de bractées épineuses, formant un capitule compacte, oblong ou subglobuleux, muni d'un involucre de plusieurs folioles épineuses plus longues que lui.

1. E. campestre L. (Chardon-Roland, Chardon-roulant). — Tige dressée, blanchâtre-striée , rameuse, à rameaux raides étalés ; feuilles coriaces, glauques, ondulées, dentées-épineuses , les radicales pétiolées, ovales-entières ou pennatipartites à segments pennatifides , les caulinaires auriculées amplexicaules ; fleurs blanches. ♃ juill.-sept. — T. C. Lieux secs et incultes , bords des chemins.

ESPÈCES EXCLUES.

Ammi majus L. et *glaucifolium* L. se rencontrent accidentellement dans les champs de Luzerne ; *Carum Carvi* L. et *Œnanthe crocata* L. n'ont pas été retrouvés aux localités où ils avaient été indiqués ; *Apium graveolens* (Céleri), *Anethum graveolens* (Aneth) et *Coriandrum sativum* L. (Coriandre) sont quelquefois cultivés et peuvent se rencontrer à l'état subspontané au voisinage des habitations ; *Cnidium apioides* Spreng. introduit à Vincennes et à St-Cloud et *Eryngium amethystinum* L. indiqué à Malesherbes , ont disparu de ces localités où ils n'étaient point indigènes.

XL. ARALIACÉES Juss.

Arbrisseaux souv. sarmenteux , grimpants. Feuilles alternes , pétiolées, simples, entières ou lobées ; stipules nulles ou très petites. Fleurs hermaphrodites, régulières, en ombelles terminales. Calice à 5 divisions courtes ou dentiformes, persistantes. Corolle à 5 pétales, libres, caducs, en préfloraison valvaire. Étamines 5, alternes avec les pétales, à filets courts insérés chacun dans une échancrure du disque épigyne, charnu ; anthères biloculaires, introrses. Style simple, entouré à la base d'un disque épigyne,

divisé au sommet en 5 lobes stigmatifères. Ovaire infère, à
5-loges 1-ovulées. Fruit bacciforme à 5 loges, rar. moins,
1-spermes. Graines plus ou moins anguleuses; albumen charnu,
souv. ruminé.

1. **HEDERA** Tourn. (Lierre). — (Caractères de la famille).

1. **H. Helix** L. (Lierre).—Tiges très rameuses, grimpantes, s'atta-
chant aux murs, aux arbres et aux rochers par des crampons simulant des radicelles; feuilles d'un vert foncé, luisantes, coriaces,
persistantes, celles des rameaux stériles à 3-5 lobes triangulaires,
celles des rameaux florifères ovales-acuminées, entières; fleurs
d'un jaune-verdâtre; baie globuleuse, noire, coriace. ♄ fl. sept.,
fr. avril. — T. C. Bois, rochers, troncs d'arbres, vieux murs.

XLI. CORNACÉES Link.

Arbrisseaux plus ou moins élevés à rameaux dressés. Feuilles
opposées ou alternes, pétiolées, entières, dépourvues de stipules.
Fleurs hermaphrodites, régulières, en cymes plus ou moins ramifiées ou en ombelles axillaires ou terminales, nues ou entourées d'un involucre de bractées. Calice à 4 divisions courtes ou
dentiformes. Corolle à 4 pétales libres, caducs, en préfloraison valvaire. Étamines 4, alternes avec les pétales, insérées sur
les bords du disque; anthères biloculaires, introrses. Style simple,
entouré à sa base d'un disque épigyne épais; stigmate capité.
Ovaire infère à 2-3 loges, 1-ovulées. Fruit drupacé, à un seul
noyau, à 2 rar. 3 loges 1-spermes. Graines à testa mince; albumen
charnu.

1. **CORNUS** Tourn. (Cornouiller). — (Caractères de la famille).

1. **C. mas** L. (Cornouiller). — Arbrisseau ou arbre peu élevé;
feuilles elliptiques, acuminées, brièvement pétiolées; fleurs jaunes,
paraissant avant les feuilles, en ombelle brièvement pédonculée et
munie d'un involucre à 4 folioles ovales, obtuses; drupe ellipsoïde,
rouge et acidule à la maturité. ♄ fl. mars. fr. sept. — A. R. Bois à
sous-sol calcaire.

2. **C. sanguinea** L. — Arbrisseau peu élevé, très rameux;
feuilles elliptiques, acuminées, pétiolées; fleurs blanches, paraissant après les feuilles, en cyme ramifiée, assez longuement
pédonculée et dépourvue d'involucre; drupe globuleuse, pisiforme,
noire et amère à la maturité. ♄ fl. mai-juin, fr. sept. — T. C. Haies,
bois et buissons.

XLII. CAPRIFOLIACÉES A. Rich.

Arbrisseaux à rameaux dressés ou grimpants-sarmenteux, plus rar. herbes vivaces. Feuilles opposées, pétiolées ou sessiles, entières, dentées ou plus ou moins divisées, munies ou dépourvues de stipules. Fleurs hermaphrodites, régulières ou irrégulières, disposées en capitules, en corymbes, en tête ou en faux verticilles, axillaires ou terminaux, plus rar. géminées. Calice à 4-5 divisions, souv. très courtes, caduques ou persistantes. Corolle gamopétale, 4-5-fide, rotacée, campanulée ou tubuleuse-labiée, caduque. Étamines 5 rar. 4, insérées sur le tube de la corolle et alternes avec ses divisions; anthères biloculaires, introrses. Styles 2-5, libres ou réunis; stigmates 2-5, distincts ou réunis en un stigmate capité. Ovaire infère, formé de 2-5-carpelles à 2-5 loges uni-multiovulées. Fruit bacciforme ou drupacé, 2-5-loculaire ou 1-loculaire par avortement, à loges 1-polyspermes. Graines à testa ord. dur; albumen charnu.

1 { Corolle régulière, rotacée ou rar. subcampanulée; styles très courts ou nuls; ovaire à loges 1-ovulées. 2
Corolle irrégulière, tubuleuse-infundibuliforme ou subcampanulée-bilabiée; styles allongés, filiformes; ovaire à loges pluriovulées.
Lonicera (4).

2 { Arbrisseau; fleurs blanchâtres, très nombreuses, en larges corymbes plans; étamines indivises. 3
Plante herbacée, très petite; fleurs 4-6, d'un vert jaunâtre, en capitule terminal; étamines profondément bifides et simulant 8-10 étamines à anthères 1-loculaires. . . . . . *Adoxa* (1).

3 { Feuilles pennatiséquées; baies 3-5-spermes . . . *Sambucus* (2).
Feuilles entières ou palmatilobées; baies 1-spermes.
Viburnum (3).

1. **ADOXA** L. — Fleurs régulières; calice subcharnu, accrescent, 2-3-denté; corolle rotacée, 4-5-lobée à lobes étalés; étamines 4-5, à filets profondément bifides, chaque division portant une loge d'anthère; styles 4-5, libres; fruit bacciforme, couronné par le calice accrescent, à 4-5 loges monospermes.

1. **A. Moschatellina** L. (Moscatelline). — Plante très petite, herbacée; souche rampante, renflée-écailleuse; tige simple, grêle, dressée; feuilles tripartites ou triséquées, les radicales 1-3, longuement pétiolées, les caulinaires 2, opposées, brièvement pétiolées; fleurs 4-6, d'un jaune verdâtre, sessiles, en capitule terminal longuement pédonculé. ⚥ avril-mai. — C. Haies, buissons et bois humides.

2. **SAMBUCUS** Tourn. (Sureau). — Fleurs régulières; calice à

5 dents courtes; corolle rotacée, à 5 divisions étalées, puis réfléchies; étamines 5, indivises; style nul; stigmates 3-5, sessiles; fruit bacciforme, à 3-5 loges 3-5-spermes, rar. une seule loge.

1. **S. Ebulus** L. (Yèble). — Plante fétide; tige herbacée, dressée, rameuse; feuilles pétiolées, pennatiséquées, à 5-11 segments lancéolés, acuminés, dentés, munies de stipules foliacées, lancéolées; fleurs odorantes, blanches ou rougeâtres extérieurement, en larges corymbes plans; baies noires. ♃ fl. juill., fr. sept.—T. C. Bords des fossés et des chemins, lieux incultes.

2. **S. nigra** L. (Sureau). — Plante non fétide; tige ligneuse formant un arbrisseau assez élevé, à rameaux grisâtres-verruqueux, munis d'une moelle abondante; feuilles pennatiséquées à 3-5 segments ovales-lancéolés, acuminés, dentés, à stipules très petites ou nulles; fleurs odorantes, d'un blanc jaunâtre, en larges corymbes plans; baies noires. ♄ fl. juin, fr. sept. — C. Haies, bois, taillis; souvent planté dans les parcs et les jardins.

3. **VIBURNUM** L. (Viorne). — Fleurs toutes régulières, ou celles de la circonférence irrégulières; calice à 5 dents courtes; corolle rotacée ou campanulée-rotacée, à 5 divisions; étamines 5, indivises; style nul; stigmates 3, sessiles; fruit bacciforme, à 1 loge monosperme.

1. **V. Lantana** L. (Mancienne). — Arbrisseau à rameaux munis dans leur partie supér. de poils étoilés; feuilles à pétiole non glanduleux, ovales, obtuses, dentées, cordées à la base, couvertes de poils étoilés, dépourvues de stipules; fleurs blanches, odorantes, toutes fertiles, à corolle rotacée-régulière; baies comprimées, vertes, puis rouges et enfin noires à la maturité. ♄ fl. mai, fr. sept.— C. Haies et bois.

2. **V. Opulus** L. (Obier).—Arbrisseau à rameaux glabres; feuilles à pétiole muni de glandes cupuliformes, à 3-5 lobes profonds, acuminés, dentés, munies à la face infér. d'une pubescence non étoilée et pourvues de stipules sétacées; fleurs blanches, presque inodores, à corolle campanulée-rotacée, celles de la circonférence rayonnantes, stériles; baies globuleuses, d'un rouge vif à la maturité. ♄ fl. juin, fr. sept. — C. Haies, bois et taillis un peu humides.

4. **LONICERA** L. (Chèvrefeuille). — Fleurs irrégulières; calice à 5 dents courtes; corolle tubuleuse-infundibuliforme ou subcampanulée, à 2 lèvres, la supér. 4-fide, l'infér. entière; étamines 5, indivises; style allongé, filiforme; stigmate entier ou 3-lobé; fruit bacciforme, à 1-3 loges polyspermes.

1. **L. Periclymenum** L. — Arbrisseau à tiges sarmenteuses, volubiles; feuilles glabres ou subpubescentes, ovales, aiguës,

brièvement pétiolées, les supér. sessiles; fleurs odorantes, jaunâtres ou rougeâtres, longuement tubuleuses-arquées, en tête terminale, longuement pédonculée; baies ovoïdes, rouges, couronnées par le calice persistant. Ʒ juill.-sept. — C. Haies, bois et taillis.

2 L. Xylosteum L. — Arbrisseau à tiges non sarmenteuses, ni volubiles; feuilles velues-blanchâtres en dessous, ovales, subaiguës, toutes pétiolées; fleurs presque inodores, d'un blanc jaunâtre, très brièvement tubuleuses, à tube gibbeux à la base, géminées et sessiles au sommet d'un pédoncule axillaire aussi long qu'elles; baies globuleuses, rouges, ombiliquées au sommet. Ʒ mai-juill.—C. Haies, bois et buissons.

ESPÈCES EXCLUES.

Sambucus laciniata Mill., *S. racemosa* L., *Viburnum Opulus* var. *sterilis* (Boule de neige), *Lonicera Caprifolium* L. et *Symphoricarpus racemosa* Mich. sont souvent plantés dans les haies, dans les parcs et dans les bosquets.

XLIII. RUBIACÉES Juss.

Herbes annuelles ou vivaces, à feuilles entières, verticillées, ord. dépourvues de stipules ou quelquefois munies de stipules simulant des feuilles. Fleurs hermaphrodites, rar. unisexuées par avortement, régulières, ord. disposées en glomérules ou en grappes axillaires ou terminales. Calice à 4-6 sépales dentiformes, très courts ou presque nuls. Corolle gamopétale, caduque, rotacée, infundibuliforme ou campanulée, à 4-5 divisions en préfloraison valvaire. Étamines 4-5, insérées sur le tube de la corolle et alternes avec ses lobes; anthères biloculaires, introrses. Styles 2, libres ou plus ord. connés. Ovaire infère, surmonté d'un disque épigyne entourant la base du style, à 2 ou à un seul carpelle par avortement, à 2 ou à une seule loge uniovulée. Fruit sec, rar. charnu, didyme, à 2 carpelles indéhiscents se séparant à la maturité, plus rar. le fruit est réduit à un seul carpelle. Graines convexes en dehors, plus ou moins concaves en dedans; albumen épais, corné.

1 { Calice à 6 divisions profondes, persistantes sur le fruit mûr. *Sherardia* (1).

Calice à divisions nulles ou très courtes, non persistantes sur le fruit. 2

2 { Fruit charnu, bacciforme, ord. formé d'un seul carpelle. *Rubia* (4).

Fruit sec, formé de 2 carpelles adhérents, se séparant ord. à la maturité. 3

3 { Corolle rotacée, plane, à tube nul ou presque nul. *Galium* (3).

Corolle infundibuliforme ou campanulée à tube plus ou moins allongé. . . . . *Asperula* (2).

1. SHERARDIA L — Calice à 6, rar. 4 divisions profondes, accrescentes après l'anthèse et persistantes sur le fruit mûr; corolle infundibuliforme, à tube allongé, à limbe 4-fide, subétalé; fruit sec, formé de 2 carpelles adhérents.

1. S. arvensis L. Tiges nombreuses, rameuses, hérissées-scabres, étalées-couchées; feuilles hérissées-scabres à la face supér., les infér. obovales-obtuses, opposées, les moyennes spathulées, acuminées, verticillées par 4, les supér. linéaires-lancéolées, verticillées par 6; fleurs lilacées, rar. blanches réunies par 4-8 au sommet des rameaux et entourées d'un involucre polyphylle; fruit hérissé d'aiguillons courts. ☉, ② juin-sept. — T. C. Champs et moissons.

2. ASPERULA L. (Aspérule).—Calice à 4 divisions très courtes, presque nulles à la maturité du fruit; corolle infundibuliforme ou campanulée, à tube allongé, à limbe 4-fide, rar. 3-5-fide, étalé; fruit sec, formé de 2 carpelles adhérents.

1 { Fleurs bleues, en glomérules, entourées d'un involucre polyphylle plus long qu'elles. . . . . *A. arvensis.*
Fleurs blanches ou rosées, en corymbes ou en cymes, munies de bractées très courtes. 2

2 { Feuilles lancéolées; fruits hérissés d'aiguillons crochus. *A. odorata.*
Feuilles linéaires; fruit lisse ou tuberculeux. 3

3 { Tiges nombreuses, diffuses; bractées mucronées; fruit finement tuberculeux . . . . *A. cynanchica.*
Tiges peu nombreuses, dressées; bractées non mucronées; fruit lisse. *A. tinctoria.*

1. A. odorata L. (Aspérule odorante). — Plante devenant odorante par la dessiccation; souche grêle, longuement rampante; tiges simples, dressées, lisses; feuilles verticillées par 6-8, brièvement atténuées à la base et mucronées au sommet, les infér. obovales, les supér. lancéolées; fleurs blanches, en corymbe terminal; fruit hérissé d'aiguillons crochus. ♃ mai-juin. — R. Bois : St-Cloud, Montmorency, Vernon, Compiègne, Villers-Cotterets, etc.

2. A. cynanchica L. (Herbe à l'esquinancie). — Souche épaisse, subligneuse, non rampante; tiges nombreuses, grêles, rameuses, diffuses, lisses; feuilles ord. verticillées par 4, linéaires, aiguës ou cuspidées; fleurs rosées en cymes terminales, munies de bractées linéaires, mucronées; fruit finement tuberculeux. ♃ juin-sept. — T. C. Collines, lieux secs et herbeux.

3. A. tinctoria L. — Plante noircissant ord. par la dessiccation; souche grêle, rampante; tiges peu nombreuses, grêles, dressées, simples ou rameuses supérieurement, lisses; feuilles verticillées par 4-6, linéaires, aiguës; fleurs rosées, en cymes terminales, munies de bractées obovales, non mucronées ; fruit lisse. ♃ juin-juill. —,T. R. Forêt de Fontainebleau (abondant au Mail Henri IV), Nemours.

4. **A. arvensis** L. — Racine grêle, simple, non rampante ; tige simple ou rameuse-dichotome, dressée, un peu hérissée-scabre ; feuilles ciliées sur les bords et sur la nervure médiane, les infér. obovées, verticillées par 4, les supér. sublinéaires, verticillées par 6-8 ; fleurs bleues, très rar. blanches, en glomérules terminaux, entourées et longuement dépassées par un involucre polyphylle, longuement cilié ; fruit lisse. ☉ mai-juin. — R. Champs et moissons des terrains calcaires : Lardy, Étampes, Malesherbes, etc.

3. **GALIUM** L. (Gaillet). — Calice à 4 divisions très courtes ou presque nulles à la maturité du fruit ; corolle plane-rotacée, à limbe 4-fide, étalé ; fruit sec, formé de 2 carpelles adhérents, se séparant à la maturité.

1	Feuilles munies d'une nervure médiane saillante et de 2 latérales moins prononcées ; pédoncules fructifères recourbés et cachant les fruits sous les feuilles. . . . . *G. Cruciata.*	
	Feuilles munies d'une seule nervure médiane ; pédoncules dressés ou recourbés, mais ne cachant pas les fruits sous les feuilles. .	2
2	Fleurs jaunes ou jaunâtres intérieurement et extérieurement . . .	3
	Fleurs blanches ou blanchâtres, plus rar. rougeâtres ou d'un jaune verdâtre extérieurement.	4
3	Plante d'un vert foncé, noircissant par la dessiccation ; fleurs d'un jaune vif. . . . . *G. verum.*	
	Plante d'un beau vert, ne noircissant pas par la dessiccation ; fleurs d'un jaune pâle. . . . . *G. decolorans.*	
4	Tiges glabres ou pubescentes, lisses, dépourvues d'aiguillons réfléchis ou de denticules sur les angles.	5
	Tiges plus ou moins denticulées-scabres ou munies d'aiguillons réfléchis sur les angles.	10
5	Tiges ord. fermes, dressées ou ascendantes ; corolle à divisions aristées.	6
	Tiges grêles, décombantes ou diffuses ; corolle à divisions aiguës ou obtuses, mais non aristées.	8
6	Feuilles un peu transparentes, veinées-réticulées, obtuses-mucronées ; fleurs petites, d'un blanc sale, en panicule très ample à rameaux étalés ; fruits petits	7
	Feuilles non transparentes, aiguës, non veinées-réticulées ; fleurs grandes, d'un beau blanc, en panicule étroite, à rameaux plus ou moins dressés ; fruits assez gros. . . . . . . *G. erectum.*	
7	Tiges tombantes ou ne s'élevant qu'en s'appuyant sur les plantes voisines ; feuilles assez courtes, obovales ou ovales-oblongues ; panicule un peu lâche ; pédicelles fructifères divariqués ou réfléchis. . . . . *G. elatum.*	
	Tiges ascendantes, radicantes à la base ; feuilles allongées, oblongues-lancéolées ; panicule un peu serrée ; pédicelles fructifères étalés, dressés. . . . . *G. dumetorum.*	

8 {
Plante ne noircissant pas par la dessiccation; feuilles lancéolées-linéaires ou linéaires, à bords roulés en dessous, verticillées par 7-8 . . . . *G. silvestre.*
Plante noircissant par la dessiccation; feuilles planes, elliptiques-oblongues ou oblongues-lancéolées, verticillées par 4-6. . . . 9

9 {
Feuilles mucronées; fleurs en panicule corymbiforme assez serrée; fruit tuberculeux. . . . . *G. saxatile.*
Feuilles obtuses, mutiques; fleurs en panicule lâche, diffuse; fruits finement chagrinés. . . . . *G. palustre.*

10 {
Tiges et feuilles presque lisses ou plus ou moins scabres, ord. non accrochantes; feuilles obtuses et mutiques. 11
Tiges et feuilles très scabres, ord. accrochantes; feuilles aiguës et mucronées. 13

11 {
Feuilles toutes ou la plupart verticillées par 4; pédicelles fructifères très divergents. 12
Feuilles verticillées par 6 sur la tige et les principaux rameaux, les autres verticillées par 4; pédicelles fructifères très rapprochés et non divergents . . . . *G. constrictum.*

12 {
Tiges grêles; fleurs petites, en panicule à rameaux déjetés-réfléchis; fruits petits, finement chagrinés . . . . . *G. palustre.*
Tiges robustes; fleurs grandes, en panicule à rameaux étalés, non déjetés-réfléchis; fruits gros, fortement chagrinés.
G. elongatum

13 {
Fleurs en panicules corymbiformes, multiflores, terminales et latérales. 14
Fleurs en petites grappes pauciflores, axillaires. 16

14 {
Plante vivace des lieux humides, ne brunissant pas par la dessiccation; feuilles à denticules dirigés, les uns vers la base, les autres vers le sommet de la feuille; fleurs d'un beau blanc.
G. uliginosum.
Plante annuelle des lieux secs, brunissant plus ou moins par la dessiccation; feuilles à denticules dirigés vers le sommet de la feuille; fleurs d'un blanc verdâtre, ou rougeâtres en dehors. 15

15 {
Tiges grêles, solitaires, lisses supérieurement; feuilles dressées puis étalées, verticillées par 7; panicule à rameaux allongés, filiformes. . . . . *G. divaricatum.*
Tiges nombreuses, diffuses, rudes dans toute leur longueur; feuilles étalées puis réfléchies, verticillées par 6; panicule à rameaux courts, non filiformes . . . . *G. anglicum.*

16 {
Fleurs en petites grappes plus longues que les feuilles; pédoncules fructifères dressés. 17
Fleurs en grappes 2-3 flores, plus courtes que les feuilles; pédoncules fructifères recourbés. . . . . *G. tricorne.*

17 {
Tiges renflées et hispides aux articulations; fruits gros, ord. hérissés de poils crochus au sommet et tuberculeux à la base, rar. non hérissés et seulement tuberculeux. . . *G. Aparine.*
Tiges non renflées ni hispides aux articulations; fruits petits, ord. glabres, chagrinés, non tuberculeux, plus rar. hérissés de poils non tuberculeux à la base. . . . . *G. spurium.*

1. G. Cruciata Scop. (Croisette). — Plante hérissée de longs poils blancs, étalés ; tiges lisses, simples, nombreuses, ascendantes-diffuses ; feuilles ovales-elliptiques, 3-nervées, étalées, verticillées par 4 ; fleurs jaunes, réunies par 3-8 en petites cymes axillaires, plus courtes que les feuilles ; pédoncules fructifères réfléchis et cachant sous les feuilles les fruits lisses. ♃ avril-juin. — T. C. Haies, buissons, bois, lieux herbeux.

2. G. verum L. (Gaillet jaune). — Plante ord. pubescente, d'un vert foncé, noircissant par la dessiccation ; tiges lisses, rameuses au sommet, raides, dressées ; feuilles étroitement linéaires, mucronées, 1-nervées, à bords roulés en dessous, verticillées par 8-12 ; fleurs odorantes, d'un beau jaune, en panicule terminale dressée ; pédicelles fructifères étalés ; fruits lisses. ♃ juin-sept. — T. C. Prés, bois, lieux herbeux.

× *G. decolorans* Gren. et Godr. ; *G. vero-elatum* Gren. — Plante ne noircissant pas par la dessiccation, ayant le port et l'aspect du *G. verum* L., dont elle diffère par sa teinte d'un beau vert et par ses fleurs d'un jaune pâle. ♃ juin-juill. — T. R. Lieux herbeux au voisinage des *G. verum* et *elatum*, dont il serait un produit hybride : bords de l'étang de St-Quentin près Trappes (de Boucheman).

3. G. elatum Thuill. ; *G. Mollugo* var. *elatum* Coss. et Germ. — Tiges assez élevées, lisses, renflées aux nœuds, tombantes ou ne s'élevant qu'en s'appuyant sur les plantes voisines ; feuilles assez courtes, obovales ou ovales oblongues, obtuses, 1-nervées, un peu transparentes, veinées-réticulées, verticillées par 6-8 ; fleurs nombreuses, d'un blanc sale, à divisions de la corolle aristées, en panicule très ample, un peu lâche, à rameaux étalés ; anthères ovoïdes ; pédicelles fructifères divariqués ; fruits petits, chagrinés. ♃ juin-août. — T. C. Haies, bois, lieux herbeux.

G. dumetorum Jord. ; *G. Mollugo* Auct. (pro parte). — Plante ayant le port du *G. elatum*, dont elle est voisine ; tiges ascendantes, radicantes à la base ; feuilles allongées, étroites, oblongues-lancéolées ; fleurs plus blanches que dans l'espèce précédente, en panicule plus serrée ; pédicelles fructifères étalés, dressés ; le reste comme dans le *G. elatum*. ♃ juin-août. — T. C. Haies, bois, lieux herbeux.

4. G. erectum Huds. ; *G. Mollugo* var. *erectum* Coss. et Germ. — Plante glabre ou velue ; tiges moins élevées que dans les 2 espèces précédentes, lisses, dressées, un peu renflées aux nœuds ; feuilles non transparentes, 1-nervées, non veinées-réticulées, oblongues ou sublinéaires, aiguës, mucronées, verticillées par 8 ; fleurs grandes, d'un beau blanc, à divisions de la corolle aristées, en panicule étroite à rameaux plus ou moins dressés ; anthères oblongues ; pédicelles fructifères dressés, non divariqués ; fruits assez gros, chagrinés. ♃ mai-juill. — T. C. Prés, bois, lieux herbeux.

5. **G. silvestre** Poll. — Tiges peu élevées, nombreuses, grêles, lisses, couchées, ascendantes, diffuses, glabres ou pubescentes inférieurement; feuilles lancéolées-linéaires ou linéaires, aiguës, mucronées, 1-nervées, à bords roulés en dessous et souv. denticulés-scabres. verticillées par 7-8; fleurs blanches, petites, à divisions de la corolle aiguës, en petits corymbes inégaux formant une panicule lâche; pédicelles fructifères étalés ou dressés; fruits très petits, finement chagrinés. ♃ juin-juill. — C. Bois, coteaux et pelouses sèches.

Var. *glabrum* Schrad.; *G. lœve* Thuill.; plante glabre.

Var. *hirtum* Kch.; *G. nitidulum* Thuill.; plante plus ou moins hispide dans sa moitié inférieure.

6. **G. saxatile** L.; *G. hercynicum* Weig. — Plante glabre, noircissant plus ou moins par la dessiccation; tiges lisses, diffuses, les stériles nombreuses, étalées à terre, les florifères redressées; feuilles planes, minces, 1-nervées, denticulées sur les bords à denticules dirigés vers la base de la feuille, verticillées par 5-6, les infér. obovales-arrondies, les supér. oblongues-lancéolées; fleurs blanches, petites, en panicules corymbiformes un peu serrées, à rameaux étalés-dressés; fruits petits, tuberculeux. ♃ juin-juill. — T. R. Lieux humides: Malesherbes? Ons-en-Bray?; manque sur le calcaire.

7. **G. palustre** L. — Plante noircissant par la dessiccation; tiges grêles, nombreuses, diffuses, denticulées-scabres sur les angles ou presque lisses; feuilles elliptiques-oblongues, 1-nervées, obtuses, mutiques, verticillées par 4-5, munies sur les bords de denticules dirigés vers la base de la feuille; fleurs blanches, rar. rosées, petites, en panicule lâche, allongée, à rameaux étalés ou réfléchis; pédicelles fructifères divariqués; fruits petits, finement chagrinés. ♃ mai-juill. — A. C. Lieux humides et marécageux.

8. **G. elongatum** Presl.; *G. palustre* var. *elongatum* Coss. et Germ. — Plante noircissant plus ou moins par la dessiccation; tiges peu nombreuses, robustes, très élevées, ascendantes, denticulées-scabres sur les angles; feuilles linéaires-oblongues, 1-nervées, obtuses, mutiques, verticillées par 4-6, munies sur les bords de 2 rangs de denticules dirigés en sens inverse l'un de l'autre; fleurs grandes, blanches, en panicule ample et lâche, à rameaux étalés, non réfléchis; pédicelles fructifères étalés; fruits gros, fortement chagrinés. ♃ juin-juill. — A. C. Fossés, lieux humides et marécageux.

9. **G. constrictum** Chaub.; *G. debile* Desv. (non Link). — Plante noircissant plus ou moins par la dessiccation; tiges assez nombreuses, grêles, peu élevées, ascendantes, un peu denticulées-scabres sur les angles; feuilles linéaires, 1-nervées, obtuses, mutiques, verticillées par 6 sur la tige et les principaux rameaux, par

4 ailleurs, munies sur les bords de denticules dirigés vers le sommet de la feuille; fleurs blanches, médiocres, en panicule lâche à rameaux dressés; pédicelles fructifères ascendants; fruits petits, tuberculeux. ♃ juin-juill. — R. Fossés, lieux humides et tourbeux.

10. **G. uliginosum** L. — Plante ne noircissant pas par la dessiccation; tiges grêles, tombantes, diffuses, fortement denticulées-scabres sur les angles; feuilles linéaires-lancéolées, 1-nervées, aiguës, mucronées, verticillées par 6-7, munies sur les bords de 2 rangs de denticules dirigés en sens inverse l'un de l'autre; fleurs blanches, petites, en panicule étroite et allongée, à rameaux étalés ou divariqués; pédicelles fructifères très divariqués; fruits petits, finement tuberculeux. ♃ juin-sept. — A. C. Marais, lieux humides et tourbeux.

11. **G. anglicum** Huds.; *G. parisiense* var. *nudum* Gren. et Godr. — Plante brunissant plus ou moins par la dessiccation; tiges grêles, très rameuses, diffuses, fortement denticulées-scabres dans toute leur longueur; feuilles linéaires, 1-nervées, aiguës, mucronées, étalées puis réfléchies, verticillées par 6, fortement denticulées-scabres sur les bords; fleurs très petites, d'un jaune verdâtre, rougeâtres en dehors, en panicule corymbiforme à rameaux courts, étalés; fruits petits, tuberculeux, glabres, rar. hérissés. ☉ juin-août. — A. C. Champs secs et sablonneux.

12. **G. divaricatum** Lam.; *G. anglicum* var. *divaricatum* Coss. et Germ.—Plante brunissant plus ou moins par la dessiccation; tiges très grêles, peu rameuses, ord. solitaires, un peu denticulées-scabres dans leur moitié infér., lisses dans leur moitié supér.; feuilles linéaires, 1-nervées, aiguës, mucronées, dressées puis étalées, verticillées par 7, denticulées-scabres sur les bords; fleurs petites d'un jaune verdâtre ou rougeâtre, en panicule corymbiforme à rameaux filiformes, allongés, étalés-dressés; fruits petits, finement chagrinés, glabres, rar. hérissés. ☉ juin-juill.—T. R. Lieux secs et sablonneux: forêt de Fontainebleau, la Ferté-Aleps, Beauvais.

13. **G. Aparine** L. (Grateron). — Plante scabre, accrochante; tiges très rameuses, ascendantes, grimpantes, renflées-hispides aux articulations, munies sur les angles d'aiguillons crochus; feuilles linéaires-oblongues, 1-nervées, obtuses ou subaiguës, mucronées, verticillées par 6-8, fortement scabres-hérissées; fleurs moyennes, d'un blanc verdâtre, en petites grappes axillaires, plus longues que les feuilles; pédoncules fructifères dressés; fruits gros, hérissés de poils crochus au sommet et tuberculeux à la base. ☉ juin-sept. — T. C. Haies, champs, lieux cultivés.

Var. *intermedium*; *G. intermedium* Mér.; fruits seulement tuberculeux et non hérissés de poils crochus.

14. **G. spurium** L.; *G. Aparine* var. *spurium* Coss. et Germ. —

Espèce voisine du *G. Aparine* dont elle se distingue par ses tiges non renflées ni hispides aux articulations , par ses feuilles plus étroitement lancéolées-linéaires, et par ses fruits bien plus petits, ord. glabres , chagrinés et non tuberculeux. ⊙ juin-août. — A. R. Champs cultivés.

Var. *Vaillantii* Kch.; *G. Aparine* var. *Vaillantii* Coss. et Germ.; fruits hérissés de soies courtes, non tuberculeuses à leur base.

15. **G. tricorne** With. — Plante scabre, accrochante; tiges solitaires ou peu nombreuses, ord. simples, ascendantes , munies sur les angles d'aiguillons crochus ; feuilles linéaires-oblongues, 1-nervées, obtuses ou subaiguës, mucronées, verticillées par 6-8, munies seulement sur les bords et sur la nervure d'aiguillons crochus; fleurs petites, blanchâtres , en petites grappes axillaires, 2-3-flores, plus courtes que les feuilles; pédoncules fructifères recourbés; fruits assez gros, tuberculeux. ⊙ juin-août. — C. Champs secs, principalement calcaires.

4. **RUBIA** Tourn. (Garance). — Calice à limbe presque nul; corolle plane-rotacée, à limbe 4-5-fide, étalé; fruit charnu, bacciforme, formé de 1, plus rar. 2 carpelles réunis, ne se séparant pas à la maturité.

1. **R. peregrina** L. — Souche jaunâtre ou rougeâtre, allongée, rampante; tiges rameuses, diffuses, tombantes ou grimpantes, fortement aiguillonnées-accrochantes sur les angles , persistantes au moins dans leur partie inférieure; feuilles coriaces, obovées ou oblongues, 1-nervées, mucronées, denticulées-scabres sur les bords et sur la nervure médiane, verticillées par 4-6; fleurs jaunâtres en grappes axillaires , opposées et terminales; baies noires , de la grosseur d'un pois. ♃ juin-sept. — R. Bois et taillis, sur le calcaire: Fontainebleau, Lardy, Mantes, Port-Villez, Vernon, etc.

2. **R. tinctorum** L. (Garance). — Tiges annuelles, non persistantes, subligneuses à la base; feuilles membraneuses, munies à la face infér. de chaque côté de la nervure médiane de nervures secondaires, réticulées, saillantes ; le reste comme dans le *R. peregrina*. ♃ juin-sept. — A. R. Naturalisé sur quelques points où sa culture a été autrefois tentée: Dreux, Beauvais, Chaumont, etc.

ESPÈCES EXCLUES.

Asperula galioïdes M. B. a été observé dans quelques prairies artificielles où il avait été introduit accidentellement; *Galium pallens* Thuill. n'a pas été retrouvé depuis cet auteur dans les limites de la Flore parisienne; *G. boreale* L. existe à Soissons en dehors de notre région.

XLIV. VALÉRIANÉES DC.

Herbes annuelles ou vivaces, à souche quelquefois charnue, fortement odorante, munie de stolons. Feuilles dépourvues de stipules ; les radicales souvent disposées en rosette, les caulinaires opposées, simples ou pennatiséquées, sessiles ou pétiolées. Fleurs hermaphrodites, plus rar. unisexuées par avortement, irrégulières ou presque régulières, disposées en cymes 2-3-chotomes, denses, ou fleurs solitaires dans l'angle des dichotomies. Calice régulier ou irrégulier, rar. presque nul, à 3-10 dents persistantes, rar. à une seule dent, ou divisé en lanières capillaires, plumeuses, d'abord roulées en dedans, se déroulant après l'anthèse et caduques. Corolle gamopétale, tubuleuse-infundibuliforme, à limbe 5-lobé, à tube gibbeux ou éperonné à la base. Étamines 1-3, insérées près de la base du tube de la corolle ; anthères biloculaires, introrses. Style simple ; stigmate entier ou 2-3 lobé. Ovaire infère, 3-loculaire, avec 2 loges stériles, souv. avortées, la troisième fertile, uniovulée. Fruit sec, monosperme, indéhiscent, ord. surmonté par les divisions calicinales persistantes. Graine à testa membraneux ; albumen nul ou presque nul.

1. **VALERIANA** Tourn. (Valériane). — Fleurs hermaphrodites ou unisexuées ; calice à divisions capillaires, plumeuses, roulées en dedans pendant l'anthèse, puis se déroulant en aigrette à la maturité ; corolle à tube gibbeux à la base ; étamines 5 ; fruit 1-loculaire couronné d'une aigrette plumeuse.

1. **V. officinalis** L. (Valériane). — Souche plus ou moins fétide, munie de stolons terminés par une rosette de feuilles à segments étroits et nombreux ; tige de 5-10 déc., dressée, sillonnée ; feuilles toutes pennatiséquées, ord. d'un vert gai, à 15-21 segments lancéolés-étroits, entiers ou superficiellement dentés ; fleurs hermaphrodites en cymes ord. peu serrées. ♃ mai-juin. — A. C. Bois frais, taillis, lieux sablonneux.

Var. *angustifolia* Kch. ; *V. angustifolia* Tausch. ; plante moins élevée et plus grêle ; feuilles à segments linéaires-lancéolés, entiers, plus nombreux. — T. R. Mériel.

2. **V. excelsa** Poir., Encycl. 8, p. 301 ; *V. sambucifolia* Mikan ap. Pohl. fl. Bohem. I, p. 41. — Souche plus ou moins fétide, munie de stolons terminés par une rosette appauvrie de feuilles à 3-5 segments larges, suborbiculaires ; tige de 15-20 déc., plus épaisse et plus robuste que celle de l'espèce précédente, ord. munie à la base de rameaux florifères, grêles, allongés et nus ; feuilles toutes pennatiséquées, ord. d'un vert sombre, à 7-8 segments oblongs-lancéolés, profondément dentés, le terminal

souv. 3-fide ; fleurs hermaphrodites en cymes ord. très denses. ♃ juill.-août. — A. C. Prairies humides et marécageuses, bords des eaux : Villers-Cotterets, Silly-la-Poterie, Épone, La Genevraye, Épizy, bords de la Seine près Thomery, Dreux, l'Isle-Adam.

3. **V. dioica** L. — Souche presque inodore, grêle, stolonifère, longuement rampante ; tige dressée, peu élevée ; feuilles infér. longuement pétiolées, à limbe ovale ou elliptique, entier, les supér. brièvement pétiolées, pennatiséquées, à segments latéraux linéaires, le terminal plus large et plus grand ; fleurs dioïques, les mâles du double plus grandes que les femelles, en cymes beaucoup plus lâches. ♃ avril-mai. — C. Prés et bois humides et marécageux.

2. **VALERIANELLA** Tourn. (Valérianelle). — Fleurs hermaphrodites ; calice ord. irrégulier ou presque nul, non enroulé à l'anthèse ; corolle à tube non gibbeux à la base ; étamines 3 ; fruit 3-loculaire, à une seule loge fertile, couronné par les divisions calicinales accrues ou presque nulles, jamais plumeuses.

1	Limbe du calice fructifère presque régulier, hypocratériforme, à 6 dents crochues au sommet. . . . . *V. coronata.* Limbe du calice fructifère très irrégulier, obliquement tronqué ou presque nul, à dents non crochues. 2
2	Limbe du calice nul ou à peu près indistinct. . . . . 3 Limbe du calice tronqué obliquement et muni de une ou plusieurs dents saillantes, très distinctes. 4
3	Fruit subglobuleux-comprimé, non caréné-canaliculé ; loge fertile à paroi épaissie et spongieuse sur le dos. . . . . . *V. olitoria* Fruit oblong-subtétragone, creusé en nacelle sur une face, caréné sur l'autre ; loge fertile à paroi ni épaissie, ni spongieuse. *V. carinata.*
4	Limbe du calice fructifère évasé, veiné en réseau, aussi large et presque aussi long que le fruit . . . . *V. eriocarpa.* Limbe du calice fructifère oblique, non évasé, ni réticulé, plus étroit et bien moins long que le fruit. 5
5	Fruit subglobuleux-piriforme, surmonté par le limbe calicinal en forme d'oreille de chat ; loges stériles plus grandes que la loge fertile. *V. rimosa.* Fruit ovoïde-conique, surmonté par le limbe calicinal denticulé ; loges stériles plus petites que la loge fertile. . *V. Morisonii.*

1. **V. olitoria** Poll. (Mâche, Doucette). — Tige souv. rameuse-dichotome dès la base ; feuilles infér. oblongues-spathulées, obtuses, entières, les supér. plus étroites, aiguës ; fleurs en cymes compactes, subsphériques ; calice fructifère à limbe presque nul ; fruit glabre ou pubescent (var. *lasiocarpa* Rchb.), subglobuleux-comprimé, muni d'un sillon sur le dos et de 2 côtes sur chaque face ; paroi de la loge fertile épaissie, spongieuse dans la partie opposée aux loges stériles. ☉ avril-mai. — T. C. Champs et lieux cultivés.

2. **V. carinata** Lois. — Tige rameuse-dichotome, surtout dans sa moitié supér.; feuilles infér. spathulées, obtuses, entières, les supér. linéaires-oblongues, aiguës; fleurs en cymes compactes, subglobuleuses; calice fructifère à limbe presque nul; fruit glabre ou velu (var. *lasiocarpa* Godr.), oblong-subtétragone, creusé en nacelle sur une face, caréné sur l'autre; loge fertile, à cloison ni épaissie, ni spongieuse. ⊙ avril-mai. — C. Champs et lieux cultivés.

3. **V. rimosa** Bast. *V. Auricula* DC.—Tige rameuse-dichotome; feuilles infér. oblongues-spathulées, obtuses, entières, les supér. plus étroites, ord. incisées-dentées à la base; fleurs en cymes lâches; calice fructifère à limbe petit, tronqué obliquement en forme d'oreille de chat; fruit glabre ou velu (var. *dasycarpa* Bor.), subglobuleux-piriforme, fortement sillonné sur la face ventrale, à loges stériles plus grandes que la loge fertile. ⊙ juin-juill. — C. Champs et lieux cultivés.

4. **V. Morisonii** DC.; *V. dentata* Kch. et Ziz. — Tige rameuse-dichotome dans sa moitié supér.; feuilles infér. oblongues-spathulées, obtuses, entières, les supér. linéaires, souv. dentées à la base; fleurs en cymes un peu lâches; calice fructifère à limbe petit, tronqué obliquement, à 3 dents, la supér. plus grande; fruit glabre ou velu (var. *mixta* S. W.), ovoïde-conique, muni d'un bourrelet filiforme sur sa face ventrale, à loge fertile bien plus grande que les stériles. ⊙ juin-août. — A. C. Champs, lieux cultivés.

5. **V. eriocarpa** Desv. — Tige tétragone, rameuse-dichotome dès la base; feuilles infér. oblongues-spathulées, obtuses, entières, les supér. plus étroites, souv. dentées à la base; fleurs en cymes compactes; calice fructifère à limbe évasé, tronqué obliquement, denticulé, veiné en réseau, aussi large et presque aussi long que le fruit; celui-ci velu-hérissé, plus rar. glabre (var. *leiocarpa* Auct.) ovoïde, comprimé, muni d'une fossette oblongue sur la face ventrale, à loge fertile bien plus grande que les stériles. ⊙ mai-juin.— T. R. Champs, vignes et lieux cultivés: Chantilly, Malesherbes.

6. **V. coronata** DC.; *V. hamata* Bast. — Tige rameuse-dichotome dans sa moitié supér.; feuilles infér. oblongues, entières, les supér. linéaires, dentées ou pennatifides à la base; fleurs en cymes compactes, subglobuleuses; calice fructifère à limbe presque régulier, hypocratériforme, réticulé-veiné, plus large que le fruit et presque aussi long, à 6 lobes terminés chacun par une longue dent crochue; fruit velu, ovoïde, muni sur la face ventrale d'une fossette oblongue, entourée d'un bourrelet, à loge fertile bien plus grande que les stériles. ⊙ juin-août. — R. Champs et lieux cultivés: Poissy, Étampes, l'Isle-Adam, Nemours, Compiègne, etc.

ESPÈCES EXCLUES.

Le *Centranthus ruber* DC. reconnaissable à ses feuilles glauques, larges, entières, à ses corolles rouges, rar. blanches, prolongées en éperon à la base, est communément cultivé dans les jardins et se trouve souvent à l'état subspontané sur les vieux murs, les talus des chemins de fer, etc.; le *Valeriana Phu* L. cultivé dans les jardins, se trouve quelquefois à l'état subspontané au voisinage des habitations; le *Valerianella vesicaria* Mœnch introduit avec des graines de céréales aux environs de Beauvais n'y a pas persisté.

XLV. DIPSACÉES DC.

Herbes bisannuelles ou vivaces, à feuilles opposées, dépourvues de stipules. Fleurs hermaphrodites plus ou moins irrégulières, munies chacune d'un calicule (*involucelle caliciforme*), gamophylle, sessiles sur un réceptacle commun et formant par leur réunion un capitule entouré d'un involucre commun, polyphylle. Réceptacle conique ou presque plan, glabre ou hérissé, nu ou couvert de paillettes à l'aisselle desquelles naissent les fleurs. Calicule muni de côtes ou d'angles saillants, terminé par un limbe scarieux, entier ou denté, plus rar. presque nul. Calice gamosépale, cyathiforme, à limbe entier, lobé ou aristé. Corolle gamopétale, tubuleuse, subbilabiée, à 4-5 lobes, en préfloraison imbriquée. Étamines 4, insérées sur le tube et alternes avec les lobes de la corolle; anthères biloculaires introrses. Style filiforme; stigmate entier ou bilobé. Ovaire infère, uniloculaire, uniovulé. Fruit sec *achaine*, uniloculaire, monosperme, indéhiscent, couronné par le limbe du calice persistant et renfermé dans le calicule persistant. Graine munie d'un albumen charnu.

1. **SCABIOSA** L. (Scabieuse). — Involucre à folioles herbacées, non épineuses; réceptacle chargé de paillettes; calicule sessile, cylindrique, creusé de 8 sillons séparés par des côtes saillantes, terminé par un limbe scarieux, concave, entier ou 4-lobé; calice à limbe terminé par 5 arêtes étalées en étoile.

1 { Feuilles toutes entières ou seulement dentées; fleurs de la circonférence régulières, rayonnantes, à 4 lobes égaux . *S. Succisa.*
Feuilles caulinaires pennatiséquées; fleurs de la circonférence rayonnantes, à 5 lobes inégaux. 2

2 { Involucre à folioles égalant ou dépassant les fleurs; calicule glabre dans sa moitié supér . . . . *S. ucranica.*
Involucre à folioles bien plus courtes que les fleurs; calicule velu dans toute sa longueur. 3

3 { Feuilles radicales crénelées ou incisées; calicule à limbe entier, 3 fois plus court que les arêtes calicinales noirâtres.
S. columbaria.
Feuilles radicales très entières; calicule à limbe crénelé, 4 fois plus court que les arêtes calicinales blanchâtres. *S. suaveolens.*

1. **S. ucranica** L.—Souche cespiteuse, subligneuse; tiges nombreuses, rameuses; feuilles radicales entières, détruites au moment de l'anthèse, les caulinaires pennatiséquées, à segments entiers; involucre à folioles égalant ou dépassant les fleurs; calicule fructifère glabre dans sa moitié supér., terminé par un limbe denticulé égalant le quart de la longueur des arêtes calicinales roussâtres; corolles d'un blanc jaunâtre ou bleuâtre, les extérieures rayonnantes. ♃ août-sept. — T. R. Lieux sablonneux, près du château de Malesherbes, abondant à Roncevaux; naturalisé depuis près de deux siècles dans ces deux localités.

2. **S. columbaria** L. — Souche cespiteuse; tige simple ou rameuse; feuilles radicales obovales-spathulées, crénelées, divisées ou pennatiséquées, les caulinaires pennatiséquées, à segments ord. pennatifides; involucre à folioles bien plus courtes que les fleurs; calicule fructifère velu, terminé par un limbe rotacé-érodé égalant le tiers de la longueur des arêtes calicinales noirâtres; corolles bleuâtres, rar. blanches, les extérieures rayonnantes. ♃ juin-oct. — T. C. Bois, coteaux, lieux herbeux.

Var. *patens* Gren.; *S. patens* Jord.; plante plus velue; feuilles plus divisées; capitules plus petits portés sur des pédoncules grêles, très allongés, étalés; floraison plus tardive. Lieux très secs.

3. **S. suaveolens** Desf. — Souche rameuse, oblique; tige dressée, peu rameuse; feuilles radicales lancéolées, très entières, les caulinaires pennatiséquées, à segments entiers; involucre à folioles bien plus courtes que les fleurs; calicule fructifère très velu, terminé par un limbe crénelé égalant la moitié de la longueur des arêtes calicinales blanchâtres; corolles bleuâtres, les extérieures rayonnantes; fleurs exhalant une odeur douce et suave. ♃ août-sept. — R. Disséminé sur plusieurs points de la forêt de Fontainebleau : Ventes-Hénon, rochers de la Salamandre, Ventes-au-Moine, Mont-Morillon; environs de Nemours; manque sur le calcaire.

4. **S. Succisa** L.; *Succisa pratensis* Mœnch. (Succise, Mort-du-Diable). — Souche courte, tronquée; tige dressée, peu rameuse; feuilles infér. oblongues, très entières, les supér. lancéolées, dentées; involucre à folioles bien plus courtes que les fleurs; calicule fructifère velu, terminé par un limbe court, obscurément 4-denté, égalant la moitié de la longueur des arêtes calicinales noirâtres; corolles bleuâtres toutes égales. ♃ juill.-oct. — T. C. Prés, bois, lieux herbeux et humides.

2. **TRICHERA** Schrad.; *Knautia* Auct. mult. — Involucre à folioles herbacées non épineuses; réceptacle dépourvu de paillettes mais hérissé de soies; calicule stipité, subtétragone, un peu comprimé, non sillonné, terminé par un limbe court obscurément 4-denté; calice à limbe divisé presque jusqu'à la base en 8-10 arêtes dressées, inégales.

1. **T. arvensis** Schrad.; *Knautia* Coult. (Scabieuse des champs).
— Plante d'un vert pâle, pubescente-hérissée; tige dressée, ord.
rameuse; feuilles infér. ovales-lancéolées, entières, incisées ou
pennatifides, les supér. pennatifides, à segment terminal plus grand;
fleurs lilacées, celles de la circonférence rayonnantes. ♃ juin-juill.
— T. C. Prés, lieux herbeux.

Var. *integrifolia* DC.; plante moins élevée, tige plus grêle, feuilles
entières ou seulement dentées. Avec le type, mais plus R.

3. **DIPSACUS** Tourn. (Cardère). — Involucre à folioles herbacées, ord. épineuses; réceptacle chargé de paillettes coriaces, terminées par une longue pointe épineuse; calicule sessile, tétragone, à 8-10 côtes, terminé par un limbe membraneux, obscurément
4-denté ou presque nul; calice à limbe concave, subtétragone, cilié.

1. **D. silvestris** Mill. — Tige élevée, robuste, sillonnée, aiguillonnée; feuilles dentées ou crénelées, aiguillonnées sur la nervure
médiane, les radicales oblongues, brièvement pétiolées, les caulinaires largement connées; paillettes terminées par une pointe épineuse, droite, plus longue que les fleurs lilacées; capitule fructifère ovoïde très gros. ② juill.-sept. — T. C. Bords des chemins,
lieux incultes.

2. **D. fullonum** Mill. (Chardon à foulon). — Tige élevée, robuste,
inerme, rameuse supérieurement; feuilles assez semblables à celles
du *D. silvestris*, inermes ou munies seulement de quelques rares
aiguillons; paillettes terminées par une pointe épineuse courbée en
dehors, égalant presque les fleurs rosées; capitule fructifère ovoïde-
allongé, très gros. ② juin-juill. — Cult. en grand à Mézières, Epône
et dans le dép. de l'Eure; quelquefois subspontané.

3. **D. pilosus** L.; *Cephalaria pilosa* Gren. et Godr. (Verge à pasteur).
—Tige élevée, sillonnée, aiguillonnée, très rameuse; feuilles ovales-
acuminées, crénelées, hérissées, munies à la base du limbe de 2
segments en forme d'oreillettes, les caulinaires jamais connées;
paillettes subulées, égalant les fleurs blanches; capitule fructifère
globuleux, petit. ② juill.-sept.—A. R. Haies, bords des bois, fossés,
lieux humides.

ESPÈCE EXCLUE.

Scabiosa atropurpurea L. fréquemment cultivé dans les jardins,
se trouve quelquefois à l'état subspontané au voisinage des habitations.

XLVI. COMPOSÉES Adans

Herbes annuelles, bisannuelles ou vivaces, plus rar. sous-arbrisseaux, à feuilles de forme variable, le plus souv. alternes, dépourvues de stipules. Fleurs (*fleurons*) hermaphrodites, unisexuées ou
neutres par avortement, régulières ou irrégulières, sessiles sur un
réceptacle commun et réunies en capitules (*calathides, anthodes*)
multiflores ou pauciflores, entourés d'un involucre commun (*péricline*), polyphylle. Réceptacle de forme variable, glabre ou velu,
nu ou muni de bractéoles (*paillettes*) persistantes, rar. caduques,
à l'aisselle desquelles naissent les fleurs. Calice persistant ou
caduc, rar. nul, formé d'écailles, d'arêtes ou d'une aigrette de
poils, couronnant l'ovaire. Corolle gamopétale, régulière et tubuleuse, à limbe 4-5 denté, ou irrégulière, fendue au côté interne et
prolongée en une languette plane, unilatérale, étalée, 4-5 dentée à
l'extrémité (*ligule*), à tube muni de nervures qui aboutissent aux
sinus qui séparent les dents. Étamines 4-5, insérées sur le tube de la
corolle et alternes avec ses divisions, à filets ord. libres; anthères
biloculaires, introrses, souvent munies d'appendices basilaires,
toujours soudées en un tube qui entoure le style (*synanthérie*).
Style filiforme, souv. renflé dans sa partie supér.; stigmate bifide, à
lobes plans ou cylindracés, bordés à la face interne de 2 lignes de
papilles et munis à la face externe de poils courts et raides (*poils
collecteurs*). Ovaire infère, uniloculaire, uniovulé. Fruit (*achaine*)
sec, monosperme, indéhiscent, nu ou couronné par les divisions
du calice. Graine dépourvue d'albumen.

1 { Calathides à fleurs toutes hermaphrodites, à corolle ligulée; style
non renflé au-dessous des stigmates . . *Chicoracées* (p. 230).
Calathides à fleurs toutes régulières, tubuleuses ou celles du
centre régulières et celles de la circonférence ligulées. 2

2 { Fleurs du centre hermaphrodites, tubuleuses, celles de la circonférence femelles ou stériles ord. ligulées, rayonnantes; style
non renflé au-dessous du stigmate . . *Corymbifères* (p. 199).
Fleurs toutes tubuleuses, hermaphrodites, rar. stériles ou unisexuées; style renflé au-dessous du stigmate et ord. poilu au
niveau du renflement. . . . . . . *Cynarocéphales* (p. 248).

1. CORYMBIFÈRES Vaill.

Fleurs du centre hermaphrodites, régulières, à corolle tubuleuse,
celles de la circonférence femelles ou stériles, rar. tubulouses, ord.
ligulées, rayonnantes, disposées sur un ou plusieurs rangs; style
non articulé ni renflé au-dessous du stigmate.

1 { Ovaires ou achaines surmontés, au moins ceux du centre, d'une
aigrette de poils. 2
Ovaire ou achaines dépourvus d'aigrette de poils. 21

2 { Anthères prolongées à leur base en 2 appendices filiformes. . . . 3
   { Anthères dépourvues à la base d'appendices filiformes.. 11

3 { Fleurs assez grandes, d'un beau jaune, rar. violacées, celles de la circonférence ligulées, rayonnantes ; plantes plus ou moins velues mais non tomenteuses-blanchâtres 4
   { Fleurs assez petites, blanches, rosées ou d'un jaune pâle, toutes tubuleuses ; plantes ord. tomenteuses-blanchâtres.. 7

4 { Achaines munis de côtes tout autour, tronqués ou atténués au sommet ; plante peu ou pas glanduleuse. 5
   { Achaines dépourvus de côtes, contractés en col au sommet ; plante fortement glanduleuse-visqueuse. . . . *Cupularia* (25).

5 { Achaines surmontés d'une aigrette simple, formée de poils disposés sur un seul rang. 6
   { Achaines surmontés d'une aigrette double, l'extérieure courte, coroniforme, l'intérieure formée de poils disposés sur un seul rang. . . . . *Pulicaria* (24).

6 { Folioles internes de l'involucre oblongues-obtuses ; achaines subtétragones. . . . . *Corvisartia* (22).
   { Folioles internes de l'involucre lancéolées-linéaires, aiguës ; achaines subcylindriques. . . . . *Inula* (23)

7 { Réceptacle entièrement nu. 8
   { Réceptacle muni de paillettes à la circonférence. 10

8 { Calathides unisexuées ; péricline à folioles non étalées en étoile à la maturité. . . . . *Antennaria* (26)
   { Calathides hermaphrodites ; péricline à folioles étalées en étoile à la maturité. 9

9 { Calathides en panicule spiciforme allongée ; aigrette à poils réunis en anneau à la base. . . . . *Gamochæta* (27).
   { Calathides en grappe courte ou en corymbe ; aigrette à poils libres, non réunis à la base. . . . . *Gnaphalium* (28).

10 { Achaines du rang extérieur enveloppés par les folioles du péricline roulées sur elles-mêmes. . . . . *Logfia* (30).
    { Achaines tous libres. . . . . *Filago* (29).

11 { Tige munie d'écailles colorées, demi-embrassantes ; feuilles toutes radicales, paraissant après les fleurs 12
    { Tige munie de feuilles plus ou moins nombreuses paraissant, ainsi que les radicales, avant les fleurs 13

12 { Calathides nombreuses, en grappe ou en panicule spiciforme ; fleurs purpurines.. . . . . *Petasites* (2).
    { Calathide solitaire au sommet de la tige ; fleurs jaunes. *Tussilago* (3).

13 { Feuilles opposées, palmatilobées ; fleurs toutes tubuleuses, purpurines. . . . . *Eupatorium* (1).
    { Feuilles alternes, entières, dentées, pennatifides ou pennatilobées. 14

14 { Fleurs toutes hermaphrodites, tubuleuses. 15
    { Fleurs du disque hermaphrodites ou nulles, tubuleuses, celles de la circonférence femelles, ligulées. 16

15 { Péricline hémisphérique, à folioles imbriquées sur 2-3 rangs ; achaines comprimés, dépourvus de côtes. . *Chrysocoma* (4).
    { Péricline cylindrique ou campanulé, à folioles disposées sur un seul rang ; achaines cylindriques, munis de côtes. *Senecio* (11).

16 { Péricline à folioles imbriquées sur plusieurs rangs. 17
   { Périclines à folioles disposées sur 1-2 rangs. 19

17 { Calathides à fleurs toutes concolores, jaunes ; achaines cylin-
   {   driques munis de côtes . . . . *Solidago* (5).
   { Calathides à fleurs discolores, celles du disque seules jaunes ;
   {   achaines comprimés, sans côtes.. 18

18 { Fleurs de la circonférence bleues, disposées sur un seul rang ;
   {   aigrette formée de poils disposés sur plusieurs rangs.
   {   *Aster* (7).
   { Fleurs de la circonférence blanchâtres ou pourprées, disposées
   {   sur plusieurs rangs ; aigrette formée d'un seul rang de poils.
   {   *Erigeron* (6).

19 { Péricline étalé, discoïde, à folioles disposées sur 2 rangs ; achaines
   {   du disque munis d'une aigrette de poils plurisériés, ceux de la
   {   circonférence nus.. . . . . *Doronicum* (9).
   { Péricline cylindrique ou campanulé, à folioles disposées sur un
   {   seul rang ; achaines tous munis d'une aigrette de poils bisériés. 20

20 { Péricline à folioles tachées au sommet et muni à la base d'écailles
   {   formant un calicule.. . . . . *Senecio* (11).
   { Péricline à folioles non tachées, dépourvu de calicule à la base.
   {   *Cineraria* (10).

21 { Achaines surmontés de 1-5 arêtes subulées-épineuses, ciliées-
   {   scabres . . . . *Bidens* (21).
   { Achaines nus ou couronnés par une membrane, mais dépourvus
   {   d'arêtes. 22

22 { Réceptacle garni de paillettes. 23
   { Réceptacle nu ou muni de paillettes seulement à la circonférence. 25

23 { Calathides nombreuses, en corymbe serré ; réceptacle plan ;
   {   achaines lisses. . . . . *Achillea* (20).
   { Calathides solitaires à l'extrémité des rameaux ; réceptacle conique
   {   à la maturité ; achaines munis de côtes, au moins sur une face. 24

24 { Fleurs du disque à tube cylindrique, élargi à la base ; achaines en
   {   massue, munis de 3 côtes sur la face interne. *Chamomilla* (18).
   { Fleurs du disque à tube comprimé, non élargi à la base ; achaines
   {   obconiques, munis de côtes tout autour. . . *Anthemis* (19).

25 { Plante blanchâtre-laineuse ; calathides subglobuleuses fortement
   {   laineuses, sessiles, en glomérules axillaires et terminaux.
   {   *Micropus* (31).
   { Plante non blanchâtre-laineuse ; calathides non laineuses, non
   {   réunies en glomérules. 26

26 { Fleurs de la circonférence ligulées rayonnantes. 27
   { Fleurs toutes tubuleuses. 31

27 { Fleurs de la circonférence jaunes.. 28
   { Fleurs de la circonférence blanches.. 29

28 { Fleurs de la circonférence sur 2-3 rangs ; achaines courbés en arc,
   {   tubuleux sur le dos, les extérieurs plus grands. *Calendula* (32).
   { Fleurs de la circonférence sur un seul rang ; achaines extérieurs
   {   triquètres, ceux du centre cylindriques, munis de côtes.
   {   *Chrysanthemum* (16).

29 { Feuilles toutes radicales ; achaines obovés, comprimés, dépourvus de côtes . . . . *Bellis* (12).
Feuilles caulinaires plus ou moins nombreuses ; achaines obconiques, munis de côtes. 30

30 { Réceptacle conique à la maturité ; achaines munis de 3-5 côtes sur la face interne, lisses sur le dos . . . . *Matricaria* (17).
Réceptacle plan-convexe à la maturité ; achaines munis de côtes tout autour. . . . . *Leucanthemum* (15).

31 { Péricline ovoïde ou globuleux ; achaines dépourvus de côtes, à disque épigyne plus étroit que l'achaine. . . *Artemisia* (18).
Péricline hémisphérique ; achaines munis de côtes tout autour, à disque épigyne aussi large que l'achaine. . *Tanacetum* (14).

** Anthères dépourvues d'appendices basilaires.*

1. EUPATORIUM Tourn. (Eupatoire).— Péricline cylindrique, à folioles peu nombreuses, imbriquées ; réceptacle plan et nu ; fleurs peu nombreuses, toutes hermaphrodites, régulières, tubuleuses-infundibuliformes ; style à branches longuement exsertes ; achaines subcylindriques, à 5 côtes, couronnés par une aigrette de poils disposés sur un seul rang.

1. E. cannabinum L. (Chanvre aquatique). — Tiges assez élevées, dressées, simples ou rameuses ; feuilles opposées, pétiolées, palmatilobées, à 3-5 lobes lancéolés, acuminés, dentés ; corymbe multiflore, compacte ; fleurs purpurines, rar. blanches. ♃ juill.-août. — T. C. Bords des eaux, lieux humides.

2. PETASITES Tourn.— Calathides campanulées, subdioïques, les unes composées de fleurs presque toutes mâles, entourées à la circonférence par un seul rang de fleurs femelles ; les autres formées de fleurs presque toutes femelles, avec 1-5 fleurs mâles placées au centre ; péricline à folioles imbriquées sur 1-2 rangs et souvent muni d'un calicule ; réceptacle plan et nu ; fleurs nombreuses, les mâles régulières, tubuleuses-campanulées, les femelles filiformes, tronquées obliquement au sommet ; achaines cylindriques, munis de côtes, couronnés par une aigrette de poils scabres, plurisériés.

1. P. officinalis Mœnch ; *Tussilago Petasites* L. (Herbe aux Teigneux). — Souche épaisse , charnue, rampante ; tige simple, dressée, munie d'écailles purpurines, demi-embrassantes ; feuilles radicales paraissant après les fleurs, très grandes, réniformes, cordées à la base, longuement pétiolées ; calathides en grappe ovoïde, serrée ; fleurs purpurines. ♃ mars-avril. — R. Lieux humides, bords des eaux : Versailles ?, Dreux, Villers-Cotterets.

3. TUSSILAGO Tourn. (Tussilage). — Péricline campanulé, à folioles 1-2-sériées, souvent muni d'un calicule ; réceptacle plan et nu ; fleurs de la circonférence femelles, ligulées, disposées sur plusieurs rangs, celles du centre mâles, tubuleuses, peu nombreuses ; style à branches courtes ; achaines cylindriques, munis de côtes, couronnés par une aigrette de poils plurisériés.

1. T. Farfara L. (Pas d'âne). — Souche épaisse, charnue, rampante ; tige simple, dressée, munie d'écailles violacées, ovales-lancéolées ; feuilles radicales paraissant après les fleurs, orbiculaires, cordées, pétiolées, tomenteuses-blanchâtres en dessous ; calathides solitaires ; fleurs jaunes. ♃ mars-avril. — T. C. Champs argileux, bords des chemins.

4. LINOSYRIS Lob. — Péricline à folioles peu nombreuses, imbriquées ; réceptacle plan, nu, alvéolé, à bords des alvéoles dentés ; fleurs toutes hermaphrodites, régulières, tubuleuses-campanulées ; achaines oblongs, comprimés, dépourvus de côtes, pubescents-soyeux, couronnés par une aigrette de poils bisériés.

1. L. vulgaris DC. — Tiges grêles, simples, dressées ; feuilles nombreuses, rapprochées, linéaires, dressées ; calathides en corymbe terminal ; fleurs jaunes. ♃ août-sept. — R. Bois et coteaux calcaires : Fontainebleau, Nemours, Noisement près Marines, bois du Vésinet, Mantes, Vernon, les Andelys, Dreux.

5. SOLIDAGO L. — Péricline à folioles imbriquées ; réceptacle plan, nu ou alvéolé, à bords des alvéoles dentés ; fleurs de la circonférence femelles, ligulées, disposées sur un seul rang, celles du centre hermaphrodites, tubuleuses ; achaines cylindriques, munis de côtes, couronnés par une aigrette de poils unisériés.

1. S. Virga-aurea L. (Verge d'or). — Tige dressée, simple ou rameuse ; feuilles presque toutes pétiolées, les radicales ovales ou elliptiques, obtuses, dentées, les caulinaires lancéolées, aiguës, à peine dentées ; calathides nombreuses en grappes oblongues, feuillées ; fleurs jaunes. ♃ juill.-sept. — T. C. Bois.

6. ERIGERON L. (Vergerette). — Péricline à folioles imbriquées sur plusieurs rangs ; réceptacle subconvexe, nu ou subalvéolé ; fleurs de la circonférence femelles, disposées sur plusieurs rangs, ligulées ou les plus internes à limbe filiforme, fleurs du centre hermaphrodites, tubuleuses ; achaines linéaires-oblongs, comprimés, dépourvus de côtes, surmontés d'une aigrette de poils unisériés.

1. E. canadensis L. — Tige assez élevée, dressée, un peu rude, rameuse ; feuilles nombreuses, linéaires-lancéolées, atténuées aux deux extrémités, obscurément dentées ; calathides petites, nombreuses, en panicule pyramidale fournie et un peu feuillée ; fleurs d'un blanc jaunâtre. ☉ juill.-sept. — T. C. Lieux incultes, bords des chemins, décombres.

2. **E. acer** L. — Tige peu élevée, rougeâtre, rameuse au sommet; feuilles entières, les infér. oblongues-obovées, pétiolées, les caulinaires linéaires-lancéolées, sessiles; calathides solitaires ou réunies par 2-3 au sommet des rameaux et formant un corymbe lâche, un peu feuillé; fleurs purpurines ou blanches. ②, ♃ juin-sept. — C. Bois, lieux herbeux, bords des chemins.

7. **ASTER** Tourn. — Péricline à folioles imbriquées sur plu-sieurs rangs; réceptacle plan, nu, alvéolé, à bords des alvéoles dentés; fleurs de la circonférence femelles, ligulées, disposées sur un seul rang, celles du disque hermaphrodites, tubuleuses; achaines oblongs, comprimés, dépourvus de côtes, couronnés par une aigrette de poils plurisériés.

1. **A. Amellus** L. — Souche subligneuse; tige dressée, rou-geâtre, feuillée; feuilles entières, ovales-lancéolées, atténuées à la base, les infér. plus larges, obtuses; calathides en corymbe lâche, feuillé; fleurs ligulées bleues, les tubuleuses jaunes. ♃ août-sept. — T. R. Bois de Villiers près Nemours.

8. **DORONICUM** Tourn. (Doronic.) — Péricline à folioles presque égales, imbriquées sur 2-3 rangs; réceptacle convexe, nu; fleurs de la circonférence femelles, ligulées, disposées sur un seul rang, celles du disque hermaphrodites, tubuleuses; achaines oblongs-cylindriques ou obconiques, munis de côtes, ceux du disque couronnés par une aigrette de poils plurisériés, ceux de la circonférence nus.

1. **D. plantagineum** L. — Souche rampante, noueuse, stolo-nifère; tige simple dressée, longuement nue au sommet; feuilles radicales pétiolées ovales, sinuées-dentées, les caulinaires atté-nuées en pétiole ailé, les supér. demi-embrassantes; calathide solitaire, terminale; fleurs jaunes. ♃ avril-mai. — A. R. Bois et taillis.

9. **SENECIO** Tourn. (Seneçon). — Péricline à folioles disposées sur un seul rang et connées par leur base, muni d'écailles formant un calicule; réceptacle plan ou convexe, nu, alvéolé, à bord des alvéoles dentés; fleurs de la circonférence femelles, ligulées, disposées sur un seul rang, celles du disque hermaphrodites, tubuleuses, rar. toutes les fleurs hermaphrodites et tubuleuses; achaines cylindriques, munis de côtes, couronnés par une aigrette de poils plurisériés.

1 { Fleurs ligulées nulles ou à languette très courte et roulée en dehors.　2
{ Fleurs ligulées très apparentes, à languette étalée.. . . . .　4

2 { Plante glabre ou faiblement pubescente-glanduleuse ; calicule égalant à peine le quart de la longueur du péricline ; achaines plus
ou moins pubescents. 3
Plante fortement pubescente-glanduleuse ; calicule égalant le tiers
de la longueur du péricline ; achaines glabres . . *S. viscosus.*

3 { Feuilles à lobes égaux ; péricline glabre ou à peu près.
S. vulgaris.
Feuilles à lobes très inégaux ; péricline pubescent-glanduleux.
S. silvaticus.

4 { Feuiles indivises, dentées sur les bords. 5
Feuilles pennatifides ou pennatilobées.. 6

5 { Feuilles sessiles, blanchâtres-aranéeuses en dessous ; péricline
hémisphérique à 18-20 folioles. . . . . *S. paludosus.*
Feuilles pétiolées, glabres ou pubescentes, vertes en dessous ;
péricline cylindrique à 8-10 folioles . . . . . *S. nemorensis.*

6 { Feuilles 2-3-pennatifides à segments linéaires-subfiliformes.
S. adonidifolius.
Feuilles pennatipartites ou pennatilobées à segments non linéaires. 7

7 { Souche rampante ; calicule égalant le tiers ou la moitié de la
longueur du péricline ; achaines tous pubescents. *S. erucæfolius.*
Souche courte, tronquée ; calicule très court ; achaines du centre
pubescents, ceux de la circonférence glabres. 8

8 { Feuilles caulinaires pennatipartites à segments à peu près égaux ;
corymbe à rameaux dressés. . . . . *S. Jacobæa.*
Feuilles caulinaires lyrées-pennatipartites à lobe terminal très
grand ; corymbe à rameaux étalés. 9

9 { Feuilles d'un vert clair, les radicales non en rosette, les caulinaires
à lobes latéraux obliques ; corymbe à rameaux étalés.
S. aquaticus.
Feuilles d'un vert foncé, les radicales en rosette, les caulinaires à
lobes latéraux étalés à angle droit ; corymbe à rameaux divariqués. . . . . *S. barbareæfolius.*

1. **S. vulgaris** L. — Tige molle, dressée, rameuse ; feuilles
sinuées-pennatilobées, à lobes inégaux, les infér. pétiolées, les
supér. amplexicaules, auriculées ; péricline glabre ou à peu près ;
calicule égalant à peine le quart de la longueur du péricline ; fleurs
jaunes, ord. toutes tubuleuses ; achaines pubescents. ⊙ fl. toute
l'année. — T. C. Champs, jardins, lieux cultivés.

2. **S. silvaticus** L. — Tige ferme, dressée, très rameuse au
sommet, faiblement pubescente-glanduleuse ; feuilles pennatifides
ou pennatilobées à lobes très inégaux, les infér. pétiolées, les supér.
amplexicaules, auriculées ; péricline pubescent-glanduleux ; calicule
très court ; fleurs jaunes, celles de la circonférence ligulées, à
languette très courte, roulée en dehors ; achaines pubescents. ⊙
juill.-sept. — A. C. Bois siliceux.

3. **S. viscosus** L. — Plante fortement pubescente-glanduleuse,
visqueuse ; tige molle, dressée, rameuse ; feuilles pennatilobées, à

lobes égaux, dentés, les infér. pétiolées, les supér. amplexicaules, auriculées ; calicule égalant presque la moitié de la longueur du péricline glanduleux ; fleurs jaunes, les ligulées à languette très coùrte , roulée en dehors; achaines glabres. ☉ juin-août. — A. C. Décombres, lieux incultes.

4. **S. adonidifolius** L. — Souche cespiteuse; tige raide, dressée, simple ou peu rameuse; feuilles 2-3-pennatifides, à segments linéaires-subfiliformes, les infér. pétiolées, les supér. sessiles ; calicule égalant au moins le tiers de la longueur du péricline, glabre ou à peu près; corymbe très dense ; fleurs jaunes; achaines glabres. ♃ juill.-sept. — R. Bord des bois, coteaux : Marcoussis, Chevreuse; manque sur le calcaire.

5. **S. crucæfolius** L. — Souche traçante ; tige assez élevée, simple , dressée; feuilles blanchâtres-aranéeuses en dessous, pennatilobées, à segments oblongs, les infér. pétiolées, les supér. embrassantes; calicule égalant au moins le tiers du péricline pubescent; fleurs jaunes, les ligulées à languette étalée; achaines tous pubescents. ♃ juill.-sept. — C. Bois, haies, bords des chemins.

6. **S. Jacobæa** L. (Herbe de Saint-Jacques). — Souche courte, tronquée ; tige assez élevée, dressée, rameuse au sommet; feuilles glabres ou subpubescentes, les infér pétiolées, lyrées-pennatifides, les supér. embrassantes-auriculées, pennatipartites; péricline pubescent; calicule très court , à 1-2 écailles ; fleurs d'un jaune vif; achaines de la circonférence glabres, ceux du centre pubescents. ② juin-août. — T. C. Prés, buissons, bords des chemins.

7. **S. aquaticus** Huds. — Souche épaisse, tronquée, globuleuse; tige dressée, glabrescente, rougeâtre, ord. simple; feuilles d'un vert clair, lyrées-pennatipartites, à lobe terminal très grand, ovale, à lobes latéraux obliques, les infér. pétiolées, les supér. amplexicaules-auriculées; péricline presque glabre ; calicule très petit; corymbe lâche à rameaux étalés; fleurs d'un jaune vif; achaines de la circonférence glabres, ceux du disque pubescents. ♃ juill.-août. — A. R. Prés humides et tourbeux.

8. **S. barbareæfolius** Krock.; *S. erraticus* Auct. paris. (an Bert.?) — Diffère du précédent par ses feuilles d'un vert foncé à lobe terminal rhomboïdal, les latéraux étalés à angle droit; par ses calathides plus petites, à fleurs ligulées plus courtes, portées sur des pédoncules grêles et formant un corymbe lâche, à rameaux divariqués. ♃ juill.-août. — Avec le précédent, mais plus R.

9. **S. paludosus** L. — Souche un peu rampante; tige fistuleuse, dressée, simple; feuilles sessiles, longuement lancéolées, dentées en scie, d'abord aranéeuses à la face infér., puis glabrescentes; péricline hémisphérique, à folioles munies d'une côte étroite et con-

vexe ; fleurs jaunes, les extérieures ligulées au nombre de 8-10 ; achaines glabres. ♃ juin-août.—C. Rivières, étangs, bords des eaux.

10. S. nemorensis L. *S. Fuchsii* Gmel. ; *S. saracenicus* Auct. gall. (non L.). — Souche tronquée, non rampante ; tige ord. purpurine, à peine fistuleuse, dressée, rameuse au sommet ; feuilles pétiolées, ovales-lancéolées, acuminées, finement dentées, glabres ou un peu pubescentes ; péricline cylindrique, à folioles munies d'une côte large et plane ; fleurs jaunes, les extérieures ligulées au nombre de 4-5 ; achaines glabres. ♃ juill-août. — T. R. Bois de Montigny l'Allier près La Ferté-Milon.

10. **CINERARIA** L. (Cinéraire). — Péricline dépourvu de calicule à sa base. (Le reste comme dans le genre Senecio.)

1. **C. lanceolata** Lam.; *C. spathulæfolia* Gmel. ; *Senecio* DC.— Plante blanchâtre, aranéeuse ; tige dressée, simple ; feuilles radicales pétiolées, ovales-spathulées, crénelées-dentées, les caulinaires oblongues, sessiles ou atténuées en pétiole ailé ; péricline hémisphérique, pubescent-tomenteux ; fleurs jaunes ; achaines hérissés. ♃ mai-juin — A. R. Prairies tourbeuses, bois humides.

11. **BELLIS** Tourn. (Pâquerette).— Péricline à folioles disposées sur 2 rangs ; réceptacle conique, nu ; fleurs de la circonférence femelles, ligulées, disposées sur un seul rang, celles du disque hermaphrodites, tubuleuses ; achaines obovés-comprimés, dépourvus de côtes, surmontés d'une couronne scarieuse, obtuse.

1. **B. perennis** L. — Feuilles toutes radicales, en rosette, un peu charnues, obovales-spatulées, atténuées en pétiole ; calathides solitaires au sommet des pédoncules radicaux, dépassant longuement les feuilles ; fleurs de la circonférence nombreuses, tout à fait blanches ou lavées de rouge, celles du disque jaunes. ♃ H. toute l'année. — T. C. Prés, bois, lieux herbeux.

12. **ARTEMISIA** Tourn. (Armoise). — Péricline ovoïde, oblong ou subglobuleux, à folioles imbriquées ; réceptacle plan ou convexe, nu, glabre ou hérissé ; fleurs de la circonférence femelles, à corolle 3-dentée, disposées sur un seul rang, celles du disque hermaphrodites, souvent stériles, à corolle 5-dentée ; achaines obovés, comprimés, dépourvus de côtes et de couronne, munis d'un disque épigyne plus étroit que l'achaine.

1. **A. vulgaris** L. — Plante odorante, à souche compacte, très peu rampante ; tiges assez élevées, rougeâtres, dressées, rameuses, à rameaux ord. allongés ; feuilles blanches-tomenteuses en dessous, pennatipartites, à segments oblongs-lancéolés, mucronés, très inégaux, les infér. pétiolées, à segments plus larges, les moyennes et les supér. sessiles ; calathides petites, disposées en petits

glomérules autour des rameaux et formant une grande panicule à rameaux dressés, ord. allongés; péricline tomenteux-blanchâtre; fleurs jaunâtres. ♃ juill.-sept. — T. C. Lieux incultes, bords des chemins.

A. selengensis Turcz., Cat. Baïcal, n° 630; *A. Verlotorum* Lamotte; *A. umbrosa* J.-B. Verl. (non Turcz.).—Plante voisine de la précédente dont elle diffère par sa souche plus grêle, munie de nombreux rejets rampants qui couvrent rapidement de larges places d'une grande quantité de tiges violacées, simples ou peu rameuses à rameaux ord. courts; par ses feuilles à segments lancéolés plus étroits et plus allongés, peu inégaux; par ses calathides solitaires, disposées en grappes subunilatérales dont la réunion forme une panicule plus étroite et plus compacte à rameaux très courts; par son péricline moins tomenteux; par ses fleurs rougeâtres. ♃ fl. fin oct.-nov. — R. Décombres, lieux incultes : cimetière Montparnasse.

2. A. campestris L. — Plante faiblement odorante, à souche subligneuse; tiges peu élevées, couchées-ascendantes, rameuses; feuilles d'abord pubescentes-blanchâtres, puis glabres, bipennati-séquées, à segments linéaires, mucronés, les infér. pétiolées, les moyennes et les supér. sessiles; calathides petites, formant une grande panicule pyramidale, à rameaux étalés; péricline glabre, luisant; fleurs jaunâtres. ♃ juill.-sept.—C. Coteaux secs, bords des chemins, lieux sablonneux, dans les terrains siliceux.

13. TANACETUM Tourn. (Tanaisie). — Péricline hémisphé-rique, à folioles imbriquées; réceptacle plan, nu et glabre; fleurs toutes tubuleuses, celles de la circonférence femelles, 3-dentées, celles du disque hermaphrodites, 5-dentées; achaines obconiques, munis tout autour de côtes saillantes-aiguës, à disque épigyne aussi large que l'achaine, couronnés d'un rebord membraneux court.

1. T. vulgare L. — Plante à odeur forte; tige assez élevée, dressée, simple; feuilles bipennatipartites, à segments lancéolés, pennatifides, denticulés, aigus; calathides médiocres, nombreuses, en corymbe serré; fleurs jaunes. ♃ juill.-sept. — T. C. Bords des chemins, décombres, lieux incultes.

14. LEUCANTHEMUM Tourn. — Péricline hémisphérique ou un peu concave, à folioles imbriquées; réceptacle plan-convexe, nu; fleurs de la circonférence femelles, ligulées, disposées sur un seul rang, celles du disque hermaphrodites, à corolle tubuleuse, comprimée, munie de 2 ailes; achaines cylindro-coniques, tronqués munis de côtes tout autour, nus ou couronnés d'un rebord scarieux.

1. L. vulgare Lam.; *Chrysanthemum Leucanthemum* L. (Grande Marguerite).—Tige dressée, simple ou peu rameuse; feuilles dentées ou superficiellement lobées, les infér. spathulées, longuement atté-nuées en pétiole; les supér. oblongues amplexicaules; calathides très grandes, solitaires au sommet des rameaux; fleurs ligulées blanches, les tubuleuses jaunes. ♃ mai-août. — T. C. Champs, prés, lieux herbeux.

2. **L. Parthenium** Gren. et Godr.; *Pyrethrum* Sm. (Matricaire, grande Camomille). — Tige dressée, très rameuse; feuilles pétiolées, pennatiséquées, à segments oblongs, incisés-dentés ou pennatifides; calathides odorantes, médiocres, nombreuses, en corymbe lâche; fleurs ligulées blanches, les tubuleuses jaunes. ♃ juin-août. — A. C. Lieux incultes et décombres au voisinage des habitations.

15. **CHRYSANTHEMUM** Tourn. (Chrysanthème). — Péricline concave à folioles imbriquées; réceptacle plan-convexe, nu; fleurs de la circonférence femelles, ligulées, disposées sur un seul rang, celles du disque hermaphrodites, à corolle tubuleuse, comprimée, munie de 2 ailes; achaines nus au sommet, ceux de la circonférence triquètres, à angles ailés, ceux du disque cylindriques, munis de côtes tout autour.

1. **C. segetum** L. — Tige dressée, simple ou rameuse; feuilles oblongues, élargies-trifides au sommet, dentées, les infér. atténuées en pétiole, les supér. amplexicaules; calathides très grandes, solitaires au sommet des rameaux; fleurs toutes d'un beau jaune. ☉ juin-août. — A. C. Champs et moissons.

16. **MATRICARIA** Tourn. (Matricaire). — Péricline à folioles imbriquées; réceptacle nu, conique à la maturité; fleurs de la circonférence femelles, ligulées, disposées sur un seul rang, celles du disque hermaphrodites, tubuleuses; achaines cylindro-coniques, munis de 3-5 côtes sur la face interne, lisses sur la face externe, couronnés par un rebord membraneux très court.

1. **M. Chamomilla** L. — Plante odorante-aromatique; tige dressée, rameuse ou diffuse; feuilles bipennatiséquées à segments linéaires, mucronulés, plans sur le dos; calathides moyennes, solitaires au sommet des rameaux; réceptacle creux; fleurs ligulées blanches, les tubuleuses jaunes; achaines jaunâtres. ☉ mai-juill. — Moissons, champs et lieux sablonneux, décombres.

2. **M. inodora** L.; *Chamaemelum inodorum* Vis. — Plante à peu près inodore; tige dressée, rameuse; feuilles 2-3-pennatiséquées, à segments linéaires, mucronulés, canaliculés sur le dos; calathides assez grandes, solitaires au sommet des rameaux; réceptacle plein; fleurs ligulées blanches, les tubuleuses jaunes; achaines noirâtres; ☉ juin-août. — T. C. Champs et moissons.

17. **CHAMOMILLA** Godr. (Camomille). — Péricline à folioles imbriquées; réceptacle conique à la maturité, muni de paillettes, les internes caduques; fleurs de la circonférence femelles, ligulées,

disposées sur un seul rang, celles du disque hermaphrodites, tubuleuses, à tube élargi à la base en une coiffe régulière ou unilatérale qui couvre le sommet de l'ovaire ; achaines claviformes, un peu comprimés, munis de 3 côtes sur la face interne, lisses, ou à peu près sur la face externe, à disque épigyne très-petit.

1. **C. nobilis** Godr. ; *Anthemis* L. (Camomille romaine). — Plante odorante-aromatique, velue, grisâtre ; tiges basses, ord. nombreuses, étalées-ascendantes ; feuilles bipennatiséquées, à segments nombreux, presque capillaires ; fleurs ligulées blanches, les tubuleuses jaunes, à tube non appendiculé. ♃ juin-sept. — C. Prés, coteaux et lieux herbeux, dans les terrains siliceux.

2. **C. mixta** Godr. et Gren. ; *Anthemis* L. ; *Ormenis* DC. — Plante odorante, pubescente ; tiges rougeâtres, nombreuses, étalées-diffuses ; feuilles pennatiséquées, à segments linéaires, courts, cuspidés ; fleurs ligulées blanches, les tubuleuses jaunes, à tube prolongé en appendice sur le côté interne de l'ovaire. ☉ juin-sept. — T. R. Champs sablonneux : Thurelles près Dordives ; observé plusieurs fois à l'état subspontané sur les bords de la Seine.

18. **ANTHEMIS** L. — Péricline à folioles imbriquées ; réceptacle conique à la maturité, muni de paillettes persistantes ; fleurs de la circonférence femelles, ligulées, disposées sur un seul rang, celles du disque hermaphrodites, tubuleuses, comprimées ; achaines obconiques, munis de côtes tout autour, à disque épigyne aussi large que l'achaine.

1. **A. arvensis** L. — Plante peu odorante, velue, grisâtre ; tige dressée, rameuse ; feuilles bipennatipartites, à segments linéaires, mucronulés ; calathides assez grandes sur des pédoncules ord. renflés au sommet ; fleurs ligulées blanches, fertiles, les tubuleuses jaunes ; achaines à 10 côtes lisses. ☉ juin-sept. — C. Champs et moissons.

2. **A. Cotula** L. (Maroute). — Plante ord. glabre, verte, à odeur forte, fétide ; tige dressée, très rameuse ; feuilles bipennatipartites, à segments linéaires, allongés, mucronulés ; calathides assez grandes au sommet de pédoncules grêles ; fleurs ligulées, blanches, stériles, les tubuleuses jaunes ; achaines à 10 côtes tuberculeuses. ☉ juin-sept. — C. Champs et moissons.

19. **ACHILLEA** Vaill. (Achillée). — Péricline à folioles imbriquées ; réceptacle plan ou convexe, muni de paillettes ; fleurs de la circonférence femelles, ligulées, à limbe court, disposées sur un seul rang, celles du disque hermaphrodites, tubuleuses, comprimées-ailées ; achaines oblongs-obovés, comprimés, étroitement marginés, dépourvus de côtes.

1. **A. Millefolium** L. (Millefeuille, Herbe au charpentier). —

Tige dressée, simple ou rameuse au sommet; feuilles velues, bipennatiséquées, à segments nombreux, linéaires, mucronés, étalés; calathides ovoïdes, nombreuses, en corymbe dense; fleurs ligulées 4-5, blanches ou roses, les tubuleuses blanches. ♃ juin-oct. — T. C. Lieux incultes, bords des chemins, prés.

2. **A. Ptarmica** L. (Herbe à éternuer). — Tige dressée, rameuse au sommet; feuilles glabres, un peu coriaces, lancéolées-linéaires, dentées en scie, sessiles; calathides hémisphériques en corymbe ord. lâche; fleurs blanches, les ligulées 8-12, plus grandes que dans l'espèce précédente. ♃ juill.-août. — C. Prés humides, fossés, bords des eaux.

20. **BIDENS** Tourn. — Péricline à folioles disposés sur 2 rangs, les extérieures inégales, foliacées, les intérieures plus courtes, égales, scarieuses; réceptacle un peu convexe, muni de paillettes; fleurs ord. toutes hermaphrodites, tubuleuses, rar. celles de la circonférence stériles et ligulées, disposées sur un seul rang; achaines oblongs-cunéiformes, comprimés, munis d'une côte sur chaque face et surmontés de 1-5 arêtes subulées-épineuses, barbelées, à aculéoles dirigés en bas.

1. **B. tripartita** L. (Chanvre d'eau). — Tige rougeâtre, dressée, simple ou rameuse, lisse ou échinulée, à rameaux étalés; feuilles pétiolées, tripartites ou triséquées, à segments lancéolés, dentés, le terminal plus grand; calathides moyennes (1 1/2 cent. diam.), dressées, en corymbe étalé; fleurs jaunes; achaines oblongs, à base large. ⊙ juill.-oct. — T. C. Marais, lieux humides, bords des eaux.

2. **B. radiata** Thuill.; *B. fastigiata* Michal. — Tige d'un vert pâle, simple ou rameuse, à rameaux dressés-fastigiés; feuilles pétiolées, 3-5-partites ou 3-5-séquées, à segments lancéolés, dentés; calathides grosses et larges (2 cent. diam.), dressées, en corymbe fastigié; fleurs jaunes; achaines triangulaires à base étroite, de moitié plus petits (3-3 1/2 mill. long.) que ceux de l'espèce précédente. ⊙ sept.-oct. — R. Vases asséchées aux bords des étangs : étang de St-Quentin près Trappes, étang du Perray, étang de St-Hubert près Rambouillet.

3. **B. cernua** L. — Tige d'un vert pâle, assez forte, dressée, simple ou rameuse, lisse ou échinulée, à rameaux dressés; feuilles sessiles, un peu connées à la base, largement lancéolées, dentées; calathides aussi grosses et aussi larges que dans l'espèce précédente, penchées, en corymbe très lâche et très allongé; fleurs jaunes; achaines (6-8 mill. long) cunéiformes-allongés, atténués à la base, épaissis au sommet. ⊙ juill.-oct. — A. R. Étangs, lieux marécageux, bords des eaux.

Var. *ligulata; Coreopsis Bidens* L.; *B. cernua* var. *radiata* Auct.; fleurs de la circonférence ligulées; avec le type, mais plus R.

** Anthères munies à leur base de 2 appendices filiformes.

21. CORVISARTIA Mérat. — Péricline à folioles imbriquées, les intérieures oblongues, obtuses ; réceptacle plan, dépourvu de paillettes ; fleurs de la circonférence femelles, ligulées, disposées sur un seul rang, celles du disque hermaphrodites, tubuleuses ; achaines tétragones, munis tout autour de côtes peu accusées, couronnés d'une aigrette de poils subciliés, unisériés.

1. **C. Helenium** Mérat ; *Inula* L. (Aunée). — Souche épaisse, charnue ; tige robuste, élevée, dressée, rameuse ; feuilles très grandes, blanchâtres-tomenteuses en dessous, les radicales ovales-lancéolées, atténuées en pétiole, les caulinaires ovales, amplexicaules ; calathides très grandes, solitaires au sommet des rameaux ; fleurs jaunes ; achaines glabres. ℔ juill.-août. — R. Haies, fossés au voisinage des habitations.

22. INULA L. — Péricline à folioles imbriquées, les intérieures lancéolées-linéaires, aiguës ; achaines cylindriques. (Les autres caractères sont ceux du genre *Corvisartia*.)

1 { Fleurs de la circonférence longuement ligulées, rayonnantes. . . 2
{ Fleurs de la circonférence tubuleuses-subligulées , ne dépassant pas le péricline. . . . . *I. Conyza.*

2 { Feuilles molles ; péricline à folioles linéaires, molles, velues-soyeuses ; achaines velus . . . . *I. britannica.*
{ Feuilles coriaces ; involucre à folioles lancéolées, roides, hispides ou ciliées ; achaines glabres. 3

3 { Tige et feuilles glabres ou à peu près ; feuilles caulinaires demi-embrassantes ; péricline à folioles ciliées. . . . . . *I. salicina.*
{ Tige et feuilles hérissées ; feuilles caulinaires sessiles, non embrassantes ; péricline à folioles hispides . . . . *I. hirta.*

1. **I. hirta** L. — Tige dressée, velue-hérissée ; feuilles coriaces, oblongues-lancéolées, velues-hérissées, les infér. rétrécies en un court pétiole, les caulinaires sessiles ; calathides ord. solitaires au sommet de la tige ; péricline à folioles lancéolées, roides, hérissées ; fleurs jaunes, les extérieures longuement ligulées, rayonnantes ; achaines glabres. ℔ juin-juill. — R. Coteaux secs et herbeux ; Fontainebleau, Montigny-sur-Loing, Maisse, Nemours, Malesherbes.

2. **I. salicina** L. — Tige dressée, glabre ; feuilles coriaces, oblongues-lancéolées, luisantes, glabres ou à peu près, les caulinaires sessiles, demi-embrassantes ; calathides solitaires ou réunies par 2-5 au sommet des rameaux ; péricline à folioles lancéolées, roides, ciliées ; fleurs jaunes, les extérieures longuement ligulées, rayonnantes ; achaines glabres. ℔ juill.-août.— Bois et prés humides.

3. **I. britannica** L. — Tige dressée, simple ou rameuse ; hérissée de poils blancs ; feuilles molles , lancéolées , velues-

soyeuses; les inför. pétiolées, les caulinaires sessiles, demi-embrassantes; calathides 1-3 au sommet de la tige et des rameaux; péricline à folioles linéaires, molles, velues-soyeuses; fleurs jaunes, les extérieures longuement ligulées, rayonnantes; achaines velus. ♃ juill.-août. — A. C. Prés humides, tourbières, bords des eaux.

4. **I. Conyza** DC.; *Conyza squarrosa* L. — Tige dressée très rameuse au sommet; feuilles molles, pubescentes, elliptiques ou oblongues-lancéolées, les infér. pétiolées, les supér. sessiles; calathides médiocres, assez nombreuses, rapprochées en corymbe compacte; péricline à folioles lancéolées, aiguës, velues-ciliées, réfléchies au sommet; fleurs d'un jaune pâle, les extérieures tubu-leuses-subligulées, ne dépassant pas le péricline; achaines velus. ② ♃ juill.-sept. — C. Coteaux secs, lieux arides, bord des bois.

23. **PULICARIA** Gærtn. (Pulicaire).— Péricline à folioles im-briquées; réceptacle plan, nu, subalvéolé; fleurs de la circonférence femelles, ligulées, disposées sur un seul rang; fleurs du disque hermaphrodites, tubuleuses; achaines cylindriques, munis de côtes tout autour, couronnés par une aigrette double, l'extérieure courte, coroniforme, scarieuse, dentée, l'intérieure composée de poils peu nombreux, à peine ciliés.

1. **P. vulgaris** Gærtn. — Plante velue, grisâtre; tige très ra-meuse; feuilles oblongues-lancéolées, les infér. atténuées en pétiole, les supér. arrondies à la base et presque demi-embrassantes; cala-thides médiocres, nombreuses en panicule ou en corymbe lâche; fleurs jaunes, celles de la circonférence très courtes, dressées; achaines à aigrette interne composée de 5-6 poils un peu plus courts que l'achaine. ☉ juill.-sept. — T. C. Lieux humides, bords des eaux, marécages.

2. **P. dysenterica** Gærtn. (Herbe de Saint-Roch). — Plante velue-blanchâtre; tige rameuse; feuilles oblongues-lancéolées, ses-siles, les supér. embrassantes, auriculées; calathides assez grandes, assez nombreuses, en corymbe lâche; fleurs jaunes, celles de la circonférence longuement ligulées, rayonnantes; achaines à aigrette interne composée de 15-20 poils une fois plus longs que l'achaine. ♃ juill.-sept. — T. C. Fossés, lieux humides, bords des eaux.

24. **CUPULARIA** Godr. et Gren.—Péricline à folioles imbriquées; réceptacle plan, nu, alvéolé, à bord des alvéoles denté; fleurs de la circonférence femelles, tubuleuses-subligulées, disposées sur un seul rang, celles du disque hermaphrodites, tubuleuses; achaines cylindriques, dépourvus de côtes, contractés au sommet, couronnés par une aigrette double, l'externe courte, membraneuse, cupuliforme, crénelée, l'interne composée de poils brièvement ciliés.

1. **C. graveolens** Godr. et Gren.; *Erigeron* L.; *Inula* Desf. — Plante glanduleuse, fortement odorante; tige dressée, très rameuse; feuilles linéaires-oblongues, les infér. atténuées à la base, les supér. sessiles; calathides petites, nombreuses, en panicule lâche et allongée; fleurs jaunes ou violacées, les extérieures non rayonnantes. ☉ sept.-oct. — R. Lieux sablonneux, humides : Orsay, Marcoussis; Rueil, parc de Buzenval, Marly, Nogent, Chevreuse, etc.

25. **ANTENNARIA** R. Br. — Calathides unisexuées, péricline campanulé à folioles scarieuses, imbriquées; réceptacle convexe, nu, alvéolé; fleurs toutes tubuleuses, les femelles filiformes; achaines cylindriques-oblongs, dépourvus de côtes, couronnés par une aigrette de poils unisériés et soudés en anneau à la base.

1. **A. dioica** Gærtn.; *Gnaphalium* L. (Pied-de-Chat). — Plante laineuse-blanchâtre; souche rampante, émettant des rejets terminés par des rosettes stériles; tige basse, simple, dressée, solitaire; feuilles radicales spathulées, étalées en rosette, les caulinaires sublinéaires, dressées; calathides 3-9 en corymbe compacte; péricline à folioles blanchâtres chez les calathides mâles et rosées chez les calathides femelles. ♃ mai-juin. — R. Coteaux secs et herbeux; Meudon, Lardy, Jouy, Fontainebleau, etc.

26. **GNAPHALIUM** L. — Calathides hermaphrodites; péricline campanulé, à folioles scarieuses, imbriquées, étalées en étoile à la maturité; réceptacle plan, nu; fleurs toutes tubuleuses, celles de la circonférence femelles, filiformes, disposées sur plusieurs rangs, celles du disque hermaphrodites; achaines cylindriques-oblongs, dépourvus de côtes, couronnés par une aigrette de poils unisériés, non soudés en anneau à la base.

1. **G. uliginosum** L. — Plante blanchâtre-laineuse; tiges rameuses dès la base, étalées-diffuses, feuillées dans toute leur longueur; feuilles lancéolées-linéaires, atténuées à la base; calathides réunies au sommet des rameaux en glomérules compactes, entremêlés de feuilles; achaines lisses. ☉ juill.-sept. — T. R. Champs humides : Montfort-l'Amaury (Pérard).

Var. *pilulare* Gren.; *G. pilulare* Wahl. (non Coss. et Germ.); achaines finement muriculés. — T. C. Champs humides, bords des étangs.

2. **G. luteo-album** L. — Plante blanchâtre-laineuse; tiges simples ou rameuses, étalées-ascendantes, nues au sommet; feuilles infér. oblongues-spathulées, les caulinaires demi-embrassantes; calathides réunies au sommet de la tige en glomérules compactes, non feuillés; achaines finement tuberculeux. ☉ juill.-août. — C. Champs et bois humides, bords des étangs.

27. **GAMOCHÆTA** Wedd. — Achaines couronnés par une

aigrette de poils unisériés et réunis en anneau à la base. (Les autres caractères sont ceux du genre *Gnaphalium*.)

G. silvatica Wedd.; *Gnaphalium silvaticum* L. — Plante blanchâtre-laineuse; souche oblique, émettant des rosettes de feuilles stériles; tige dressée, roide, ord. simple, feuillée dans toute sa longueur; feuilles lancéolées-linéaires, atténuées à la base, les supér. plus étroites; calathides nombreuses, disposées en panicule spiciforme allongée et feuillée; péricline à folioles bordées de brun. ♃ juill.-sept. — C. Bois.

28. **FILAGO** Vaill. (Cotonnière).—Péricline ovoïde-pentagonal, à folioles disposées sur 3-5 rangs, les intérieures remplaçant les paillettes du réceptacle filiforme ou aplani au sommet, nu au centre; fleurs toutes tubuleuses, celles de la circonférence femelles, filiformes, disposées sur plusieurs rangs à l'aisselle des folioles internes paléiformes du péricline; fleurs du centre hermaphrodites; achaines tous libres, obovés, comprimés, dépourvus de côtes, couronnés par une aigrette de poils caducs, unisériés, presque nulle dans les achaines de la circonférence.

<table>
<tr><td rowspan="3">1</td><td>Calathides réunies par 10-25 en glomérules assez gros (10-13 mill. diam.); péricline à folioles cuspidées; feuilles oblongues lancéolées ou spathulées. . . . . 2</td></tr>
<tr><td>Calathides réunies par 2-7 en glomérules assez petits (5-7 mill. diam.); péricline à folioles non cuspidées; feuilles lancéolées-linéaires. . . . . 4</td></tr>
<tr><td rowspan="2">2</td><td>Glomérules munis à leur base de 3-5 feuilles bien plus longues qu'eux; calathides à 5 angles saillants. . . . *F. spathulata.*</td></tr>
<tr><td>Glomérules dépourvus de feuilles florales; calathides à 5 angles peu marqués. . . . , ... 3</td></tr>
<tr><td rowspan="2">3</td><td>Tomentum jaunâtre ou verdâtre; feuilles subobtuses; folioles du péricline rougeâtres au sommet. . . . . *F. apiculata.*</td></tr>
<tr><td>Tomentum blanchâtre; feuilles aiguës; folioles du péricline d'un jaune pâle au sommet. . . . . *F. canescens.*</td></tr>
<tr><td rowspan="2">4</td><td>Feuilles florales égalant les glomérules; calathides à 8 angles peu prononcés. . . . . *F. arvensis.*</td></tr>
<tr><td>Feuilles florales plus courtes que les glomérules; calathides à 5 angles saillants . . . . *F. minima.*</td></tr>
</table>

1. **F. spathulata** Presl.; *F. Jussiaei* Coss. et Germ. — Plante tomenteuse-blanchâtre; tige rameuse 2-3-chotome, à rameaux divariqués; feuilles oblongues spathulées, les caulinaires contractées à la base; calathides réunies par 10-25 en glomérules assez gros, munis à leur base de 3-5 feuilles bien plus longues qu'eux; péricline à 5 angles saillants et à folioles cuspidées. ☉ juill.-sept. — C. Champs et lieux cultivés des terrains calcaires.

2. **F. canescens** Jord.; *F. germanica* L. (pro parte). — Plante couverte d'un tomentum blanc; tige ord. simple, rameuse-dichotome

dans le haut, à rameaux dressés ; feuilles oblongues-lancéolées, ondulées, très aiguës ; calathides réunies par 12-25 en glomérules globuleux assez gros, dépourvus de feuilles florales à leur base ; péricline à 5 angles peu prononcés, à folioles longuement cuspidées, terminées par une pointe pâle ou jaunâtre. ⊙ juill.-sept. — A. C. Champs et lieux sablonneux.

3. **F. apiculata** G. E. Sm.; *F. lutescens* Jord.; *F. germanica* L. (pro parte). — Plante ayant le port et l'aspect du *F. canescens* Jord., dont elle se distingue facilement par son tomentum jaunâtre ou verdâtre, par ses feuilles obtuses, mucronulées et par les folioles du péricline rougeâtres au sommet. ⊙ juill.-sept. — A. C. avec le précédent.

4. **F. arvensis** L.; *F. montana* L. — Plante laineuse-blanchâtre ; tige rameuse à rameaux dressés ; feuilles sessiles, lancéolées-linéaires ou linéaires, aiguës ; calathides réunies par 2-7 en glomérules assez petits, munis de feuilles florales les égalant, et disposés en grappes spiciformes interrompues ; péricline à 8 angles peu prononcés, à folioles non cuspidées. ⊙ juill.-août. — C. Champs et lieux sablonneux-siliceux.

5. **F. minima** Fr.; *F. montana* Coss. et Germ. (non L.) — Plante brièvement tomenteuse-blanchâtre ; tige rameuse-dichotome au sommet, à rameaux dressés ; feuilles sessiles, linéaires-lancéolées ; calathides réunies par 3-5 en glomérules assez petits munis de feuilles florales plus courtes qu'eux et disposés en panicule dichotome ; péricline à 5 angles saillants, à folioles non cuspidées. ⊙ juill.-août. — C. Champs et lieux sablonneux-siliceux.

29. **LOGFIA** Cass. — Péricline à folioles disposées sur 3 rangs ; réceptacle épaissi et aplani au sommet ; fleurs de la circonférence femelles, disposées sur 2 rangs ; achaines du rang extérieur enveloppés par les folioles moyennes du péricline roulées sur elles-mêmes et connées par les bords à la base ; achaines du disque libres. (Le reste comme dans le genre *Filago*.)

1. **L. gallica** Coss. et Germ.; *L. subulata* Cass.; *Filago gallica* L. — Plante brièvement tomenteuse-blanchâtre ; tige simple ou rameuse, à rameaux dressés-divariqués ; feuilles linéaires-subulées ; calathides réunies par 3-7 en glomérules médiocres, munis de feuilles florales bien plus longues qu'eux ; péricline à 5 angles saillants, à folioles concaves, lancéolées, obtuses. ⊙ juill.-août. — C. Champs sablonneux.

30. **MICROPUS** L. — Péricline globuleux, à folioles disposées sur 2 rangs, les extérieures planes, les intérieures courbées en capuchon, enveloppant les fleurs et les achaines du rang extérieur et tombant avec ceux-ci ; réceptacle nu ; fleurs toutes tubuleuses,

celles de la circonférence femelles, filiformes, disposées sur un seul rang, celles du disque (5-7) mâles; achaines obovés, comprimés, dépourvus d'aigrette.

1. **M. erectus** L. — Plante fortement laineuse, blanchâtre; tiges nombreuses, rameuses-dichotomes, étalées-ascendantes; feuilles sessiles, oblongues, obtuses; calathides réunies en glomérules nombreux, munis de feuilles florales plus longues qu'eux, disposés en grappes spiciformes interrompues; péricline laineux, à 5-7 angles saillants. ⊙ juin-août. — A. R. Champs secs et calcaires : Fontainebleau, La Génevraye, Malesherbes, Lardy, etc.

31. **CALENDULA** L. (Souci). — Péricline hémisphérique, à folioles disposées sur 2 rangs; réceptacle plan, nu, tuberculé; fleurs de la circonférence femelles, ligulées, disposées sur 2-3 rangs, celles du disque mâles, tubuleuses; achaines dépourvus d'aigrette, les extérieurs courbés en arc, terminés en bec et épineux sur le dos, les intérieurs plus petits, roulés en cercle, tronqués au sommet.

1. **C. arvensis** L. — Tige rameuse, à rameaux étalés; feuilles oblongues-lancéolées, les infér. atténuées en un court pétiole, les supér. demi-embrassantes; calathides assez grandes, solitaires au sommet des rameaux; fleurs d'un jaune pâle, les extérieures largement rayonnantes. ⊙ avril-oct. — T. C. Champs, vignes, lieux cultivés.

ESPÈCES EXCLUES.

Les *Nardosmia fragrans* Rchb., *Aster Novi-Belgii* L., *Solidago glabra* L., *S. canadensis* L., *Chrysanthemum coronarium* L., *Calendula officinalis* L., souvent cultivés dans les jardins comme plantes d'ornement, ont été rencontrés à l'état subspontané dans le rayon de la Flore parisienne et quelques-unes de ces espèces se trouvent encore quelquefois au voisinage des jardins et des villages. Les *Artemisia Absinthium* L., *A. Dracunculus* L. et *Tanacetum Balsamita* L., souvent cultivés pour leurs propriétés aromatiques, se rencontrent çà et là à l'état subspontané. Les *Helianthus annuus* L., *H. tuberosus* L. et *Madia viscosa* Willd. sont, dans quelques localités, cultivés en grand pour leurs graines oléagineuses ou leurs tubercules alimentaires. Le *Cineraria palustris* L., qui existait autrefois dans le marais de Bretel, n'y a pas été revu depuis 1827. Les *Doronicum austriacum* Jacq., *D. Pardalianches* L. et *D. caucasicum* M. B., naturalisés au bois de Boulogne, à St-Cloud et à Malesherbes, ont presque complètement disparu de ces localités. L'*Arnica montana* L. a été indiqué dans le département de l'Oise, où sa présence n'a pas été récemment constatée. Les *Antennaria margaritacea* R. Br. et *Helichrysum arenarium* DC., trouvés dans la forêt de Compiègne et au bois de Boulogne, n'ont pas persisté dans ces deux localités.

2. CYRANOCÉPHALES Vaill.

Fleurs toutes tubuleuses, régulières, hermaphrodites, rar. stériles ou unisexuées par avortement; style articulé et renflé au-dessous du stigmate.

1 { Anthères prolongées à leur base en 2 appendices filiformes. 2
{ Anthères dépourvues à leur base d'appendices filiformes. 3

2 { Péricline à folioles uncinées au sommet; achaines munis de côtes et surmontés d'une aigrette de poils libres. *Lappa* (10).
{ Péricline à folioles épineuses, non uncinées au sommet; achaines lisses, surmontés d'une aigrette de poils réunis à la base en faisceaux de 3-4 . . . . *Carlina* (9).

3 { Achaines à hile basilaire; aigrette formée de poils assez larges. . 4
{ Achaines à hile latéral; aigrette nulle ou formée de courtes paléoles. 9

4 { Réceptacle muni de paillettes sétacées; achaines lisses ou munis de côtes longitudinales. 5
{ Réceptacle alvéolé, dépourvu de paillettes; achaines rugueux transversalement. . . . . *Onopordon* (2).

5 { Poils de l'aigrette réunis en anneau à la base. 6
{ Poils de l'aigrette libres dans toute leur longueur. *Serratula* (8).

6 { Folioles du péricline foliacées, non épineuses; fleurs bleues. *Carduncellus* (5).
{ Folioles du péricline non foliacées, plus ou moins épineuses; fleurs purpurines ou blanches. 7

7 { Péricline à folioles extérieures et moyennes terminées par un appendice lobé-épineux; feuilles ord. marbrées de taches blanches . . . . *Silybum* (1).
{ Péricline à folioles terminées par une épine ou une pointe non lobée; feuilles non marbrées de blanc 8

8 { Aigrette à poils denticulés, scabres. . . . . *Carduus* (4).
{ Aigrette à poils longuement plumeux. . . . . *Cirsium* (3).

9 { Péricline à folioles extérieures pennatilobées-épineuses; achaines rugueux au sommet. . . . . *Centrophyllum* (7).
{ Péricline à folioles terminées par un appendice scarieux ou corné-épineux; achaines lisses. . . . . *Centaurea* (6).

* Anthères dépourvues d'appendices filiformes à leur base.

1. SILYBUM Vaill. — Péricline à folioles coriaces, imbriquées, les extérieures et les moyennes surmontées d'un appendice à lobe épineux et terminé par une longue et forte épine; réceptacle hérissé de soies; filets des étamines soudés dans toute leur longueur; achaines obovés-oblongs, comprimés, dépourvus de côtes, surmontés d'une aigrette de poils plurisériés et réunis en anneau à la base.

1. S. Marianum Gærtn.; *Carduus* L. (Chardon-Marie). — Tige élevée, robuste, rameuse; feuilles grandes, sinuées-lobées, marbrées de taches blanches, épineuses sur les bords, les radicales pétiolées, les caulinaires auriculées-amplexicaules; calathides grosses, globuleuses, solitaires au sommet des rameaux; fleurs purpurines, rar. blanches. ☉, ② juin-août. — A. R. Lieux incultes, décombres, bords des chemins.

2. ONOPORDON Vaill. — Péricline à folioles imbriquées, épineuses; réceptacle alvéolé; alvéoles à bords membraneux, dentés; étamines à filets libres; achaines obovés-subtétragones, comprimés, sillonnés-rugueux transversalement, surmontés par une aigrette de poils plurisériés et réunis en anneau à la base.

1. O. acanthium L. (Chardon aux ânes). — Plante pubescente-aranéeuse, blanchâtre; tige élevée, robuste, rameuse, ailée-épineuse; feuilles grandes, ovales-oblongues, sinuées-anguleuses, épineuses, les radicales pétiolées, les caulinaires décurrentes; calathides grosses, globuleuses, solitaires ou géminées au sommet des rameaux; fleurs purpurines. ② juill.-août. — T. C. Lieux incultes, bords des routes.

3. CIRSIUM Tourn. (Cirse). — Péricline à folioles imbriquées, terminées par une épine, rar. inermes; réceptacle hérissé de soies; étamines à filets libres et à anthères surmontées d'un appendice linéaire-subulé; achaines oblongs, comprimés, lisses, surmontés d'une aigrette à poils plurisériés, longuement plumeux et réunis en anneau à la base.

1	Feuilles hérissées de petites épines sur la face supér..........	2
	Feuilles lisses sur la face supér..........	3
2	Feuilles décurrentes; calathides assez grosses, ovoïdes, peu ou pas aranéeuses.......... *C. lanceolatum.*	
	Feuilles non décurrentes; calathides très grosses, globuleuses, fortement aranéeuses.......... *C. eriophorum.*	
3	Feuilles décurrentes sur la tige..........	4
	Feuilles non décurrentes..........	5
4	Tige ailée-épineuse; feuilles caulinaires longuement décurrentes; calathides petites; fleurs purpurines, rar. blanches. *C. palustre.*	
	Tige non ailée-épineuse; feuilles caulinaires demi-décurrentes; calathides moyennes; fleurs jaunâtres ou lavées de violet. *C. hybridum.*	
5	Calathides unisexuées, nombreuses, formant par leur réunion une panicule corymbiforme.......... *C. arvense.*	
	Calathides hermaphrodites, solitaires ou agglomérées par 2-4 au sommet de la tige ou des rameaux..........	6
6	Folioles du péricline étalées au sommet; fleurs jaunâtres ou lavées de violet..........	7
	Folioles du péricline appliquées; fleurs purpurines..........	8

7 {
Calathides agglomérées et entourées de feuilles florales jaunâtres, ovales-lancéolées, plus longues que les calathides. *C. oleraceum.*
Calathides solitaires, entourées de feuilles florales vertes, linéaires, plus courtes que les calathides ou les égalant à peine. *C. rigens.*
}

8 {
Tige grêle, allongée, nue dans sa moitié supér. ; feuilles caulinaires amplexicaules. 9
Tige nulle ou très courte, feuillée dans toute sa longueur ; feuilles non amplexicaules . . . . *C. acaule.*
}

9 {
Fibres radicales napiformes ; feuilles pennatifides ou pennatipartites. *C. bulbosum.*
Fibres radicales épaissies, mais non napiformes ; feuilles-oblongues-lancéolées, sinuées ou dentées. . . . . , *C. anglicum.*
}

1. **C. lanceolatum** Scop.; *Carduus* L. — Tige robuste, dressée, rameuse, ailée-épineuse ; feuilles hérissées-spinuleuses en dessus, pennatifides ou pennatipartites, à lobes inégaux, terminés par une épine vulnérante, les radicales pétiolées, les caulinaires longuement décurrentes ; calathides assez grosses, ovoïdes, à peine aranéeuses ; fleurs purpurines. ② juin-sept. — T. C. Lieux incultes, bords des chemins.

Var. *ferox* Coss. et Germ.; tige fortement épineuse ; feuilles à lobes très étroits, allongés, terminés par une longue épine ; calathides plus grosses, cylindriques, un peu ombiliquées à la base. — Avec le type.

2. **C. eriophorum** Scop.; *Carduus* L. — Tige robuste, dressée, rameuse, non ailée-épineuse ; feuilles hérissées-spinuleuses en dessus, pennatipartites, à segments lancéolés, allongés, terminés par une forte épine vulnérante, les radicales pétiolées, les caulinaires auriculées-amplexicaules, non décurrentes ; calathides très grosses, globuleuses, fortement aranéeuses-blanchâtres ; fleurs purpurines, rar. blanches. ② juill.-août. — A. R. Lieux incultes, bords des champs et des routes.

3. **C. palustre** Scop.; *Carduus* L.—Tige rameuse, ailée-épineuse ; feuilles lisses en dessus, pennatipartites, à segments étroits, terminés par une épine vulnérante, les radicales atténuées en pétiole ailé, les caulinaires longuement décurrentes ; calathides petites, ovoïdes, agglomérées au sommet de la tige et des rameaux ; fleurs purpurines, rar. blanches. ② juin-sept. — T. C. Prés, bois et lieux humides.

× **C. hybridum** Kch.; *C. palustri-oleraceum* Næg. — Tige assez robuste, rameuse, non ailée-épineuse ; feuilles lisses en dessus, pennatifides, à segments oblongs, terminés par une épine très petite, un peu molle, les radicales atténuées en pétiole ailé, les caulinaires demi-décurrentes ; calathides petites, ovoïdes, géminées ou agglomérées au sommet de la tige et des rameaux ; fleurs jaunâtres ou un peu lavées de violet. ♃ juill.-août. — R. Lieux humides, au milieu des *C. palustre et oleraceum* dont il est un produit hybride : Meudon, Marines, Mortefontaine, Montmorency, Villers-Cotterets.

4. **C. oleraceum** Scop.; *Cnicus* L. — Tige robuste, feuillée, simple ou rameuse; feuilles molles, d'un vert pâle, pennatipartites ou pennatifides, à segments larges, lancéolés, ciliés-spinuleux, les radicales atténuées en pétiole ailé, les caulinaires auriculées-embrassantes; calathides assez grosses, agglomérées au sommet de la tige et des rameaux, entourées de feuilles florales jaunâtres, ovales-lancéolées, plus longues que les calathides; fleurs jaunâtres. ♃ juill.-août. — C. Prés humides, marécages, bords des eaux.

× **C. rigens** Wallr.; *C. oleraceo-acaule* Hampe.—Tige moyenne, rameuse, feuillée; feuilles fortement ciliées-épineuses sur les bords, pennatifides, à segments ovales, 2-3-lobés, les infér. atténuées en pétiole un peu ailé, les supér. sessiles non auriculées-embrassantes; calathides assez grosses, solitaires au sommet des rameaux, entourées de feuilles florales vertes, linéaires, plus courtes que les calathides ou les égalant à peine; fleurs jaunâtres. ♃ juill.-août. — T. R. Au voisinage des *C. oleraceum et acaule* dont il est un produit hybride : tourbière de Ballancourt.

5. **C. bulbosum** DC.; *Carduus* Lam. — Souche oblique, munie de fibres radicales renflées-napiformes; tige grêle, nue dans sa moitié supér., simple ou divisée en 2-3 rameaux grêles, allongés; feuilles pennatifides ou pennatipartites, à segments lancéolés, faiblement ciliés-spinuleux, les radicales atténuées en pétiole, les caulinaires demi-embrassantes; calathides médiocres, ovoïdes-globuleuses, solitaires au sommet des rameaux longuement nus; fleurs purpurines. ♃ juin-août. — T. R. Prés humides, marécages : Souppes près Nemours, Dordives, Thurelle.

6. **C. anglicum** Lob.; *Carduus* Lam.—Plante un peu blanchâtre-aranéeuse; souche oblique, munie de fibres radicales épaissies, mais non napiformes; tige grêle, ord. nue dans sa moitié supér., toujours simple; feuilles oblongues-lancéolées, sinuées ou dentées, faiblement ciliées-spinuleuses, toutes atténuées en pétiole ailé, demi-embrassant; calathide moyenne, ovoïde, solitaire au sommet de la tige; fleurs purpurines. ♃ juin-juill. — A. C. Prés humides et marécageux.

7. **C. acaule** All.; *Carduus* L. — Tige presque nulle; feuilles toutes radicales, pétiolées, pennatipartites, à segments larges, 3-lobés, ciliés-spinuleux; calathides moyennes, ovoïdes, solitaires, rar. réunies par 2-3, munies de quelques feuilles florales vertes, linéaires, plus courtes que la calathide; fleurs purpurines. ♃ juin-août. — T. C. Lieux herbeux, bords des chemins.

Var. *caulescens* DC.; *Carduus Roseni* Vill.; tige de 5-20 cent., grêle, feuillée dans toute sa longueur. — Avec le type.

8. **C. arvense** Scop.; *Serratula* L. (Chardon hémorrhoïdal). — Souche traçante; tige feuillée, très rameuse supérieurement; feuilles vertes et glabrescentes sur les deux faces, sinuées-pennatifides, ciliées-spinuleuses, les radicales pétiolées, les caulinaires amplexicaules-auriculées; calathides ovoïdes, médiocres (12-15 mill. sur 20 mill.), dioïques, agglomérées au sommet des rameaux et formant une panicule corymbiforme; fleurs rougeâtres, rar. blanchâtres. ♃ juin-août. — T. C. Champs, moissons, lieux incultes.

Var. *vestitum* Kch.; feuilles blanchâtres-aranéeuses en dessous, à lobes larges, munis d'épines un peu grêles; calathides médiocres.

Var. *horridum* Kch.; feuilles pennatifides, à lobes étroits munis d'épines assez fortes et nombreuses; calathides d'un tiers plus petites que dans le type.

4. **CARDUUS** L. (Chardon). — Aigrette formée de poils denticulés-scabres, jamais plumeux. (Le reste comme dans le genre *Cirsium*.)

1 ⎰ Calathides grosses, penchées, solitaires au sommet de pédoncules nus; péricline à folioles élargies, rétrécies au-dessus de la base. *C. nutans.*
⎱ Calathides petites ou médiocres, dressées, solitaires ou agrégées au sommet de rameaux plus ou moins ailés-épineux; péricline à folioles étroites, non sensiblement rétrécies à la base. . . . 2

2 ⎰ Calathides cylindriques, sessiles au sommet des rameaux. *C. tenuiflorus.*
⎱ Calathides globuleuses ou ovoïdes, pédonculées. 3

3 ⎰ Calathides petites, agglomérées au sommet de rameaux ailés; péricline à folioles dressées, terminées par une épine molle. *C. crispus.*
⎱ Calathides médiocres, ord. solitaires au sommet de pédoncules nus ou ailés-interrompus; péricline à folioles étalées, terminées par une épine vulnérante . . . . *C. acanthoides.*

1. **C. tenuiflorus** Curt. — Tige rameuse, ailée-épineuse jusque sous les calathides; feuilles sinuées ou pennatifides à segments triangulaires, ciliés épineux, aranéeuses-blanchâtres en dessous, les caulinaires décurrentes; calathides petites, cylindriques, dressées, sessiles, agglomérées au sommet des rameaux; péricline à folioles étroites, allongées, étalées au sommet et terminées par une épine molle; fleurs purpurines. ② juin-août. — T. C. Lieux incultes, décombres, bords des chemins.

2. **C. crispus** L. — Tige rameuse, ailée-épineuse jusque sous les calathides; feuilles ondulées, blanchâtres-aranéeuses en dessous, sinuées-pennatifides à segments 3-lobés, ciliés-épineux, les cau-

linaires décurrentes ; calathides petites, subglobuleuses, dressées, brièvement pédonculées, agglomérées au sommet des rameaux ; péricline à folioles linéaires, dressées, terminées par une épine molle ; fleurs purpurines rar. blanches. ② juill.-sept. — T. C. Lieux incultes, décombres , bords des chemins.

× **C. acanthoïdes** L.; *C. nutanti-crispus* Gren. et Godr. — Tige rameuse, ailée-interrompue, épineuse ; feuilles glabres ou à peine aranéeuses en dessous, sinuées-pennatifides à segments 3-lobés, ciliés-épineux, les caulinaires décurrentes ; calathides dressées, solitaires ou agglomérées par 2-3, de plus en plus petites et ne surpassant pas, à la fin de la floraison, la dimension des calathides du *C. crispus;* folioles du péricline étroitement lancéolées-linéaires, étalées et terminées par une épine vulnérante ; fleurs purpurines. ② juill.-août. — A. R. Lieux incultes, bords des routes, ord. en compagnie des *C. nutans* et *crispus* dont il paraît être un produit hybride.

3. **C. nutans** L. — Tige robuste, rameuse, ailée-épineuse, nue au sommet ; feuilles à peine aranéuses à la face infér., sinués-pennatifides, à segments trilobés, fortement ciliés-épineux, les caulinaires décurrentes ; calathides grosses, globuleuses, penchées, solitaires, rar. géminées au sommet de pédoncules nus ; péricline à folioles lancéolées, étalées, rétrécies au-dessus de la base, terminées par une épine vulnérante ; fleurs purpurinçs, rar. blanches. ② juill.-sept. — T. C. Lieux incultes, bords des routes.

5. **CARDUNCELLUS** Adans. — Péricline à folioles imbriquées, les extérieures foliacées, non épineuses, entières ou munies d'un appendice pennatifide, les intérieures coriaces à appendice scarieux ; réceptacle muni de courtes paillettes ; étamines à filets libres et à anthères surmontées d'un appendice linéaire ; achaines tétragones, rugueux dans leur moitié supér., surmontés d'une aigrette à poils plurisériés, brièvement plumeux et réunis en anneau à la base.

1. **C. mitissimus** DC.; *Carthamus* L. — Souche rameuse; tige basse ou presque nulle, simple, dressée, nue ou munie de 1-2 feuilles, celles-ci presques toutes radicales, pétiolées, pennatipartites à segments linéaires ou lancéolés-linéaires; calathide ovoïde, allongée, moyenne, solitaire au sommet de la tige; fleurs bleues. ♃ juin-juill.—A. R. Coteaux secs et herbeux des terrains calcaires : Lardy, La Ferté-Aleps, Etampes, Malesherbes, etc.

6. **CENTAUREA** L. (Centaurée). — Péricline à folioles imbriquées, terminées par un appendice scarieux, denticulé, cilié, ou corné-épineux; réceptacle hérissé de paillettes sétacées; fleurs de la circonférence rar. hermaphrodites et égales à celles du disque,

ord. stériles, plus grandes, à corolle irrégulière, rayonnante ; achaines oblongs, comprimés, lisses, à hile latéral, à aigrette nulle ou très courte, formée de paléoles inégales, scabres, plurisériées, non réunies en anneau.

1. { Folioles du péricline terminées par un appendice corné à 5-7 épines fortes, vulnérantes. 2
Folioles du péricline terminées par un appendice scarieux, entier, lacinié ou cilié, jamais épineux. 4

2. { Appendice à épine terminale canaliculée sur sa face interne ; fleurs purpurines ou blanches ; achaines dépourvus d'aigrette. 3
Appendice à épine terminale non canaliculée ; fleurs jaunes ; achaines surmontés d'une aigrette plus longue qu'eux.
C. solstitialis.

3. { Calathides ovoïdes ; appendice à épines étalées, la terminale beaucoup plus longue que les latérales. . . . . . . *C. Calcitrapa.*
Calathides cylindriques-oblongues ; appendice à épines arquées en dehors, la terminale à peine plus longue que les latérales.
C. Calcitrapa var.

4. { Folioles du péricline terminées par un appendice longuement décurrent ; achaines à ombilic barbu et couronné par une aigrette aussi longue qu'eux. 5
Folioles du péricline terminées par un appendice non décurrent ; achaines à ombilic non barbu, à aigrette nulle ou bien plus courte que l'achaine 6

5. { Feuilles d'un vert foncé, non aranéeuses en dessous, toutes pennatipartites ; fleurs purpurines. . . . . *C. Scabiosa.*
Feuilles d'un vert pâle, blanchâtres-aranéeuses en dessous ; les supér. linéaires ; fleurs bleues, rar. blanches ou rosées. *C. Cyanus.*

6. { Folioles du péricline terminées par un appendice orbiculaire, concave, entier ou irrégulièrement déchiré-lacinié. 7
Folioles du péricline terminées par un appendice plan, ovale, lancéolé ou triangulaire, aigu, régulièrement pectiné-cilié. . . 8

7. { Rameaux allongés, grêles, étalés, munis de quelques feuilles linéaires. . . . . *C. amara.*
Rameaux courts, épais, dressés, munis jusque sous les calathides, de feuilles oblongues-lancéolées. . . . . *C. Jacea.*

8. { Appendices des folioles de l'involucre lancéolés-acuminés, la plupart étalés ou recourbés en dehors. . . . . . *C. decipiens.*
Appendices non acuminés, tous appliqués. 9

9. { Feuilles caulinaires lancéolées-étroites ou linéaires ; calathides petites ou médiocres ; achaines glabres, dépourvus d'aigrette. *C. serotina.*
Feuilles caulinaires lancéolées-élargies ou oblongues ; calathides assez grosses ; achaines pubescents. 10

10. { Calathides globuleuses ; appendices ovales, élargis, à cils à peine plus longs que la largeur de l'appendice ; fleurs extérieures ord. rayonnantes. 11
Calathides ovoïdes ; appendices lancéolés ou triangulaires, étroits, à cils beaucoup plus longs que la largeur de l'appendice ; fleurs extérieures ord. non rayonnantes. 12

11 { Ecailles du péricline non entièrement cachées par les appendices d'un brun noirâtre ; achaines dépourvus d'aigrette. *C. pratensis.*
Ecailles du péricline entièrement cachées par les appendices d'un noir foncé ; achaines munis d'une aigrette courte. *C. nigra.*

12 { Péricline aranéeux à la base ; appendices fauves ou d'un brun pâle ; fleurs d'un pourpre clair. . . . . . . *C. consimilis.*
Péricline non aranéeux à la base, d'un brun foncé ou noirâtre ; fleurs d'un pourpre foncé . . . . *C. nemoralis.*

1. **C. Jacea** L. (Jacée, Tête d'alouette). — Tiges solitaires ou rapprochées, rameuses, à rameaux courts, épais, dressés, munis jusque sous la calathide de feuilles oblongues-lancéolées ; feuilles vertes, les infér. pétiolées, lancéolées, entières, sinuées-dentées ou pennatipartites, les supér. sessiles ; calathides globuleuses, solitaires ou géminées au sommet des rameaux ; folioles du péricline à appendices orbiculaires, concaves, laciniés, ord. bruns ; fleurs purpurines, les extérieures ord. rayonnantes ; achaines dépourvus d'aigrette. ♃ mai-sept. — T. C. Prés, bois, coteaux.

2. **C. amara** L. — Tiges solitaires ou rapprochées, rameuses à rameaux grêles, allongés, étalés, munis de quelques feuilles linéaires ; feuilles blanchâtres-aranéeuses, plus rar. vertes, les infér. pétiolées, lancéolées, sinuées-dentées ou pennatipartites, les supér. sessiles ; calathides ovoïdes, solitaires au sommet des rameaux ; folioles du péricline à appendices orbiculaires, concaves, entiers ou fendus, ord. blancs ; fleurs purpurines, les extérieures ord. rayonnantes ; achaines dépourvus d'aigrette. ♃ août-sept. — R. Coteaux secs et calcaires : Thomery, Moret.

C. serotina Bor. ; *C. amara* Thuill. (non L.) ; *C. Jacea* var. *serotina* Coss. et Germ. ? — Tige grêle, rameuse, à rameaux ascendants ; feuilles infér. pétiolées, lancéolées-linéaires, entières, plus rar. sinuées-dentées, les supér. sessiles, linéaires ; calathides petites ou médiocres, ovoïdes, solitaires au sommet des rameaux ; péricline à folioles non entièrement cachées par leurs appendices bruns ou fauves, plans, ovales ou largement triangulaires, pectinés-ciliés ; fleurs purpurines, les extérieures ord. rayonnantes ; achaines glabres, dépourvus d'aigrette. ♃ août-sept. — A. C. Prés, collines et coteaux : Moret, Ballancourt, St-Hubert, etc.

3. **C. pratensis** Thuill. ; *C. nigrescens* Auct. par. ; *C. Jacea* var. *intermedia* Coss. et Germ. — Tiges rameuses à rameaux allongés, étalés-ascendants ; feuilles infér. pétiolées, lancéolées-élargies, entières ou sinuées-dentées, les supér. sessiles lancéolées ; calathides assez grosses, globuleuses, solitaires ou géminées au sommet des rameaux ; péricline à folioles non entièrement cachées par leurs appendices d'un brun noirâtre, ovales ou triangulaires, élargis, munis de cils à peine plus longs que la largeur de l'appendice ; fleurs purpurines, les extér. ord. rayonnantes ; achaines pubescents, dépourvus d'aigrette. ♃ juin-août. — A. C. Prés, et lieux herbeux.

C. decipiens Thuill. ; *C. microptilon* Godr. et Gren. —Tige grêle, rameuse, à rameaux allongés, étalés-dressés; feuilles infér. pétiolées, lancéolées, entières ou sinuées-dentées, les supér. sessiles, linéaires; calathides médiocres, ovoïdes, solitaires au sommet des rameaux; péricline à folioles non entièrement cachées par leurs appendices bruns ou noirâtres; triangulaires-lancéolés, pectinés-ciliés, la plupart étalés ou arqués en dehors; fleurs purpurines, les extérieures ord. non rayonnantes; achaines pubescents, ord. munis d'une aigrette courte. ♃ août-sept.— A. C. Bords des champs, prés et lieux herbeux.

C. nemoralis Jord.; *C. nigra* Auct. paris. (pro parte). — Tiges fermes, rameuses, à rameaux étalés-dressés; feuilles d'un vert foncé, les infér. pétiolées, ovales-lancéolées entières ou un peu sinuées-dentées, les supér. sessiles, oblongues-lancéolées; calathides grosses, ovoïdes, solitaires ou géminées au sommet des rameaux; péricline non aranéeux à la base, à folioles entièrement cachées par leurs appendices bruns ou noirâtres, lancéolés-étroits, munis de cils beaucoup plus longs que la largeur de l'appendice; fleurs purpurines, les extérieures ord. non rayonnantes; achaines pubescents, munis d'une aigrette très courte. ♃ juill.-sept. — A. C. Bois et lieux couverts.

4. **C. nigra** L.; *C. obscura* Jord. — Plante ayant le port et les feuilles du *C. nemoralis* Jord. dont elle se distingue par ses calathides globuleuses, par les folioles du péricline ord. d'un noir foncé, largement ovales, bordées de cils égalant à peine la largeur de l'appendice, par sa floraison plus précoce. ♃ juin-juill. — A. R. Prairies et lieux herbeux.

C. consimilis Bor.—Cette forme paraît plus voisine du *C. nemoralis* que du *C. pratensis* Thuill. à côté duquel Boreau la place; elle diffère du *C. nemoralis* Jord. par son péricline aranéeux à la base, à folioles munies d'appendices fauves ou d'un brun pâle, bordés de cils d'un fauve pâle ou presque blanchâtres, et par ses fleurs d'un pourpre clair; n'est probablement qu'une variété du *C. nemoralis*. ♃ juill.-sept.—R. Bois couverts; St-Léger, Malesherbes.

5. **C. Scabiosa** L.—Tiges scabres, dressées, rameuses au sommet; feuilles d'un vert foncé, pennatipartites, à segments lancéolés ou linéaires, entiers ou dentés, divariqués, les infér. pétiolées, les supér. sessiles, un peu embrassantes; calathides très grosses, globuleuses, solitaires au sommet des rameaux; péricline à folioles terminées par un appendice noirâtre, triangulaire, longuement décurrent, brièvement cilié; fleurs purpurines, les extérieures rayonnantes; achaines à ombilic barbu, couronnés par une aigrette aussi longue qu'eux. ♃ juin-août. — C. Lieux incultes, bords des champs, lieux herbeux.

6. **C. Cyanus** L. (Bleuet, Barbeau, Casse-lunettes). — Tige rameuse, à rameaux grêles, allongés, dressés; feuilles d'un vert pâle, ord. blanchâtres-aranéeuses en dessous, les infér. pétiolées, pennatipartites, à segments latéraux très courts, les supér. sessiles, linéaires; calathides médiocres, solitaires au sommet des rameaux; péricline à folioles terminées par un appendice fauve, brun ou noirâtre, triangulaire, longuement décurrent, brièvement cilié; fleurs bleues, rar. blanches ou rosées, les extérieures rayonnantes;

achaines à ombilic barbu, couronnés par une aigrette aussi longue qu'eux. ② juin-sept. — T. C. Moissons.

7. **C. Calcitrapa** L. (Chausse-trape, Chardon-étoilé). — Tige rameuse, à rameaux divariqués; feuilles radicales, nombreuses, disposées en rosette, pennatiséquées, à segments linéaires, incisés ou dentés; feuilles caulinaires infér. à segments très étroits, les supér. linéaires, entières; calathides nombreuses, ovoïdes, brièvement pédonculées; péricline à folioles terminées par un appendice corné, à 5-7 épines, la terminale forte, vulnérante, très longue, étalée, canaliculée à la base sur la face interne; fleurs purpurines, rar. blanches; achaines dépourvus d'aigrette. ② juill.-sept. — T. C. Lieux incultes, bords des chemins.

Var. *myacantha* Coss. et Germ. ; *C. myacantha* DC.; calathides cylindriques-oblongues; appendices des folioles à épines arquées en dehors, la terminale à peine plus longue que les latérales. — R. Grenelle, Donnemarie, Oulins, Versailles; cette forme n'est probablement qu'une monstruosité.

8. **C. solstitialis** L. — Tige ailée, rameuse, à rameaux grêles, allongés, étalés; feuilles blanchâtres-tomenteuses, les inférieures pétiolées, pennatipartites, les supér. linéaires, longuement décurrentes; calathides ovoïdes-globuleuses, solitaires au sommet des rameaux; péricline à folioles un peu laineuses, terminées par un appendice à 5-7 épines, la terminale forte, vulnérante, très longue, étalée, non canaliculée à la base; fleurs jaunes; achaines munis d'une aigrette plus longue qu'eux. ☉ juill.-sept. — A. R. Champs de Luzerne, talus des voies ferrées; toujours introduit.

7. **CENTROPHYLLUM** Neck. — Péricline à folioles imbriquées, les extérieures pennatilobées-épineuses, les intérieures lancéolées, terminées par un appendice scarieux; réceptacle hérissé de paillettes courtes, sétacées; achaines obovés, subtétragones, dépourvus de côtes, rugueux au sommet, à hile latéral, les extérieurs dépourvus d'aigrette, les intérieurs couronnés d'une aigrette de poils paléiformes, plurisériés, non réunis en anneau.

1. **C. lanatum** DC.; *Carthamus lanatus* L. — Tige raide, dressée, très feuillée, rameuse au sommet; feuilles coriaces, glanduleuses-visqueuses, pennatipartites, à segments lancéolés, épineux; calathides très grosses, ovoïdes-oblongues, solitaires au sommet de la tige et des rameaux; fleurs jaunes; achaines jaunâtres, tachés de noir. ☉ juill.-août. — A. C. Lieux incultes, bords des chemins.

8. **SERRATULA** L. (Sarrette). — Péricline à folioles imbriquées, les extérieures mucronées, les intérieures scarieuses au sommet; réceptacle hérissé de paillettes sétacées; achaines oblongs, subcomprimés, à hile basilaire très oblique, munis de deux côtes opposées,

saillantes, couronnés par une aigrette de poils scabres, plurisériés, non réunis en anneau.

1. S. tinctoria L. — Tige dressée, simple ou rameuse au sommet; feuilles infér. pétiolées, grandes, dentées en scie, ovales, lyrées ou pennatipartites, les supér. sessiles, pennatifides, rar. entières; calathides petites, oblongues, nombreuses, formant un corymbe lâche; fleurs purpurines, rar. blanches. ♃. juill.-sept. — C. Prés et bois un peu humides.

** **Anthères munies à leur base de deux appendices filiformes.**

9. CARLINA Tourn. (Carline).—Péricline à folioles imbriquées, les extérieures foliacées, pectinées-épineuses, les intérieures scarieuses-colorées, entières, inermes, longuement rayonnantes; réceptacle muni de paillettes courbées en tube à la base, frangées au sommet; achaines cylindriques-oblongs, un peu comprimés, dépourvus de côtes, couronnés par une aigrette de poils plumeux, unisériés, réunis à la base par faisceaux de 3-4.

1. C. vulgaris L. — Tige rameuse supérieurement, feuillée dans toute sa longueur; feuilles coriaces, lancéolées, dentées-épineuses, réticulées-veinées en dessous, les radicales atténuées en pétiole, les caulinaires amplexicaules; calathides très grosses, subglobuleuses, aranéeuses, solitaires au sommet des rameaux; fleurs jaunâtres; achaines grisâtres, couverts de poils bifurqués et apprimés. ② juill.-sept. — T. C. Lieux secs et incultes, bords des chemins et des champs.

10. LAPPA Tourn. (Bardane). —Péricline à folioles imbriquées, linéaires-lancéolées, longuement acuminées-uncinées au sommet; réceptacle hérissé de paillettes sétacées; achaines oblongs, comprimés, munis de côtes, rugueux transversalement, couronnés par une aigrette de poils denticulés-scabres, plurisériés, complètement libres à la base.

1. Calathides longuement pédonculées, formant un corymbe lâche et terminal; achaine à disque épigyne ondulé. . . . *L. officinalis*
Calathides assez brièvement pédonculées, disposées en grappe le long de la tige et des rameaux; achaines à disque épigyne non ondulé. 2

2. Calathides très grosses; achaines assez gros, d'un brun noirâtre, marbrés de taches noires très visibles. . . . . *L. nemorosa.*
Calathides petites ou moyennes; achaines petits ou médiocres, fauves ou grisâtres, à marbrures peu accusées. 3

3. Calathides moyennes, parsemées de poils aranéeux, ouvertes à la maturité; folioles internes du péricline égalant presque les fleurs. . . . . *L. pubens.*
Calathides petites, resserrées au sommet à la maturité; folioles internes du péricline plus courtes que les fleurs. . *L. minor.*

1. **L. officinalis** All., *L. major* Gærtn. — Tige robuste, dressée, rameuse; feuilles pétiolées, ovales, blanchâtres-tomenteuses en dessous, les infér. très grandes, cordées à la base; calathides très grosses, glabres, longuement pédonculées, disposées au sommet de la tige et des rameaux en corymbes lâches; achaines assez gros, fauves ou d'un brun pâle, marbrés de taches noires, à disque épigyne ondulé. ② juill.-sept. — A. R. Bords des chemins, lieux incultes, décombres.

L. nemorosa Kruck; *L. intermedia* Rchb.; *Arctium nemorosum* Lej.—Diffère du *L. officinalis* dont il a le port et les caractères, par ses calathides assez brièvement pédonculées, disposées en grappe le long de la tige et des rameaux, et par ses achaines d'un brun noirâtre, à disque épigyne non ondulé. ② juill.-sept. — A. R. Avec le précédent.

2. **L. minor** DC. —Tige dressée, rameuse, un peu moins robuste que celle des deux espèces précédentes; feuilles pétiolées, ovales, blanchâtres-tomenteuses en dessous, les infér. très grandes, cordées à la base; calathides petites, assez brièvement pédonculées, disposées en grappe le long de la tige et des rameaux; péricline glabre, resserré au sommet à la maturité, à folioles internes plus courtes que les fleurs purpurines, rar. blanches; achaines petits ou médiocres, fauves ou grisâtres, à marbrures ord. peu accusées et à disque épigyne non ondulé. ② juin-sept. — T. C. Bords des chemins, décombres, lieux incultes.

L. pubens Bor.; *Arctium* Bab.—Diffère du *L. minor* dont il a le port et les caractères, par ses feuilles plus longuement pubescentes, blanchâtres-aranéeuses en dessous, par ses calathides plus grosses, ouvertes à la maturité, plus longuement pédonculées, par les folioles du péricline parsemées de poils aranéeux, les internes égalant presque les fleurs. ② août-sept.—R. Lieux incultes : Montmorency, Villers-Cotterets.

ESPÈCES EXCLUES.

Les *Cynara Scolymus* L. (Artichaut) et *C. Cardunculus* L. (Cardon), cultivés pour l'usage alimentaire, se trouvent quelquefois subspontanés; les espèces suivantes introduites accidentellement n'ont pas persisté dans les localités où elles avaient été observées : *Carduus pycnocephalus* DC. à Versailles, *Centaurea melitensis* L. à Gentilly et au bois de Boulogne, *C. paniculata* L. à Compiègne, *C. aspera* L. au Vésinet; les *Centaurea montana* L., *Cnicus benedictus* L. et *Xeranthemum annuum* L. (Immortelle) cultivés communément dans les jardins, se rencontrent quelquefois dans les villages et au voisinage des habitations; l'*Echinops sphærocephalus* qui avait été naturalisé à Malesherbes a presque complètement disparu de cette localité; le *Xeranthemum cylindraceum* Sibth. et Sm. existe dans le dépt. du Loiret, mais en dehors des limites de notre Flore; le *Lappa tomentosa* Lam. signalé aux environs de Paris, ne paraît pas y

exister; la plante indiquée sous ce nom doit être rapportée au
L. pubens Bor.

3. CHICORACÉES Vaill.

Fleurs toutes hermaphrodites, ligulées, les extérieures ord. rayonnantes; style non articulé ni renflé au-dessous du stigmate.

1 — Achaines tous, ou au moins ceux du centre, couronnés par une aigrette de poils. 2
Achaines nus au sommet ou munis d'un rebord membraneux ou d'une couronne d'écailles paléiformes. 17

2 — Aigrette, au moins celles des achaines du centre, formée de poils plumeux 3
Aigrette formée de poils scabres, non plumeux 10

3 — Réceptacle muni de paillettes caduques aussi longues que les achaines. . . . . *Hypochœris* (4).
Réceptacle dépourvu de paillettes. 4

4 — Péricline à folioles nombreuses, inégales, disposées sur 2 ou plusieurs rangs. 5
Péricline à 8-10 folioles disposées sur un seul rang et connées à la base. . . . . *Tragopogon* (10).

5 — Péricline à folioles disposées sur 2 rangs, les extérieures 3-5, grandes, foliacées, ovales-cordées, simulant un large calicule. *Helminthia* (8).
Péricline à folioles disposées sur plusieurs rangs, les extérieures non foliacées et ne simulant pas un calicule. 6

6 — Achaines sessiles. 7
Achaines portés sur un pédicule creux, renflé et presque aussi long qu'eux-mêmes. . . . . *Podospermum* (11).

7 — Achaines de la circonférence surmontés d'une coronule scarieuse, ceux du disque munis d'une aigrette plumeuse. *Thrincia* (5).
Achaines tous couronnés par une aigrette. 8

8 — Péricline à folioles extérieures courtes, étalées; aigrette à poils réunis en anneau à la base . . . . *Picris* (7).
Péricline à folioles toutes plus ou moins apprimées; aigrette à poils libres à leur base. 9

9 — Folioles du péricline munies d'une étroite bordure scarieuse; achaines dépourvus de bec; poils de l'aigrette à barbes entre-croisées. . . . . *Scorzonera* (9).
Folioles du péricline non scarieuses; achaines atténués en bec; poils de l'aigrette à barbes non entrecroisées. *Leontodon* (6)

10 — Achaines comprimés-lenticulaires 11
Achaines cylindracés-fusiformes ou subprismatiques. 13

11 — Achaines terminés par un bec allongé, capillaire; aigrette à poils tous libres à la base 12
Achaines dépourvus de bec; aigrette sessile à poils réunis en fascicules à la base. . . . . *Sonchus* (14).

12 { Péricline à 5 folioles, disposées sur un seul rang, et muni à la base d'écailles courtes ; aigrette à poils plurisériés. . . . *Mycelis* (12).

Péricline à folioles nombreuses, disposées sur plusieurs rangs, les extérieures plus petites ; aigrette à poils unisériés. *Lactuca* (13).

13 { Achaines muriqués-épineux. 14

Achaines non muriqués-épineux. 15

14 { Feuilles toutes radicales ; calathides solitaires au sommet de longs pédoncules fistuleux ; bec de l'achaine dépourvu de coronule à la base. . . . . *Taraxacum* (16).

Calathides nombreuses, subsessiles, géminées ou ternées le long des rameaux feuillés ; bec de l'achaine muni à sa base d'une coronule scarieuse . . . . *Chondrilla* (15).

15 { Achaines prolongés en bec ou atténués au sommet, couronnés par une aigrette de poils mous, d'un blanc argenté, plurisériés. *Crepis* (17).

Achaines tronqués au sommet, couronnés par une aigrette de poils raides, roussâtres ou d'un blanc sale, uni-subbisériés. 16

16 { Souche munie de stolons feuillés ; tige ord. aphylle, scapiforme ; achaines très petits, denticulés au sommet ; aigrette à poils d'un blanc sale, unisériés. . . . . *Pilosella* (18 A).

Souche dépourvue de stolons ; tige ord. feuillée ; achaines grands, munis au sommet d'un rebord non denticulé ; aigrette à poils roussâtres, subbisériés. . . . . *Hieracium* (18 B).

17 { Fleurs bleues, rar. blanches ou rosées ; achaines surmontés d'une coronule d'écailles paléiformes, bisériées . . . *Cichorium* (3).

Fleurs jaunes ; achaines nus au sommet ou surmontés d'un rebord membraneux. 18

18 { Feuilles toutes radicales ; pédoncules fistuleux-renflés sous les calathides ; achaines couronnés par un rebord membraneux, étroit . . . . *Arnoseris* (2).

Tige feuillée ; pédoncules filiformes, non renflés-fistuleux ; achaines nus au sommet . . . . *Lapsana* (1).

1. **LAPSANA** Tourn. — Péricline à 8-10 folioles égales, disposées sur un seul rang, dressées, non conniventes à la maturité, muni à la base de 2-3 écailles courtes, simulant un calicule ; réceptacle nu ; achaines fusiformes, comprimés, atténués aux deux extrémités, striés en long, nus au sommet.

1. **L. communis** L. — Tige rameuse, feuillée ; feuilles pétiolées, les infér. lyrées, à lobe terminal très grand, les caulinaires ovales ou ovales-lancéolées, dentées ; calathides petites, nombreuses, au sommet de pédoncules nus, filiformes, formant une panicule lâche ; fleurs jaunes. ⊙ juin-sept. — T. C. Lieux cultivés, bords des chemins.

2. **ARNOSERIS** Gærtn. — Péricline à folioles nombreuses, disposées sur un seul rang, renflées, conniventes à la base, à la

maturité, muni à la base de quelques écailles courtes, simulant un calicule; réceptacle nu; achaines obovés-subpentagones, atténués au sommet, munis de 5 côtes longitudinales et de rides transver-versales, couronnés par un rebord membraneux étroit.

1. A. minima Kch.; *A. pusilla* Gærtn. — Tiges nombreuses, aphylles, simples ou divisées en 2-3 pédoncules au sommet; feuilles oblongues, sinuées-dentées, atténuées à la base, étalées en rosette radicale; calathides petites, subglobuleuses, solitaires au sommet de pédoncules renflés-fistuleux, striés; fleurs jaunes. ⊙ juin-sept. — A. C. Champs siliceux; manque sur le calcaire.

3. CICHORIUM Tourn. (Chicorée). — Péricline à folioles inégales, disposées sur 2 rangs, les intérieures, 8, plus longues, connées à la base, à la fin réfléchies, les extérieures, 5, plus courtes, simulant un calicule; réceptacle nu; achaines tétragones, comprimés, surmontés d'une coronule d'écailles nombreuses, courtes, obtuses-denticulées, bisériées.

1. C. Intybus L. (Chicorée sauvage). — Tige dressée, rameuse, à rameaux raides, divariqués; feuilles infér. roncinées, à lobe terminal grand, aigu, atténuées à la base, les supér. lancéolées, subamplexicaules; calathides moyennes, les unes axillaires, ses-siles, solitaires, géminées ou ternées, les autres solitaires au sommet de longs pédoncules nus et un peu renflés-fistuleux; fleurs grandes, bleues, rar. blanches ou rosées. ♃ juill.-sept. — T. C. Lieux incultes, bords des chemins.

4. HYPOCHOERIS L. (Porcelle).—Péricline à folioles inégales, imbriquées sur plusieurs rangs; réceptacle muni de paillettes caduques, aussi longues que les achaines, ceux-ci fusiformes, scabres-striés, munis de côtes, atténués en un long bec, ceux de la circonférence, rar. ceux du centre, dépourvus de bec; aigrette à poils unisériés et tous plumeux ou bisériés, les extérieurs scabres, les intérieurs plumeux.

1. H. glabra L. — Racine grêle; tiges grêles, rameuses; feuilles toutes radicales, en rosette, étalées, glabres ou ciliées, oblongues, roncinées ou sinuées; calathides médiocres, solitaires au sommet de longs pédoncules nus; péricline à folioles glabres, les intérieures égalant les fleurs jaunes; aigrette à poils bisériés. ⊙ juin-août. — Champs, bois et clairières sablonneuses.

Var. *Loiseleuriana* Godr.; *H. Balbisii* Lois.; achaines tous atténués en bec.

Var. *erostris* Coss. et Germ., Fl. par., 1re éd.; achaines tous dé-pourvus de bec.

2. H. radicata L. — Souche assez épaisse, rameuse; tige ra-meuse, glabre ou hérissée; feuilles toutes radicales, en rosette, étalées, hérissées, oblongues, roncinées ou sinuées; calathides moyennes, solitaires au sommet de longs pédoncules nus; péricline à folioles glabres ou hérissées sur la nervure dorsale, les intérieures plus courtes que les fleurs jaunes; aigrette à poils bisériés. ⚘ juin-août. — T. C. Prés, lieux herbeux, bords des chemins.

3. **H. maculata** L. — Souche grosse, épaisse, subligneuse; tige assez robuste, simple ou rameuse, hérissée; feuilles toutes radicales, ou 1-2 caulinaires, étalées ou dressées, grandes, oblongues, dentées, ord. tachées de brun; calathides grandes, solitaires au sommet des pédoncules; péricline à folioles hérissées, bien plus courtes que les fleurs jaunes; aigrette à poils unisériés. ⚘ juin-août. — R. Bois, clairières, lieux herbeux : Fontainebleau, Nemours, St-Léger, etc.

5. **THRINCIA** Roth. — Péricline à folioles inégales, imbriquées sur plusieurs rangs; réceptacle nu; achaines striés-scabres, munis de côtes, plus ou moins atténués en bec, ceux de la circonférence surmontés d'une coronule scarieuse, ceux du disque munis d'une aigrette de poils plumeux.

1. **T. hirta** Roth; *Leontodon hirtus* L. — Souche courte, tronquée; tiges grêles, simples; feuilles toutes radicales, en rosette, oblongues, roncinées ou sinuées-pinnatifides, plus ou moins hérissées; calathides solitaires, terminales; péricline glabre ou hispide; fleurs jaunes, celles de la circonférences livides en dessous. ②, ⚘ juin-août. — T. C. Lieux sablonneux, bords des champs et des chemins.

6. **LEONTODON** L. (Liondent). — Péricline à folioles inégales, imbriquées sur plusieurs rangs; réceptacle nu; achaines fusiformes, striés-scabres, munis de côtes, atténués en bec, couronnés par une aigrette de poils uni-bisériés, tous plumeux, ou les extérieurs scabres.

1. **L. autumnalis** L.; *Oporinia* Don. — Tiges rameuses, dressées, ord. nues; feuilles toutes radicales, en rosette, lancéolées, sinuées ou pennatifides, glabres ou ciliées; calathides médiocres, solitaires au sommet des rameaux; fleurs jaunes; aigrette à poils unisériés tous plumeux. ⚘ juill.-oct. — T. C. Champs, lieux herbeux, bords des chemins.

2. **L. hispidus** L.; *L. proteiformis* Vill. — Tige simple, dressée; feuilles toutes radicales, dressées, oblongues-lancéolées, roncinées ou pennatifides, hérissées, rar. glabres (*L. hastilis* L.); calathide solitaire, moyenne, terminale; fleurs jaunes; aigrette à poils bisériés, les extérieurs denticulés-scabres, les intérieurs plumeux. ⚘ juin-sept. — C. Prés, lieux herbeux, bords des chemins.

7. **PICRIS** Juss. — Péricline à folioles inégales, imbriquées sur

plusieurs rangs ; réceptacle nu ; achaines fusiformes, munis de côtes, ridés transversalement, un peu atténués ou étranglés au sommet, couronnés par une aigrette de poils réunis en anneau à la base, les uns denticulés-scabres, les autres plumeux.

1. **P. hieracioides** L. — Tige assez élevée, hérissée, rameuse ; feuilles oblongues-lancéolées, ondulées, entières ou sinuées-dentées, rudes-hérissées, les infér. atténuées en pétiole, les supér. semi-amplexicaules ; calathides nombreuses, en large corymbe, lâche, souvent ombelliforme ; fleurs jaunes. ② juil.-sept. — Prés, coteaux, lieux incultes.

8. **HELMINTHIA** Juss. — Péricline à folioles inégales, disposées sur deux rangs, les extérieures 3-5, grandes, foliacées, ovales-cordées, acuminées, simulant un grand calicule, les intérieures 8-10, étroites, acuminées-aristées ; réceptacle nu ; achaines oblongs, subcomprimés, dépourvus de côtes, ridés transversalement, atténués en un long bec grêle, couronné par une aigrette à poils plumeux.

1. **H. echioides** Gærtn.—Tige rameuse-dichotome, rude-hérissée ; feuilles oblongues, rudes-hérissées, les infér. entières ou pennatifides, atténuées en pétiole, les supér. amplexicaules-auriculées ; calathides en grappes corymbiformes ; fleurs jaunes. ⊙ juill.-sept. — A. R. Champs et prairies artificielles.

9. **SCORZONERA** Tourn. (Scorsonère). — Péricline à folioles inégales, imbriquées sur plusieurs rangs ; réceptacle nu ; achaines cylindracés, munis de côtes lisses ou tuberculeuses, dépourvus de bec, atténués au sommet, couronnés par une aigrette de poils inégaux, plumeux, à barbes entrecroisées, les 5 plus longs non barbus au sommet.

1. **S. austriaca** Willd.—Souche épaisse, charnue, munie au collet de nombreuses fibrilles brunes ; tige simple, ord. nue ; feuilles radicales lancéolées ou lancéolées-linéaires, atténuées aux deux extrémités, les caulinaires très petites, squammiformes ; calathide assez grande, solitaire, terminale, complètement glabre ; fleurs jaunes. ♃ mai-juin. — T. R. Coteaux secs et calcaires : Mont-Merle, dans la forêt de Fontainebleau, Maisse, coteau de Nanteau près Malesherbes.

2. **S. humilis** L. — Souche épaisse, charnue, dépourvue de fibrilles ; tige simple, munie de 2-4 feuilles, linéaires ; feuilles radicales lancéolées, acuminées, atténuées en un long pétiole ; calathide assez grande, solitaire, terminale, cotonneuse à la base ; fleurs jaunes. ♃ mai-juin. — C. Prairies humides et marécageuses.

10. **TRAGOPOGON** Tourn. (Salsifis).—Péricline à 8-10 folioles égales, connées à la base, disposées sur un seul rang, réfléchies à

la maturité ; réceptacle nu, alvéolé ; achaines fusiformes, munis de côtes scabres ou dentées-épineuses, longuement atténués en un bec grêle, couronnés d'une aigrette semblable à celle des *Scorzonera*.

1. **T. pratensis** L. (Salsifis, Barbe-de-Bouc). — Tige dressée, simple ou rameuse ; feuilles lancéolées-linéaires, ondulées, acuminées au sommet, dilatées-embrassantes à la base ; calathides grandes, solitaires au sommet de pédoncules à peine renflés ; fleurs jaunes égalant le péricline ; achaines égalant le bec qui les surmonte. ② juin-juill. — T. C. Prés, lieux herbeux, bords des chemins.

2. **T. dubius** Scop. ; *T. major* Jacq. — Tige dressée, simple ou rameuse ; feuilles lancéolées-linéaires, acuminées au sommet, dilatées embrassantes à la base ; calathides grandes, solitaires au sommet de pédoncules fortement renflés ; fleurs jaunes plus courtes que le péricline ; achaines bien plus courts que le bec qui les surmonte. ② juin-juill. — A. R. Prés, lieux herbeux, bords des chemins.

11. **PODOSPERMUM** DC. — Péricline à folioles nombreuses, inégales, imbriquées sur plusieurs rangs ; réceptacle nu, alvéolé ; achaines cylindriques, sillonnés, munis de côtes lisses, dépourvus de bec, portés sur un pédicule creux, renflé et presque aussi long que l'achaine ; aigrette semblable à celle des *Scorzonera*.

1. **P. laciniatum** DC. ; *Scorzonera laciniata* L. — Tige rameuse à rameaux étalés-ascendants ; feuilles pennatiséquées, à segments linéaires, acuminés, espacés, les radicales nombreuses, les caulinaires souv. linéaires, entières ; calathides solitaires au sommet des rameaux ; fleurs jaunes. ② juin-juill. — C. Champs et lieux incultes, bords des chemins.

Var. *integrifolium* Gren. et Godr. ; *P. subulatum* DC. ; feuilles toutes linéaires, aiguës, entières.

12. **MYCELIS** Cass. — Péricline à 5 folioles égales, disposées sur un seul rang et muni à la base d'écailles courtes, simulant un calicule ; réceptacle nu ; fleurs 5, unisériées ; achaines comprimés-lenticulaires, munis de côtes, atténués en un bec court, couronnés par une aigrette de poils lisses ou denticulés-scabres, plurisériés.

1. **M. muralis** Rchb. ; *Lactuca* L. ; *Phœnopus* Coss. et Germ. — Tige dressée, rameuse, fistuleuse, souv. rougeâtre ; feuilles lyrées-pennatifides, à lobe terminal très grand, les radicales pétiolées, les caulinaires auriculées-embrassantes ; calathides petites, nombreuses, formant une panicule lâche ; fleurs jaunes. ♃ juill.-août. — C. Bois, rochers, vieux murs.

13. **LACTUCA** Tourn. (Laitue). — Péricline à folioles nombreuses, inégales, imbriquées sur plusieurs rangs, les extérieures

plus petites; fleurs nombreuses, 2-3-sériées; achaines atténués en bec capillaire, allongé et couronné par une aigrette de poils unisériés. (Les autres caractères sont ceux du genre *Mycelis*.)

1 { Fleurs grandes, bleues ou lilacées. . . . . *L. perennis*.
{ Fleurs assez petites, jaunes 2

2 { Feuilles caulinaires spinuleuses sur le bord dorsal, à oreillettes
{ sagittées; calathides pédicellées. 3
{ Feuilles caulinaires ord. non spinuleuses sur la nervure dorsale, à
{ oreillettes étroites, aiguës; calathides presque sessiles. *L. saligna*.

3 { Achaines petits (3 mill. long.), fauves ou grisâtres, peu com-
{ primés, à peine marginés, hérissés au sommet. . *L. Scariola*.
{ Achaines assez grands (5-6 mill. long.), d'un brun foncé, très
{ comprimés, très visiblement marginés, glabres au sommet.
{   *L. virosa*.

1. L. perennis L. — Souche épaisse, brune; tige dressée, pleine, rameuse au sommet; feuilles inermes, glauques, les infér. pennatipartites à segments linéaires-lancéolés, atténuées en pétiole, les supér. lancéolées, ord. lobées, embrassantes-auriculées; calathides grandes, longuement pédicellées, formant un corymbe lâche; fleurs bleues ou violacées. ♃ mai-juill. — A. R. Champs et coteaux secs et calcaires.

2. L. saligna L. — Tige grêle, fistuleuse, dressée, simple ou peu rameuse; feuilles un peu glauques, inermes ou spinuleuses sur la nervure dorsale, les infér. étroites, pennatifides à segments sublinéaires, atténuées en pétiole, les supér. linéaires, entières, auriculées-amplexicaules; calathides petites, subsessiles, en grappes spiciformes lâches et effilées; fleurs jaunes. ② juin-août. — A. C. Bords des champs; talus des voies ferrées.

3. L. Scariola L. — Tige dressée, fistuleuse, simple ou rameuse; feuilles glauques, roncinées-pennatifides, spinuleuses sur les bords et sur la nervure dorsale, lès caulinaires amplexicaules-sagittées; calathides petites, pédicellées ou subsessiles, formant une grappe composée un peu lâche; fleurs jaunes; achaines fauves ou grisâtres, petits (3 mill. long.), obscurément marginés. ② juill.-août. — C. Lieux incultes, décombres, bords des chemins.

Var. *dubia* Gren.; *L. dubia* Jord.; feuilles entières; ligules plus courtes; achaines olivâtres.

4. L. virosa L.; *L. Scariola* var. *virosa* Coss. et Germ. — Diffère de l'espèce précédente dont elle a le port : par sa tige plus robuste, souvent violacée à la base; par ses feuilles étalées-horizontales et non contournées-verticales, les infér. ord. inermes sur la nervure dorsale; par ses calathides à péricline ord. teinté de violet, en panicule lâche; par ses achaines d'un tiers plus gros, plus comprimés, d'un brun foncé, très visiblement marginés. ② juill.-sept. — A. R. Lieux incultes, décombres, bords des chemins.

14. SONCHUS Tourn. (Laiteron). — Péricline à folioles nombreuses, inégales, imbriquées sur plusieurs rangs; réceptacle nu; achaines comprimés-lenticulaires, munis de côtes, tronqués au sommet, dépourvus de bec, couronnés par une aigrette de poils lisses ou denticulés-scabres, plurisériés et réunis par fascicules à la base.

1 — Pédoncules et périclines couverts de poils glanduleux-visqueux. . 2
— Pédoncules et périclines glabres ou cotonneux à la base, mais non glanduleux. 3

2 — Feuilles caulinaires munies de 2 oreillettes courtes, arrondies; achaines bruns, elliptiques . . . . *S. arvensis.*
— Feuilles caulinaires munies de 2 oreillettes longues, lancéolées-acuminées; achaines fauves, subprismatiques . *S. palustris.*

3 — Feuilles caulinaires munies de 2 oreillettes acuminées, étalées; achaines ridés transversalement . . . . *S. oleraceus.*
— Feuilles caulinaires munies de 2 oreillettes arrondies, contournées en hélice; achaines lisses . . . . *S. asper.*

1. **S. oleraceus** L. — Racine fusiforme; tige dressée, rameuse; feuilles oblongues, roncinées ou pennatifides, à segments latéraux presque égaux, le terminal plus grand, triangulaire, les caulinaires embrassantes par 2 oreillettes acuminées, étalées horizontalement; péricline glabre ou un peu cotonneux à la base; fleurs jaunes; achaines obovales, non marginés, munis de côtes rugueuses transversalement. ⊙ juin-oct. — T. C. Lieux cultivés.

2. **S. asper** All. — Racine fusiforme; tige dressée, rameuse; feuilles oblongues, entières, dentées ou pennatifides, à segment terminal très grand, les caulinaires embrassantes par 2 oreillettes arrondies, contournées en hélice et appliquées contre la tige; péricline glabre ou un peu cotonneux à la base; fleurs jaunes; achaines obovales, marginés, munis de côtes lisses. ⊙ juin-oct. — T. C. Lieux cultivés.

3. **S. arvensis** L. — Souche rampante; tige dressée, peu rameuse, poilue-glanduleuse au sommet; feuilles roncinées ou pennatifides, à segments triangulaires-lancéolés, le terminal plus grand, les infér. atténuées en pétiole, les supér. embrassantes par 2 oreillettes courtes, arrondies; péricline couvert de poils glanduleux-visqueux; fleurs jaunes; achaines elliptiques, bruns, rugueux transversalement. ♃ juill.-sept. — C. Champs et moissons.

4. **S. palustris** L. — Souche non rampante; tige élevée, simple, poilue-glanduleuse au sommet; feuilles roncinées ou pennatifides, à segments triangulaires-lancéolés, le terminal plus grand, les caulinaires embrassantes par 2 oreillettes lancéolées-acuminées, allongées; péricline couvert de poils glanduleux-visqueux; fleurs jaunes; achaines subprismatiques-quadrangulaires, d'un fauve pâle,

à peine rugueux. ♃ juill.-sept. — R. Marécages, fossés, lieux humides : St-Gratien, Enghien, Corbeil, le Bouchet, etc.

15. **CHONDRILLA** Tourn. — Péricline à 8-10 folioles égales, ord. disposées sur un seul rang, muni à la base d'écailles très courtes simulant un calicule; réceptacle nu ; achaines fusiformes-cylindracés, muriqués-épineux au sommet, munis de côtes scabres, terminés par un bec filiforme, allongé, entouré à sa base d'une coronule de 5 écailles, et terminé par une aigrette de poils plurisériés.

1. **C. Juncea** L. — Tige dressée, très rameuse, à rameaux roides, allongés, effilés, étalés ; feuilles radicales, roncinées, disposées en rosette, les caulinaires linéaires, entières ou dentées ; calathides petites, subsessiles, rar. solitaires, ord. géminées ou ternées le long des rameaux ; fleurs jaunes, 7-12 dans chaque calathide. ② juill.-sept. — A. C. Champs secs et pierreux, bords des chemins.

16. **TARAXACUM** Hall. (Pissenlit). — Péricline à folioles nombreuses, disposées sur plusieurs rangs, les extérieures plus courtes, ord. étalées ou réfléchies, simulant un calicule ; réceptacle nu ; achaines oblongs-cylindracés, subcomprimés, écailleux ou muriqués-épineux au sommet, munis de côtes rugueuses, terminés par un bec filiforme, allongé, muni d'une aigrette de poils plurisériés.

1. **T. officinale** Wigg.— Souche épaisse, charnue; feuilles toutes radicales, en rosette, roncinées, à segments lancéolés-triangulaires; calathides assez grosses, solitaires au sommet de longs pédoncules radicaux, fistuleux; péricline à folioles entières, calleuses au sommet, les extérieures étalées ou réfléchies ; achaines ord. olivâtres. ♃ avril-oct. — T. C. Prés, lieux herbeux.

2. **T. lævigatum** DC.; *T. erythrospermum* Andrz. — Feuilles roncinées-pennatifides, à segments linéaires-lancéolés, dilatés à la base; péricline à folioles bidentées, gibbeuses au sommet, les extérieures étalées ou réfléchies; achaines ord. d'un rouge brique (le reste comme dans le précédent). ♃ avril-mai. — A. C. Prés et lieux herbeux.

3. **T. palustre** DC.; *T. Dens-leonis* var. *palustre* Coss. et Germ. —Feuilles oblongues-lancéolées ou sublinéaires, entières ou sinuées-dentées; péricline à folioles entières et dépourvues de callosité au sommet, les extérieures dressées, appliquées contre les intérieures; (le reste comme dans *T. officinale*). ♃ mai-sept. — A. R. Prés humides et marécageux.

17. **CREPIS** L. — Péricline à folioles nombreuses, disposées sur plusieurs rangs, les extérieures plus courtes, plus ou moins appliquées, simulant un calicule; réceptacle nu; achaines cylindracés

ou fusiformes, munis de côtes, tronqués ou atténués au sommet ou prolongés en un bec plus ou moins allongé et couronné par une aigrette de poils lisses ou denticulés-scabres, plurisériés.

1 { Achaines, au moins ceux du centre, munis d'un long bec. . . . 2
Achaines plus ou moins atténués au sommet, mais dépourvus de bec. 4

2 { Calathides dressées avant l'anthèse; achaines à becs tous égaux. 3
Calathides penchées avant l'anthèse; achaines du centre munis d'un bec 2 fois plus long que celui des achaines de la circonférence. . . . . *C. fœtida.*

3 { Péricline hérissé de longues soies jaunâtres, non glanduleuses; achaines à côtes spinuleuses et à bec plus court que l'achaine. *C. setosa.*
Péricline muni d'un duvet blanchâtre et de quelques poils glanduleux; achaines à côtes rugueuses et à bec plus long que l'achaine. *C. taraxacifolia.*

4 { Feuilles radicales hérissées-glanduleuses; péricline glabre. *C. pulchra.*
Feuilles radicales glabres ou hérissées, mais non glanduleuses; péricline muni d'un duvet blanchâtre et de quelques poils glanduleux 5

5 { Feuilles caulinaires planes; achaines jaunâtres ou olivâtres, non atténués en bec, munis de côtes faiblement rugueuses. . . 6
Feuilles caulinaires à bords roulés en dessous; achaines bruns, atténués en bec, munis de côtes fortement rugueuses. *C. tectorum.*

6 { Feuilles caulinaires sagittées; folioles du péricline glabres à la face interne, les extérieures appliquées; réceptacle glabre. *C. virens.*
Feuilles caulinaires non sagittées; folioles du péricline velues à la face interne, les extérieures étalées. . . . . . . *C. biennis.*

1. **C. taraxacifolia** Thuill.; *Barckhausia* DC. — Tige fistuleuse, dressée, rameuse; feuilles velues, roncinées-dentées ou pennatipartites, les radicales pétiolées, en rosette, les caulinaires embrassantes-auriculées; péricline à folioles munies d'un duvet blanchâtre et de quelques poils glanduleux; fleurs jaunes ou teintées de pourpre; achaines tous munis d'un bec plus long qu'eux et à côtes rugueuses. ② mai-juill. — C. Prés, lieux herbeux, bords des chemins.

2. **C. setosa** Hall. fil.; *Barckhausia* DC.—Tige fistuleuse, dressée, très rameuse, hérissée de soies étalées; feuilles hérissées, les radicales roncinées-dentées ou pennatipartites, pétiolées, les caulinaires incisées-dentées ou entières, embrassantes-auriculées; péricline non glanduleux, hérissé de longues soies jaunâtres; fleurs jaunes, non teintées de pourpre; achaines tous munis d'un bec plus court qu'eux et de côtes spinuleuses. ☉, ② juin-août. — C. Champs et prairies artificielles (introduit).

3. **C. fœtida** L.; *Barckhausia* DC.—Tige pleine, dressée, rameuse,

un peu hérissée ; feuilles velues, les radicales roncinées-pennatifides, pétiolées, disposées en rosette , les caulinaires lancéolées-incisées, embrassantes-auriculées; péricline muni d'un duvet blanchâtre et de quelques poils glanduleux; fleurs jaunes, teintées de pourpre; achaines du centre munis d'un bec 2 fois plus long que celui des achaines de la circonférence ; plante à odeur fétide. ⊙ juin-août. — C. Lieux incultes, bords des chemins.

4. C. pulchra L. — Tige fistuleuse, dressée, nue au sommet; feuilles radicales pétiolées , oblongues, dentées ou roncinées, hérissées-glanduleuses, ord. visqueuses, les caulinaires lancéolées, sessiles, un peu auriculées; péricline à folioles glabres, les extérieures appliquées ; achaines atténués au sommet, dépourvus de bec, ceux du centre lisses, ceux de la circonférence spinuleux ; fleurs peu nombreuses, jaunes. ⊙ juin-juill.—A. R. Vignes, coteaux calcaires.

5. C. tectorum L. — Tige fistuleuse, dressée, rameuse; feuilles subpubescentes, les radicales pétiolées, oblongues, sinuées-dentées ou roncinées-pennatifides, disposées en rosette, les caulinaires sessiles , à bords roulés en dessous; péricline à folioles munies d'un duvet blanchâtre et de quelques poils glanduleux, les extérieures étalées; fleurs jaunes; achaines bruns, atténués au sommet, dépourvus de bec, munis de côtes fortement rugueuses. ⊙ mai-juin. — A. R. Vieux murs, décombres.

6. C. virens L.; *C. polymorpha* Wallr.— Tige fistuleuse, dressée, rameuse; feuilles glabres ou subpubescentes, les radicales oblongues, roncinées-pennatipartites, dentées-sinuées, disposées en rosette, les caulinaires sessiles , sagittées; péricline à folioles glabres à la face interne, munies extérieurement d'un duvet blanchâtre et de quelques poils glanduleux, les extérieures appliquées; fleurs jaunes, teintées de pourpre; achaines olivâtres, à peine atténués, munis de côtes finement rugueuses. ⊙ juin-oct. — T. C. Prés, lieux herbeux, bords des chemins.
Var. *diffusa* Wallr.; *C. diffusa* DC.; tige très rameuse, diffuse; feuilles caulinaires entières; calathides petites, au sommet de pédoncules capillaires.

7. C. biennis L. — Tige fistuleuse, dressée, rameuse, hérissée; feuilles hérissées, roncinées-pennatipartites, les infér. pétiolées, les supér. auriculées-embrassantes; péricline à folioles velues à la face interne, munies extérieurement d'un duvet blanchâtre et de quelques poils glanduleux, les extérieures étalées ; fleurs jaunes; achaines jaunâtres, atténués au sommet, munis de côtes finement rugueuses. ② mai-juin. — C. Prés, lieux herbeux.

18. HIERACIUM Tourn. (Épervière). — Péricline à folioles nombreuses, imbriquées sur 2 ou plusieurs rangs; réceptacle nu ; achaines cylindracés, munis de côtes, tronqués au sommet et dépourvus de bec, couronnés par une aigrette de poils lisses, dentés ou plumeux, uni-subbisériés.

A. **Pilosella** Tausch.—*Souche munie de stolons feuillés; tige ord. aphylle, scapiforme; achaines très petits, denticulés au sommet; aigrette à poils d'un blanc sale, unisériés.*

1. **P. vulgaris** Schltz. *Hieracium Pilosella* L. (Pilosolle). — Souche rampante; feuilles obovales ou oblongues, atténuées en pétiole, hérissées de longs poils sur les 2 faces, blanchâtres-tomenteuses à la face infér., disposées en rosette radicale étalée sur le sol; calathides solitaires au sommet de tiges scapiformes, dressées ; fleurs jaunes, celles de la circonférence purpurines extérieurement. ♃ mai-sept. — T. C. Pelouses, lieux herbeux, bords des chemins.
Var. *Peleteriana* Monnier; *Hieracium Peleterianum* Mér.; plante plus robuste, à stolons très courts, couverte sur toutes ses parties et principalement sur la face infér. des feuilles de poils roux, abondants et très longs. — T. R. Étampes.

2. **P. Auricula** Schltz; *Hieracium Auricula* L. — Souche rampante; feuilles oblongues-obovées, glauques, glabres sur les 2 faces, ciliées à la base, atténuées en pétiole, disposées en rosette radicale dressée ou subétalée; calathides ord. 3-4, plus rar. 2-5 en corymbe au sommet de tiges scapiformes, dressées ; fleurs jaunes, celles de la circonférence concolores. ♃ mai-sept. — A. C. Prés, pelouses, lieux herbeux.

B. **Hieracium** Schltz.—*Souche dépourvue de stolons ; tige ord. plus ou moins feuillée; achaines assez gros, munis au sommet d'un rebord entier; aigrette à poils roussâtres, subbisériés.*

<table>
<tr><td>1</td><td>Feuilles radicales détruites ou desséchées au moment de l'anthèse.</td><td>2</td></tr>
<tr><td></td><td>Feuilles radicales formant une rosette persistante, existant au moment de l'anthèse. . . . .</td><td>4</td></tr>
<tr><td>2</td><td>Calathides en panicule ombelliforme; péricline à folioles réfléchies au sommet ; styles jaunes. . . . .</td><td>*H. umbellatum.*</td></tr>
<tr><td></td><td>Calathides en panicule allongée ou corymbiforme; péricline à folioles dressées ; styles bruns. . . . .</td><td>3</td></tr>
<tr><td>3</td><td>Tige lisse, molle, fistuleuse; feuilles infér. longuement atténuées en pétiole, les moyennes atténuées à la base.</td><td>*H. tridentatum.*</td></tr>
<tr><td></td><td>Tige rude, dure, pleine; feuilles infér. atténuées en pétiole très court, les moyennes élargies à la base. . . . . .</td><td>*H. boreale.*</td></tr>
<tr><td>4</td><td>Feuilles radicales ovales ou cordées à la base, les caulinaires solitaires ou nulles ; corymbe floral à rameaux très étalés-arqués.
 H. murorum.</td><td></td></tr>
<tr><td></td><td>Feuilles radicales atténuées à la base, les caulinaires 3-6; corymbe floral à rameaux étalés, dressés, non arqués. .</td><td>*H. vulgatum.*</td></tr>
</table>

7*

1. H. murorum L. — Tige ord. solitaire, grêle, dressée, simple ou rameuse ; feuilles plus ou moins hérissées sur les 2 faces de poils assez longs, les radicales assez nombreuses, ovales, élargies ou cordées à la base, sinuées ou dentées, longuement pétiolées, dressées ou subétalées, disposées en rosette persistante au moment de l'anthèse, les caulinaires 1-2 ou nulles, lancéolées, dentées, brièvement pétiolées ; calathides plus ou moins nombreuses, en corymbe, à rameaux très étalés-arqués ; fleurs d'un jaune d'or ; styles jaunes, brunissant par la dessiccation. ♃ juin-sept. — T. C. Coteaux, bois, lieux secs, vieux murs.

2. H. vulgatum Fr. ; *H. silvaticum* Lam. (non L.). — Tige ord. solitaire, grêle, dressée, rameuse ; feuilles glabres ou à peu près à la face supér., hérissées à la face infér. de longs poils, les radicales peu nombreuses, oblongues, atténuées aux 2 extrémités, plus ou moins sinuées-dentées, longuement pétiolées, dressées, disposées en rosette persistante au moment de l'anthèse, les caulinaires 3-6, espacées, plus petites que les radicales et plus brièvement pétiolées ; calathides plus ou moins nombreuses, en corymbe, à rameaux étalés-dressés ; fleurs jaunes ; styles bruns ou livides. ♃ juin-août. — C. Bois, principalement dans les sols argileux.

3. H. boreale Fr. ; *H. lœvigatum* var. *boreale* Coss. et Germ. — Tige ord. élevée, robuste, dressée, rude au toucher, dure et pleine, rameuse dans le haut ; feuilles hérissées sur leurs deux faces ou seulement sur la face infér. de poils allongés, les radicales desséchées ou détruites au moment de l'anthèse, les caulinaires nombreuses, ovales-lancéolées, lâchement dentées dans leur moitié infér., les infér. atténuées en un court pétiole élargi, les supér. sessiles, subembrassantes ; calathides en panicule corymbiforme, à rameaux dressés ; fleurs jaunes, celles de la circonférence à dents élargies ; péricline à folioles dressées-appliquées ; styles brunâtres. ♃ août-sept. — A. C. Bois et forêts.

4. H. tridentatum Fr. ; *H. lœvigatum* var. *lœvigatum* Coss. et Germ. — Tige ord. élevée, robuste, dressée, lisse molle, fistuleuse, rameuse au sommet ; feuilles glabres à la face supér., hérissées à la face infér. de poils allongés, peu nombreux, les radicales desséchées ou détruites au moment de l'anthèse, les caulinaires nombreuses, oblongues, atténuées aux deux extrémités, munies dans leur moitié infér. de 3-5 dents allongées, les infér. atténuées en pétiole allongé, les supér. sessiles ; calathides en panicule corymbiforme, à rameaux étalés-dressés ; fleurs jaunes, celles de la circonférence à dents étroites ; péricline à folioles dressées-appliquées ; styles brunâtres. ♃ juill.-août. — A. C. Bois et coteaux.

5. H. umbellatum L. — Tige ord. élevée, robuste, dressée, rude, dure et pleine, rameuse au sommet ; feuilles glabres sur les 2 faces ou un peu hérissées en dessous, un peu coriaces, les radicales des-

séchées ou détruites au moment de l'anthèse, les caulinaires très
nombreuses, toutes sessiles ou les infér. très brièvement pétiolées,
lancéolées, munies de dents écartées et allongées, les supér. sublinéaires; calathides en panicule ombelliforme, à rameaux dressés;
péricline à folioles réfléchies au sommet; fleurs jaunes; styles jaunâtres, brunissant par la dessiccation. ♌ août-sept. — T. C. Bois,
buissons et coteaux.

ESPÈCES EXCLUES.

Cichorium Endivia L. (Escarole), *Tragopogon porrifolius* L.
(Salsifis) et *Scorzonera hispanica* L. (Scorsonère), fréquemment
cultivés pour l'usage alimentaire et quelquefois subspontanés;
Pterotheca nemausensis Cass. observé à Passy, où il avait été accidentellement introduit; *Hieracium præaltum* Vill., naturalisé sur les
murs de la Chartreuse de Bourgfontaine près Villers-Cotterets, a
presque disparu par suite de réparations; *H. sabaudum* L. ne croît
pas dans notre région.

XLVII. AMBROSIACÉES Link.

Herbes monoïques à feuilles alternes, dépourvues de stipules.
Fleurs unisexuées; les mâles assez nombreuses, sessiles sur un
réceptacle et entourées d'un involucre commun (*péricline*), formant
une calathide; les femelles solitaires ou géminées dans un involucre
gamophylle. Calathide mâle multiflore, à folioles du péricline
libres ou connées à la base, disposées sur un seul rang; calice nul;
corolle gamopétale, tubuleuse, régulière à 5 dents. Étamines 5, à
filets libres ou réunis à la base, à anthères toujours libres, biloculi-
laires, introrses, non appendiculées. Calathide femelle à involucre
gamophylle, capsuliforme, épineux; calice gamosépale, membraneux, ord. prolongé en un tube qui embrasse la base du style;
corolle nulle. Ovaire supère, uniloculaire, uniovulé; style filiforme,
divisé au sommet en deux branches stigmatifères. Fruit (achaine)
uniloculaire, monosperme, indéhiscent, dépourvu d'aigrette et
renfermé dans le péricline induré. Graine dépourvue d'albumen.

1. **XANTHIUM** Tourn. (Lampourde). — Calathides mâles, formées d'un péricline à folioles libres et d'un réceptacle muni de
paillettes; fleurs femelles géminées, enfermées dans un involucre
capsuliforme, couvert d'épines crochues, terminé au sommet par
2 becs canaliculés pour le passage des styles, devenant subligneux
et biloculaire à la maturité; achaine comprimé, solitaire dans chaque
loge.

1. **X. strumarium** L. (Glouteron). — Tige dressée, rameuse,

anguleuse ; feuilles pétiolées, rudes-hérissées, ovales-cordées, lo-
bulées-dentées ou irrégulièrement crénelées ; calathides presque
sessiles, en grappes axillaires et terminales, les mâles placées au
sommet; fleurs verdâtres. ⊙ juill.-sept. — A. R. Bords des cours
d'eau, lieux incultes, voisinage des habitations.

ESPÈCES EXCLUES.

Les *X. macrocarpum* DC. et *spinosum* L. ont été signalés, le premier sur les bords de la Seine, où il avait été apporté accidentellement, le second sur plusieurs points de la région parisienne, où il
a été introduit avec des laines et des marchandises.

XLVIII. LOBÉLIACÉES Juss.

Herbes vivaces à suc lactescent. Feuilles alternes, entières, crénelées-dentées, dépourvues de stipules. Fleurs hermaphrodites, irrégulières, axillaires, disposées en grappes terminales. Calice à
5 divisions persistantes. Corolle marcescente, gamopétale, tubuleuse,
à 5 divisions, formant 2 lèvres, l'antérieure bifide, la postérieure
3-fide. Étamines 5, monadelphes, insérées sur le réceptacle, à
anthères introrses, soudées en tube. Style simple filiforme, terminé
par un stigmate bilobé ou entier. Ovaire infère à 2-3 loges multiovulées. Fruit capsulaire, couronné par les divisions calicinales et par
la corolle persistante, à 2-3 loges polyspermes à déhiscence loculicide. Graines très petites; albumen charnu.

1. **LOBELIA** Plum. — (Caractères de la famille).

1. **L. urens** L. — Plante glabre ou glabrescente; tige simple, rar.
rameuse, dressée; feuilles oblongues-spathulées, atténuées à la
base, les radicales disposées en rosette ; fleurs bleues, pubescentes,
brièvement pédonculées, munies de bractées linéaires, égalant le
calice. ♃ juill.-sept.— A. R. Prés marécageux : friches d'Aigremont,
St-Léger, les Essarts, Rambouillet, Montfort-l'Amaury , etc.

XLIX. CAMPANULACÉES Juss.

Herbes annuelles, bisannuelles ou vivaces à suc souv. lactescent.
Feuilles alternes, simples, dépourvues de stipules. Fleurs hermaphrodites, régulières, solitaires ou disposées en grappe, en cyme,
en panicule ou en tête. Calice à 5 divisions persistantes. Corolle
marcescente, gamopétale, tubuleuse, infundibuliforme, campanulée
ou rotacée, à 5 divisions plus ou moins profondes. Étamines 5,

libres, insérées sur le réceptacle, à anthères introrses, libres, rar.
soudées. Style simple, filiforme, à 2-3 rar. 5 stigmates. Ovaire
infère à 2-3 rar. 5 loges multiovulées. Fruit capsulaire couronné
par les divisions calicinales et par la corolle persistantes, à 2-3 rar.
5 loges polyspermes, s'ouvrant par des valves ou par des pores.
Graines très petites ; albumen charnu.

1 { Corolle campanulée ou rotacée, à 5 lobes peu profonds ; fleurs
    solitaires, en grappe, en cyme ou en panicule 2
    Corolle divisée presque jusqu'à la base en 5 lanières linéaires,
    d'abord cohérentes ; fleurs en tête ou en épi compacte 4

2 { Corolle rotacée ; capsule linéaire-oblongue, prismatique.
                                                    Specularia (1).
    Corolle campanulée ; capsule globuleuse ou turbinée. 3

3 { Tiges grêles, filiformes, couchées ; capsule globuleuse s'ouvrant
    au sommet par des valves. . . . . *Wahlenbergia* (3).
    Tiges plus ou moins robustes, dressées ; capsule turbinée s'ouvrant
    par des pores dorsaux. . . . . *Campanula* (2).

4 { Fleurs sessiles ; anthères libres ; capsule s'ouvrant par des pores
    dorsaux. . . . . *Phyteuma* (4).
    Fleurs pédicellées ; anthères soudés à la base ; capsule s'ouvrant
    par des valves. . . . . *Jasione* (5).

1. **SPECULARIA** Heist. — Fleurs en panicule terminale
feuillée ; calice à 5 divisions rétrécies à la base ; corolle rotacée à
5 lobes peu profonds ; étamines 5, libres, à filets dilatés à la base ;
capsule linéaire-oblongue, prismatique, à 3 loges s'ouvrant chacune
par un pore dorsal.

1. **S. Speculum** A. DC. ; *Prismatocarpus* L'Hér. (Miroir de Vénus).
— Tige glabre ou pubescente, dressée ; feuilles ondulées-crénelées,
les inférieures obovales, atténuées en pétiole, les caulinaires
oblongues, semi-amplexicaules ; calice à divisions linéaires ; corolle
violette, grande, ouverte, égalant les divisions calicinales. ⊙ mai-
août. — C. Moissons.

2. **S. hybrida** A. DC. — Tige hérissée, dressée ; feuilles comme
dans l'espèce précédente, mais plus fortement ondulées ; calice à
divisions oblongues ou oblongues-lancéolées ; corolle d'un violet-
rougeâtre, petite, ord. fermée, de moitié plus courte qde les divisions calicinales. ⊙ mai-juill. — A. C. Moissons.

2. **CAMPANULA** Tourn. (Campanule) — Calice à 5 divisions
corolle companulée à 5 divisions plus ou moins profondes ; étamines
5, libres, à filets dilatés à la base ; capsule turbinée à 3 rar. à
5 loges s'ouvrant chacune par un pore dorsal.

1 { Fleurs sessiles, disposées en capitules, au moins les supérieures.   2
    Fleurs pédicellées, disposées en panicule ou en grappe 3

2 { Feuilles inférieures arrondies ou cordées à la base; calice à divisions linéaires, aiguës. . . . . *C. glomerata.*
{ Feuilles inférieures atténuées en pétiole ailé; calice à divisions ovales, obtuses. . . . . *C. Cervicaria.*

3 { Pédicelles fructifères arqués-réfléchis; capsule s'ouvrant par des pores placés au-dessus de la base. 4
{ Pédicelles fructifères dressées; capsule s'ouvrant par des pores placés sous le sommet. 5

4 { Feuilles pubescentes ou hérissées; divisions calicinales ovales-lancéolées; corolle velue-ciliée. 5
{ Feuilles glabres; divisions calicinales linéaires; corolle glabre. *C. rotundifolia.*

5 { Souche rampante, stolonifère; divisions calicinales réfractées après l'anthèse. . . . . *C. rapunculoides*
{ Souche cespiteuse, sans stolons; divisions calicinales dressées, même après l'anthèse. . . . . *C. Trachelium.*

6 { Racine fusiforme-charnue; divisions calicinales linéaires-sétacées, séparées par des sinus arrondis. . . . . . *C. Rapunculus.*
{ Racine grêle, rampante; divisions calicinales lancéolées-linéaires, séparées par des sinus aigus . . . . *C. persicæfolia.*

1. C. glomerata L. — Tige pubescente ou glabre, mince; feuilles pubescentes, rar. glabres, les infér. ovales-oblongues, arrondies ou cordées à la base, longuement pétiolées, les supér. sessiles, embrassantes; fleurs sessiles, réunies en capitules terminaux et latéraux ; calice à divisions linéaires-arquées; style inclus. ♃ mai-sept. — C. Prés et coteaux secs.

2. C. Cervicaria L. — Tige épaisse, hérissée de poils roides; feuilles velues-hérissées, les infér. ovales-lancéolées, atténuées en un long pétiole ailé, les supér. lancéolées-linéaires, sessiles, demi-embrassantes; fleurs sessiles réunies en capitules terminaux et latéraux; calice à divisions ovales, obtuses; style exsert. ♃ juill.-août. — R. Taillis récents et clairières : forêt de Sénart et d'Armainvillers, Poigny, etc.

3. C. rapunculoides L. — Souche émettant de longs stolons; tige arrondie, poilue ou glabrescente; feuilles pubescentes-rudes, dentées-crénelées, ovales-lancéolées, les infér. cordées à la base, longuement pétiolées, les supér. subsessiles ; fleurs brièvement pédicellées, penchées, disposées en grappe non feuillée; corolle velue-ciliée; divisions calicinales réfractées après l'anthèse. ♃ juill.-août. — A. C. Champs, vignes et lieux cultivés.

4. C. Trachelium L. (Gantelée). — Souche cespiteuse sans stolons; tige anguleuse, hispide; feuilles hispides, profondément dentées, les infér. ovales-acuminées, cordées à la base, longuement pétiolées, les supér. plus étroites, subsessiles; fleurs brièvement pédicellées, dressées ou un peu penchées, disposées en grappe feuillée; corolle velue-ciliée; divisions calicinales dressées même après l'anthèse. ♃ juin-sept. — C. Bois, haies et buissons.

Var. *dasycarpa* M. et K.; *C. urticæfolia* Schm.; calice et ovaire hérissé. — C. avec le type.

5. **C. rotundifolia** L. — Souche cespiteuse; tiges nombreuses, grêles, glabres ou à peine pubescentes; feuilles glabres ou presque glabres, les radicales réniformes ou cordées, crénelées, longuement pétiolées, les caulinaires lancéolées-linéaires, atténuées aux deux extrémités; fleurs pédonculées, penchées, disposées en panicule; calice à divisions linéaires-sétacées; corolle glabre. ♃ juin-sept. — T. C. Gazons, pelouses, bords des chemins.

6. **C. Rapunculus** L. (Raiponce). — Racine fusiforme-charnue; tige sillonnée, rameuse au sommet, pubescente à la base, rar. glabre; feuilles ondulées, crénelées, les infér. oblongues, atténuées en pétiole, les supér. lancéolées-linéaires, sessiles; fleurs en panicule allongée; calice à divisions linéaires-sétacées, séparées par des sinus arrondis; corolle glabre, moyenne; capsule dressée. ② juin-août. — T. C. Prés, bois, bords des chemins.

7. **C. persicæfolia** L. — Racine grêle, rampante; tige simple, arrondie, glabre; feuilles glabres, fermes, luisantes, les infér. oblongues, longuement pétiolées, les supér. lancéolées-linéaires, sessiles; fleurs 1-6 en grappe lâche, simple; calice à divisions lancéolées-linéaires, séparées par des sinus aigus; corolle glabre, très grande; capsule dressée. ♃ juin-juill. — A. C. Bois, clairières et taillis.

3. **WAHLENBERGIA** Schrad. — Fleurs solitaires portées sur de longs pédoncules penchés, puis redressés après l'anthèse; calice à 5 divisions linéaires, subulées; corolle tubuleuse-campanulée, à 5 lobes peu profonds; étamines 5, libres, à filets dilatés à la base; capsule ovoïde, à 3-5 loges s'ouvrant chacune au sommet par une valve.

1. **W. hederacea** Rchb.; *Campanula* L. — Plante cespiteuse, très grêle, d'un vert gai; tiges filiformes, rameuses, diffuses; feuilles pétiolées, les infér. arrondies, presque entières, les supér. cordées à la base, à 5 lobes triangulaires, peu profonds; fleurs petites, d'un bleu pâle. ♃ juin-août. — T. R. Rue aux Vaches, dans la forêt de Rambouillet; naturalisé par M. Chatin dans le bois des Essarts.

4. **PHYTEUMA** L. (Raiponce). — Fleurs sessiles, réunies en capitule ou en épi compacte, muni de bractées à la base; calice à 5 divisions; corolle divisée presque jusqu'à la base en 5 lobes linéaires, d'abord cohérents, puis se séparant de la base au sommet

et s'étalant en roue ; étamines 5, libres, à filets dilatés à la base ; stigmate à 2-3 lobes roulés en dehors ; capsule subglobuleuse, à 2-3 loges s'ouvrant chacune par un pore dorsal.

P. spicatum L. — Racine fusiforme, charnue ; feuilles radicales ovales, cordées à la base, doublement dentées, longuement pétiolées, les supér. lancéolées, subsessiles ; fleurs d'un blanc jaunâtre, rar. bleues, en épi ovoïde, puis cylindrique, muni à la base de bractées linéaires-subulées ; divisions calicinales linéaires-subulées, glabres. ♃ mai-juill. — A. R. Collines boisées, principalement sur le calcaire.

P. orbiculare L. — Racine fibreuse ; feuilles radicales oblongues-lancéolées, plus allongées que dans l'espèce précédente, tronquées ou cordées à la base, les supér. lancéolées-linéaires, sessiles ; fleurs bleues, en capitule globuleux, puis ovoïde, muni à la base de bractées ovales-acuminées ; divisions calicinales ovales-lancéolées, ciliées. ♃ mai-juill. — A. R. Collines boisées, principalement sur le calcaire.

5. **JASIONE** L. — Fleurs pédicellées, disposées en tête globuleuse entourée d'un involucre ; calice à 5 divisions ; corolle divisée presque jusqu'à la base en 5 lobes linéaires, d'abord cohérents, puis se séparant de la base au sommet et s'étalant en roue ; étamines 5, à filets non dilatés, à anthères soudées en tube à la base ; stigmate à 2 lobes dressées ; capsule subglobuleuse, à 2 loges s'ouvrant chacune au sommet par une valve courte.

J. montana L. — Tiges simples ou rameuses, hispides à la base, à rameaux florifères longuement nus ; feuilles lancéolées, ondulées, hispides, subsessiles ; fleurs bleues. ☉, ② juin-juill. — T. C. Lieux secs et sablonneux ; manque sur le calcaire.

ESPÈCES EXCLUES.

Les *Campanula Medium* L. (Carillon) et *C. pyramidalis* L. (Pyramidale) sont fréquemment cultivés et se rencontrent quelquefois à l'état subspontané, sur les vieux murs, au voisinage des habitations.

L. CUCURBITACÉES Juss.

Herbes annuelles ou vivaces à tige sarmenteuse, souvent grimpante. Feuilles alternes, simples, dépourvues de stipules, ord. munies d'une vrille latérale. Fleurs monoïques ou dioïques, régulières, axillaires, solitaires ou en cymes. Calice marcescent ou caduc, à 5 divisions plus ou moins profondes. Corolle gamopétale, marcescente-caduque, campanulée, infundibuliforme ou rotacée, à

5 divisions plus ou moins profondes, en préfloraison plissée-valvaire.
Étamines 5, ord. réunies en 3 faisceaux, dont deux formés de
2 étamines et le troisième d'une seule ; anthères uniloculaires,
sinueuses, extrorses. Style simple, ord. très court, divisé au sommet
en 3-5 lobes stigmatiques. Ovaire infère à 3-5 loges pluriovulées,
souv. divisées chacune en 2 loges secondaires par une fausse cloison.
Fruit charnu, souv. bacciforme, uniloculaire par la destruction des
cloisons, ou à 3-5 loges polyspermes, rar. dispermes. Graines
comprimées, dépourvues d'albumen.

1. **BRYONIA** Tourn. (Bryone).—Fleurs monoïques ou dioïques ;
calice campanulé, plus ou moins contracté à la base dans les fleurs
femelles, à 5 divisions; corolle rotacée ou subcampanulée, à 5 divisions; étamines 5, soudées en 3 faisceaux; stigmates bifides ; fruit
bacciforme contenant 6 graines ou moins.

2. **B. dioica** Jacq. (Bryone, Couleuvrée, Navet-du-Diable). —
Racine très grosse, charnue, cylindracée ; tiges souv. très longues,
grêles, rameuses, sarmenteuses, anguleuses, grimpantes; feuilles
pétiolées, cordées à la base, à 3-5 lobes anguleux ; fleurs d'un jaune
verdâtre, les mâles plus grandes que les femelles, en cymes corymbiformes, subsessiles ou brièvement pédonculées pour les fleurs
femelles, longuement pédonculées pour les mâles; baies globuleuses, rouges à la maturité. ⚥ juin-juill. — T. C. Haies et buissons.

ESPÈCES EXCLUES.

Cucumis sativus L. (Concombre, Cornichon), *C. Melo* L. (Melon),
Cucurbita maxima Duch. (Potiron), *C. Pepo* Ser. (Citrouille,
Giraumon) espèces alimentaires, fréquemment cultivées dans les
potagers.

LI. VACCINIÉES DC.

Sous-arbrisseaux à feuilles alternes, coriaces, caduques ou persistantes, dépourvues de stipules. Fleurs hermaphrodites, régulières,
solitaires ou en grappes. Calice à 4-5 divisions persistantes ou caduques, rar. entier. Corolle gamopétale, campanulée, urcéolée ou
rotacée, à 4-5 lobes. Étamines en nombre double de celui des lobes
de la corolle, libres, insérées sur le réceptacle; anthères introrses,
souv. surmontées d'un appendice simulant 2 cornes. Style simple ;
stigmate entier. Ovaire infère, à 4-5 loges multiovulées. Fruit bacciforme, à 4-5 loges polyspermes. Graines très petites ; albumen
charnu.

1. **VACCINIUM** L. (Airelle). — Tiges dressées ou ascendantes ;

calice à 4-5 dents courtes, rar. entier ; corolle urcéolée ou campanulée, à 4-5 lobes peu profonds, courbés en dehors ; étamines 8-10 ; fruit ombiliqué au sommet.

1. **V. Myrtillus** L. (Myrtille, Airelle). — Tiges anguleuses, à rameaux anguleux, ailés ; feuilles caduques, ovales, veinées, finement dentées, brièvement pétiolées ; fleurs solitaires portées par des pédoncules axillaires, penchés ; calice presque entier ; corolle blanche ou rosée ; anthères surmontées d'un appendice cornu ; baie globuleuse, noire-pruineuse. ♄ fl. mai, fr. juill.-août. — A. R. Bois et bruyères tourbeuses, sur la silice.

2. **V. Vitis-Idæa** L. — Rameaux arrondis, pubescents ; feuilles persistantes, coriaces, obovées, à bords roulés en dessous, brièvement pétiolées, ponctuées de glandes brunes à la face infér. ; fleurs penchées, en grappe courte ; calice à 5 divisions triangulaires, ciliolées ; corolle blanche ou rosée ; anthères dépourvues d'appendice ; baie globuleuse, rouge. ♄ fl. mai-juin, fr. août-sept. — T. R. Bois de Savignies et de Glatigny près Beauvais.

ESPÈCE EXCLUE.

L'*Oxycoccos palustris* Pers. qui existait autrefois à l'étang du Serisaye a, depuis plus de trente ans, disparu de cette localité, par suite du dessèchement de l'étang ; naturalisé aux Essarts par M. Chatin.

LII. ÉRICINÉES Juss.

Sous-arbrisseaux à feuilles verticillées, rar. alternes, entières, sessiles, souv. persistantes, articulées sur les rameaux, dépourvues de stipules. Fleurs hermaprodites régulières, en panicule ou en grappe terminale. Calice à 4-5 divisions libres ou connées, persistantes. Corolle gamopétale, marcescente, campanulée, urcéolée ou subglobuleuse à 4-5 divisions. Étamines en nombre rar. égal, plutôt double, des divisions de la corolle, libres insérées avec la corolle sous un disque hypogyne ; anthères biloculaires, extrorses, s'ouvrant par un pore terminal. Style simple ; stigmate entier. Ovaire supère à 4-5 loges uni-multiovulées. Fruit capsulaire à 4-5 loges mono-polyspermes s'ouvrant par 4-5 rar. 8-10 valves. Graines très petites, réticulées ; albumen charnu.

1. **ERICA** Tourn. (Bruyère). — Feuilles verticillées ; calice à 4 divisions herbacées ou colorées ; corolle campanulée, urcéolée ou subglobuleuse, à 4-5 divisions, bien plus longue que le calice ; étamines 8 ; capsule à déhiscence loculicide.

$\left.\begin{array}{l}\text{...}\end{array}\right.$

1 { Pédoncule plus court que la corolle ou l'égalant à peine; étamines incluses; anthères conjointes. 2
Pédoncule 3-4 fois plus long que la corolle; étamines exsertes;
anthères disjointes. . . . . *E. vagans.*

2 { Fleurs terminales; anthères munies d'appendices. 4
Fleurs axillaires; anthères dépourvues d'appendices. 3

3 { Feuilles longuement ciliées; fleurs très grandes, purpurines, plus
longues que les feuilles; sépales ciliés. . . . . *E. ciliaris.*
Feuilles glabres, non ciliées; fleurs très petites, verdâtres, plus
courtes que les feuilles; sépales glabres. . . . *E. scoparia.*

4 { Feuilles verticillées par 4, ciliées; pédoncules laineux-blanchâtres
ainsi que les calices. . . . . *E. Tetralix.*
Feuilles verticillées par 3, glabres; pédoncules obscurément pubérulents; calices glabres. . . . . *E. cinerea.*

1. **E. cinerea** L. — Rameaux pubérulents; feuilles verticillées
par 3, glabres, linéaires; fleurs terminales disposées en panicule
spiciforme, portées sur des pédoncules obscurément pubérulents,
plus courts que la corolle; calice glabre; corolle ovoïde-urcéolée,
rose, violette ou blanche; anthères munies d'appendices sétiformes;
capsule glabre. ♄ juin-sept. — T. C. Bois et landes sablonneuses;
manque sur le calcaire.

2. **E. Tetralix** L. — Rameaux pubescents; feuilles verticillées
par 4, ciliées, linéaires-oblongues; fleurs terminales, portées sur
des pédoncules laineux-blanchâtres, plus courts que la corolle, disposées en grappe courte et compacte; calice velu-laineux; corolle
ovoïde-urcéolée rose ou blanche; anthères munies d'appendices
élargis; capsule velue-soyeuse. ♄ juin-sept. — A. R. Marécages et
landes humides; manque sur le calcaire.—On trouve dans la forêt de
Montmorency et dans le bois de Garcy une monstruosité de cette
espèce à étamines avortées (*E. tetralix* var. *anandra* Rich.).

3. **E. ciliaris** L. — Rameaux hérissés; feuilles ovales, verticillées
par 3-4, longuement ciliées; fleurs axillaires, disposées en grappes
lâches, portées sur des pédoncules plus courts que la corolle; calice
pubescent, cilié; corolle grande, tubuleuse-urcéolée, purpurine;
anthères dépourvues d'appendices; capsule glabre. ♄ juill.-sept. —
T. R. Carrefour de la Croix-Patée près St-Léger; bois St-Pierre aux
Essarts.

4. **E. vagans** L. — Rameaux glabres ou à peine pubérulents;
feuilles verticillées par 4-5, glabres, étroitement linéaires; fleurs
subverticillées, portées sur des pédoncules 3-4 fois plus longs que
la corolle, disposées en grappes allongées; calice glabre; corolle
petite, campanulée, rose; étamines exsertes; anthères disjointes,
dépourvues d'appendices; capsule glabre. ♄ juin-août. — T. R.
Carrefour de la Croix-Patée près St-Léger, où il n'a pas été récemment retrouvé; naturalisé par M. Chatin dans le bois des Essarts.

5. **E. scoparia** L. (Bruyère à balais). —Rameaux glabres; feuilles verticillées par 3-4, glabres, étroitement linéaires; fleurs axillaires, portées sur des pédoncules égalant à peu près la corolle ou un peu plus courts, disposées en grappes multiflores, grêles et allongées; corolle glabre, très-petite, campanulée-globuleuse, verdâtre; étamines incluses; anthères conjointes, dépourvues d'appendices; capsule glabre. ♃ mai-juin. — T. R. Bois de Chartrette près Melun, bois de la Charmoise près St-Léger (?); naturalisé par M. Chatin dans le bois des Essarts.

2. **CALLUNA** Salisb. — Feuilles opposées, imbriquées sur quatre rangs; calice coloré, à 4 divisions; corolle campanulée, à 4 divisions, bien plus courte que le calice; étamines 8; capsule à déhiscence septifrage.

1. **C. vulgaris** Salisb.; *Erica* L. — Tiges rameuses, tortueuses, diffuses; feuilles lancéolées-linéaires, obtuses, sessiles, glabres ou ciliolées; fleurs roses, rar. blanches, brièvement pédicellées, penchées, disposées en grappes spiciformes, unilatérales; calice scarieux, pétaloïde, muni à sa base de bractées vertes; corolle de moitié plus courte que le calice; capsule velue. ♃ juill.-sept. — T. C. Bois, landes, bruyères; manque sur le calcaire.

LIII. PYROLACÉES Lindl.

Herbes vivaces. Feuilles entières, pétiolées, glabres, persistantes, dépourvues de stipules, ord. disposées en rosette. Fleurs hermaphrodites, régulières, disposées en grappe terminale. Sépales 5, brièvement connés à la base. Pétales 5, libres, caducs, hypogynes, en préfloraison imbriquée. Étamines 10, libres, hypogynes; anthères extrorses s'ouvrant par des pores terminaux. Style simple; stigmate entier ou lobé. Ovaire supère, à 5 loges multiovulées. Fruit capsulaire, à 5 loges polyspermes, s'ouvrant par 5 valves, à déhiscence loculicide. Graines à testa lâche simulant un arille; albumen charnu.

1. **PYROLA** Tourn. (Pyrole). — Rhizôme grêle, rameux; feuilles coriaces; pétales étalés ou connivents en cloche; stigmate à 5 lobes; capsule subglobuleuse, à 5 angles.

1. **P. rotundifolia** L. — Tige de 2-4 décim.; feuilles grandes, arrondies ou ovales, coriaces, à peine crénelées; bractées plus longues que les pédicelles; sépales lancéolés-aigus, de moitié plus courts que la corolle; pétales blancs ou rosés, étalés; style réfléchi, plus long que la corolle, arqué-ascendant, terminé par un anneau qui déborde les stigmates dressés. ♃ juin-août. — A. R. Bois.

2. **P. minor** L. — Tige de 1-2 décim.; feuilles plus petites que

dans l'espèce précédente, moins coriaces, nettement crénelées; bractées égalant les pédicelles; sépales triangulaires, 3-4 fois plus courts que la corolle; pétales d'un blanc rosé, connivents; style droit, ne dépassant pas la corolle, dépourvu d'anneau; stigmates étalés. ♃ juin-août. — A. R. Bois, principalement sur la silice.

LIV. MONOTROPÉES Nutt.

Herbes vivaces, charnues, d'un jaune pâle, parasites sur la racine des arbres. Tige dépourvue de feuilles, munie d'écailles fauves, transparentes; stipules nulles. Fleurs hermaphrodites, presque régulières, disposées en grappe terminale, courbée en crosse avant l'anthèse, puis redressée. Calice à 4-5 sépales inégaux, libres, marcescents. Corolle à 4-5 pétales libres, connivents, marcescents, munis d'un court éperon à la base. Étamines 8-10, libres, hypogynes, à anthères uniloculaires, introrses. Style simple; stigmate discoïde. Glandes hypogynes 4-5, alternes avec les étamines. Ovaire supère, à 4-5 loges multiovulées. Fruit capsulaire à 4-5 loges polyspermes, s'ouvrant par 4-5 valves, à déhiscence loculicide. Graines à testa lâche, simulant un arille; albumen charnu.

1. **HYPOPITYS** Dill.; *Monotropa* L. — (Caractères de la famille).

1. **H. multiflora** Scop.; *Monotropa Hypopitys* L. (Suce-Pin). — Plante pubescente-glanduleuse, noircissant par la dessiccation; souche écailleuse; tige simple, dressée, couverte d'écailles ovales-oblongues, dressées; fleur terminale pentamètre, les latérales tétramètres; sépales lancéolés; pétales oblongs, dentés-ciliés, dépassant les sépales. ♃ juin-juill. — A. R. Bois, parasite sur les charmes, les pins, etc.
Var. *glabra* Roth; *H. glabra* DC.; plante glabre dans toutes ses parties, plus grêle que le type, à grappe florale plus lâche.

LV. LENTIBULARIÉES Rich.

Herbes vivaces aquatiques ou vivant dans les marécages. Feuilles dépourvues de stipules, aériennes et alors entières, disposées en rosette radicale, ou submergées et alors multiséquées, plus ou moins munies de vésicules, disposées le long des rameaux. Fleurs hermaphrodites, irrégulières, solitaires ou en grappes courtes à l'extrémité de longs pédoncules nus. Calice persistant, gamosépale, plus ou moins bilabié, à 2-5 divisions. Corolle gamopétale, caduque, bilabiée ou en gueule, à lèvre infér. prolongée en éperon. Étamines 2, insérées à la base de la lèvre supér., à anthères uniloculaires, introrses. Style court; stigmate bilabié, à lèvre supér. très courte.

Ovaire supère, uniloculaire, multiovulé. Fruit capsulaire, uniloculaire, polysperme, à déhiscence irrégulière, bivalve ou pyxidiforme.
Graines petites, rugueuses; albumen nul.

1. **PINGUICULA** Tourn. (Grassette). — Plante des marécages;
feuilles aériennes, entières, un peu charnues, disposées en rosette
radicale; pédoncules radicaux, uniflores; calice subbilabié, à
5 divisions; corolle bilabiée, à gorge ouverte, à lèvre supér. échancrée ou bifide, l'infér. trilobée; capsule bivalve.

1. **P. vulgaris** L. — Feuilles ovales-oblongues, appliquées sur la
terre, d'un vert pâle; fleurs solitaires, penchées, d'un violet rougeâtre. ♃ mai-juill. — A. C. Marécages et tourbières.

2. **UTRICULARIA** L. (Utriculaire). — Plantes flottant dans
les eaux; feuilles submergées, multiséquées, alternes, plus ou
moins munies de vésicules operculées; fleurs jaunes, en grappes
lâches, terminales, portées par de longs pédoncules dressés, aériens;
calice à 2 lèvres entières ou presque entières; corolle en gueule,
à gorge ord. fermée, à lèvre supér. émarginée ou entière, plus
courte que l'infér. qui est très ample et entière; capsule s'ouvrant
irrégulièrement ou circulairement au-dessus de la base.

<table>
<tr><td rowspan="2">1</td><td>Feuilles conformes, étalées en tous sens, toutes munies de vésicules.</td><td>2</td></tr>
<tr><td>Feuilles de deux formes, les unes non vésiculeuses, palmatiséquées
à contour réniforme, les autres réduites à 1-3 segments terminés
par une grosse vésicule. . . . . *U. intermedia.*</td><td></td></tr>
<tr><td rowspan="2">2</td><td>Fleurs grandes, d'un beau jaune; lèvre supérieure entière;
éperon 3-4 fois plus long que large. . . . .</td><td>3</td></tr>
<tr><td>Fleurs petites, d'un jaune pâle; lèvre supérieure émarginée;
éperon aussi long que large. . . . . *U. minor.*</td><td></td></tr>
<tr><td rowspan="2">3</td><td>Lèvre supérieure aussi longue ou un peu plus longue que le
palais; lèvre inférieure à bords réfléchis . . . . *U. vulgaris.*</td><td></td></tr>
<tr><td>Lèvre supérieure une fois plus longue que le palais; lèvre infé-
rieure à bords étalés . . . . *U. neglecta.*</td><td></td></tr>
</table>

1. **U. vulgaris** L. — Feuilles toutes de même forme, munies de
vésicules et étalées en tous sens, pennatiséquées, à lanières denti-
culées-spinuleuses; fleurs 3-10, grandes, d'un beau jaune; pédicelles
dressés à la maturité; lèvre supér. entière, aussi longue ou plus
longue que le palais; lèvre infér. à bords réfléchis; éperon 3-4 fois plus
long que large, égalant environ la moitié de la longueur de la corolle;
anthères agglutinées. ♃ juin-août. — C. Etangs, mares et tourbières.

U. neglecta Lehm. — Plante plus grêle que la précédente dont elle a le port et
dont elle se distingue : par ses vésicules plus petites, par sa lèvre supér. une fois
plus longue que le palais, par sa lèvre inférieure plane à bords étalés; ses anthères sont agglutinées ou libres. ♃ juin-août. — T. R. Mares et étangs : Bellevue,
Meudon.

2. **U. intermedia** Hayne. — Feuilles de deux formes, les unes palmatiséquées, non vésiculeuses, dressées, distiques, à contour réniforme, les autres réduites à 1-3 segments terminés par une grosse vésicule; fleurs 2-5, d'un jaune pâle; pédicelles dressés à la maturité; lèvre supér. une fois plus longue que le palais; lèvre infér. plane à bords étalés; éperon presque aussi long que la corolle; anthères libres. ♃ juin-août.—T. R. Marais et fossés près Buthiers.

3. **U. minor** L. — Feuilles toutes de même forme, étalées en tous sens, palmatiséquées, munies de vésicules bien plus petites que dans les espèces précédentes; fleurs 2-5, petites, d'un jaune pâle; pédicelles réfléchis à la maturité; lèvre supér. aussi longue que le palais, émarginée au sommet; lèvre infér. plane à bords étalés; éperon aussi long que large. ♃ juin-juill.—A. R. Fossés, mares et tourbières.

LVI. PRIMULACÉES Vent.

Herbes vivaces, rar. annuelles. Feuilles simples, rar. pennati-partites-pectinées, opposées, rar. alternes, souv. disposées en rosette radicale, dépourvues de stipules. Fleurs hermaphrodites, régulières, axillaires ou terminales, solitaires ou en grappes, ou verticillées, ou réunies en ombelle au sommet d'un long pédoncule nu. Calice gamosépale, tubuleux, persistant ou caduc, à 5 rar. 4-7 divisions. Corolle gamopétale, hypocratériforme, infundibuliforme, subcampanulée ou rotacée, caduque ou marcescente, à 5 rar. 4-7 divisions alternes avec celles du calice. Étamines insérées sur le tube ou à la gorge de la corolle, en nombre égal et opposées aux divisions de la corolle; anthères biloculaires, introrses. Style simple; stigmate entier. Ovaire supère, infère dans le genre *Samolus*, uniloculaire, multiovulé. Fruit capsulaire, polysperme, s'ouvrant en autant de valves qu'il y a de divisions calicinales, plus rar. par un opercule *(pyxide)*. Graines sessiles; albumen charnu ou subcoriace.

1 { Plantes aquatiques à feuilles pennatipartites-pectinées, submergées; fleurs verticillées sur une tige aérienne, nue. *Hottonia* (5).
{ Plantes terrestres; feuilles entières ou sinuées, aériennes; fleurs solitaires, en grappe ou en ombelle. 2

2 { Feuilles toutes radicales, en rosette; fleurs solitaires sur de longs pédoncules radicaux ou en ombelle au sommet d'une hampe. *Primula* (4).
{ Tige feuillée; fleurs axillaires ou en grappe. 3

3 { Fleurs jaunes. . . . . *Lysimachia* (2).
{ Fleurs jamais jaunes. . . . .

4 { Fleurs axillaires; ovaire supère; capsule s'ouvrant par un opercule *(pyxide)*. 5
{ Fleurs en grappe terminale; ovaire infère; capsule s'ouvrant par des valves . . . . *Samolus* (6).

$_5$ { Feuilles opposées ou ternées ; fleurs à 5 divisions. *Anagallis* (4).
{ Feuilles presque toutes alternes ; fleurs à 4 divisions. *Centunculus* (3).

1. PRIMULA Tourn. (Primevère). — Feuilles radicales en rosette ; fleurs solitaires au sommet de pédoncules radicaux ou en ombelle au sommet d'une hampe ; calice campanulé ou tubuleux à 5 divisions ; corolle infundibuliforme ou hypocratériforme, longuement tubuleuse, à 5 divisions émarginées ou bifides, à gorge nue ou munie d'écailles ; étamines 5, incluses, insérées soit vers le milieu soit vers le haut du tube ; capsule s'ouvrant au sommet par 5 valves.

1 { Feuilles toutes ou la plupart brusquement contractées en pétiole ;
    { corolle odorante à limbe concave. . . . . . . *P. officinalis.*
  { Feuilles toutes ou la plupart insensiblement atténuées en pétiole
    { ailé ; corolle inodore à limbe plan. 2

2 { Pédicelles radicaux uniflores ; tube de la corolle égalant le demi-
    { diamètre du limbe. . . . . *P. vulgaris.*
  { Pédicelles réunis en ombelle au sommet d'une hampe ; tube égalant
    { le diamètre du limbe. 3

3 { Corolle d'un beau jaune, maculée d'orangé à la base des lobes ;
    { capsule plus courte que le tube dilaté du calice. *P. variabilis.*
  { Corolle d'un jaune soufré, non maculée à la base des lobes ; capsule
    { dépassant le tube du calice appliqué sur elle. . . *P. elatior.*

1. P. vulgaris Huds. ; *P. grandiflora* Lam. — Feuilles obovées, insensiblement atténuées en pétiole ailé ; pédoncules (hampes) nuls ou très courts ; pédicelles paraissant radicaux, laineux, égalant à peu près les feuilles ; calice à divisions étroitement lancéolées et longuement acuminées ; corolle inodore, d'un jaune pâle à limbe très grand et plan ; capsule égalant le tube du calice appliqué sur elle. ♃ mars-avril. — A. R. Bois et lieux frais : Bondy, le Raincy, Sénart, Fontainebleau, etc.

2. P. elatior Jacq. — Feuilles ovales ou oblongues, toutes ou la plupart insensiblement atténuées en pétiole ailé ; hampes plus longues que les feuilles ; pédicelles inégaux, mollement velus ; calice non enflé, appliqué sur le tube de la corolle, à dents lancéolées-subulées ; corolle inodore, d'un jaune soufré, ord. non maculé d'orangé à la base des lobes, à gorge non plissée, à limbe plan ; capsule plus longue que le tube du calice appliqué sur elle. ♃ avril-mai. — C. Bois humides, lieux frais.

3. P. officinalis Jacq. (Coucou).—Feuilles ovales, obtuses, toutes ou la plupart brusquement contractées en pétiole ailé ; hampe plus longue que les feuilles ; pédicelles inégaux, brièvement tomenteux ; calice renflé, très ouvert, blanchâtre-tomenteux, à dents ovales, brièvement mucronées ; corolle odorante, d'un beau jaune, maculée d'orangé à la base des lobes, plissée à la gorge, à limbe concave ;

capsule plus courte que le tube du calice dilaté. ♃ avril. — T. C. Prairies et bois.

× **P. variabilis** Goupil; *P. officinali-grandiflora* Gren. et Godr.; *P. officinali-vulgaris* Loret; *P. vulgari-officinalis* Gren. — Feuilles oblongues, toutes ou la plupart insensiblement atténuées en pétiole ailé; hampe ord. plus longue que les feuilles; pédicelles inégaux, velus-laineux; calice un peu dilaté, à dents lancéolées, brièvement acuminées; corolle faiblement odorante, d'un beau jaune, maculée d'orangé à la base des lobes, à limbe presque plan, un peu moins large que dans le *P. vulgaris*; capsule plus courte que le tube dilaté du calice. ♃ avril. — T. R. Bois et lieux frais : Vernon, le Raincy, parmi les *P. officinalis* et *vulgaris* dont il est un produit hybride.

2. **LYSIMACHIA** Tourn. (Lysimaque). — Feuilles opposées ou verticillées; fleurs jaunes, axillaires, solitaires, ou en grappe terminale; calice à 5 divisions; corolle rotacée, à tube très court, à limbe à 5 divisions entières; étamines 5, libres ou réunies par la base de leurs filets, insérées sur la gorge de la corolle; capsule s'ouvrant au sommet par 2-5 valves.

1. **L. vulgaris** L. (Chasse-bosse). — Tige dressée, rameuse, pubescente; feuilles ovales ou oblongues, pubescentes, brièvement pétiolées, opposées ou verticillées par 3-4; fleurs en grappe rameuse, terminale; corolle à divisions ovales-aiguës; étamines à filets réunis dans leur tiers inférieur. ♃ juin-août. — T. C. Lieux humides, bords des eaux.

2. **L. Nummularia** L. (Monnoyère). — Tiges simples, couchées, radicantes; feuilles orbiculaires, glabres, opposées, brièvement pétiolées; fleurs axillaires, solitaires ou géminées, à pédoncule plus court que la feuille axillante; corolle à divisions ovales; étamines à filets très brièvement réunis à la base. ♃ juin-août. — T. C. Prairies et lieux humides.

3. **L. nemorum** L. — Tiges simples ou rameuses, couchées-radicantes à la base, redressées au sommet; feuilles ovales-aiguës, glabres, opposées, brièvement pétiolées; fleurs axillaires, solitaires, à pédoncule capillaire plus long que la feuille axillante; calice à divisions linéaires-subulées; corolle à lobes ovales-obtus; étamines à filets libres. ♃ juin-juill. — R. Bois humides, siliceux ou argileux : Montmorency, Villers-Cotterets, Compiègne, etc.

3. **CENTUNCULUS** L. (Centenille). — Feuilles supérieures alternes; fleurs axillaires, solitaires; calice à 4 divisions; corolle suburcéolée, à tube court, subglobuleux, à limbe plus court que le calice, à 4 divisions entières; étamines 4, insérées à la gorge de la corolle, à filets réunis à la base; capsule s'ouvrant circulairement par un opercule (pyxide).

1. C. minimus L. — Plante petite, glabre ; tige rameuse, à rameaux étalés ; feuilles ovales, aiguës, subsessiles, les inférieures opposées, les autres alternes ; fleurs petites, blanches ou roses, subsessiles. ⊙ juin-août. — A. C. Bois, prairies et lieux humides.

4. ANAGALLIS Tourn. (Mouron). — Feuilles opposées, rar. verticillées par 3 ; fleurs axillaires, solitaires ; calice à 5 divisions ; corolle rotacée, à 5 divisions entières, à tube presque nul ; étamines 5, insérées à la base des divisions de la corolle, à filets barbus ; capsule s'ouvrant circulairement par un opercule (pyxide).

1. A. arvensis L. ; *A. phœnicea* Lam. — Tiges rameuses, couchées, diffuses ; feuilles ovales-lancéolées, sessiles ; pédoncules plus longs que les feuilles ; calice à divisions lancéolées, acuminées, membraneuses aux bords, plus courtes que la corolle ; celle-ci rouge ou rose, à divisions denticulées, ciliolées-glanduleuses ; capsule à 5 nervures. ⊙ juin-oct. — T. C. Champs et lieux cultivés.

A. cærulea Schreb. ; *A. arvensis* var. *carulea* Auct. — Diffère du précédent par ses pédoncules égaux aux feuilles ; par les divisions calicinales égalant la corolle, celle-ci d'un beau bleu, quelquefois à gorge rouge, à lobes denticulés, mais non ciliolés-glanduleux ; par sa capsule à 8-10 nervures. ⊙ juin-octobre. — Champs et lieux cultivés, principalement sur le calcaire.

2. A. tenella L. — Tiges rameuses, filiformes, rampantes ; feuilles subarrondies, brièvement pétiolées ; pédoncules filiformes, 2-3 fois plus longs que les feuilles ; calice à divisions lancéolées-linéaires, subulées, non membraneuses aux bords ; corolle rose, 2 fois plus longue que le calice, à divisions entières, non ciliolées. ♃ juin-août. — A. C. Marais tourbeux ; manque sur le calcaire.

5. HOTTONIA L. — Plante aquatique, à feuilles submergées, pennatipartites-pectinées ; fleurs disposées en 2-5 verticilles écartés au sommet d'une tige nue, aérienne, dressée ; calice à 5 divisions ; corolle hypocratériforme, à 5 divisions ; étamines 5, insérées à la base des divisions de la corolle ; capsule s'ouvrant en 5 valves qui restent adhérentes au sommet et à la base.

1. H. palustris L. — Souche rampante ; tige oblique, submergée, radicante ; feuilles rapprochées, à segments linéaires-aigus ; 3-7 fleurs à chaque verticille ; corolle plus longue que le calice, d'un rose très pâle, à gorge jaune. ♃ mai-juin. — A. R. Fossés, marais et étangs.

6. SAMOLUS Tourn. — Feuilles entières, les infér. en rosette, les autres alternes ; fleurs en grappe terminale ; calice campanulé, à 5 divisions ; corolle subcampanulée, à 5 divisions, munie à la gorge de 5 écailles alternes avec les lobes de la corolle ; étamines 5, insérées sur le tube et opposées aux lobes de la corolle ; ovaire infère ; capsule s'ouvrant supérieurement par 5 valves.

1. **S. Valerandi** L. (Mouron d'eau). — Tige dressée, simple ou rameuse; feuilles glauques, obovées-oblongues, brièvement atténuées en un court pétiole; fleurs petites, blanches, pédonculées. ℀ mai-juill. — A. C. Fossés et lieux marécageux.

ESPÈCES EXCLUES.

Primula elatiori-officinalis Gubler, hybride? d'origine fort douteuse, même pour son auteur; d'après Gay, forme échappée des jardins. *Cyclamen europæum.* L., plante introduite à Malesherbes où elle paraît ne plus exister.

LVII. OLÉACÉES Lindl.

Arbres ou arbrisseaux à rameaux ord. opposés. Feuilles opposées, entières, simples ou imparipennées, dépourvues de stipules. Fleurs hermaphrodites ou unisexuées, régulières ou dépourvues de calice et de corolle, disposées en thyrses ou en panicules. Calice gamosépale, persistant ou caduc, à 4 rar. 5-6 divisions. Corolle gamopétale, caduque, à 4 rar. 5-6 divisions en préfloraison valvaire. Étamines 2, libres ou insérées sur le tube et alternes avec les lobes de la corolle; anthères biloculaires, introrses ou extrorses. Style très court; stigmate entier ou bifide. Ovaire supère, à 2 loges biovulées. Fruit bacciforme ou capsulaire, indéhiscent et ailé *(samare)*, à 1-2 loges 1-2-spermes. Graines comprimées; albumen charnu ou nul.

1. **LIGUSTRUM** Tourn. (Troëne). — Arbrisseau à feuilles simples, entières, souv. persistantes; fleurs hermaphrodites; calice urcéolé, à 4 divisions, caduc; corolle infundibuliforme à tube bien plus long que le calice, à limbe à 4 divisions concaves; baie globuleuse à 2 loges 1-2-spermes.

1. **L. vulgare** L. — Arbrisseau de 1-2 mètres, rameux; feuilles oblongues, glabres, subcoriaces, brièvement pétiolées; fleurs blanches, disposées en thyrses à l'extrémité des rameaux; baie noire, pisiforme. ♃ fl. juin-juill.; fr. sept.-nov.—T. C. Bois et haies.

2. **FRAXINUS** (Frêne).—Arbre élevé à feuilles imparipennées; fleurs polygames, dépourvues de calice et de corolle; capsule *(samare)* indéhiscente, comprimée, membraneuse, foliacée au sommet, uniloculaire, monosperme.

1. **F. excelsior** L. — Écorce grisâtre, ridée; rameaux verts, luisants; feuilles à 7-13 folioles opposées, subpétiolées, lancéolées-acuminées, velues sur la nervure médiane; fleurs verdâtres, en panicules opposées, paraissant avant les feuilles; samares glabres,

apiculées au sommet. ♄ fl. avril-mai ; fr. juin-juill.—C. Bois ; souv.
planté dans les avenues, aux bords des routes.

ESPÈCES EXCLUES.

Le *Fraxinus Ornus* L., à fleurs blanches, est souv. planté dans
les parcs ; les *Syringa vulgaris* L. et *persica* L. (Lilas) , sont fréquemment cultivés dans les jardins et se rencontrent souv. à l'état
subspontané.

LVIII. APOCYNÉES Juss.

Herbes vivaces, à feuilles opposées, simples, entières, persistantes, dépourvues de stipules. Fleurs hermaphrodites, régulières,
élégantes, solitaires, axillaires. Calice gamosépale, persistant, à 5
divisions. Corolle gamopétale, caduque, à 5 divisions, en préfloraison tordue. Étamines 5, insérées sur le tube et alternes avec les
lobes de la corolle ; anthères biloculaires, introrses, surmontées
par un appendice membraneux, conniventes au-dessus du stigmate.
Style simple ; stigmate entier ou bilobé. Ovaire supère formé de
2 carpelles libres ou réunis au sommet, uniloculaires multiovulés.
Fruit capsulaire, à 1-2 loges polyspermes, déhiscentes par la suture
ventrale (*follicule*). Graines à albumen charnu.

1. **PERVINCA** Tourn. ; *Vinca* L. (Pervenche). — Corolle hypocratériforme, à tube élargi, plissé à la gorge, à limbe étalé en roue,
à 5 divisions tronquées au sommet ; style muni sur le sommet d'un
bourrelet stigmatifère et surmonté d'une houppe de poils ; fruit
composé de 1-2 follicules libres, subcylindriques ; graines peltées.

1. **P. minor** Mœnch ; *Vinca* L. — Tiges très longues, couchées,
radicantes ; feuilles ovales-lancéolées, coriaces, glabres, luisantes,
brièvement pétiolées ; fleurs pédonculées, bleues, rar. violettes ou
blanches. ♃ mars-mai. — C. Bois, haies.

ESPÈCE EXCLUE.

Le *P. major* Mœnch (*Vinca major* L.) souvent cultivé dans les
jardins, se rencontre quelquefois à l'état subspontané au voisinage
des habitations.

LIX. ASCLÉPIADÉES R. Br.

Herbes vivaces, à souche traçante, à tiges dressées ou volubiles.
Feuilles opposées, entières, un peu coriaces, dépourvues de sti-

pules. Fleurs hermaphrodites, régulières, disposées en ombelles ou
en cymes axillaires ou extra-axillaires, pédonculées, Calice gamosépale, persistant ou caduc, à 5 divisions. Corolle gamopétale, caduque
ou persistante, à 5 divisions en préfloraison tordue ou valvaire.
Étamines 5, insérées sur le tube et alternes avec les divisions de la
corolle; filets soudés en un tube qui entoure le pistil, chacun muni
au sommet d'un appendice ord. en cornet qui recouvre l'anthère cor-
respondante *(couronne staminale)*; anthères biloculaires, introrses,
ord. soudées en tube et munies au sommet d'un prolongement cartilagineux du connectif qui s'applique sur le stigmate. Style 2, courts,
réunis au sommet par un stigmate dilaté, à 5 angles saillants
séparés par autant de sillons au sommet desquels se trouve une
petite glande dont le liquide agglutine les grains de pollen de chaque
anthère en une seule masse; un cordon filiforme formé par une partie
du liquide concrété réunit les masses polliniques par paires et les
fixe au sigmate. Ovaire supère, formé de 2 carpelles libres, uniloïcu-
laires, multiovulés. Fruit capsulaire, composé de 1-2 follicules libres,
polyspermes, s'ouvrant par la suture ventrale. Graines à micropyle
muni d'une aigrette; albumen charnu.

1. **VINCETOXICUM** Medic. (Dompte-venin). — Fleurs en
cymes pédonculées, axillaires ou extra-axillaires; corolle rotacée;
couronne staminale charnue, scutelliforme, à 5-10 lobes arrondis;
stigmate subapiculé; follicules lisses.

1. **V. officinale** Mœnch; *Asclepias Vincetoxicum* L. — Tige
dressée ou un peu volubile au sommet; feuilles ovales, acuminées,
arrondies ou cordées à la base, brièvement pétiolées, glabres, luisantes, ciliées; calice à divisions linéaires-lancéolées; corolle
blanche, un peu épaisse. ♃ mai-août. — T. C. Bois et coteaux.

2. **ASCLEPIAS** Tourn. — Fleurs en ombelles simples, pédonculées, extra-axillaires; corolle réfléchie; couronne staminale à
5 appendices cuculliformes, émettant chacun du fond de leur cavité
une sorte de corne qui se courbe sur le stigmate déprimé et mutique; follicules munis d'épines molles.

1. **A. Cornuti** Desne. — Tiges dressées, robustes, pubescentes; feuilles grandes, ovales, obtuses, tomenteuses-blanchâtres
en dessous, brièvement pétiolées; calice à divisions ovales-oblongues; corolle rosée, odorante. ♃ juin-août. — Naturalisé dans les
champs : Claye, l'Isle-Adam, Malesherbes, Verberie.

ESPÈCE EXCLUE.

Le *Vincetoxicum nigrum* Mœnch. n'existe plus au bois de Vincennes où il avait été naturalisé.

LX. GENTIANÉES Juss.

Herbes vivaces ou annuelles, glabres, terrestres, rar. aquatiques. Feuilles simples, entières, rar. trifoliolées, dépourvues de stipules, opposées, rar. alternes, les infér. souv. disposées en rosette. Fleurs hermaphrodites, régulières, solitaires ou disposées en épi, en cyme rameuse ou verticillée ou en panicule. Calice persistant, à 5 rar. 4-12 divisions libres ou plus ou moins connées. Corolle gamopétale, marcescente, rar. caduque, à 5 rar. 4-12 divisions en préfloraison tordue, rar. valvaire. Étamines insérées sur le tube ou sur la gorge de la corolle, en nombre égal aux divisions de la corolle et alternes avec elles; anthères biloculaires introrses. Style simple, ord. très court, terminé par 2 stigmates libres ou réunis. Ovaire supère, formé de 2 carpelles uniloculaires ou subbiloculaires, multiovulés. Fruit capsulaire, uniloculaire ou subbiloculaire, polysperme, s'ouvrant en 2 valves, à déhiscence septicide, rar. loculicide. Graines globuleuses ou anguleuses; albumen charnu.

1. Feuilles alternes, à pétiole dilaté-engaînant à la base; corolle en préfloraison valvaire. 2
Feuilles opposées, à pétiole non dilaté-engaînant; corolle en préfloraison tordue 3

2. Feuilles aériennes, trifoliolées; fleurs rosées; graines non ailées-ciliées. *Menyanthes* (6).
Feuilles flottantes, suborbiculaires; fleurs jaunes; graines ailées-ciliées . . . . *Limnanthemum* (7).

3. Feuilles glauques; fleurs d'un beau jaune; calice à divisions libres; étamines 6-8. . . . . *Chlora* (2).
Feuilles vertes; fleurs jamais ou rar. d'un jaune pâle; calice à divisions plus ou moins connées à la base; étamines 4-5. . . 4

4. Divisions de la corolle munies chacune à la base de 2 fossettes nectarifères à bords ciliés; graines ailées. . . *Swertia* (3).
Divisions de la corolle dépourvues de fossettes nectarifères; graines ord. non ailées. 5

5. Anthères tordues en spirale après l'anthèse; capsule linéaire. *Erythraea* (5).
Anthères non tordues; capsule ovoïde 6

6. Fleurs jaunes ou rosées; style filiforme; stigmates capités. *Cicendia* (4).
Fleurs bleues ou violacées; style presque nul; stigmates non capités. . . . . *Gentiana* (1).

1. **GENTIANA** Tourn. (Gentiane). — Feuilles opposées; calice tubuleux, campanulé ou spathiforme, à 4-10 divisions plus ou moins profondes; corolle marcescente, infundibuliforme, campanulée ou rotacée, à 4-5 divisions égales ou à 8-10 divisions alternativement

inégales; étamines 4-5; style presque nul; stigmates entiers, non capités.

1. **G. cruciata** L. (Croisette). — Feuilles lancéolées, obtuses, les caulinaires réunies par leur base en forme de gaîne; fleurs sessiles, fasciculées au sommet de la tige et à l'aisselle des feuilles supér.; calice régulier, à 4 divisions étroites, aiguës, ou irrégulier-spathiforme; corolle bleue, à 4 lobes ovales, séparés par de petites dents. ♃ juill.-sept. — A. R. Collines et bois secs, sur le calcaire.

2. **G. Pneumonanthe** L. — Feuilles lancéolées ou lancéolées-linéaires, obtuses, réfléchies sur les bords, connées à la base; fleurs pédonculées, solitaires à l'aisselle des feuilles supér.; calice à 5 divisions linéaires, égales; corolle grande, bleue, subcampanulée, à 5 lobes ovales, acuminés, séparés par une petite dent aiguë. ♃ juill.-oct. — C. Prairies tourbeuses, lieux marécageux.

3. **G. germanica** Willd. — Feuilles d'un vert sombre, violacé, les radicales obovales, atténuées en pétiole, les caulinaires ovales-lancéolées, sessiles; fleurs pédonculées, solitaires ou géminées, terminales et axillaires; calice à 5 divisions lancéolées-acuminées, égales; corolle violacée, tubuleuse-campanulée, à 5 lobes lancéolés-acuminés. ⊙ août-sept. — A. R. Bois et pâturages montagneux, sur le calcaire.

2. **CHLORA** Rencaulme. — Plante glauque, à feuilles opposées; fleurs jaunes en cymes dichotomes; calice à 6-8 divisions linéaires, libres; corolle marcescente, hypocratériforme, à 6-8 divisions; étamines 6-8; style filiforme; stigmates bifides.

1. **C. perfoliata** L. — Feuilles radicales obovales, les caulinaires ovales-triangulaires, connées à la base; corolle d'un beau jaune, à divisions obtuses. ⊙ juin-août. — A. C. Prairies, lieux herbeux.

3. **SWERTIA** L. — Feuilles opposées; fleurs en panicule terminale; calice à 5 divisions profondes; corolle rotacée, à 5 divisions profondes, munies chacune à la base de 2 fossettes nectarifères à bords ciliés; étamines 5; style nul; stigmates entiers.

1. **S. perennis** L. — Feuilles infér. oblongues, longuement pétiolées, les supér. ovales-lancéolées, sessiles; calice à divisions lancéolées-linéaires; corolle d'un bleu violacé, ponctuée; graines ailées. ♃ août-sept. — T. R. Marais tourbeux de Silly-la-Poterie.

4. **CICENDIA** Adans. — Plante grêle, à tiges filiformes; fleurs longuement pédonculées, solitaires, axillaires ou en cymes pauciflores; calice à 4 divisions; corolle infundibuliforme à 4 divisons se contournant au-dessus de la capsule; étamines 4; style filiforme; stigmates capités.

1. C. pusilla Grisb.; *Exacum* DC.; *E. Candollei* Bast. — Tige rameuse dès la base, à rameaux divariqués; feuilles oblongues-lancéolées ou oblongues-linéaires; fleurs roses ou jaune pâle; pédoncules latéraux bien plus longs que le central; calice à divisions linéaires non appliquées sur la capsule. ☉ juill.-sept. —R. Bois, lieux herbeux et humides, sur la silice : Sénart, Fontainebleau, St-Léger.

2. C. filiformis Delarb.; *Exacum* Willd.; *Microcala* Hoffms. et Link.—Tige simple ou rameuse au sommet; feuilles infér. oblongues, rapprochées, les supér. courtes, linéaires; fleurs jaunes; pédoncule central presque aussi long que les latéraux; calice à divisions triangulaires, appliquées sur la capsule. ☉ juillet-sept. — A. R. Bois, lieux herbeux et humides sur la silice : Sénart, St-Léger, Montfort-l'Amaury, etc.

5. ERYTHRÆA Reneaulme.—Feuilles opposées; fleurs roses, rar. blanches, disposées en cymes dichotomes ou en corymbes; calice tubuleux, à 5 angles et à 5 divisions linéaires ; corolle infundibuliforme, à 5 lobes se contournant sur la capsule; étamines 5, se tordant en spirale après l'anthèse; style filiforme; stigmate bilobé; capsule linéaire.

1. E. Centaurium Pers. (Petite Centaurée). — Tige simple à la base, rameuse au sommet; feuilles obovées, les radicales pétiolées, en rosette, les caulinaires opposées, sessiles; fleurs sessiles, pourvues de bractées, en cymes ou en corymbes compactes; corolle à divisions obtuses; capsule plus longue que le calice. ② juill.-août. — T. C. Bois et bruyères humides.

2. E. ramosissima Pers.; *E. puchella* Horn.—Tige rameuse dès la base; feuilles toutes opposées; fleurs assez longuement pédicellées, dépourvues de bractées, en cymes lâches; corolle à divisions aiguës; capsule égalant le calice. ☉, ② juill.-sept. — C. Prairies humides, tourbières.

6. MENYANTHES Tourn. — Feuilles alternes, trifoliolées; fleurs pédicellées, formant un thyrse au sommet d'un long pédoncule; calice à 5 divisions; corolle infundibuliforme, caduque, à 5 divisions étalées et barbues à la face interne; étamines 5; style filiforme, exsert; stigmate bilobé, à lobes entiers; ovaire presque semi-infère; graines comprimées, non bordées-ciliées.

1. M. trifoliata L. (Trèfle d'eau). — Rhizome épais, longuement rampant; feuilles à folioles obovales, obtuses, portées sur un long pétiole dilaté en graine à la base; corolle rosée, à divisions lancéolées, aiguës; capsule globuleuse. ♃ avril-mai.—A. C. Marais et tourbières.

7. LIMNANTHEMUM Gmel.; *Villarsia* Vent.— Plante aquatique à feuilles suborbiculaires, nageantes, les infér. alternes, les supér. opposées; fleurs jaunes, longuement pédonculées, fasciculées à l'aisselle des feuilles supér.; calice à 5 divisions; corolle rotacée, caduque, à 5 divisions nues; étamines 5; style court, conique; stigmate bilobé, à lobes laciniés; graines très comprimées, bordées-ciliées.

1. L. peltatum Gmel.; *L. nymphoides* Hoffms. et Link.; *Villarsia* Vent. (Faux nénuphar). — Tiges très longues, rameuses, radicantes, feuillées seulement au sommet; feuilles à pétiole assez long, dilaté, membraneux, un peu engaînant et auriculé à la base; corolle grande, jaune; capsule ovoïde-acuminée, un peu comprimée. ♃ juill.-sept. — C. Rivières et étangs.

ESPÈCE EXCLUE.

Gentiana lutea L. ne se trouve plus au coteau de Beauté, où il avait été naturalisé.

LXI. CONVOLVULACÉES Vent.

Herbes annuelles ou vivaces, à tige ord. volubile, souv. dépourvues de chlorophylle et parasites sur les autres plantes. Feuilles alternes, simples, entières, dépourvues de stipules ou nulles et remplacées par des écailles charnues. Fleurs hermaphrodites, régulières, solitaires, réunies par 2-3 au sommet de pédoncules axillaires ou disposées en glomérules ou en corymbes placés latéralement sur la tige et les rameaux. Calice persistant, à 4-5 divisions libres ou un peu connées à la base, plus ou moins inégales. Corolle caduque ou marcescente, gamopétale, campanulée-infundibuliforme ou urcéolée, entière, à 5 plis ou à 4-5 lobes, en préfloraison tordue. Étamines 4-5, insérées à la base de la corolle et alternes avec ses plis ou ses lobes, souv. munies au-dessous de leur insertion de petites écailles pétaloïdes; anthères biloculaires, introrses, souv. tordues en spirale après l'anthèse. Style filiforme, simple ou bifide; stigmates 1-2 linéaires ou capités. Ovaire supère, ord. entouré à la base par un disque charnu, à 1-2 logés uni-biovulées. Fruit capsulaire, à 1-2 loges, mono-dispermes, indéhiscent ou s'ouvrant par des valves, à déhiscence septifrage, ou circulairement par un opercule *(pyxide)*. Graines ord. anguleuses; albumen mince, mucilagineux ou charnu.

1. CONVOLVULUS Tourn. (Liseron). — Plantes vertes, munies de feuilles. Calice à 5 divisions presque égales; corolle caduque, infundibuliforme-campanulée, à 5 angles et à 5 plis, dépourvue d'écailles pétaloïdes; étamines 5; style filiforme; capsule indéhiscente, plus ou moins biloculaire.

1. C. sepium L.; *Calystegia* R. Br. (Liseron). — Tige glabre, volubile, très allongée; feuilles grandes, sagittées, à oreillettes tronquées; fleurs blanches, solitaires; bractées grandes, foliacées, en

cœur, aiguës, recouvrant le calice; capsule globuleuse. ⚥ juin-oct.
—T. C. Haies et buissons,

2. C. arvensis L. (Vrillée). — Tige glabre ou hérissée, volubile,
étalée-couchée à la base, bien plus courte que celle de l'espèce
précédente; feuilles hastées, à oreillettes ord. aiguës; fleurs roses,
rar. blanches, réunies par 2-3 au sommet d'un pédoncule, marquées
extérieurement de 5 taches triangulaires purpurines; capsule ovoïde-
aiguë. ⚥ juin-sept.—T. C. Champs.

1. CUSCUTA Tourn. (Cuscute).—Plantes décolorées, aphylles;
calice à 4-5 divisions; corolle marcescente, campanulée ou urcéolée,
à 4-5 lobes, dépourvue de plis, munie de petites écailles pétaloïdes;
étamines 4-5; styles 2, libres ou réunis; capsule biloculaire, s'ouvrant irrégulièrement au sommet ou circulairement par un opercule.

1	Fleurs presque sessiles, en glomérules assez serrés; stigmates linéaires ou oblongs; capsule s'ouvrant par un opercule. **2**
	Fleurs pédicellées, en corymbes un peu lâches; stigmates capités; capsule s'ouvrant irrégulièrement au sommet. . . *C. suaveolens.*
2	Tige rameuse; glomérules munis d'une bractée à la base; corolle campanulée; graines lisses. **3**
	Tige simple ou à peu près; glomérules dépourvus de bractées; corolle urcéolée; graines réticulées. . . . . . . *C. densiflora.*
3	Divisions calicinales arrondies au sommet; écailles appliquées contre le tube de la corolle; étamines incluses; styles plus courts que l'ovaire. . . . . *C. major.*
	Divisions calicinales acuminées; écailles convergentes fermant le tube de la corolle; étamines exsertes; styles plus longs que l'ovaire. . . . . *C. epithymum.*

1. C. major C. B.; *C. europæa* L. (pro parto).—Tiges filiformes,
rameuses; fleurs presque sessiles, en glomérules assez gros, globuleux, munis d'une bractée à la base; divisions calicinales arrondies
au sommet; écailles appliquées contre le tube de la corolle; étamines incluses; styles plus courts que l'ovaire; capsule s'ouvrant
par un opercule. ☉ juin-sept.— A. R. Haies et buissons; parasite
sur l'Ortie. le Houblon, le Chanvre, etc.

2. C. epithymum Murr. (Teigne). — Tiges capillaires rameuses;
fleurs sessiles, en glomérules globuleux, assez petits, munis d'une
bractée à la base; divisions calicinales acuminées; écailles convergentes, fermant le tube de la corolle; étamines exsertes; styles plus
longs que l'ovaire; capsule s'ouvrant par un opercule. ☉ juill.-sept.
—T. C. Champs, coteaux et bruyères; parasite sur le Trèfle, la
Luzerne et plusieurs autres légumineuses, sur le *Thymus Serpyllum*,
le *Calluna vulgaris*, etc.

Var. *Trifolii* Choisy; *C. Trifolii* Babgt.; tiges s'accroissant en
cercles réguliers; fleurs plus grandes que dans le type, en glomérules

plus gros; écailles convergentes, mais ne fermant pas complètement le tube de la corolle. — A. R. Sur la Luzerne et le Trèfle cultivés.

3. **C. densiflora** S. W.; *C. epilinum* Weihe (Bourreau du Lin). — Tiges filiformes, simples ou à peine rameuses; fleurs sessiles, en glomérules globuleux, dépourvus de bractée à la base; divisions calicinales obtuses, mucronulées; écailles très petites, appliquées contre le tube de la corolle; étamines incluses; styles 3 fois plus courts que l'ovaire; capsule s'ouvrant par un opercule; graines réticulées. ☉ juill.-août. — R. Parasite sur le Lin de Riga: Brie-Comte-Robert, le Bouchet, Magny.

4. **C. suaveolens** Ser.; *C. corymbosa* Choisy; *Engelmannia suaveolens* Pfeif. — Tiges orangées, filiformes, rameuses; fleurs pédicellées, odorantes, en corymbes rameux et un peu lâches; divisions calicinales obtuses; écailles convergentes, fermant le tube de la corolle; étamines incluses; styles plus longs que l'ovaire, à stigmates capités; capsule s'ouvrant irrégulièrement au sommet. ☉ août-sept. — T. R. Introduit, parasite sur la Luzerne cultivée : Vanteuil, Verrières, Chambourcy.

LXII. BORAGINÉES Juss.

Plantes herbacées, annuelles ou vivaces, rar. ligneuses, ord. couvertes de poils rudes au toucher. Feuilles alternes, simples, entières, dépourvues de stipules. Fleurs hermaphrodites, régulières, rar. irrégulières, ord. disposées en grappes scorpioïdes. Calice gamosépale, persistant, ord. accrescent, à 5 divisions. Corolle gamopétale, caduque, régulière, rar. irrégulière, à gorge nue ou munie d'écailles ou de faisceaux de poils, à 5 lobes ord. en préfloraison imbriquée. Étamines 5, insérées sur le tube ou sur la gorge de la corolle et alternes avec ses divisions; anthères biloculaires, introrses. Style simple, naissant de la base ou du côté interne des ovaires; stigmate entier ou bilobé. Ovaire supère, formé de 2 carpelles divisés chacun en 2 loges uniovulées et simulant 4 carpelles libres ou adhérents, insérés par leur base sur le réceptacle, ou par leur angle interne sur le style ord. dilaté à la base. Fruit formé de 4 nucules (*achaines*), rar. 2, sèches, monospermes, indéhiscentes, libres, rar. adhérentes entre elles. Graine suspendue; albumen nul ou très-mince.

1	Nucules insérées sur le réceptacle par leur base.	2
	Nucules adhérentes au style par leur angle interne.	8
2	Corolle irrégulière, à limbe oblique, subbilabié. . . *Echium* (1)	
	Corolle régulière	3
3	Nucules insérées par une base excavée et entourée d'un rebord saillant	4
	Nucules insérées par une base plane et étroite.	7

4 { Gorge de la corolle munie de 5 écailles conniventes. 5
Gorge de la corolle dépourvue d'écailles et garnie de faisceaux de poils.. . . . . *Pulmonaria* (5).

5 { Corolle rotacée ; étamines rapprochées en cône autour du style et munies à leur base d'un appendice dressé. . . . *Borago* (2).
Corolle tubuleuse ; étamines non rapprochées en cône et dépourvues d'appendices. 6

6 { Corolle cylindrique campanulée, à écailles lancéolées, subulées, glanduleuses aux bords. . . . . *Symphytum* (3).
Corolle hypocratériforme ou infundibuliforme, à écailles obtuses et velues au sommet. . . . . *Anchusa* (4).

7 { Corolle infundibuliforme, à gorge munie de 5 gibbosités ou de 5 lignes pubescentes . . . . *Lithospermum* (6).
Corolle hypocratériforme, à gorge munie de 5 écailles obtuses et glabres. . . . . *Myosotis* (7).

8 { Nucules épineuses sur toute leur surface ou au moins sur les bords. 9
Nucules pubescentes ou tuberculeuses, mais non épineuses. . . 10

9 { Corolle hypocratériforme ; nucules triquètres, épineuses seulement sur les bords . . . . *Lappula* (8).
Corolle infundibuliforme ; nucules ovales, comprimées, couvertes d'épines . . . . *Cynoglossum* (9).

10 { Corolle infundibuliforme, à gorge munie de 5 écailles convexes ; nucules comprimées, glabres . . . . *Asperugo* (10).
Corolle hypocratériforme , à gorge nulle ; nucules triquètres, pubescentes. . . . . *Heliotropium* (11).

1. ECHIUM Tourn. (Vipérine). — Calice à 5 divisions linéaires-lancéolées, presque égales ; corolle infundibuliforme-subcampanulée, à limbe oblique ou subbilabié, à 5 lobes inégaux et à gorge nue ; étamines inégales, ord. exsertes ; nucules tuberculeuses, à base triangulaire, plane-subconcave.

1. E. vulgare L. — Tige hérissée-tuberculeuse, rude au toucher ainsi que toute la plante ; feuilles radicales en rosette, oblongues-lancéolées, atténuées en pétiole, les caulinaires sessiles, lancéolées ou sublinéaires ; fleurs d'un bleu violacé, rar. roses ou blanches, en grappes courtes formant par leur réunion un thyrse allongé ; styles et étamines longuement exsertes. ② juin-sept. — T. C. Bords des chemins, lieux incultes.

Var. *Wierzbickii* Lamotte ; *E. Wierzbickii* Haberl. ; corolle de moitié plus petite que dans le type ; étamines incluses.

2. BORAGO Tourn. (Bourrache). — Calice à 5 divisions profondes ; corolle rotacée, à 5 divisions profondes, obtuses, munie à la gorge de 5 écailles échancrées ; étamines rapprochées en cône autour du style, à filets munis sur le côté externe d'un long appendice dressé ; nucules tuberculeuses, à base concave.

1. B. officinalis L. — Tige hérissée-tuberculeuse, rameuse ; feuilles velues, ridées, les inférieures elliptiques, longuement pétiolées, les supérieures oblongues, embrassantes; fleurs grandes, bleues, rar. blanches, en grappes feuillées à la base. ⊙ juin-sept. — C. Plante introduite et naturalisée; lieux incultes, décombres, voisinage des habitations.

3. **SYMPHYTUM** Tourn. (Consoude). — Calice à 5 divisions profondes; corolle cylindrique-campanulée, à 5 dents, munie à la gorge de 5 écailles lancéolées-subulées, glanduleuses sur les bords; étamines incluses; nucules lisses ou rugueuses, à base concave.

1. **S. officinale** L. — Souche épaisse, charnue; tige robuste, hérissée, anguleuse, rameuse et ailée au sommet; feuilles velues-hérissées, les inférieures grandes, ovales-oblongues, longuement pétiolées, les supérieures lancéolées, sessiles, décurrentes; fleurs blanchâtres ou violettes, en grappes nues et penchées; nucules lisses et luisantes. ♃ juin-sept.—C. Prés et lieux humides, bords des eaux.

4. **ANCHUSA** L. (Buglosse). — Calice à 5 divisions plus ou moins profondes; corolle infundibuliforme ou hypocratériforme, à tube droit ou coudé, à 5 divisions obtuses un peu inégales, munie à la gorge de 5 écailles obtuses et velues au sommet; étamines incluses; nucules rugueuses, à base concave.

1. **A. italica** Retz. (Buglosse).—Tige dressée, hérissée, rameuse; feuilles hérissées, ondulées, lancéolées-oblongues, les infér. longuement pétiolées, les supér. sessiles; fleurs d'un bleu d'azur, en grappes formant par leur réunion une longue panicule; écailles de la corolle exsertes; nucules à base arrondie, non oblique. ② juin-juill. — A. R. Champs et moissons.

2. **A. arvensis** M. B.; *Lycopsis* L. (Petite Buglosse). — Tige dressée, rameuse, hérissée; feuilles hérissées, sinuées-dentées, oblongues ou lancéolées, les infér. pétiolées, les supér. semi-amplexicaules; fleurs bleues en grappe, plus courtes que les bractées; tube de la corolle coudé; nucules à base ovale, oblique ⊙ mai-oct. — T. C. Champs et moissons.

5. **PULMONARIA** Tourn. (Pulmonaire). — Calice tubuleux-campanulé, pentagonal à la base, à 5 divisions peu profondes; corolle infundibuliforme, à 5 divisions arrondies, à gorge dépourvue d'écailles mais munie de 5 faisceaux de poils alternes avec les étamines incluses; style long ou court suivant que les étamines sont insérées à la gorge ou vers le milieu du tube de la corolle; nucules lisses, à base plane, entourée d'un rebord saillant.

1. **P. angustifolia** L.; *P. angustifolia* var. α et β Coss. et Germ.; *P. azurea* Bess. — Rameaux de l'inflorescence et sommet de la tige couverts de longs poils rudes, presque égaux, mélangés de quelques rares glandes brièvement stipitées; feuilles non macu-

lées, couvertes sur la face supér. de poils rudes et égaux, les radi-cales-estivales linéaires-lancéolées ou oblongues lancéolées, environ 8 fois plus longues que larges, les caulinaires un peu décurrentes; corolle d'un bleu azuré; grappe lâche après l'anthèse; calice fructi-fère cylindrique, campanulé. ♃ avril-mai. — T. C. Bois et lieux ombragés.

P. longifolia Bast.; *P. tuberosa* Gren. et Godr. (pro parte).—Rameaux de l'inflo-rescence et sommet de la tige couverts de longs poils rudes, égaux, mélangés de nom-breuses glandes stipitées; feuilles maculées, couvertes sur la face supér. de poils rudes, égaux, mélangés de nombreuses glandes brièvement stipitées, les radicales-estivales lancéolées-allongées, 6-9 fois plus longues que larges, les caulinaires étalées, un peu embrassantes; corolle d'un violet foncé; grappe dense serrée après l'anthèse; calice fructifère campanulé, élargi à la base. ♃ avril-mai. — Avec le précédent, mais plus rare.

2. **P. affinis** Jord.; *P. angustifolia* var. γ. Coss. et Germ.; *P. saccharata* Auct. mult. (non Mill.). — Rameaux de l'inflorescence et sommet de la tige couverts de poils rudes mélangés de poils plus fins et plus courts, et de nombreuses glandes longuement stipitées et plus longues que les poils; feuilles maculées, couvertes sur la face supér. de poils rudes, égaux, mélangés de poils fins plus courts, et de quelques glandes brièvement stipitées, les radicales-estivales ovales-lancéolées, 4 fois plus longues que larges, subite-ment contractées en un pétiole ailé, les caulinaires oblongues, étalées; corolle d'un bleu violacé; grappe lâche-étalée après l'an-thèse; calice fructifère campanulé, élargi à la base, assez longue-ment pédonculé. ♃ avril-mai. — Indiqué, sans localités, par MM. Cosson et Germain.

6. **LITHOSPERMUM** Tourn. (Grémil). — Calice à 5 divisions linéaires; corolle infundibuliforme, rar. hypocratériforme, à 5 divi-sions, à gorge nue, munie de 5 lignes pubescentes ou de 5 gibbosités alternes avec les étamines incluses; nucules lisses ou rugueuses, très dures, à base plane et étroite.

1. **L. arvense** L. — Racine grêle; tige dressée, peu rameuse; feuilles lancéolées, couvertes de poils raides, blanchâtres, appliqués, à nervure médiane seule saillante, les infér. oblongues, atténuées en pétiole, les supér. sessiles; fleurs blanches, petites; nucules brunes, tuberculeuses. ☉ avril-juin. — C. Champs et moissons.

Var. *cœruleum* Coss. et Germ.; *L. medium* Chev.; fleurs bleues. — R. Beauvais, Compiègne, Nemours.

2. **L. officinale** L. (Herbe aux perles). — Racine épaisse, sub-ligneuse; tige dressée, très rameuse; feuilles lancéolées, acumi-nées, couvertes de poils raides, appliqués, à nervures médiane et latérales saillantes; fleurs petites, blanchâtres; nucules très dures, blanches, lisses, luisantes. ♃ mai-juill. — Bords des chemins, lieux incultes.

3. **E. purpureo-cœruleum** L. — Racine épaisse, subligneuse; tiges florifères grêles, dressées, les stériles allongées, rampantes, radicantes au sommet : feuilles oblongues, lancéolées, acuminées, velues, un peu rudes, à nervure médiane seule saillante; fleurs assez grandes, d'abord violacées, puis d'un bleu d'azur; nucules dures, blanches, lisses, luisantes. ♃ mai-juill. — R. Bois : Fontainebleau, Malesherbes, Compiègne, etc.

7. **MYOSOTIS** Dill. — Calice à 5 divisions plus ou moins profondes; corolle hypocratériforme ou subrotacée, à 5 lobes arrondis, à gorge fermée par 5 écailles obtuses; étamines incluses; nucules lisses, luisantes, à base plane et étroite.

1 { Poils du calice tous appliqués et droits 2
  { Poils de la base du calice étalés, uncinés au sommet. 3

2 { Souche rampante : style égalant presque le calice.   *M. palustris.*
  { Souche courte; style plus court ou à peine plus long que les nucules.
  {   *M. lingulata.*

3 { Calice fermé à la maturité 4
  { Calice ouvert à la maturité; style très court. . . . *M. hispida.*

4 { Pédicelles fructifères inférieurs 2 fois plus longs que le calice.
  {   *M. intermedia.*
  { Pédicelles fructifères, tous plus courts que le calice. 5

5 { Feuilles munies sur la face infér. de poils uncinés; corolle bleue,
  {   à tube plus court que le calice. . . . . *M. arenaria.*
  { Feuilles couvertes de poils étalés et droits; corolle jaune, puis bleue
  {   et enfin violette, à tube plus long que le calice. *M. versicolor.*

1. **M. palustris** With. (Ne m'oubliez pas). — Souche oblique, rampante, stolonifère; tiges anguleuses, rameuses; feuilles rudes, ciliées à la base; grappes florales ord. dépourvues de feuilles à la base; calice couvert de poils tous appliqués; corolle bleue, rose ou blanche, assez grande; style égalant presque le calice. ♃ mai-sept. — C. Marais, lieux humides, bords des eaux.

Var. *strigulosa* Koch.; *M. strigulosa* Rchb.; souche moins rampante; tige grêle, raide, glabre ou couverte de poils appliqués.

2. **M. lingulata** Lehm.; *M. cœspitosa* Schltz. — Souche courte, verticale; tiges arrondies, très rameuses et dressées dès la base; feuilles oblongues, presque glabres; grappes florales munies de quelques feuilles à la base; calice couvert de poils tous appliqués; corolle petite, d'un bleu pâle; style plus court ou à peine plus long que les nucules. ② juin-juill. — A. R. Prairies et lieux humides.

3. **M. intermedia** Link. — Tiges rameuses, hérissées; feuilles couvertes de poils droits, étalés; grappes florales non feuillées à la base; pédicelles inférieurs étalés, deux fois plus longs que le calice fructifère fermé et muni à sa base de poils étalés, uncinés; corolle bleue à gorge jaune, à tube plus court que le calice. ☉, ② mai-sept. — T. C. Champs et lieux cultivés.

4. **M. hispida** Schlecht. — Tiges minces, hispides, simples ou rameuses dès la base; feuilles couvertes de poils droits, étalés; grappes florales ord. non feuillées à la base; pédicelles étalés, plus courts que le calice fructifère ouvert et muni à sa base de poils étalés, uncinés; corolle bleue à gorge jaune, à tube plus court que le calice. ☉ avril-juin. — T. C. Lieux secs, bords des chemins et des champs.

5. **M. versicolor** Pers. — Tiges hispides, souv. rameuses dès la base; feuilles molles, couvertes de poils étalés et droits; grappes florales lâches, non feuillées à la base; pédicelles subétalés-dressés, plus courts que le calice fructifère fermé et muni à sa base de poils étalés, uncinés; corolle d'abord jaune, puis bleue et enfin violette, à tube à la fin 1 fois plus long que le calice. ☉ avril-juin. —C. Lieux sablonneux.

6. **M. arenaria** Schrad.; *M. stricta* Link.—Tiges hispides, raides, dressées, rameuses et portant des fleurs presque dès la base; feuilles rudes, hispides, munies à la face infér. et à la base de poils, étalés et uncinés; grappes florales très longues, feuillées dans leur moitié infér.; pédicelles dressés, 4-5 fois plus courts que le calice fructifère, fermé et couvert à la base de poils étalés, uncinés; corolle bleue, à tube plus court que le calice. ☉ avril-mai. — C. Lieux sablonneux.

8. **LAPPULA** Mœnch; *Echinospermum* Sw. (Bardanette). — Calice à 5 divisions profondes; corolle hypocratériforme, à 5 divisions, à tube court, munie à la gorge de 5 écailles convexes; étamines incluses; nucules triquètres, soudées au style dans toute la longueur de leur angle interne, munies sur les bords d'un double rang d'épines.

1. **L. Myosotis** Mœnch; *Echinospermum Lappula* Lehm.; *Myosotis* L. — Tige dressée, rameuse, hérissée de poils rudes; feuilles uninervées, hérissées de poils rudes; fleurs bleues, petites, munies d'une bractée opposée, disposées en grappes souv. géminées. ☉, ② juin-août. — A. C. Champs et lieux secs ou incultes.

9. **CYNOGLOSSUM** Tourn. (Cynoglosse.) — Calice à 5 divisions plus ou moins profondes; corolle infundibuliforme, à 5 lobes obtus, munie à la gorge de 5 écailles convexes; étamines incluses; nucules ovales, déprimées, soudées à la base du style par la partie supér. de leur angle interne, munies sur leurs 2 faces de pointes glochidiées.

1. **C. officinale** L. (Cynoglosse, Langue de chien). — Plante pubescente, blanchâtre; tige dressée, rameuse, très feuillée; feuilles pubescentes-blanchâtres sur les deux faces, les radicales ovales-oblongues, atténuées en pétiole, les caulinaires lancéolées, sessiles, demi-embrassantes; fleurs rougeâtres en grappes formant une pa-

nicule; pédicelles fructifères arqués-étalés, plus courts que le calice; nucules couvertes d'épines, mais dépourvues de tubercules sur les faces. ② mai-juill. - C. Lieux incultes, bords des chemins.

2. **C. pictum** Ait. — Plante pubescente, blanchâtre; tige dressée, raide, rameuse, feuillée; feuilles pubescentes-blanchâtres sur les deux faces, un peu rudes, les radicales lancéolées, atténuées en pétiole, les caulinaires sessiles, demi-embrassantes; fleurs· rougeâtres, puis d'un bleu pâle, en grappes allongées; pédicelles fructifères réfléchis, égalant le calice; nucules couvertes d'épines entremêlées de tubercules coniques. ⊙ mai-juill. — T. R. Bords des chemins: environs de Nemours, Souppes.

3. **C. montanum** Lam. — Plante verte; tige dressée, rameuse, flexueuse; feuilles minces, glabres, luisantes en dessus, munies en dessous de poils épars, étalés, les radicales ovales-elliptiques, atténuées en pétiole, les caulinaires sessiles, demi-embrassantes; fleurs violettes ou bleues en longues grappes lâches; pédicelles fructifères réfléchis, plus longs que le calice; nucules couvertes d'épines entremêlées de tubercules coniques. ② juin-juillet. — T. R. Forêt de Compiègne.

10. **ASPERUGO** Tourn. (Râpette). — Calice accrescent, à 5 divisions triangulaires, séparées par de petites dents; corolle infundibuliforme, à 5 lobes obtus, munie à la gorge de 5 écailles convexes; étamines incluses; nucules ovales, comprimées, tuberculeuses, soudées à la base du style par la partie supér. de leur angle interne.

1. **A. procumbens** L. — Tige très rameuse, à rameaux allongés, couchés, hérissés de petites pointes réfléchies; feuilles rudes, elliptiques-oblongues, les radicales atténuées en pétiole, les caulinaires sessiles; fleurs violettes, axillaires, solitaires ou fasciculées, brièvement pédonculées; calice fructifère comprimé, réticulé-veiné, hérissé-cilié, à 5 lobes inégaux dont 2 beaucoup plus développés que les autres, à pédoncule réfléchi. ⊙ mai-août. — A. R. Décombres, lieux incultes, bords des chemins.

11. **HELIOTROPIUM** Tourn. (Héliotrope, Tournesol).—Calice à 5 divisions plus ou moins profondes; corolle hypocratériforme, à 5 lobes obtus, à gorge plissée mais nue; étamines incluses; nucules triquètres, pubescentes-tuberculeuses, d'abord soudées au style et entre elles par leur angle interne, de manière à simuler une capsule 4-loculaire, puis se séparant complètement à la maturité.

1. **H. europæum** L.—Plante pubescente, grisâtre; tige dressée, flexueuse, rameuse dès la base; feuilles rudes, elliptiques, obtuses, atténuées en un long pétiole; fleurs blanches, petites, sessiles,

en longues grappes scorpioïdes, souvent géminées ou ternées.
⊙ juill.-sept. — C. Champs secs et lieux incultes.

ESPÈCES EXCLUES.

L'*Omphalodes verna* Mœnch, reconnaissable à sa corolle rotacée,
assez grande, d'un bleu pâle, est souv. cultivé dans les jardins et
s'est naturalisé dans la garenne de Russy-Montigny; les *Anchusa
sempervirens* L. et *Nonnea flavescens* F. et Mey., espèces étrangères à notre flore, ont été autrefois observés au parc de Neuilly et
en quelques autres lieux; l'*Amsinkia angustifolia* Lehm., originaire du Chili, a été plusieurs fois trouvé à l'état sporadique aux
environs de Paris.

LXIII. SOLANÉES Juss.

Herbes annuelles, bisannuelles ou vivaces, rar. arbrisseaux, à
feuilles alternes, souvent géminées sur les rameaux florifères,
dépourvues de stipules. Fleurs hermaphrodites, régulières ou
subirrégulières, disposées le plus souv. en cymes ou en grappes
axillaires ou extra-axillaires, rar. solitaires. Calice gamosépale,
persistant en tout ou en partie, souv. accrescent, à 5 divisions.
Corolle gamopétale, caduque, rotacée, campanulée ou infundibuliforme, à 5 lobes, en préfloraison plissée ou imbriquée. Étamines 5, rar. 4-6, insérées sur le tube de la corolle et alternes
avec ses lobes; anthères biloculaires, introrses; style simple, bilobé
au sommet. Ovaire supère, biloculaire, à loges multiovulées et
quelquefois subdivisées chacune en 2 loges par une fausse cloison.
Fruit bacciforme, indéhiscent, ou capsulaire, polysperme, s'ouvrant par 2-4 valves ou par un opercule. Graines ord. réniformes,
comprimées; albumen charnu, entourant un embryon courbé ou
annulaire.

<pre>
1 { Fruit bacciforme, indéhiscent. 2
  { Fruit capsulaire, déhiscent. 5

  (Arbrisseau à rameaux épineux, grêles, flexueux, formant buisson ;
2 {   corolle infundibuliforme. . . . . Lycium (4).
  (Plantes à tiges non épineuses, ne formant pas buisson ; corolle
  (rotacée ou campanulée. 3

  (Calice fructifère très ample, renflé, vésiculeux, d'un rouge vif,
3 {   enveloppant complètement le fruit. . . . . Physalis (2).
  (Calice fructifère ni rouge, ni vésiculeux et n'enveloppant pas
  (le fruit. 4

  (Corolle rotacée ; anthères conniventes s'ouvrant par 2 pores ter-
4 {   minaux. . . . . Solanum (1).
  (Corolle campanulée ; anthères réfléchies s'ouvrant en long.
  (Belladona (3).
</pre>

$\left\{\begin{array}{l}\text{5}\end{array}\right.$ Capsule épineuse, nue, s'ouvrant au sommet par 4 valves.
Datura (5).
Capsule lisse, recouverte par le tube du calice, s'ouvrant au sommet par un opercule. . . . . *Hyoscyamus* (6).

1. SOLANUM Tourn. (Morelle). — Fleurs en cymes ou en grappes extra-axillaires ou terminales; calice à 5 lobes plus ou moins profonds, peu ou point accrescent, appliqué sur le fruit; corolle rotacée, à limbe plissé, à 5 divisions, rar. à 4-10 lobes; étamines ord. 5, à anthères conniventes, s'ouvrant au sommet par 2 pores; fruit bacciforme ord. biloculaire.

1 Tige ligneuse à la base; fleurs d'un beau violet. *S. Dulcamara.*
Tige herbacée, fleurs blanches ou d'un violet pâle. 2

2 Feuilles pennatiséquées; fleurs grandes; baies de la grosseur d'une cerise. . . . . *S. tuberosum.*
Feuilles simples, sinuées ou dentées; fleurs et fruits beaucoup plus petits. 3

3 Tige et feuilles tomenteuses-grisâtres. . . . . . *S. villosum.*
Tige et feuilles glabres ou pubescentes, mais non tomenteuses-grisâtres 4

4 Feuilles à odeur musquée; baies rouges. . . . *S. miniatum.*
Feuilles non musquées; baies jamais rouges 5

5 Rameaux cylindracés presque lisses; baie noire. . *S. nigrum.*
Rameaux anguleux, tuberculeux; baies d'un jaune-citrin.
S. ochroleucum.

1 S. Dulcamara L. (Douce-amère). — Tiges ligneuses, grêles, sarmenteuses; feuilles ovales, acuminées, glabres ou pubescentes, souvent cordées à la base, les supér. souv. triséquées, à lobes latéraux petits; fleurs petites, violettes, pédicellées, en cymes latérales pédonculées et penchées; baies ovoïdes, rouges. ♄ juin-sept. — C. Haies, lieux humides, bords des eaux.

Var. *tomentosum* Kch.; *S. littorale* Raab; feuilles toutes entières, tomenteuses. Décombres, lieux secs.

2. S. nigrum L. (Morelle noire). — Tige herbacée, rameuse, un peu diffuse; feuilles ovales, acuminées, entières ou sinuées-dentées, glabres ou glabrescentes; fleurs petites, blanches, pédicellées, en grappes latérales, penchées à la maturité, brièvement pédoncu-lées; baies globuleuses noires. ☉ juin-oct. — C. Champs cultivés et lieux incultes, bords des chemins.

S. ochroleucum Bast.; *S. nigrum* var. *ochroleucum* Coss. et Germ. — Taille et port du précédent dont il se distingue par ses tiges plus nettement anguleuses, tuberculeuses, parsemées ainsi que les feuilles de poils raides, par ses baies d'abord d'un jaune verdâtre, puis d'un jaune-citrin à la maturité. ☉ juill.-oct. — A. C. Avec le précédent.

S. miniatum Bernh.; *S. nigrum* var. *miniatum* Gren. et Godr. — Port du

S. nigrum ; tiges anguleuses, tuberculeuses, pubescentes au sommet ; feuilles pubescentes, ovales-deltoïdes, atténuées à la base, à odeur musquée ; baies d'un rouge vermillon. ⊙ juill.-oct. — R. Décombres, lieux incultes : St-Germain, Compiègne, Nemours.

S. villosum Lam. ; *S. nigrum* var. *villosum* Coss. et Germ. — Tige dressée, rameuse, obscurément anguleuse, presque lisse, mollement tomenteuse-grisâtre ainsi que les feuilles qui sont ovales rhomboïdales ; fleurs du double plus grandes que dans le *S. nigrum* L. ; baie globuleuse-oblongue, d'un jaune brunâtre ⊙ juill.-oct. —R. Lieux cultivés, bords des chemins : Trou-Salé près Versailles, Enghien, Dreux, etc.

3. **S. tuberosum** L. (Pomme de terre). — Souche rampante, produisant des tubercules volumineux ; tige rameuse, anguleuse ; feuilles pétiolées, pennatiséquées-interrompues, à segments ovales, inégaux ; fleurs grandes, violettes ou blanches, en grappes latérales, ombelliformes, longuement pédonculées ; baie d'un vert jaunâtre, de la grosseur d'une cerise. ♃ juin-sept. — Originaire d'Amérique, cultivé partout.

2. **PHYSALIS** L. (Coqueret). — Fleurs solitaires ; calice à 5 divisions courtes, s'accroissant beaucoup après la floraison, devenant vésiculeux et enveloppant complètement le fruit ; corolle rotacée, plissée, à peine lobée ; étamines 5, à anthères conniventes s'ouvrant en long ; baie biloculaire renfermée dans le calice.

1. **P. Alkekengi** L. — Souche rampante ; tiges anguleuses, pubescentes ; feuilles ovales-acuminées, sinuées, pétiolées, glabrescentes ; fleurs blanchâtres à pédoncules réfléchis après l'anthèse ; baie rouge de la grosseur d'une cerise, enveloppée par le calice fructifère rouge. ♃ juin-sept. — A. C. Bords des vignes, haies.

3. **BELLADONA** Tourn. ; *Atropa* L. (Belladone). — Fleurs solitaires ou géminées ; calice d'abord subcampanulé, puis accrescent, à 5 divisions étalées en étoile à la maturité ; corolle campanulée, à 5 lobes ; étamines 5, à anthères réfléchies ; baie globuleuse, biloculaire, non enveloppée par le calice.

1. **B. baccifera** Lam. ; *Atropa Belladona* L.—Tige forte, dressée, bi-trichotome, finement pubescente-glanduleuse ; feuilles grandes, ovales, entières, brièvement pétiolées ; fleurs d'un brun-rougeâtre ; baie ressemblant à une cerise noire. ♃ juin-sept. — A. R. Bois et taillis : Chaumont-en-Vexin, Chantilly, Villers-Cotterets, Compiègne, etc. *Plante très vénéneuse.*

4. **LYCIUM** L. (Lyciet). — Tiges épineuses ; fleurs solitaires, géminées ou fasciculées ; calice urcéolé-campanulé, à 5 divisions courtes, appliquées sur le fruit ; corolle infundibuliforme à 5 lobes ; étamines 5, à anthères non conniventes ; baie oblongue, biloculaire.

1. **L. barbarum** L. — Rameaux allongés, arqués, pendants ;

feuilles glabres, étroitement lancéolées, atténuées en un court pétiole; fleurs d'un violet clair, assez brièvement pédicellées, à calice bilabié; baie rouge ou orangée. ♃ juin-sept. — C. Haies aux bords des chemins.

L. sinense Lam.; *L. barbarum* var. *sinense* Coss. et Germ. — Port et aspect du précédent dont il se distingue facilement par ses feuilles glauques, bien plus larges, ovales, brusquement contractées en pétiole, par son calice non bilabié à 5 dents égales. ♃ juin-sept. — A. R. Avec le précédent.

5. **DATURA** L. — Fleurs solitaires; calice tubuleux-pentagonal, à 5 divisions, à tube caduc, se détachant circulairement au-dessus de la base persistante; corolle infundibuliforme, à limbe plissé terminé par 5-10 dents; étamines 5; fruit sec, capsulaire, épineux, à 2 loges divisées chacune par une fausse cloison en 2 loges secondaires, s'ouvrant au sommet par 4 valves.

1. **D. Stramonium** L. (Stramoine, Pomme épineuse.) — Plante à odeur vireuse, à tige glabre, rameuse-dichotome; feuilles grandes, glabres, ovales-acuminées, sinuées-dentées, pétiolées; fleurs blanches, très grandes, brièvement pédonculées; capsule ovoïde, de la grosseur d'une noix. ⊙ juill.-sept. — A. C. Bords des chemins, décombres. *Plante vénéneuse* originaire d'Orient.
Var. *Tatula* Coss. et Germ.; *D. Tatula* L.; plante plus robuste dans toutes ses parties; tiges et nervures des feuilles violacées; feuilles plus grandes plus profondément sinuées-dentées; corolle d'un violet bleuâtre. — R. avec le précédent; originaire de l'Amérique du Nord.

6. **HYOSCYAMUS** Tourn. (Jusquiame). — Fleurs en grappes unilatérales; calice urcéolé, accrescent, à 5 dents; corolle infundibuliforme à 5 lobes inégaux, obtus; étamines 5; capsule biloculaire, renfermée dans le tube du calice, s'ouvrant au sommet par un opercule.

1. **H. niger** L. — Plante à odeur vireuse, pubescente, glanduleuse; tige dressée, assez forte; feuilles ovales-oblongues, fortement sinuées-dentées ou subpennatifides, les radicales pétiolées, en rosette, les caulinaires sessiles, demi-embrassantes; fleurs subsessiles, jaunâtres, réticulées de violet. ②, rar. ⊙ mai-juill. — C. Lieux incultes, décombres, bords des chemins. — *Plante vénéneuse.*
Var. *pallidus* Kch.; *H. pallidus* W. et K.; corolle jaune, non réticulée de violet.

ESPÈCES EXCLUES.

Les *Solanum Melongena* L. (Aubergine), *Lycopersicum esculentum* Dun. (Tomate) et *Capsicum annuum* L. (Piment) sont souv. cultivés pour l'usage culinaire; les *Nicotiana Tabacum* L. et *rustica* L. (Tabac) sont souv. cultivés dans les jardins à titre de curiosité, mais ne peuvent prendre place dans notre flore.

LXIV. VERBASCÉES Bart.

Herbes bisannuelles, rar. vivaces, plus ou moins tomenteuses, rar. glabrescentes, à tige dressée. Feuilles alternes, dépourvues de stipules. Fleurs hermaphrodites, un peu irrégulières, fasciculées, rar. solitaires à l'aisselle de bractées, formant une grappe spiciforme, terminale, simple ou rameuse. Calice gamosépale, persistant, à 5 divisions. Corolle gamopétale, caduque, rotacée, à 5 divisions inégales, en préfloraison imbriquée. Étamines 5, insérées sur le tube et alternes avec les divisions de la corolle; anthères uniloculaires, transversales, obliques ou adnées latéralement au sommet de filets inégaux et souvent barbus-laineux. Style simple; stigmate entier ou lobé, capité ou décurrent sur le style. Ovaire supère, biloculaire, à loges multiovulées. Fruit capsulaire, à 2 loges polyspermes, s'ouvrant au sommet en 2 valves ord. bifides. Graines très petites, tuberculeuses; albumen charnu.

1. **VERBASCUM** Tourn. (Molène).—(Caractères de la famille).

1	Tomentum composé exclusivement de poils rameux articulés, sans poils glanduleux.	2
	Indumentum composé de poils simples ou fourchus et de poils capités glanduleux sans poils rameux	10
2	Feuilles plus ou moins décurrentes	3
	Feuilles jamais décurrentes.	6
3	Étamines à filets tous munis de poils nombreux.	4
	Les 2 étamines inférieures à filets nus ou rar. munis de quelques poils épars	5
4	Glomérules floraux rapprochés; corolle grande, d'un beau jaune; stigmate décurrent. . . . . *V. nothum.*	
	Glomérules écartés; corolle médiocre, d'un jaune pâle; stigmate capité . . . . *V. spurium.*	
5	Corolle médiocre, d'un jaune pâle; anthères obliques; stigmate capité . . . . *V. Thapsus.*	
	Corolle grande, d'un beau jaune; anthères adnées latéralement; stigmate décurrent. . . . . *V. phlomoides.*	
6	Étamines à filets munis de poils tous blancs ou jaunâtres ou entremêlés de quelques poils d'un violet pâle.	7
	Étamines à filets munis de poils tous d'un beau violet ou entremêlés de quelques poils d'un blanc jaunâtre.	9
7	Glomérules floraux noyés avant l'anthèse dans un tomentum cotonneux caduc: corolle striée de violet.	8
	Glomérules libres; tomentum fin, grisâtre, persistant; corolle sans stries violettes . . . . *V. Lychnitis.*	

8 { Feuilles inférieures à pétiole assez long, les bractéales lancéolées; pédicelles plus courts que le calice ou l'égalant. *V. Euryale.*
Feuilles inférieures à pétiole court ou nul, les bractéales cordiformes; pédicelles une fois au moins plus longs que le calice. *V. floccosum.*

9 { Feuilles radicales cordiformes à la base; corolle munie à la gorge de 5 taches d'un beau violet. . . . . *V. nigrum.*
Feuilles radicales non cordiformes; corolle munie de stries violacées mais dépourvue de taches. . . . . *V. Schiedeanum.*

10 { Plante presque glabre inférieurement, couverte supérieurement et sur les calices de poils tous capités-glanduleux. *V. Blattaria.*
Plante couverte de poils simples, subulés ou fourchus, entremêlés de poils capités glanduleux. 11

11 { Feuilles caulinaires plus ou moins décurrentes; étamines à filets ordinairement tous également poilus. 12
Feuilles caulinaires sessiles, non décurrentes; étamines inférieures à filets poilus d'un seul côté. . . . . . *V. blattarioides.*

12 { Pédicelles tous plus courts que le calice ou l'égalant à peine; tous les poils des étamines violets; stigmate longuement décurrent. . . . . *V. Martini.*
Plusieurs pédicelles plus longs que le calice; poils tous violets sur les étamines longues et mélangés de poils blancs sur les étamines courtes; stigmate brièvement décurrent. . . *V. Bastardi.*

1. **V. Thapsus** L.; *V. Schraderi* Mey. (Bouillon blanc).—Plante couverte d'un tomentum épais, persistant, verdâtre, non glanduleux; feuilles infér. grandes, oblongues, atténuées en pétiole, les supér. lancéolées, ord. décurrentes sur la tige jusqu'à la feuille infér.; corolle médiocre d'un jaune pâle; étamines supér. à anthères insérées transversalement et à filets couverts de poils blancs ou jaunâtres; étamines infér. à anthères insérées obliquement et à filets nus ou munis seulement de quelques poils épars; stigmate capité. ② rar. ⊙ juill.-août. — C. Champs et lieux incultes, bords des chemins.

Var. *montanum; V. montanum* Schrad.; feuilles brièvement décurrentes ou à décurrence ne parcourant que la moitié du mérithalle. — T. R. Provins.

2. **V. phlomoides** L.; *V. Thapsus* Mey. (non L.). — Plante couverte d'un tomentum épais, persistant, blanchâtre ou fauve, non glanduleux; feuilles infér. très grandes, oblongues, atténuées en un pétiole assez long, les supér. ovales-lancéolées, acuminées ou cuspidées, ord. brièvement décurrentes ou à décurrence ne parcourant que la moitié du mérithalle; corolle grande, d'un beau jaune; étamines à anthères adnées latéralement, les 3 supér. à filets couverts de poils blancs ou jaunâtres, les 2 infér. à filets nus; stigmate longuement décurrent. ② juill.-sept. — A. R. Champs et lieux incultes et sablonneux, bords des chemins, principalement sur la silice.

Var. *thapsiforme; V. thapsiforme* et *V. cuspidatum* Schrad.;

feuilles décurrentes sur la tige jusqu'à l'insertion de la feuille infér.
— C. Champs et lieux incultes, bords des chemins.

✕ **V. nothum** Kch. *V. thapsiformi-floccosum* Kch.; *V. thapsi-
formi-pulverulentum* Gren. — Plante couverte d'un tomentum
épais, jaunâtre, peu adhérent, non glanduleux; feuilles infér.
obovales ou oblongues, atténuées en pétiole, les supér. lancéolées-
acuminées plus ou moins décurrentes; glomérules rapprochés,
enveloppés d'un duvet floconneux, caduc; corolle grande, d'un beau
jaune, striée de violet à la gorge; étamines à filets tous munis de
poils tous blancs ou mélangés d'autres violacés; anthères des
étamines infér. insérées obliquement; stigmate lancéolé, décurrent;
capsules avortées. ② juin-août. — A. R. Au milieu des parents :
Fontainebleau.
Var. *concolor* Franch.; *V. mosellanum* Wirtg.; poils des étamines
tous blancs.
Var. *discolor* Franch.; *V. nothum* Kch.; poils des étamines blancs
mélangés d'autres violacés.

✕ **V. spurium** Kch.; *V. Thapso-Lychnitis* M. et K. — Plante
couverte d'un tomentum grisâtre, pulvérulent, non glanduleux;
feuilles infér. obovales, atténuées en pétiole, les supér. lancéolées,
acuminées, brièvement ou semi-décurrentes; glomérules écartés;
corolle médiocre, d'un jaune pâle; étamines à filets tous munis de
poils blancs, les 2 infér. à anthères insérées obliquement et à filets
poilus d'un seul côté; stigmate capité, à peine décurrent; capsules
avortées. ② juin-août. — R. Avec les parents : Provins.

3. **V. floccosum** W. et K.; *V. pulverulentum* Coss., et Germ.
(non Vill.); *V. pulvinatum* Thuill. — Plante couverte d'un tomentum
blanc, floconneux, non glanduleux, s'enlevant facilement par le
frottement; tige arrondie, striée, rameuse; feuilles infér. oblongues,
atténuées en un court pétiole, les supér. ovales, acuminées, sessiles,
non décurrentes, les bractéales cordiformes; glomérules écartés,
enveloppés avant l'anthèse d'un tomenteux cotonneux, caduc;
pédicelles une fois au moins plus longs que le calice; corolle médiocre d'un beau jaune, striée de violet à la gorge; toutes les étamines à anthères insérées transversalement et à filets munis de
poils tous blancs ou mélangés de quelques poils violets; stigmate
oblong, décurrent. ② juin-sept. — C. Champs et lieux incultes,
bords des chemins.

✕ **V. Euryale** Franch., Essai, p. 147; *V. floccoso-Lychnitis* Franch.,
l. c. — Plante couverte d'un tomentum blanc, cotonneux, non glanduleux, un peu pulvérulent, moins caduc que dans l'espèce précédente;
tige arrondie, rameuse; feuilles infér. oblongues, atténuées en pétiole
assez long, les supér. lancéolées, acuminées; glomérules très écartés,
enveloppés avant l'anthèse d'un tomentum floconneux, caduc;

pédicelles égalant le calice ou plus courts ; corolle médiocre, d'un beau jaune, striée de violet à la gorge ; toutes les étamines à anthères insérées transversalement et à filets munis de poils tous blancs ou mélangés de quelques poils violacés ; stigmate ovoïde, à peine décurrent ; capsules souvent avortées. ② juin-août.—R. Avec les parents : Fontainebleau.

4. **V. Lychnitis** L. —Plante noircissant par la dessiccation, couverte d'un tomentum court, grisâtre, non glanduleux ; tige simple ou rameuse, fortement sillonnée-anguleuse dans le haut ; feuilles vertes en dessus, les infér. oblongues, profondément dentées, atténuées en pétiole, les supér. lancéolées, aiguës, sessiles ; pédicelles inégaux ; corolle petite, jaune, striée de violet à la gorge, ou d'un blanc verdâtre (*V. album* Mœnch) ; toutes les étamines à anthères insérées transversalement, à filets munis de poils tous blancs jaunâtres ; stigmate capité, très déprimé. ☉,② juin-sept.—T. C. Champs et lieux incultes, bords des chemins.

5. **V. nigrum** L. —Plante verte, couverte d'un tomentum grisâtre, non glanduleux, peu abondant sur la tige et la face supér. des feuilles ; tige rougeâtre, fortement anguleuse dans le haut ; feuilles infér. ovales-lancéolées, cordées à la base, longuement pétiolées, les supér. ovales-arrondies, atténuées en un court pétiole ; fleurs en grappe simple ou rameuse ; corolle petite, d'un beau jaune, munie à la gorge de 5 taches d'un violet foncé ; toutes les étamines à anthères insérées transversalement et à filets munis de poils violets ; stigmate capité. ② juin-sept. — A. R. Bois, bords des chemins ; manque sur le calcaire.

× **V. Schiedeanum** Kch.; *V. nigro-Lychnitis* Schiede; *V. mixtum* Coss. et Germ.? — Plante couverte d'un tomentum fin, grisâtre, un peu pulvérulent, non glanduleux ; tige simple ou rameuse, anguleuse supérieurement ; feuilles d'un vert obscur à la face supér., les infér. ovales-lancéolées, atténuées en un long pétiole, les supér. lancéolées, subsessiles ; glomérules espacés ; corolle petite, d'un beau jaune, striée de violet à la gorge ; toutes les étamines à anthères insérées transversalement et à filets munis de poils violets mélangés de quelques poils blancs ; stigmate capité, déprimé ; capsules avortées. ② juin-sept. —R. Avec les parents : bois du Vésinet, Provins?

6. **V. Blattarioides** Lam.; *V. virgatum*, Auct. mult (an With?); *V. Blattaria* var. *virgatum* Coss. et Germ.—Plante couverte de poils simples entremêlés de poils capités, glanduleux ; feuilles infér. oblongues, incisées-crénelées ou sublyrées, atténuées en pétiole, les supér. ovales-acuminées, sessiles ou brièvement décurrentes ; fleurs solitaires, géminées ou ternées à l'aisselle des bractées, formant une grappe lâche, allongée ; corolle grande, d'un beau jaune,

striée de violet à la gorge; toutes les étamines à filets munis de poils violacés mélangés de poils blancs, les 2 infér. à anthères adnées latéralement et à filets barbus d'un seul côté; stigmate capité, arrondi. ② juin-sept. — R. Champs et lieux incultes, bords des chemins; manque sur le calcaire.

✕ **V. Martini** Franch. Essai, p. 172; V. *blattarioides-thapsiforme* Franch. l. c. — Plante d'un vert jaunâtre, couverte d'un tomentum assez serré formé de poils simples et fourchus entremêlés de poils capités, glanduleux; feuilles infér...., les supér. lancéolées, crénelées, plus ou moins décurrentes; fleurs solitaires ou géminées, à pédicelles plus courts que le calice ou l'égalant à peine; corolle grande, d'un beau jaune; toutes les étamines à filets munis de poils violacés, les 2 infér. à anthères adnées latéralement; stigmate oblong, longuement décurrent sur les côtés du style; capsules avortées. ② juill.-août. — T. R. Avec les parents : Samoreau près Fontainebleau.

✕ **V. Bastardi** R. et S.; V. *thapsiformi-blattaria* Gren. et Godr.; V. *blattaria-thapsiforme* Franch., Essai, p. 174. — Plante d'un vert grisâtre, couverte d'un tomentum fin, composé de poils simples ou fourchus, entremêlés de poils capités, glanduleux; tige très rameuse; feuilles crénelées, les infér. oblongues, sessiles, les supér. ovales, brièvement décurrentes; fleurs solitaires, géminées ou fasciculées, à pédicelles très inégaux, les uns plus courts, les autres plus longs que le calice; corolle grande, d'un beau jaune; étamines infér. à anthères insérées très obliquement et à filets munis de poils tous violacés; étamines supér. à filets munis de poils violacés mélangés de poils jaunâtres; stigmate ovoïde, brièvement décurrent. ② juill.-août. — R. Avec les parents : herbier Thuillier, sans localité.

7. **V. Blattaria** L. (Herbe aux Blattes). — Plante d'un vert jaunâtre, couverte d'une pubescence courte composée de poils capités, glanduleux, mélangés de quelques poils simples; tige simple ou rameuse, glabre inférieurement; feuilles sinuées-dentées, les infér. oblongues, obtuses, brièvement pétiolées, les supér. ovales demi-embrassantes, non décurrentes; fleurs solitaires, en grappe lâche, portées par des pédicelles 2 fois plus longs que le calice; corolle grande, d'un beau jaune, striée de violet à la gorge; toutes les étamines à filets munis de poils tous violacés, les 2 infér. à anthères adnées latéralement; stigmate arrondi, brièvement décurrent. ☉, ② juin-sept. — C. Bords des fossés, lieux un peu humides.

ESPÈCE EXCLUE.

Verbascum sinuatum L. indiqué à Versailles où il n'était que subspontané, ne fait point partie de notre flore.

LXV. SCROPHULARINÉES R. Br.

Plantes rar. sous-frutescentes, plus souv. herbes annuelles, bisannuelles ou vivaces, quelquefois parasites. Feuilles opposées, verticillées, alternes ou éparses, entières, dentées ou incisées, plus rar. pennatipartites, dépourvues de stipules. Fleurs hermaphrodites, irrégulières, rar. presque régulières, solitaires et axillaires, en grappes spiciformes ou en cymes paniculées. Calice gamosépale, persistant, à 4-5 divisions. Corolle gamopétale caduque, à 4-5 divisions, bilabiée, en gueule ou presque régulièrement rotacée ou campanulée, en préfloraison imbriquée. Étamines 4, didynames, quelquefois avec le rudiment d'une cinquième (staminode), rar. 2 par avortement, insérées sur le tube de la corolle; anthères biloculaires, s'ouvrant en long, ou uninoculaires par confluence des loges et s'ouvrant alors transversalement. Style simple; stigmate entier ou bilobé. Ovaire supère, biloculaire, rar. subuniloculaire, à loges multiovulées, rar. biovulées. Fruit capsulaire, biloculaire, rar. uniloculaire, à loges polyspermes, rar. mono-dispermes, s'ouvrant longitudinalement en 2 valves entières ou bi-trifides, plus rar. s'ouvrant au sommet par 1-3 trous. Graines ord. réticulées, rar. ailées; albumen charnu ou corné.

1 { Corolle rotacée, à tube presque nul; 2 étamines. *Veronica* (10).
{ Corolle non rotacée, à tube très apparent; 2-4 étamines. . . 2

2 { Corolle à limbe en gueule ou à 2 lèvres bien distinctes. . . . 3
{ Corolle à limbe non en gueule ou à lèvres peu distinctes. . . 9

3 { Corolle à limbe en gueule et à tube fermé par un palais saillant . 4
{ Corolle bilabiée, à lèvre supér. concave ou en casque, à tube ouvert. 5

4 { Corolle à tube large, bossu à la base. . . . *Antirrhinum* (3).
{ Corolle à tube prolongé en éperon à la base. . . *Linaria* (4).

5 { Anthères mucronées à la base. 6
{ Anthères non mucronées à la base. 8

6 { Lèvre supér. de la corolle carénée, comprimée; capsule acumi-
{ née, à loges 1-2-spermes. . . . . . . *Melampyrum* (7).
{ Lèvre supér. un peu concave, non comprimée; capsule obtuse ou
{ émarginée, à loges polyspermes 7

7 { Lèvre infér. de la corolle à 3 lobes entiers; lobes des anthères tous
{ également aristés . . . . *Odontites* (6).
{ Lèvre infér. à 3 lobes émarginés ou bilobés; lobes des anthères
{ inégalement aristés . . . . *Euphrasia* (5).

8 { Feuilles pennatipartites; calice renflé-ventru; corolle purpurine.
{ *Pedicularis* (9).
{ Feuilles dentées mais non pennatipartites; calice renflé-comprimé;
{ corolle jaune. . . . . *Rhinanthus* (8).

9 { Plante étalée sur le sol, munie de stolons radicants terminés par
{ des faisceaux de feuilles et de fleurs; tige nulle. *Limosella* (11).
{ Plante munie d'une tige plus ou moins élevée, dressée. . . . 10

10 { Corolle subglobuleuse ; 4 étamines avec une cinquième rudimentaire en forme d'écaille; anthères uniloculaires. *Scrophularia* (1).
{ Corolle tubuleuse-subbilabiée ou tubuleuse campanulée; 2-4 étamines ; anthères biloculaires. 11

11 { Feuilles opposées ; calice muni de 2 bractées à sa base ; corolle subbilabiée ; 2 étamines stériles. . . . . . . *Gratiola* (2).
{ Feuilles alternes ; calice dépourvu de bractées à sa base ; corolle campanulée ; toutes les étamines fertiles. . . *Digitalis* (12).

1. SCROPHULARIA Tourn. (Scrofulaire). — Feuilles opposées ; fleurs en cymes paniculées; calice à 5 divisions plus ou moins profondes; corolle à tube ventru-globuleux, à limbe court, divisé en 2 lèvres, la supér. bilobée, l'infér. plus courte, trilobée; 4 étamines didynames avec une cinquième rudimentaire, en forme d'écaille placée à la base de la lèvre supér. ; anthères uniloculaires, à déhiscence transversale; stigmate émarginé; capsule biloculaire, polysperme, à 2 valves entières ou bifides.

1. S. nodosa L. (Grande Scrofulaire). — Souche épaisse, renflée-noueuse ; tige rameuse, non ailée; feuilles ovales-aiguës, cordées ou tronquées à la base, doublement dentées; calice à lobes ovales-obtus, très étroitement membraneux sur les bords; corolle verdâtre à la base, d'un brun rougeâtre au sommet; staminode oblong, tronqué ou à peine émarginé. ♃ juin-août. — C. Lieux humides.

2. S. aquatica L. (Scrofulaire, Herbe du siège).—Souche courte, fibreuse ; tige peu rameuse, à angles étroitement ailés ; feuilles ovales-oblongues, crénelées sur les bords, cordées à la base, toutes ou au moins les infér. arrondies-obtuses au sommet; calice à lobes arrondis, largement membraneux sur les bords ; corolle d'un brun-rougeâtre ; staminode orbiculaire, tronqué au sommet. ♃ juin-juill. — C. Bords des eaux.

3. S. vernalis L. — Souche fibreuse; tige simple, velue-glanduleuse, non ailée; feuilles ovales-aiguës, incisées, doublement dentées, cordées à la base; calice à lobes oblongs, non membraneux; corolle d'un jaune-verdâtre; staminode nul. ② mai-juin. — T. R. Lieux humides : Courbevoie, Ville-d'Avray, Meaux, Compiègne; plante introduite et étrangère à notre flore.

2. GRATIOLA L. (Gratiole). — Feuilles opposées; fleurs solitaires; calice à 5 divisions, muni de 2 bractées à sa base; corolle tubuleuse-subbilabiée, à lèvre supér. émarginée, à lèvre infér. trilobée; 4 étamines, dont 2 stériles ou presque nulles; anthères biloculaires; stigmate bilobé; capsule biloculaire, polysperme, à 2 valves bifides.

1. G. officinalis L. (Herbe au pauvre homme). — Souche ram-

pante; tige glabre, simple, dressée; feuilles lancéolées, sessiles,
embrassantes, denticulées dans leur moitié supérieure; fleurs
blanches ou rosées, à pédicelle plus court que la feuille axillante. ♃
juin-juill. — A. R. Marais, ruisseaux et lieux humides.

3. **ANTIRRHINUM** Tourn. (Muflier). — Feuilles alternes ou
opposées; fleurs axillaires en grappe spiciforme; calice à 5 divisions;
corolle en gueule, à tube large, bossu à la base, fermé par un palais
saillant, bilobé, barbu; étamines 4, didynames, à anthères biloculaires; capsule oblique, biloculaire, polysperme, s'ouvrant au
sommet par 3 trous.

1. **A. Orontium** L. — Tige simple ou rameuse, poilue-glanduleuse au sommet; feuilles lancéolées-linéaires, obtuses, brièvement
pétiolées, ord. opposées; pédicelles plus courts que le calice, celui-
ci à divisions linéaires plus longues que la corolle purpurine; graines
noires, munies d'une côte longitudinale sur une face et d'un sillon
sur l'autre. ☉ juill. sept. — A. C. Champs et moissons.

2. **A. majus** L. (Mufle de veau, Gueule de loup). — Tige ord.
simple, pubescente-glanduleuse au sommet; feuilles lancéolées-
linéaires, alternes ou opposées, les infér. et les moyennes subpétiolées, les supér. linéaires, subsessiles; pédicelles égalant le calice,
celui-ci à lobes suborbiculaires, 4-5 fois plus courts que la corolle
purpurine ou jaune, maculée à la gorge; graines grisâtres munies
de crêtes denticulées et anastomosées en réseau. ♃ juin-sept. —
A. C. Naturalisé dans les ruines et sur les vieux murs; fréquemment cultivé.

4. **LINARIA** Tourn. (Linaire). — Feuilles opposées ou verticillées; fleurs solitaires ou en grappes; calice à 5 divisions; corolle en
gueule, à tube enflé, fermé par un palais saillant, bilobé et barbu,
prolongé à la base en éperon ord. conique; étamines 4, didynames,
à anthères biloculaires; capsule biloculaire, polysperme, s'ouvrant
au sommet par 1-2 trous ou par 3-5 valves.

<table>
<tr><td rowspan="2">1</td><td>Feuilles réniformes, ovales, oblongues ou hastées; fleurs axillaires, solitaires . . . .</td><td>2</td></tr>
<tr><td>Feuilles linéaires ou lancéolées-linéaires; fleurs en grappes termi- nales . . . .</td><td>4</td></tr>
<tr><td rowspan="2">2</td><td>Feuilles glabres, réniformes, longuement pétiolées; fleurs d'un violet pâle. . . . . L. Cymbalaria.</td><td></td></tr>
<tr><td>Feuilles velues, ovales, oblongues ou hastées; fleurs jaunes . .</td><td>3</td></tr>
<tr><td rowspan="2">3</td><td>Feuilles toutes ovales-suborbiculaires; pédoncules velus. L. sparia.</td><td></td></tr>
<tr><td>Feuilles moyennes et supér. hastées ou sagittées; pédoncules glabres. . . . . L. Elatine.</td><td></td></tr>
<tr><td rowspan="2">4</td><td>Fleurs assez grandes, jaunes, non striées, à palais orangé. . . .</td><td>5</td></tr>
<tr><td>Fleurs assez petites violacées ou striées de bleu ou de violet, à palais non orangé. . . . .</td><td>6</td></tr>
</table>

$$\left.\begin{array}{l}\end{array}\right.$$

5 {
Racine rampante; tiges raides, dressées; feuilles toutes éparses. *L. vulgaris.*
Racine fibreuse; tiges couchées-diffuses; feuilles infér. subverticillées. . . . . *L. filiformis.*

6 {
Feuilles infér. opposées, les supér. alternes; pédoncules plus longs que les fleurs. . . . . *L. viscida.*
Feuilles verticillées ou éparses; pédoncules plus courts que les fleurs 7

7 {
Tige munie à la base de rejets stériles à feuilles oblongues-élargies; éperon plus long que la corolle. . . . . . *L. Pelliceriana.*
Tige dépourvue de rejets stériles; feuilles toutes linéaires, étroites; éperon plus court que la corolle. 8

8 {
Fleurs bleues à pédoncules velus-glanduleux et à éperon fortement courbé . . . . *L. carnosa.*
Fleurs blanchâtres ou jaunâtres, à pédoncules glabres et à éperon droit 9

9 {
Fleurs d'un blanc-lilacé, fortement striées de violet; éperon obtus égalant le pédoncule. . . . . *L. striata.*
Fleurs jaunâtres, finement striées de violet; éperon aigu 2 fois plus long que le pédoncule. . . . . *L. ochroleuca.*

1. **L. Cymbalaria** Mill.; *Antirrhinum* L. (Cymbalaire). — Plante glabre; tiges très rameuses, filiformes, diffuses, couchées ou pendantes; feuilles réniformes, à 5 lobes larges, mucronulés, longuement pétiolées; fleurs axillaires, solitaires, d'un violet pâle à palais jaune; graines noires, couvertes de crêtes obtuses, interrompues. ♃ mai-sept. — T. C. Vieux murs.

2. **L. spuria** Mill.; *Antirrhinum* L. — Plante poilue; tiges nombreuses, couchées, diffuses; feuilles ovales, suborbiculaires ou cordées à la base, brièvement pétiolées; fleurs axillaires, solitaires, d'un jaune foncé, à lèvre supér. violette; pédoncules velus; graines brunes, finement alvéolées. ☉ juin-sept.—T. C. Champs et moissons.

3. **L. Elatine** Desf.; *Antirrhinum* L. — Plante poilue, tiges nombreuses, rameuses, couchées, diffuses; feuilles ovales, aiguës, brièvement pétiolées, les moyennes hastées, les supér. sagittées; fleurs axillaires, solitaires, d'un jaune pâle, à lèvre supér. d'un pourpre violacé; pédoncules glabres; graines brunes, couvertes de crêtes anastomosées. ☉ juin-sept. — C. Champs et moissons; R. sur le calcaire.

4. **L. viscida** Mœnch Method., p. 524; *L. minor* Desf.; *Antirrhinum minus* L. —Plante pubescente-glanduleuse (rar. glabre); tige très rameuse; feuilles lancéolées-linéaires ou linéaires, atténuées en pétiole, les infér. opposées, les supér. alternes; fleurs assez longuement pédonculées, d'un violet pâle, à palais jaunâtre et à gorge ouverte, axillaires, réunies en grappes lâches et feuillées; éperon obtus, bien plus court que la corolle; graines brunes, non margi-

nées, munies de crêtes longitudinales anastomosées. ⊙ juill.-sept. —C. Champs et lieux incultes.

Var. *prætermissa* Coss. et Germ. ; *L. prætermissa* Delastre ; plante tout à fait glabre ; corolle à gorge fermée. R. Avec le type Génevraye, Poigny, Provins, etc.

5. **L. Pelliceriana** Mill. ; *Antirrhinum Pellicerianum* L. — Plante glabre ; tige simple, raide, dressée, munie à sa base de rejets stériles à feuilles oblongues, élargies, verticillées ; feuilles caulinaires linéaires. éparses ; fleurs brièvement pédonculées, d'un pourpre violet à palais rayé de blanc, réunies en grappe spiciforme non feuillée ; éperon subulé, plus long que la corolle ; graines grisâtres, marginées-ciliées. ⊙ juin-juill. — R. Coteaux et pelouses sèches : Bouray, Lardy, la Ferté-Alep, Nemours, etc.

6. **L. carnosa** Mœnch., l. c., p. 523 ; *L. arvensis* Desf. ; *Antirrhinum arvense* L. — Plante glabre, basse ; tige grêle, dressée, simple ou rameuse ; feuilles linéaires, les infér. verticillées, les supér. opposées ou alternes ; fleurs bleues, striées, à éperon fortement courbé, plus court que la corolle ; pédoncules velus-glanduleux ; graines grisâtres, lisses, marginées. ⊙ juill.-août.— R. Champs secs : Poigny, St-Léger, Malesherbes, Nemours.

7. **L. filiformis** Mœnch, l. c., p. 523 ; *L. supina* Desf. ; *Antirrhinum supinum* L. — Plante glabre ; racine fibreuse ; tiges couchées, diffuses, pubescentes-glanduleuses au sommet ; feuilles glauques, linéaires, éparses, les infér. subverticillées ; fleurs assez grandes, brièvement pédonculées, d'un jaune pâle, à palais orangé, à éperon droit, subulé, égalant la corolle ; graines noires, lisses, marginées. ⊙ mai-sept. — T. C. Champs et lieux secs et sablonneux.

8. **L. striata** DC. ; *Antirrhinum monspessulanum* L. — Plante glabre, glaucescente ; souche rampante ; tige ord. rameuse, raide, dressée ; feuilles linéaires, aiguës, atténuées à la base, les infér. verticillées, les supér éparses ; fleurs médiocres, blanchâtres ou d'un violet pâle, fortement striées de violet, à palais jaune, à éperon droit, obtus, plus court que la corolle ; graines trigones, non marginées, fortement ridées-tuberculeuses. ♃ juill.-août. — T. C. Lieux secs et incultes, bords des chemins.

✕ **L. ochroleuca** Bréb. ; *L. stricta* Rchb. (an Horn. ?) ; *L. striato-vulgaris* Timb. ; *L. striata* var. *grandiflora* Godr.—Plante plus robuste que la précédente, à fleurs plus grandes, d'un jaune pâle, finement striées de violet, à palais orangé ; éperon presque droit, aigu, égalant la corolle ; graines semblables à celles du *L. striata* et souvent mélangées d'autres graines arrondies, marginées. ♃ juill.-août. — T. R. En compagnie des *L. striata* et *vulgaris* dont il est un produit hybride : St-Germain, Provins.

9. **L. vulgaris** Mœnch. ; *Antirrhinum Linaria* L. — Plante

glabre ; souche rampante ; feuilles linéaires ou lancéolées-linéaires, éparses, rapprochées ; fleurs grandes, d'un jaune soufré, à palais orangé, à éperon subulé, un peu courbé, égalant la corolle ; pédoncules glanduleux ; graines noires, arrondies, tuberculeuses, largement marginées. ♃ juill.-sept. — T. C. Champs et lieux incultes, bords des chemins.

5. **EUPHRASIA** (Euphraise). — Feuilles opposées ; fleurs en grappes spiciformes, feuillées ; calice tubuleux ou campanulé, à 4 divisions ; corolle tubuleuse, bilabiée, à gorge ouverte, à lèvre supér., un peu en casque, échancrée, à lèvre infér. trilobée, à lobes émarginés ou bilobés ; étamines 4, didynames, à anthères biloculaires, inégalement mucronées à la base ; capsule biloculaire, polysperme, à 2 valves entières ou bifides.

1. **E. officinalis** L. (pro parte) (Casse-lunettes). — Tige ord. rameuse dès la base, couverte surtout dans sa partie supér. de poils simples, réfléchis, mélangés de poils glanduleux ; feuilles ovales-oblongues, poilues-glanduleuses, à 3-4 dents lancéolées-obtuses dans les feuilles infér. et brièvement acuminées dans les supér. ; calice poilu-glanduleux, au moins sur les nervures ; corolle grande, à tube saillant hors du calice ; capsule plus courte que le calice et que la feuille axillante, tronquée-émarginée au sommet et munie d'un mucron saillant. ♃ juill.-sept. — A. R. Pelouses, prés et bois.

Var. *campestris* Lorr. et Barr. ; *E. campestris* Jord. ; plante moins glanduleuse, à pubescence plus courte, à capsule plus longue que la feuille axillante. — A. C. Lieux herbeux.

E. rigidula Jord. Pug. 134 ; *E. officinalis* var. *nemorosa* Coss. et Germ. (pro parte).—Tige simple ou peu rameuse, à pubescence peu abondante, non glanduleuse ; feuilles ovales-oblongues, glabrescentes, à dents suboblises dans les feuilles infér. et brièvement acuminées dans les supér. ; calice glabrescent ; corolle petite, à tube inclus dans le calice ; capsule un peu plus courte que le calice et que la feuille axillante, émarginée, brièvement mucronée. ☉ juin.-sept. — A. C. Pelouses, prés et bois.

E. ericetorum Jord. ap. Reut. ; *E. officinalis* var. *nemorosa* Coss. et Germ. (pro parte). — Tige simple ou rameuse, à pubescence fine, non glanduleuse ; feuilles ovales, presque glabres, à dents aiguës, les supér. à dents acuminées-cuspidées ; calice presque glabre ; corolle petite ou médiocre, à tube inclus dans le calice ; capsule plus courte que le calice et que la feuille axillante, arrondie, mucronée au sommet. ☉ juill.-sept. — A. C. Avec l'espèce précédente.

6. **ODONTITES** Dill. — Caractères du genre *Euphrasia*, dont il diffère : par la lèvre infér. de la corolle à 3 lobes entiers et par les anthères à loges toutes également aristées.

1 { Fleurs jaunes ou d'un jaune rougeâtre ; anthères jaunâtres, libres.　2
　{ Fleurs roses ou rouges ; anthères brunâtres, réunies au sommet. •　3

2 { Corolle largement ouverte, à lobes ciliés barbus; anthères exsertes . . . . *O. lutea.*
Corolle très peu ouverte, à lobes non ciliés; anthères presque incluses . . . . *O. Jaubertiana.*

3 { Rameaux ascendants; bractées lancéolées plus longues que les fleurs. . . . . *O. rubra.*
Rameaux étalés; bractées sublinéaires plus courtes que les fleurs. . . . . *O. serotina.*

1. **O. rubra** Pers.; *O. verna* Rchb.; *Euphrasia Odontites* L. — Rameaux étalés; feuilles lancéolées-linéaires, sessiles, élargies à la base, graduellement atténuées jusqu'au sommet; bractées lancéolées, plus longues que les fleurs; calice à lobes lancéolés; corolle rosée ou rougeâtre, à lèvres écartées; anthères brunâtres, réunies au sommet, dépassant à peine la lèvre supér. de la corolle. ☉ juin-juill. — C. Champs, pâturages, lieux herbeux.

O. serotina Rchb.; *Euphrasia* Lam. — Plante voisine de la précédente, dont elle diffère : par sa tige plus rameuse à rameaux étalés; par ses feuilles lancéolées-acuminées, atténuées à la base et par ses bractées sublinéaires plus courtes que les fleurs. ☉ août-sept. — C. Champs, moissons.

2. **O. Jaubertiana** Dietr. ap. Walp.; *Euphrasia* Bor.— Rameaux étalés; feuilles lancéolées-linéaires ou linéaires, sessiles; bractées étroitement lancéolées, plus longues que les fleurs; calice à lobes lancéolés; corolle rosée ou rougeâtre, à lèvres conniventes; anthères libres, jaunâtres, à connectif un peu barbu, égalant ou dépassant à peine la lèvre supér. de la corolle. ☉ sept. — T. R. Coteaux calcaires : Moret, Montigny.

3. **O. lutea** Rchb.; *Euphrasia* L. — Rameaux étalés; feuilles sessiles, linéaires, aiguës, entières ou à peine dentées; bractées linéaires, très entières, plus courtes que les fleurs; calice à lobes courts, triangulaires; corolle d'un beau jaune, largement ouverte, à lobes ciliés-barbus; anthères libres, glabres, d'un jaune orangé, débordant la lèvre supér. de la corolle. ☉ juill.-sept.—T. R. Coteaux calcaires : Villers-Cotterets, Crépy.

7. **MELAMPYRUM** Tourn.—Feuilles opposées; fleurs en grappes spiciformes, terminales, feuillées; calice tubuleux-campanulé, à 4 divisions; corolle bilabiée, à lèvre supér. carénée, comprimée, émarginée, à lèvre infér. trilobée, bigibbeuse à la gorge; étamines 4, didynames, à anthères biloculaires mucronées; capsule ovoïde, acuminée, à 2 loges 1-2 spermes, s'ouvrant par 2 valves.

1. **M. cristatum** L. — Plante pubescente, à rameaux étalés; feuilles sessiles, lancéolées-linéaires, scabres; grappe florale très dense, quadrangulaire, avec les angles relevés en crêtes; bractées opposées, imbriquées, dilatées-cordées à la base, pectinées-ciliées sur les bords; calice glabre, muni de 2 lignes de poils opposées;

corolle d'un blanc jaunâtre, à palais jaune; capsule plus longue que le calice, à loges 2-spermes. ⊙ juin-juill. — C. Bois.

2. **M. arvense** L. (Rougeole, Blé de vache). —Plante pubescente, à rameaux dressés; feuilles sessiles, lancéolées-linéaires, acuminées, scabres; grappe florale cylindrique, à la fin allongée, un peu lâche; bractées rougeâtres, lancéolées, pennatifides, à segments latéraux sétacés; calice pubescent; corolle purpurine à lèvre infér. et à gorge jaunes; capsule plus courte que le calice, à loges 1-sperme. ⊙ juin-juill. — T. C. Moissons.

3. **M. pratense** L. — Plante presque glabre, à rameaux étalés, diffus; feuilles brièvement pétiolées, ovales-lancéolées ou lancéolées-linéaires, scabres; grappe florale unilatérale, très lâche, feuillée; bractées vertes, les supér. profondément incisées-dentées à la base; calice glabre; corolle jaune, passant au lilas, à gorge fermée; capsule bien plus longue que le calice, à loges 2-spermes. ⊙ juin-juill. — C. Bois.

8. **RHINANTHUS** L. (Cocriste). — Feuilles opposées; fleurs en épis terminaux; calice ventru-renflé, comprimé, à 4 dents profondes; corolle bilabiée, à lèvre supér. en casque, comprimée, émarginée, à lèvre infér. trilobée, plane; étamines 4, didynames, à anthères biloculaires, mutiques; capsule orbiculaire-comprimée, polysperme, à 2 valves; graines réniformes-comprimées, ailées.

1. **R. major** Ehrh. (Croquette). — Tige ord. pubescente; feuilles sessiles, oblongues-lancéolées, dentées, cordées à la base; bractées d'un blanc jaunâtre, membraneuses, ovales, dentées; calice glabre, pâle, jaunâtre, à dents un peu divergentes; corolle d'un jaune pâle, à tube courbé, à 2 lèvres égales, la supér. munie de 2 dents violettes; style saillant; graines rugueuses. ⊙ mai-juill. — T. C. Prairies humides.
Var. *hirsuta* Schltz.; *R. hirsutus* Lam.; calice velu, graines étroitement ailées ou aptères.

2. **R. minor** Ehrh. — Tige ord. glabre; feuilles sessiles, oblongues-lancéolées, dentées, arrondies à la base; bractées foliacées, ovales, profondément dentées; calice glabre d'un vert sombre, à dents conniventes; corolle d'un jaune foncé, à tube droit, à lèvre supér. plus longue que l'infér., munie de 2 dents concolores, courtes; style inclus; graines non rugueuses. ⊙ mai-juill. — C. Prairies humides.

9. **PEDICULARIS** Tourn.—Feuilles épaisses, pennatipartites; fleurs en grappes spiciformes; calice renflé, ventru, subbilabié ou à 4-5 dents; corolle bilabiée, à lèvre supér. en casque, comprimée, à lèvre infér. trilobée, bigibbeuse à la gorge; étamines 4, didy-

names, à anthères biloculaires, mutiques; capsule ovale comprimée, à loges polyspermes et à 2 valves.

1. **P. palustris** L. (Herbe aux porcs). — Plante à rameaux étalés-dressés; feuilles à segments nombreux, linéaires-oblongs, terminés par des dents blanches-calleuses; grappes florales feuillées, à la fin très lâches; fleurs purpurines; calice velu, divisé en 2 lobes incisés-dentés, crispés et glabres sur les bords; capsule plus longue que le calice. ②, ♃ mai-juill. — A. R. Prairies humides et tourbeuses.

2. **P. silvatica** L. — Plante à rameaux couchés, étalés en cercle; feuilles à segments incisés-dentés, mucronulés; grappes florales assez denses; fleurs purpurines; calice glabre, divisé en 5 lobes inégaux, velus sur les bords, le supér. plus petit, entier, les autres à 3-5 dents; capsule plus courte que le calice. ②, ♃ mai-juill. — C. Prairies et bois humides.

10. **VERONICA** Tourn. (Véronique). — Feuilles opposées, les supér. souvent éparses; fleurs axillaires, solitaires ou en grappes terminales ou axillaires, lâches ou serrées; calice à 4-5 divisions inégales; corolle rotacée, à tube presque nul, à 4-5 divisions inégales, la supér. plus grande; étamines 2, exsertes, insérées à la base de la division supér.; anthères biloculaires; capsule ovale ou obcordée, comprimée, biloculaire, poly-oligosperme, s'ouvrant par 2-4 valves.

<table>
<tr><td rowspan="2">1</td><td>Fleurs solitaires et axillaires ou disposées en grappes terminant la tige et les rameaux . . . .</td><td>2</td></tr>
<tr><td>Fleurs en grappes toujours axillaires et jamais terminales . . . . .</td><td>12</td></tr>
<tr><td rowspan="2">2</td><td>Fleurs solitaires et axillaires; pédoncules fructifères réfléchis ou recourbés; tiges couchées . . . .</td><td>3</td></tr>
<tr><td>Fleurs en grappes terminales; pédicelles fructifères droits; tiges redressées . . . .</td><td>6</td></tr>
<tr><td rowspan="2">3</td><td>Divisions calicinales ciliées, en cœur; pédoncules sillonnés; capsule glabre. . . . . V. hederæfolia.</td><td></td></tr>
<tr><td>Divisions calicinales non ciliées, ovales ou lancéolées; pédoncules lisses; capsule pubescente ou poilue glanduleuse. . . . .</td><td>4</td></tr>
<tr><td rowspan="2">4</td><td>Pédoncules 2-4 fois plus longs que la feuille axillante; divisions calicinales plus courtes que la corolle. . . . . . . V. persica.</td><td></td></tr>
<tr><td>Pédoncules égalant la feuille axillaire ou la dépassant à peine; divisions calicinales égalant la corolle ou plus longues. . . . .</td><td>5</td></tr>
<tr><td rowspan="2">5</td><td>Divisions calicinales à peine nervées, obtuses, plus longues que la corolle, celle-ci d'un bleu pâle à lobe infér. blanc. V. agrestis.</td><td></td></tr>
<tr><td>Divisions calicinales aiguës, fortement nervées, égalant la corolle, celle-ci concolore, d'un bleu vif. . . . . V. polita.</td><td></td></tr>
<tr><td rowspan="2">6</td><td>Grappes florales feuillées; graines convexes sur une face, concaves sur l'autre . . . .</td><td>7</td></tr>
<tr><td>Grappes florales non feuillées; graines planes ou biconvexes. . . .</td><td>8</td></tr>
</table>

7 { Feuilles caulinaires sessiles, palmatifides, à 5 segments; divisions
  calicinales plus longues que la corolle. . . . . *V. triphyllos.*
  Feuilles caulinaires brièvement pétiolées, profondément crénelées;
  divisions calicinales plus courtes que la corolle. . *V. præcox.*

8 { Tiges subligneuses à la base, assez élevées; grappe florale spiciforme, dense, conique; bractées linéaires. . . . *V. spicata.*
  Tiges basses, herbacées; grappe plus ou moins lâche; bractées
  assez semblables aux feuilles caulinaires 9

9 { Pédicelles fructifères plus longs que le calice 10
  Pédicelles fructifères plus courts que le calice 11

10 { Tiges radicantes à la base, finement pubescentes, non glanduleuses; pédicelles fructifères plus courts que la feuille axillante. . . . . *V. serpyllifolia.*
  Tiges non radicantes, couvertes de longs poils articulés glanduleux; pédicelles fructifères plus longs que la feuille axillante . . . . *V. acinifolia.*

11 { Feuilles moyennes atténuées à la base, pennatifides, à 5-7 lobes;
  capsule superficiellement échancrée à sinus obtus. . *V. verna.*
  Feuilles moyennes crénelées, cordées à la base; capsule divisée
  jusqu'au tiers de sa hauteur, à sinus aigu . . . *V. arvensis.*

12 { Calice à 4 divisions peu inégales 13
  Calice à 5 divisions très inégales, la supér. bien plus courte que
  les autres 19

13 { Plante croissant dans les lieux inondés; tiges et feuilles glabres
  ou glabrescentes 14
  Plante croissant dans les lieux non inondés, secs ou asséchés;
  tiges et feuilles velues 16

14 { Feuilles sessiles, lancéolées ou linéaires, aiguës au sommet. . . 15
  Feuilles elliptiques, obtuses, brièvement pétiolées. *V. Beccabunga.*

15 { Tiges épaisses, largement fistuleuses; capsule à peine émarginée,
  plus courte que les divisions calicinales . . . . *V. Anagallis.*
  Tiges grêles, à peine fistuleuses; capsule fortement échancrée,
  dépassant largement les divisions calicinales . . *V. scutellata.*

16 { Tiges poilues dans toute leur circonférence; capsule dépassant
  largement les divisions calicinales 17
  Tiges poilues seulement sur 2 lignes opposées; capsule plus courte
  que les divisions calicinales. . . . . *V. Chamædrys.*

17 { Fleurs nombreuses, en grappes serrées; pédicelles fructifères épais,
  dressés, plus courts que le calice. . . . . . . *V. officinalis.*
  Fleurs en grappes pauciflores, très lâches; pédicelles fructifères
  filiformes, étalés, beaucoup plus longs que le calice 18

18 { Feuilles ovales, longuement pétiolées; capsule brièvement émarginée
  à la base et au sommet, à bords denticulés-ciliés. *V. montana.*
  Feuilles lancéolées-linéaires, sessiles; capsule arrondie à la base, fortement émarginée au sommet, à bords entiers. *V. scutellata,* var.

19 { Calice et capsule glabres; corolle à divisions toutes arrondies au
  sommet; feuilles atténuées en un court pétiole . *V. prostrata.*
  Calice et capsule plus ou moins velus; corolle à divisions infér.
  aiguës au sommet; feuilles subsessiles. . . . . *V. Teucrium.*

I. — *Axe central indéterminé; fleurs en grappes axillaires.*

1. V. scutellata L. — Souche rampante; tiges grêles, couchées-radicantes à la base, puis redressées; feuilles ord. glabres, opposées, sessiles, lancéolées-linéaires, aiguës; grappes très lâches, alternes; pédicelles filiformes, bien plus longs que le calice à 4 divisions oblongues; corolle blanchâtre ou d'un bleu pâle, veinée de rose; capsule un peu plus large que haute, fortement échancrée au sommet, dépassant largement le calice. ♃ juin-sept. — A. C. Lieux humides et tourbeux.

Var. *pubescens* Kch.; *V. parmularia* Poit. et Turp.; plante pubescente-glanduleuse. — A. R. Marais et lieux asséchés.

2. V. Anagallis L. — Souche rampante; tiges glabres, dressées, épaisses, longuement fistuleuses, presque 4-angulaires; feuilles opposées, sessiles, embrassantes, ovales-lancéolées, aiguës; grappes lâches, opposées; pédicelles fructifères plus longs que le calice, à 4 divisions lancéolées; corolle d'un bleu pâle, veinée de rouge ou de bleu; capsule suborbiculaire, à peine émarginée, plus courte que le calice. ♃ mai-sept. — C. Lieux inondés, bords des eaux.

Var. *pseudo-anagalloides* Gren.; *V. anagalliformis* Bor.; sommet de la tige et inflorescences poilues-glanduleuses. Avec le type, mais plus R. : Gentilly, Ville-d'Avray, etc.

3. V. Beccabunga L.—Souche rampante; tiges glabres, épaisses, cylindriques, pleines, couchées-radicantes, puis redressées; feuilles opposées, elliptiques, obtuses, brièvement pétiolées; grappes lâches, opposées; pédicelles plus longs que le calice à 4 divisions oblongues-lancéolées; corolle d'un bleu pâle; capsule suborbiculaire, à peine émarginée, plus courte que le calice. ♃ mai-sept. — C. Lieux inondés, bords des eaux.

4. V. Chamædrys L. — Souche rampante; tiges couchées-radicantes, puis redressées, poilues sur 2 lignes opposées; feuilles opposées, subsessiles, ovales, un peu en cœur à la base; grappes lâches, opposées ou alternes; pédicelles fructifères plus longs que le calice à 4 divisions lancéolées; corolle d'un bleu pâle, à division infér. blanche; capsule en forme de cœur, ciliée, bien plus courte que le calice. ♃ avril-juin. — T. C. Prés et bois.

5. V. montana L. — Souche rampante; tiges grêles, poilues, couchées-radicantes, puis redressées; feuilles opposées, ovales, longuement pétiolées; grappes pauciflores, très lâches, alternes; pédicelles filiformes, plus longs que le calice à 4 divisions obovales; corolle blanche, veinée de pourpre; capsule large, brièvement émarginée à la base et au sommet, denticulée-ciliée sur les bords, dépassant largement le calice. ♃ mai-juin. — R. Bois humides : St-

Cloud, Ecouen, vallée de Senlisse, forêt de Halatte, Villers-Cotterets, Compiègne , etc.

6. **V. officinalis** L. (Véronique mâle). — Souche rampante, rameuse; tiges velues, couchées-radicantes, puis redressées; feuilles opposées, ovales-elliptiques, atténuées en un court pétiole; grappes denses, alternes, rar. opposées; pédicelles fructifères, un peu épais, plus courts que le calice à 4 divisions linéaires; corolle petite, d'un bleu pâle, veinée; capsule velue-glanduleuse, triangulaire, à peine émarginée, bien plus longue que le calice. ♉ juin-juill. — C. Bois ombragés.

7. **V. Teucrium** L. (Véronique femelle). — Souche rampante, rameuse, subligneuse; tiges nombreuses, pubescentes, couchées puis redressées; feuilles opposées, subsessiles, lancéolées ou sublinéaires; grappes d'abord assez denses, puis allongées, ord. opposées; pédicelles égalant ou dépassant le calice à 5 divisions linéaires, ciliées, très inégales, la supér. plus courte; corolle bleue à divisions infér. aiguës; capsule pubescente, oblongue, émarginée, à peine plus longue que le calice. ♉ mai-juill. — C. Bois et coteaux secs.

Var. *latifolia* Coss. et Germ.; *V. latifolia* L.; tiges dressées; feuilles largement ovales, fortement dentées, un peu en cœur à la base. Avec le type.

8. **V. prostrata** L.; *V. Teucrium* var. *prostrata* Coss. et Germ.— Diffère de l'espèce précédente par ses tiges plus grêles, couchées-étalées en cercle, couvertes d'une pubescence courte, serrée, crépue; par ses feuilles lancéolées ou sublinéaires, brièvement pétiolées : par son calice glabre, à divisions non ciliées; par sa corolle à lobes tous arrondis; par sa capsule glabre; par sa floraison plus précoce. ♉ mai-juin. — A. R. Coteaux et pelouses sèches.

Var. *satureiœfolia*; *V. satureiœfolia* Poit. et Turp.; tiges plus grêles et plus velues que dans le type; feuilles linéaires, très entières, à bords fortement roulés en dessous, plus longues que les entre-nœuds.—T. R. Pelouses sèches : Rosny, plaine du Chêne-Brulé dans la forêt de Fontainebleau, Malesherbes.

II. — *Axe central terminé par une inflorescence; fleurs en grappes non feuillées; graines planes ou biconvexes.*

9. **V. spicata** L — Souche émettant des rejets stériles; tiges simples, dressées, pubescentes-glanduleuses, assez élevées, subligneuses à la base; feuilles infér. opposées, oblongues, atténuées en pétiole, les supér. lancéolées, subsessiles, souv. alternes; grappe dense, conique, unique, plus rar. 3-5; bractées linéaires; pédicelles bien plus courts que le calice à 4 divisions ovales-lancéolées; corolle d'un bleu vif, à tube plus long que large; capsule

pubescente-glanduleuse, subglobuleuse, à peine émarginée, égalant le calice. ♃ juill.-sept. — A. C. Bois et pâturages secs.

10. **V. serpyllifolia** L. — Tiges basses, ord. simples, radicantes, puis redressées, finement pubescentes ; feuilles opposées, subsessiles, ovales-oblongues ; grappes multiflores, lâches, allongées ; pédicelles fructifères plus courts que la feuille axillante, plus longs que le calice à 4 divisions ovales ; corolle petite, bleuâtre, veinée ; capsule ciliée-glanduleuse, obréniforme, émarginée, plus longue que le calice. ♃ mai-oct. — C. Prés et lieux humides.

11. **V. acinifolia** L. — Tiges dressées ou ascendantes, couvertes de poils articulés-glanduleux ; feuilles opposées, ovales, obtuses, les infér. brièvement pétiolées, les supér. sessiles ; grappes lâches, allongées ; pédicelles fructifères plus longs que la feuille axillante et que le calice à 4 divisions ovales ; corolle d'un beau bleu, à division infér. blanchâtre ; capsule ciliée-glanduleuse, 2 fois plus large que haute, très profondément émarginée, plus longue que le calice. ☉ avril-mai. — A. R. Champs et moissons un peu humides.

12. **V. arvensis** L. — Tiges ord. nombreuses, dressées, ascendantes, poilues à la base sur 2 lignes opposées ; feuilles opposées, ovales, dentées, 3-nervées, les infér. pétiolées, les supér. sessiles, cordées ; grappes lâches, allongées ; pédicelles fructifères bien plus courts que le calice, à 4 divisions lancéolées ; corolle d'un bleu pâle ; capsule ciliée en forme de cœur, divisée jusqu'au tiers de sa hauteur par un sinus aigu. ☉ avril-sept. — T. C. Champs et lieux incultes.

13. **V. verna** L. — Tiges courtes, raides, dressées, couvertes de poils crépus mélangés de poils glanduleux ; feuilles opposées, les infér. oblongues, brièvement pétiolées, les moyennes pennatifides, à 5-7 lobes, atténuées à la base ; grappes assez denses, allongées ; pédicelles fructifères bien plus courts que le calice à 4 divisions lancéolées ou linéaires ; corolle d'un bleu pâle ; capsule ciliée-glanduleuse, en forme de cœur, superficiellement échancrée, à sinus obtus. ☉ avril-juin. — A. C. Lieux secs et sablonneux, principalement siliceux.

III. — *Axe central terminé par une inflorescence ; fleurs en grappes feuillées, ou solitaires et axillaires ; graines convexes sur une face, concaves sur l'autre.*

14. **V. triphyllos** L. — Tiges ord. rameuses, couchées puis redressées, couvertes d'une pubescence courte, glanduleuse ; feuilles infér. opposées, ovales, pétiolées, les moyennes sessiles, palmatifides, à 5-7 lobes, les supér. alternes, tripartites ; grappes feuillées, allongées ; pédicelles fructifères plus longs que le calice à 4 divisions oblongues ; corolle d'un beau bleu, plus courte que le calice ;

capsule grande, orbiculaire, échancrée au sommet, égalant le calice
⊙ mars-mai. — A. C. Champs sablonneux.

15. **V. præcox** All. — Tiges dressées, simples ou rameuses,
couvertes de poils courts, simples ou glanduleux ; feuilles infér.
opposées, ovales, profondément et irrégulièrement crénelées,
brièvement pétiolées, les supér. alternes, souv. entières ; grappes
feuillées, allongées ; pédicelles fructifères plus longs que le calice à
4 divisions oblongues ; corolle d'un beau bleu, plus longue que le
calice ; capsule petite, suborbiculaire-oblongue, échancrée au
sommet, dépassant un peu le calice. ⊙ mars-mai. — A. R. Champs
sablonneux, siliceux.

16. **V. agrestis** L. — Tiges rameuses, pubescentes, étalées,
couchées : feuilles pétiolées, ovales-oblongues, dentées, cordées à
la base, les infér. opposées, les supér. alternes ; pédoncules fructifères solitaires, lisses, courbés au sommet, égalant la feuille axillante ; calice à 4 divisions ovales, obtuses, à peine nervées ; corolle
d'un bleu pâle, veinée, à lobe infér. blanc, plus courte que le calice ;
capsule poilue-glanduleuse, en cœur, profondément échancrée,
plus courte que le calice. ⊙ mars-oct. — T. C. Champs et lieux
cultivés.

17. **V. polita** Fries ; *V. didyma* Ten. ; *V. agrestis* var. *didyma*
Coss. et Germ. — Diffère de l'espèce précédente : par ses feuilles
d'un vert plus foncé ; par son calice à divisions ovales, subaiguës,
fortement nervées ; par sa corolle concolore, d'un beau bleu ; par
sa capsule fortement poilue, non réticulée, contenant 8-12 graines
dans chaque loge (et non 4-5). ⊙ mars-oct. — A. C. Avec l'espèce
précédente.

18. **V. persica** Poir. ; *V. Buxbaumii* Ten. — Tiges rameuses,
couchées, radicantes, couvertes de longs poils articulés ; feuilles
ovales-arrondies, fortement dentées, cordées à la base, pétiolées,
les infér. opposées, les supér. alternes ; pédoncules fructifères
solitaires, lisses, courbés au sommet, 2-4 fois plus longs que la
feuille axillante ; calice à 4 divisions lancéolées, divariquées par
paires ; corolle grande, bleuâtre, veinée, plus longue que le calice ;
capsule pubescente-glanduleuse, 2 fois plus large que haute, bilobée,
à lobes divergents, plus courte que le calice. ⊙ avril-juin. — A. R.
Champs, prairies, lieux cultivés où il est naturalisé : Clamart,
Versailles, St-Cyr, Bièvres, l'Isle-Adam, etc.

19. **V. hederæfolia** L. — Tiges rameuses, pubescentes, couchées ;
feuilles pétiolées, ovales-arrondies ou ovales-oblongues, à 3-5 lobes
obtus, les infér. opposées, les supér. alternes ; pédoncules fructifères solitaires, sillonnés, courbés au sommet, égalant ou dépassant la feuille axillante ; calice à 4 divisions en cœur, acuminées,
ciliées ; corolle d'un bleu pâle plus courte que le calice ; capsule

glabre, subglobuleuse, 4-lobée, à peine émarginée, égalant le calice. ☉ avril-mai. — T. C. Champs et lieux cultivés.

11. LIMOSELLA L. (Limoselle). — Feuilles toutes radicales, en rosette; fleurs solitaires au sommet de pédoncules radicaux, grêles et assez longs; calice à 5 divisions presque égales; corolle infundibuliforme, à tube court, presque rotacée, à limbe divisé en 5 lobes presque égaux; étamines 4, didynames, rar. 2 par avortement; anthères uniloculaires, à déhiscence transversale; capsule ovoïde, uniloculaire ou biloculaire inférieurement, polysperme, s'ouvrant par 2 valves entières.

1. **L. aquatica** L. — Plante petite, glabre, munie au collet de la racine de stolons radicants, terminés par un ou plusieurs faisceaux de feuilles et de fleurs; tige nulle; feuilles oblongues, entières, longuement pétiolées; fleurs petites, rosées, à pédoncules plus courts que les feuilles; graines striées en long et ridées en travers. ☉ juill.-août. — A. R. Lieux humides et marécageux, bords des étangs.

12. DIGITALIS Tourn. (Digitale). — Feuilles alternes; fleurs en grappe spiciforme, terminale et unilatérale; calice à 5 divisions presque égales; corolle tubuleuse-campanulée, à limbe court, oblique, subbilabié, divisé en 4-5 lobes; étamines 4, didynames, à anthères biloculaires; capsule ovoïde, biloculaire, polysperme, s'ouvrant en 2 valves entières.

1. **D. purpurea** L. (Digitale pourprée, Gants de Notre-Dame). — Tige dressée, ord. simple; feuilles ovales-lancéolées, crénelées, pubescentes en dessus, blanches-tomenteuses en dessous, les intér. longuement pétiolées, les supér. sessiles; fleurs pendantes, à pédicelles tomenteux; calice poilu; corolle très grande, pourprée, rar. blanche, barbue, maculée de pourpre à l'intérieur. ② juin-août. — C. Bois, pâturages et coteaux secs; manque sur le calcaire.

2. **D. lutea** L.; *D. parviflora* Lam. — Tige dressée, ord. simple; feuilles oblongues-lancéolées, denticulées, glabres sur les 2 faces, les infér. atténuées en pétiole, les supér. sessiles; fleurs étalées, à pédicelles glabres ainsi que le calice; corolle médiocre, d'un blanc jaunâtre, velue, non maculée intérieurement. ♃ juin-août. — A. R. Bois et coteaux secs.

Var. *hirsuta* Bréb.; tiges et feuilles plus ou moins pubescentes. — R. Coteaux calcaires : Port-Villez, Vernon, les Andelys.

ESPÈCES EXCLUES.

Sibthorpia europæa L., observé une seule fois aux environs de St-Léger, dans une localité où on ne l'a plus revu, a été transplanté par M. Chatin dans une des sources de l'Yvette ; *Scrophularia Scoro-donia* L. et *S. canina* L., le premier trouvé à l'état subspontané aux environs de Lardy, le second indiqué à Fontainebleau (Champ de manœuvres), où il n'a jamais été retrouvé ; *Linaria purpurea* Mill., *L. bipartita* Willd. et *L. simplex* DC. échappés des cultures et observés à l'état subspontané, à Valvins, Fontainebleau et Versailles ; *Veronica peregrina* L. étranger à notre flore, se maintient dans les pépinières de Trianon et dans les plates-bandes du Muséum, où il reste confiné.

LXVI. OROBANCHÉES Juss.

Herbes jamais vertes, parasites sur les racines des autres plantes. Tige ord. simple, épaisse, charnue, souv. renflée à la base, dépourvue de feuilles et munie d'écailles alternes. Fleurs hermaphrodites, irrégulières, solitaires à l'aisselle de bractées squamiformes, disposées en épis, rar. en grappes. Calice persistant, gamosépale, à 4-5 divisions plus ou moins profondes, ou divisé jusqu'à la base en 2 pièces latérales, entières ou bifides. Corolle gamopétale, marcescente, tubuleuse ou campanulée, bilabiée, à lèvre infér. 3-fide, ord. munie à la gorge de 2 plis gibbeux. Etamines 4, didynames, insérées sur le tube de la corolle ; anthères biloculaires, introrses. Style simple, ord. arqué au sommet ; stigmate capité-bilobé. Ovaire supère, uniloculaire, multi-ovulé, ord. muni à sa base d'un disque unilatéral, charnu ; placentas pariétaux. Fruit capsulaire, uniloculaire, polysperme, à 2 valves s'ouvrant soit au sommet, soit seulement dans leur partie moyenne. Graines très petites, à testa épais, alvéolé ou tuberculeux ; albumen épais, charnu.

1. **PHELIPÆA** Tourn. — Fleurs munies à la base de 3 bractées ; calice gamosépale, tubuleux-campanulé, à 4-5 divisions ; corolle bilabiée, à lèvre supér. échancrée, à lèvre infér. trilobée ; valves de la capsule se séparant seulement au sommet.

1. **P. cærulea** C. A. Mey. ; *Orobanche* Vill. — Tige simple, pubérulente, bleuâtre, surtout au sommet ; bractées plus courtes que le calice ; corolle bleue, avec des veines plus foncées, à tube insensiblement dilaté à partir du milieu, à lobes aigus ; anthères glabres ; stigmate blanc. ♃ juin-juill. — R. Parasite sur *Achillea Millefolium :* Mantes, la Roche-Guyon, les Andelys, Nemours, etc.

2. **P. arenaria** Walp. ; *Orobanche* Borkh. — Tige simple, blanchâtre ou bleuâtre, pubescente surtout au sommet ; bractées un peu plus longues que le calice ; corolle grande, d'un bleu violet, striée, à tube dilaté supérieurement, à lobes obtus ; anthères poilues ; stigmate jaune. ♃ juin-août. — T. R. Parasite sur *Artemisia campestris :* Lardy, Busagny, Etampes, Fontainebleau, Nemours.

3. **P. ramosa** C. A. Mey.; *Orobanche* L. — Tige rameuse, jaunâtre, pubescente-glanduleuse surtout au sommet; bractées plus courtes que le calice; corolle petite, jaunâtre, lavée de violet dans sa moitié supér., à tube resserré vers le milieu et dilaté à la base et au sommet, à lobes obtus; anthères glabres; stigmate blanchâtre ou bleuâtre. ♃ juin-sept. — A. R. Parasite sur *Cannabis sativa :* Magny, côte de Champagne près Fontainebleau, Malesherbes, St-Léger, etc.

2. **OROBANCHE** Tourn. (Orobanche). — Fleurs munies à la base d'une seule bractée; calice à 2 pièces latérales libres ou à peine connées à la base, entières ou bifides; corolle bilabiée, à lèvre supér. échancrée ou entière, à lèvre infér. trilobée; valves de la capsule se séparant seulement dans leur partie moyenne et restant adhérentes à la base et au sommet.

1 { Étamines insérées au-dessous du quart infér. de la corolle 2
{ Étamines insérées au-dessus du quart infér. de la corolle 6

2 { Stigmate jaune 3
{ Stigmate d'un rouge pourpre 5

3 { Corolle à gorge d'un rouge de sang; lèvre infér. à 3 lobes presque
{ égaux . . . . *O. cruenta.*
{ Corolle jaune ou jaunâtre; lèvre infér. à lobe médian du double
{ plus grand que les latéraux. 4

4 { Plante parasite sur *Sarothamnus scoparius ;* tige élevée, fortement
{ renflée-bulbiforme à la base; étamines à filets glabres. *O. Rapum.*
{ Plante parasite sur *Thymus serpyllum ;* tige peu élevée, non
{ bulbiforme à la base; filets des étamines un peu poilus à la
{ base . . . . *O. Epithymum* var.

5 { Plante parasite sur les *Galium ;* bractées plus courtes que la corolle;
{ lèvre infér. à 3 lobes presque égaux . . . . *O. Galii.*
{ Plante parasite sur les Labiées; bractée plus longue que la lèvre
{ infér. de la corolle, à lobe médian du double plus long que les
{ latéraux. . . . . *O. Epithymum*

6 { Stigmate jaune; corolle d'un jaune pâle mêlé de violet; plante
{ parasite sur le Lierre. . . . . *O. Hederæ.*
{ Stigmate purpurin ou violet. 7

7 { Étamines à filets velus dans leur moitié infér., glanduleux au
{ sommet 8
{ Étamines à fils glabres ou ne portant que quelques poils épars. . 9

8 { Plante parasite sur *Teucrium* ou *Thymus ;* sépales plurinervés
{ ne dépassant pas la moitié du tube de la corolle d'un rouge
{ brun . . . . *O. Teucrii.*
{ Plante parasite sur *Picris hieracioides ;* sépales 1-2-nervés, plus
{ longs que le tube de la corolle d'un blanc jaunâtre. *O. Picridis.*

9 { Bractées plus courtes que les fleurs ou les dépassant à peine;
{ corolle régulièrement arquée sur le dos. . . . . . *O. minor.*
{ Bractées dépassant longuement les fleurs; corolle à tube brusquement courbé vers son tiers infér. . . . . . . *O. amethystea.*

1. O. Rapum Thuill. — Tige robuste, élevée, fortement renflée-bulbiforme et très écailleuse à la base ; fleurs en épi dense, allongé ; bractées plus longues que les fleurs ; sépales plurinervés, égalant le tube de la corolle, celle-ci d'un brun jaunâtre clair, à lèvre infér. trilobée, avec le lobe médian du double plus grand que les latéraux ; étamines à filets glabres ; stigmate d'un jaune citrin. ♃ mai-juin. — C. Parasite sur *Sarothamnus scoparius*.

2. O. cruenta Bert. — Tige assez élevée, un peu renflée, écailleuse à la base ; fleurs en épi ord. peu dense, assez court ; bractées ord. plus longues que les fleurs ; sépales plurinervés, égalant ou dépassant le tube de la corolle, celle-ci jaunâtre, lavée de pourpre au sommet et d'un rouge de sang à la gorge, avec la lèvre infér. à 3 lobes presque égaux ; filets des étamines velus à la base ; stigmate d'un jaune citrin. ♃ juin-juill. — A. R. Clairières des bois et pelouses découvertes ; parasite sur *Genista tinctoria*, *Lotus corniculatus*, *Hippocrepis comosa* et autres légumineuses.

Var. *citrina* Coss. et Germ. ; plante d'un jaune citrin dans toutes ses parties. — R. Avec le type : Mantes, Gaillon.

3. O. Galii Vauch. ; *O. vulgaris* DC. — Tige peu élevée, à peine épaissie, non bulbeuse à la base ; fleurs exhalant l'odeur de girofle, disposées en épi lâche, un peu allongé ; bractées plus courtes que les fleurs ; sépales plurinervés, égalant la moité du tube de la corolle, celle-ci jaunâtre ou rougeâtre, avec la lèvre infér. à 3 lobes presque égaux ; étamines à filets fortement velus à la base et glanduleux au sommet ; stigmate d'un pourpre foncé. ♃ juin-juill. — A. C. Collines et pelouses sèches ; parasite sur *Galium Mollugo* et autres.

4. O. epithymum DC. — Tige courte, grêle, épaissie à la base ; fleurs exhalant l'odeur d'œillet, disposées en épi lâche, pauciflore ; bractées plus longues que la lèvre infér. de la corolle ; sépales écartés, un peu plus courts que le tube de la corolle, celle-ci d'un rouge ferrugineux, veinée de pourpre, à lèvre infér. trilobée avec le lobe médian du double plus long que les latéraux ; filets des étamines munis de quelques poils à la base ; stigmate d'un pourpre foncé. ♃ juin-juill. — T. C. Coteaux et pelouses secs ; parasite sur *Thymus Serpyllum* et très rar. sur *Clinopodium vulgare*.

Var. *lutescens* Bor. ; plante d'un jaune pâle dans toutes ses parties. — R. avec le type : Fontainebleau.

5. O. Teucrii Schltz. — Tige courte, plus glanduleuse que dans l'espèce précédente, épaissie à la base ; fleurs exhalant l'odeur de girofle, disposées en épi lâche, pauciflore ; bractées égalant la corolle ; sépales contigus, ne dépassant pas la moitié du tube de la corolle, celle-ci d'un rouge-brun avec la lèvre infér. à 3 lobes presque égaux ; étamines à filets velus dans leur moitié infér. et glanduleux au sommet ; stigmate d'un violet-noir. ♃ juin-juill. — A. R. Collines et pelouses sèches; parasite sur *Teucrium Chamœdrys* et *montanum* et rar. sur *Thymus Serpyllum:* Malesherbes, Mantes, les Andelys.

6. **O. Hederæ** Vauch. — Tige courte ou quelquefois assez élevée, épaissie, ord. renflée-bulbeuse à la base; fleurs inodores, en épi lâche; bractées égalant la corolle; sépales uninervés, égalant ou dépassant le tube de la corolle, celle-ci d'un jaune pâle teinté de violet, à lèvre infér. trilobée, avec le lobe moyen plus grand que les latéraux; étamines à filets glabres ou portant seulement quelques poils épars; stigmate d'un beau jaune. ♃ juin-juill. — T. R. Parasite sur *Hedera Helix:* Magny-en-Vexin, La Roche-Guyon, Gisors, Côte de Champagne près Fontainebleau.

7. **O. Picridis** Vauch. — Tige courte, grêle, à peine épaissie à la base, non bulbeuse; fleurs petites, en épi un peu lâche à la base, assez serré au sommet; bractées égalant presque la corolle; sépales écartés, 1-2-nervés, plus longs que le tube de la corolle, celle-ci d'un blanc jaunâtre, veinée de lilas, à lèvre infér. trilobée avec le lobe moyen plus grand que les latéraux; étamines à filets velus dans leur moitié infér., glanduleux au sommet; stigmate violet. ♃ juin-juill. — T. R. Parasite sur *Picris hieracioides :* environs de Provins, Cuvergnon.

8. **O. minor** Sutt. — Tige plus ou moins basse, grêle, un peu épaissie à la base; fleurs petites en épi dense, mais un peu lâche à la base; bractées égalant ou dépassant la corolle; sépales multi-nervés, égalant ou dépassant le tube de la corolle, celle-ci blanchâtre ou teintée de violet et marquée de veines plus foncées, régu-lièrement arquée sur le dos, avec la lèvre infér. à 3 lobes presque égaux; étamines à filets glabres ou munis seulement de quelques poils à la base; stigmate d'un pourpre violacé. ⊙?, ♃ juin-juill. — T. R. Parasite sur *Trifolium pratense*, sur *Eryngium campestre* et sur *Poterium Sanguisorba :* rocher St-Jacques près les Andelys.

9. **O. amethystea** Thuill. ; *O. Eryngii* Vauch. — Tige basse ou quelquefois assez élevée, grêle, un peu épaissie à la base; fleurs médiocres en épi assez dense, allongé; bractées plus longues que les fleurs; sépales multinervés, égalant la corolle, celle-ci blanchâtre ou lilacée, avec des veines plus foncées, brusquement courbée vers son tiers inférieur, à lèvre infér. trilobée, avec le lobe médian du double plus grand que les latéraux; étamines à filets glabres ou munis seulement de quelques poils épars; stigmate d'un pourpre violacé. ♃ juin-juill. — A. R. Lieux secs et incultes; parasite sur *Eryngium campestre*.

ESPÈCE EXCLUE.

Le *Lathrœa squamaria* L., indiqué par Thuillier et Mérat, n'a jamais été retrouvé aux localités citées par ces auteurs; les échantillons de cette plante qui se trouvent dans l'herbier Mérat, proviennent des environs de Soissons.

LXVII. LABIÉES Juss.

Plantes herbacées, plus rar. sous-frutescentes, ord. aromatiques. Tige ord. tétragone, à rameaux opposés. Feuilles opposées, décussées, dépourvues de stipules. Fleurs hermaphrodites, irrégulières, rar. solitaires, plus souv. réunies en petites cymes axillaires, opposées, formant de faux verticilles, disposées en grappes, en capitules ou en épis. Calice persistant, gamosépale, à 5 rar. 4 dents presque égales ou plus souv. inégales, formant 2 lèvres, très rar. à 10-20 divisions. Corolle gamopétale, caduque, plus rar. marcescente, à 4-5 divisions, ord. bilabiée, plus rar. paraissant unilabiée par suite de la brièveté de la lèvre supér., ou subrégulière. Étamines 4, didynames, plus rar. 2 par avortement, insérées sur le tube de la corolle; anthères introrses, à 2 loges, confluentes ou distinctes, plus rar. séparées par un connectif allongé. Style simple, gynobasique, à stigmate entier ou bilobé. Ovaire supère, formé de 2 carpelles divisés chacun en 2 fausses loges, uniloculaires et uniovulées, insérées sur un disque charnu. Fruit formé de 4 nucules (achaines) libres entre elles, monospermes, sèches, indéhiscentes. Graines dépourvues d'albumen, plus rar. munies d'un albumen très mince.

1 { Corolle bilabiée, à 2 lèvres parfaitement distinctes 2
{ Corolle campanulée, infundibuliforme ou à une seule lèvre distincte. 20

2 { Étamines 2, à filets articulés avec un connectif transversal, arqué, portant les loges d'anthères dont une stérile ou nulle. *Salvia* (3).
{ Étamines 4; anthères à loges conniventes ou séparées, toutes fertiles. 3

3 { Étamines rapprochées dans toute leur longueur, à filets parallèles. 4
{ Étamines écartées, divergentes, ou écartées à la base et convergentes au sommet. 15

4 { Étamines infér. plus courtes que les supér. 5
{ Étamines infér. plus longues que les supér. 6

5 { Tiges dressées; lèvre infér. de la corolle à lobe moyen orbiculaire et concave. . . . . *Nepeta* (10).
{ Tiges couchées-radicantes; lèvre infér. de la corolle à lobe moyen cordiforme et plan . . . . *Glechoma* (11).

6 { Calice bilabié à 2 lèvres distinctes 7
{ Calice non labié à dents presque égales. 9

7 { Calice large, enflé, ouvert à la maturité . . . *Melittis* (19).
{ Calice déprimé, non enflé, fermé à la maturité 8

8 { Calice à lèvre supér. 3-dentée, l'infér. bifide; étamines à filets bifides au sommet. . . . . *Brunella* (20).
{ Calice à lèvres entières; filets des étamines indivis. *Scutellaria* (21).

9 { Calice à 5 dents larges, droites ; étamines saillantes hors du tube de la corolle. 10
Calice à 10-13 dents sétacées, uncinées au sommet ; étamines incluses dans le tube de la corolle. . . . . . *Marrubium* (18).

10 { Calice à dents épineuses 11
Calice à dents non épineuses 14

11 { Lèvre infér. de la corolle à lobe moyen s'enroulant après l'épanouissement ; nucules tronquées au sommet. . *Leonurus* (12).
Lèvre infér. de la corolle à lobe moyen ne s'enroulant pas ; nucules arrondies au sommet 12

12 { Tube de la corolle muni d'un anneau de poils ; étamines déjetées hors de la corolle après l'anthèse. . . . . *Stachys* (15).
Tube de la corolle dépourvu d'anneau de poils ; étamines non déjetées après l'anthèse. 13

13 { Gorge de la corolle munie de 2 plis saillants ; anthères à loges opposées bout à bout. . . . . *Galeopsis* (17).
Gorge de la corolle dépourvue de plis ; anthères à loges parallèles. . . . . *Betonica* (16).

14 { Lèvre infér. de la corolle à 3 lobes peu inégaux ; anthères à loges distinctes et divergentes. . . . . *Ballota* (14).
Lèvre infér. de la corolle à 3 lobes très inégaux, les latéraux dentiformes ou nuls ; anthères à loges réunies par le sommet. . . . . *Lamium* (13).

15 { Étamines droites, divergentes. 16
Étamines arquées, conniventes au sommet 18

16 { Calice bilabié à 5 dents très inégales. . . . . *Thymus* (5).
Calice non labié à 5 dents presque égales. 17

17 { Calice velu à la gorge ; lèvre infér. de la corolle à 3 lobes égaux. . . . . *Origanum* (4).
Calice glabre à la gorge ; lèvre infér. de la corolle à lobe médian bien plus grand que les latéraux. . . . . *Hyssopus* (6).

18 { Calice bilabié à 5 dents très inégales. 19
Calice non labié à 5 dents presque égales . . . . . *Saturcia* (9).

19 { Lèvre supér. de la corolle plane ; anthères à loges distinctes au sommet. . . . . *Calamintha* (7).
Lèvre supér. de la corolle concave ; anthères à loges réunies au sommet . . . . *Melissa* (8).

20 { Corolle campanulée ou infundibuliforme, à lobes presque égaux ; anthères à loges parallèles 21
Corolle paraissant unilabiée ; anthères à loges opposées bout à bout 22

21 { Étamines 4, toutes fertiles ; nucules ovoïdes, arrondies au sommet . . . . *Mentha* (1).
Étamines 4, dont 2 stériles, filiformes ; nucules tétragones, tronquées au sommet. . . . . *Lycopus* (2).

22 { Corolle marcescente à tube muni d'un anneau de poils et à lèvre supér. très courte, émarginée. . . . . *Ajuga* (22).
Corolle caduque à lèvre supér. courte, profondément fendue et à tube dépourvu d'anneau de poils . . . . *Teucrium* (23).

1. MENTHA Tourn. (Menthe). — Calice tubuleux ou campanulé, à 5 dents planes, régulières ou subbilabiées; corolle infundibuliforme-campanulée, à 4 lobes, les supér. plus larges, entiers ou émarginés; étamines 4, toutes fertiles, égales, divergentes; nucules ovoïdes, lisses, arrondies au sommet.

1 — Calice fructifère à gorge fermée par un anneau de poils connivents; corolle contractée et gibbeuse d'un côté à la base. *M. Pulegium.*
Calice fructifère à gorge nue; corolle ni contractée ni gibbeuse à la base. 2

2 — Fleurs en épis terminaux non surmontés d'un faisceau de feuilles. 3
Fleurs en glomérules axillaires espacés ou rapprochés; axe floral terminé par un faisceau de feuilles. 5

3 — Feuilles sessiles ou subsessiles; corolle glabre intérieurement . . 4
Feuilles longuement pétiolées; corolle velue intérieurement. *M. aquatica.*

4 — Feuilles ovales-suborbiculaires, obtuses; bractées ovales-lancéolées; calice fructifère non contracté à la gorge, à dents lancéolées . . . . *M. rotundifolia.*
Feuilles ovales-oblongues ou lancéolées, aiguës; bractées linéaires; calice fructifère contracté à la gorge, à dents étroitement linéaires . . . . *M. silvestris.*

5 — Feuilles diminuant insensiblement de la base au sommet de la tige; calice fructifère tubuleux-campanulé, à dents lancéolées-acuminées. . . . . *M. sativa.*
Feuilles supér. presque aussi grandes que les infér.; calice fructifère campanulé, à dents triangulaires presque aussi larges que longues . . . . *M. arvensis.*

1. M. Pulegium L.; *Pulegium vulgare* Mill. (Pouliot). — Tiges couchées-ascendantes, émettant à leur base des rameaux radicants; feuilles oblongues-elliptiques ou lancéolées, obtuses, brièvement pétiolées; fleurs roses, lilas ou blanches, en glomérules axillaires, nombreux; calice tubuleux-campanulé, subbilabié, à gorge contractée à la maturité et fermée par un anneau de poils connivents; corolle munie latéralement à sa base d'une gibbosité plus ou moins prononcée. ♃ juill.-sept. — T. C. Lieux humides, bords des eaux.

2. M. rotundifolia L. (Baume, Menthe sauvage). — Tiges dressées, rameuses, munies à leur base de stolons épigés et feuillés; feuilles ovales-suborbiculaires, obtuses, sessiles, fortement ridées-bosselées, tomenteuses-blanchâtres en dessous; fleurs rosées ou blanches, en glomérules à l'aisselle de bractées ovales-lancéolées, rapprochées en épis terminaux cylindriques; calice campanulé, régulier, un peu ventru à la maturité, nu et non contracté à la gorge, à dents lancéolées-subulées; corolle glabre intérieurement. ♃ juill-sept. — T. C. Fossés, lieux humides, bords des eaux.

3. M. silvestris L. — Souche rampante, stolonifère; tiges dressées, rameuses; feuilles ovales-oblongues ou lancéolées, aiguës, sessiles, ridées-bosselées, tomenteuses-blanchâtres en dessous; fleurs roses, violacées ou blanches, en glomérules à l'aisselle de bractées linéaires, rapprochés en épis terminaux, cylindriques, très serrés; calice campanulé régulier, nu et contracté à la gorge à la maturité, à dents étroitement linéaires-subulées; corolle glabre intérieurement. ♃ juill-sept. — T. R. Lieux humides, bords des eaux; indiqué par Graves à Compiègne, Beauvais, Noyon, Pont-St-Maxence.

4. **M. aquatica** L. — Plante plus ou moins velue-hérissée (var. *hirsuta* Auct.) ou glabrescente (var. *glabrescens* Auct.); souche rampante, stolonifère; tiges dressées, simples ou rameuses; feuilles ovales ou lancéolées, aiguës, longuement pétiolées, diminuant insensiblement de grandeur de la base au sommet de la tige, non ridées-bosselées; fleurs roses ou blanches, en glomérules espacés ou rapprochés et formant des capitules ovoïdes, terminaux; calice tubuleux-campanulé, régulier, nu à la gorge, à dents triangulaires-acuminées; corolle velue intérieurement. ♃ juill-sept. — T. C. Lieux humides, bords des eaux.

5. **M. sativa** L. — Plante plus ou moins velue; souche rampante, stolonifère; tige dressée ou ascendante, simple ou rameuse; feuilles ovales ou elliptiques, aiguës, pétiolées, diminuant insensiblement de grandeur de la base au sommet de la tige; fleurs roses, en glomérules tous axillaires et espacés, formant un épi terminé ou non par un faisceau de feuilles plus petites; calice régulier, nu à la gorge, tubuleux-campanulé à la maturité, à dents lancéolées-acuminées. ♃ juill.-sept. — C. Lieux humides, bords des eaux. — Sous le nom de *M. sativa* L., la plupart des auteurs comprennent une série de formes dégénérées du *M. aquatica* L. et d'hybrides nées du croisement de ce dernier avec l'espèce suivante.

6. **M. arvensis** L. — Plante plus ou moins velue-hérissée (var. *hirsuta* Auct.) ou glabrescente (var. *glabrescens* Auct.); souche rampante; tiges dressées ou ascendantes, plus ou moins rameuses, rar. simples; feuilles ovales ou ovales-lancéolées, aiguës, pétiolées, les supér. presque aussi grandes que les infér.; fleurs roses, en glomérules tous axillaires et espacés, formant un épi terminé par un faisceau de feuilles plus petites; calice régulier, nu à la gorge, urcéolé à la maturité, à dents triangulaires, presque aussi larges que longues. ♃ juill.-sept. — T. C. Champs cultivés, lieux humides, bords des eaux.

2. **LYCOPUS** Tourn. — Calice campanulé, à 5 dents presque égales; corolle un peu plus longue que le calice, infundibuliforme, à 4 divisions presque égales, la supér. plus large, émarginée; étamines 4, les deux supér. stériles, filiformes; les 2 infér. seules fertiles; nucules trigones, lisses, tronquées au sommet.

1. L. europæus L. (Marrube aquatique). — Tige dressée, rameuse; feuilles ovales-lancéolées, sinuées-dentées, les inför. pennatifides pétiolées, les supér. sessiles; fleurs petites, blanches, en faux verticilles compactes et espacés. ♃ juill.-sept. — T. C. Lieux humides, bords des eaux.

3. SALVIA Tourn. (Sauge). — Calice tubuleux ou campanulé, nu à la gorge, bilabié, à lèvre supér. entière ou 3-dentée, l'infér. bifide; corolle bilabiée, à lèvre supér. entière ou émarginée, arquée, comprimée, l'infér. 3-lobée; étamines 2 par avortement, à filets courts, articulés avec un connectif transversal et arqué, portant à chacune de ses extrémités une loge d'anthère, l'infér. rudimentaire ou nulle.

1 { Bractées membraneuses, blanches-rosées, très grandes, dépassant largement le calice. . . . . *S. Sclarea.*
Bractées herbacées, petites, plus courtes que le calice 2

2 { Tube de la corolle muni intérieurement d'un anneau de poils . . . . *S. verticillata.*
Tube de la corolle dépourvu d'anneau de poils. 3

3 { Corolle grande, bien plus longue que le calice; style dépassant longuement la lèvre supér. . . . . *S. pratensis.*
Corolle petite, à peine plus longue que le calice; style ne dépassant pas la lèvre supér. . . . . *S. verbenaca.*

1. S. verticillata L. — Plante à odeur fétide; tige rameuse; feuilles ovales-triangulaires, cordées à la base, toutes pétiolées; bractées herbacées, plus courtes que le calice; corolle petite, d'un bleu violacé, plus longue que le calice, à tube inclus et muni intérieurement d'un anneau de poils; style réfléchi sur la lèvre infér. et la dépassant. ♃ juill.-août. — T. R. Champs, carrières abandonnées, bords des chemins à Arcueil, Cachan et Rambouillet, où cette espèce est naturalisée.

2. S. Sclarea L. (Sclarée, Toute-bonne). — Plante à odeur très aromatique; tige robuste, très rameuse; feuilles grandes, ovales-oblongues, un peu cordées à la base, presque toutes pétiolées; bractées membraneuses, blanches-rosées, très grandes, dépassant largement le calice; corolle grande, d'un bleu pâle, dépassant longuement le calice, à gorge glabre; style dépassant longuement la lèvre supér. ♃ juill.-août. — A. R. Lieux secs et incultes, toujours au voisinage d'anciennes cultures, des habitations ou des ruines.

3. S. pratensis L. — Plante peu odorante; tige simple ou peu rameuse; feuilles ovales-lancéolées, réticulées-ridées, les radicales pétiolées, disposées en rosette, les supér. sessiles; bractées herbacées, plus courtes que le calice; corolle ord. grande, bleue, rar. blanche ou rosée, dépassant longuement le calice, à gorge glabre; style dépassant longuement la lèvre supér. ♃ mai-juill. — T. C. Prés, lieux herbeux.

4. S. verbenaca L. — Plante à odeur forte; tige ord. simple; feuilles ovales-oblongues, profondément sinuées-dentées, réticulées-rugueuses, les radicales longuement pétiolées, disposées en rosette, les caulinaires presque sessiles; bractées herbacées, plus courtes que le calice; corolle petite, bleue, à peine plus longue que le calice, à gorge glabre; style ne dépassant pas la lèvre supér. ♃ juin-août. — R. Bords des chemins, lieux herbeux : Gentilly, Brunoy, Pacy, Dreux; plante introduite.

4. ORIGANUM Tourn. (Origan). — Calice campanulé, barbu à la gorge, non labié, à 5 dents presque égales; corolle bilabiée, à lèvre supér. plane, dressée, émarginée, l'infér. à 3 lobes égaux; étamines 4, saillantes, divergentes; anthères à loges divergentes et distinctes.

1. O. vulgare L. — Tige dressée, rameuse au sommet; feuilles toutes pétiolées, ovales-lancéolées, arrondies à la base; bractées ovales, violacées, plus grandes que le calice; fleurs roses, presque sessiles réunies en épis compactes, tétragones, formant des panicules corymbiformes, terminales. ♃ juill.-sept. — T. C. Prés, haies, bords des chemins.

Var. *virescens* Bor.; *O. virens* Gren. et Godr. (non Link et Hoffm.); *O. viridulum* de Mart. Don; bractées d'un vert pâle; corolle blanche. Avec le type, mais bien plus R.

Var. *prismaticum* Gaud.; *O. creticum* DC.; bractées violacées; fleurs roses en épis allongés, tétragones-prismatiques. Avec le type, mais R.

5. THYMUS Tourn. (Thym). — Calice tubuleux-campanulé, strié, barbu à la gorge, bilabié, à lèvre supér. 3-dentée, à lèvre infér. à 2 divisions linéaires-subulées; corolle bilabiée, à lèvre supér. presque plane, émarginée, l'infér. 3-lobée, à lobe médian un peu plus grand; étamines 4, ord. saillantes, divergentes; anthères à loges divergentes et distinctes.

1. T. Serpyllum L. (Serpolet). — Tiges couchées, longuement radicantes, rameuses, à rameaux rapprochés en série linéaire et munis dans tout leur pourtour de poils réfléchis; feuilles ord. obovales et glabres ou glabrescentes, atténuées en un court pétiole et munies en dessous de nervures saillantes; fleurs en capitule ou en épis serrés. ♃ juin-sept. — T. C. Pelouses, coteaux, lieux secs et herbeux.

Var. *angustifolius* Godr.; feuilles sublinéaires ou lancéolées-linéaires.

Var. *hirsutus* Rchb.; feuilles hérissées sur la face infér. de longs poils mous, étalés.

T. Chamædrys Fries; *T. Serpyllum* var. *Chamædrys* Coss. et Germ. — Tiges couchées-ascendantes, radicantes seulement à la base, peu rameuses, à rameaux non disposés en série et munis de deux lignes de poils opposés; feuilles bien plus grandes que dans l'espèce précédente, ovales ou suborbiculaires, brusquement contractées en pétiole, à nervures non saillantes; fleurs en épi serré, interrompu à la base. ⵗ juin-sept. — A. R. Avec le précédent.

6. **HYSSOPUS** Tourn. (Hysope). — Calice tubuleux-obconique, strié, non barbu à la gorge, ni labié, à 5 dents presques égales; corolle bilabiée, à lèvre supér. presque plane, dressée, émarginée, l'infér. 3-lobée, à lobe médian émarginé, bien plus grand que les latéraux; étamines 4, longuement exsertes, divergentes; anthères à loges divergentes, réunies au sommet.

1. **H. officinalis** L. — Tige ligneuse à la base, très rameuse; feuilles linéaires-lancéolées, uninervées, subsessiles; fleurs d'un beau bleu, en fascicules subsessiles, formant un épi terminal, unilatéral, feuillé. ⵗ juill.-sept. — R. Naturalisé sur les vieux murs, les ruines et dans les fentes des rochers aux voisinages des anciennes habitations : coteau des Célestins près Mantes, Boigneville, château de Rochefort près Dourdan, Provins, etc.

7. **CALAMINTHA** Tourn. (Calament). — Calice étroitement cylindrique, strié, glabre ou barbu à la gorge, bilabié, à lèvre supér. 3-dentée, l'infér. bifide; corolle bilabiée, à lèvre supér. presque plane, dressée, l'infér. à 3 lobes presque égaux; étamines 4, arquées, conniventes au sommet; anthères à loges divergentes et distinctes.

1 — Fleurs en fascicules corymbiformes, pédonculés; calice à tube droit, non courbé à la base. 2
— Fleurs en fascicules corymbiformes, sessiles; calice à tube courbé, plus ou moins gibbeux à la base 4

2 — Cymes florales denses; calice à dents presque égales, muni à la gorge de poils exserts. . . . . *C. Nepeta.*
— Cymes florales lâches; calice à dents très inégales, muni à la gorge de poils inclus 3

3 — Feuilles à dents saillantes, aiguës; corolle purpurine à lobe moyen de la lèvre infér. entier. . . . . *C. officinalis.*
— Feuilles à dents peu prononcées, obtuses; corolle blanchâtre ou lilacée à lobe moyen de la lèvre infér. émarginé. *C. menthæfolia.*

4 — Fleurs grandes, purpurines, en fascicules denses, entourés d'un grand nombre de bractéoles sétacées et ciliées. *C. Clinopodium.*
— Fleurs petites, violettes, en fascicules pauciflores, non entourés de bractéoles . . . . *C. Acinos.*

1. **C. officinalis** Mœnch; *C. silvatica* Bromf. — Plante à odeur agréable; souche rampante, stolonifère; tiges dressées, flexueuses, peu rameuses; feuilles assez grandes, toutes pétiolées, à dents saillantes, aiguës, les infér. presque orbiculaires, les supér. ovales; calice à tube droit, muni à la gorge de poils inclus; corolle purpu-

rine, 2-3 fois plus longue que le calice, à lobe médian de la lèvre infér. entier. ♃ juill.-sept. — C. Bois herbeux.

2. **C. menthaefolia** Host; *C. adscendens* Jord. — Plante à odeur fétide; souche non rampante, ni stolonifère; tiges dressées, non flexueuses, très rameuses; feuilles de même forme que dans l'espèce précédente, mais de moitié plus petites, à dents peu prononcées, obtuses; calice à tube droit, muni à la gorge de poils inclus; corolle blanchâtre ou lilacée, 1 fois 1/2 plus longue que le calice, à lobe médian de la lèvre infér. émarginé. ♃ juill.-sept. — R. Lieux secs et herbeux : St-Germain, Maisons-Laffite, Beauvais, Villers-Cotterets.

3. **C. Nepeta** Clairv.—Plante à odeur forte, un peu fétide; souche courte, rampante; tiges couchées à la base, puis redressées, flexueuses, très rameuses; feuilles petites, grisâtres, ovales-rhomboïdales, à dents peu prononcées, obtuses; calice à tube droit, muni à la gorge de poils exserts; corolle petite, lilacée, une fois plus longue que le calice, à lobe médian de la lèvre infér. tronqué. ♃ juill.-sept. —T. R. Lieux secs et pierreux : La Ferté-sous-Jouarre, Compiègne, Villers-Cotterets.

4. **C. Acinos** Clairv. — Racine fibreuse; tige dressée, rameuse dès la base; feuilles petites, ovales-rhomboïdales, atténuées en pétiole, à dents peu prononcées; fleurs géminées ou ternées, formant des fascicules axillaires, sessiles; calice à tube allongé, courbé, gibbeux à la base, contracté au-dessus de la gibbosité; corolle petite lilacée ou rougeâtre, rar. blanche. ⊙ juin-août. — T. C. Champs secs, lieux incultes.
Var. *villosa; Acinos villosus* Pers. ; *C. Acinos* var. *canescens* Coss. et Germ.; plante plus robuste, très rameuse, toute couverte de poils blanchâtres. — R. Avec le type : Malesherbes.

5. **C. Clinopodium** Benth.; *Clinopodium vulgare* L. — Souche rampante; tiges dressées, flexueuses, simples ou rameuses; feuilles assez grandes, ovales-lancéolées, brièvement pétiolées, superficiellement dentées; fleurs en fascicules multiflores, denses, sessiles, entourés d'un grand nombre de bractées sétacées et ciliées; calice à tube allongé, courbé, obscurément gibbeux; corolle purpurine, 2 fois plus longue que le calice. ♃ juill.-sept. — T. C. Bois, lieux secs et incultes.

8. **MELISSA** Tourn. (Mélisse). — Calice campanulé, bilabié, déprimé et plan en dessus, barbu à la gorge; corolle à lèvre supér. concave; anthères à loges divergentes, réunies au sommet. (Les autres caractères sont ceux du genre *Calamintha*.)

1. **M. officinalis** L. — Plante à odeur agréable; tiges dressées, rameuses; feuilles toutes pétiolées, ovales-cunéiformes, ridées en réseau, superficiellement crénelées, un peu décurrentes sur le

pétiole; fleurs petites, pédicellées, blanches, tachées de rose, réunies par 6-12 en cymes axillaires, denses, pédonculées, plus courtes que la feuille axillante. ♃ juill.-août. — Plante souv. cultivée, se trouve çà et là dans les haies à l'état subspontané et toujours au voisinage des habitations.

9. **SATUREIA** Tourn. (Sarriette). — Calice campanulé, strié, glabre à la gorge, non labié, à 5 dents presque égales; corolle bilabiée, à lèvre supér. plane, dressée, l'infér. à 3 lobes presque égaux; étamines 4, arquées, conniventes au sommet; anthères à loges divergentes et distinctes.

1. **S. montana** L. — Plante à odeur aromatique, agréable; tige ligneuse à la base, rameuse, à rameaux dressés; feuilles subsessiles, linéaires-lancéolées, raides, coriaces, atténuées à la base, brièvement acuminées au sommet; fleurs médiocres, blanchâtres ou rosées, disposées par 2-7 en petites cymes pédonculées, formant par leur réunion une longue grappe feuillée. ♄ juill.-août. — R. Colline de la Justice près Malesherbes, où il provient d'anciennes cultures; assez abondamment naturalisé à la lapinière de Darvault près Nemours.

10. **NEPETA** L. — Calice tubuleux, non labié à 5 dents presque égales; corolle à tube arqué, bilabiée, à lèvre supér. presque plane, dressée, l'infér. 3-lobée, à lobe moyen orbiculaire, concave, plus grand que les latéraux; étamines 4, rapprochées, parallèles; anthères à loges divergentes, réunies au sommet.

1. **N. Cataria** L. (Chataire, Herbe aux chats). — Plante à odeur forte, pénétrante; tige dressée, très rameuse; feuilles toutes pétiolées, triangulaires, un peu cordées à la base, fortement crénelées, tomenteuses, blanchâtres en dessous; fleurs petites, blanches, tachées de rouge, en fascicules denses, pédonculés, formant une grappe spiciforme. ♃ juill.-sept. — A. C. Bords des chemins, décombres, lieux incultes.

11. **GLECHOMA** L. — Calice tubuleux, non labié, à 5 dents inégales, les 3 supér. plus longues; corolle à tube droit, bilabiée, à lèvre supér. presque plane, dressée, l'infér. 3-lobée, à lobe moyen obcordé, plan, plus grand que les latéraux; étamines 4, rapprochées, parallèles; anthères à loges rapprochées par paire en croix.

1. **G. hederacea** L. (Lierre terrestre). — Tiges grêles, couchées-redressées, émettant des stolons filiformes, radicants; feuilles pétiolées, réniformes-suborbiculaires, crénelées, ridées en réseau; fleurs violacées ou lilacées, souv. assez grandes, réunies par 1-4 en glomérules unilatéraux, brièvement pédonculés. ♃ avril-mai. — T. C. Haies, bois, lieux frais et herbeux.

12. **LEONURUS** L. (Agripaume). — Calice tubuleux-campanulé, non labié, à 5 dents épineuses, un peu inégales ; corolle bilabiée, à lèvre supér. un peu concave, dressée, l'infér. 3-lobée, à lobes latéraux oblongs, le moyen un peu plus grand, obcordé, s'enroulant après l'épanouissement ; étamines 4, rapprochées, parallèles, les 2 infér. plus longues, déjetées latéralement après l'anthèse ; anthères à loges opposées, réunies au sommet.

1. **L. Cardiaca** L. (Agripaume, Cardiaque). — Tige dressée, robuste, assez élevée, rameuse ; feuilles pétiolées, pubescentes-blanchâtres en dessous, les infér. palmatipartites, cordées à la base, les supér. lancéolées-cunéiformes, 2-3 dentées au sommet ; fleurs rosées, en glomérules serrés formant une longue grappe spiciforme, feuillée ; corolle munie vers le milieu du tube d'un anneau de poils oblique. ♃ Juin-sept. — A. C. Décombres, haies, bords des chemins ; toujours au voisinage des habitations.

13. **LAMIUM** Tourn. (Lamier). — Calice tubuleux-campanulé, non labié, à 5 dents, subulées, non épineuses, presque égales ou les supér. plus longues ; corolle bilabiée, ord. munie d'un anneau de poils à la gorge, à lèvre supér. grande, en casque, l'infér. à 3 lobes ord. inégaux, les latéraux plus petits que le médian, dentiformes ou nuls, rar. lancéolés ; étamines 4, rapprochées, parallèles, les 2 infér. plus longues, rar. déjetées après l'anthèse ; anthères à loges opposées, réunies au sommet.

1 { Fleurs blanches ou purpurines ; anthères barbues. 2
  { Fleurs jaunes ; anthères glabres . . . . *L. Galeobdolon.*

2 { Feuilles toutes pétiolées 3
  { Feuilles supér. sessiles, embrassantes, réniformes. *L. amplexicaule.*

3 { Corolle à tube droit 4
  { Corolle à tube courbé 5

4 { Feuilles supér. profondément incisées-crénelées ; tube de la corolle
  {   plus court que le calice. . . . . *L. hybridum.*
  { Feuilles crénelées-dentées ; tube de la corolle plus long que le
  {   calice. . . . . *L. purpureum.*

5 { Corolle purpurine, pourvue à la gorge d'un anneau de poils
  {   horizontal ; lèvre infér. munie de 1 dent de chaque côté de sa
  {   base . . . . *L. maculatum.*
  { Corolle blanche, pourvue, à la gorge d'un anneau de poils oblique ;
  {   lèvre infér. munie de 2 dents de chaque côté de sa base. *L. album.*

1. **L. amplexicaule** L. — Tiges dressées ; feuilles infér. pétiolées, orbiculaires, crénelées, cordées à la base ; feuilles supér. sessiles, embrassantes, réniformes, crénelées-lobées ; calice fructifère à dents conniventes ; corolle purpurine, petite, quelquefois rudimentaire, à tube grêle, droit, plus long que le calice. ⊙ avril-oct. — T. C. Lieux cultivés.

2. **L. hybridum** Vill. ; *L. incisum* Willd. — Tiges couchées-

ascendantes ; feuilles toutes pétiolées, les infér. suborbiculaires, les supér. subtriangulaires, décurrentes sur le pétiole, profondément incisées-crénelées ; calice fructifère à dents divariquées ; corolle petite, purpurine. à tube grêle, droit, plus court que le calice. ⊙ avril-mai. — A. C. Champs, friches et lieux cultivés.

3. **L. purpureum** L. (Ortie - rouge). — Tiges ascendantes ; feuilles toutes pétiolées, ovales-obtuses ou subtriangulaires, cordées à la base, plus ou moins crénelées ; calice fructifère à dents divariquées ; corolle purpurine à tube droit, plus long que le calice, brusquement dilaté à la gorge, ord. muni d'un anneau de poils transversal ; lèvre infér. munie de 2 dents de chaque côté de sa base. ⊙, ② avril-mai. — T. C. Lieux cultivés.

4. **L. maculatum** L. — Tiges couchées-ascendantes, souv. radicantes aux nœuds ; feuilles toutes pétiolées, souv. tachées de blanc, ovales-subtriangulaires, profondément dentées, cordées à la base ; calice à dents étalées ; corolle purpurine, rar. blanche, grande, à tube courbé, plus long que le calice, muni à la gorge d'un anneau de poil horizontal ; lèvre infér. munie de 1 dent de chaque côté de sa base. ♃ avril-oct. — T. R. Haies, bords des chemins : naturalisé entre Mignaux et Poissy, Mantes, où il n'est probablement pas spontané.

5. **L. album** L. (Ortie-blanche). — Tiges dressées-ascendantes ; feuilles pétiolées, ovales-acuminées, cordées à la base, fortement dentées, les supér. subsessiles ; calice à dents longuement subulées, étalées ; corolle blanche, grande, à tube courbé, plus long que le calice, muni à la gorge d'un anneau de poils oblique ; lèvre infér. munie de 2 dents de chaque côté de sa base. ♃ avril-oct. — T. C. Haies, bords des chemins.

6. **L. Galeobdolon** Crantz ; *Galeobdolon luteum* Huds. (Ortie-jaune).—Tiges florifères dressées, les stériles couchées, radicantes ; feuilles pétiolées, ovales-acuminées, cordées à la base, fortement dentées, les supér. subsessiles ; calice à dents inégales, lancéolées, très étalées ; corolle jaune, grande, à tube courbé, égalant le calice, muni à la gorge d'un anneau de poils très oblique ; lèvres infér. à 3 lobes inégaux, lancéolés, aigus. ♃ avril-juin. — A. C. Bois.

14. **BALLOTA** Tourn. — Calice campanulé-infundibuliforme, à 5 dents larges et égales, ou à 10 dents alternativement grandes et petites, pliées en long ; corolle bilabiée, munie intérieurement d'un anneau de poils, à lèvre supér. dressée, concave, l'infér. 3-lobée, à lobe moyen plus grand que les latéraux ; étamines 4, rapprochées, parallèles, les 2 infér. plus longues, non déjetées après l'anthèse ; anthères à loges distinctes et divergentes.

1. **B. fœtida** Lam.; *B. nigra* Sm. et Auct. gall. (non L.); (Marrube noir). — Plante à odeur désagréable ; tige assez robuste, dressée,

rameuse; feuilles toutes pétiolées, ovales ou ovales-suborbiculaires, crénelées; fleurs purpurines. ♃ juin-août. — T. C. Haies, bords des chemins, décombres.

15. **STACHYS** L. (Épiaire). — Calice tubuleux-campanulé, à 5 dents épineuses, presque égales; corolle bilabiée, à tube muni d'un anneau de poils, à lèvre supér. dressée, concave, l'infér. 3-lobée, à lobe moyen plus grand que les latéraux; étamines 4, les 2 infér. plus longues, déjetées hors de la corolle après l'anthèse; anthères à loges opposées bout à bout.

1	Bractéoles aussi longues ou presque aussi longues que le calice, celui-ci à dents sensiblement inégales.	2
	Bractéoles nulles ou dépassant à peine le pédicelle; calice à dents égales ou presque égales	3
2	Plante blanchâtre argentée, tomenteuse-soyeuse; calice laineux à dents triangulaires. . . . . *S. germanica.*	
	Plante velue, mais non blanchâtre soyeuse; calice velu à dents ovales. . . . . *S. alpina.*	
3	Fleurs purpurines ou rosées.	4
	Fleurs d'un blanc jaunâtre	7
4	Souche vivace, rampante; corolle purpurine une fois plus longue que le calice	5
	Racine annuelle, non rampante; corolle rosée dépassant à peine le calice. . . . . *S. arvensis.*	
5	Tiges glanduleuses au sommet; feuilles longuement pétiolées, largement ovales-lancéolées, profondément cordées. *S. silvatica.*	
	Tiges peu ou pas glanduleuses; feuilles sessiles ou brièvement pétiolées, oblongues-lancéolées, un peu cordées.	6
6	Feuilles pétiolées, fortement dentées; corolle d'un pourpre foncé. . . . . *S. ambigua.*	
	Feuilles subsessiles, superficiellement dentées; corolle d'un pourpre pâle, tachée de blanc. . . . . *S. palustris.*	
7	Racine annuelle; dents du calice terminées par une épine ciliée; tube de la corolle muni d'un anneau de poils transversal. *S. annua.*	
	Souche vivace; subligneuse; dents du calice terminées par une épine glabre; tube de la corolle muni d'un anneau de poils oblique. . . . . *S. recta.*	

1. **S. germanica** L. — Plante blanchâtre-argentée, tomenteuse-soyeuse; feuilles épaisses, lancéolées, crénelées, cordées à la base, les infér. pétiolées, les supér. sessiles; calice blanc-laineux, velu à la gorge, à dents triangulaires aiguës; corolle purpurine à tube muni d'un anneau de poils transversal. ② juin-août. — A. R. Bords des chemins.

2. **S. alpina** L. — Plante velue, mais non blanchâtre-soyeuse; feuilles vertes, minces, fortement crénelées, les infér. pétiolées, grandes, ovales, cordées, les supér. sessiles, plus petites, lancéolées; calice velu-glanduleux, velu à la gorge, à dents ovales,

acuminées; corolle d'un pourpre obscur, à tube muni d'un anneau de poils oblique. ♃ juill.-août. — R. Montmorency, Lévignen, Dreux, Villers-Cotterets, etc.

3. **S. silvatica** L. — Plante fétide, à souche rampante; tige velue-glanduleuse au sommet; feuilles longuement pétiolées, grandes, ovales-lancéolées, acuminées, profondément cordées, fortement dentées; calice velu-glanduleux, nu à la gorge; corolle purpurine, striée de blanc, une fois plus longue que le calice, à tube muni d'un anneau de poils oblique. ♃ juill.-août. — T. C. Haies, bois.

✕ **S. ambigua** Sm.; *S. palustri-silvatica* Schiede. — Souche ord. rampante; tige non glanduleuse ou à peine glanduleuse; feuilles pétiolées, à pétiole court, oblongues-lancéolées, fortement dentées, un peu cordées; calice nu à la gorge; corolle purpurine une fois plus longue que le calice, à tube muni d'un anneau de poils un peu oblique. Plante intermédiaire entre les *S. silvatica* et *palustris* dont elle est un produit hybride. ♃ juill.-août. — T. R. Au milieu des parents : St-Germain, Mareil-Marly?, Beauvais?.

4. **S. palustris** L. — Souche rampante; tige ord. simple, non glanduleuse; feuilles subsessiles, oblongues-lancéolées, superficiellement dentées, un peu cordées à la base, les supér. amplexicaules; calice velu-glanduleux, nu à la gorge; corolle d'un pourpre pâle, tachée de blanc, une fois plus longue que le calice, à tube muni d'un anneau de poils oblique. ♃ juill.-août. — T. C. Ruisseaux, fossés, bords des eaux.

5. **S. arvensis** L. — Racine fibreuse, non rampante; tiges rameuses, ascendantes-dressées, non glanduleuses; feuilles ovales, obtuses, crénelées, cordées à la base, pétiolées, les supér. sessiles; calice hérissé, nu à la gorge; corolle rosée, dépassant à peine le calice, à tube muni d'un anneau de poils transversal. ⊙ juill.-oct.— C. Champs sablonneux ou argileux.

6. **S. annua** L. — Souche herbacée; tige rameuse, à rameaux allongés, étalés; feuilles oblongues-lancéolées, crénelées, atténuées en pétiole, les supér. lancéolées, sessiles; calice velu-glanduleux, nu à la gorge, à dents terminées par une épine ciliée; corolle d'un blanc jaunâtre, à lèvre infér. non tachée, à tube muni d'un anneau de poils transversal. ⊙ juill.-oct. — T. C. Champs calcaires ou argileux.

7. **S. recta** L. (Crapaudine). — Souche subligneuse; tiges simples ou peu rameuses, ascendantes-dressées; feuilles oblongues-lancéolées, crénelées, atténuées en un court pétiole, les supér. sessiles; calice hérissé, nu à la gorge, à dents terminées par une épine non ciliée; corolle d'un blanc jaunâtre, à lèvre infér. tachée de brun, à tube muni d'un anneau de poils oblique. ♃ juin-août. — C. Bois et coteaux calcaires.

16. **BETONICA** Tourn. (Bétoine). — Corolle à tube dépourvu d'anneau de poils ; étamines non déjetées en dehors après l'anthèse ; anthères à loges parallèles. (Les autres caractères sont ceux du genre *Stachys*, mais le port est différent.)

1. **B. officinalis** L. — Souche épaisse ; tige ord. simple, dressée, presque nue, munie seulement de 1-2 paires de feuilles, celles-ci ovales-oblongues, obtuses, largement crénelées, cordées à la base, les radicales nombreuses, longuement pétiolées, les caulinaires plus étroites, sessiles ; fleurs purpurines en épi terminal dense, souv. un peu interrompu à la base ; calice velu, longuement cilié à la gorge, à dents subulées, épineuses. ♃ juin-sept. — T. C. Prairies, clairières, bords des bois.

17. **GALEOPSIS** Tourn. — Calice tubuleux-campanulé, à 5 dents épineuses, presque égales ; corolle bilabiée, à gorge dilatée, munie de 2 plis coniques, dentiformes, à lèvre supér. en casque, l'infér. 3-lobée, à lobe moyen plus grand ; étamines 4, rapprochées, parallèles, les 2 infér. plus longues ; anthères à loges opposées bout à bout.

1. **G. Tetrahit** L. — Tige dressée, simple ou rameuse, hérissée de poils raides, noueuse au-dessous de l'insertion des rameaux ; feuilles pétiolées, ovales-lancéolées, fortement crénelées, arrondies ou cordées à la base ; fleurs en glomérules denses, les infér. distincts, les supér. confluents ; corolle purpurine, rosée ou blanche, à tube ord. inclus, à lèvre infér. tachée de jaune et de rouge. ⊙ juill.-sept. — T. C. Champs, haies, bois.

2. **G. angustifolia** Ehrh. ; *G. Ladanum* Auct. mult. (an L.?) — Tige dressée, à rameaux ascendants, non renflés-noueux ; feuilles lancéolées-linéaires ou linéaires, acuminées, longuement atténuées en pétiole à la base, munies sur les côtés de quelques dents écartées ; fleurs en glomérules confluents, l'infér. seul espacé-distinct ; bractées plus longues que le calice ; corolle purpurine, rosée ou blanche, à tube bien plus long que le calice. ⊙ juill.-sept. — T. C. Moissons, champs, lieux incultes.

3. **G. dubia** Leers ; *G. ochroleuca* Lam. — Tige dressée simple ou rameuse, non renflée-noueuse, à rameaux étalés ; feuilles ovales-lancéolées, atténuées aux deux extrémités, dentées dans toute leur longueur ; fleurs en glomérules distincts ; bractées plus courtes que le calice ; corolle grande, jaunâtre ou purpurine, tachée de jaune, à tube bien plus long que le calice. ⊙ juill.-sept. — R. Moissons, champs, lieux incultes : Marcoussis, Thurelles, Dreux ; manque sur le calcaire.

18. **MARRUBIUM** Tourn. (Marrube). — Calice tubuleux, muni d'un anneau de poils à la gorge, à 10 dents ou plus, inégales,

sétacées, uncinées au sommet, non épineuses; corolle bilabiée, à lèvre supér. plane, dressée, bifide, l'infér. étalée, 3-lobée; étamines 4, parallèles, incluses, les 2 infér. plus longues; anthères à loges opposées, réunies bout à bout.

1. **M. vulgare** L. (Marrube blanc). — Plante blanchâtre-tomenteuse, à odeur pénétrante; tiges rameuses dès la base, dressées; feuilles pétiolées, ovales-arrondies, inégalement crénelées, ridées en réseau; fleurs blanches très petites en verticilles très denses, espacés. ♃ juin-oct. — T. C. Bords des chemins, lieux incultes, décombres. — Une monstruosité de cette espèce, à feuilles cunéiformes, incisées-palmées, atténuées en un long pétiole, à lèvre supér. de la corolle profondément bifide et à ovaires avortés, constitue le *M. Vaillantii* Coss. et Germ. observé à Étampes et à Fontainebleau.

19. **MELITTIS** L. — Calice campanulé, enflé, bilabié, à lèvre supér. entière ou 3-dentée, l'infér. bifide; corolle bilabiée, à lèvre supér. dressée, un peu concave, suborbiculaire, l'infér. 3-lobée, à lobe moyen plus grand; étamines 4, exsertes, rapprochées, parallèles, les 2 infér. plus longues; anthères à loges divergentes, rapprochées par paire en forme de croix.

1. **M. Melissophyllum** L. var. *grandiflora; M. grandiflora* Sm. (Mélisse des bois). — Souche rampante; tige dressée ord. simple; feuilles pétiolées, ovales-oblongues, dentées; fleurs très grandes, unilatérales, d'un blanc jaunâtre, à lèvre infér. ord. tachée de pourpre, solitaires, géminées ou ternées à l'aisselle des feuilles supér. ♃ juin-juill. — C. Bois montueux.

20. **BRUNELLA** Tourn. — Calice tubuleux-campanulé, fermécomprimé à la maturité, bilabié, à lèvre supér. plane, brièvement 3-dentée, l'infér. bifide; corolle bilabiée, à tube muni d'un anneau de poils, à lèvre supér. en casque, entière, l'infér. 3-lobée; étamines 4, rapprochées, parallèles, à filets bifides au sommet, les 2 infér. plus longues; anthères à loges distinctes, divariquées.

1. **B. vulgaris** L. (Brunelle). — Tiges couchées-ascendantes, souv. radicantes; feuilles ovales-oblongues, pétiolées, entières ou sinuées-dentées; fleurs violettes en épi dense; lèvre supér. du calice à dents superficielles, écartées, presque égales; étamines longues à filets munis sous leur sommet d'une pointe subulée, droite. ♃ juin-août. — T. C. Prés, bois, bords des chemins.
Var. *pinnatifida* Rchb.; *B. pinnatifida* Pers.; feuilles toutes ou presque toutes pennatifides ou pennatipartites.

2. **B. alba** Pall.; *B. vulgaris* var. *alba* Coss. et Germ. — Tiges couchées-ascendantes, un peu radicantes; feuilles ovales-oblongues,

pétiolées, entières ou à peine sinuées-dentées; fleurs d'un blanc jaunâtre, en épi dense; lèvre supér. du calice à dents plus larges et plus profondes que dans le *B. vulgaris,* se recouvrant par leurs bords, la médiane plus longue que les latérales; étamines longues, à filets munis sous leur sommet d'une pointe subulée, courbée. ♃ juin-août. — A. R. Coteaux, lieux herbeux.

Var. *pinnatifida* Kch.; feuilles presque toutes pennatifides.

3. **B. grandiflora** Jacq. — Tiges couchées-ascendantes, radicantes; feuilles ovales-oblongues, pétiolées, entières ou sinuées-dentées; fleurs grandes, purpurines ou violacées, en épi dense; lèvre supér. du calice à dents écartées, les latérales acuminées-subulées, plus longues que la médiane; étamines longues à filets munis sous leur sommet d'un petit tubercule. ♃ juin-août. — A. C. Coteaux secs, lieux herbeux, principalement sur le calcaire.

Var. *pinnatifida* Kch. et Ziz; feuilles presque toutes pennatifides ou pennatipartites.

21 **SCUTELLARIA** L. (Toque). — Calice campanulé, fermé après la floraison, bilabié, à lèvres entières, la supér. munie à sa base d'une écaille saillante, transversale, caduque à la maturité; corolle bilabiée, à tube intérieurement nu, à lèvre supér. en casque, 3-lobée, l'infér. presque entière; étamines 4 rapprochées, parallèles, les 2 infér. plus longues, à anthères 1-loculaires; anthères des étamines supér. à loges opposées et réunies bout à bout.

1. **S. galericulata** L. — Tige dressée, simple ou rameuse, non glanduleuse; feuilles brièvement pétiolées, lancéolées-oblongues, crénelées, cordées à la base; fleurs solitaires, axillaires, unilatérales; calice glabre; corolle grande, bleue ou violacée, à tube courbé près de sa base. ♃ juill.-sept. — C. Marais, bords des eaux.

2. **S. minor** L. — Tiges grêles, courtes, ord. rameuses dès la base; feuilles petites, entières, brièvement pétiolées, les infér. ovales-lancéolées, les supér. lancéolées presque hastées; fleurs disposées comme celles du précédent; calice hérissé; corolle petite rosée ou d'un bleu pâle, à tube droit. ♃ juill.-sept. — A. R. Marais, prés et bois humides, principalement sur la silice.

3. **S. Columnæ** All. — Tiges dressées, simples ou rameuses, pubescentes-glanduleuses au sommet; feuilles grandes, longuement pétiolées, profondément crénelées, les infér. ovales, un peu cordées, les supér. plus étroites, à pétiole plus court; fleurs solitaires, en épi lâche, allongé; calice velu-glanduleux; corolle grande, purpurine-violacée, à tube courbé près de sa base. ♃ juin-juill. — R. Naturalisé dans les bois de Vincennes, de Meudon, de Jouy et de Dreux; originaire de la région méditerranéenne et de l'Europe orientale.

22, **AJUGA** L. (Bugle). — Calice campanulé, à 5 dents presque égales; corolle submarcescente, subunilabiée, à tube muni d'un anneau de poils, à lèvre supér. très courte, émarginée, l'infér. allongée, 3-lobée; étamines 4. rapprochées, parallèles, saillantes, les infér. plus longues; anthères à loges opposées et réunies bout à bout.

<table>
<tr><td rowspan="2">1</td><td>Feuilles la plupart oblongues ou obovées; fleurs bleues, roses ou blanches, en glomérules axillaires . . . .</td><td>2</td></tr>
<tr><td>Feuilles la plupart 3-partites à divisions linéaires; fleurs jaunes, solitaires ou géminées à l'aisselle des feuilles. A. Chamœpitys.</td><td></td></tr>
<tr><td rowspan="2">2</td><td>Fleurs en grappe allongée, plus ou moins interrompue; feuilles florales supér. plus courtes que les fleurs. . . . .</td><td>3</td></tr>
<tr><td>Fleurs en grappe courte, dense, continue; feuilles florales toutes une fois plus longues que les fleurs. . . . . A. pyramidalis.</td><td></td></tr>
<tr><td rowspan="2">3</td><td>Tige velue sur 2 faces opposées, munie à sa base de nombreux stolons allongés; feuilles radicales persistantes . . A. reptans.</td><td></td></tr>
<tr><td>Tige velue sur les 4 faces, dépourvue de stolons; feuilles radicales détruites au moment de l'anthèse . . . . . . A. genevensis.</td><td></td></tr>
</table>

1. **A. reptans** L. — Souche émettant de nombreux stolons épigés, allongés, feuillés; tige dressée, simple, velue seulement sur 2 faces opposées; feuilles radicales persistantes, grandes, oblongues ou obovées, longuement pétiolées, les caulinaires plus petites, subsessiles; fleurs bleues, rar. blanches, en grappe allongée, interrompue à la base; bractées supér. plus courtes que les fleurs. ♃ avril-juin. — T. C. Prés, bois, lieux herbeux.

2. **A. genevensis** L. — Souche munie de stolons hypogés; tige dressée, simple, velue sur les 4 faces; feuilles radicales oblongues ou obovales, pétiolées, détruites au moment de l'anthèse, les caulinaires sessiles; fleurs bleues ou roses, en grappe allongée, ord. interrompue dans presque toute sa longueur; bractées supér. plus courtes que les fleurs. ♃ mai-juin. — T. C. Coteaux secs et lieux herbeux.

3. **A. pyramidalis** L.; A. genevensis var. pyramidalis Coss. et Germ. — Souche dépourvue de stolons; tige dressée, simple; feuilles radicales persistantes, grandes, obovées, atténuées en pétiole, les caulinaires plus petites, sessiles; fleurs petites, d'un bleu pâle, en grappe courte, serrée, tétragone, continue; bractées toutes une fois plus longues que les fleurs. ♃ mai-juin. — T. R. Bois, lieux herbeux : forêt de Chantilly? aux env. de Coye.

4. **A. Chamœpitys** Schreb. — Racine grêle; tiges rameuses dès la base, couchées-diffuses, puis redressées; feuilles velues-visqueuses, les infér. linéaires-oblongues, entières, atténuées en pétiole, les supér. 3-partites, à segments linéaires, sessiles; fleurs jaunes, solitaires ou géminées à l'aisselle des feuilles, formant une grappe lâche, allongée. ⊙ juill.-oct. — T. C. Champs et moissons.

23. **TEUCRIUM** L. (Germandrée). — Calice tubuleux ou campanulé, à 5 dents presque égales ou la supér. plus large; corolle caduque, subunilabiée, à tube dépourvu d'anneau de poils, à lèvre supér. profondément fendue, à lobes rejetés vers la lèvre infér., celle-ci 3-lobée, à lobe moyen plus grand; étamines 4, saillantes, rapprochées, parallèles, les 2 infér. plus longues; anthères à 2 loges opposées et réunies bout à bout.

1 { Fleurs en grappes très allongées, non feuillées; calice bilabié à lèvre supér. très grande. . . . .*T. Scorodonia.*
Fleurs en glomérules axillaires, en capitules terminaux, ou en grappes courtes, feuillées; calice à 5 dents presque égales. . . 2

2 { Fleurs d'un blanc jaunâtre en capitules serrés et déprimés. *T. montanum.*
Fleurs purpurines ou violacées, en glomérules axillaires ou en grappe courte, unilatérale. 3

3 { Tiges subligneuses à la base; fleurs en grappe courte, dense, unilatérale; pédicelles 2 fois plus courts que le calice. *T. Chamædrys.*
Tiges herbacées; fleurs en glomérules axillaires, pauciflores; pédicelles égalant le calice 4

4 { Racine pivotante, sans stolons; feuilles toutes pétiolées, bipinnatifides . . . . *T. Botrys.*
Souche rampante, stolonifère; feuilles toutes sessiles, crénelées . . . . *T. Scordium.*

1. **T. Scorodonia** L. (Germandrée sauvage). — Souche épaisse, rampante, stolonifère; tige assez élevée, herbacée, dressée, rameuse au sommet; feuilles toutes pétiolées, ridées en réseau, ovales ou oblongues, cordées à la base; fleurs d'un jaune verdâtre, axillaires, solitaires, en grappe allongée, unilatérale non feuillée; calice paraissant bilabié par le grand développement de la lèvre supér. ♃ juill.-sept. — T. C. Bois et taillis.

2. **T. Botrys** L. — Racine grêle, non stolonifère; tiges basses, nombreuses, herbacées, ascendantes, simples ou rameuses; feuilles toutes pétiolées, bipinnatifides, à segments oblongs; fleurs purpurines, à pédicelle égalant le calice, géminées ou ternées, axillaires, formant une grappe unilatérale, feuillée; calice enflé-gibbeux. ⊙ juill.-sept. — C. Champs secs et calcaires.

3. **T. Scordium** L. (Germandrée aquatique).—Souche rampante, stolonifère; tiges souv. assez élevées, herbacées, rameuses, ascendantes, radicantes; feuilles toutes sessiles, oblongues, fortement crénelées, les caulinaires un peu embrassantes, les supér. atténuées; fleurs petites, d'un pourpre pâle ou violacées, à pédicelle égalant le calice, unilatérales, solitaires ou géminées à l'aisselle des feuilles supér.; calice velu à la gorge. ♃ juill.-sept. — A. C. Bords des eaux, lieux humides et marécageux.

4. **T. Chamædrys** L. (Petit Chêne).—Souche subligneuse, ram-

pante, munie de stolons filiformes ; tiges basses, subligneuses à la base, nombreuses, rameuses, couchées-ascendantes ; feuilles brièvement pétiolées, coriaces, luisantes en dessus, ovales-lancéolées, crénelées, les supér. subsessiles ; fleurs purpurines, à pédicelles 2 fois plus courts que le calice, axillaires, géminées ou ternées, en grappes unilatérales, denses ; calice velu à gorge. ♃ juin-sept. — C. Coteaux secs, principalement calcaires.

5. **T. montanum** L. — Souche ligneuse, non rampante-stolonifère ; tiges basses, subligneuses, nombreuses, très rameuses, étalées en cercle, redressées au sommet ; feuilles lancéolées ou sublinéaires, entières, atténuées à la base, à bords roulés en dessous ; fleurs d'un blanc jaunâtre, à pédicelles de moitié plus courts que le calice, en capitules terminaux déprimés, serrés ; calice glabre à la gorge. ♃ juin-août. — A. R. Coteaux secs et calcaires : Fontainebleau, Moret, Malesherbes, Mantes, Vernon, etc.; manque sur la silice.

ESPÈCES EXCLUES.

Mentha viridis L., *M. piperita* L. et *M. rubra* Sm., plantes cultivées et souv. subspont. au voisinage des habitations ; *Salvia officinalis* L., espèce cultivée pour l'usage culinaire, *S. silvestris* L. et *S. glutinosa* L., indiqués à Soissons, Lonjumeau et Satory, où ces espèces n'étaient point spontanées et n'ont pas persisté; *Rosmarinus officinalis* L. et *Satureia hortensis* L., fréquemment cultivés dans les jardins ; *Thymus vulgaris* L., naturalisé à la lapinière de Darvault près Nemours et sur les ruines du château de Rochefort près Dourdan : très rare dans ces deux localités, où il ne paraît pas se reproduire ; *Stachys lanata* Jacq., naturalisé depuis plus d'un siècle près du château de Malesherbes, persiste dans cette localité, mais sans gagner du terrain ; *Leonurus Marrubiastrum* L., indiqué à Étampes, où il n'a jamais été retrouvé depuis Thuillier.

LXVIII. VERBÉNACÉES Juss.

Herbes vivaces, à tige tétragone, à feuilles simples, opposées, dépourvues de stipules. Fleurs hermaphrodites, irrégulières, en grappes spiciformes. Calice gamosépale, tubuleux, persistant, à 4-5 divisions. Corolle gamopétale, tubuleuse, caduque, souv. bilabiée, à 4-5 lobes. Étamines 4, didynames, insérées sur le tube de la corolle, les 2 supér. quelquefois stériles ; anthères biloculaires, introrses. Style simple, terminal, à stigmate entier ou bifide. Ovaire supère, ord. entouré à sa base d'un disque charnu, 4-loculaire, à loges ord. uniovulées. Fruit sec ou subdrupacé, se divisant à la maturité en 4 nucules (*achaines*), distincts, ord. monospermes. Graines dépourvues d'albumen.

1. VERBENA Tourn. (Verveine). — Calice tubuleux à 4-5 dents inégales; corolle à tube cylindrique, à limbe subbilabié, divisé en 5 lobes presque égaux; fruit sec, se divisant à la maturité en 4 nucules monospermes.

1. V. officinalis L. — Tiges tétragones, dressées, rameuses; feuilles plus ou moins pétiolées, les infér. oblongues-lancéolées, les moyennes 3-partites, à segments crénelés, le moyen plus grand, les supér. lancéolées, crénelées; fleurs petites, lilacées, sessiles, solitaires à l'aisselle de petites bractées, formant des grappes spiciformes, terminales, grêles, allongées. ♃ juin-oct. — T. C. Lieux incultes, bords des chemins.

LXIX. GLOBULARIÉES DC.

Herbes vivaces à feuilles alternes, entières, coriaces, persistantes, souv. disposées en rosette, dépourvues de stipules. Fleurs hermaphrodites irrégulières, sessiles et rapprochées en capitule compact sur un réceptacle commun muni de paillettes et entouré d'un involucre polyphylle. Calice gamosépale, persistant, tubuleux, à 5 divisions inégales, à gorge fermée par des poils. Corolle gamopétale, tubuleuse, bilabiée, rar. subunilabiée, à lèvre supér. entière ou bifide, plus rar. nulle, à lèvre infér. plus grande, 3-lobée. Etamines 4, par avortement de la postérieure, longuement exsertes, insérées à la gorge de la corolle; anthères à 2 loges divariquées, réunies-confluentes au sommet, s'ouvrant par une fente commune. Style simple, terminal, filiforme; stigmate entier ou bifide. Ovaire supère, uniloculaire, uniovulé. Fruit sec, monosperme, indéhiscent (*achaine*), inclus dans le calice. Graine munie d'un albumen charnu.

1. GLOBULARIA Tourn. (Globulaire). — (Caractères de la famille.)

1. G. Willkommii Nym. Syll. fl. Europ., 140; *G. vulgaris* Auct. (non L.). — Souche subligneuse; tiges simples, dressées; feuilles radicales disposées en rosette, obovées, échancrées au sommet, atténuées en pétiole, les caulinaires plus petites, lancéolées, sessiles; involucre à 9-12 folioles oblongues-acuminées, ciliées, plus courtes que les fleurs; réceptacle hérissé; fleurs bleues, rar. blanches. ♃ mai-juin. — A. R. Coteaux, bois, pelouses secs et calcaires; manque sur la silice.

LXX. PLOMBAGINÉES Juss.

Herbes vivaces, à feuilles toutes radicales, entières, dépourvues de stipules. Fleurs hermaphrodites, régulières, rapprochées en capitule sur un réceptacle commun, muni de paillettes et entouré d'un involucre polyphylle. Calice gamosépale, tubuleux, persistant, ord. scarieux, à 5 côtes et à 5 dents. Corolle marcescente, tantôt gamopétale, tubuleuse, 5-partite, tantôt à 5 pétales libres, onguiculés, en préfloraison tordue. Étamines 5, opposées aux pétales ou aux lobes de la corolle, insérées à la base des pétales ou sur un disque; anthères biloculaires, introrses. Styles 5, libres ou réunis dans une partie de leur longueur; stigmates libres, filiformes. Ovaire supère, uniloculaire, uniovulé, muni au sommet de 5 plis en étoile. Fruit renfermé dans le calice, uniloculaire, monosperme, membraneux, indéhiscent, ou s'ouvrant en 5 valves ou circulairement et irrégulièrement. Graines munies d'un albumen farineux.

1. **ARMERIA** Willd. — Calice infundibuliforme, scarieux, à 5 côtes et à 5 lobes; corolle infundibuliforme, à pétales réunis en anneau à la base, à limbe étalé; étamines insérées sur la base de la corolle; styles plumeux, réunis à la base.

1. **A. plantaginea** Willd.; *A. sabulosa* Jord. — Souche simple, allongée, épaisse; feuilles nombreuses, rapprochées, lineaires-lancéolées, entières, atténuées en pétiole, 3-7-nervées; fleurs roses, en capitules globuleux au sommet d'un long scape raide, dressé; involucre à folioles extérieures lancéolées-acuminées, dépassant longuement les fleurs, les intérieures ovales, obtuses, largement scarieuses. ♃ juill.-sept. — C. Lieux sablonneux; manque sur le calcaire.

LXXI. **PLANTAGINÉES** Juss.

Herbes annuelles ou vivaces, acaules ou caulescentes. Feuilles simples, pétiolées ou sessiles, dépourvues de stipules, disposées en rosette dans les espèces acaules, opposées ou alternes dans les espèces caulescentes. Fleurs hermaphrodites, rar. unisexuées, régulières, réunies en épis denses au sommet de longs pédoncules radicaux ou axillaires, plus rar. solitaires ou subsolitaires. Calice persistant à 4, rar. 3 divisions plus ou moins profondes. Corolle gamopétale, scarieuse, persistante, à 4, rar. 3 divisions, en préfloraison imbriquée. Étamines 4, alternes avec les divisions de la corolle, insérées à la base de la corolle ou sur le réceptacle, longuement saillantes à l'anthèse; anthères biloculaires, introrses. Style simple, filiforme, terminal; stigmate entier ou bilobé. Ovaire supère, à 1-2 loges uni-multiovulées, quelquefois subdivisées en 2 loges secondaires par une fausse cloison. Fruit capsulaire, membraneux, s'ouvrant circulairement par un opercule (*pyxide*), à 2 loges mono-polyspermes, quelquefois subdivisées par une fausse cloison; plus rar. fruit osseux, indéhiscent, uniloculaire, monosperme (*achaine*). Graines à testa devenant mucilagineux par l'humidité; albumen charnu.

1. **PLANTAGO** Tourn. (Plantain). — Fleurs hermaphrodites, en épi; calice à 4 divisions; corolle hypocratériforme, à 4 divisions ; étamines insérées sur le tube de la corolle; fruit capsulaire, membraneux, s'ouvrant circulairement par un opercule, à 2 loges unimultiovulées, quelquefois subdivisées par une fausse cloison.

1 { Plante acaule, non glanduleuse; feuilles en rosette; pédoncules radicaux. 2
Plante caulescente, glanduleuse-visqueuse; feuilles opposées; pédoncules axillaires, opposés . . . . *P. arenaria.*

2 { Feuilles ovales, oblongues ou lancéolées, entières ou superficiellement dentées-sinuées; tube de la corolle glabre 3
Feuilles pennatifides à segments linéaires; tube de la corolle velu dans sa moitié infér. . . . . *P. Coronopus.*

3 { Fleurs en épi cylindrique; bractées obtuses 4
Fleurs en épi ovoïde ou subglobuleux; bractées longuement acuminées. . . . . *P. lanceolata.*

4 { Feuilles assez longuement pétiolées, à 3-5 nervures; corolle grisâtre; anthères brunes; 4-8 graines dans chaque loge. *P. major.*
Feuilles brièvement pétiolées, à 7-9 nervures; corolle et anthères blanches; 2 graines dans chaque loge . . . . . . *P. media.*

1. **P. arenaria** W. et K. (Herbe aux Puces). — Plante velueglanduleuse, visqueuse; tige dressée, rameuse; feuilles opposées, linéaires, très allongées, sessiles; épis ovoïdes, au sommet de pédoncules opposés; bractées infér. orbiculaires, longuement acuminées; corolle à tube glabre; capsule à loges monospermes. ⊙ juin-août. — C. Terrains sablonneux-siliceux.

2. **P. major** L. (Grand Plantain). — Plante acaule; feuilles largement ovales, coriaces, à 3-5 nervures, assez longuement pétiolées, ord. dressées, disposées en rosette radicale; épis cylindriques, très allongés, au sommet de pédoncules radicaux, dressés; bractées ovales, obtuses; corolle grisâtre, à tube glabre; anthères brunes; 4-8 graines dans chaque loge. ♃ mai-oct.—T. C. Bords des chemins, lieux incultes.

Var. *minuta* Gren.; *P. minima* DC.; plante naine; feuilles moins longuement pétiolées, souvent étalées; épis pauciflores au sommet de pédoncules arqués-ascendants.

3. **P. media** L. (Plantain bâtard). — Plante acaule; feuilles ovaleslancéolées, minces, à 7-9 nervures, brièvement pétiolées, étalées en rosette radicale; épis oblongs-cylindriques, assez courts, au sommet de pédoncules radicaux étalés-ascendants; bractées ovales, obtuses; corolle blanche à tube glabre; anthères blanches; 2 graines dans chaque loge. ♃ mai-sept. — T. C. Bords des chemins, lieux incultes.

4. **P. lanceolata** L. — Plante acaule; feuilles lancéolées, atténuées en un assez long pétiole, ord. dressées, toutes radicales;

épis ovoïdes ou oblongs, courts, serrés, au sommet de longs pédoncules radicaux dressés ou ascendants ; bractées ovales, longuement acuminées ; corolle à tube glabre ; capsule à loges 2-spermes. ♃ avril-oct. — T. C. Bords des chemins, prés, lieux herbeux.

Var. *lanuginosa* Kch. ; feuilles couvertes, principalement à la base, de longs poils soyeux.

5. P. Coronopus L. — Plante acaule ; feuilles pennatifides, à segments lancéolés ou linéaires, étalées en rosette radicale ; épis cylindriques ou oblongs, grêles, serrés, au sommet de pédoncules radicaux étalés-ascendants ; bractées ovales, assez longuement acuminées-subulées ; corolle à tube velu dans sa moitié infér. ; 2 graines dans chaque loge, séparées par une fausse cloison. ② juin-sept. — C. Bords des chemins, lieux herbeux et incultes.

2 LITTORELLA L. — Fleurs monoïques ; les mâles solitaires à l'extrémité d'un pédoncule axillaire ; calice à 4 divisions, corolle tubuleuse à 4 divisions ; étamines hypogynes ; fleurs femelles sessiles, géminées ou ternées à la base des pédoncules des fleurs mâles : calice à 3-4 divisions, corolle urcéolée, 3-4-dentée ; fruit osseux, monosperme, indéhiscent.

1. L. lacustris L. — Plante petite, acaule, souv. submergée, mais ne fleurissant que lorsqu'elle est exondée ; rhizômes grêles, filiformes, longuement rampants ; feuilles toute radicales, linéaires, dressées, un peu charnues ; fleurs blanches, les mâles munies de 1-2 bractées, les femelles entourées de 3-4 écailles scarieuses. ♃ juin-août. — A. R. Rives des mares et des étangs siliceux.

LXXII. AMARANTHACÉES R. Br.

Herbes annuelles ou vivaces à feuilles entières, alternes ou opposées, dépourvues de stipules. Fleurs petites, régulières, monoïques, dioïques, hermaphrodites ou polygames, solitaires à l'aisselle d'une bractée scarieuse ou quelquefois d'une feuille, et accompagnées de deux bractéoles latérales ; inflorescence composée le plus souv. de glomérules assez denses, formant par leur réunion une panicule nue ou feuillée. Périanthe à 3-5 divisions persistantes, herbacées ou scarieuses, libres ou connées à la base, presque égales, en préfloraison quinconciale. Étamines 3-5, opposées aux divisions du périanthe, quelquefois alternes avec des staminodes, libres ou réunies par leurs filets ; anthères biloculaires, introrses. Ovaire supère uniloculaire, uni-pluriovulé, surmonté par 2-3 styles libres ou réunis. Fruit à péricarpe membraneux, indéhiscent ou s'ouvrant, soit irrégulièrement, soit par un opercule. Graine ord. solitaire, lenticulaire-réniforme, à testa crustacé ; embryon courbé ou annulaire, entourant un albumen farineux et central.

1 { Feuilles ovales-rhomboïdales, pétiolées ; étamines à filets libres. . 2
{ Feuilles linéaires-subulées, sessiles ; étamines à filets réunis à la
{   base . . . . *Polycnemum* (3).

2 { Fruit s'ouvrant vers le milieu de sa hauteur par un oper-
{   cule. . . . . *Amarantus* (1).
{ Fruit indéhiscent, à péricarpe se déchirant irrégulièrement.
{   *Euxolus* (2).

1. **AMARANTUS** Tourn. (Amarante).—Feuilles ovales-rhomboïdales, pétiolées ; fleurs polygames-monoïques, naissant chacune
à l'aisselle d'une bractée et accompagnées de 2 bractéoles latérales ;
périanthe à 3-5 divisions libres ; étamines 3-5, à filets libres ; fruit
monosperme , s'ouvrant vers le milieu de sa hauteur par un
opercule.

1. **A. retroflexus** L. — Tige robuste, dressée, sillonnée-anguleuse, pubescente, subpulvérulente, ord. simple ; feuilles d'un vert
pâle, ponctuées à la face infér. ; bractées épineuses, une fois plus
longues que le périanthe ; fleurs verdâtres, à 5 divisions oblongues-
lancéolées , réunies en une panicule terminale, compacte, non
feuillée ; étamines 5. ⊙ juill.-sept. — T. C. Décombres et lieux
incultes ; plante importée.

2. **A. silvestris** Desf. ; *A. Blitum* Moq., ap. DC. (non L.). —
Tige glabre, sillonnée, rameuse dès la base, à rameaux étalés,
ascendants ; feuilles d'un vert gai ; bractées non épineuses, égalant
le périanthe ; fleurs verdâtres, à 3 divisions linéaires, formant par
leur réunion une panicule interrompue et feuillée ; étamines 3.
⊙ juill.-sept. — T. C. Décombres et lieux cultivés ; plante importée.

2. **EUXOLUS** Rafin. — Fruit monosperme indéhiscent, à péricarpe se déchirant irrégulièrement. (Le reste comme dans le genre
Amarantus.)

1. **E. Blitum** Gren. ; *E. viridis* Moq. ; *Amarantus* L. — Tige
glabre, rameuse dès la base, à rameaux étalés ou ascendants ;
feuilles d'un vert pâle, souv. maculées de blanc et de brun ; bractées
triangulaires-lancéolées, du double plus courtes que le périanthe ;
fleurs verdâtres, à 3 divisions lancéolées, réunies en panicule interrompue et non feuillée ; étamines 3. ⊙ juill.-sept. —T. C. Décombres
et lieux cultivés ; plante importée.

3. **POLYCNEMUM** L. — Feuilles linéaires-subulées, dilatées-
membraneuses à la base, sessiles ; fleurs hermaphrodites, sessiles,
solitaires ou géminées à l'aisselle d'une feuille, accompagnées de
2 bractées latérales, scarieuses ; périanthe à 5 divisions libres ;
étamines 1-3 ou 5, à filets réunis à la base ; fruit monosperme,
indéhiscent.

1. **P. arvense** L. ; *P. majus* A. Br.—Tiges glabres, très rameuses

dès la base, étalées; feuilles raides, subtriquètres, subulées, un peu piquantes; fleurs très nombreuses, disposées sur toute la longueur des tiges; bractées blanches-scarieuses, bien plus longues que le périanthe; fruit mûr de 1-1 1/2 mill. de long. ⊙ juill.-sept.—C. Champs secs et sablonneux.

P. verrucosum Lange; *P. arvense* Auct. (non L.) — Diffère du précédent par ses tiges plus grêles, par ses bractées égalant seulement la longueur du périanthe, par son fruit de moitié plus petit. ⊙ juill.-sept.—Avec le précédent, mais plus rare.

ESPÈCE EXCLUE.

Euxolus deflexus Rafin.—Plante observée accidentellement dans la rue de Rivoli et sur les berges du canal St-Martin.

LXXIII. SALSOLACÉES Moq.

Herbes annuelles ou vivaces. Feuilles alternes, rar. opposées, entières, sinuées, dentées ou pennatifides, dépourvues de stipules. Fleurs hermaphrodites, monoïques, dioïques ou polygames, petites, nombreuses, verdâtres ou rougeâtres, nues ou accompagnées de 1-2 bractées latérales, rar. solitaires, ord. réunies en glomérules, en cymes ou en panicules. Périanthe persistant, herbacé ou charnu-induré, accrescent après l'anthèse, à 3-5 divisions libres ou connées, en préfloraison quinconciale; périanthe nul dans certaines fleurs femelles et remplacé par 2 bractées opposées, accrescentes, en forme de valves. Étamines 5 ou moins par avortement, libres ou réunies par la base de leurs filets, opposées aux divisions du périanthe, insérées sur le réceptacle ou sur un disque; anthères biloculaires, introrses. Ovaire supère, rar. infère, uniloculaire, uniovulé, surmonté par 2-3-4 styles réunis à la base. Fruit monosperme, indéhiscent, à péricarpe membraneux ou coriace, libre ou induvié par le périanthe accrescent. Graine lenticulaire ou réniforme, horizontale ou verticale, à testa membraneux ou crustacé; albumen abondant ou nul, entourant un embryon spiralé, ou entouré par un embryon annulaire ou semi-annulaire.

1 { Fruit déprimé; graine horizontale. 2
  { Fruit comprimé; graine verticale 3

2 { Fruit enveloppé par le périanthe devenu ligneux et soudé avec lui . . . . *Beta* (2).
  { Périanthe restant herbacé et ne se soudant pas avec le fruit. . . . . *Chenopodium* (3).

3 { Fleurs hermaphrodites; périanthe à 3-5 divisions herbacées ou charnues à la maturité du fruit . . . . *Blitum* (4).
  { Fleurs monoïques, dioïques ou polygames; fleurs femelles dépourvues de périanthe, munies de 2 bractées opposées, rhomboïdales, accrescentes. . . . . *Atriplex* (4).

1. ATRIPLEX Tourn. (Arroche).—Fleurs monoïques, dioïques ou polygames, réunies en glomérules disposés en grappe ou en panicule; périanthe des fleurs mâles et des fleurs hermaphrodites à 3-5 divisions connées à la base; périanthe des fleurs femelles nul et remplacé par 2 bractées opposées, herbacées, accrescentes, libres ou connées; étamines 3-5; fruit comprimé entre les bractées accrues, à graine verticale dans les fruits qui succèdent aux fleurs femelles, ou déprimé, à graine horizontale dans les fruits qui succèdent aux fleurs hermaphrodites.

1. A. hastata L. — Tige très rameuse; feuilles entières ou sinuées-dentées, hastées, tronquées à la base, assez longuement pétiolées; fleurs femelles à bractées triangulaires ou subrhomboïdales, un peu tronquées à la base. ⊙ juill.-sept. — T. C. Décombres, lieux incultes et cultivés.

2. A. patula L.—Tige très rameuse; feuilles entières ou subdentées, oblongues-lancéolées, ou sublinéaires, atténuées en coin à la base et munies d'un court pétiole; fleurs femelles à bractées hastées-rhomboïdales, cunéiformes à la base. ⊙ juill-sept. — T. C. Bords des chemins, champs, voisinage des habitations.

2. BETA Tourn. (Bette). — Fleurs hermaphrodites, réunies en glomérules formant une panicule allongée; périanthe urcéolé, à 5 divisions, à tube accrescent, induré, subligneux à la maturité du fruit; étamines 5; fruit subglobuleux, déprimé, enveloppé par le périanthe accru; graine déprimée-réniforme, horizontale.

1. B. vulgaris L. *var. rapacea* Kch. — (Betterave). — Racine grosse, fusiforme, charnue, blanche, jaune, rose ou rouge. ⊙, ② juill-sept. — T. C. Cultivé en grand pour la fabrication du sucre, de l'alcool et pour la nourriture du bétail.

3. CHENOPODIUM Tourn. (Ansérine). — Fleurs ord. hermaphrodites, réunies en glomérules formant des cymes ou des panicules; périanthe herbacé. à 5 rar. 3-4 divisions connées à la base, souv. carénées; étamines 5; fruit déprimé, libre, enveloppé par le périanthe non induré, ni charnu; graine lenticulaire, horizontale.

1 {	Feuilles toutes très entières.	2
	Feuilles toutes ou la plupart anguleuses, dentées ou incisées. . .	4
2 {	Plante à odeur de poisson salé putréfié . . . . . *C. vulvaria.*	
	Plante à odeur nulle	3
3 {	Divisions du périanthe non carénées, étalées à la maturité et laissant voir le fruit . . . . *C. polyspermum.*	
	Divisions du périanthe fortement carénées, couvrant le fruit. *C. album.*	
4 {	Feuilles échancrées en cœur à la base. . . . . . *C. hybridum.*	
	Feuilles non échancrées en cœur à la base	5

5 { Graines à bord arrondi, obtus 6
{ Graines à bord caréné, aigu 7

6 { Feuilles arrondies-rhomboïdales, obtuses; divisions du périanthe
{ carénées, couvrant le fruit . . . . *C. opulifolium.*
{ Feuilles triangulaires, aiguës; divisions du périanthe non caré-
{ nées, laissant le fruit à découvert. . . . . . . *C. urbicum.*

7 { Feuilles vertes, luisantes; divisions du périanthe couvrant com-
{ plètement le fruit; graines rugueuses. . . . . . *C. murale.*
{ Feuilles blanches, très glauques en dessous; divisions du périanthe
{ recouvrant incomplètement le fruit; graines lisses. *C. glaucum.*

1. C. polyspermum L. — Tiges très rameuses, couchées-ascendantes ou dressées; feuilles assez longuement pétiolées, ovales ou
ovales-oblongues, mucronées, très entières, vertes ou rougeâtres,
non pulvérulentes; glomérules de fleurs disposés en grappes allongées et feuillées; divisions du périanthe étalées et laissant voir le
fruit; graines noires luisantes, obscurément ponctuées. ⊙ juill.-sept.
— T. C. Lieux cultivés, bords des étangs, bois humides.
Var. *cymosum* Coss. et Germ.; *C. cymosum* Cheval.; plante ordinairement d'un vert pâle; grappes dichotomes.

2. C. Vulvaria L. (Vulvaire). — Plante fétide, à odeur de poisson
salé putréfié; tige très rameuse, diffuse; feuilles assez petites, pétiolées, très entières, ovales-rhomboïdales, blanchâtres-farineuses;
glomérules réunis en grappes compactes, nues; périanthe enveloppant le fruit; graines brunes, finement ponctuées. ⊙ juill.-sept. —
T. C. Décombres, lieux cultivés, bords des chemins.

3. C. opulifolium Schrad. — Tige rameuse, dressée, anguleuse,
striée longitudinalement de vert et de blanc; feuilles longuement
pétiolées, arrondies-rhomboïdales, sinuées-dentées, les infér. et les
médianes presque trilobées, les supér. plus allongées, aiguës, toutes
très glauques en dessous; glomérules formant des grappes interrompues, simples ou rameuses; périanthe à divisions carénées,
couvrant le fruit; graines noires luisantes, à bords obtus. ⊙ juin-
sept. — R. Décombres, bords des rivières : Arcueil, St-Maur,
St-Cloud, Choisy-le-Roi, etc.

4. C. album L. (Poule grasse). — Tige rameuse, dressée, anguleuse, striée longitudinalement de vert et de blanc; feuilles pétiolées,
ord. blanches-farineuses, les infér. et les moyennes ovales-rhomboïdales, sinuées-dentées, les supér. linéaires-lancéolées entières;
glomérules espacés ou rapprochés, formant des grappes nues ou
feuillées; périanthe à divisions carénées, recouvrant le fruit; graines
noires, luisantes, à bord aigu. ⊙ juin-oct. — T. C. Décombres, lieux
cultivés et habités.
Var. *paganum*; *C. paganum* Rchb.; *C. viride* Auct. (non L.);
feuilles vertes, luisantes, à peine farineuses; glomérules assez gros.
Var. *concatenatum* DC.; *C. concatenatum* Thuill.; *C. viride* L.;

feuilles vertes, à peine pulvérulentes; glomérules petits, sessiles, espacés.

5. **C. hybridum** L. — Plante à odeur de *Datura*; tige dressée, anguleuse, ord. simple; feuilles vertes, longuement pétiolées, ovales-triangulaires, larges, dentées, cordées à la base, acuminées au sommet; glomérules formant une panicule lâche, très rameuse, non feuillée; périanthe à divisions carénées, couvrant incomplètement le fruit; graines ponctuées-rugueuses, à bord obtus. ⊙ juill.-sept. — T. C. Décombres, lieux cultivés.

6. **C. urbicum** L. — Tige rameuse, dressée, anguleuse, striée de vert et de blanc; feuilles toutes pétiolées, sinuées-dentées sur les bords, ord. vertes sur les deux faces, tronquées à la base, les infér. et les moyennes triangulaires-lancéolées; glomérules petits, réunis en panicule pyramidale; périanthe à divisions non carénées, laissant le fruit à découvert; graines noires, chagrinées, à bord obtus. ⊙ juill-sept. (Le type n'existe pas aux environs de Paris.)
Var. *intermedium* Moq., *C. intermedium* M. et K.; feuilles profondément sinuées-dentées, atténuées à la base, blanchâtres en dessous. — T. R. Voisinage des habitations: Carrières près Charenton, Gally près Versailles, Étampes.

7. **C. murale** L. — Tige rameuse, dressée, anguleuse, verdâtre; feuilles pétiolées, vertes, luisantes, profondément sinuées-dentées, ovales-rhomboïdales, arrondies-cunéiformes à la base, acuminées au sommet, les supér. plus étroites; glomérules formant une panicule lâche, rameuse non feuillée; périanthe, à divisions subcarénées, couvrant le fruit; graines noirâtres, chagrinées, à bord aigu. ⊙ juill-sept. — T. C. Décombres, lieux cultivés, voisinage des habitations.

8. **C. glaucum** L.; *Blitum* Kch. — Tige rameuse, étalée-diffuse ou ascendante; feuilles pétiolées, charnues, vertes en dessus, blanches, très glauques en dessous, profondément sinuées-dentées, ovales-oblongues ou oblongues-lancéolées; glomérules formant des grappes simples, ordinairement plus courtes que les feuilles; périanthe à divisions non carénées, recouvrant incomplètement le fruit; graines les unes verticales, les autres horizontales, lisses à bord aigu. ⊙ juill.-sept.—C. Décombres, voisinage des habitations.

4. **BLITUM** Tourn. — Fleurs hermaphrodites, rarement polygames, réunies en glomérules formant des épis ou des panicules nues ou feuillées; périanthe à 4-5 divisions libres ou connées à la base, herbacées ou devenant charnues-succulentes à la maturité; étamines 5 ou moins; fruit comprimé, enveloppé par le périanthe; graine comprimée, verticale, à testa crustacé; embryon annulaire, périphérique.

1. **B. rubrum** Rchb.; *Chenopodium* L. — Tige simple ou rameuse, dressée ou couchée, rougeâtre ou striée longitudinalement
de blanc et de rouge; feuilles pétiolées, rhomboïdales-hastées, vertes
ou rougeâtres, luisantes; glomérules formant des épis axillaires,
interrompus et feuillés; divisions du périanthe herbacées; graines
brunes, lisses, à bords obtus. ⊙ juill.-sept.—C. Décombres, voisinage
des habitations.

Var. *spathulatum* Coss. et Germ.; *Chenopodium blitoides* Lej.;
feuilles assez petites, oblongues-spathulées; glomérules en têtes
axillaires. T. R.— Bords de la Seine à Grenelle, étang de Trou-Salé.

2. **B. Bonus-Henricus** Rchb.; *Chenopodium* L. (Épinard sauvage, Bon-Henri). — Tige épaisse, dressée anguleuse, presque
simple; feuilles longuement pétiolées, triangulaires-hastées, entières ou sinuées, vertes-pulvérulentes sur les deux faces; glomérules formant une panicule thyrsoïde, terminale, non feuillée;
divisions périgonales herbacées; graines brunes lisses, à bord
obtus. ♃ juill.-sept.— T. C. Bords des chemins, voisinage des habitations.

ESPÈCES EXCLUES.

Les *Atriplex hortensis* L. (Aroche), *Spinacia glabra* Mill. et *S. oleracea* L. (Épinard) cultivés pour l'usage alimentaire, se rencontrent
quelquefois à l'état subspontané; les *Blitum virgatum* L., *B. capita-
tum* L. et *Chenopodium ficifolium* Sm., trouvés accidentellement
dans le rayon de la Flore parisienne n'y sont point indigènes.

LXXIV. POLYGONÉES Juss.

Plantes herbacées, très rar. sous-frutescentes, à tige souv.
noueuse-articulée, quelquefois volubile. Feuilles alternes, munies
de stipules intrapétiolaires adnées entre elles et avec le pétiole
et formant autour de la tige une gaîne membraneuse. Fleurs hermaphrodites, rar. unisexuées, disposées en faux verticilles, en épis
ou en grappe. Périanthe à 5 divisions, rar. 3-4, imbriquées sur un
seul rang, ou à 6 divisions, rar. 4 sur 2 rangs, herbacées ou colorées, libres ou connées à la base, les intér. souv. plus grandes,
accrescentes et persistantes-marcescentes. Étamines 4-10, insérées
sur le réceptacle, plus rar. sur un disque hypogyne, libres ou
réunies à la base, disposées sur 1-2 rangs, opposées aux divisions
externes du périanthe, ou quelques-unes alternant avec elles; anthères biloculaires, introrses. Styles 2-3, rar. 4. Ovaire supère, uniloculaire, uniovulé. Fruit *(achaine)* sec, monosperme, indéhiscent, len-
ticulaire-comprimé ou trigone, rar. tétragone, ord. enveloppé par
les divisions internes du périanthe accrescentes. Graine à testa
membraneux; albumen épais, farineux ou corné.

1. RUMEX L. (Patience, Oseille). — Fleurs hermaphrodites, polygames ou dioïques, portées sur des pédicelles articulés, réunies en faux verticilles formant des épis denses ou interrompus; périanthe à 6 divisions herbacées, disposées sur 2 rangs, les 3 extér. connées à la base, les 3 intér. plus grandes, accrescentes; étamines 6, sur deux rangs; styles 3, à stigmates multifides, en pinceau; fruit trigone.

<table>
<tr><td>1</td><td>Feuilles atténuées ou en cœur à la base, à saveur herbacée. . . .</td><td>2</td></tr>
<tr><td></td><td>Feuilles hastées ou sagittées, à saveur acide. . . . .</td><td>11</td></tr>
<tr><td>2</td><td>Divisions intér. du périanthe fructifère fortement dentées . . . .</td><td>3</td></tr>
<tr><td></td><td>Divisions intér. du périanthe entières ou subdenticulées. . . . .</td><td>6</td></tr>
<tr><td>3</td><td>Verticilles floraux munis chacun d'une feuille bractéale; toutes les valves intér. du périanthe portant un granule. . . . . . .</td><td>4</td></tr>
<tr><td></td><td>Verticilles dépourvus de feuille bractéale; une seule valve munie d'un granule . . . . R. obtusifolius.</td><td></td></tr>
<tr><td>4</td><td>Feuilles radicales échancrées en forme de violon; dents des valves raides, épineuses . . . . R. pulcher.</td><td></td></tr>
<tr><td></td><td>Feuilles radicales non échancrées sur les côtés; dents des valves molles, non épineuses. . . . .</td><td>5</td></tr>
<tr><td>5</td><td>Verticilles floraux confluents; divisions intér. du périanthe à dents aussi longues ou plus longues que la valve . . R. maritimus.</td><td></td></tr>
<tr><td></td><td>Verticilles interrompus; divisions intér. du périanthe à dents plus courtes que la valve . . . . R. palustris.</td><td></td></tr>
<tr><td>6</td><td>Divisions intér. du périanthe fructifère toutes munies d'un granule . . . .</td><td>7</td></tr>
<tr><td></td><td>Une seule des divisions intér. du périanthe fructifère munie d'un granule. . . . .</td><td>10</td></tr>
<tr><td>7</td><td>Feuilles radicales arrondies, échancrées en cœur à la base; verticilles floraux presque tous munis d'une feuille bractéale. . . . . R. conglomeratus.</td><td></td></tr>
<tr><td></td><td>Feuilles radicales atténuées à la base; verticilles presque tous dépourvus de feuille bractéale. . . . .</td><td>8</td></tr>
<tr><td>8</td><td>Feuilles radicales larges (10-14 cent.) et très grandes (60 cent.- 1 m.) cordées ou décurrentes sur le pétiole. . . . .</td><td>9</td></tr>
<tr><td></td><td>Feuilles radicales étroitement lancéolées, assez courtes, fortement ondulées-crépues sur les bords. . . . . R. crispus.</td><td></td></tr>
<tr><td>9</td><td>Grappe florale assez dense; divisions intér. du périanthe ovales-triangulaires, entières. . . . . R. Hydrolapathum.</td><td></td></tr>
<tr><td></td><td>Grappe lâche; divisions intér. du périanthe en cœur à la base, denticulées dans leur moitié inférieure. . . . . . . R. maximus.</td><td></td></tr>
<tr><td>10</td><td>Feuilles fortement ondulées-crispées; divisions intér. du périanthe suborbiculaires, en cœur à la base . . . . R. crispus.</td><td></td></tr>
<tr><td></td><td>Feuilles à peine ondulées; divisions intér. du périanthe lancéolées-oblongues, obtuses à la base. . . . . R. sanguineus.</td><td></td></tr>
<tr><td>11</td><td>Feuilles glauques, aussi larges que longues; fleurs polygames. . . . . R. scutatus.</td><td></td></tr>
<tr><td></td><td>Feuilles vertes, ovales-oblongues; fleurs dioïques . . . .</td><td>12</td></tr>
</table>

$\left\{\begin{array}{l}\text{Pédicelles articulés; divisions périgonales intér. plus longues que} \\ \text{le fruit et munies d'un granule squamiforme. . . . R. Acetosa.} \\ \text{Pédicelles non articulés, divisions périgonales intér. plus courtes} \\ \text{que le fruit et dépourvues de granules . . . . R. Acetosella.}\end{array}\right.$ 12

1. R. maritimus L.—Plante complètement jaune à la maturité; tige dressée, sillonnée, simple ou rameuse; feuilles lancéolées ou lancéolées-linéaires, atténuées aux deux extrémités; fleurs réunies en faux verticilles assez denses, confluents et munis chacun d'une feuille bractéale; divisions intér. du périanthe fructifère ovales-rhomboïdales, munies de chaque côté de 2 dents sétacées, aussi longues ou plus longues que la valve. ② juill.-sept. — A. C. Bords des étangs et des rivières.

2. R. palustris Sm. — Diffère du précédent par sa teinte moins jaune à la maturité; par ses feuilles atténuées en pétiole; par ses faux verticilles floraux interrompus, formant des grappes lâches; par les divisions intér. du périanthe fructifère ovales-allongées, munies de chaque côté de 2 dents subulées plus courtes que la valve. ② juill.-sept. — T. R. Bords des étangs et des rivières : Trou-Salé, Trappes, Mareuil-sur-Ourcq.

3. R. pulcher L. — Tige dressée, flexueuse, sillonnée-angu-leuse, rameuse, à rameaux divariqués; feuilles radicales pétio-lées, cordées à la base, obtuses au sommet, échancrées sur les côtés en forme de violon; les caulinaires lancéolées-linéaires, aiguës; faux verticilles très distants, presque tous munis d'une feuille bractéale; divisions intér. du périanthe ovales-oblongues, réticuleuses-rugueuses, munies de dents raides, presque épineuses, plus courtes que la valve. ② juin-août. — A. C. Bords des chemins, lieux pierreux, décombres.

4. R. obtusifolius L.; *R. Friesii* Gren. et Godr.—Tige robuste, dressée, sillonnée, à rameaux dressés formant une panicule très ample; feuilles ondulées-crénelées, papilleuses sous les nervures, les radicales larges, ovales, cordées à la base, obtuses ou subaiguës au sommet (*R. pratensis* Coss. et Germ. non M. et K.), les caulinaires étroites, atténuées aux deux extrémités; faux verticilles espacés ou confluents, dépourvus de feuilles bractéales; divisions intér. du périanthe triangulaires-oblongues, une seule munie d'un gra-nule, toutes réticulées-rugueuses et pourvues de 3-5 dents plus courtes que la valve. ♃ juin-sept. — T. C. Prés et bords des chemins.

5. R. conglomeratus Murr. — Tige robuste, dressée, sillonnée, rameuse, à rameaux grêles, étalés; feuilles radicales ovales-oblon-gues, cordées à la base, obtuses ou aiguës au sommet; les cauli-naires lancéolées, atténuées aux deux extrémités, ondulées sur les bords, décurrentes sur le pétiole; faux verticilles presque tous munis d'une feuille bractéale; divisions intér. du périanthe ovales-oblongues, obtuses, toutes dépourvues de dents et munies d'un gros granule ovoïde. ♃ juin-sept. — T. C. Prés humides, lieux aquatiques.

6. **R. sanguineus** L. — Tige dressée, sillonnée, d'un rouge sang ainsi que les nervures des feuilles; rameaux grêles, dressés; feuilles ondulées-crénelées, les radicales oblongues-lancéolées, assez semblables du reste à celles de l'espèce précédente ainsi que les caulinaires; faux verticilles presque tous dépourvus de feuille bractéale; divisions intér. du périanthe lancéolées - oblongues, obtuses, toutes dépourvues de dents, une seule munie d'un granule subglobuleux. ♃ juin-août. — Cultivé et quelquefois subspontané.

Var. *viridis* Sibth. ; *R. nemorosus* Schrad. ; tige et nervures des feuilles vertes. — C. Bois et lieux humides.

7. **R. crispus** L. — Tige assez robuste, dressée, sillonnée, à rameaux courts, dressés; feuilles fortement ondulées-crispées, les radicales oblongues-allongées, aiguës au sommet, atténuées à la base, les caulinaires linéaires-lancéolées; faux verticilles rapprochés, presque tous dépourvus de feuille bractéale; divisions intér. du périanthe suborbiculaires, en cœur à la base, entières ou subdenticulées dans leur moitié infér., toutes ou une seule munies d'un granule ovoïde. ♃ juill.-sept. — T. C. Prés et bords des chemins.

8. **R. Hydrolapathum** Huds. ; *R. aquaticus* Auct. mult (non L.) — Tige robuste, élevée, dressée, fortement sillonnée, à rameaux ascendants; feuilles coriaces, atténuées aux deux extrémités, aiguës au sommet, les radicales très grandes (60 cent.-1 m.), largement lancéolées, décurrentes sur le pétiole, les caulinaires étroitement lancéolées-acuminées; faux verticilles, assez denses, contigus, presque tous dépourvus de feuille bractéale; divisions intér. du périanthe ovales-triangulaires, entières ou subdenticulées à la base, toutes munies d'un gros granule oblong. ♃ juill.-août. — C. Bords des marais et des rivières.

9. **R. maximus** Schreb. — Plante ayant la taille et le port de l'espèce précédente dont elle se distingue : par ses feuilles oblongues plus larges, obliquement en cœur à la base, à pétiole bordé de 2 côtes saillantes; par ses faux verticilles moins denses, formant des grappes plus lâches; par les divisions intér. du périanthe plus grandes, exactement en cœur à la base et nettement denticulées dans leur moitié infér. ♃ juill.-août. — T. R. Bords des rivières : Beausserré près Gisors, Dreux.

10. **R. scutatus** L. — Souche longuement rampante, presque ligneuse ; tiges rameuses, diffuses, couchées, puis redressées, très fragiles ; feuilles toutes pétiolées, un peu charnues, très glauques, largement ovales-triangulaires, subpanduriformes, hastées à la

base ; fleurs polygames ; faux verticilles pauciflores, espacés, dépourvus de feuille bractéale ; divisions intér. du périanthe suborbiculaires, en cœur à la base, largement ailées-membraneuses, dépourvues de granule. ♃ mai-juill. — T. R. Vieux murs et rochers calcaires : Bellay près Marines, Étré près Dreux, env. de Beauvais et de Compiègne ?

11. R. Acetosa L. (Oseille, Parelle). — Tige simple, raide, dressée, sillonnée, verdâtre ou rougeâtre ; feuilles vertes, un peu charnues, ovales-oblongues, profondément sagittées, à oreillettes longuement acuminées et presque parallèles au pétiole, les radicales longuement pétiolées, obtuses, les caulinaires aiguës, presque sessiles ; fleurs dioïques ; faux verticilles de 3-6 fleurs, rapprochés, dépourvus de feuille bractéale ; divisions intér. du périanthe ovales-suborbiculaires, cordées à la base, plus longues que le fruit, toutes munies d'un granule squamiforme. ♃ mai-juin. — T. C. Prairies.

12. R. Acetosella L. (Petite-Oseille).—Tige basse, grêle, dressée, striée, simple ou rameuse ; feuilles vertes, toutes pétiolées, lancéolées-hastées ou linéaires, à oreillettes sublinéaires, aiguës, étalées perpendiculairement au pétiole, ou même recourbées en haut, à pétiole dilaté-ailé au sommet ; fleurs dioïques, très-petites ; faux verticilles de 4-8 fleurs, rapprochés, dépourvus de feuille bractéale ; divisions intér. du périanthe ovales, plus courtes que le fruit et dépourvues de granule. ♃ mai-juin. — T. C. Pâturages, champs incultes, lieux sablonneux.

2. POLYGONUM Tourn. (Renouée). — Fleurs hermaphrodites, rar. polygames, sessiles ou pédicellées, réunies en épis ou en grappes, plus rar. solitaires ou fasciculées à l'aisselle des feuilles ; périanthe ord. coloré à 5, rar. 3-4 divisions, disposées sur un seul rang, presque égales, un peu connées à la base, marcescentes, peu ou point accrescentes ; étamines 5-8 disposées sur 2 rangs, les externes alternes avec les divisions du périanthe et les internes opposées ; styles 2-3, à stigmates capités ; fruit comprimé-lenticulaire ou trigone, enveloppé par le périanthe persistant.

1	Tiges volubiles ; feuilles en cœur et sagittées à la base	2
	Tiges non volubiles ; feuilles atténuées, tronquées ou un peu échancrées à la base, mais non sagittées.	3
2	Tiges anguleuses-striées ; divisions extér. du périanthe fructifère obscurément carénées ; fruit mat. . . . . . . *P. Convolvulus.*	
	Tiges cylindriques ; divisions extér. du périanthe à carène ailée-membraneuse ; fruit luisant . . . . *P. dumetorum.*	
3	Styles allongés ; fleurs en épi.	4
	Styles courts ou presque nuls ; fleurs solitaires ou réunies par 2-4 à l'aisselle des feuilles.	10
4	Racine épaisse, charnue ; tige simple, ne portant qu'un seul épi. . . . . *P. Bistorta.*	
	Racine fibreuse ; tige rameuse, portant plusieurs épis	5

5 { Divisions du périanthe glanduleuses. 6
  { Divisions du périanthe non glanduleuses 7

6 { Plante à saveur herbacée ; épis cylindriques, compactes ; divisions
  {   périgonales à 3 nervures saillantes . . . . . *P. Lapathifolium.*
  { Plante à saveur poivrée ; épis filiformes, interrompus ; divisions
  {   périgonales sans nervures saillantes. . . . . . *P. Hydropiper.*

7 { Souche longuement rampante ; étamines exsertes. *P. amphibium.*
  { Souche rameuse, mais non rampante ; étamines incluses 8

8 { Fleurs en épis cylindriques, compactes ; bractées brièvement
  {   ciliées. . . . . *P. Persicaria.*
  { Fleurs en épis filiformes, interrompus ; bractées longuement ciliées. 9

9 { Tige assez élevée à rameaux ascendants ; fleurs blanches ou
  {   roses. *P. mite.*
  { Tige basse à rameaux étalés, diffus ; fleurs d'un rouge
  {   vineux . . . . *P. minus.*

10 { Tiges feuillées jusqu'au sommet ; fruits mats, striés en
   {   long . . . . *P. aviculare.*
   { Tiges nues dans leur partie supér. ; fruits luisants et presque
   {   lisses. . . . . *P. Bellardi.*

1. **P. Bistorta** L. (Bistorte).—Souche épaisse, charnue, horizontale, contournée sur elle-même ; tige dressée, toujours simple ; feuilles vertes et glabres en dessus, glauques-pubérulentes en dessous, les infér. ovales-oblongues, pétiolées, cordées à la base et décurrentes sur le pétiole, les supér. sessiles, en cœur, presque embrassantes à la base ; fleurs roses, en épi compacte, cylindracé, terminal, toujours unique. ♃ mai-juill. — T. R. Prairies humides : Combreux près Tournan, Senlis, Bellevue et Ermenonville où il n'est point spontané.

2. **P. amphibium** L.—Souche rameuse, longuement rampante ; tiges simples ou rameuses, souv. radicantes à la base ; feuilles pétiolées, fermes, elliptiques-oblongues ou lancéolées, arrondies ou en cœur à la base ; fleurs roses, en épis cylindriques compactes, solitaires au sommet de la tige ou des rameaux ; périanthe à divisions dépourvues de glandes et de nervures saillantes ; achaines ovales-comprimés. ♃ juin-sept.
Var. *natans* Mœnch ; tiges flottantes, radicantes à la base ; feuilles glabres, nageantes ; gaînes et bractées non ciliées. — T. C. Dans les rivières et les étangs.
Var. *terrestre* Mœnch ; tiges dressées ; feuilles pubescentes ; gaînes et bractées ciliées. — C. Dans les lieux asséchés ou humides.

3. **P. Lapathifolium** L.—Tige assez robuste, dressée, simple ou rameuse ; feuilles pétiolées, lancéolées ou ovales-lancéolées, atténuées à la base, glabres ou pubescentes ; gaînes nues ou ciliées ; fleurs blanchâtres ou rosées, en épis denses, cylindriques, dressés ou un peu penchés, placés au sommet de la tige et à l'aisselle des feuilles supér. ; divisions du périanthe munies de quelques glandes

et de 3 nervures saillantes ; achaines orbiculaires-comprimés, concaves sur les deux faces. ⊙ juin-oct. — T. C. Champs et lieux humides, bords des eaux.

Var. *nodosum* Mut.; *P. nodosum* Pers.; tige ponctuée de rouge, à nœuds renflés; feuilles largement ovales-lancéolées, acuminées avec une tache noire.

Var. *incanum* Kch.; *P. incanum* DC.; feuilles plus étroites, blanches-tomenteuses en dessous.

4. **P. Persicaria** L. (Persicaire). — Tige dressée ou couchée, simple ou rameuse, renflée aux nœuds; feuilles brièvement pétiolées, lancéolées, atténuées à la base, glabres ou pubescentes, munies ou dépourvues de tache noire; gaînes pubescentes, longuement ciliées; fleurs blanchâtres ou rosées en épis courts, oblongs, compactes; périanthe à divisions dépourvues de glandes et de nervures saillantes; achaines les uns trigones, à faces concaves, les autres orbiculaires-comprimés, plans sur une face, convexes sur l'autre. ⊙ juill.-oct. — T. C. Champs et lieux humides, bords des eaux.

Var. *incanum* Gren. et Godr.; *P. incanum* Schm.; feuilles blanches-tomenteuses en dessous.

5. **P. mite** Schrk.; *P. dubium* Stein. — Tige dressée, simple ou rameuse, à rameaux ascendants; feuilles brièvement pétiolées, lancéolées ou lancéolées-linéaires, atténuées à la base, dépourvues de tache; gaînes pubescentes, longuement ciliées; fleurs blanches ou roses en épis filiformes, interrompus, plus ou moins penchés; périanthe à divisions dépourvues de glandes et de nervures saillantes; achaines comme dans l'espèce précédente. ⊙ juill.-oct. — A. C. Fossés et bords des eaux.

6. **P. minus** Huds.; *P. mite* var. *minus* Coss., et Germ. — Tige basse, filiforme, rameuse dès la base, étalée, subdiffuse, à rameaux infér. étalés à angle droit; feuilles lancéolées-linéaires ou linéaires, arrondies à la base, atténuées de la base au sommet; fleurs d'un rouge vineux, en épis grêles, raides et redressés à la maturité; achaines de moitié plus petits que dans le *P. mite* dont il est très voisin, mais cependant bien distinct. ⊙ juill.-sept. — A. R. Mares et lieux humides : Fontainebleau, Saint-Léger, Trappes, Compiègne, etc.; manque sur le calcaire.

7. **P. Hydropiper** L. (Poivre d'eau, Curage). — Plante à saveur poivrée; tige dressée, rameuse, à rameaux ascendants; feuilles subsessiles, oblongues-lancéolées, atténuées aux deux extrémités, glabres et luisantes; gaînes glabres où à peine velues, munies de cils longs et peu nombreux; fleurs rosées, rar. blanches, en épis filiformes, interrompus, penchés; périanthe à divisions très glanduleuses, mais dépourvues de nervures saillantes; achaines mats, chagrinés, les

uns trigones, les autres ovales orbiculaires, comprimés, munis sur chaque face d'une saillie longitudinale. ⊙ juill.-oct.. -- T. C. Bords des eaux, lieux humides.

8. **P. aviculare** L. (Trainasse). — Tiges très rameuses, étalées-diffuses ou redressées, à rameaux grêles, feuillés dans toute leur longueur, ou presque dépourvus de feuilles, celles-ci subsessiles, ovales, oblongues, lancéolées ou linéaires, scabres sur les bords ; gaînes bifides, puis laciniées ; fleurs roses ou blanches, solitaires ou fasciculées par 3-4 à l'aisselle des feuilles ; achaines trigones, mats, finement striés en long. ⊙ juin-oct. — T. C. Lieux incultes, bords des chemins. — Plante très polymorphe dont plusieurs formes ont été élevées au rang d'espèces ; les suivantes sont assez fréquentes aux environs de Paris :

P. agrestinum Jord. ap. Bor. — Tiges dressées ou ascendantes ; feuilles ovales-lancéolées ou elliptiques, d'un vert pâle ou jaunâtre ; fruit petit, ovoïde, aigu aux deux extrémités, presque sessile.

P. humifusum Jord. ap. Bor. — Tige très rameuse, à rameaux allongés, étalés en tous sens ; feuilles oblongues-lancéolées, à nervures saillantes ; fleurs rougeâtres, assez grosses ; fruit trigone-ovoïde, obtus.

P. microspermum Jord. ap. Bor. — Tige très rameuse, à rameaux filiformes, étalés ; feuilles petites, étroitement linéaires, nombreuses ; fleurs petites, blanchâtres ou rosées ; fruit petit, trigone-ovoïde, obtus à la base, aigu au sommet, à faces un peu excavées.

9. **P. Bellardi** All. — Tige dressée, rameuse-subdichotome, à rameaux dressés. sillonnés, nus dans leur partie supér. ; feuilles pétiolées, au moins les infér., oblongues-lancéolées ou lancéolées-linéaires, à nervures saillantes ; fleurs roses, pédicellées, solitaires ou réunies par 2-4 à l'aisselle des feuilles ou des bractées ; achaines d'un quart plus gros que dans l'espèce précédente, trigones, très luisants, presque lisses. ⊙ juill.-sept. — T. R. Champs arides : Marines ?, Nanteau ?, Malesherbes ?

10. **P. Convolvulus** L. — Tiges grêles, courtes, grimpantes ou couchées-étalées sur la terre, anguleuses, sillonnées-striées ; feuilles pétiolées, ovales-acuminées, cordées-sagittées à la base ; fleurs blanchâtres, en fascicules lâches à l'aisselle des feuilles, formant une grappe interrompue ; périanthe fructifère à divisions extér. obscurément carénées ; achaines trigones, striés, noirs, mats. ⊙ juin-sept. — T. C. Champs et lieux en friche.

11. **P. dumetorum** L. — Tiges grêles, très allongées (1-2 m.), grimpantes-volubiles, cylindriques ; feuilles pétiolées, ovales-acuminées, cordées-sagittées à la base ; fleurs blanchâtres, en grappes lâches, allongées, rapprochées à l'extrémité des rameaux ; périanthe fructifère, à divisions extér. largement ailées-membraneuses ; achaines trigones, lisses, noirs, luisants. ⊙ juill.-sept. — C. Haies, bois et taillis.

3. **FAGOPYRUM** Tourn. (Sarrasin). — Fleurs hermaphrodites, disposées en panicule ou en corymbe; périanthe à 5 divisions pétaloïdes, presque égales, réunies à la base et disposées sur un seul rang, marcescentes, mais non accrescentes; étamines 8, disposées sur 2 rangs; styles 3, ord. longs, à stigmates capités; fruit trigone, dépassant longuement le périanthe.

1. **F. esculentum** Mœnch; *Polygonum Fagopyrum* L. — Tige assez élevée, dressée, rameuse; feuilles ovales-triangulaires, cordées-sagittées à la base; fleurs blanches ou rosées, disposées en corymbe; achaines trigones, lisses, à angles aigus et entiers. ☉ juin-août. — Très fréquemment cultivé; originaire de la Mandchourie, de la Daourie, de la région du fleuve Amour, etc.

2. **F. tataricum** Gœrtn.; *Polygonum L.* — Diffère du précédent par ses fleurs d'un blanc verdâtre, de moitié plus petites, disposées en panicule lâche et allongée; par ses achaines rugueux, à angles épaissis et sinués-dentés. ☉ juin-août. — Cult., mais moins communément que le précédent; originaire de Sibérie et de Tartarie.

ESPÈCE EXCLUE.

Rumex Patientia L. (Patience), autrefois cult. assez souv. dans les jardins, ne se trouve même plus aujourd'hui à l'état subspontané.

LXXV. LORANTHACÉES Juss.

Arbrisseau parasite sur les arbres et les arbustes dycotylédonés, à tige di-trichotome, noueuse, articulée. Feuilles opposées, épaisses, simples, sessiles, dépourvues de stipules. Fleurs unisexuées, régulières, sessiles, réunies en cymes; les mâles composées d'un périanthe tubuleux, 4-fide, en préfloraison valvaire et de 4 anthères sessiles, adnées aux divisions du périanthe et s'ouvrant par plusieurs pores; fleurs femelles composées d'un périanthe à 8 divisions disposées sur 2 rangs, les 4 extérieures très courtes, les 4 intérieures squamiformes, charnues, alternes avec les premières, en préfloraison imbriquée. Ovaire infère, uniloculaire, renfermant 3 ovules, dont deux restent toujours à l'état rudimentaire; stigmate sessile. Fruit bacciforme, monosperme, à mésocarpe mucilagineux-visqueux. Graine dépourvue d'enveloppes propres; albumen charnu, vert.

1. **VISCUM** Tourn. (Gui). — (Caractères de la famille).

1. **V. album** L. — Plante d'un vert jaunâtre, formant une touffe arrondie; feuilles coriaces-charnues, oblongues, atténuées à la base, obtuses au sommet; à 3-5 nervures obscures; fleurs en cymes

terminales ou axillaires ; baies globuleuses, blanches, translucides.
♄ fl. mars-avril, fr. août-sept. — T. C. Sur *Malus*, *Pirus* et *Populus*,
moins fréquent sur *Tilia*, *Acer*, *Robinia* et *Carpinus*, T. R. sur
Quercus, *Cratægus*, *Sorbus* et *Betula*.

LXXVI. SANTALACÉES R. Br.

Plantes vivaces, herbacées ou sous-frutescentes, souv. parasites
sur les racines d'autres plantes. Feuilles alternes, entières, subsses-
siles, dépourvues de stipules. Fleurs hermaphrodites, rar. poly-
games-dioïques, munies d'une bractée et de 2 bractéoles latérales,
disposées en grappes ou en cymes axillaires ou extra-axillaires,
rar. solitaires, axillaires. Périanthe gamophylle, tubuleux, ord. persistant, inséré sur les bords du réceptacle, à 4-5, rar. 3 lobes égaux,
en préfloraison valvaire. Étamines égales en nombre et opposées
aux lobes du périanthe à la base desquels elles sont insérées, ou
quelquefois insérées sur un disque charnu; anthères 2-4-loculaires,
introrses. Ovaire infère, uniloculaire, 2-4 ovulé; style simple, court.
Fruit sec ou drupacé, indéhiscent, monosperme par avortement,
couronné par le périanthe persistant. Graine à testa membraneux,
adhérent au péricarpe ; albumen charnu.

1. **THESIUM** L. — Fleurs hermaphrodites; périanthe persistant,
infundibuliforme ou campanulé, à 4-5 lobes connivents, s'enroulant
en dedans après l'anthèse ; étamines 5, à filets ord. poilus à la base;
fruit sec, à enveloppe externe herbacée.

1. **T. humifusum** DC. — Racine grêle, stolonifère ; tiges nombreuses, filiformes, étalées en cercle, à rameaux divariqués; feuilles
linéaires, aiguës, uninervées; fleurs disposées par 1-2 en cymes
pédonculées et formant par leur réunion une grappe à rameaux
anguleux, scabres, étalés à angle droit; bractées bordées d'aspérités, la moyenne égalant ou dépassant le fruit ; fruit subglobuleux,
subsessile, 1-2 fois plus long que le périanthe. ♃ juin-juill. — A. C.
Collines sèches et herbeuses.

2. **T. divaricatum** Jan ; *T. humifusum* var. *divaricatum* Coss.
et Germ. — Souche épaisse, ligneuse; tiges nombreuses, raides,
dressées ou ascendantes, à rameaux ascendants; feuilles linéaires,
aiguës, uninervées ou avec 2 nervures latérales peu prononcées;
grappe florale à rameaux anguleux, lisses, étalés-ascendants ; bractées toutes plus courtes que le fruit, celui-ci ellipsoïde, pédicellé,
2-3 fois plus long que le périanthe. ♃ juin-août. — T. R. Collines
sèches et herbeuses, principalement calcaires : Nemours, Moret.

LXXVII. DAPHNOIDÉES Vent.

Herbes ou sous-arbrisseaux à feuilles alternes, rar. opposées, entières, dépourvues de stipules. Fleurs hermaphrodites ou dioïques par avortement, fasciculées ou réunies en grappes, rar. solitaires, axillaires ou terminales. Périanthe herbacé ou pétaloïde, gamophylle, infundibuliforme ou urcéolé, souv. pubescent en dehors, à 4-5 lobes égaux. Étamines 8-10 libres, disposées sur deux rangs, les supér. insérées sur la gorge et opposées aux divisions du périanthe, les infér. alternes avec les précédentes et insérées sur le tube; anthères biloculaires, introrses. Ovaire supère, uniloculaire, uniovulé; style simple, latéral ou terminal. Fruit monosperme, indéhiscent, sec ou drupacé, enveloppé ou non par le calice. Graine à testa mince; albumen nul ou presque nul.

1. **THYMELÆA** Tourn. — Herbes à fleurs hermaphrodites ou unisexuées par avortement; périanthe herbacé, persistant-marcescent, urcéolé ou infundibuliforme; style latéral ou obliquement subterminal; fruit sec, enveloppé par le périanthe persistant.

1. **T. Passerina** Coss. et Germ.; *Stellera* L.; *Passerina annua* Wikstr. (Passerine).— Tige grêle, dressée, rameuse, à rameaux allongés et dressés; feuilles sessiles, nombreuses, lancéolées-linaires, aiguës; fleurs verdâtres, subsessiles, solitaires ou réunies par 2-5 à l'aisselle des feuilles, munies de 2 petites bractées latérales et formant de longs épis filiformes; périanthe pubérulent, à tube urcéolé, 2-3 fois plus long que le limbe; fruit piriforme, acuminé. ⊙ juill.-sept. — A. R. Champs secs.

2. **DAPHNE** L. — Sous-arbrisseaux à feuilles molles ou coriaces; fleurs hermaphrodites, terminales ou latérales, disposées en fascicules ou en grappes; périanthe pétaloïde, infundibuliforme, marcescent-caduc; style terminal, très court ou nul; fruit drupacé.

1. **D. Mezereum** L. (Bois-gentil, Garou). — Tige rameuse, à écorce grise, ponctuée de brun; feuilles molles, caduques, alternes, oblongues, subpétiolées, aiguës ou un peu obtuses au sommet; fleurs roses, odorantes, paraissant avant les feuilles, à tube velu extérieurement, fasciculées par 2-3 le long des rameaux qui sont terminés par une rosette de feuilles; fruit rouge. ♄ février-avril. — A. R. Bois.

2. **D. Laureola** L. (Lauréole).—Tige rameuse, à écorce jaunâtre; feuilles coriaces, luisantes, persistantes, obovales-lancéolées, subsessiles, rapprochées en rosette au sommet des rameaux; fleurs verdâtres, odorantes, glabres, paraissant après les feuilles, réunies

par 3-8 en grappes penchées au sommet des rameaux; fruit noir.
♄ février-avril. — A. R. Bois, surtout calcaires.

LXXVIII. ARISTOLOCHIÉES Juss.

Herbes vivaces, à souche rampamte. Feuilles alternes ou opposées
pétiolées, entières, cordées ou réniformes, dépourvues de stipules.
Fleurs hermaphrodites, axillaires, solitaires ou fasciculées, rar.
terminales. Périanthe coloré, régulier, à 3 lobes égaux, en préfloraison valvaire, ou irrégulier, à long tube, tronqué obliquement et prolongé en languette. Étamines 6-12, insérées sur un
disque épigyne; anthères extrorses, libres et à filets courts ou
sessiles et soudées au style par la face dorsale. Ovaire infère, à 3-6
loges multiovulées; style court, en colonne, terminé par 6 stigmates. Fruit capsulaire, à 3-6 loges polyspermes, à déhiscence
irrégulière ou à déhiscence septicide, rar. septifrage, s'ouvrant
régulièrement en 6 valves. Graines planes, anguleuses, à testa
mince, à raphé ord. fongueux; albumen épais, charnu ou subcorné.

1. **ASARUM** Tourn. (Cabaret). — Fleurs solitaires, terminales,
portées par un court pédoncule qui naît entre deux feuilles opposées; périanthe régulier, urcéolé-campanulé, à 3 lobes égaux et
persistants; étamines 12, libres, insérées sur un disque épigyne;
style court, en colonne, terminé par un stigmate à 6 lobes; capsule
à 6 loges, s'ouvrant irrégulièrement.

1. **A. europæum** L. — Plante à odeur forte, poivrée; rhizome
longuement rampant, émettant des rameaux très courts ascendants, munis d'écailles membraneuses, caduques; feuilles réniformes, coriaces, luisantes, longuement pétiolées; périanthe velu
sur les 2 faces, brun intérieurement, à lobes ovales, charnus; capsule ovoïde-globuleuse. ♃ mars-avril.—R. Bois ombragés : bois des
Camaldules, Grosbois, Sénart, forêt de Halatte, Malesherbes.

2. **ARISTOLOCHIA** Tourn. (Aristoloche). — Fleurs axillaires;
périanthe irrégulier, caduc, longuement tubuleux, renflé au-dessus
de l'ovaire, puis obliquement dilaté en languette unilatérale; étamines 6, sessiles, à anthères soudées avec le style court, en colonne,
terminé par un stigmate à 6 lobes; capsule ombiliquée au sommet,
s'ouvrant régulièrement en 6 valves.

1. **A. Clematitis** L. — Plante à odeur nauséabonde, à rhizome
pivotant; tiges simples, dressées, sillonnées; feuilles alternes, pétiolées, ovales-subdeltoïdes, obtuses au sommet, fortement cordées
à la base; fleurs jaunâtres, subsessiles, fasciculées à l'aisselle des
feuilles supérieures; capsule piriforme, pendante, de la grosseur
d'une noix. ♃ mai-juin. — C. Haies, buissons, bords des champs et
des vignes.

LXXIX. EUPHORBIACÉES Juss.

Herbes annuelles ou vivaces, contenant souv. un suc laiteux et très âcre. Feuilles simples, éparses ou opposées, dépourvues de stipules. Fleurs unisexuées, monoïques ou dioïques, disposées en glomérules, en épis, ou en ombelles solitaires, souv. une fleur femelle et plusieurs fleurs mâles, réduites à une étamine, réunies dans le même involucre, de manière à simuler une fleur hermaphrodite. Périanthe nul, ou à 3-5 divisions libres ou connées à la base, caduques ou marcescentes. Étamines solitaires ou nombreuses et alors en nombre indéfini ou égal à celui des divisions du périanthe, insérées au centre de la fleur ou sous le rudiment de l'ovaire; anthères biloculaires, extrorses. Ovaire supère, 3-loculaire, rar. 2-loculaire, à loges 1-2-ovulées; styles 3, rar. 2, entiers ou bifides. Fruit capsulaire, à 3, rar. 2 loges (*coques*), 1-2-spermes, se séparant d'un axe central et s'ouvrant avec élasticité suivant la nervure dorsale. Graines à testa crustacé, munies d'une caroncule; albumen charnu-huileux.

1. EUPHORBIA L. (Euphorbe). — Plantes à suc laiteux et très âcre; fleurs monoïques, réunies dans un involucre commun, une seule fleur femelle placée au centre et plusieurs fleurs mâles disposées à l'entour; involucres disposés en cymes pédonculées, munies au-dessous des fleurs de bractées opposées ou verticillées, et formant ord. par leur réunion une ombelle terminale pourvue à sa base d'un verticille de feuilles (*feuilles ombellaires*); involucre simulant un périanthe régulier, à 8-10 lobes disposés sur deux rangs, les 4-5 externes, membraneux, dressés ou inclinés en dedans, alternes avec les lobes internes (*glandes*), épais, glanduleux, entiers ou échancrés en croissant, étalés en dehors; périanthe nul; fleurs mâles 10 au plus, réunies en 4-5 faisceaux, constituées chacune par une seule étamine insérée à la base de l'involucre et munie à la base du filet d'écailles très petites; fleur femelle, solitaire au centre de l'involucre, réduite à un ovaire stipité, 3-loculaire, à loges uniovulées; styles 3; fruit capsulaire, ord. penché sur le pédicelle et saillant hors de l'involucre, à 3 coques monospermes qui se détachent de l'axe central persistant et s'ouvrent avec élasticité suivant la nervure dorsale.

1 { Glandes de l'involucre échancrées en forme de croissant. 2
{ Glandes arrondies en avant, non échancrées en croissant. 8

2 { Graines réticulées, alvéolées, rugueuses ou tuberculeuses 3
{ Graines lisses. 6

3 { Feuilles éparses. 4
{ Feuilles opposées en croix . . . . *E. Lathyris.*

{ Feuilles pétiolées; coques munies sur le dos de 2 carènes
4 {   minces. . . . . *E. Peplus.*
{ Feuilles sessiles; coques dépourvues de carènes. 5

5 { Bractées ovales-rhomboïdales ; glandes à cornes courtes ; graines alvéolées. E. falcata.
Bractées lancéolées-linéaires ; glandes à cornes allongées ; graines tuberculeuses . . . . E. exigua.

6 { Feuilles infér. pétiolées, rapprochées en rosette ; bractées connées à la base . . . . E. amygdaloides.
Feuilles sessiles non rapprochées en rosette ; bractées libres. . . 7

7 { Tiges munies au-dessous de l'ombelle de rameaux la plupart stériles ; feuilles linéaires. . . . . E. Cyparissias.
Tiges munies au-dessous de l'ombelle de rameaux la plupart florifères ; feuilles oblongues ou lancéolées . . . . E. Esula.

8 { Feuilles ombellaires tronquées ou émarginées au sommet, plus grandes que les caulinaires ; graines alvéolées. E. helioscopia.
Feuilles ombellaires ni tronquées, ni émarginées, égales aux feuilles caulinaires ; graines lisses. 9

9 { Feuilles toutes linéaires-mucronées, capsule lisse ou chagrinée. . . . . E. Gerardiana.
Feuilles oblongues ou lancéolées ; capsule tuberculeuse. 10

10 { Capsule munie de tubercules cylindriques 11
Capsule munie de tubercules hémisphériques ou arrondis 12

11 { Racine annuelle, grêle ; feuilles un peu en cœur à la base ; bractées triangulaires, mucronées. . . . . E. stricta.
Racine épaisse, subligneuse ; feuilles atténuées à la base ; bractées ovales-arrondies. . . . . E. verrucosa.

12 { Plantes annuelles ; feuilles moyennes un peu en cœur à la base. . . . . E. platyphyllos.
Plantes vivaces ; feuilles toutes atténuées à la base. 13

13 { Souche horizontale, traçante, articulée ; ombelle à 5 rayons grêles ; bractées triangulaires-aiguës . . . . E. dulcis.
Souche très grosse, non articulée ; ombelle à rayons nombreux ; bractées obovées. . . . . E. palustris.

1. E. Helioscopia L. (Réveil-matin).—Tige dressée, ord. simple ; feuilles éparses, les caulinaires spathulées, atténuées à la base, denticulées dans leur moitié supér., les ombellaires de même forme mais bien plus grandes, tronquées ou émarginées au sommet ; ombelle à 5 rayons trichotomes, puis dichotomes ; glandes non échancrées en croissant ; capsule lisse à coques arrondies sur le dos ; graines brunes, alvéolées. ⊙ juin-oct. — T. C. Lieux cultivés.

2. E. platyphyllos L. — Tige dressée, rameuse au sommet ; feuilles éparses, obovales-lancéolées, un peu en cœur à la base, étalées ou réfléchies, les infér. pétiolées, obtuses, les supér. très aiguës ; bractées ovales-triangulaires, mucronées ; ombelles à 3-5 rayons allongés, trichotomes puis dichotomes ; glandes non échancrées en croissant ; capsule subglobuleuse à coques couvertes de tubercules hémisphériques ; graines brunâtres, lisses. ⊙ juill.-sept. — A. R. Champs, après la moisson, bords des fossés.

3. E. stricta L. — Plante voisine de la précédente, dont elle diffère : par sa tige plus grêle, par son ombelle moins allongée, par ses feuilles plus minces, par sa capsule 3-4 fois plus petite, fortement trigone, couverte de tubercules cylindriques, et par sa floraison plus précoce. ☉ mai-sept. — A. C. Champs, bords des chemins et des fossés.

4. E. dulcis L. ; *E. purpurata* Thuill.—Rhizome horizontal, charnu, formé de segments articulés ; tige dressée, ord. simple ; feuilles éparses, pâles en dessous, oblongues-obovées, atténuées à la base, entières ou denticulées dans leur moitié supérieure, les inférieures brièvement pétiolées, obtuses, les supérieures sessiles, aiguës ; bractées ovales-triangulaires ; ombelle à 5 rayons grêles ; glandes pourpres, non échancrées ; capsule trigone, couverte de tubercules arrondis, inégaux ; graines brunâtres, lisses. ♃ avril-juin. — R. Bois ombragés : St-Germain, Sénart, Fontainebleau, Malesherbes, Dreux, etc.

5. E. verrucosa L. — Souche épaisse, subligneuse, rameuse-cespiteuse ; tiges nombreuses, couchées-ascendantes, ord. simples ; feuilles éparses, elliptiques, obtuses ou un peu aiguës, sessiles, finement dentées dans leur moitié supér. ; ombelle à 5 rayons trichotomes, à peine plus longs que les feuilles ombellaires ; bractées ovales-arrondies, atténuées à la base ; glandes non échancrées ; capsule globuleuse, couverte de tubercules cylindriques ; graines brunes, lisses. ♃ mai-juill. — T. R. Coteaux et lieux secs, bords des chemins, sur le calcaire : Moret, Épisy, la Genevraie, Nemours.

6. E. palustris L. — Souche très grosse ; tiges nombreuses, épaisses, dressées, munies au-dessous de l'ombelle de rameaux ord. stériles ; feuilles éparses, oblongues-lancéolées, sessiles, atténuées à la base, subobtuses, entières ou denticulées au sommet ; ombelle d'un beau jaune, rayons nombreux, ord. plus longs que les feuilles ombellaires ; bractées obovées, atténuées à la base ; glandes non échancrées ; capsule grosse, fortement trigone, couverte de tubercules arrondis, inégaux ; graines brunâtres, pruineuses, lisses. ♃ mai-juill. — A. R. Prés et lieux humides, bords des eaux.

7. E. Gerardiana Jacq. ; *E. Esula* Thuill. (non L.). — Souche rameuse, subligneuse ; tiges nombreuses, dressées, ord. simples ; feuilles nombreuses, rapprochées, dressées, coriaces, d'un vert-glauque, lancéolées ou linéaires-lancéolées, acuminées-mucronées, ord. très entières ; feuilles ombellaires plus courtes, ovales-rhomboïdales, mucronées ; ombelle à rayons nombreux, dichotomes ; bractées ovales-triangulaires, tronquées à la base ; glandes non échancrées ; capsule subglobuleuse, couverte de papilles très fines ; graines cendrées, lisses. ♃ mai-juill. — A. C. Lieux secs, bords des chemins.

Var. *dentata* Chabert, Soc. Bot., 18, p. 199 ; feuilles supérieures lancéolées ou oblongues, dentées dans leur moitié supérieure. — R. Forêt de Fontainebleau.

Var. *multicaulis* Chabert loc. cit. ; *E. multicaulis* Thuill. ; tiges très nombreuses, rapprochées ; feuilles supérieures courtes, ovales, presque trapézoïdes , les ombellaires ovales-arrondies. — R. Orsay , Fontainebleau.

8. **E. Cyparissias** L. (Tithymale). — Souche subligneuse , stolonifère ; tiges nombreuses, dressées, munies au-dessous de l'ombelle de rameaux ord. stériles ; feuilles éparses, nombreuses , étalées ou réfléchies , sessiles, étroitement linéaires, très entières, celles des rameaux stériles , sétacées ; ombelle à rayons grêles, nombreux ; bractées ovales, libres ; glandes échancrées en croissant, à cornes courtes ; capsule fortement trigone, à coques un peu chagrinées ; graines d'un brun cendré, lisses. ♃ avril-sept. — T. C. Lieux secs et incultes, bords des chemins.

9. **E. Esula** L. (Esule). — Souche subligneuse, traçante ; tiges dressées, munies au-dessous de l'ombelle de rameaux ord. fertiles ; feuilles éparses, sessiles, oblongues-lancéolées , atténuées à la base , obtuses ou un peu aiguës, entières ou obscurément denticulées au sommet ; ombelle à rayons nombreux, dichotomes ; bractées libres, ovales, acuminées ; glandes échancrées, à cornes courtes ; capsule globuleuse - trigone, munie de petites papilles sur les angles ; graines lisses , cendrées. ♃ mai-août. — R. Coteaux calcaires, bois ombragés : Fontainebleau ; Maisse ; les Andelys, etc.

Parmi les espèces créées aux dépens de l'*E. Esula* L., on trouve aux environs de Paris les deux suivantes :

E. esuloides Jord. ap. Billot., Annot. , p. 26.—Plante ayant le port et l'aspect de l'*E. Gerardiana ;* tiges grêles, peu nombreuses ; feuilles courtes, lancéolées-sublinéaires , d'un vert foncé, un peu glauques en dessous, brusquement rétrécies à la base ; ombelle peu fournie, à rayons grêles ; bractées subcordiformes, non atténuées à la base ; se distingue facilement de l'*E. Gerardiana* par sa souche rampante et par ses glandes échancrées en croissant. Mai-juin. — R. Coteaux et lieux secs : forêt de Fontainebleau, mail Henri IV, Mont-Merle, etc.

E. androsæmifolia Schousb. teste Boiss. ap. DC., Prodr. 15, pars 2, p. 162; *E. salicetorum* Jord. — Tiges assez nombreuses, robustes, les unes fertiles et quelques-unes stériles ; tiges fertiles munies au-dessous de l'ombelle de plusieurs rameaux stériles très feuillés ; feuilles assez grandes oblongues-lancéolées, longuement rétrécies à la base, d'un vert jaunâtre ; ombelle à rayons nombreux plus épais que dans le précédent ; bractées réniformes souvent atténuées à la base. Juin-juill. — T. R. Bords des rivières : Ecuelles, Nemours.

10. **E. Peplus** L. — Tige dressée ou ascendante, grêle, rameuse ; feuilles éparses, obovales, très entières, obtuses au sommet, atténuées en pétiole à la base ; feuilles ombellaires largement obovales, sessiles ; ombelle à 3 rayons plusieurs fois dichotomes ; bractées libres, ovales ; glandes échancrées, à cornes allongées ; capsule

globuleuse-trigone, à coques munies sur le dos de 2 carènes minces ; graines cendrées, munies d'une seule fossette sur les faces adjacentes au raphé et de 3-4 fossettes sur les autres. ⊙ juin-oct. — T. C. Lieux cultivés.

11. **E. exigua** L. — Tige ord. basse, ascendante ou dressée, simple ou rameuse ; feuilles éparses, nombreuses, sessiles, linéaires ou linéaires-cunéiformes, obtuses ou mucronées ; ombelle à 3, rar. 4-5 rayons, plusieurs fois dichotomes ; bractées libres lancéolées-linéaires, cordées à la base ; glandes échancrées, à cornes allongées ; capsule globuleuse-trigone, lisse ; graines cendrées, puis noires, rugueuses-tuberculeuses. ⊙ juin-sept. — T. C. Champs cultivés.

12. **E. falcata** L. — Tige ord. basse, ascendante ou dressée, simple ou rameuse ; feuilles éparses, sessiles, glauques, 3-nervées, les infér. obovales, obtuses, caduques, les supér. lancéolées aiguës ; ombelle à 3-5 rayons plusieurs fois dichotomes ; bractées libres, inéquilatérales, ovales-rhomboïdales ; glandes échancrées, à cornes courtes ; capsule globuleuse-trigone, lisse ; graines cendrées, puis noires, alvéolées. ⊙ juin-sept. — R. Champs calcaires : Draveil, Étampes, Sartrouville, etc.

13. **E. Lathyris** L. (Épurge). — Tige assez élevée, épaisse, raide, dressée, simple à la partie infér., un peu rameuse vers le haut ; feuilles épaisses, oblongues-lancéolées, mucronées, sessiles, opposées par paires en croix, d'un vert foncé en dessus, glauques-pruineuses en dessous ; ombelles à 4, rar. 2-5 rayons dichotomes ; bractées ovales-oblongues, cordées à la base ; glandes échancrées, à cornes courtes ; capsule très grosse, globuleuse-trigone, lisse ; graines brunes, réticulées-rugueuses. ② mai-juill. — A. R. Subspontané auprès des habitations, des cultures et des vieux châteaux, se rencontre quelquefois assez loin des lieux habités, avec toutes les apparences de la spontanéité, mais n'est certainement pas indigène.

14. **E. amygdaloides** L. ; *E. silvatica* Jacq. et Auct. mult. (non L.). — Souche épaisse, subligneuse ; tige dressée ou ascendante, subligneuse et nue à la base, portant les cicatrices des feuilles tombées ; feuilles des rameaux stériles et les infér. des tiges fertiles, ayant persisté pendant l'hiver, grandes, épaisses-coriaces, obovées, atténuées en pétiole, d'un vert foncé ou rougeâtre, rapprochées presque en rosette ; feuilles supér., développées au printemps, petites, molles, obovées, sessiles, d'un vert jaunâtre ; ombelle à 5-10 rayons dichotomes ; bractées semi-orbiculaires, connées ; glandes échancrées, à cornes aiguës et convergentes ; capsule globuleuse-trigone, à coques papilleuses ; graines cendrées, lisses. ♃ mai-juill. — T. C. Bois et taillis.

2. **MERCURIALIS** Tourn. (Mercuriale). — Plantes à suc non

laiteux; fleurs dioïques ou accidentellement monoïques, non réunies dans un involucre commun, rassemblées en glomérules ou en
épis; périanthe à 3-divisions, disposées sur un seul rang et connées
à la base; fleurs mâles à 8-12 étamines ou plus, libres; fleur femelle
à ovaire non stipité, 2 rar. 3-loculaire, à loges uniovulées, munie de
2-3 filets, dépourvus d'anthères, alternes avec les carpelles; styles
2-3; fruit capsulaire à 2, rar. 3 coques monospermes, à déhiscence
semblable à celle du genre *Euphorbia*.

1. **M. annua** L. (Mercuriale, Foirolle). — Racine grêle, pivotante;
tige dressée, rameuse dès la base; feuilles opposées, pétiolées,
ovales-lancéolées, ciliées, crénelées, d'un vert pâle; fleurs mâles en
glomérules espacés ou confluents, portés par un pédoncule axillaire; fleurs femelles solitaires, presque sessiles; capsule hispide.
⊙ mai-oct. — T. C. Lieux cultivés.

2. **M. perennis** L. — Souche longuement rampante; tige dressée,
simple; feuilles opposées, pétiolées, lancéolées, crénelées, d'un vert
foncé, bleuissant par la dessiccation; fleurs mâles comme dans le *M.
annua*; fleurs femelles solitaires, longuement pédonculées; capsule
très pubescente. ♃ avril-juin. — C. Bois et taillis.

ESPÈCES EXCLUES.

Les *Euphorbia Chamæsyce* L. et *Pseudo-Chamæsyce* Fisch. et
Mey. sont naturalisés et se maintiennent dans les plates-bandes du
Muséum d'histoire naturelle.

LXXX. CALLITRICHINÉES Reich.

Herbes aquatiques, submergées ou nageantes, annuelles ou perennantes. Tige grêle, allongée, simple ou rameuse. Feuilles opposées, très entières, dépourvues de stipules, les supér. ord. nageantes,
rapprochées en rosette. Fleurs hermaphrodites ou unisexuées-polygames, très petites, solitaires, axillaires, sessiles ou rar. pédicellées,
munies à la base de 2 bractées (sépales?) opposées, falciformes, membraneuses, persistantes ou caduques. Périante nul. Étamines 1, rar. 2,
à anthères réniformes, uniloculaires, ord. portées sur un long filet.
Ovaire supère, formé de 2 carpelles divisés chacun en 2 loges uniovulées; styles 2, filiformes. Fruit capsulaire, à 4 coques monospermes,
indéhiscentes, munies, ou non, d'une carène sur le dos. Graines à
testa mince; albumen charnu entourant un embryon central.

1. **CALLITRICHE** L. — (Caractères de la famille.)

1. **C. platycarpa** Kutz. — Plante petite ou de moyenne grandeur;
feuilles supérieures ovales ou obovées, à 3-5 nervures, les inférieures

bien plus étroites ; bractées persistantes, conniventes au sommet ; pollen globuleux ; styles persistants, allongés, à la fin réfléchis ; fruit large et mince, à coques munies sur le dos d'une carène assez saillante, souvent ondulée. ℤ avril-oct. — C. Ruisseaux, mares et fossés.

2. **C. verna** L. ; *C. vernalis* Kch. — Plante de taille très variable ; feuilles supérieures obovales ou oblongues, à 3-5 nervures, les inférieures linéaires ou linéaires-spathulées ; bractées persistantes, non conniventes ; pollen elliptique ; styles caducs, courts, dressés ; fruit un peu plus long que large, à coques munies sur le dos d'une carène très étroite. ⊙, ℤ mai-oct. — C. Avec le précédent.

3. **C. hamulata** Kutz. — Plante de taille très variable ; feuilles toutes lancéolées-linéaires ou linéaires, rar. les supér. nageantes un peu élargies, à 3-7 nervures ; bractées caduques, atténuées et recourbées en crochet au sommet ; pollen globuleux ; styles persistants, allongés, à la fin réfléchis ; fruit suborbiculaire, à coques munies sur le dos d'une carène étroite. ⊙, ℤ juin-oct. — R. Mares de la forêt de Fontainebleau. — Les trois espèces ci-dessus décrites peuvent, lorsqu'elles croissent dans les lieux asséchés, se présenter avec des tiges très réduites, cespiteuses, des feuilles plus charnues, etc. (forma *terrestris*, Auct.).

ESPÈCE EXCLUE.

Callitriche stagnalis Scop. ; je n'ai point observé, aux environs de Paris, cette plante qui, d'après Lebel (*Monogr.*, p. 44), n'existerait pas en France.

LXXXI. CÉRATOPHYLLÉES Gray.

Herbes vivaces, submergées, à tige rameuse, articulée-noueuse. Feuilles verticillées, sessiles, dépourvues de stipules, divisées dichotomiquement en segments filiformes, raides, aigus, denticulés. Fleurs monoïques, axillaires, solitaires, entourées d'un involucre persistant, à 10-12 divisions linéaires, égales, incisées ou entières. Périanthe nul. Fleur mâle : 10-25 étamines à anthères sessiles, biloculaires, tricuspidées au sommet, s'ouvrant par un pore. Fleur femelle : ovaire supère, solitaire, uniloculaire, uniovulé ; style subulé, persistant et accrescent. Le fruit est un achaine, monosperme, indéhiscent. Graine à testa membraneux ; albumen nul.

1. **CÉRATOPHYLLUM** L. (Cornifle.) — (Caractère de la famille.)

1. **C. demersum** L. — Plante d'un vert sombre ; feuilles deux fois

dichotomes, à segments linéaires, denticulés-spinescents; achaine surmonté par le style persistant, égalant ou dépassant sa longueur et muni à la base de deux épines latérales, réfléchies. ♃ juill.-sept. — T. C. Rivières, fossés et étangs.

2. **C. submersum** L. — Plante d'un vert gai; feuilles trois fois dichotomes, à segments sétacés, très finement denticulées; achaine surmonté par le style persistant plus court que lui et dépourvu d'épines basilaires. ♃ juin-août. — A. C. avec le précédent.

LXXXII. URTICÉES Juss.

Herbes annuelles ou vivaces, à feuilles opposées ou alternes, munies de stipules persistantes. Fleurs monoïques, dioïques ou polygames, disposées en glomérules axillaires ou en grappes. Fleurs mâles et hermaphrodites : périanthe à 4-5 divisions concaves, égales, libres ou connées à la base, en préfloraison imbriquée; étamines 4-5, insérées au centre de la fleur et opposées aux divisions du périanthe; anthères biloculaires, introrses. Fleurs femelles : périanthe persistant, à divisions très inégales, libres ou connées à la base. Ovaire supère, uniloculaire, uniovulé; style court ou nul. Fruit (*achaine*) sec, indéhiscent, monosperme. Graine à testa membraneux; albumen charnu.

1. **URTICA** Tourn. (Ortie). — Plantes hérissées de poils raides, piquants; feuilles opposées, dentées; fleurs monoïques ou dioïques, les mâles munies d'un périanthe à 4 divisions presque égales et de 4 étamines; les femelles munies d'un périanthe à 4 divisions inégales, les extér. très petites ou nulles, les intér. persistantes, dressées, accrescentes, renfermant le fruit; achaine comprimé.

1. **U. urens** L. (Petite Ortie). — Souche fibreuse annuelle; tige dressée, rameuse; feuilles ovales-oblongues, d'un vert gai, à pétiole égal au limbe; fleurs monoïques en grappes axillaires, ord. plus courtes que le pétiole de la feuille axillante. ⊙ juin-oct. — T. C. Lieux cultivés, voisinage des habitations.

2. **U. dioica** L. (Grande Ortie). — Souche rampante, vivace; tige dressée, ord. simple; feuilles ovales-lancéolées, acuminées, d'un vert sombre, à pétiole de moitié plus court que le limbe; fleurs dioïques en grappes axillaires, ord. plus longues que le pétiole de la feuille axillante. ♃ juin-oct. — T. C. Lieux cultivés, voisinage des habitations.

2. **PARIETARIA** Tourn. (Pariétaire). — Plantes velues, mais dépourvues de poils urticants; feuilles alternes, entières ou sinuées;

fleurs polygames disposées en petites cymes glomérulées à l'aisselle des feuilles, accompagnées chacune de 1-3 bractées libres ou connées en forme d'involucre; fleurs hermaphrodites composées d'un périanthe accrescent, enveloppant le fruit, à 4 divisions presque égales, connées à la base; étamines 4; fleurs femelles à périanthe persistant, non accrescent, tubuleux, renflé à la base; achaine comprimé-convexe, luisant.

1. **P. erecta** M. et K. — Tiges verdâtres, dressées, simples ou munies de quelques rameaux plus courts que la feuille axillante; feuilles lancéolées ou oblongues-lancéolées, longuement acuminées et longuement atténuées à la base; fleurs en cymes denses, rameuses; périanthe des fleurs hermaphrodites s'allongeant beaucoup après l'anthèse; bractées libres, non décurrentes sur le rameau; fruit ovoïde. ℔ juill.-oct. — A. R. Vieux murs, principalement des vieux châteaux et des anciennes habitations.

2. **P. diffusa** M. et K. — Tiges rougeâtres, très rameuses, couchées, diffuses, à rameaux plus longs que la feuille axillante; feuilles ovales ou oblongues, plus courtes et moins longuement atténuées aux deux extrémités que dans l'espèce précédente; fleurs en cymes peu rameuses et peu fournies; périanthe des fleurs hermaphrodites s'allongeant beaucoup après l'anthèse; bractées connées à la base, décurrentes sur le rameau; fruit ellipsoïde. ℔ juill.-oct. — T. C. Décombres et vieux murs.

ESPÈCE EXCLUE.

Urtica pilulifera L. paraît ne plus exister à Savigny-sur-Orge, où il n'était, du reste, pas plus spontané qu'à Paris.

LXXXIII. CANNABINÉES Endl.

Herbes annuelles ou vivaces, à feuilles opposées ou alternes, munies de stipules. Fleurs dioïques, les mâles en grappes, à périanthe herbacé, à 5 divisions libres égales; étamines 5, insérées à la base du périanthe et opposées à ses divisions; fleurs femelles en têtes ou en glomérules, munies d'une bractée, à périanthe persistant, accrescent, gamophylle, fendu longitudinalement. Ovaire supère, uniloculaire, uniovulé; style très court ou nul. Fruit (*achaine*) sec, indéhiscent, monosperme, enveloppé par le périanthe accru. Graine à testa membraneux; albumen nul; embryon courbé ou roulé en spirale.

1. **CANNABIS** Tourn. (Chanvre). — Plante annuelle, à tige dressée, non volubile; fleurs mâles en grappes; étamines à anthères

pendantes ; fleurs femelles, munies chacune d'une petite bractée, à périanthe spathulé, renflé à la base, enroulé autour de l'ovaire ; achaine subglobuleux, se séparant en 2 valves par la pression.

1. **C. sativa** L. — Tige de 1-2 mètres, ord. simple, plus élevée et plus robuste dans la plante femelle que dans l'individu mâle ; feuilles pétiolées, palmatiséquées, à 5-7 divisions lancéolées-acuminées, profondément dentées ; fleurs mâles disposées en panicule terminale ; fleurs femelles sessiles, formant au sommet de la tige une panicule lâche. ⊙ juin-sept. — Cultivé en grand et souvent subspontané ; originaire de Sibérie, de Daourie, des régions de la mer Caspienne et du lac Baïcal.

2. **HUMULUS** L. (Houblon). — Plante vivace, à tige volubile ; fleurs mâles en grappes ; étamines à anthères dressées ; fleurs femelles disposées par paires à l'aisselle de bractées membraneuses foliacées, accrescentes, formant par leur réunion un cône ; périanthe squamiforme, accrescent, entourant l'ovaire ; achaine ovoïde-comprimé, ne s'ouvrant pas par la pression.

1. **H. Lupulus** L. — Tiges volubiles-grimpantes, pouvant atteindre plusieurs mètres de longueur ; feuilles pétiolées, cordées à la base, palmatilobées, à 3-5 lobes ovales-acuminés ; fleurs mâles en grappes opposées ; fleurs femelles réunies en cônes foliacés, opposés ; péricarpe couvert de glandes sécrétant une matière résineuse, odorante, amère. ♃ juill.-sept. — C. Haies et buissons.

LXXXIV. ULMACÉES Mirb.

Arbres à feuilles simples, alternes, munies de stipules caduques. Fleurs hermaphrodites, paraissant avant les feuilles, disposées en fascicules ou en glomérules latéraux. Périanthe gamophylle, persistant, campanulé ou turbiné, à 5 rar. 4-8 lobes en préfloraison quinconciale. Étamines en nombre égal et opposées aux divisions du périanthe, au-dessous duquel elles sont insérées sur le réceptacle ; anthères biloculaires, extrorses. Ovaire supère, comprimé, biloculaire, à loges uniovulées ; styles 2, divariqués. Fruit (*samare*) sec, indéhiscent, comprimé, largement ailé dans tout son pourtour, monosperme par avortement. Graine à testa membraneux ; albumen nul.

1. **ULMUS**. Tourn. (Orme). — (Caractères de la famille).

1. **U. campestris** L. — Arbre élevé, à écorce fendillée, rugueuse, à rameaux dressés ; feuilles pétiolées, ovales-elliptiques, acuminées, obliques à la base, doublement dentées ; fleurs très brièvement pédi-

cellées ; fruits obovales, glabres, profondément échancrés au sommet ; graine placée au-dessus du centre du fruit et immédiatement sous l'échancrure. ♄ mars-avril.—C. Bois ; souv. planté dans les parcs, aux bords des chemins.

Var. *suberosa* Kch. ; rameaux à écorce subéreuse , profondément sillonnée ; feuilles ord. plus petites que dans le type.

ESPÈCES EXCLUES.

Les *U. montana* Sm. et *U. pedunculata* Foug. (U. effusa Willd.) sont souvent plantés dans les parcs, sur les quais ou aux bords des chemins ; le premier se reconnaît à son fruit glabre à graine située au-dessous .du centre du fruit et éloignée de l'échancrure ; l'*U. pedunculata* a des fruits ovales, fortement réticulés, longuement ciliés tout autour.

LXXXV. PLATANÉES Lestib.

Arbres élevés, à rameaux étalés, à feuilles alternes, pétiolées, palmatilobées, munies de stipules promptement caduques. Fleurs monoïques, dépourvues de périanthe, les mâles et les femelles disposées sur des rameaux différents, en chatons globuleux , très denses, sessiles, réunis plusieurs sur de longs pédoncules pendants. Étamines en nombre indéfini, à filets très courts, entremêlées d'écailles subclaviformes ; anthères biloculaires, réunies par un connectif subclaviforme, tronqué-pelté au sommet. Ovaires très nombreux, les uns fertiles, les autres stériles, entremêlés d'écailles, obconiques, poilus, uniloculaires, 1-2-ovulés ; style sublatéral, allongé, subulé. Fruits subclaviformes, coriaces, uniloculaires, monospermes, entourés à la base de poils articulés. Graine à testa membraneux ; albumen charnu ou presque nul.

1. **PLATANUS** Tourn, (Platane). — (Caractères de la famille).

1. **P. occidentalis** L. — Arbre très élevé, dont le tronc peut atteindre un très grand diamètre , à écorce cendrée-verdâtre , s'enlevant par plaques minces et larges ; feuilles ord. très grandes, à 3, plus rar. 5 lobes larges, ovales-triangulaires, irrégulièrement sinués-dentés, laissant entre eux des sinus très peu profonds, larges et arrondis à nervures principales couvertes d'un tomentum dense et persistant ; chatons plus petits que dans l'espèce suivante. ♄ fl. avril-mai ; fr. août. — Originaire de l'Amérique septentrionale, fréquemment planté dans les parcs, les avenues et sur les quais.

2. **P. orientalis** L. — Arbre moins élevé que le précédent, à tronc atteignant des proportions moins vastes, à écorce plus foncée, rugueuse, fendillée, s'enlevant par petites écailles ; feuilles moins

grandes que dans l'espèce précédente, à 5, plus rar. 3-7 lobes cunéiformes, étroits, irrégulièrement sinués-dentés, laissant entre eux des sinus étroits et très profonds, nervures principales munies d'un tomentum moins dense et très promptement caduc; chatons plus gros que dans le *P. occidentalis*. ♄ fl. avril-mai; fr. août. — Spontané en Grèce et en Orient, planté dans les parcs et les promenades, mais moins fréquemment que le précédent.

LXXXVI. JUGLANDÉES DC.

Arbres assez élevés, à rameaux étalés, munis d'une moelle interrompue. Feuilles caduques, alternes, imparipennées, dépourvues de stipules, exhalant par le froissement une odeur aromatique. Fleurs monoïques, paraissant avant les feuilles : les mâles disposées en chatons cylindriques, munies d'une bractée écailleuse et d'un périanthe à 5-6 divisions membraneuses, inégales; étamines 3-36, à filets très courts, insérées sur plusieurs rangs à la face interne du périanthe; anthères biloculaires, extrorses; fleurs femelles solitaires ou agrégées, entourées d'un involucre 4-fide, à périanthe 4-lobé, inséré sur les bords du réceptacle. Ovaire infère, d'abord uniloculaire, puis divisé en 4 fausses loges incomplètes, uniovulé; styles 1-2, très courts. Fruit drupacé, à péricarpe épais, charnu-fibreux, se fendant irrégulièrement et contenant une noix à 2 valves ligneuses ne s'ouvrant que pendant la germination. Graine à testa membraneux, à cotylédons épais, charnus, huileux, bilobés, sillonnés-cérébriformes; albumen nul.

1. **JUGLANS** L. (Noyer). — (Caractères de la famille.)

1. **J. regia** L. — Arbre à écorce blanchâtre, à cyme arrondie; feuilles glabres, coriaces, d'un vert sombre, à 7-9 folioles ovales, sinuées-dentées; fruit d'abord vert, puis noir à la maturité. ♄ fl. avril-mai; fr. sept.-oct. — Spontané en Grèce, en Arménie, dans les régions transcaucasiques, le Japon, etc.; très fréquemment planté aux bords des chemins, dans les villages, etc.

LXXXVII. CUPULIFÈRES Rich.

Arbres élevés ou arbrisseaux. Feuilles alternes, simples, entières ou plus ou moins profondément découpées, caduques ou marcescentes, pétiolées, munies de stipules caduques. Fleurs monoïques : les mâles réunies en chatons cylindriques, rar. globuleux; périanthe à 4-6 divisions en préfloraison valvaire, ou réduit à une seule écaille entière ou trifide; étamines 4-20 insérées en plusieurs rangs sur l'écaille ou en un seul rang sur un disque placé au fond du périanthe; anthères biloculaires, extrorses. Fleurs femelles 1-5, sessiles dans un involucre commun, persistant, plus ou moins accrescent, périanthe très court, denticulé, disparaissant souv. de très bonne heure. Ovaire infère, à 2-4, rar. 6 loges 1-2-ovulées; styles 2-3, rar. 4-6. Involucre fructifère accru, foliacé, coriace ou ligneux, quelquefois épineux, renfermant plusieurs fruits et s'ouvrant en 4 valves, ou ne contenant qu'un seul fruit qu'il n'entoure qu'en partie et alors indéhiscent (*cupule*). Fruit indéhiscent, uniloculaire et monosperme par avortement. Graine à testa membraneux; albumen nul.

1. {
Involucre fructifère épineux, renfermant complètement le fruit et déhiscent en 4 valves 2
Involucre fructifère non épineux, indéhiscent, ne renfermant pas complètement le fruit 3
}

2. {
Fleurs mâles en chatons globuleux; involucre fructifère à épines molles . . . . *Fagus* (1).
Fleurs mâles en chatons filiformes, allongés; involucre fructifère à épines raides, vulnérantes. . . . . *Castanea* (2).
}

3. {
Fleurs mâles en chatons filiformes interrompus; fruits solitaires dans un involucre ligneux. . . . . *Quercus* (3).
Fleurs mâles en chatons cylindriques continus; fruits géminés, agrégés ou réunis en grappe, à involucre foliacé 4
}

4. {
Fleurs femelles fasciculées, renfermées dans un bourgeon écailleux; involucre fructifère campanulé, lacinié au sommet. *Corylus* (4).
Fleurs femelles en grappe; involucre fructifère foliacé-trilobé. . . . . *Carpinus* (5).
}

1. **FAGUS** Tourn. (Hêtre). — Fleurs mâles en chatons longuement pédonculés, périanthe campanulé à 5-6 divisions; étamines 8-12 insérées sur un disque au fond du périanthe; fleurs femelles à périanthe lacinié, renfermées 1-3 dans un involucre urcéolé, quadrilobé; ovaire à 3 loges biovulées; styles 3, filiformes; involucre fructifère ligneux, chargé d'épines molles, renfermant complètement 1-3 fruits, s'ouvrant en 4 valves; fruits trigones, à 3 angles tranchants, à péricarpe coriace, velu à la face interne.

1. **F. sylvatica** L. — Arbre élevé, à écorce lisse et grisâtre; feuilles ovales ou ovales-oblongues, entières ou obscurément denticulées-ondulées, pubescentes dans leur jeunesse, glabres à l'âge adulte. ♄ fl. mai; fr. sept. — T. C. Bois.

2. **CASTANEA** Tourn. (Châtaignier). — Fleurs mâles en chatons allongés, grêles, filiformes, interrompus, périanthe à 5-6 divisions; étamines 8-15, longuement exsertes, insérées sur un disque au fond du périanthe; fleurs femelles, rar. hermaphrodites, renfermées chacune dans un involucre accrescent, géminées ou ternées dans un bourgeon écailleux placé à la base des chatons mâles, périanthe tubuleux, à 5-8 divisions, surmontant l'ovaire;

style court; ovaire infère à 3-6 loges, 2-ovulées; involucre fructifère coriace, convert d'épines raides, vulnérantes, fasciculées, renfermant complètement 1-3 fruits et s'ouvrant en 4 valves; fruit ovoïde, ord. monosperme, à péricarpe coriace, velu à la face interne.

1. *C. sativa* Mill.; *C. vulgaris* Lam. — Arbre élevé, à écorce grisâtre, fendillée, à branches étalées; feuilles oblongues-lancéolées, fortement dentées-cuspidées; fruits bruns, à base large, blanchâtre. ♄ fl. juin, fr. oct. — C. Bois siliceux; manque sur le calcaire.

3. **QUERCUS** Tourn. (Chêne). — Fleurs mâles en chatons lâches, filiformes, interrompus, longuement pédonculés, périanthe à 6-8 divisions étroites, inégales, ciliées; étamines 4-12, exsertes, insérés sur un disque au fond du périanthe; fleurs femelles solitaires dans un involucre accrescent formé de bractées soudées en cupule; périanthe, 6-denté, surmontant l'ovaire; style court; ovaire infère à 3-5 loges biovulées; involucre fructifère hémisphérique, induré-ligneux, indéhiscent, n'embrassant que la base du fruit, celui-ci *(gland)* ovoïde-oblong, uniloculaire, monosperme par avortement, à péricarpe coriace.

1. **Q. sessiliflora** Sm. (Chêne-Rouvre). — Arbre élevé, à rameaux étalés; feuilles pétiolées, glabres ou pubescentes dans leur jeunesse, ovales-oblongues, profondément sinuées, à lobes obtus arrondis; pédoncules fructifères plus courts que les pétioles. ♄ fl. avril-mai, fr. sept. — T. C. Bois.
Var. *pubescens* Math.; *Q. pubescens* Willd.; rameaux velus; feuilles plus ou moins pubescentes en dessous.

2. **Q. pedunculata** Ehrh. (Chêne à grappes). — Arbre ord. plus élevé que le précédent; feuilles glabres, subsessiles ou très brièvement pétiolées; pédoncules fructifères très longs. ♄ fl. avril-mai, fr. sept. — T. C. Bois.

4. **CORYLUS** Tourn. (Coudrier). — Fleurs mâles en chatons cylindriques, denses, solitaires ou géminées, paraissant avant les feuilles, périanthe en forme d'écaille bilobée, plus ou moins soudée avec la bractée écailleuse; étamines 6-8, à filets très courts, insérées en plusieurs rangs sur le périanthe; fleurs femelles solitaires ou géminées dans un involucre tubuleux, lacinié, et groupées dans un bourgeon écailleux, périanthe très court, denticulé, couronnant l'ovaire; styles 2; ovaire infère, à 2 loges uniovulées; involucre fructifère tubuleux, foliacé, un peu charnu à la base, largement ouvert au sommet, ne contenant qu'un seul fruit ovoïde, uniloculaire et monosperme par avortement, à péricarpe ligneux.

1. **C. Avellana** L. (Noisetier). — Arbrisseau à rameaux dressés, flexibles, pubescents au sommet; feuilles brièvement pétiolées,

ovales-orbiculaires, cordées à la base, incisées, doublement dentées, pubescentes. ♃ fl. févr.-mars; fr. août-sept. — T. C. Bois, taillis et buissons.

5. **CARPINUS** Tourn. (Charme). — Fleurs mâles en chatons cylindriques, denses, périanthe nul ; étamines 6-20, insérées en plusieurs rangs sur les écailles bractéales, ovales-acuminées, ciliées; fleurs femelles solitaires dans un involucre foliacé, accrescent, réunies en grappes lâches, pédonculées , périanthe court, denticulé, couronnant l'ovaire; style 2; ovaire infère à 2 loges uniovulées; involucre fructifère foliacé, trilobé, à lobe moyen bien plus grand que les latéraux, embrassant le fruit par sa portion externe; fruit ovoïde-comprimé, uniloculaire et monosperme par avortement, à péricarpe ligneux.

1. **C. Betulus** L. — Arbre de taille moyenne, à écorce lisse; feuilles ovales-oblongues, brièvement pétiolées, doublement den-tées, cordées à la base, pubescentes seulement sur les nervures. ♃ fl. avril-mai; fr. août. — T. C. Bois et taillis.

ESPÈCES EXCLUES.

Quercus Tozza Bosc et *Q. Cerris* L. existent en petite quantité dans quelques forêts où ils ont été plantés.

LXXXVIII. SALICINÉES A. Rich.

Arbres ou arbrisseaux. Feuilles simples, alternes, caduques, ord. pétiolées, munies de stipules persistantes ou caduques , quelquefois nulles. Fleurs dioïques, réunies en chatons cylindriques ou oblongs, les mâles et les femelles dépourvues de périanthe, solitaires à l'aisselle de bractées squamiformes, munies chacune d'un disque cupuliforme ou réduit à 1-2 glandes placées à la base des organes sexuels. Éta-mines 2-24, à filets libres ou réunis dans une partie de leur longueur, insérées à la base de l'écaille ou sur le disque; anthères biloculaires extrorses. Ovaire supère, sessile ou pédicellé, uniloculaire ou à 2 loges incomplètes, multiovulé; styles 2, libres ou réunis. Fruit cap-sulaire, ovoïde-conique, polysperme, s'ouvrant du sommet à la base en 2 valves qui se roulent en dehors. Graines à testa membraneux, munies autour du hile de longs poils soyeux; albumen nul.

1. **SALIX** Tourn. (Saule). — Chatons à écailles entières; disque réduit à 1-2 glandes placées à la base des organes sexuels qu'elles n'entourent jamais complètement; étamines 2-3, rar. 5, à filets libres ou réunis et simulant alors quelquefois une étamine à an-thère 4-loculaire; ovaire sessile ou pédicellé; style allongé, très court ou nul.

1 { Écailles des chatons d'un jaune verdâtre ou rosées dans toute leur étendue 2
{ Écailles des chatons bruns ou noirâtres dans leur moitié supér. . 10

2 { Chatons mâles 3
{ Chatons femelles 5

3 { Étamines 2. 4
{ Étamines 3 ; écailles glabres au sommet . . . . . . *S. triandra.*

4 { Rameaux flexibles ; feuilles blanchâtres soyeuses ; stipules lancéolées . . . . *S. alba.*
{ Rameaux fragiles ; feuilles glabres ou glabrescentes ; stipules ovales falciformes . . . . *S. fragilis.*

5 { Écailles caduques avant la maturité des capsules. 6
{ Écailles persistantes 8

6 { Arbre à rameaux dressés 7
{ Arbre à rameaux très longs, pendants . . . . . *S. babylonica.*

7 { Pédicelle de la capsule égalant à peine la longueur de la glande . . . . *S. alba.*
{ Pédicelle de la capsule 2-3 fois aussi long que la glande. *S. fragilis.*

8 { Écailles glabres au sommet. . . . . *S. triandra.*
{ Écailles barbues au sommet. 9

9 { Pédicelle de la capsule égalant la glande. . . *S. hippophaefolia.*
{ Pédicelle de la capsule 2 fois aussi long que la glande. *S. undulata.*

10 { Chatons mâles 11
{ Chatons femelles 18

11 { Étamines 2, à filets réunis au moins dans leur moitié infér. ; anthères pourprées, noirâtres après l'anthèse 12
{ Étamines 2, à filets libres ou à peine réunis à la base ; anthères aunes, même après l'anthèse. 13

12 { Étamines à filets réunis dans toute leur longueur ; feuilles lancéolées, élargies au sommet. . . . . *S. purpurea.*
{ Étamines à filets réunis dans leur moitié inférieure ; feuilles étroitement lancéolées, non élargies au sommet . . *S. rubra.*

13 { Arbrisseau atteignant à peine 50 cent. de hauteur, étalé à terre, à tige souterraine, rampante. . . . . *S. repens.*
{ Arbre ou arbrisseau élevé, à tige dressée, non souterraine ni rampante 14

14 { Feuilles étroites, lancéolées, très allongées ; stipules lancéolées, linéaires . . . . *S. viminalis.*
{ Feuilles assez larges, oblongues-lancéolées ou obovales ; stipules réniformes ou semi-cordiformes 15

15 { Bois des rameaux présentant sous l'écorce des lignes saillantes, amincies aux 2 extrémités 16
{ Bois des rameaux parfaitement lisse 17

16 { Feuilles lancéolées-oblongues, obtuses ou brièvement acuminées ; bourgeons pubescents-blanchâtres ; rameaux couverts d'un duvet cendré. . . . . *S. cinerea.*
{ Feuilles obovales, acuminées, à pointe recourbée ; bourgeons et rameaux glabres . . . . *S. aurita.*

$$17 \begin{cases} \text{Feuilles lancéolées-oblongues ou lancéolées, lisses; bourgeons} \\ \quad \text{pubescents.} \dots\dots\dots\dots\dots\dots \textit{S. Smithiana.} \\ \text{Feuilles larges, ovales ou ovales-lancéolées, rugueuses; bourgeons} \\ \quad \text{glabres} \dots\dots\dots\dots\dots\dots \textit{S. caprea.} \end{cases}$$

$$18 \begin{cases} \text{Capsule sessile ou à pédicelle égalant à peine la glande.} \dots 19 \\ \text{Capsule portée sur un pédicelle 2-6 fois plus long que la glande. } 21 \end{cases}$$

$$19 \begin{cases} \text{Feuilles glabres ou glabrescentes en dessous, au moins à l'âge} \\ \quad \text{adulte; stipules ord. nulles.} \dots\dots\dots\dots 20 \\ \text{Feuilles soyeuses-argentées en dessous; stipules lancéolées-} \\ \quad \text{linéaires} \dots\dots\dots\dots\dots \textit{S. viminalis.} \end{cases}$$

$$20 \begin{cases} \text{Feuilles lancéolées, élargies au sommet; style plus court que les} \\ \quad \text{stigmates ou nul.} \dots\dots\dots\dots \textit{S. purpurea.} \\ \text{Feuilles lancéolées, non élargies au sommet; style plus long que} \\ \quad \text{les stigmates.} \dots\dots\dots\dots \textit{S. rubra.} \end{cases}$$

$$21 \begin{cases} \text{Arbrisseau atteignant à peine 50 cent., étalé à terre, à tige sou-} \\ \quad \text{terraine rampante} \dots\dots\dots\dots \textit{S. repens.} \\ \text{Arbre ou arbrisseau élevé, à tige dressée non souterraine, ni} \\ \quad \text{rampante} \dots\dots\dots\dots\dots 22 \end{cases}$$

$$22 \begin{cases} \text{Pédicelle de la capsule 1 fois plus long que la glande. } \textit{S. Smithiana.} \\ \text{Pédicelle de la capsule 3-5 fois plus long que la glande.} \dots 23 \end{cases}$$

$$23 \begin{cases} \text{Bois des rameaux présentant sous l'écorce des lignes saillantes;} \\ \quad \text{capsule non ventrue à la base.} \dots\dots\dots 16 \\ \text{Bois des rameaux parfaitement lisse; capsule ventrue à la} \\ \quad \text{base.} \dots\dots\dots\dots\dots \textit{S. caprea.} \end{cases}$$

I. — Écailles concolores ; anthères jaunes.

1. **S. fragilis** L. — Arbre à rameaux dressés, fragiles à leur point d'insertion ; feuilles lancéolées, acuminées, entières ou denticulées, glabres à l'âge adulte ; chatons mâles épais, lâches ; étamines 2 ; capsule glabre, à pédicelle deux fois plus long que les glandes ; style une fois plus long que les stigmates. ♄ avril-mai. — C. Bords des eaux.

Var. *Russelliana* Kch.; *S. Russelliana* Sm. (Osier rouge); rameaux allongés, grêles, rougeâtres, souv. pendants ; feuilles très étroites, glauques en dessous.

2. **S. alba** L. — Arbre à rameaux ascendants, flexibles ; feuilles lancéolées, acuminées, denticulées-glanduleuses, blanchâtres-soyeuses au moins en dessous, même à l'âge adulte ; chatons mâles, grêles, arqués, odorants ; étamines 2 ; capsule glabre, sessile ou à pédicelle n'égalant pas les glandes ; styles très courts. ♄ avril-mai. — T. C. Avec le précédent.

Var. *vitellina* Ser.; *S. vitellina* L. (Osier jaune); ord. arbuste à rameaux grêles, d'un beau jaune luisant.

3. **S. babylonica** L. (Saule pleureur). — Arbre à rameaux allongés, très grêles, pendants ; feuilles glabres, linéaires-lancéolées, acuminées, entières ou denticulées ; capsule glabre, sessile ; styles

courts, ♄ avril-mai. — A. C. Planté aux bords des eaux, où l'on ne trouve que l'individu femelle.

4. **S. triandra** L.; *S. amygdalina* L. — Arbuste élevé, à rameaux effilés, flexibles, verdâtres; feuilles brièvement pétiolées, ovales-lancéolées ou elliptiques, finement denticulées, glabres sur les 2 faces; écailles glabres au sommet; chatons mâles grêles et lâches; étamines 3; capsule glabre, à pédicelle 2-3 fois plus long que la glande; style très court. ♄ avril-mai. — T. C. Bords des eaux.

✕ **S. undulata** Ehrh. — Arbuste à rameaux allongés, luisants, olivâtres; feuilles lancéolées-oblongues ou lancéolées-linéaires, acuminées, denticulées-ondulées sur les bords, glabres à l'âge adulte; écailles d'un jaune verdâtre ou à peine rosées, barbues au sommet; capsule glabre ou pubescente, à pédicelle 2 fois plus long que la glande; style assez long. ♄ avril-mai. — R. Bords de la Marne et de la Seine: Charenton, St-Maur, bois de Boulogne, etc., où il n'existe que l'individu femelle. — Forme hybride probablement issue du croisement des *S. alba* et *trianda*.

5 **S. hippophaefolia** Thuill. — Arbuste à rameaux allongés, luisants, d'un vert jaunâtre; feuilles étroitement lancéolées, acuminées, denticulées-glanduleuses, glabres à l'âge adulte; écailles rosées, barbues au sommet; capsule ord. velue, à pédicelle de la longueur de la glande; style allongé. ♄ avril-mai. — A. C. Bords de la Seine et de la Marne au-dessus et au-dessous de Paris; nous ne possédons que l'individu femelle. — Plante intermédiaire entre les *S. triandra* et *viminalis* dont elle serait, suivant quelques auteurs, un produit hybride.

II. — Écailles discolores; anthères pourpres, noirâtres après l'anthèse.

6. **S. purpurea** L. (Osier rouge). — Arbuste à rameaux grêles, dressés, à écorce fauve ou purpurine, luisante; feuilles lancéolées-oblongues, élargies au sommet, aiguës, finement denticulées, glabres à l'âge adulte; chatons mâles, grêles, cylindriques, un peu arqués, paraissant avant les feuilles; étamines 2, à filets réunis dans toute leur longueur et simulant une seule étamine à anthère 4-loculaire; chatons femelles paraissant avec les feuilles; capsule tomenteuse, sessile; style très court ou presque nul. ♄ mars-avril. — C. Bords des eaux.

Var. *Lambertiana* Kch.; *S. Lambertiana* Sm.; chatons du double plus gros que dans le type; feuilles grandes et larges.

Var. *Helix* Kch.; *S. Helix* L.; chatons grêles; style allongé; feuilles étroites, très allongées; rameaux effilés, étalés-ascendants.

7. **S. rubra** Huds. (Osier rouge).—Arbuste assez élevé, à rameaux dressés, allongés, couverts d'une écorce grisâtre ou olivâtre; feuilles

étroitement lancéolées, acuminées, subdenticulées, non élargies
au sommet, glabres à l'âge adulte; chatons paraissant avec ou un
peu avant les feuilles, les mâles ovoïdes-oblongs, les femelles cylindriques; étamines 2, à filets réunis dans leur moitié infér., ou
seulement à la base; capsule tomenteuse sessile; style allongé.
♃ mars-avril. — C. Bords des eaux.

Var. *Forbyana* Coss. et Germ.; *S. Forbyana* Sm.; feuilles oblongues ou obovales-lancéolées, brièvement acuminées; étamines à
filets réunis presque jusqu'au sommet. — T. R. Dreux.

III. — Écailles discolores; anthères jaunes après l'anthèse.

8. S. viminalis L. (Osier blanc, Osier vert). — Arbuste élevé, à
rameaux flexibles, allongés, dressés, couverts d'une écorce d'un
gris verdâtre ou jaune; feuilles lancéolées-allongées ou lancéolées-
linéaires, acuminées, très entières, à bords roulés en dessous,
soyeuses-argentées à la face infér. ; chatons mâles ovoïdes ou
oblongs, denses, paraissant avant les feuilles; étamines libres;
chatons femelles paraissant avec les feuilles, plus longs que les
mâles; capsule tomenteuse, sessile; style allongé. ♃ mars-avril. —
T. C. Bords des eaux.

× **S. Smithiana** Willd.; *S. Seringeana* Gaud.— Arbuste élevé, à
rameaux dressés, subtomenteux, grisâtres; feuilles lancéolées-
oblongues, acuminées, légèrement denticulées, blanches-tomenteuses en dessous; chatons naissant un peu avant ou en même
temps que les feuilles, les mâles ovoïdes, les femelles un peu
lâches; étamines libres; capsule tomenteuse, à pédicelle une fois
plus long que la glande; style allongé. ♃ mars-avril. — A. R. Bords
des eaux.— Forme hybride probablement issue du croisement des
S. viminalis et *caprea*.

9. S. cinerea L. (Saule gris). — Arbre ou arbuste élevé, à jeunes
rameaux épais, grisâtres-tomenteux ainsi que les bourgeons, à bois
présentant sous l'écorce des lignes saillantes; feuilles elliptiques ou
obovales-lancéolées, aiguës, entières ou obscurément denticulées,
tomenteuses-cendrées en dessous ; chatons naissant avant les
feuilles, les mâles ovoïdes, denses, les femelles cylindriques, allongés, denses; étamines libres; capsule tomenteuse, à pédicelle 4-5
fois aussi long que la glande; style très court. ♃ mars-avril. —
T. C. Bois humides, bords des eaux.

10. S. caprea L. (Marsault). — Arbre à rameaux étalés, pu-
bescents-cendrés dans leur jeunesse, puis glabres, ainsi que les
bourgeons, à bois parfaitement lisse sous l'écorce; feuilles ovales-
lancéolées, obovales ou elliptiques, acuminées, à pointe recourbée,
ondulées-crénelées, blanches-tomenteuses en dessous ; chatons
paraissant avant les feuilles, les mâles gros, ovoïdes, odorants, les

femelles lâches, allongés; étamines libres; capsule tomenteuse, ventrue à la base, à pédicelle 4-6 fois plus long que la glande; style très court. ♄ mars-avril. — T. C. Bords des eaux, bois humides.

11. **S. aurita** L. — Arbrisseau ord. bas, à rameaux divariqués, glabres ainsi que les bourgeons, à bois présentant sous l'écorce des lignes saillantes; feuilles obovales, obtuses, acuminées, par une pointe courte et recourbée, entières ou ondulées-crénelées, tomenteuses en dessous; chatons petits, paraissant avant les feuilles, les mâles ovoïdes, denses, les femelles oblongs, un peu lâches; étamines à filets réunis à la base; capsule tomenteuse, non ventrue à la base, à pédicelle 4-5 fois plus long que la glande; style très court. ♄ mars-avril. — C. Bords des eaux, bois et lieux humides.

12. **S. repens** L. — Sous-arbrisseau de 50 cent. ou moins, à tige souterraine, rampante, à rameaux diffus, glabres ou pubescents; feuilles variant de la forme lancéolée-linéaire à la forme ovale-orbiculaire, acuminées, obscurément denticulées, à bords roulés en dessous, glauques, pubescentes ou glabres à la face infér.; chatons petits, naissant avant ou avec les feuilles, ovoïdes, obtus; étamines libres; capsule tomenteuse, rar. glabre, à pédicelle 3-4 fois plus long que la glande; style court. ♄ avril-mai. — R. Tourbières et prés humides.

Var. *argentea* Kch.; feuilles ovales ou suborbiculaires, fortement soyeuses-argentées en dessous.

2. **POPULUS** Tourn. (Peuplier). — Chatons à écailles incisées ou laciniées; disque cupuliforme placé à la base des organes sexuels qu'il entoure complètement; étamines 8-12 ou plus, libres, insérées sur le disque; ovaire sessile ou brièvement pédicellé; style très court ou nul.

1 { Écailles des chatons velues-ciliées; étamines 8; jeunes pousses pubescentes ou tomenteuses. 2
{ Écailles glabres; étamines 12 ou plus; jeunes pousses glabres. . 4

2 { Feuilles blanches-tomenteuses en dessous; écailles dentées-ciliées; stigmates jaunes. . . . . *P. alba.*
{ Feuilles glabres ou glabrescentes à l'âge adulte; écailles digitées ou pectinées; stigmates purpurins. 3

3 { Feuilles sinuées-dentées; écailles incisées-digitées; stigmates à lobes en éventail. . . . . *P. Tremula.*
{ Feuilles anguleuses; écailles laciniées-pectinées; stigmates à lobes en croix. . . . . *P. hybrida.*

4 { Rameaux étalés formant une cyme arrondie; feuilles plus longues que larges . . . . *P. nigra.*
{ Rameaux dressés formant une cyme étroitement pyramidale; feuilles plus larges que longues.. . . . . . . *P. pyramidalis.*

1. **P. Tremula** L. (Tremble). — Arbre de moyenne taille, à écorce lisse, à rameaux étalés; feuilles ovales-orbiculaires, aiguës ou un

peu acuminées, sinuées-crénelées, glabres à l'âge adulte; écailles des chatons incisées-digitées, velues-ciliées; étamines 8; stigmates purpurins, à lobes en croix. ♄ mars-avril. — C. Bois et lieux humides.

× **P. hybrida** M. B.; *P. canescens* Sm.; *P. albo-Tremula* Krause (Grisard). — Arbre élevé, à écorce ord. lisse, à rameaux étalés; feuilles ovales-arrondies ou orbiculaires, sinuées-crénelées, d'abord grisâtres en dessous puis glabrescentes; écailles des chatons laciniées-pectinées, velues-ciliées; étamines 8; stigmates purpurins, à lobes en éventail. ♄ mars-avril. — R. Avec le précédent; hybride des *P. alba* et *P. Tremula*, n'est point spontané dans notre région.

2. **P. alba** L. (Peuplier de Hollande). — Arbre élevé, à écorce crevassée, à rameaux étalés; feuilles ovales-suborbiculaires, anguleuses, blanches-tomenteuses à la face infér.; écailles des chatons dentées-ciliées, velues; étamines 8; stigmates jaunes, à lobes en croix. ♄ mars-avril. — C. Bois et lieux humides.

3. **P. nigra** L. (Peuplier suisse). — Arbre élevé, à rameaux étalés formant une cîme arrondie, ceux de l'année cylindracés; feuilles ovales-triangulaires, plus longues que larges, acuminées, crènelées, glabres; écailles des chatons fimbriées-ciliées, glabres; étamines 12 ou plus. ♄ mars-avril. — C. Bords des eaux, avenues, bords des routes où il est souvent planté.

P. pyramidalis Rozier; *P. italica* Mœnch (Peuplier d'Italie). — Arbre élevé, à rameaux dressés, appliqués contre le tronc, ceux de l'année ord. sillonnés-anguleux; feuilles elliptiques-triangulaires, plus larges que longues, acuminées, crénelées, glabres; écailles des chatons incisées-digitées, glabres; étamines 12 ou plus. ♄ mars-avril. — C. Avec le précédent; originaire de l'Hymalaya, toujours planté dans notre région où l'on ne trouve que l'individu mâle.

ESPÈCES EXCLUES.

Salix Daphnoides Vill., *S. nigricans* Sm. et *S. acutifolia* Willd. qui appartiennent, les deux premiers, à la flore des Alpes et le dernier à celle d'Allemagne, ont été plantés dans quelques bois de la région parisienne; d'après Anderson (in herb. Mus. Paris) le *S. ambigua* Ehrh. aurait existé à St-Maur et à Meudon, mais je n'ai pu trouver cette espèce. Les *Populus monilifera* Ait. et *P. canadensis* Mich. originaires de l'Amérique septentrionale, sont, le premier surtout, très fréquemment plantés dans les parcs et les avenues.

LXXXIX. BÉTULACÉES Endl.

Arbres ou arbustes à feuilles simples, alternes, pétiolées, munies de stipules caduques. Fleurs monoïques, disposées en chatons ovoïdes ou cylindriques, géminés ou ternés, paraissant (au moins les mâles) à l'automne pour ne fleurir qu'au printemps suivant, avant les feuilles. Fleurs mâles géminées ou ternées et sessiles à l'aisselle d'une bractée écailleuse, peltée, munie de 2 bractéoles latérales ; périanthe squammiforme, monophylle, ou caliciforme à 3-4 divisions ; étamines 2-4, insérées à la base du périanthe et opposées à ses divisions, libres, à anthères biloculaires, extrorses, ou diadelphes, à anthères uniloculaires. Fleurs femelles géminées ou ternées à l'aisselle d'une écaille bractéale munie ou dépourvue de bractéoles latérales ; périanthe nul. Ovaire supère, à 2 loges uniovulées ; style nul ; stigmates 2. Fruit sec, indéhiscent, uniloculaire, monosperme, rar. 2-loculaire, 2-sperme, comprimé-anguleux ou muni d'une aile membraneuse. Graine à testa membraneux ; albumen nul.

1. **BETULA** Tourn. (Bouleau). — Fleurs mâles à écailles bractéales munies de deux bractéoles suborbiculaires ; périanthe squammiforme ; étamines 2, à anthères et à filets fendus dans leur moitié supér. et simulant 4 étamines diadelphes, à anthères uniloculaires ; fleurs femelles ternées, sessiles à l'aisselle d'une écaille bractéale trilobée, dépourvue de bractéoles latérales ; chatons fructifères cylindriques, solitaires, à écailles membraneuses caduques ; fruit muni sur les côtés d'une aile membraneuse.

1. **B. pendula** Roth ; *B. alba* L. (pro parte). — Arbre à épiderme lisse, d'un blanc argenté, se détachant par bandes circulaires papyracées ; jeunes rameaux grêles, flexibles, pendants ; feuilles glabres, rhomboïdales-triangulaires, longuement acuminées, doublement dentées ; écailles des chatons mâles glabres ; écailles des chatons femelles à lobes latéraux arrondis, recourbés en dehors ; fruits elliptiques, à ailes 1-2 fois plus larges que la loge. ♄ fl. avril ; fr. août-sept. — C. Bois, principalement sur la silice.

B. glutinosa Wallr. ; *B. alba* L. (pro parte) ; *B. pubescens* Ehrh. — Se distingue du précédent : par sa taille souv. moins élevée ; par son épiderme d'un blanc moins éclatant ; par ses jeunes rameaux dressés, pubescents-velus ; par ses feuilles ovales ou cordées à la base, irrégulièrement dentées, pubescentes, devenant glabres à l'âge adulte, mais restant barbues à l'aisselle des nervures ; par les écailles des chatons mâles ciliées ; par les écailles des chatons femelles à lobes latéraux étalés ou dressés ; par son fruit obovale à ailes égalant ou dépassant à peine la largeur de la loge. ♄ — A. R. Bois et lieux tourbeux ; ne paraît pas spontané dans le rayon de la flore parisienne.

1. **ALNUS** Tourn. (Aune). — Fleurs mâles à écailles bractéales munies de 2 bractéoles bifides ; périanthe à 4 divisions ; étamines 4, à filets entiers et à anthères biloculaires, insérées à la base des divisions du périanthe ; écailles des chatons femelles semblables à celles des mâles, les bractéoles latérales donnant chacune, à leur aisselle, insertion à une fleur ; chatons fructifères ovoïdes, en grappe rameuse, à écailles persistantes, horizontales, ligneuses ; fruit non ailé.

1. A. glutinosa Gærtn. — Arbre de moyenne taille, à écorce grisâtre, persistante, à rameaux glabres; feuilles suborbiculaires ou obovales, rétuses ou émarginées au sommet, visqueuses, d'un vert sombre, barbues à l'aisselle des nervures; chatons mâles 3-6 au sommet des rameaux, rougeâtres, pendants. ♄ fl. mars-avril; fr. août-sept. — T. C. Lieux et bois humides et marécageux.

ESPÈCE EXCLUE.

Alnus incana DC. planté près de la mare aux Évées dans la forêt de Fontainebleau.

XC. MYRICÉES A. Rich.

Sous-arbrisseaux à feuilles simples, alternes, caduques, coriaces, dépourvues de stipules, parsemées de points résineux exhalant par le frottement une odeur balsamique. Fleurs dioïques, dépourvues de périanthe, disposées en chatons latéraux et terminaux, paraissant avant les feuilles, les mâles cylindriques, les femelles ovoïdes. Etamines 2-8, insérées à la base d'une écaille bractéale entière, caniculée. Ovaire supère, uniloculaire, uniovulé, sessile et adhérent par sa base à 2-4 bractéoles latérales, accrescentes, placées à la base de l'écaille bractéale. Styles 2, très courts. Fruit subglobuleux-comprimé, subdrupacé ou presque sec, indéhiscent, uniloculaire, monosperme, parsemé de points résineux. Graine à testa membraneux; albumen nul.

1. MYRICA L. — (Caractères de la famille).

1. M. Gale L. (Piment royal). — Sous-arbrisseau très rameux; feuilles lancéolées-cunéiformes, entières ou denticulées dans leur moitié supér., glabres ou un peu pubescentes à la face infér.; chatons brunâtres à la maturité, nombreux, formant des grappes allongées. ♄ fl. avril-mai; fr. août-sept. — R. Lieux marécageux: St-Léger, Rambouillet, Guilpreux, Gambaiseuil.

B. MONOCOTYLÉDONÉES.

XCI. ALISMACÉES R. Br.

Herbes vivaces, aquatiques ou croissant dans les marécages. Feuilles radicales engaînantes, ord. disposées en rosette, dépourvues de stipules. Fleurs régulières, hermaphrodites ou monoïques. Périanthe à 6 divisions libres, sur 2 rangs; les 3 extérieures caliciformes, herbacées, persistantes, les 3 intérieures pétaloïdes, souv. caduques. Étamines 6 ou en nombre indéfini, libres, insérées sur le réceptacle à la base des divisions intérieures du périanthe ; anthères biloculaires introrses ou extrorses. Ovaires supères, 6-12 ou en nombre indéfini, verticillés ou capités, libres ou réunis inférieurement par la suture ventrale, uniloculaires, 1-2-spermes. Styles libres, persistants. Fruit formé de carpelles indéhiscents ou s'ouvrant par la suture ventrale. Graine à testa coriace ou membraneux ; albumen nul.

1 { Fleurs monoïques ; feuilles aériennes sagittées. . *Sagittaria* (3).
{ Fleurs hermaphrodites ; feuilles aériennes ou nageantes, jamais sagittées. 2

2 { Carpelles nombreux, libres, 1-spermes, verticillés ou en tête . . . . *Alisma* (1).
{ Carpelles 6-8, réunis par la suture ventrale, 2-spermes, verticillés et divergents en étoile. . . . . *Damasonium* (2).

1. ALISMA L. (Fluteau).— Fleurs hermaphrodites, disposées en panicule rameuse verticillée ou en ombelle ; étamines 6-12, à anthères introrses ; carpelles nombreux, libres, 1-spermes, verticillés ou capités.

1 { Fleurs axillaires ; pédoncules fructifères recourbés. . *A. natans.*
{ Fleurs en panicule ou en ombelle 2

2 { Fleurs en cymes verticillées, formant par leur réunion une panicule ; carpelles verticillés . . . . *A. Plantago.*
{ Fleurs en ombelle ; carpelles capités. . . . . . *A. ranunculoides.*

1. A. Plantago L. (Plantain d'eau). — Souche bulbeuse ; hampe fistuleuse, dressée ; feuilles toutes radicales, pétiolées ; fleurs disposées en petites cymes verticillées, formant par leur réunion une panicule pyramidale, munie à la base de chacun de ses rameaux de bractées scarieuses, acuminées ; pétales blancs ou rosés ; carpelles trigones, disposés en cercle sur un seul rang. ♃ juin-août. — T. C. Fossés, bords des eaux.

Var. *latifolium* Gren., feuilles ovales, arrondies ou cordées à la base.

Var. *lanceolatum* Kch. ; *A. lanceolatum* Rchb. ; feuilles lancéolées, atténuées aux deux extrémités.

Var. *graminifolium* Wahl. ; *A. graminifolium* Ehrh. ; feuilles linéaires-allongées, flottantes.

2. A. ranunculoides L. — Souche fibreuse ; hampes grêles, dressées ; feuilles lancéolées ou linéaires-lancéolées, 3-nervées, longuement pétiolées ; fleurs longuement pédonculées, d'un blanc rosé, disposées en ombelle simple, terminale, carpelles obliquement ellipsoïdes, à 5 angles saillants, disposés en capitules globuleux. ♃ juin-août. — A. R. Étangs, mares et fossés.

3. A. natans L. — Plante flottante ; souche fibreuse ; tige fili-

forme, allongée ; feuilles radicales submergées, linéaires, graminiformes, les caulinaires nageantes, ovales-arrondies ou ovales-
lancéolées, 3-nervées, assez longuement pétiolées ; fleurs grandes,
axillaires, longuement pédonculées ; pédoncules courbés à la maturité ; pétales blancs ; carpelles disposés en cercle sur un seul
rang. ♃ juin-août. — R. Mares et étangs : Montfort-l'Amaury,
St-Léger, Fontainebleau, Dreux.

2. **DAMASONIUM** Tourn. — Fleurs hermaphrodites, disposées
en ombelle terminale ; étamines 6, à anthères introrses ; carpelles
6-8, 1-2-spermes, réunis par la suture ventrale, disposés en cercle
sur un seul rang, à la fin divergents en étoile et prolongés en épine
à leur extrémité libre.

1. **D. stellatum** Rich. ; *Alisma* L. — Souche fibreuse ; tiges
nombreuses, diffuses ; feuilles toutes radicales oblongues, un peu
cordées à la base, assez longuement pétiolées ; fleurs petites,
blanches ou rosées. ♃ juin-sept. — A. R. Bords des étangs et des
fossés : St-Quentin, St-Hubert, Trou-Salé, St-Léger.

3. **SAGITTARIA** L (Sagittaire, Fléchière). — Fleurs monoïques, formant une panicule à rameaux verticillés ; calice à
3 divisions herbacées ; corolle blanche à 3 divisions ; étamines en
nombre indéfini, à anthères extrorses ; carpelles nombreux, libres,
1-spermes, réunis en tête globuleuse sur un réceptacle charnu.

1. **S. sagittæfolia** L. — Rhizome garni de nombreuses fibres
radicales, épaissies au sommet ; feuilles très longuement pétiolées, à
limbe triangulaire-sagitté ; hampe dressée, triquètre ; fleurs pédonculées, les mâles plus grandes et plus nombreuses que les femelles ;
pétales blancs, tachés de rose. ♃ juin-août. — C. Bords des eaux.
Var. *vallisnerifolia* Coss. et Germ. ; plante submergée ; feuilles
toutes flottantes, linéaires, très allongées.

XCII. BUTOMÉES Rich.

Herbes aquatiques. Feuilles toutes radicales, dépourvues de
stipules, naissant d'un rhizome horizontal. Fleurs régulières, hermaphrodites, disposées en ombelle terminale. Périanthe à 6 divisions disposées sur 2 rangs : 3 extér. herbacées ou pétaloïdes, 3
intér. plus grandes, pétaloïdes, caduques. Étamines 9 ; 6 opposées
par paires aux divisions extér. et 3 opposées aux divisions intér.
du périanthe ; anthères biloculaires, introrses. Ovaires 6, supères,
uniloculaires, polyspermes, réunis par la suture ventrale. Styles
libres, persistants. Fruit formé de carpelles s'ouvrant par la suture
ventrale. Graines très petites ; albumen nul.

1. **BUTOMUS** Tourn. — (Caractères de la famille).

1. **B. umbellatus** L. (Jonc fleuri). — Hampe arrondie, dressée;
feuilles toutes radicales, très allongées, dressées, linéaires-tri-
quètres; fleurs rosées, longuement pédonculées, réunies en une
grande ombelle munie à sa base d'un involucre à 3 folioles membraneuses, brunes, lancéolées, acuminées. ♃ juin-août.—C. Étangs,
bord des eaux.

XCIII. HYDROCHARIDÉES Juss.

Herbes aquatiques, nageantes ou submergées. Feuilles toutes radicales ou insérées sur la tige et alors fasciculées. Fleurs dioïques,
régulières, renfermées dans une spathe avant l'anthèse. Périanthe
à 6 divisions disposées sur deux rangs, les 3 extér. herbacées, les 3
intér. plus grandes, pétaloïdes; fleurs mâles réunies plusieurs dans
la même spathe, périanthe à divisions libres, étamines 2-12, à anthères biloculaires, extrorses; fleurs femelles solitaires dans chaque
spathe, périanthe à divisions externes connées en tube à la base.
Ovaire infère, à 1-6 loges polyspermes; style à 3 branches bifides.
Fruit charnu, indéhiscent. Graines à testa membraneux, coriace;
albumen nul.

1	Feuilles toutes assez longuement pétiolées, à limbe orbiculaire-réniforme. . . . . *Hydrocharis* (3).		
	Feuilles toutes sessiles, à limbe oblong ou linéaire	2	
2	Feuilles linéaires-allongées, toutes radicales, formant une rosette.	3	
	Feuilles courtes, oblongues, disposées par 3 en nombreux verticilles sur des tiges grêles et allongées. . . . . . . *Elodea* (4).		
3	Feuilles molles, transparentes, obtuses et finement denticulées au sommet . . . . *Vallisneria* (1).		
	Feuilles raides, épaisses, atténuées au sommet, dentées-épineuses sur les bords. . . . . *Stratiotes* (2).		

1. **VALLISNERIA** Micheli (Vallisnérie). — Fleurs mâles très
petites, brièvement pédicellées, formant un spadice renfermé dans
une spathe ovoïde, 3-valve et portée sur un court pédoncule radical;
périanthe à 3 divisions externes connées à la base; staminodes 4,
pétaloïdes; étamines 3 ou 2 par avortement; fleurs femelles solitaires dans une spathe tubuleuse portée par un long pédoncule
radical, filiforme et contourné en spirale; périanthe à 3 divisions
externes connées en tube à la base, staminodes 3; ovaire uniloc-
laire, multiovulé; fruit bacciforme, cylindracé.

1. **V. spiralis** L. — Souche grêle, stolonifère; feuilles planes,
minces, allongées, linéaires, obtuses-denticulées au sommet; au
moment de l'anthèse les fleurs mâles se détachent de leur pédoncule

et surnagent, tandis que les fleurs femelles, déroulant la spirale de leur pédoncule, viennent flotter à la surface de l'eau; après la fécondation, la spirale s'enroule de nouveau et entraîne le jeune fruit qui mûrit sous l'eau. ♃ juill.-sept. — T. R. Naturalisé dans le canal de la Marne près de Charenton, où il n'existe que des individus femelles.

2. STRATIOTES L. — Périanthe à 6 divisions, les 3 extér. herbacées, les intér. pétaloïdes plus grandes; fleurs mâles pédicellées, renfermées plusieurs dans une spathe 2-valve, portée sur un court pédoncule radical; étamines nombreuses, les extér. stériles; fleurs femelles solitaires dans une spathe 2-valve, périanthe longuement tubuleux, ovaire à 6 loges multiovulées; fruit bacciforme, hexagonal.

1. S. aloides L. — Rhizome épais; feuilles nombreuses, toutes radicales, formant une rosette, sessiles, linéaires-lancéolées, raides, dressées, acuminées et dentées-épineuses sur les bords; fleurs blanches très grandes. ♃ juin-août. — R. Mares de la forêt de Marly où il a été naturalisé il y a 35 ans par Weddell et où il n'existe que l'individu mâle.

3. HYDROCHARIS L. (Morène). — Périanthe à 6 divisions, 3 extér. herbacées, 3 intér. plus grandes, pétaloïdes; fleurs mâles pédicellées, renfermées par 3 dans une spathe membraneuse, 2-valve, brièvement pédonculée; étamines 12, réunies en anneau par la base de leurs filets; fleurs femelles petites, solitaires dans une spathe 1-valve, longuement pédonculée; ovaire à 6 loges multiovulées; fruit bacciforme, ovoïde-oblong.

1. H. Morsus-ranæ L. — Souche émettant des stolons grêles, allongés, flottants, pourvus aux nœuds d'un faisceau de feuilles et de fleurs; feuilles flottantes, longuement pétiolées, à limbe orbiculaire-réniforme, munies à la base du pétiole de stipules membraneuses, lancéolées; fleurs femelles petites; fleurs mâles beaucoup plus grandes, à divisions internes blanches, tachées de jaune à la base. ♃ juill.-août. — A. C. Mares et étangs.

4. ELODEA Rich. — Périanthe à 6 divisions pétaloïdes, les 3 intér. plus larges que les extér.; fleurs mâles solitaires dans une spathe 2-valve; étamines 3-9, réunies en colonne par la base de leurs filets; fleurs femelles solitaires dans une spathe 2-valve, longuement tubuleuse et pédonculée; ovaire uniloculaire, pluriovulé; fruit bacciforme, subtrigone.

1. E. canadensis Rich.; *Anacharis Alsinastrum* Bab. — Plante submergée, très rameuse, à rameaux allongés; feuilles sessiles, oblongues, obtuses, 1-nervées, finement denticulées sur les bords, un peu embrassantes à la base, réunies par 3 en verticilles serrés et nombreux; fleurs d'un blanc rosé ou un peu violacé. ♃ juin-juill.

— T. C. Dans la plupart des cours d'eau, dans les mares et dans les étangs; plante originaire de l'Amérique du Nord, naturalisée chez nous depuis quelques années seulement; nous ne possédons que l'individu femelle.

XCIV. JONCAGINÉES Rich.

Herbes croissant dans les lieux humides. Feuilles toutes radicales, engaînantes à la base. Fleurs hermaphrodites, régulières, disposées en grappe terminale, allongée. Périanthe à 6 divisions libres, herbacées, disposées sur 2 rangs. Étamines 6, insérées à la base des divisions du périanthe auxquelles elles sont opposées; anthères biloculaires, extrorses. Ovaire 3-6, supères, 1-2 spermes; styles 3-6, très courts ou à stigmates sessiles. Fruit sec, formé de 3-6 carpelles s'ouvrant par la suture ventrale, adhérent à un prolongement de l'axe dont ils se détachent de la base au sommet à la maturité. Graines sans albumen.

1. **TRIGLOCHIN** L. (Troscart). — (Caractères de la famille).

1. **T. palustre** L. — Souche à rhizome grêle, allongé; feuilles dressées, linéaires, très étroites, demi-cylindriques, un peu canaliculées; hampe grêle, dressée; fleurs pédicellées, dressées; capsule trigone, atténuée à la base, appliquée contre l'axe. ♃ juin-août. — A. C. Marécages, lieux humides.

XCV. POTAMÉES Juss.

Herbes aquatiques. Feuilles alternes, rar. opposées, submergées ou flottantes. Fleurs régulières, hermaphrodites ou monoïques. Périanthe nul ou à 4 divisions libres, herbacées. Étamines 1-4, insérées à la base des divisions du périanthe auxquelles elles sont opposées; anthères 2-4-loculaires. Ovaires 4, rar. plus ou moins, supères, uniloculaires, monospermes; style court ou nul. Fruit composé de carpelles indéhiscents, à péricarpe drupacé ou coriace. Graines à testa membraneux; albumen nul.

1. **POTAMOGETON** Tourn. (Potamot). — Fleurs hermaphrodites, en épi plus ou moins allongé; périanthe à 4 divisions étalées, herbacées; étamines 4, subsessiles, insérées à la base des divisions du périanthe auxquelles elles sont opposées; carpelles sessiles à péricarpe drupacé et à endocarpe osseux.

1 { Feuilles toutes ou au moins les supér. larges, elliptiques, ovales ou oblongues-lancéolées 2
{ Feuilles toutes linéaires, sétacées. 11

$\left. 2 \right\{$ Feuilles florales opposées, les autres alternes; stipules adnées
entre elles et distinctes du pétiole. 3
Feuilles toutes opposées, submergées, membraneuses; stipules divisées en 2 segments adnés avec les bords de la feuille. *P. densus.*

$\left. 3 \right\{$ Feuilles supér. flottantes, ord. coriaces, les infér. submergées et
d'une autre forme. 4
Feuilles toutes semblables, submergées, membraneuses-pellucides. 9

$\left. 4 \right\{$ Feuilles toutes assez longuement pétiolées. 5
Feuilles supér. pétiolées, les infér. sessiles. 8

$\left. 5 \right\{$ Feuilles à limbe formant 2 plis saillants pour s'unir au pétiole;
carpelles à dos arrondi-obtus. 6
Feuilles à limbe dépourvu de plis; carpelles à dos aminci en
carène. 7

$\left. 6 \right\{$ Feuilles supér. larges de 3 cent. au moins, les infér. réduites
après l'anthèse à des pétioles aphylles. . . . . . *P. natans.*
Feuilles supér. larges de 2 cent. au plus, les infér. à limbe
persistant même après l'anthèse. . . . *P. polygonifolius.*

$\left. 7 \right\{$ Feuilles supér. coriaces, atténuées à la base, longuement pétiolées, les infér. membraneuses pellucides. . . . *P. fluitans.*
Feuilles toutes de même consistance, les supér. non atténuées à la
base, à pétiole de moitié plus court que le limbe. *P. coloratus.*

$\left. 8 \right\{$ Pédoncules fructifères plus gros que la tige, renflés au sommet;
carpelles à carène obtuse. . . . . *P. gramineus.*
Pédoncules fructifères de la grosseur de la tige, non renflés au
sommet; carpelles à carène aiguë. . . . . . *P. alpinus.*

$\left. 9 \right\{$ Feuilles toutes pétiolées, atténuées aux 2 extrémités, mucronées
au sommet, à 7-9 nervures saillantes. . . . . *P. lucens.*
Feuilles toutes sessiles, à 3-5 nervures saillantes 10

$\left. 10 \right\{$ Feuilles en cœur à la base, égalant presque les entre-nœuds, à
5 nervures saillantes. . . . . *P. perfoliatus.*
Feuilles ondulées-crispées, atténuées à la base, plus longues que
les entre-nœuds, à 3 nervures. . . . . *P. crispus.*

$\left. 11 \right\{$ Stipules adnées entre elles et distinctes du pétiole. 12
Feuilles munies à la base d'une gaîne formée par les stipules
adnées avec le pétiole. . . . . *P. pectinatus.*

$\left. 12 \right\{$ Pédoncule fructifère environ de la longueur de l'épi 13
Pédoncule fructifère 2-4 fois plus long que l'épi 14

$\left. 13 \right\{$ Tiges comprimées-ailées; feuilles aiguës-cuspidées; carpelles portant une dent au-dessus de la base . . . . . *P. acutifolius.*
Tiges subcylindriques, non ailées; feuilles obtuses; carpelles
dépourvus de dent à la base . . . . *P. obtusifolius.*

$\left. 14 \right\{$ Feuilles linéaires, à 3-5 nervures; carpelles obliquement elliptiques . . . . *P. pusillus.*
Feuilles linéaires-sétacées, 4-nervées, carpelles semi-orbiculaires. . . . . *P. trichoides.*

1. **P. natans** L. — Tige simple; feuilles longuement pétiolées, les
supér. nageantes, ovales ou oblongues, arrondies ou échancrées en
cœur à la base, les infér. submergées, lancéolées, réduites après

l'anthèse à des pétioles aphylles; carpelles gros, verdâtres, à bords arrondis. ♃ juill.-août. — T. C. Mares et étangs.

2. **P. fluitans** Roth. — Tige rameuse; feuilles supér. flottantes, ovales ou oblongues, insensiblement atténuées à la base, les infér. submergées, allongées-lancéolées, persistantes même après l'anthèse; carpelles gros, verdâtres, aigus et carénés sur les bords. ♃ juill.-août. — C. Étangs et rivières.

3. **P. polygonifolius** Pourr.; *P. oblongus* Viv. — Tige rameuse; feuilles supér. flottantes, ovales ou oblongues, brièvement mucronées, bien plus petites que dans les deux espèces précédentes, les infér. submergées, à limbe persistant même après l'anthèse; épi de moitié plus court que dans les deux espèces précédentes; carpelles petits, rougeâtres, à bords arrondis. ♃ juill.-août. — R. Marais et fossés : Fontainebleau, St-Léger, Montfort-l'Amaury, etc.

4. **P. coloratus** Horn.; *P. plantagineus* Ducros.—Tige rameuse; feuilles supér. flottantes, membraneuses-transparentes, ovales, presque en cœur à la base, à pétiole élargi au sommet et de moitié plus court que le limbe, les infér. submergées, pétiolées, rar. persistantes après l'anthèse; carpelles petits, à bords aigus, carénés. ♃ juin-août. — R. Mares et fossés : Mennecy, Malesherbes, Nemours, etc.

5. **P. alpinus** Balb.; *P. rufescens* Schrad. — Tige simple; feuilles toutes membraneuses, devenant roussâtres par la dessiccation, les supér. flottantes, ovales-oblongues, longuement atténuées en un pétiole plus court que le limbe, les infér. lancéolées atténuées aux deux extrémités, sessiles ; carpelles brièvement apiculés, à bords aigus et carénés. ♃ juin-août. — T. R. Mares et fossés : Dreux, Dampierre.

6. **P. gramineus** L.; *P. heterophyllus* DC. — Tige très rameuse; feuilles supér. (manquant souvent) flottantes, ovales-lancéolées, brièvement acuminées, pétiolées, les infér. submergées, linéaires-lancéolées, mucronées, atténuées à la base et sessiles; pédoncules fructifères épaissis au sommet; carpelles brièvement apiculés, à bords obtus. ♃ juin-août. — A. R. Mares et étangs : Versailles, Trou-Salé, St-Léger, Sénart, etc.

7. **P. lucens** L. — Tige rameuse; feuilles grandes, toutes submergées, brièvement pétiolées, membraneuses, elliptiques-oblongues, atténuées aux deux extrémités, mucronées au sommet, à bords ondulés et à 7-9 nervures saillantes; pédoncules fructifères épaissis au sommet; carpelles brièvement apiculés, à bords obtus. ♃ juin-août. — C. Ruisseaux et rivières.

8. **P. perfoliatus** L.—Tige rameuse ; feuilles toutes submergées, égalant les entre-nœuds, sessiles, membraneuses, ovales ou ovales-

oblongues, cordées à la base, semi-amplexicaules, à 5 nervures saillantes; carpelles brièvement apiculés, à bords arrondis. ♃ juin-août. — T. C. Rivières et étangs.

9. **P. crispus** L. — Tige rameuse; feuilles plus longues que les entre-nœuds, toutes submergées, sessiles, membraneuses linéaires-oblongues, un peu embrassantes, à 3 nervures saillantes, ondulées-crispées sur les bords; carpelles à bords obtus, terminés par un bec aussi long qu'eux. ♃ juin-août. — C. Rivières et étangs.

10. **P. acutifolius** Link. — Tige comprimée-ailée, très rameuse; feuilles toutes submergées, sessiles, linéaires, membraneuses, cuspidées; carpelles à bords un peu carénés, terminés par un bec court et munis d'une dent au-dessus de leur base. ♃ juin-août. — T. R. Mares et fossés : Ons-en-Bray, Trappes, Dreux.

11. **P. obtusifolius** M. et K. —Tige rameuse, subcylindrique, non ailée; feuilles toutes submergées, sessiles, membraneuses, linéaires, obtuses; carpelles à bec court et à bords arrondis, dépourvus de dent au-dessus de la base. ♃ juin-août. — T. R. Mares et fossés : Trous, Lartoire, le Perray.

12. **P. pusillus** L. — Tige très rameuse, filiforme, un peu comprimée; feuilles toutes submergées, sessiles, membraneuses, linéaires, mucronées, 3-5-nervées; carpelles obliquement elliptiques, faiblement carénés sur le dos, terminés par un bec court. ♃ juin-août. — A. R. Mares et étangs.

Var. *major* Fries; *P. compressus* M. et K. (non L.) ; tige plus robuste; feuilles larges de 2 millimètres.

13. **P. trichoides** Cham. et Schlech. — Tige très rameuse, filiforme, arrondie; feuilles toutes submergées, sessiles, membraneuses, linéaires-sétacées, acuminées, 1-nervées; carpelles semi-orbiculaires, crénelés-tuberculeux sur le dos, terminés par un bec saillant. ♃ juin-août. — A. R. Mares et étangs : Versailles, Jouy, Sénart, etc.

14. **P. pectinatus** L. — Tige rameuse, filiforme, arrondie; feuilles toutes submergées, sessiles, membraneuses, linéaires-sétacées, munies à la base d'une gaîne formée par les stipules adnées au pétiole; carpelles semi-orbiculaires à bords arrondis, terminés par un bec court. ♃ juill.-août. — C. Rivières et étangs.

15. **P. densus** L. — Tige rameuse, cylindrique; feuilles toutes submergées, transparentes, elliptiques ou linéaires-lancéolées, connées à la base, finement denticulées sur les bords; stipules divisées en 2 segments adnés avec les bords de la feuille; carpelles obovés, à bords carénés aigus, terminés par un bec court. ♃ juill.-sept. — C. Rivières et étangs.

Var. *laxifolius* Coss. et Germ.; *P. oppositifolius* DC.; feuilles distantes, oblongues-lancéolées.

2. **ZANNICHELLIA** Micheli. — Fleurs monoïques, solitaires ou géminées à l'aisselle des feuilles ; fleurs mâles dépourvues de périanthe, munies d'une seule étamine à filet filiforme ; fleurs femelles à périanthe scarieux, cupuliforme ; carpelles 2-6, subsessiles ou stipités, à péricarpe coriace.

1. **Z. palustris** L. — Tiges très rameuses, filiformes ; feuilles toutes submergées, filiformes, alternes ou opposées ; stipules adnées en forme de gaîne ; carpelles subsessiles, réunis par 2, terminés par un style égalant ou dépassant la moitié de leur longueur. ♃ juill.-sept. — C. Mares et ruisseaux.

XCVI. — NAJADÉES Link.

Herbes aquatiques, submergées. Feuilles sinuées-dentées, sessiles, engaînantes à la base, opposées ou ternées. Fleurs monoïques ou dioïques, axillaires. Périanthe remplacé par une spathe membraneuse ; fleurs mâles à 1 étamine, à anthère 1-4 loculaire, sessile ou à filet très court ; fleurs femelles à 2-3 styles filiformes ; ovaire unique, supère, 1-loculaire, 1-ovulé. Fruit sec, indéhiscent, 1-sperme. Graine à testa coriace ; albumen nul.

1. **NAJAS** L. — Fleurs dioïques, subsessiles à l'aisselle des feuilles ; fleurs mâles composées d'une seule étamine à anthère subsessile, tétragone, quadriloculaire.

1. **N. major** All — Tiges rameuses-dichotomes ; feuilles opposées ou verticillées, linéaires-lancéolées, sinuées-dentées, à dents mucronées-épineuses ; gaînes entières ; fruit assez gros, surmonté par les 3 styles persistants. ⊙ juill.-sept. — C. Rivières.

2. **CAULINIA** Willd. — Fleurs monoïques, réunies en glomérules à l'aisselle des feuilles ; fleurs mâles, composées d'une seule étamine à anthère elliptique, uniloculaire, atténuée en un filet épais.

1. **C. minor** Coss. et Germ.; *C. fragilis* Willd.; *Najas minor* All. — Tiges rameuses-dichotomes, grêles ; feuilles opposées ou ternées, linéaires, sinuées-denticulées ; gaînes denticulées-ciliées ; fruit petit, surmonté par les 2 styles persistants. ⊙ juill.-sept. — A. R. Rivières : Marne, Seine, canal du Loing.

XCVII. LEMNACÉES Dub.

Plantes très petites, herbacées, aphylles, flottant sur l'eau, à tige formée de frondes foliiformes sortant l'une de l'autre. Fleurs monoïques, naissant dans la fente que présente le bord des frondes,

1 femelle et 2 mâles réunis dans une même spathe univalve ; fleurs mâles constituées par une seule étamine à anthère biloculaire, à déhiscence transversale ; fleurs femelles composées d'un style et d'un ovaire supère, uniloculaire, uni-pluriovulé. Fruit monosperme, indéhiscent ou oligosperme, s'ouvrant transversalement. Graines à testa coriace ; albumen très mince.

1. **LEMNA** L. (Lenticule, Lentille d'eau). — Frondes planes sur les 2 faces ; fruit 1-2-sperme, indéhiscent.

1. **L. trisulca** L. — Frondes grandes, transparentes, oblongues-lancéolées, 1-nervées, longuement atténuées en pétiole ; jeunes frondes d'abord sessiles, naissant de chaque côté d'une fronde ancienne, ce qui donne à cette dernière l'aspect d'une feuille hastée ; fibrille radicale unique. ⊙ avril-mai. — C. Mares et fossés.

2. **L. minor** L. — Frondes petites, opaques, obovales ou suborbiculaires, dépourvues de nervure et non atténuées en pétiole ; fibrille radicale unique. ⊙ mai-juin. — T. C. Mares et fossés.

3. **L. polyrrhiza** L. — Frondes grandes, opaques, brunâtres en dessous, ovales-orbiculaires, munies de nervures palmées et convergentes au sommet ; fibrilles radicales nombreuses, fasciculées. ⊙ mai-juin. — C. Mares et fossés.

2. **TELMATOPHACE** Schleid. ; *Lemna* L. — Frondes convexes en dessus, gonflées-vésiculeuses, hémisphériques en dessous ; fruit s'ouvrant ou se rompant transversalement et contenant 2-7 graines.

1. **T. gibba** Schleid. ; *Lemna* L. — Frondes petites, orbiculaires, un peu prolongées en coin à la base, non atténuées en pétiole et dépourvues de nervure ; fibrille radicale unique. ⊙ avril-juin. — C. Mares et fossés.

ESPÈCE EXCLUE.

Wolffia arrhiza Coss. et Germ., trouvé au commencement du siècle par Thuillier à Fontainebleau, n'a pas été revu dans cette localité depuis cette époque.

XCVIII. IRIDÉES Juss.

Herbes vivaces, à rhizome charnu ou à souche bulbeuse. Feuilles alternes, ensiformes ou linéaires, engaînantes à la base. Fleurs grandes, hermaphrodites, régulières ou irrégulières, renfermées avant l'anthèse dans deux bractées membraneuses en forme de spathe. Périanthe inséré sur les bords du réceptacle, à 6 divisions pétaloïdes disposées sur deux rangs, souvent caduques. Étamines 3, opposées aux divisions extérieures du périanthe et insérées à leur base, à filets libres ou réunis à la base et à anthères biloculaires, extrorses. Style simple à 3 stigmates souv. dilatés-pétaloïdes. Ovaire infère, à 3 loges pluriovulées. Fruit capsulaire, à 3 valves et à déhiscence loculicide. Graines subglobuleuses, anguleuses ou comprimées, à testa membraneux, rar. coriace ou charnu; albumen épais, charnu ou corné, entourant l'embryon.

1. **IRIS** L. — Rhizome épais, charnu, articulé; tige noueuse, feuillée; feuilles ensiformes, équitantes; fleurs régulières; périanthe à divisions extér. réfléchies, les intér. redressées; étamines appliquées contre la face externe des stigmates, ceux-ci très grands, pétaloïdes; capsule coriace, à 3-6 angles; graines plus ou moins comprimées.

1. **I. Pseudacorus** L. (Iris des marais). — Tige arrondie, dressée rameuse, égalant les feuilles, qui sont larges et très allongées; fleurs jaunes, pédicellées, réunies plusieurs au sommet de pédoncules communs; capsule apiculée; graines comprimées, brunâtres. ℔ mai-juill. — T. C. Bords des eaux.

3. **I. fœtidissima** L. (Iris gigot).—Tige simple, dressée, comprimée, anguleuse, d'un seul côté, 2-3-flore; feuilles coriaces, lancéolées-linéaires, assez larges; fleurs bleuâtres, longuement pédicellées; capsule non apiculée; graines subglobuleuses, d'un beau rouge. ℔ juin-juill. — A. R. Bois herbeux un peu humides.

ESPÈCES EXCLUES.

Iris germanica L. et *I. pumila* L. très fréquemment cultivés dans les jardins, se trouvent quelquefois à l'état subspontané sur les vieux murs et les toits de chaume; le *Crocus sativus* All.(Safran), probablement originaire d'Italie et de Grèce, est soumis à grande culture dans une partie de l'arrondissement de Pithiviers.

XCIX. COLCHICACÉES DC.

Herbes vivaces, à tige quelquefois très courte naissant d'un rhizome ou d'une bulbe charnue. Feuilles alternes, amplexicaules. Fleurs hermaphrodites, rar. polygames, régulières. Périanthe à 6 divisions pétaloïdes, presque égales, disposées sur 2 rangs, libres ou connées en un tube étroit et allongé. Étamines 6, insérées à la gorge du périanthe ou à la base de ses divisions; anthères biloculaires, extrorses. Styles 3, libres ou réunis à la base. Ovaire supère, à 3 carpelles soudés entre eux par la suture ventrale. Fruit capsulaire, à 3 loges polyspermes, s'ouvrant par la suture ventrale. Graines à testa membraneux; albumen épais, charnu ou cartilagineux, enveloppant un embryon subcylindrique.

1. **COLCHICUM** Tourn. (Colchique).—Bulbe ovoïde, comprimée d'un côté, enveloppée d'une tunique brune; tige très courte; feuilles toutes radicales; périanthe infundibuliforme, à divisions connées en un tube très grêle et très long, paraissant naître de la bulbe; étamines insérées à la gorge du périanthe; styles libres, filiformes, très allongés.

1. **C. autumnale** L. (Tue-chien, Veilleuse, Veillote). — Fleurs 1-3, grandes, d'un rose lilas, paraissant en automne; feuilles dressées, lancéolées-oblongues, subaiguës, se développant avec le fruit au printemps suivant; fruit de la grosseur d'une noix, enveloppé par les feuilles. ♃ août-oct.; fleurit accidentellement et très rar. en février ou mars et constitue alors le *C. vernale* Hoffm. — T. C. Prairies humides. *Plante vénéneuse.*

G. AMARYLLIDÉES R. Br.

Herbes vivaces, à souche bulbeuse. Feuilles toutes radicales, linéaires, entières, engaînantes à la base. Fleurs hermaphrodites, régulières, solitaires ou groupées au sommet de pédoncules radicaux, enveloppées avant l'anthèse dans une spathe formée d'une ou plusieurs bractées membraneuses. Périanthe à 6 divisions pétaloïdes, disposées sur deux rangs, souv. connées en un tube muni à la gorge d'une couronne pétaloïde. Étamines 6, opposées aux divisions périgonales, insérées sur un disque ou à la base des divisions; anthères biloculaires, extrorses. Style simple, à stigmate entier ou 3-lobé. Ovaire infère, 3-loculaire, à loges polyspermes. Fruit capsulaire, rar. bacciforme, à 3 valves et à déhiscence loculicide. Graines subglobuleuses, anguleuses ou comprimées, à testa membraneux ou charnu; albumen charnu, entourant un petit embryon central.

1. **GALANTHUS** L. — Fleur solitaire, terminale, renfermée dans une spathe monophylle; périanthe campanulé, dépourvu de tube, à 3 divisions extér. entières, grandes, demi-étalées, les 3 intér. émarginées, dressées, de moitié plus courtes; capsule charnue, 3-valve; graines subglobuleuses.

1. **G. nivalis** L. (Perce-neige, Nivéole). — Bulbe ovoïde, brunâtre; tige un peu comprimée; feuilles 2-3, largement linéaires, obtuses, plus courtes que la hampe; fleur blanche, penchée. ♃ février-mars. — R. Bois et prairies: parc de Trianon, où il est C. mais non spontané, Marly, Fontainebleau, Magny, Beauvais, Thury-en-Valois.

2. NARCISSUS Tourn. — Fleurs solitaires, rar. géminées, renfermées dans une spathe monophylle; périanthe tubuleux ou infundibuliforme, à 6 divisions entières et égales, muni à la gorge d'une couronne ou d'un tube pétaloïde; étamines insérées sur le tube du périanthe; capsule membraneuse, 3-valve, obscurément trigone; graines subglobuleuses.

1. **N. Pseudo-Narcissus** L. (Coucou, Porillon). — Hampe comprimée; feuilles glaucescentes, linéaires, un peu canaliculées, plus courtes que la hampe; fleur jaune, inodore, solitaire, penchée, à divisions lancéolées, étalées-dressées et à couronne campanulée, dentée au sommet, aussi longue que les divisions périgonales et d'un jaune plus foncé. ♃ mars-avril. — T. C. Bois.

2. **N. poeticus** L. (Narcisse, Jeannette). — Hampe comprimée; feuilles glaucescentes, linéaires, presque planes, un peu plus courte que la hampe; fleurs blanches, odorantes, solitaires, rar. géminées, à peine penchées, à divisions ovales très étalées et à couronne en forme de coupe, dentelée et rouge au sommet, 10 fois plus courtes que les divisions périgonales. ♃ avril-mai. — Fréquemment cultivé dans les jardins, naturalisé à Versailles dans le bois du Désert, à Trianon et dans quelques autres localités.

ESPÈCE EXCLUE.

N. incomparabilis Mill., espèce indiquée au bois du Désert où elle n'est point indigène et d'où elle a presque complètement disparu.

CI. ORCHIDÉES Juss.

Herbes vivaces, à souche munie de bulbes et de fibres radicales cylindriques ou formée seulement de fibres, plus rar. rhizomateuse. Tige simple, feuillée au moins à la base, plus rar. dépourvue de feuilles et alors munie d'écailles alternes. Fleurs hermaphrodites, irrégulières, disposées en épi; périanthe à 6 divisions pétaloïdes, disposées sur deux rangs : 3 extér. étalées, dressées ou conniventes, ord. en casque avec les deux divisions intér. et supér., la division intér. et infér. (*labelle*) très différente des autres, souv. prolongée en éperon à la base. Étamines 3, à filets réunis en colonne avec le style (*gynostème*), les deux latérales stériles, réduites à des staminodes, la moyenne fertile, placée au-dessus du stigmate; anthère biloculaire, contenant un pollen aggloméré en masses (*masses polliniques*) granuleuses, pulvérulentes ou compactes-céracées; masses polliniques souvent munies à leur base d'une glande visqueuse (*rétinacle*) libre ou réunie avec la voisine, quelquefois renfermée dans un repli du stigmate (*bursicule*). Ovaire infère, uniloculaire, souv. tordu sur lui-même, à 3 placentas pariétaux. Fruit capsulaire, polysperme, s'ouvrant par 3 valves qui restent adhérentes entre elles au sommet et à la base; graines très petites, à testa lâche; albumen nul.

1 {
Étamine moyenne adnée à la colonne du style; masses polliniques stipitées. 2
Étamine moyenne libre ou adnée seulement à la base; masses polliniques non stipitées 10

2 {
Labelle muni à la base d'un éperon ou d'un sac renflé. 3
Labelle dépourvu d'éperon ou de sac renflé. 8

3 {
Rétinacles libres ou réunis, renfermés dans une bursicule uni-biloculaire 4
Rétinacles toujours libres, non renfermés dans une bursicule. . 6

4 {
Rétinacles libres, renfermés dans une bursicule biloculaire; labelle 3-4 lobé, à éperon allongé. . . . . *Orchis* (1).
Rétinacles réunis, renfermés dans une bursicule uniloculaire. . 5

5 {
Labelle à 3 lobes courts; éperon très long, filiforme aigu . . . . *Anacamptis* (5).
Labelle très long, à 3 segments linéaires contournés en spirale dans la préfloraison; éperon conique très court. *Loroglossum* (6).

6 {
Éperon grêle, arqué, égalant ou dépassant l'ovaire 7
Éperon obtus, vésiculeux plus court que l'ovaire. *Satyrium* (4).

7 {
Périanthe à divisions extér. latérales étalées, la médiane dressée; labelle pendant, linéaire-oblong, entier. . *Platanthera* (2).
Périanthe à divisions extér. toutes étalées; labelle large horizontal, à 3 lobes obtus . . . . *Gymnadenia* (3).

8 {
Périanthe à divisions extér. toutes conniventes; ovaire tordu sur lui-même. 9
Périanthe à divisions extér. toutes étalées; ovaire non tordu
Ophrys (9).

9 {
Divisions du périanthe conniventes en casque; rétinacles réunis renfermés dans une bursicule uniloculaire. . . *Aceras* (8).
Divisions conniventes en cloche; rétinacles libres non renfermés dans une bursicule. . . . . *Herminium* (7).

10 {
Masses polliniques lâchement cohérentes, un peu pulvérulentes; souche formée de fibres radicales cylindriques 11
Masses polliniques compactes, céracées; souche formée de 2 bulbes tuniquées et juxtaposées. . . . . *Liparis* (17).

11 {
Labelle contracté en onglet, prolongé en éperon égalant l'ovaire; plante violacée dépourvue de feuilles. . . *Limodorum* (16).
Labelle non prolongé en éperon 12

12 {
Labelle fortement rétréci au milieu 13
Labelle non rétréci dans sa partie moyenne. 14

13 {
Labelle entier; ovaire sessile, tordu sur lui-même. *Cephalanthera* (15).
Labelle entier ou subtrilobé; ovaire stipité, non tordu. *Epipactis* (14).

14 {
Labelle bifide, à lobes divergents; masses polliniques bifides . . 15
Labelle entier; masses polliniques entières. 16

15 {
Périanthe à divisions extér. conniventes en casque ; labelle bossu à la base ; ovaire sessile. . . . . *Neottia* (12).
Périanthe à divisions extér. conniventes en gueule ; labelle non bossu à la base ; ovaire stipité. . . . . . *Listera* (13).
}

16 {
Fleurs en épi grêle, fortement tordu en spirale ; souche à 2-4 fibres radicales napiformes. . . . . . . *Spiranthes* (10).
Fleurs en épi court, unilatéral ; souche grêle, rameuse, stolonifère. . . . . *Goodyera* (11).
}

1. ORCHIS Tourn. — Périanthe à divisions extér. conniventes ou étalées ; labelle prolongée en éperon, à trois lobes plus ou moins profonds, le moyen entier, bilobé ou bifide ; rétinacles libres renfermés dans une bursicule biloculaire ; ovaire tordu ; bulbes entières ou palmées.

1 {
Périanthe à divisions extér. toutes conniventes en casque. . . . 2
Périanthe à divisions étalées ou réfléchies 7
}

2 {
Périanthe à divisions extér. libres jusqu'à la base. . . O. *ustulata.*
Périanthe à divisions extér. connées dans leur moitié infér. . . 3
}

3 {
Casque d'un pourpre plus ou moins foncé ; labelle à lobes terminaux 5-8 fois plus larges que les latéraux. O. *purpurea* ou O. *hybrida.*
Casque d'un rose cendré ou rougeâtre ; labelle à lobes latéraux aussi larges ou 2-3 fois plus larges que les terminaux. . . . 4
}

4 {
Bractées bien plus courtes que l'ovaire 5
Bractées égalant ou dépassant l'ovaire 6
}

5 {
Labelle à 4 lobes parallèles, tous semblables, étroitement linéaires, courbés au sommet. . . . . O. *Simia.*
Labelle à lobes divergents, les terminaux plus courts et 2-3 fois plus larges que les latéraux. . . . O. *militaris* ou O. *hybrida.*
}

6 {
Divisions extér. du périanthe acuminées ; éperon conique, aigu, réfléchi ; fleurs à odeur de punaise . . . . O. *coriophora.*
Divisions extérieures obtuses ; éperon oblong, épaissi et tronqué au sommet, horizontal ou ascendant ; fleurs inodores. O. *Morio.*
}

7 {
Bulbes ovoïdes ou subglobuleuses entières ou brièvement 2-3-lobées au sommet 8
Bulbes profondément palmées 11
}

8 {
Bractées jaunâtres à nervures anastomosées-réticulées ; fleurs jaunes à labelle ponctué de pourpre. . . . . . O. *sambucina.*
Bractées purpurines ou vertes, 1-pluri-nervées à nervures plus ou moins réticulées ; fleurs purpurines 9
}

9 {
Feuilles planes, assez larges ; bractées toutes 1-nervées ; labelle hérissé de papilles filiformes . . . . O. *mascula*
Feuilles étroites, pliées-canaliculées ; bractées toutes ou au moins les infér. 3-5-nervées ; labelle non hérissé 10
}

10 {
Fleurs purpurines ; périanthe à divisions latérales redressées au-dessus de la médiane. . . . . O. *laxiflora.*
Fleurs violacées ; périanthe à divisions latérales étalées horizontalement en forme d'ailes. . . . . O. *alata.*
}

$$11 \begin{cases} \text{Tige pleine; bractées plus courtes que les fleurs; périanthe à} \\ \quad \text{divisions latérales étalées . . . . O. maculata.} \\ \text{Tige fistuleuse; bractées toutes ou au moins les infér. plus longues} \\ \quad \text{que les fleurs; périanthe à divisions latérales dressées. . . . . 12} \end{cases}$$

$$12 \begin{cases} \text{Fleurs d'un pourpre foncé; périanthe à divisions latérales non} \\ \quad \text{maculées . . . . O. latifolia.} \\ \text{Fleurs de couleur chair; périanthe à divisions latérales maculées.} \\ \quad\quad\quad\quad\quad\quad\quad\quad\quad\quad\quad\quad\quad\quad\quad \text{O. incarnata.} \end{cases}$$

1. **O. ustulata** L. — Bulbes ovoïdes, entières; feuilles oblongues-lancéolées, aiguës, les 2 supér. longuement engaînantes; fleurs petites, d'un brun noir, réunies en épi dense, oblong; périanthe à divisions extér. conniventes en casque globuleux; labelle blanc, ponctué de taches purpurines, à 3 lobes oblongs, le médian bifide; éperon courbé, réfléchi, 3 fois plus court que l'ovaire. ♃ mai-juill. — A. R. Prairies, bords des bois : Fontainebleau, Episy, Malesherbes, etc.

2. **O. purpurea** Huds.; *O. fusca* Jacq.—Bulbes ovoïdes, entières; tige de 4-8 décim.; feuilles larges, oblongues-lancéolées; fleurs grandes, en épi dense, ovale-oblong; bractées violacées; périanthe à divisions extérieures d'un pourpre noir, conniventes, à lobes latéraux, linéaires, 5-8 fois plus étroits que les terminaux, en casque court; labelle blanc, maculé de taches violettes, hérissées, à éperon courbé, réfléchi, 2-3 fois plus court que l'ovaire. ♃ mai-juin. — C. Bois et coteaux.

× **O. hybrida** Bœnningh.; *O purpurea* β *Jacquini* Coss. et Germ. — Bractées souvent du double plus longues que dans le précédent; casque d'un pourpre foncé ou entièrement purpurin; lobes latéraux du labelle presque aussi larges que les terminaux et très écartés de ceux-ci. ♃ mai-juin. — A. C. Avec le précédent. — Sous le nom d'*O. hybrida*, je comprends les nombreuses formes intermédiaires entre les *O. purpurea* et *militaris* qui sont considérées par plusieurs auteurs comme des hybrides de ces deux espèces et par Boreau comme produites par le croisement des *O. purpurea* et *O. Simia*.

3. **O. militaris** L. — Bulbes ovoïdes, entières; feuilles elliptiques-oblongues, aiguës; bractées rougeâtres; fleurs en épi un peu lâche; périanthe à divisions externes d'un rose ou d'un blanc cendré, conniventes, en casque ovoïde-lancéolé; labelle blanc ou rosé, maculé de taches purpurines, hérissées, à lobes terminaux courts, divergents, 2-3 fois plus larges que les latéraux; éperon à peine courbé, réfléchi, égalant environ la moitié de l'ovaire. ♃ mai-juin. — A. C. Prairies et bords des bois.

4. **O. Simia** Lam. — Bulbes ovoïdes, entières; feuilles ovales-oblongues, aiguës; fleurs en épi dense; bractées rougeâtres; périanthe à divisions extér. d'un rose cendré, conniventes en casque allongé et acuminé; labelle blanc, maculé de taches purpu-

rines, hérissées, à 4 lobes parallèles, tous linéaires, allongés, recourbés à l'extrémité; éperon réfléchi, un peu plus long que la moitié de l'ovaire. ℔ mai-juin. — A. R. Prairies, coteaux, bords des bois : Montmorency, Mantes, l'Isle-Adam, Fontainebleau, etc.

5. **O. coriophora** L. — Bulbes ovoïdes, entières; feuilles linéaires-lancéolées; fleurs à odeur de punaise, en épi dense; bractées linéaires, de couleur pâle; périanthe à divisions extér. d'un rouge sale mêlé de vert, conniventes en casque allongé et acuminé; labelle d'un pourpre livide, maculé de points rouges, à 3 lobes presque égaux; éperon aigu, réfléchi, égalant le tiers ou la moitié de l'ovaire. ℔ mai-juin. — A. R. Prairies : Chantilly, Compiègne, Nemours, etc.

6. **O. Morio** L. — Bulbes globuleuses, entières; feuilles lancéolées; fleurs d'un rose purpurin, réunies en épi court et lâche; bractées d'un pourpre verdâtre, égalant l'ovaire; périanthe à divisions extér. conniventes en casque globuleux; labelle très large; ponctué, à 3 lobes arrondis, le médian émarginé, les latéraux crénelés, réfléchis; éperon épaissi au sommet, horizontal ou ascendant, un peu plus court que l'ovaire. ℔ avril-mai. — C. Prairies, prés et bois.

7. **O. mascula** L. — Bulbes oblongues, grosses, entières; feuilles oblongues-lancéolées, souv. maculées; fleurs purpurines, grandes, en épi lâche et allongé; bractées purpurines égalant presque l'ovaire; périanthe à divisions latérales étalées; labelle très large, hérissé de petites papilles filiformes, à 3 lobes larges, le médian émarginé, les latéraux crénelés; éperon épais, horizontal ou ascendant, égalant l'ovaire. ℔ mai-juin. — A. C. Prairies, lieux herbeux.

8. **O. laxiflora** Lam.—Bulbes oblongues, entières; feuilles linéaires-lancéolées, allongées; fleurs d'un rouge foncé, en épi lâche et allongé; bractées rougeâtres, plus courtes que l'ovaire; périanthe à divisions latérales recourbées en arrière; labelle à 3 lobes, les latéraux larges et crénelés, le médian beaucoup plus court ou nul; éperon horizontal ou ascendant, plus court que l'ovaire. ℔ mai-juin. — A. R. Prés humides : Montmorency, Sénart, la Ferté-Aleps, Épisy, etc.

Var. *palustris* Coss. et Germ.; *O. palustris* Jacq.; bractées plus longues que l'ovaire; labelle à lobe moyen égalant ou dépassant les latéraux. — Avec le type.

× **O. alata** Fleury; *O. Morio-laxiflora* Reut. ap. Rchb. — Bulbes oblongues ou globuleuses, entières; feuilles linéaires-lancéolées, plus ou moins pliées-canaliculées, courtes; fleurs d'un rouge violacé, en épi allongé et plus serré que dans l'espèce précédente; bractées rougeâtres, égalant ou dépassant un peu l'ovaire; périanthe à divisions latérales étalées horizontalement en forme d'ailes; labelle à 3 lobes profonds et presque égaux, le médian échancré; éperon horizontal ou ascendant un peu plus court que l'ovaire. ♃ mai. — T. R. Prés un peu humides : Montmorency (Boudier). — Hybride produite par le croisement des *O. Morio* et *laxiflora* entre lesquels elle est intermédiaire.

9. **O. sambucina** L. — Bulbes oblongues entières ou brièvement 2-3-lobées au sommet; feuilles plus ou moins allongées, les infér. lancéolées-oblongues, les supér. lancéolées-linéaires, très aiguës; fleurs jaunes, en épi court et lâche; bractées jaunâtres, toutes plus longues que l'ovaire; périanthe à divisions latérales étalées horizontalement ou réfléchies; labelle jaune ponctué de pourpre, subentier ou à 3 lobes peu profonds; éperon réfléchi, égalant l'ovaire. ♃ mai. — T. R. Bois de la Mare à Rosiers près Nemours (Lhioreau).

10. **O. maculata** L. — Bulbes palmées; feuilles lancéolées, ord. maculées; fleurs lilacées ou blanches, en épi oblong et assez dense; bractées vertes, plus longues que l'ovaire; périanthe à divisions latérales étalées; labelle veiné de violet, à 3 lobes peu accusés, les latéraux larges et crénelés, le médian plus petit; éperon réfléchi, plus court que l'ovaire. ♃ juin-juill. — C. Prés, bois.

11. **O. latifolia** L. — Bulbes palmées; tige fistuleuse; feuilles ovales-oblongues ou largement lancéolées, maculées; fleurs d'un pourpre foncé, en épi oblong et serré; bractées rougeâtres, les infér. seules plus longues que les fleurs; périanthe à divisions latérales non maculées, redressées; labelle ponctué et veiné de pourpre, à 3 lobes arrondis et crénelés; éperon réfléchi, plus court que l'ovaire. ♃ mai-juin. — C. Prairies humides.

O. incarnata L. — Se distingue du précédent : par sa tige plus largement fistuleuse; par ses feuilles d'un vert plus clair, non maculées, plus étroitement lancéolées; par ses bractées toutes plus longues que les fleurs; par ses fleurs plus petites, de couleur chair, à divisions latérales maculées. ♃ mai-juin.—Avec le précédent, mais plus rare.

2. **PLATANTHERA** Rich. — Périanthe à divisions latérales extér. étalées, la médiane redressée; labelle linéaire-allongé, entier, prolongé en éperon très long; rétinacles libres, dépourvus de bursicule; ovaire tordu; bulbes entières.

1. **P. bifolia** Rich.; *Orchis* L.—Feuilles radicales, grandes, oblongues, obtuses, les caulinaires très petites et très étroites; bractées verdâtres, égalant l'ovaire; fleurs blanches, odorantes, en épi lâche; anthères à loges contiguës et parallèles; éperon filiforme, arqué, une fois plus long que l'ovaire. ♃ juin-juill. — C. Bois et lieux humides.

2. **P. montana** Rchb.; *Orchis* Schm. — Diffère du précédent : par

ses fleurs plus grandes, verdâtres, inodores, en épi plus lâche ; par son périanthe à divisions extér. plus courtes et plus larges ; par les loges de l'anthère éloignées, divergentes inférieurement ; par son éperon plus court. ⚇ juin-juill. — C. Avec le précédent.

3. **GYMNADENIA** Rich. — Périanthe à divisions extér. toutes étalées ; labelle large, trilobé, prolongé en éperon grêle, allongé, égalant ou dépassant l'ovaire ; rétinacles libres, dépourvus de bursicule ; ovaire tordu ; bulbes palmées.

1. **G. conopea** R. Br.; *Orchis* L. — Feuilles linéaires-lancéolées, aiguës, pliées en carène ; bractées verdâtres, égalant ou dépassant l'ovaire ; fleurs petites, violettes, rar. blanches, à odeur agréable, disposées en un épi un peu compacte ; labelle à lobe médian étroit, ne dépassant pas les latéraux ; éperon du double plus long que l'ovaire. ⚇ juin-juill. — A. C. Prairies et lieux humides ; coteaux calcaires.

2. **G. odoratissima** Rich.; *Orchis* L. — Diffère du précédent : par sa tige moins élevée, par ses feuilles plus petites et plus étroites; par ses fleurs de moitié plus petites, à odeur de vanille très prononcée, disposées en épi plus grêle et plus serré ; par son labelle à lobe médian plus large et plus saillant; par son éperon de moitié plus court. ⚇ juin-juill. — R. Lieux herbeux et humides : marais d'Episy et de la Genevraie, Malesherbes, Vernon.

4. **SATYRIUM** L. — Périanthe à divisions extér. conniventes en casque ; labelle sublinéaire, trilobé, prolongé en éperon obtus, vésiculeux, plus court que l'ovaire ; rétinacles libres, dépourvus de bursicule ; ovaire tordu ; bulbes palmées.

1. **S. viride** L.; *Gymnadenia* Rich. — Feuilles infér. ovales, obtuses, les supér. lancéolées, aiguës ; bractées verdâtres, deux fois plus longues que l'ovaire ; fleurs verdâtres, en épi un peu lâche; labelle à lobe moyen beaucoup plus petit que les latéraux ; éperon 4-5 fois plus court que l'ovaire. ⚇ mai-juin. — A. R. Bois et prairies humides.

5. **ANACAMPTIS** Rich. — Périanthe à divisions extér. latérales très étalées, la médiane dressée ; labelle large, trilobé, prolongé en éperon filiforme, égalant ou dépassant l'ovaire ; rétinacles réunis, renfermés dans une bursicule uniloculaire ; ovaire tordu ; bulbes ovoïdes, entières.

1. **A. pyramidalis** Rich. — Feuilles linéaires-lancéolées, acuminées, les supér. enroulées autour de la tige ; bractées rosées, égalant l'ovaire ; fleurs assez petites, d'un rouge vif, en épi dense, d'abord pyramidal, puis ovoïde ; labelle muni de deux petites cornes à la base. ⚇ juin-juill.—A. R. Bois et lieux herbeux : Fontainebleau, Mantes, Vernon, etc.

6. **LOROGLOSSUM** Rich. — Périanthe à divisions extér. toutes conniventes, en casque; labelle à 3 lobes linéaires, contournés en spirale pendant la préfloraison, prolongé en éperon court; rétinacles réunis, renfermés dans une bursicule uniloculaire; ovaire tordu; bulbes grosses, ovoïdes, entières.

1. **L. hircinum** Rich.; *Satyrium* L. — Tige robuste, élevée, de 5 décim. et plus; feuilles oblongues ou ovales-lancéolées, acuminées; bractées blanchâtres, linéaires, du double plus longues que l'ovaire; fleurs grandes, verdâtres, à odeur de bouc, disposées en épi allongé un peu lâche; labelle à lobe moyen, très long; éperon conique, obtus. ♃ juin-juill. — A. C. Taillis et bords des bois.

7. **HERMINIUM** Rich. — Périanthe à divisions extér. et intér. toutes conniventes, en cloche; labelle bossu à la base, mais non prolongé en éperon, à 3 lobes linéaires; rétinacles libres, très grands, non renfermés dans une bursicule; ovaire tordu; bulbes globuleuses, entières.

1. **H. monorchis** R. Br.; *H. clandestinum* Gren. et Godr.—Tige grêle, naissant d'une bulbe solitaire et émettant à sa base 3-5 bulbes pédicellées; feuilles 2, engaînantes, lancéolées, étalées-dressées; bractées linéaires, égalant presque l'ovaire; fleurs petites, d'un jaune verdâtre, en épi grêle et lâche; labelle à lobes latéraux divergents, plus courts que le médian. ♃ juin-juill. — T. R. Coteaux herbeux : le Coudray près Mantes.

8. **ACERAS** R. Br. — Périanthe à divisions extér. toutes conniventes en casque; labelle dépourvu d'éperon, à 4 lobes linéaires; rétinacles réunis, renfermés dans une bursicule uniloculaire; ovaire tordu; bulbes globuleuses, entières.

1. **A. anthropophora** R. Br. ; *Ophrys* L. (Homme-pendu). — Tige nue dans sa moitié supér.; feuilles oblongues-lancéolées, mucronulées; bractées jaunâtres, lancéolées, un peu plus courtes que l'ovaire; fleurs verdâtres, rayées de brun, disposées en épi allongé un peu dense; labelle jaune, à lobes presque parallèles. ♃ mai-juin. — A. C. Pelouses et lieux herbeux.

9. **OPHRYS** L. — Périanthe à divisions extér. toutes étalées; labelle charnu, non prolongé en éperon, entier ou trilobé, à lobe moyen très grand, entier, émarginé ou bifide, souv. appendiculé; rétinacles libres, renfermés dans deux bursicules distinctes; ovaire non tordu; bulbes globuleuses, entières.

1 { Labelle plus long que large; divisions périgonales intér. filiformes, d'un pourpre foncé . . . . *O. muscifera.*
Labelle aussi large que long; divisions périgonales intér. vertes, jaunâtres ou rosées, non filiformes, ... 2

2 { Labelle muni à son extrémité d'un appendice charnu, glabre et
      verdâtre. 3
  { Labelle dépourvu d'appendice à son extrémité. 4

3 { Appendice recourbé en dessus du labelle . . . . . *O. fuciflora.*
  { Appendice recourbé en dessous du labelle. . . . . *O. apifera.*

4 { Divisions périgonales extér. d'un blanc verdâtre ; labelle obové,
      d'un brun foncé . . . . *O. aranifera.*
  { Divisions périgonales extér. d'un jaune clair ; labelle orbiculaire,
      d'un brun verdâtre . . . . *O. pseudo-speculum.*

1. **O. muscifera** Huds.; *O. myodes* Jacq. (O. mouche). — Tige
grêle; feuilles oblongues-lancéolées, dressées; fleurs petites en épi
lâche; périanthe à divisions extér. vertes; les intér. filiformes, pubescentes, d'un pourpre foncé; labelle plus long que large, velouté
d'un brun foncé, muni en son milieu d'une tache carrée, glabre,
bleuâtre; lobe moyen bifide. ♃ mai-juin. — A. C. Clairières des
bois et lieux herbeux.

2. **O. aranifera** Huds. (O. araignée). — Feuilles infér. courtes,
ovales-lancéolées, étalées, courbées en dehors, les supér. plus
étroites, engaînantes; fleurs grandes en épi très lâche; périanthe à
divisions extér. d'un blanc verdâtre, les intér. oblongues, obtuses,
glabres ; labelle aussi large que long, entier, obové, un peu
émarginé, non appendiculé au sommet, d'un brun foncé, à bords
jaunâtres, recourbés en dessous, muni au centre de 2-4 raies longitudinales, glabres, bleuâtres. ♃ mai-juin. — A. C. Lieux herbeux,
clairières des bois.

O. **Pseudo-Speculum** DC. — Se distingue du précédent : par ses fleurs plus
petites, à divisions extér. du périanthe d'un jaune clair, un peu tronquées au
sommet; par son labelle orbiculaire d'un brun verdâtre, glabre et pâle au centre ; par
sa floraison d'un mois plus précoce. ♃ avril-mai. — T. R. Coteaux calcaires entre
Jeufosse et Port-Villez, Vernon, les Andelys.

3. **O. fuciflora** Rchb. *O. arachnites* Reich.; *Orchis fuciflora*
Crantz. — Feuilles ovales-oblongues, aiguës, étalées; fleurs grandes
en épi lâche; périanthe à divisions extér. ovales, obtuses, rosées,
avec une nervure verte, les internes plus petites, pubescentes;
labelle entier, aussi large que long, d'un brun foncé velouté, muni
à la base de lignes jaunâtres, à bords roulés en dessous, terminé
par un appendice vert, charnu, recourbé en dessus. ♃ mai-juin.
— A. C. Lieux herbeux, clairières des bois.

4. **O. apifera** Huds. (O. abeille). — Tige assez élevée; feuilles
oblongues-lancéolées, dressées ; fleurs grandes, en épi lâche;
périanthe à divisions extér. elliptiques, obtuses, roses, rayées
de vert sur la nervure et sur les bords, les divisions intér. plus
petites, pubescentes, verdâtres; labelle aussi large que long,
d'un pourpre foncé, muni au centre d'une tache glabre et de deux
lignes jaunâtres, à bords roulés en dessous et à lobes latéraux peu

11*

distincts, terminé par un appendice vert, recourbé en dessous: ♃ juin-juill. — A. R. Lieux herbeux, clairières des bois.

10. **SPIRANTHES** Rich. — Fleurs en épi fortement contourné en spirale; périanthe à divisions extér. toutes connivantes en gueule; labelle entier, non rétréci au milieu, non prolongé en éperon; anthère libre, sessile; masses polliniques réunies par un rétinacle commun; ovaire non tordu; fibres radicales 2-5 épaisses, napiformes.

1. **S. æstivalis** Rich. — Tige grêle, portant quelques feuilles caulinaires; feuilles infér. lancéolées-linéaires, entourant la tige; fleurs blanches, petites, odorantes le soir; labelle largement linéaire-oblong, élargi à l'extrémité. ♃ juill.-août.—R. Marais et lieux humides : Épisy, Malesherbes, St-Léger, Silly-la-Poterie, etc.

2. **S. autumnalis** Rich.— Tige grêle, ne portant que des écailles engaînantes; feuilles radicales ovales ou ovales-oblongues, disposées en un fascicule latéral par rapport à la tige; fleurs de moitié plus petites que dans l'espèce précédente, à odeur de vanille; labelle obovale, émarginé à l'extrémité. ♃ août-octobre. — R. Pelouses sèches : Bouvier, Trou-Salé, etc.

11. **GOODYERA** R. Br. — Fleurs en épi unilatéral; périanthe à divisions extér. latérales étalées, les autres connivantes en gueule; labelle entier, non rétréci au milieu, non prolongé en éperon; anthère libre; masses polliniques réunies par un rétinacle commun; ovaire non tordu; souche grêle, rameuse, stolonifère.

1. **G. repens** R. Br. — Feuilles radicales rapprochées, ovales, atténuées en pétiole, veinées de pourpre, les caulinaires linéaires, acuminées; fleurs petites, blanchâtres. ♃ juill.-août. — T. R. Forêt de Fontainebleau, sous les pins du mail Henri IV et de la route de Cupidon, où il est assez commun et où il a été introduit avec les graines de Conifères.

12. **NEOTTIA** Rich. — Fleurs décolorées, roussâtres, disposées en épi dense; périanthe à divisions extér. toutes connivantes en casque; labelle non rétréci au milieu, gibbeux à la base, non prolongé en éperon, bifide, à lobes divergents; anthère libre; masses polliniques réunies par un rétinacle commun; ovaire sessile, non tordu; fibres radicales cylindriques, nombreuses, fasciculées.

1. **N. Nidus-avis** Rich.; *Ophrys* L. (Nid d'oiseau). — Plante parasite (?), d'un brun livide, ayant l'aspect d'une Orobanche; tige dépourvue de feuilles, munie de gaînes membraneuses. ♃ mai-juin. — A. C. Bois ombreux.

13. **LISTERA** R. Br. — Fleurs verdâtres, en épi lâche et

grêle; périanthe à divisions extér. toutes conniventes en gueule; ovaire stipité, non tordu. (Le reste comme dans le genre précédent.)

1. **L. ovata** R. Br.; *Neottia* Rich. — Tige de 3-5 décim., dressée, munie dans sa moitié infér. de deux feuilles opposées, étalées, sessiles , un peu embrassantes , largement ovales , mucronées. ♃ mai-juin. — T. C. Bois humides.

14. **EPIPACTIS** Hall. — Fleurs en épi lâche; périanthe à divisions extér. toutes un peu conniventes en casque; labelle fortement rétréci au milieu, entier ou subtrilobé, non prolongé en éperon; anthère libre; masses polliniques réunies par un rétinacle commun; ovaire stipité, non tordu; souche rampante garnie de fibres radicales nombreuses.

1. **E. Helleborine** Crantz; *E. latifolia* All. — Tige feuillée dans toute sa longueur; feuilles ovales, lancéolées ou lancéolées-linéaires, étalées, 5-7-nervées, plus longues que les entre-nœuds, toutes sessiles , les infér. engaînantes; fleurs verdâtres ou rosées, à labelle recourbé en dessus, accuminé, plus court que les divisions latérales du périanthe; ovaire ovoïde, épais. ♃ juin-sept. — C. Bois et lieux couverts.

Var. *rubiginosa* Crantz; *E. atrorubens* Hoffm.; feuilles plus petites et plus étroites; fleurs et ovaires d'un pourpre foncé. — A. C. Coteaux secs, principalement sur le calcaire.

2. **E. palustris** Crantz. — Fleurs plus grandes que dans l'espèce précédente, blanches, veinées de rouge, à labelle orbiculaire, obtus, non recourbé en dessus, égalant ou dépassant les divisions latérales du périanthe; ovaire grêle, linéaire-oblong. ♃ juin-juill.—C. Lieux humides et marécageux.

15. **CEPHALANTHERA** Rich. — Fleurs en épi lâche; périanthe à divisions toutes conniventes; labelle trilobé, fortement rétréci au milieu, non prolongé en éperon; anthère libre; masses polliniques bipartites, réunies par un rétinacle commun; ovaire sessile, tordu; souche rampante.

1. **C. grandiflora** Bab.; *C. pallens* Rich.; *Serapias grandiflora* L. — Tige feuillée dans toute sa longueur; feuilles ovales ou ovales-lancéolées; bractées lancéolées, toutes plus longues que l'ovaire; fleurs d'un blanc jaunâtre, à divisions périgonales ovales-lancéolées, obtuses; labelle à lobe moyen en cœur, obtus; ovaire glabre. ♃ mai-juin. — A. R. Bois et taillis : St-Cloud, St-Germain, Mantes, etc.

2. **C. xyphophyllum** Rchb.; *C. ensifolia* Rich.; *Serapias xyphophyllum* L. f. — Feuilles linéaires-lancéolées, acuminées, plus

nombreuses que dans l'espèce précédente ; bractées très petites linéaires, bien plus courtes que l'ovaire ; fleurs moins grandes, d'un blanc pur, à divisions périgonales linéaires-lancéolées, très aiguës ; labelle à lobe moyen orbiculaire, obtus ; ovaire glabre. ℣ mai-juin. — R. Bois et taillis : Fontainebleau, Port-Villez, etc.

3. **C. rubra** Rich. ; *Serapias* L. — Feuilles nombreuses, lancéolées, acuminées ; bractées acuminées, plus longues que l'ovaire ; fleurs grandes, roses ou purpurines, à divisions périgonales lancéolées, longuement acuminées ; labelle à lobe médian hasté, longuement acuminé et muni de 7-11 lignes jaunes, onduleuses ; ovaire pubescent. ℣ juin-juill. — R. Coteaux calcaires : Fontainebleau, les Andelys.

16. **LIMODORUM** Tourn. — Fleurs en épi lâche ; périanthe à divisions toutes conniventes ; labelle oblong, entier, contracté en onglet à la base, prolongé en éperon ; anthère libre ; masses polliniques entières, réunies par un rétinacle commun ; ovaire non tordu ; souche épaisse, rampante.

1. **L. abortivum** Sw. — Plante parasite (?), violacée ; tige épaisse, aphylle, pourvue d'écailles engaînantes ; fleurs grandes, dressées, violettes ; éperon droit, subulé, égalant l'ovaire. ℣ juin-juill. — R. Bois et lieux herbeux : Lardy, La Ferté-Aleps, Fontainebleau, Maisse, Montigny, etc.

17. **LIPARIS** Rich. — Fleurs en épi lâche ; périanthe à divisions étalées ; labelle entier, dirigé en haut, aussi long que les autres divisions, non prolongé en éperon ; anthère libre, caduque, terminée par un appendice membraneux ; masses polliniques bipartites, à lobes collatéraux et à deux rétinacles ; ovaire non tordu ; bulbes 2, tuniqués, juxtaposés.

1. **L. Loeselii** Rich. — Tige anguleuse, à angles presque ailés ; feuilles 2, oblongues ou oblongues-lancéolées, engaînantes ; fleurs dressées, d'un jaune verdâtre. ℣ juin-juill. — R. Tourbières : Épisy, La Genevraie, Malesherbes, l'Isle-Adam.

ESPÈCES EXCLUES.

Orchis Simio-purpurea Wedd., hybride trouvée une seule fois par Weddell aux environs de Mantes, a échappé à mes recherches ; *O. Simio-militaris* Gren. et Godr. ; je n'ai point vu d'échantillons de cette hybride indiquée aux environs de Nemours ; *Aceras anthropophoro-militaris* Gren. et Godr., hybride découverte par Jamain et Weddell en 1839 et 1844 dans la forêt de Fontainebleau et retrouvé en 1852 dans la même localité par de Schœnefeld, n'y a plus été revu depuis ; *Malaxis paludosa* Sw., trouvé autrefois à l'étang du

Serisaye, a disparu depuis 1845 de cette localité par suite de la mise
en culture de l'étang.

CII. ASPARAGINÉES A. Rich.

Herbes vivaces ou sous-arbrisseaux à souche rampante. Feuilles
alternes, opposées ou verticillées, entières ou réduites à des écailles.
Fleurs régulières, hermaphrodites ou dioïques; périanthe à 4-6 ou 8
divisions pétaloïdes, disposées sur deux rangs, libres ou connées en
tube. Étamines en nombre égal à celui des divisions du périanthe,
insérées sur le réceptacle ou sur ces divisions; anthères biloculaires
introrses. Styles en nombre égal à celui des loges de l'ovaire, réunis
dans une partie de leur longueur, rar. libres. Ovaire supère, à 2-3 ou
4 loges 1-pauci-ovulées. Fruit bacciforme, indéhiscent, quelque fois,
1-loculaire par avortement. Graines subglobuleuses à testa mince
et membraneux; albumen épais, charnu ou corné, enveloppant un
petit embryon.

1 Feuilles 3-5 en verticille terminal; fleur solitaire terminale; périanthe à 8 divisions . . . . *Paris* (5).
   Feuilles non verticillées; fleurs plus ou moins nombreuses; périanthe à 4-6 divisions. 2

2 Sous-arbrisseaux à rameaux foliiformes, aplatis et piquants; étamines à filets réunis en tube. . . . . *Ruscus* (6).
   Plantes herbacées à rameaux ni aplatis, ni piquants; étamines
   libres ou à peine réunies à la base 3

3 Périanthe à divisions connées dans la plus grande partie de leur
   longueur et à 6 dents courtes 4
   Périanthe à divisions libres ou à peine connées à la base 5

4 Périanthe longuement tubuleux-cylindrique; étamines insérées au
   milieu du tube . . . . *Polygonatum* (2).
   Périanthe globuleux-campanulé; étamines insérées à la base du
   périanthe . . . . *Convallaria* (3).

5 Fleurs dioïques; périanthe campanulé à 6 divisions; rameaux
   foliiformes, sétacés, fasciculés . . . . *Asparagus* (1).
   Fleurs hermaphrodites; périanthe à 4 divisions très étalées;
   2 feuilles cordiformes-allongées . . . . . *Maianthemum* (4).

1. **ASPARAGUS** Tourn. (Asperge). — Tige dressée, très rameuse; feuilles alternes, réduites à des écailles membraneuses à
l'aisselle desquelles naissent des rameaux foliiformes, sétacés,
fasciculés; fleurs dioïques par avortement; périanthe campanulé, à
6 divisions un peu connées en tube à la base; étamines 6, libres,
insérées à la base des divisions périgonales; baie globuleuse, rouge,
à 3 loges 2-spermes.

1. **A. officinalis** L. — Jeunes pousses épaisses, charnues, écailleuses; fleurs petites, jaunâtres, à nervures vertes, solitaires ou

géminées à la base des rameaux, portées sur des pédoncules grêles étalés, puis réfléchis. ♃ juin. — T. C. Bois, lieux cultivés, etc., toujours naturalisé ou subspontané.

2. **POLYGONATUM** Tourn. (Sceau de Salomon). — Tige simple, dressée, arquée au sommet; feuilles alternes; fleurs hermaphrodites; périanthe longuement tubuleux-cylindrique, à 6 dents courtes; étamines insérées au milieu du tube; baie globuleuse à 3 loges 2-spermes.

1. **P. vulgare** Desf.; *Convallaria Polygonatum* L. — Tige anguleuse; feuilles elliptiques ou oblongues, dressées, sur deux rangs; fleurs blanches, maculées de vert au sommet, pendantes, unilatérales, solitaires ou géminées sur des pédoncules axillaires; étamines à filets glabres; baie d'un noir bleuâtre. ♃ mai. — T. C. Bois.

2. **P. multiflorum** All.; *Convallaria* L. — Tige arrondie; fleurs de moitié plus petites que dans l'espèce précédente, réunies par 3-5 sur des pédoncules plus longs; étamines à filets velus; baie rouge; le reste comme dans le *P. vulgare*. ♃ mai. — T. C. Bois.

3. **CONVALLARIA** L. (Muguet). — Hampe nue; feuilles toutes radicales, entourées à la base par plusieurs gaînes membraneuses; fleurs hermaphrodites, en grappe terminale; périanthe campanulé-globuleux, à 6 dents courtes, étalées; étamines insérées à la base du périanthe; baie globuleuse, à 3 loges 2-spermes.

1. **C. maialis** L. — Hampe grêle, ordinairement plus courte que les feuilles qui sont au nombre de 2, rar. 3, oblongues-elliptiques, atténuées aux deux extrémités; fleurs blanches, pendantes, très odorantes; baie rouge. ♃ mai. — T. C. Bois.

4. **MAIANTHEMUM** Vigg. — Tige simple, dressée, anguleuse, genouillée à l'insertion des feuilles; fleurs hermaphrodites, en grappe simple, terminale; périanthe à 4 divisions libres presque jusqu'à la base, étalées; étamines insérées à la base des divisions périgonales; baie globuleuse, à 2-3 loges 1-2 spermes.

1. **M. bifolium** DC.; *Convallaria* L. — Feuilles 2, caulinaires, alternes, ovales-cordées, acuminées, brièvement pétiolées; fleurs petites, blanches; baie rouge. ♃ mai-juin. — A. R. Bois : Montmorency, Fontainebleau, Villers-Cotterets, Compiègne, etc.

5. **PARIS** Tourn. (Parisette). — Tige simple, dressée, nue, munie au sommet de 3-5 feuilles verticillées; fleur hermaphrodite, solitaire, terminale; périanthe à 8-10 divisions, étalées, libres jusqu'à la base, les extér. lancéolées, les intér. plus étroites; étamines insérées à la base des divisions périgonales, à filets réunis à la

base; anthères acuminées au sommet par un prolongement du connectif; baie globuleuse, à 4-5 loges, polyspermes.

1. **P. quadrifolia** L. (Raisin de Renard). — Feuilles sessiles, ovales ou oblongues-suborbiculaires, acuminées au sommet, rétrécies à la base; fleur grande, verdâtre; baie grosse, d'un noir bleuâtre. ♃ mai. — A. R. Bois humides.

6. **RUSCUS** Tourn. (Fragon, Petit-Houx). — Sous-arbrisseau toujours vert, à tige rameuse; rameaux aplatis, foliiformes, terminés par une épine, naissant à l'aisselle de feuilles bractéiformes, réduites à des écailles membraneuses, caduques; fleurs dioïques par avortement, disposées par 1-2 à la face supér. et au-dessous du milieu des rameaux; périanthe à 6 divisions très étalées, libres jusqu'à la base; étamines 3, insérées à la base des divisions périgonales, à filets réunis en tube; baie globuleuse, à 3 loges 2-spermes.

1. **R. aculeatus** L. — Tige et rameaux sillonnés, coriaces; fleurs petites, verdâtres, très brièvement pédicellées, munies d'une petite bractée scarieuse; baie assez grosse, rouge. ♃ mars-avril. — A. C. Bois, principalement sur le calcaire.

CIII. DIOSCORÉES R. Br.

Herbes vivaces, à souche grosse, charnue, cylindrique; tige rameuse, volubile. Feuilles simples, alternes, à nervures ramifiées. Fleurs dioïques, régulières, en grappes axillaires. Périanthe campanulé, à 6 divisions herbacées ou subpétaloïdes, connées en tube dans leur partie infér et disposées sur deux rangs. Étamines 6, libres, opposées aux divisions périgonales et insérées à leur base sur les bords du réceptacle; anthères biloculaires, introrses. Styles 3, réunis en colonne à la base, divergents au sommet; ovaire infère, 3-loculaire, à loges 1-2-ovulées. Fruit bacciforme, uniloculaire par avortement. Graines subglobuleuses, à testa membraneux; albumen épais, charnu ou corné, entourant un petit embryon.

1. **TAMUS** L. (Caractères de la famille).

1. **T. communis** L. (Sceau de Notre-Dame, Herbe aux femmes battues). — Tiges très grêles, très allongées; feuilles minces, luisantes, ovales-cordées, acuminées, longuement pétiolées; fleurs petites, verdâtres; baies globuleuses, rouges. ♃ mai-juill. — C. Bois et taillis humides.

CIV. LILIACÉES Juss.

Herbes vivaces, munie d'une souche bulbeuse ou d'un rhizome. Feuilles entières, opposées ou verticillées. Fleurs hermaphrodites, régulières; périanthe à 6 divisions pétaloïdes, disposées sur 2 rangs, libres ou connées dans une partie de leur longueur. Étamines 6, opposées aux divisions du périanthe et insérées sur le réceptacle ou sur le tube du périanthe; anthères biloculaires, introrses. Ovaire supère, à 3 loges multiovulées; stigmates 3, distincts ou réunis. Fruit capsulaire, à 3 loges polyspermes ou oligospermes, à déhiscence loculicide. Graine à testa fragile; albumen charnu, enveloppant habituellement l'embryon.

1 { Périanthe longuement tubuleux, terminé par 6 dents très courtes. *Muscari* (4).
Périanthe à divisions libres dans la plus grande partie de leur longueur. 2

2 { Souche bulbeuse ou tuberculeuse 3
Souche formée de fibres cylindriques, fasciculées. *Phalangium* (8).

3 { Fleur solitaire; stigmate sessile à 3 lobes épais. . . *Tulipa* (1).
Fleurs en grappe ou en ombelle; stigmate terminant un style plus ou moins long 4

4 { Fleurs en ombelle renfermée dans une spathe avant la floraison. *Allium* (5).
Fleurs en grappe jamais renfermée dans une spathe. 5

5 { Périanthe campanulé à divisions connées à la base; étamines insérées vers le milieu des divisions périgonales. *Endymion* (3).
Périanthe étalé ou infundibuliforme, à divisions libres jusqu'à la base; étamines hypogynes ou insérées à la base des divisions périgonales 6

6 { Périanthe infundibuliforme; bractées foliiformes; fleurs d'un beau jaune d'or . . . . *Gagea* (7).
Périanthe étalé; bractées membraneuses ou nulles; fleurs bleues, blanches ou d'un blanc jaunâtre. 7

7 { Fleurs blanches ou d'un blanc jaunâtre; filets des étamines aplanis et élargis à la base . . . . *Ornithogalum* (6).
Fleurs bleues, rar. blanches; filets des étamines filiformes, non élargis à la base . . . . *Scilla* (2).

1. **TULIPA** Tourn. (Tulipe). — Souche bulbeuse; fleur grande, solitaire, terminale; périanthe campanulé, à divisions libres jusqu'à la base; étamines hypogynes; stigmate sessile, à 3 lobes épais; capsule oblongue, trigone, à loges polyspermes; graines discoïdes.

1. **T. silvestris** L. — Bulbe ovoïde, brunc; feuilles alternes, linéaires-lancéolées, aiguës; fleurs d'un beau jaune, à divisions acuminées. ♃ mai. — A. R. Vignes aux environs de Beauvais, parcs de St-Cloud, Grignon, Soisy-sous-Étiolles, etc., où il est naturalisé.

2. **SCILLA** L. (Scille). — Souche bulbeuse; fleurs en grappe simple, terminale; périanthe étalé, à divisions libres jusqu'à la base; étamines hypogynes ou insérées à la base des divisions

périgonales ; capsule obovée, à loges oligospermes ; graines sub-globuleuses à raphé saillant ou à renflement arilliforme.

1. **S. autumnalis** L. — Feuilles 3-5, linéaires-filiformes, bien plus courtes que la hampe, paraissant après l'anthèse ; fleurs d'un bleu lilas ; graines noirâtres, chagrinées, à raphé saillant, dépourvues de renflement arilliforme. ♃ août-sept. — A. C. Coteaux et pelouses arides.

2. **S. bifolia** L. ; *Adenoscilla* Gren. et Godr. — Feuilles 2, rar. 3, linéaires-lancéolées, naissant en même temps que la hampe et l'égalant ; fleurs d'un beau bleu ; graines d'un brun noir, chagrinées, à raphé non saillant, munies d'un renflement arilliforme, blanc à l'état frais et presque aussi gros que la graine. ♃ mars-avril. — A. R. Bois et taillis : Vincennes, Sénart, Fontainebleau, etc.

3. **ENDYMION** Dmrt. — Souche bulbeuse ; fleurs en grappe lâche ; périanthe campanulé, à divisions connées à la base, recourbées en dehors au sommet ; étamines incluses, insérées vers le milieu des divisions périgonales ; capsule obtusément trigone, à loges oligospermes ; graines subglobuleuses.

1. **E. non-scriptus** Gke; *Hyacinthus* L. ; *Agraphis nutans* Link ; *Endymion* Dumort. — Feuilles linéaires-lancéolées, atténuées à la base, un peu plus courte que la hampe ; grappe recourbée ; fleurs pédonculées, penchées, bleues, rar. blanches ; bractées géminées, inégales, violacées. ♃ mai. — C. Bois ombreux ; sur la silice.

4. **MUSCARI** Tourn. — Souche bulbeuse ; fleurs en grappe terminale ; périanthe ovoïde-globuleux ou urcéolé, à 6 dents courtes, étalées en dehors ; étamines incluses, à filets courts, insérées sur le tube ; style filiforme, court ; capsule trigone, à loges dispermes ; graines subglobuleuses.

1. **M. comosum** Mill. (M. à toupet). — Feuilles larges, linéaires, canaliculées ; grappe à la fin très allongée et très lâche ; fleurs d'un bleu violet, les supér. stériles, formant une houppe au sommet de la grappe, les autres fertiles, horizontales ; tube du périanthe oblong, anguleux. ♃ mai-juin. — T. C. Champs et lieux cultivés.

2. **M. racemosum** DC. — Hampe ordinairement plus longue que les feuilles, celles-ci linéaires, jonciformes, étroitement canaliculées ; fleurs bleues, ovoïdes, en grappe courte, ovoïde ; capsule à valves échancrées en cœur au sommet. ♃ avril-mai. —T. C. Champs et lieux cultivés.

3. **M. neglectum** Guss. — Hampe ord. plus courte que les feuilles, celles-ci linéaires, demi-cylindriques, largement canaliculées ; fleurs bleues, plus grosses que dans l'espèce précédente, ovoïdes-oblongues, en grappe plus dense ; capsule à valves plus

larges, tronquées au sommet. ♃ avril-mai. — T. R. Champs et lieux cultivés : Vésinet, Malesherbes?, Marissel!

5. **ALLIUM** L. (Ail). — Souche ord. bulbeuse; fleurs en ombelle simple, souv. globuleuse, renfermée dans une spathe avant l'anthèse; périanthe campanulé ou étoilé, à divisions libres ou un peu connées à la base; étamines insérées à la base des divisions périgonales, à filets dilatés et un peu réunis à la base; style filiforme, gynobasique; capsule trigone, déprimée au centre, à loges 1-2-spermes; graines anguleuses, chagrinées.

<table>
<tr><td>1</td><td>Feuilles larges (3-5 cent.), oblongues, lancéolées, atténuées en un long pétiole ; fleurs d'un blanc pur. . . . . . . A. ursinum.
Feuilles linéaires, planes ou cylindriques-fistuleuses, jamais pétiolées ; fleurs n'étant pas d'un blanc pur. . . . . 2</td></tr>
<tr><td>2</td><td>Souche constituée par un rhizome portant plusieurs bulbes ; tige anguleuse dans sa partie supérieure. . . . . A. fallax.
Souche constituée par une bulbe simple ou entourée de bulbilles, sans rhizome ; tige cylindrique . . . . 3</td></tr>
<tr><td>3</td><td>Fleurs d'un beau jaune. . . . . A. flavum.
Fleurs jamais jaunes. . . . . 4</td></tr>
<tr><td>4</td><td>Spathe formée de 2 valves très inégales, l'infér. terminée par une longue pointe sétacée dépassant beaucoup l'ombelle.
            A. oleraceum.
Spathe à valve infér. terminée par une pointe courte ne dépassant pas l'ombelle. . . . . 5</td></tr>
<tr><td>5</td><td>Feuilles cylindriques ou demi-cylindriques, fistuleuses et lisses ; anthères exsertes 6
Feuilles larges, planes, jamais fistuleuses, rudes sur les bords et la carène ; anthères incluses. . . . . A. Scorodoprasum.</td></tr>
<tr><td>6</td><td>Fleurs d'un rose pâle, entremêlées de nombreuses bulbilles ; ombelle petite. . . . . A. vineale.
Fleurs d'un pourpre foncé, non entremêlées de bulbilles ; ombelle grosse . . . . A. sphærocephalum.</td></tr>
</table>

1. **A. ursinum** L. — Bulbe oblongue-conique, entourée d'une tunique membraneuse ; feuilles larges, planes, atténuées en un long pétiole; ombelle plane, lâche, non bulbifère; fleurs étoilées d'un blanc pur; étamines plus courtes que le périanthe. ♃ mai. — A. R. Bois humides : St-Cloud, Montmorency, Compiègne, etc.

2. **A. fallax** Don. — Bulbes petites, allongées et rapprochées sur un rhizome; tige anguleuse dans sa partie supérieure; feuilles étroitement linéaires, planes, obtuses, plus courtes que la hampe; fleurs roses, en ombelle hémisphérique, non bulbifère; anthères un peu plus longues que le périanthe. ♃ juill.-août. — T. R. Prairies humides : Savigny-sur-Orge, Blunay près Provins.

3. **A. oleraceum** L. — Bulbe ovoïde, solitaire, fétide; tige arrondie, feuillée jusqu'au milieu; feuilles linéaires, demi-cylindriques,

fistuleuses, canaliculées en dessus; spathe à 2 valves très inégales, terminées, au moins l'inférieure, par une longue pointe sétacée dépassant beaucoup l'ombelle; fleurs d'un rose verdâtre, campanulées, en ombelle lâche, bulbifère; étamines incluses. ♃ juin-août. — T. C. Lieux cultivés.

4. **A. flavum** L.—Bulbe assez petite; tige arrondie, feuillée jusqu'au milieu; feuilles linéaires, non fistuleuses, légèrement canaliculées; spathe bivalve, dépassant l'ombelle; fleurs campanulées, d'un jaune doré, en ombelle étalée-fastigiée, non bulbifère; étamines saillantes. ♃ juill.-août. — T. R. Naturalisé à Fontainebleau.

5. **A. sphærocephalum** L.—Bulbe blanchâtre, portant 2-3 bulbilles longuement stipitées; tige cylindrique, feuillée jusqu'au milieu; feuilles demi-cylindriques, fistuleuses, canaliculées, souv. desséchées au moment de l'anthèse; spathe bivalve, plus courte que l'ombelle; fleurs campanulées, d'un pourpre foncé, en ombelle dense, globuleuse, non bulbifère; étamines longuement saillantes. ♃ juin-juill. — C. Coteaux et lieux secs.

6. **A. vineale** L.—Bulbe ovoïde, accompagnée de nombreuses bulbilles stipitées, renfermées dans une tunique commune; tige cylindrique, feuillée jusqu'au milieu; feuilles étroites, cylindriques, fistuleuses, un peu canaliculées; spathe univalve, un peu plus courte que l'ombelle; fleurs oblongues, d'un rose sale, en ombelle pauciflore, bulbillifère et souv. entièrement composée de bulbilles; étamines exsertes. ♃ juin-juillet. — C. Lieux cultivés.

7. **A. Scorodoprasum** L. (Rocambole). — Tige cylindrique, épaisse, feuillée jusqu'au milieu; feuilles, larges, planes, carénées, rudes sur les bords et sur la carène; spathe bivalve, plus courte que l'ombelle; fleurs pourpres, campanulées, en ombelle pauciflore, entremêlées de bulbilles brunâtres; étamines incluses. ♃ juin-juill. — T. R. Bords de la Marne près St-Maur, Fontainebleau.

6. **ORNITHOGALUM** Tourn. (Ornithogale). — Souche bulbeuse; fleurs blanches ou jaunâtres, munies de bractées membraneuses, réunies en grappe ou en corymbe pauciflore; périanthe étalé, à divisions libres jusqu'à la base; étamines hypogynes, ou insérées à la base des divisions périgonales, à filets aplanis et dilatés à la base; style filiforme; capsule trigone, à loges polyspermes; graines globuleuses ou anguleuses.

1. **O. pyrenaicum** L.; *O. sulphureum* R. et S. — Hampe dressée, de 50 cent. à 1 mètre; feuilles linéaires, bien plus courtes que la hampe, toutes radicales et desséchées au moment de l'anthèse; fleurs d'un jaune soufre, à nervures vertes, réunies en grappe simple, assez fournie, oblongue-conique. ♃ mai-juin. — C. Bois couverts et taillis.

6. O. umbellatum L. (Dame d'onze-heures). — Hampe de 2-décim.; feuilles linéaires, canaliculées, rayées de blanc, égalant ou dépassant la hampe et persistantes au moment de l'anthèse; fleurs d'un blanc de lait, à nervures vertes, réunies en corymbe lâche et pauciflore, ne s'ouvrant qu'au grand soleil. ♃ mai-juin.—C. Champs et prairies artificielles.

7. GAGEA Salisb. — Souche composée de 2 ou plusieurs tubercules enveloppés par une tunique commune; fleurs d'un beau jaune, veinées de vert, en cymes munies de bractées foliiformes; périanthe à divisions ord. étalées, libres jusqu'à la base; étamines hypogynes ou insérées à la base des divisions périgonales; style filiforme; capsule trigone, à loges oligospermes; graines subglobuleuses.

1. G. arvensis Schult.—Hampe obscurément anguleuse; feuilles radicales 2, rar. 3, linéaires, canaliculées, étalées-recourbées, plus longues que la hampe; bractées pubescentes, opposées; pédoncules velus; divisions périgonales lancéolées, aiguës, pubescentes extérieurement à la base et au sommet. ♃ mars-avril. — A. R. Champs et friches: Bicêtre, Vitry, St-Cloud, St-Germain, etc.

2. G. saxatilis Kch.; *G. bohemica* Coss. et Germ. (an Schult.?) — Hampe très courte; feuilles radicales 1-2, filiformes, recourbées, plus longues que la hampe; bractées pubescentes alternes; pédoncules velus; divisions périgonales oblongues, arrondies-obtuses, pubescentes extérieurement, seulement à la base. ♃ février-mars. — T. R. Poligny près Nemours.

8. PHALANGIUM Tourn. — Souche fibreuse; fleurs blanches, disposées en grappe simple ou rameuse; périanthe étalé, à divisions 3-nervées, connées à la base en un tube très court; étamines insérées à la base des divisions périgonales; style filiforme; capsule subglobuleuse, à loges oligospermes; graines anguleuses, ponctuées-rugueuses.

1. P. Liliago Schreb.; *Anthericum* L.— Hampe simple, dressée; feuilles toutes radicales, linéaires, planes, dressées, un peu plus courtes que la hampe; fleurs grandes, disposées en grappe simple; étamines du double plus courtes que le périanthe; style courbé; capsule aiguë. ♃ mai-juin. — A. R. Bois et coteaux secs: Fontainebleau, Nemours, Compiègne, etc.

2. P. ramosum Lam.; *Anthericum* L. — Hampe rameuse au sommet, rarement simple; feuilles linéaires, planes, dressées, bien plus courtes que la hampe; fleurs de moitié plus petites que dans le *P. Liliago*, disposées en grappe rameuse, à rameaux étalés; étamines presque aussi longues que le périanthe; style droit; capsule obtuse. ♃ juin-juill. — A. R. Bois et coteaux secs: Fontainebleau, Maisse, Malesherbes, Mantes, Port-Villez, etc.

ESPÈCES EXCLUES.

Les *Lilium bulbiferum* L., *L. croceum* Chaix, *L. Martagon* L. et *Allium Moly* L., espèces fréquemment cultivées, ont été observées accidentellement dans le rayon de notre Flore, à laquelle elles n'appartiennent point; le *Muscari botryoides* Mill., introduit autrefois à Vitry, n'a pas été revu dans cette localité; les *Allium Cepa* L. (Oignon), *A. fistulosum* L. (Ciboule), *A. Ascalonicum* L. (Echalote), *A. Schœnoprasum* L. (Ciboulette), *A. sativum* L. (Ail) et *A. Porrum* L. (Poireau), fréquemment cultivés pour l'usage culinaire, se trouvent quelquefois à l'état subspontané au voisinage des jardins et des cultures.

CV. JONCÉES DC.

Herbes annuelles ou vivaces. Feuilles engaînantes à la base, planes, canaliculées ou cylindriques, présentant quelquefois des renflements espacés en forme de nœuds, tantôt toutes radicales, tantôt nulles et réduites alors à des gaînes. Fleurs hermaphrodites, rar. unisexuées, régulières, solitaires ou rapprochées en glomérules formant par leur réunion une cyme ou un corymbe, munies d'une ou de plusieurs bractées à la base des inflorescences. Périanthe à 6 divisions libres, scarieuses-glumoïdes, persistantes, disposées sur deux rangs. Étamines 3-6, opposées aux divisions périgonales et insérées à leur base sur le réceptacle; anthères biloculaires, introrses. Style simple; stigmates 3, filiformes. Ovaire supère, sessile, formé de 3 carpelles. Fruit capsulaire, 3-loculaire, à 3 valves, à déhiscence loculicide et à loges polyspermes, ou uniloculaire, trisperme Graines à testa membraneux, souvent prolongé en appendice au sommet ou à la base; albumen épais, charnu, avec l'embryon fixé à sa base.

1. **JUNCUS** Tourn. (Jonc). — Feuilles cylindriques, canaliculées ou comprimées, glabres, noueuses ou non, quelquefois réduites à des gaînes; inflorescence en corymbe ou en panicule terminale ou paraissant latérale en raison de la bractée qui accompagne l'inflorescence et qui semble continuer la tige; capsule à 3 loges polyspermes, s'ouvrant en 3 valves munies chacune à leur partie moyenne d'une cloison qui porte les graines sur son bord interne.

<table>
<tr><td rowspan="4">1</td><td>Tiges les unes fertiles, à inflorescence latérale, les autres stériles,
subulées, simulant des feuilles, celles-ci réduites à des gaînes.</td><td>2</td></tr>
<tr><td>Tiges fertiles feuillées, rar. nues, à inflorescence terminale, les
stériles nulles et remplacées par des fascicules de feuilles</td><td>4</td></tr>
</table>

2 { Tiges fortement striées-cannelées, à moelle interrompue ; divisions
périgonales acuminées-subulées . . . . *J. inflexus.*
Tiges lisses ou finement striées, à moelle continue ; divisions périgonales aiguës 3

3 { Tiges finement striées sur le frais ; inflorescence compacte, globuleuse ; capsule arrondie et mamelonnée au sommet.
J. conglomeratus.
Tiges lisses sur le frais ; inflorescence étalée ; capsule déprimée
au sommet, non mamelonnée. . . . . *J. effusus.*

4 { Plante annuelle à racine fibreuse ; tiges grêles ord. peu élevées . . 5
Plante vivace à souche stolonifère, traçante ou cespiteuse ; tiges
ord. assez élevées. 8

5 { Feuilles munies de renflements en forme de nœuds ; fleurs réunies
en glomérules ; étamines 3. 6
Feuilles dépourvues de renflements noueux ; fleurs solitaires ;
étamines 6. 7

6 { Divisions périgonales presque égales, dressées, conniventes, insensiblement atténuées en pointe ; capsule oblongue-allongée.
J. pygmæus.
Divisions périgonales très inégales, arquées-étalées, brusquement
cuspidées ; capsule ovoïde-subglobuleuse. . . . . *J. capitatus.*

7 { Divisions périgonales égales ; capsule subglobuleuse, égalant à peu
près les divisions périgonales ; graines striées. . *J. Tenageia.*
Divisions périgonales inégales ; capsule oblongue, longuement dé-
passée par les divisions périgonales ; graines lisses. *J. bufonius.*

8 { Feuilles cylindracées, rar. comprimées, paraissant noueuses
lorsqu'on les fait glisser entre les doigts. 9
Feuilles planes ou canaliculées, n'étant pas noueuses. 12

9 { Divisions périgonales oblongues, toutes obtuses et arrondies au
sommet . . . . *J. obtusiflorus.*
Divisions périgonales toutes ou au moins les extérieures lancéolées-
acuminées. 10

10 { Divisions périgonales toutes longuement acuminées-aristées, les
intérieures plus longues, recourbées . . . . . . *J. silvaticus.*
Divisions périgonales toutes de même longueur, les intérieures
obtuses 11

11 { Tiges couchées ou ascendantes ; feuilles cylindriques-comprimées,
fleurs assez grandes, en panicule étalée. . . *J. lamprocarpus.*
Tiges droites ; feuilles très comprimées, à 2 angles ; fleurs très
petites, en panicule dressée. . . . . *J. anceps.*

12 { Tiges filiformes ; inflorescence formée de glomérules de fleurs ;
bractéoles ovales, échancrées, mucronées au sommet ; étamines 3 . . . . *J. supinus.*
Tiges non filiformes ; inflorescence formée de fleurs solitaires ou
rapprochées, mais non réunies en glomérules ; bractéoles
ovales, aiguës ; étamines 6. 13

13 { Feuilles toutes radicales, raides, nombreuses ; étamines à filets
4 fois plus courts que l'anthère . . . . *J. squarrosus.*
Tiges munies de feuilles caulinaires ; feuilles radicales molles, peu
nombreuses ; étamines à filets égalant l'anthère. . *J. bulbosus.*

1. J. effusus L. — Souche horizontale, rampante; tiges raides, dressées, lisses sur le frais, cylindriques, à moelle continue, prolongées au-dessus de l'inflorescence, munies à la base de gaînes brunes ou jaunâtres ; inflorescence latérale, verdâtre, très rameuse, à rameaux plus ou moins allongés; bractées ovales, acuminées, blanchâtres ; périanthe à divisions presque égales, lancéolées-subulées; plus longues que la capsule; étamines 3; capsule obovée-trigone, déprimée et non mamelonnée au sommet; graines allongées, atténuées aux deux extrémités, incurvées, striées en long. ♃ juin-juill. — T. C. Lieux marécageux, bords des eaux.

2. J. conglomeratus L.; *J. effusus* var. β *conglomeratus* Coss. et Germ. — Diffère du précédent par ses tiges finement striées sur le frais, par son inflorescence brunâtre, à rameaux très courts, ce qui la fait paraître globuleuse et très compacte; par sa capsule arrondie au sommet et pourvue d'un mamelon ; par ses graines elliptiques, non incurvées, sillonnées en long et striées en travers. ♃ juin-juill. — T. C. Avec le précédent.

3. J. inflexus L.; *J. glaucus* Ehrh. (Jonc des jardiniers). — Souche horizontale, rampante; tiges raides, dressées, glauques, cylindriques, fortement striées sur le frais, prolongées au-dessus de l'inflorescence, à moelle interrompue, munies à la base de gaînes brunâtres, luisantes; inflorescence latérale, très rameuse, à rameaux inégaux; périanthe à divisions presque égales, linéaires-lancéolées, acuminées, égalant presque la capsule; étamines 6; capsule d'un brun noirâtre, luisante, elliptique-trigone, un peu obtuse et mucronée au sommet; graines striées, atténuées à la base, obtuses au sommet. ♃ juin-août. — T. C. Bords des eaux, lieux marécageux.

4. J. squarrosus L. — Souche courte, épaisse, munie de nombreuses racines; tige souv. solitaire, raide, dressée, lisse, obscurément anguleuse ; feuilles toutes radicales, engaînantes à la base, nombreuses, raides, étalées-recourbées en dehors, fortement canaliculées en dessus; inflorescence terminale, à rameaux raides, dressés, portant 2-5 fleurs rapprochées en petite cyme; périanthe à divisions presque égales, ovales-lancéolées, un peu aiguës au sommet, largement scarieuses aux bords; étamines à filets 4 fois plus courts que l'anthère; capsule égalant le périanthe, ovale, subtrigone, obtuse et brièvement mucronée au sommet; graines semi-lunaires, incurvées, finement ponctuées. ♃ juin-juill. — A. R. Lieux humides et tourbeux, principalement sur la silice : Fontainebleau, St-Léger, Compiègne, etc.

5. J. bulbosus L.; *J. compressus* Jacq. — Souche horizontale, longuement rampante; tiges grêles, dressées, demi-cylindriques, comprimées, feuillées dans leur moitié inférieure; feuilles molles, linéaires, très-étroites, canaliculées en dessus, dilatées à la base

en gaînes membraneuses; inflorescence terminale, à rameaux filiformes, portant des fleurs pédicellées, disposées en petites cymes
lâches; périanthe à divisions presque égales, ovales, obtuses,
étroitement scarieuses sur les bords, égalant la moitié de la capsule;
étamines à filet égalant l'anthère; capsule subglobuleuse, brièvement
mucronée; graines non incurvées, munies de côtes longitudinales,
finement striées en travers. ♃ juin-août. — T. C. Lieux humides,
bords des eaux.

6. **J. Tenageia** L. f.; *J. Vaillantii* Thuill. — Racine fibreuse;
tiges nombreuses, filiformes, dressées, anguleuses; feuilles radicales peu nombreuses, sétacées, canaliculées à la base, les caulinaires 1-2, à gaîne munie de petites oreillettes; inflorescence terminale, lâche, à rameaux filiformes, à fleurs disposées en petites
cymes divariquées; périanthe à divisions ovales-lancéolées, les
extérieures aiguës, égalant la capsule, les intérieures obtuses, plus
courtes; étamines à filet égalant l'anthère; capsule subglobuleuse,
obscurément trigone, brièvement mucronée au sommet; graines
ovales-elliptiques, munies de côtes longitudinales, striées transversalement. ☉ juin-août. — A. C. Lieux tourbeux, bords des eaux.

7. **J. bufonius** L. — Racine fibreuse; tiges nombreuses, grêles;
feuilles radicales peu nombreuses, linéaires-sétacées, canaliculées
à la base et dilatées en gaîne étroite non auriculée; feuilles
caulinaires 1-3, semblables aux radicales; inflorescence en cymes
lâches, terminales, à rameaux dressés, moins fins que dans le *J. Tenageia*, souv. solitaires et sessiles; périanthe à divisions inégales,
plus longues que la capsule, lancéolées, subulées-acuminées,
scarieuses sur les bords; étamines à filet plus long que l'anthère;
capsule ellipsoïde-oblongue, obtuse, très brièvement mucronée au
sommet; graines ovales-oblongues, munies seulement de stries
longitudinales. ☉ mai-août. — T. C. Lieux humides, bords des eaux.
Var. *fasciculatus* Kch.; *J. fasciculatus* Bert. (non Schousb.);
plante plus robuste; tiges plus courtes; fleurs rapprochées en glomérules. — R. Bords des cours d'eau.

8. **J. supinus** Mœnch; *J. uliginosus* Roth; *J. fluitans* Lam. —
Souche cespiteuse, tantôt assez courte, tantôt émettant des rhizomes
traçants, souv. renflée en bulbe; tiges grêles, dressées-ascendantes,
couchées-radicantes ou flottantes; feuilles caulinaires 2-3, les radicales nombreuses, fasciculées, toutes linéaires-sétacées, canaliculées, obscurément cloisonnées, dilatées à la base en une gaîne
à 2 oreillettes; inflorescence terminale, formée de glomérules de
fleurs plus ou moins nombreux; divisions du périanthe presque
égales, ovales-lancéolées, les extér. aiguës, les intér. obtuses;
étamines à filet égalant l'anthère; capsule oblongue-trigone, obtuse,
brièvement mucronée, égalant ou dépassant un peu le périanthe;

graines elliptiques, atténuées aux deux extrémités, striées en long. ♃ juin-août. — C. Lieux humides, bords des eaux.

9. **J. capitatus** Weig.; *J. cricetorum* Poll. — Souche munie de fibres radicales grêles, nombreuses; tiges nombreuses, grêles, dressées, un peu anguleuses; feuilles toutes radicales, sétacées, dressées, non cloisonnées, insensiblement dilatées à la base en une gaîne dépourvue d'oreillettes; inflorescence formée d'un seul glomérule subglobuleux, terminal, accompagné quelquefois de 1-2 autres glomérules latéraux; périanthe à divisions inégales, plus longues que la capsule, ovales-lancéolées, les extér. longuement acuminées, à acumen recourbé en dehors, les intér. plus courtes, aiguës; étamines à filet plus long que l'anthère; capsule ovoïde-subglobuleuse, obscurément trigone, brièvement mucronée; graines très petites, ovoïdes atténuées à la base, striées longitudinalement et transversalement. ☉ juin-juill. — R. Tourbières, lieux humides: Fontainebleau, Malesherbes, Lardy, St-Léger, etc.; sur la silice.

10. **J. pygmæus** Thuill. — Racine fibreuse; tiges nombreuses, dressées, grêles, arrondies, feuillées, très rar. nues; feuilles linéaires-sétacées, dressées, noueuses, brusquement dilatées à la base en une gaîne munie de 2 oreillettes; glomérules de fleurs hémisphériques, solitaires, terminaux, rar. latéraux; divisions du périanthe égales, plus longues que la capsule, linéaires-lancéolées, insensiblement acuminées, connniventes au sommet; étamines à filet plus long que l'anthère; capsule oblongue-allongée, subtrigone, un peu aiguë au sommet; graines semblables à celles de l'espèce précédente, mais du double plus grosses. ☉ juin-août. — R. Tourbières : Fontainebleau, St-Léger, Compiègne, etc.; sur la silice.

11. **J. obtusiflorus** Ehrh. — Souche horizontale, épaisse, rampante; tiges robustes, dressées, raides, cylindriques, munies à la base de gaînes larges, jaunâtres, et supérieurement de 2 feuilles caulinaires; feuilles cylindriques, cloisonnées, subulées, un peu piquantes au sommet; inflorescence terminale, très rameuse, à rameaux principaux dressés, à rameaux secondaires réfléchis; divisions du périanthe égales, linéaires-oblongues, concaves, obtuses au sommet; étamines à filet plus court que l'anthère; capsule petite, ovoïde, trigone, insensiblement atténuée, égalant le périanthe; graines petites, elliptiques, finement striées en long. ♃ juin-août. — C. Marécages, bords des eaux.

12. **J. lamprocarpus** Ehrh. — Souche horizontale, rampante; tiges dressées ou ascendantes, feuillées, cylindriques, un peu comprimées; feuilles arrondies-comprimées, noueuses, finement striées, atténuées-subulées au sommet; inflorescence terminale, très rameuse, à rameaux divariqués, étalés mais non réfléchis; divisions du périanthe égales, elliptiques-lancéolées, les extér. aiguës, les intér. obtuses; étamines à filet égalant l'anthère; capsule ovoïde-oblongue,

trigohe, mucronée, d'un brun foncé et luisant, plus courte que le périanthe ; graines ovoïdes, atténués à la base, striées transversalement. ♃ juin-août. — C. Lieux humides et marécageux.

13. **J. anceps** Lah. — Souche horizontale, rampante ; tiges raides, dressées, feuillées, fortement comprimées-ancipitées surtout à la base ; feuilles arrondies, comprimées, presque à 2 angles aigus, noueuses ; fleurs très petites, en panicule rameuse, à rameaux dressés ; divisions du périanthe presque égales, un peu plus courtes que la capsule, elliptiques-lancéolées, les extér. aiguës, mucronées, les intér. obtuses ; étamines à filet égalant l'anthère ; capsule petite, ovoïde-allongée, trigone, mucronée, brunâtre ; graines ovoïdes, atténuées à la base, finement striées en long. ♃ juin-août. — T. R. Fossés et tourbières : Montigny-sur-Loing, Epizy.

14. **J. silvaticus** Reich. ; *J. acutiflorus* Ehrh. — Souche horizontale, épaisse, rampante ; tiges raides, dressées, cylindriques, un peu comprimées ; feuilles comprimées, fortement noueuses, lisses ou très finement striées, les caulinaires au nombre de 3-5, les infér. réduites à des gaînes brièvement mucronées au sommet ; inflorescence terminale, très rameuse, à rameaux fins, divariqués ; divisions du périanthe inégales, lancéolées, acuminées-subulées, les intér. plus longues, à acumen réfléchi ; étamines à filet plus court que l'anthère ; capsule ovoïde-lancéolée, trigone, insensiblement atténuée en un long bec, plus longue que le périanthe ; graines elliptiques, atténuées à la base, striées en long, réticulées-rugueuses en travers. ♃ juin-août. — C. Lieux humides, marécages.

2. **LUZULA** DC. (Luzule). — Feuilles planes, graminiformes, souv. poilues ; capsule uniloculaire, à 3 valves dépourvues de cloisons ; graines 3, insérées au fond de la capsule. (Le reste comme dans le genre *Juncus*.)

1 { Panicule formée de fleurs solitaires au sommet des pédoncules : graines appendiculées au sommet 2
{ Panicule formée de fleurs réunies en glomérules ou en épis ; graines non appendiculées ou appendiculées à la base. 3

2 { Pédoncules fructifères étalés ou réfractés ; capsule obtuse ; graines à appendice courbé en crête . . . . *L. pilosa.*
{ Pédoncules fructifères dressés ; capsule aiguë ; graines à appendice droit . . . . *L. Forsteri.*

3 { Pédoncules divariqués, divisés en pédicelles terminés chacun par un glomérule de 2-4 fleurs ; graines non appendiculées.
{   *L. silvatica.*
{ Pédoncules simples, penchés ou dressés, terminés chacun par un épi de 6-12 fleurs ; graines appendiculées à la base. 4

4 { Souche à rhizome traçant ; pédoncules penchés à la maturité ; étamines à filet 4-5 fois plus court que l'anthère . *L. campestris.*
{ Souche cespiteuse ; pédoncules dressés ; étamines à filet égalant presque l'anthère. . . . . *L. multiflora.*

1. L. pilosa Willd.; *L. vernalis* DC. — Souche cespiteuse; feuilles linéaires-lancéolées, dressées, bordées de poils fins et assez longs; inflorescence lâche, à rameaux inégaux, divariqués ou réfractés après l'anthèse, terminés par 1-3 fleurs; divisions du périanthe égales, lancéolées, aiguës, un peu plus courtes que la capsule; étamines à filet de moitié plus court que l'anthère; capsule ovoïde, trigone, très brièvement mucronée; graines subglobuleuses, d'un brun mat, surmontées d'un appendice courbé en crête. ♃ avril-mai. — T. C. Bois ombragés.

2. L. Forsteri DC.; *Juncus* Sm. — Souche cespiteuse; feuilles linéaires, dressées, bordées, principalement à la base, de poils fins et assez longs; inflorescence lâche, à rameaux inégaux, dressés ou ascendants après l'anthèse, terminés par 3-5 fleurs; divisions du périanthe égales, ovales-lancéolées, acuminées, un peu plus longues que la capsule; étamines à filet plus court que l'anthère; capsule ovoïde, trigone, brièvement apiculée; graines subglobuleuses, d'un brun fauve, à raphé saillant, surmontées d'un appendice droit et obtus. ♃ avril-mai. — T. C. Bois.

3. L. silvatica Gaud.; *L. maxima* DC. — Souche épaisse, horizontale; feuilles grandes, dressées, lancéolées-linéaires, acuminées, bordées dans leur jeunesse de poils longs et nombreux, presque complètement glabres à l'état adulte; inflorescence lâche, très grande, à rameaux fins, allongés, dressés ou divariqués; divisions du périanthe égales, ovales-lancéolées, acuminées, un peu plus courtes que la capsule; étamines à filet beaucoup plus court que l'anthère; capsule ovoïde, trigone, apiculée; graines noirâtres, mates, très finement tuberculeuses au sommet. ♃ mai-juin. — T. R. Bois de Vernon.

4. L. campestris DC. — Souche horizontale, rampante; feuilles linéaires, longuement acuminées, bordées de poils nombreux et très longs; inflorescence formée d'épis compactes, les uns sessiles, les autres à pédoncules penchés à la maturité; divisions du périanthe presque égales, ovales-lancéolées, acuminées, un peu plus longues que la capsule; étamines à filet 3-4 fois plus court que l'anthère; capsule ovoïde, obtuse, brièvement mucronée; graines brunes, rugueuses-striées, prolongées à la base en un appendice conique. ♃ avril-mai. — T. C. Bois et lieux herbeux.

5. L. multiflora Lej.; *L. erecta* Desv.; *L. campestris* β *multiflora* Coss. et Germ. — Souche cespiteuse; feuilles lancéolées-linéaires, longuement acuminées, bordées de denticules et de poils nombreux et très longs; inflorescence formée de 4-10 épis compactes, ovales, portés sur les pédoncules dressés, le central sessile; divisions du périanthe presque égales ou les intér. un peu plus courtes, ovales-lancéolées, acuminées, égalant ou dépassant un peu la capsule;

étamines à filet de moitié plus court que l'anthère ou l'égalant; capsule ovoïde, trigone, obtuse, très brièvement apiculée; graines ovoïdes, d'un brun pâle, rugueuses, à peine appendiculées à la base. ♃ mai-juin. — C. Bois et lieux herbeux.

Var. *congesta* Kch.; *L. congesta* Lej.; fleurs rapprochées en capitule lobulé. — Avec le type.

Var. *pallescens* Kch.; *L. pallescens* Hoppe; épis plus petits, d'un fauve très pâle. — Avec le type.

ESPÈCES EXCLUES.

Juncus Gerardi Lois., espèce propre aux terrains salifères, indiquée près de Stors où il n'existe que le *J. bulbosus* L.; *J. tenuis* Willd. espèce américaine, naturalisée dans plusieurs départements de l'Ouest, a été signalée dans la forêt de St-Germain où elle est encore trop peu abondante et d'une introduction trop récente pour être considérée comme acquise à notre flore.

CVI. TYPHACÉES Juss.

Herbes vivaces, à souche rampante, croissant dans l'eau ou dans les marécages. Tiges simples ou rameuses. Feuilles alternes, linéaires, à nervures parallèles, souv. engaînantes. Fleurs monoïques, disposées en épis compactes ou globuleux, les mâles occupant la partie supér. de l'inflorescence et les femelles la partie infér. Fleurs mâles nombreuses, réduites à une étamine libre ou formées de 2-4 étamines réunies par les filets et entremêlées de soies ou d'écailles disposées sans ordre; anthères biloculaires, à déhiscence longitudinale. Fleurs femelles réduites à un ovaire supère, uniloculaire, uniovulé, solitaire ou rapprochés 2 à 2 et paraissant alors biloculaire, entourés de soies nombreuses ou de 3-5 écailles disposées sans ordre. Style simple, persistant. Fruit subdrupacé, indéhiscent, uniloculaire, monosperme, à endocarpe coriace. Graines munies d'un albumen charnu entourant un embryon droit.

1. **TYPHA** Tourn. (Massette). — Fleurs très nombreuses, disposées en deux épis, unisexués, très compactes, cylindracés, superposés, contigus ou écartés, enveloppés au début dans une spathe très caduque; étamines très nombreuses, soudées 2-4 par les filets, entourées de nombreux filets stériles; fruit très petit, presque drupacé, porté sur un pédicelle capillaire, muni de longues soies claviformes.

1. **T. latifolia** L. — Feuilles très allongées, planes, un peu obtuses; épi mâle et épi femelle contigus ou à peine espacés; épi

femelle allongé, cylindrique, d'un brun noirâtre, à poils blancs non épaissis au sommet. ♃ juill.-août. — C. Rivières, fossés et marais.

Var. *media* Coss. et Germ.; *T. media* DC.; feuilles plus étroites que dans le type; épi femelle court, subclaviforme, un peu distant de l'épi mâle. — A. R. Forêt de Sénart, parc de Marly.

2. **T. angustifolia** L. — Feuilles étroites, presque aiguës, convexes en dehors, un peu concaves en dedans; épi mâle et épi femelle espacés; épi femelle cylindrique, grêle, d'un roux châtain à poils blancs épaissis et colorés au sommet. ♃ juill.-août. — A. C. Rivières, fossés et marais.

2. **SPARGANIUM** Tourn. (Rubanier). — Fleurs disposées en capitules unisexués, globuleux, superposés et espacés, dépourvus de spathe; étamines nombreuses, libres, entremêlées d'écailles membraneuses-filiformes; ovaires libres ou réunis 2 à 2, entourés chacun de 3-5 écailles membraneuses; fruit ord. sessile.

1. **S. ramosum** Huds. (Ruban d'eau). — Tige dressée, un peu anguleuse; feuilles radicales triquètres à la base, planes sur une face, concaves sur les deux autres; capitules floraux formant par leur réunion une grappe rameuse; fruits non stipités, en forme de pyramide renversée, terminés par un bec épais, égalant le quart de leur longueur. ♃ juin-août. — T. C. Rivières, fossés et étangs.

2. **S. simplex** Huds. — Tige dressée, moins élevée que dans l'espèce précédente; feuilles radicales triquètres, planes sur toutes les faces; capitules floraux formant par leur réunion une grappe simple; fruits fusiformes, brièvement stipités, terminés par un bec grêle, égalant les trois quarts de leur longueur. ♃ juin-août. — A. C. Rivières, fossés et étangs.

3. **S. minimum** Fries; *S. natans* Auct. mult. (non L.).—Tige grêle, mince, flexible; feuilles linéaires, très allongées, planes, flottantes; capitules floraux formant par leur réunion une grappe simple; fruits obovés-oblongs, non stipités, terminés par un bec qui n'égale pas le quart de leur longueur. ♃ juill.-août. — A. R. Étangs et marais : Beauvais, Malesherbes, Nemours, vallée de l'Yvette, etc.

CVII. AROIDÉES Juss.

Herbes vivaces, à souche traçante ou tubériforme-charnue. Feuilles alternes, paraissant souv. toutes radicales, à nervures anastomosées ou parallèles. Fleurs monoïques, dépourvues de périanthe, rar. hermaphrodites, munies d'un périanthe à 4-6 divisions, sessiles et agglomérées autour d'un axe simple et charnu (*spadice*), entouré d'une spathe monophylle, ord. roulée en cornet. Fleurs mâles ord.

réduites chacune à une seule étamine, mêlées aux fleurs femelles ou plus souv. disposées en anneau au-dessus de celles-ci. Anthères biloculaires, à déhiscence longitudinale. Fleurs femelles réduites chacune à un ovaire supère, 2-3-loculaire, uni-pluriovulé; style simple ou nul. Fruit bacciforme, indéhiscent, mono-oligosperme. Graines subglobuleuses ou anguleuses; albumen épais, charnu, farineux.

1. **ARUM** Tourn. (Gouet). — Feuilles cordées ou sagittées, à nervures anastomosées; spathe roulée en cornet; spadice renflé en massue au sommet, nu ou muni de fleurs rudimentaires en forme de filaments; fleurs unisexuées, dépourvues de périanthe, formant à la base du spadice deux anneaux superposés, le supér. composé de fleurs mâles et l'infér. de fleurs femelles; baie subglobuleuse, d'un beau rouge, mono-oligosperme.

1. **A. maculatum** L.; *A. vulgare* Lam. (Pied de veau). — Feuilles grandes, ovales, aiguës, hastées à la base, entièrement vertes ou maculées de noir, paraissant au printemps et détruites au moment de la maturité des fruits; spathe d'un vert jaunâtre, quelquefois teinté de violet; spadice d'un pourpre violacé, égalant environ la moitié de la hauteur de la spathe. ♃ avril-mai. — T. C. Bois et lieux ombragés.

2. **A. italicum** Mill. — Plante plus robuste que la précédente; feuilles très grandes, triangulaires, hastées à la base, à lobes divergents, épaisses, d'un beau vert luisant, veinées de blanc, paraissant à l'automne et se développant pendant l'hiver; spathe très grande, blanchâtre; spadice jaunâtre, égalant environ le tiers de la hauteur de la spathe. ♃ avril-mai. —T. R. Sommet d'un coteau calcaire près Port-Villez; forêt de St-Germain où il n'est point spontané et où il n'en existe que quelques individus stériles.

ESPÈCES EXCLUES.

Calla palustris L. et *Acorus Calamus* L.; ces deux plantes, naturalisées autrefois par Weddell dans la Mare ténébreuse de la forêt de Marly, ont disparu par suite du dessèchement de cette mare.

CVIII. CYPÉRACÉES Juss.

Herbes annuelles ou vivaces. Tige (*chaume*) souv. simple, pleine, arrondie ou triquètre, dépourvue de renflements noueux. Feuilles tristiques, linéaires-graminiformes, à nervures parallèles, à gaîne non fendue, ord. dépourvues de ligule. Fleurs hermaphrodites ou unisexuées, solitaires à l'aisselle d'une écaille unicarénée (*glume*), disposées en épis ou en épillets. Périanthe nul, ou représenté par des squammules, des soies ou une enveloppe écailleuse, sacciforme, ouverte au sommet (*utricule*) qui entoure l'ovaire, s'accroît avec lui et simule un péricarpe. Étamines 2-3, à anthères biloculaires, s'ouvrant en long. Style simple, terminé par 2-3 stigmates plumeux. Ovaire supère, uniloculaire, uniovulé. Le fruit est un achaine, indéhiscent, monosperme, à épicarpe dur, testacé. Albumen farineux, très épais, latéral par rapport à l'embryon.

1 — Fleurs unisexuées, monoïques ou dioïques; ovaire renfermé dans un utricule ouvert au sommet pour le passage du style. *Carex* (8).
Fleurs hermaphrodites; ovaire non renfermé dans un utricule . . 2

2 — Épillets à écailles régulièrement imbriquées sur 2 rangs opposés. 3
Épillets à écailles irrégulièrement imbriquées sur plusieurs rangs. 4

3 — Inflorescence en capitule ou en corymbe; bractées entièrement foliacées, écailles toutes fertiles; stigmates glabres. *Cyperus* (1).
Inflorescence en épi ovoïde, compacte; bractées élargies-scarieuses à la base; écailles infér. stériles; stigmates pubescents. *Schœnus* (2).

4 — Achaines entourés de longues soies blanches et brillantes qui font ressembler les épillets à des houppes. . . . *Eriophorum* (4).
Achaines nus ou entourés de soies plus courtes que les écailles . 5

5 — Style articulé, à base renflée en bulbe et persistante 6
Style non articulé, à base non renflée ni persistante 7

6 — Epi simple, solitaire, à écailles infér. plus grandes que les supér. *Eleocharis* (6).
Épillets réunis en corymbe ou en panicule pauciflore; écailles infér. plus petites que les supér. . . . . *Rhynchospora* (7).

7 — Feuilles denticulées-tranchantes sur les bords; écailles infér. plus petites que les supér. . . . . *Cladium* (3).
Feuilles denticulées-rudes sur les bords, mais non tranchantes; écailles infér. plus grandes que les supér. . . . *Scirpus* (5).

1. **CYPERUS** Tourn. (Souchet). — Épillets multiflores, en fascicules sessiles ou pédonculés, réunis en capitule ou en corymbe terminal, munis à la base de bractées foliacées; fleurs hermaphrodites; écailles nombreuses, presque égales, toutes fertiles ou les 2 infér. seules stériles, régulièrement imbriquées sur 2 rangs opposés; stigmates glabres; soies hypogynes nulles; achaine obové, trigone-subcomprimé.

1. **C. flavescens** L. — Racine fibreuse; tiges fasciculées, presque arrondies, peu élevées; feuilles linéaires-canaliculées; épillets oblongs-lancéolés, d'un jaune pâle, à 8-20 fleurs, disposés en capitule ou en cyme; écailles ovales, obtuses; achaines lenticulaires à bords arrondis. ⊙ juill.-août. — R. Lieux marécageux, bords des étangs: St-Léger, Rambouillet, Nemours, etc.

2. **C. fuscus** L. — Racine fibreuse; tiges fasciculées, triquètres, peu élevées; feuilles linéaires, planes; épillets linéaires, très étroits, d'un brun noirâtre, à 12-40 fleurs; écailles très petites, oblongues, mucronulées; achaines ovoïdes-trigones, à bords aigus. ⊙ juin-août. — A. C. Lieux marécageux, bords des étangs.

3. **C. longus** L. — Souche épaisse, rampante; tige dressée, triquètre, assez élevée; feuilles larges, planes-carénées, allongées, ord. plus courtes que la tige; épillets linéaires-lancéolés, d'un brun rougeâtre, rapprochés en fascicules assez longuement pédonculés, formant par leur réunion un corymbe ombelliforme; écailles ovales, obtuses; achaines oblongs, triquètres. ⟂ juill.-sept. — R. Ruisseaux, bords des eaux : Mennecy, Nemours, Dreux.

2. **SCHŒNUS** L. (Choin).—Épillets comprimés, pauciflores, réunis en un capitule ovoïde, dense, muni à la base de 2 bractées scarieuses, un peu embrassantes; fleurs hermaphrodites; écailles 5-6, distiques, les supér. seules fertiles, les infér. plus petites et stériles; stigmates pubescents; soies hypogynes 1-5, rudimentaires ou nulles; achaine trigone, plus ou moins mucroné.

1. **S. nigricans** L. — Souche cespiteuse, compacte; tiges nombreuses, arrondies, raides, dressées; feuilles toutes radicales, raides, subulées, planes-convexes, plus courtes que la tige, munies de larges gaînes noirâtres; épillets luisants, d'un brun noirâtre. ⟂ mai-juin. — A. C. Marais tourbeux, sur la silice.

3. **CLADIUM** P. Br. — Épillets pauciflores, disposés en glomérules formant par leur réunion une vaste panicule; fleurs hermaphrodites; écailles peu nombreuses, imbriquées sur plusieurs rangs, les supér. seules fertiles, les infér. plus petites et stériles; soies hypogynes nulles; achaine ovoïde-subglobuleux, mucronulé par la base du style renflée et persistante.

1. **C. Mariscus** R. Br.; *Schœnus* L. (Rouche). — Souche épaisse, rampante, ligneuse; tiges robustes, dressées, fistuleuses, arrondies, feuillées; feuilles allongées, largement linéaires, planes, denticulées-tranchantes sur les bords, engaînantes à la base; épillets ovoïdes-oblongs, biflores, d'un brun-fauve. ⟂ juin-août. — A. C. Marais tourbeux.

4. **ERIOPHORUM** L. (Linaigrette). — Épillets multiflores, réunis en capitule solitaire, sessile et terminal, ou pédonculés et disposés en panicule; fleurs hermaphrodites; écailles peu nombreuses, presque égales, imbriquées en tous sens, les infér. stériles; soies hypogynes nombreuses, très fines, blanchâtres, longuement exsertes après l'anthèse, et faisant ressembler les épillets à des houppes soyeuses; achaine obscurément trigone.

1 { Capitule solitaire, terminal et sessile. . . . . . . *E. vaginatum.*
  { Plusieurs capitules pédonculés, réunis en panicule terminale. . . 2

2 { Pédoncules scabres ou tomenteux ; achaines arrondis et mutiques
  {   au sommet. 3
  { Pédoncules lisses et glabres ; achaines aigus et acuminés au
  {   sommet. . . . . *E. angustifolium.*

3 { Pédoncules denticulés-scabres, non tomenteux ; feuilles assez
  {   larges, planes dans presque toute leur longueur. *E. latifolium.*
  { Pédoncules scabres et tomenteux ; feuilles très étroites, triquètres
  {   dans toute leur longueur . . . . *E. gracile.*

1. **E. latifolium** Hoppe; *E. polystachyon* DC. — Souche épaisse,
non stolonifère; tiges obtusément trigones; feuilles d'un vert
pâle, planes, triquètres au sommet, rudes sur les bords; capitules
nombreux, penchés à la maturité, à pédoncules très rudes, non
tomenteux; achaines ovoïdes-trigones, arrondis et mutiques au
sommet. ♃ mai-juin. — C. Lieux humides et marécageux.

2. **E. angustifolium** Roth. — Souche rampante, stolonifère;
tiges presque arrondies; feuilles d'un vert foncé, étroites, canaliculées, presque lisses sur les bords, capitules à pédoncules glabres
et lisses; achaines obovés, trigones, acuminés au sommet. ♃ mai-
juin. — A. C. avec le précédent.

3. **E. gracile** Kch. — Souche grêle, rampante, tiges grêles;
obtusément trigones: feuilles étroites, canaliculées, triquètres,
presque lisses ; capitules petits, peu nombreux, dressés, à pédoncules rudes et tomenteux ; achaines oblongs, arrondis et mutiques
au sommet. ♃ mai-juin. — T. R. Marais et tourbières : Montfort-
l'Amaury, vallée de l'Yvette, Nemours.

4. **E. vaginatum** L. — Souche courte, cespiteuse ; tiges grêles,
obtusément trigones; feuilles radicales nombreuses, étroites, triquètres, rudes, les caulinaires réduites à des gaînes renflées; capitule terminal, solitaire, sessile; achaines obovés, subtriquètres, à
peine mucronulés au sommet. ♃ mai.—T. R. Tourbières : Montfort-
l'Amaury.

5. **SCIRPUS** Tourn. (Scirpe). — Épillets solitaires, terminaux,
ou plus ou moins nombreux et disposés en corymbe terminal ou
latéral; fleurs hermaphrodites ; écailles imbriquées de tous côtés,
les 2 infér. stériles, plus grandes que les supér.; soies hypogynes
peu nombreuses et incluses, rar. nulles ; style non articulé; achaine
triquètre, mucroné ou non par la base du style persistante, mais
non renflée.

1 { Epis simples, solitaires et terminaux au sommet de la tige ou des
  {   rameaux 2
  { Epillets plus ou moins nombreux, formant par leur réunion une
  {   inflorescence terminale ou latérale. 4

2 { Tige rameuse, couchée ou nageante; épis axillaires; soies hypogynes nulles . . . . *S. fluitans.*
  Tige simple, dressée; épi terminal; 3-6 soies hypogynes 3

3 { Feuilles réduites à des gaînes tronquées, dépourvues de limbe;
  soies aculéolées, plus courtes que l'achaine. . *S. pauciflorus.*
  Gaînes tronquées, terminées par un limbe foliacé, court; soies
  lisses, plus longues que l'achaine . . . . *S. cæspitosus.*

4 { Inflorescence paraissant latérale par la présence d'une bractée qui
  semble prolonger la tige; bractées triquètres ou semi-cylindriques 5
  Inflorescence terminale; bractées planes ou planes-canaliculées. . 7

5 { Souche vivace, rampante; tige de 1-2 mètres, solitaire, spongieuse;
  écailles à bords laciniés-ciliés. . . . . *S. lacustris.*
  Racine annuelle, fibreuse; tiges de 3-30 cent. fasciculées; écailles
  à bords entiers. 6

6 { Tiges filiformes, dressées; bractée terminale assez courte; achaine
  strié en long . . . . *S. setaceus.*
  Tiges subcylindriques, étalées; bractée terminale très longue;
  achaines ridés transversalement . . . . *S. supinus.*

7 { Epillets disposés en épi distique, comprimé; bractées planes, canaliculées. . . . . *S. compressus.*
  Epillets disposés en panicule composée; bractées planes. 8

8 { Tiges fasciculées; épillets assez gros, brunâtres, à écailles bifides-
  mucronées au sommet. . . . . *S. maritimus.*
  Tige solitaire; épillets petits, verdâtres, à écailles obtuses,
  entières . . . . *S. silvaticus.*

1. S. silvaticus L, — Souche épaisse, rampante; tige solitaire,
robuste, dressée, fistuleuse, feuillée inférieurement; feuilles
largement linéaires, allongées; épillets petits, verdâtres, formant
une panicule composée, terminale; écailles obtuses, entières,
brièvement mucronées; bractées planes, foliacées. ♃ juin-juill. —
C. Bois humides, bords des eaux.

2. S. maritimus L. — Souche longuement rampante, renflée de
loin en loin en tubercules; tiges fasciculées, dressées, trigones,
feuillées inférieurement; feuilles planes, étroites, très allongées;
épillets assez gros, ovoïdes-oblongs, bruns, multiflores, disposés en
panicule terminale souv. penchée; écailles bifides-mucronées au
sommet; bractées planes, foliacées. ♃ juin-août. — C. Étangs,
rivières et fossés.

3. S. compressus Pers.; *Blismus* Panz. — Souche rampante,
stolonifère; tiges arrondies, dressées, feuillées inférieurement;
feuilles linéaires, planes, acuminées, engaînantes à la base; épillets
oblongs, sessiles, d'un brun pâle, réunis en épi terminal, distique,
comprimé; bractées planes-canaliculées, trigones au sommet. ♃
juin-juill. — A. R. Prairies humides.

4. S. lacustris L. — Souche épaisse, longuement rampante; tige solitaire, dressée, spongieuse, arrondie, entourée à la base de gaînes brunâtres, la supér. prolongée en une feuille courte, subulée; épillets bruns, ovales-oblongs, réunis en panicule un peu penchée et paraissant latérale; écailles ovales, émarginées, ciliées, frangées sur les bords; achaines assez gros, trigones. ♃ mai-juill.— T. C. Étangs, rivières et fossés.

Var. *glaucus* And.; *S. glaucus* Sm.; *S. Tabernæmontani* Gmel.; tige moins élevée, d'un vert glauque; stigmates 2; achaines plus petits, comprimés. — Avec le type, mais plus rare.

5. S. setaceus L. — Souche rampante; rhizome grêle, filiforme, plus ou moins allongé, souv. rameux; tiges fasciculées, filiformes, dressées, arrondies, striées, munies à la base d'une feuille très courte, sétacée; épillets petits, ovoïdes, sessiles, réunis par 2-3 et paraissant latéraux, surmontés d'une bractée bien plus courte que la tige; achaines assez petits, striés en long. ♃ juin-août. — C. Lieux sabloneux, humides.

6. S. supinus L. — Racine fibreuse; tiges fasciculées, subcylindriques, non filiformes, étalées ou couchées, munies à la base d'une feuille courte, subulée; épillets plus gros que dans l'espèce précédente, ovales-oblongs, réunis par 4-10 et paraissant latéraux, surmontés d'une bractée très longue, égalant presque la tige; achaines plus gros que dans le *S. setaceus*, ridés transversalement. ⊙ juill.-sept. — A. R. Bords des étangs : Trou-Salé, St-Quentin, St-Léger, Montfort-l'Amaury, etc.

7. S. fluitans L. — Souche cespiteuse, courte; tiges grêles, convexes-canaliculées, rameuses, couchées ou nageantes, radicantes, munies aux nœuds d'une feuille linéaire, subulée; épis petits, verdâtres, ovoïdes, solitaires au sommet de pédoncules axillaires; achaines blanchâtres, un peu comprimés; soies hypogynes nulles. ♃ juin-sept. — A. R. Mares et fossés : Fontainebleau, St-Léger, Montfort-l'Amaury, etc.

8. S. cæspitosus L. — Souche cespiteuse, compacte; tiges grêles, arrondies, fasciculées, dressées, munies à la base de gaînes obliquement tronquées, terminées par une pointe foliacée; épis petits, d'un brun rougeâtre, ovoïdes, solitaires, terminaux; achaines noirâtres, trigones; soies hypogynes lisses, au moins dans leur moitié infér. ♃ mai-juin. — T. R. Lieux tourbeux : St-Léger, Rambouillet.

9. S. pauciflorus Lighft.; *S. Bæothryon* Ehrh. — Souche cespiteuse, émettant des rhizomes rampants; tiges grêles, arrondies, fasciculées, dressées, munies à la base de gaînes brunâtres, tronquées, dépourvues de limbe; épis petits, ovoïdes, à écailles brunes, bordées de blanc, solitaires et terminaux; achaines jaunâtres, trigones, mucronés ; soies hypogynes aculéolées dans toute leur longueur. ♃ juin-juill. — A. R. Lieux tourbeux.

6. **ELEOCHARIS** R. Br. — Épis solitaires, terminaux; fleurs hermaphrodites; écailles nombreuses, imbriquées de tous côtés, 1-2 infér. seules stériles; soies hypogynes peu nombreuses, incluses; style articulé, à base renflée et persistante, couronnant l'achaine; tiges simples, dépourvues de feuilles, munies de gaînes à la base.

1 { Stigmates 2 ; achaine comprimé. 2
{ Stigmates 3 ; achaine trigone. 4

2 { Plante annuelle ; racine grêle, fibreuse ; épi ovoïde à écailles
{   obtuses . . . . E. ovata.
{ Plante vivace ; souche épaisse , rampante; épi oblong à écailles
{   aiguës. 3

3 { Ecailles stériles 2, l'infér. embrassant seulement la moitié ou les
{   deux tiers de l'épi . . . . E. palustris.
{ Ecaille stérile unique, embrassant complètement la base de l'épi.
{   E. uniglumis.

4 { Souche courte, fibreuse ; tiges arrondies, non capillaires ; achaines
{   lisses . . . . E. multicaulis.
{ Souche à rhizomes longuement rampants ; tiges tétragones, capil-
{   laires ; achaines munis de côtes longitudinales . E. acicularis.

1. **E. palustris** R. Br.; *Scirpus* L. — Souche épaisse, longuement rampante; tiges robustes, fasciculées, arrondies, spongieuses, entourées à la base par 2 gaînes aphylles ; épi linéaire-oblong , brun-fauve; 2 écailles stériles, l'infér. n'embrassant que la moitié de la base de l'épi ; achaines jaunâtres, obovales-arrondis. ♃ juin-août. — T. C. Marais, lieux humides.

2. **E. uniglumis** Rchb. ; *Scirpus* Link. — Ressemble au précédent dont il a le port, mais s'en distingue par sa taille moins robuste, par ses tiges plus grêles, par son épi plus petit, d'un brun plus foncé, par son écaille stérile unique, embrassant complètement la base de l'épi. ♃ juin-août.— A. C. Avec le précédent.

3. **E. multicaulis** Dietr.; *Scirpus* Sm. — Souche cespiteuse, courte, fibreuse ; tiges nombreuses, fasciculées, arrondies , entourées à la base par 2 gaînes aphylles ; épi ovoïde ou oblong, brunâtre; 1-2 écailles stériles , l'infér. obtuse-émarginée au sommet, embrassant presque entièrement la base de l'épi; achaines d'un brun foncé, obovales, trigones. ♃ juin-août.—A. R. Marécages : Sénart, Fontainebleau, St-Léger, Malesherbes, etc.

4. **E. ovata** R. Br.; *Scirpus* L. — Racine fibreuse; tiges nombreuses, fasciculées, arrondies, un peu comprimées , entourées à la base d'une gaîne aphylle ; épi brun, ovoïde-arrondi; 2 écailles stériles , l'infér. n'embrassant que la moitié de la base de l'épi;

achaines d'un brun pâle, obovés comprimés à bords renflés. ⊙ juin-août.—T. R. Bords des marais : St-Léger.

5. **E. acicularis** R. Br.; *Scirpus* L. —Souche cespiteuse, munie de stolons très grêles, longuement rampants; tiges nombreuses, fasciculées, tétragones, entourées à la base par une gaîne aphylle ; épi petit, ovoïde, pauciflore, brunâtre; 2 écailles stériles, l'infér. embrassant complètement la base de l'épi; achaines obovés, blanchâtres, munis de côtes fines, longitudinales. ♃ juin-août. — C. Marais, lieux inondés.

7. **RHYNCHOSPORA** Vahl.—Épillets pauciflores, formant par leur réunion de petites cymes terminales ou axillaires; fleurs hermaphrodites; écailles peu nombreuses, imbriquées de tous côtés, les infér. stériles, plus courtes ; soies hypogynes 6-12, incluses ; style articulé, à base renflée et persistante, couronnant l'achaine ; tiges feuillées.

1. **R. alba** Vahl; *Schœnus* L. — Souche fibreuse; tiges fasciculées, trigones; feuilles linéaires, planes, carénées; épillets blanchâtres, un peu fauves; bractée infér. égalant l'inflorescence ou à peine plus longue qu'elle; soies égalant l'achaine, à denticules dirigées en bas. ♃ juin-août. – R. Marais tourbeux-siliceux : St-Léger, Mortefontaine, Neufmoulin.

2. **R. fusca** R. et S.; *Schœnus* L. — Souche rampante; tiges solitaires, arrondies; feuilles linéaires, sétacées, canaliculées; épillets bruns; bractée infér. bien plus longue que l'inflorescence; soies plus longues que l'achaine, à denticules dirigées en haut. ♃ juin-août. — T. R. Marais tourbeux-siliceux : St-Léger.

8. **CAREX** Micheli (Laiche).—Fleurs unisexuées, réunies en épis monoïques ou androgynes, plus rar. dioïques; écailles plus ou moins nombreuses, imbriquées sur plusieurs rangs ; étamines 2-3; ovaire renfermé dans un utricule ouvert au sommet pour le passage du style; soies hypogynes nulles; style indivis, caduc, non articulé ni épaissi à la base, terminé par 2-3 stigmates; achaine lenticulaire ou trigone renfermé dans l'utricule accru et simulant un péricarpe.

1	Epi simple, solitaire au sommet de la tige.	2
	Un seul épi composé, terminal, ou plusieurs épis : l'un terminal, les autres axillaires.	4
2	Epi dioïque, assez dense.	3
	Epi androgyne, laxiflore. . . . . *C. pulicaris.*	
3	Souche traçante ; tiges et feuilles lisses; utricules à bec court. *C. dioica.*	
	Souche cespiteuse ; tiges et feuilles scabres; utricules à bec allongé. *C. Davalliana.*	

4 { Epi terminal composé, formé d'épillets androgynes ou gynandres ;
      stigmate 2.   5
    Plusieurs épis de sexes différents, le ou les mâles terminaux, le ou
      les femelles axillaires ; stigmates 3, rar. 2 21

5 { Epillets rapprochés en tête arrondie, munie à la base de 2-3 lon-
      gues bractées foliacées. . . . . *C. cyperoides.*
    Epillets formant une panicule ou un épi plus ou moins interrompu,
      muni d'une seule bractée.   6

6 { Souche à rhizome horizontal, longuement traçant   7
    Souche cespiteuse ou oblique, courte, non rampante 11

7 { Utricules munis tout autour, ou au moins dans leur moitié supér.,
      d'une bordure membraneuse.   8
    Utricules dépourvus de bordure membraneuse ; feuilles linéaires,
      très étroites, longuement acuminées-subulées. . *C. Schreberi.*

8 { Utricules entourés de la base au sommet d'une bordure membra-
      neuse très étroite   9
    Utricules munis dans leur moitié supér. d'une large bordure obli-
      quement tronquée à sa base 10

9 { Rhizome épais, tortueux ; écailles brunes, plus courtes que l'utri-
      cule. . . . . *C. disticha.*
    Rhizome grêle, non tortueux ; écailles roussâtres, égalant ou dépas-
      sant un peu l'utricule . . . . *C. ligerina.*

10 { Rhizome épais ; tiges et feuilles assez courtes, raides ; épillets sub-
      cylindriques, les supér. mâles, les infér. femelles. *C. arenaria.*
    Rhizome grêle ; tiges et feuilles allongées, molles, étroites ; épillets
      fusiformes, les infér. mâles à la base et stériles. *C. Reichenbachii.*

11 { Epillets mâles à leur sommet. 12
    Epillets mâles à leur base 17

12 { Utricules gibbeux, dressés à la maturité. 13
    Utricules non gibbeux divariqués et étalés en étoile à la maturité. 15

13 { Utricules munis de nombreuses nervures saillantes et terminés par
      par un bec à base étroite . . . . *C. paradoxa.*
    Utricules munis de 2-3 nervures très faibles et terminés par un
      bec à base élargie. 14

14 { Souche entourée par les débris des anciennes feuilles ; tiges tri-
      quètres à faces planes ou excavées ; épillets réunis en panicule.
                                               C. paniculata.
    Souche nue ; tiges triquètres à faces convexes ; épillets réunis en
      épi dense. . . . . *C. teretiuscula.*

15 { Tige à faces canaliculées et à angles un peu ailés ; utricules munis
      sur chaque face de 5-7 nervures saillantes. . . . *C. vulpina.*
    Tiges à faces planes et à angles non ailés ; utricules lisses ou à
      peu près. 16

16 { Ligule ovale-lancéolée, à bord antérieur dépassant la naissance du
      limbe ; utricules indurés et subéro-spongieux à la base.
                                               C. muricata.
    Ligule ovale-arrondie, à bord antérieur ne dépassant pas la nais-
      sance du limbe ; utricules minces, non subéro-spongieux.
                                               C. divulsa.

17 { Utricules divariqués en étoile à la maturité. . . . *C. echinata.*
   { Utricules dressés ou subétalés à la maturité. 18

18 { Bractées foliacées, plus longues que l'inflorescence . *C. remota.*
   { Bractées squammiformes, plus courtes que l'inflorescence 19

19 { Utricules entourés d'une bordure membraneuse. . *C. leporina.*
   { Utricules non entourés d'une bordure membraneuse 20

20 { Souche munie de courts stolons; épillets ovoïdes, d'un blanc ver-
   {   dâtre; utricules dépourvus de bec . . . . . . *C. canescens.*
   { Souche dépourvue de stolons; épillets cylindriques, brunâtres;
   {   utricules atténués en bec court . . . . *C. elongata.*

21 { Deux stigmates. 22
   { Trois stigmates. 24

22 { Souche cespiteuse; tiges à faces cannelées, entourées à la base de
   {   gaînes anciennes, fibrilleuses. . . . . *C. stricta.*
   { Souche stolonifère; tiges à faces planes, entourées à la base de
   {   gaînes non fibrilleuses. 23

23 { Bractée infér. plus courte que l'inflorescence; épis femelles
   {   dressés, à écailles plus courtes que les utricules. *C. vulgaris.*
   { Bractée infér. égalant ou dépassant l'inflorescence; épis femelles
   {   penchés, à écailles plus longues que les utricules. . *C. acuta.*

24 { Utricules sans bec ou à bec court et cylindrique, tronqué ou
   {   bidenté 25
   { Utricules à bec allongé, comprimé, bidenté ou bicuspidé 88

25 { Utricules glabres; bractées engaînantes. 26
   { Utricules tomenteux ou pubescents; bractées engaînantes ou non
   {   engaînantes 31

26 { Plusieurs épis mâles ou androgynes au sommet de la tige; utri-
   {   cules à bords denticulés. . . . . *C. glauca.*
   { Epi mâle unique; utricules à bords lisses 27

27 { Utricules à bec court; feuilles et gaînes glabres 28
   { Utricules dépourvus de bec; feuilles et gaînes pubescentes.
   {   *C. pallescens.*

28 { Epis femelles allongés, pendants. 29
   { Epis femelles courts, dressés 30

29 { Souche cespiteuse; épis femelles cylindriques, compactes; utricules
   {   elliptiques, lisses . . . . *C. pendula.*
   { Souche stolonifère; épis femelles linéaires, très lâches; utricules
   {   fusiformes, nervés. . . . . *C. strigosa.*

30 { Bractées plus courtes que la tige; épis femelles cylindriques, un
   {   peu lâches; utricules lisses et ternes . . . . *C. panicea.*
   { Bractée infér. atteignant le sommet de la tige; épis femelles
   {   ovoïdes, denses; utricules striés, luisants. . . . . *C. nitida.*

31 { Souche rampante, stolonifère 32
   { Souche cespiteuse, non stolonifère. 34

32 { Ecailles femelles obtuses, blanches-scarieuses, ciliées sur les bords
   {   *C. ericetorum.*
   { Ecailles femelles acuminées, non blanches-scarieuses ni ciliées sur
   {   les bords 33

33 { Bractée infér. membraneuse, engaînante; utricules fauves, pubescents . . . . *C. præcox.*
Bractée infér. foliacée, non engaînante; utricules blanchâtres, hérissés-tomenteux . . . . *C. tomentosa.*

34 { Bractées non engaînantes. 35
Bractées engaînantes 36

35 { Bractée infér. foliacée; écailles femelles ovales-acuminées, plus longues que les utricules . . . . *C. pilulifera.*
Bractées membraneuses; glumes femelles obtuses ou émarginées, plus courtes que les utricules. . . . . *C. montana.*

36 { Tiges entourées de feuilles à la base 37
Tiges n'ayant à la base que des gaînes aphylles; feuilles formant des fascicules latéraux. . . . . *C. digitata.*

37 { Tiges de 20-50 cent., presque lisses; bractée infér. foliacée, *C. polyrrhiza.*
Tiges de 5-10 cent., scabres supérieurement; bractées entièrement blanches-membraneuses. . . . . *C. humilis.*

38 { Utricules terminés par un bec à dents porrigées; épi mâle ordinairement unique. 39
Utricules terminés par un bec à dents divergentes; plusieurs épis mâles, rar. un seul 46

39 { Epis femelles lâches, à utricules à peine imbriqués à la base des épis. 40
Epis femelles denses, à utricules fortement imbriqués. 41

40 { Epis femelles 5-6-flores, dressés; utricules ovoïdes-renflés, munis de nombreuses nervures. . . . . *C. depauperata.*
Epis femelles linéaires, pendants; utricules fusiformes-trigones, lisses . . . . *C. silvatica.*

41 { Utricules étalés ou divergents à la maturité 42
Utricules dressés, appliqués à la maturité. 44

42 { Bec de l'utricule bordé de cils raides; écailles femelles mucronées, ciliées-dentées au sommet . . . . *C. Mairii.*
Bec de l'utricule dépourvu de cils; écailles femelles aiguës, mais non ciliées-dentées 43

43 { Utricules divergents, à la fin réfléchis, à bec recourbé en bas. *C. flava.*
Utricules divariqués, non réfléchis, à bec toujours droit. *C. OEderi.*

44 { Epis femelles verdâtres, les infér. penchés à la maturité; feuilles des fascicules stériles larges . . . . *C. lævigata.*
Epis femelles brunâtres, dressés; feuilles linéaires, étroites. . . . 45

45 { Ecailles femelles à bords scarieux, entiers, aiguës et mutiques au sommet . . . . *C. Hornschuchiana.*
Ecailles femelles à bords scarieux, érodés, obtuses et mucronées au sommet . . . . *C. distans.*

46 { Utricules glabres 47
Utricules velus-hérissés. 51

47 { Epis mâles grêles et linéaires. 48
Epis mâles gros, cylindriques-ellipsoïdes 50

48 { Epi mâle unique ; écailles femelles linéaires-subulées, égalant les
utricules . . . . *C. Pseudo-Cyperus.*
Plusieurs épis mâles ; écailles femelles lancéolées plus courtes que
les utricules 49

49 { Tiges à angles obtus et lisses ; épi femelle infér. à pédoncule
lisse ; utricules vésiculeux-subglobuleux . . . *C. ampullacea.*
Tiges à angles aigus et scabres ; épi femelle infér. à pédoncule
rude ; utricules ovoïdes-coniques. . . . . *C. vesicaria.*

50 { Utricules à faces convexes ; écailles mâles toutes cuspidées-aristées.
C. riparia.
Utricules comprimés ; écailles mâles infér. obtuses. *C. paludosa.*

51 { Feuilles molles, planes ; bractée infér. longuement engaînante ;
écailles femelles d'un vert blanchâtre. . . . . . . *C. hirta.*
Feuilles raides, enroulées-filiformes ; bractée infér. à gaîne presque
nulle ; écailles femelles brunes. . . . . *C. filiformis.*

I. Psyllophora Lois. — *Epi simple, solitaire et terminal, dioïque
ou androgyne.*

1. C. dioica L. — Plante dioïque; souche à rhizomes traçants,
filiformes ; tiges filiformes, arrondies, lisses ; feuilles étroites, canaliculées, lisses, plus courtes que la tige ; utricules bruns, ovoïdes-
comprimés, terminés par un bec court, étalés à la maturité. ♃
mai-juin. — T. R. Marais tourbeux : Sceaux près Château-Landon,
Malesherbes, Varinfroy près Crouy.

2. C. Davalliana Sm. — Plante dioïque ; souche cespiteuse,
dépourvue de rhizomes ; tiges grêles, triquètres, scabres ; feuilles
sétacées, très rudes sur les bords ; utricules bruns, lancéolés-
comprimés, terminés par un bec allongé, étalés ou réfléchis à la
maturité. ♃ avril-mai. — T. R. Marais tourbeux : Chantilly, Silly-la-
Poterie.

3. C. pulicaris L. — Souche cespiteuse; tiges filiformes, arrondies,
lisses ; feuilles enroulées-sétacées, lisses ou un peu scabres ; épi
androgyne, mâle au sommet; utricules bruns, luisants, fusiformes-
comprimés, terminés par un bec court, réfléchis à la maturité. ♃
mai-juin. — A. C. Prés tourbeux.

II. Schelhammeria Mœnch (in gen.). — *Epi terminal, composé,
formé d'épillets androgynes ou gynandres, rapprochés en tête
arrondie et munie à la base de 2-3 bractées foliacées, simulant un
involucre.*

4. C. cyperoides L. — Souche cespiteuse; tiges trigones, lisses;
feuilles linéaires, allongées, carénées, rudes sur les bords; épillets
verdâtres, nombreux, mâles à la base; bractées très longues;

utricules verdâtres, lancéolés-acuminés, terminés par un long bec denticulé. ℣ juill.-sept. — T. R. Étang d'Armainvilliers, où il n'apparaît que dans l'année de la mise en culture de l'étang.

III. **Vignea** P. B. — *Epillets androgynes ou gynandres, réunis en épi composé ou en panicule terminale, dépourvus d'involucre; stigmate 2.*

5. **C. vulpina** L. — Souche cespiteuse; tiges robustes, dressées, triquêtres, à angles aigus et à faces canaliculées; feuilles planes, larges, allongées, scabres; épillets mâles au sommet; écailles femelles ovales-acuminées; utricules ovales-lancéolés, plans-convexes, à 5-7 nervures saillantes, plus longs que les écailles, à la fin étalés en étoile. ℣ mai-juin. — T. C. Prés humides, marais.

6. **C. muricata** L. — Souche cespiteuse; tiges un peu grêles, triquêtres, à angles subaigus et à faces planes; feuilles linéaires, étroites; ligule ovale-lancéolée, à bord antérieur obliquement tronqué, dépassant la naissance du limbe; épillets mâles au sommet et réunis en épi dense ou interrompu à la base; utricules ovales-lancéolés, plans-convexes, subéro-spongieux dans leur moitié infér., divariqués à la maturité. ℣ mai-juin. — T. C. Prés, bois, bords des chemins.
Var. *elongata* Gren.; *C. virens* Auct. (non Lam.); épi grêle, verdâtre, interrompu, à épillets distants.

7. **C. divulsa** Good. — Souche cespiteuse; tiges nombreuses, grêles, penchées au sommet; feuilles molles, étroites; ligule ovale-arrondie, à bord antérieur échancré en courbe arrondie ne dépassant pas la naissance du limbe; épi lâche, ord. interrompu; utricules ovales-lancéolés, plans-convexes, minces et non subéro-spongieux dans leur moitié infér., divariqués à la maturité. ℣ mai-juin. — C. Prés, bois.
Var. *congesta* Gren.; épillets à peine espacés, réunis en épi dense.
Var. *virens* Gen.; épi muni à sa base d'une bractée foliacée aussi longue ou plus longue que lui.

8. **C. paradoxa** Willd. — Souche cespiteuse, munie de fibrilles formées par les débris des anciennes gaînes; tiges triquêtres, à faces convexes; feuilles linéaires, étroites; épillets nombreux, mâles au sommet, réunis en panicule étroite et un peu lâche; utricules ovoïdes, dressés, munis sur les deux faces de nombreuses nervures saillantes, terminés par un bec à base étroite. ℣ mai-juin. — R. Marais: Mennecy, Malesherbes, Nemours, etc.

9. **C. teretiuscula** Good. — Souche oblique, un peu rampante; tiges triquêtres au sommet, à faces convexes; feuilles linéaires, étroites; épillets nombreux, mâles au sommet, réunis en épi dense;

utricules ovoïdes, étalés-dressés, lisses, terminés par un bec à base élargie. ♃ mai-juin. — R. Marais et tourbières : Senlisse, Malesherbes, Nemours, etc.

10. **C. paniculata** L. — Souche cespiteuse, munie de lanières formées par les anciennes gaînes ; tiges robustes, triquètres, à faces planes ou excavées; feuilles linéaires, planes, plus larges que dans l'espèce précédente; épillets nombreux, mâles au sommet, réunis en panicule lâche ou compacte; utricules subtrigones, étalés-dressés, munis de faibles nervures divergentes et terminés par un bec à base élargie. ♃ mai-juin. — C. Marais et tourbières.

11. **C. leporina** L.; *C. ovalis* Good.— Souche cespiteuse, oblique, courte; tiges anguleuses; feuilles linéaires, planes; épillets mâles à la base, réunis en épi dense, ovoïde; utricules dressés, lancéolés, plans-convexes, nervés sur les deux faces, entourés d'une bordure membraneuse, denticulée. ♃ juin-juill. — C. Lieux humides.

Var. *argyroglochin* Kch.; *C. argyroglochin* Horn.; épi grêle, à écailles blanchâtres. — T. R. Forêt de Compiègne.

12. **C. echinata** Murr.; *C. stellulata* Good. — Souche cespiteuse; tiges grêles, subtrigones; feuilles linéaires, étroites, canaliculées; épillets mâles à la base, subglobuleux, formant un épi interrompu; utricules divariqués en étoile à la maturité, ovales-allongés, plans-convexes, lisses sur la face supér., nervés à la face infér., terminés par un long bec à bords finement denticulés. ♃ mai-juin. — A. C. Marais.

13. **C. remota** L. — Souche cespiteuse, oblique; tiges subtrigones, très grêles, penchées au sommet; feuilles molles, étroitement linéaires, pleines, très longues; épillets petits, ovoïdes-oblongs, mâles à la base, formant un épi grêle, allongé et interrompu, muni à la base de bractées foliacées, très longues; utricules dressés, ovoïdes, plans-convexes, munis sur le dos de 5-7 fines nervures, terminés par un bec court. ♃ mai-juin. — A. C. Marais et bois humides.

14. **C. elongata** L.—Souche cespiteuse; tiges triquètres, grêles, très rudes sur les angles; feuilles molles, linéaires, très longues; épillets mâles à la base, subcylindriques, formant un épi lâche, allongé; utricules lancéolés, plans-convexes, multinervés, recourbés en dehors à la maturité, terminés par un bec court. ♃ mai-juin.—R. Bords des étangs: Grand-Moulin près Dampierre, Montfort-l'Amaury, St-Léger, Rambouillet.

15. **C. canescens** L.; *C. curta* Good.—Souche cespiteuse, émettant quelques stolons très courts; tiges grêles, subtrigones; feuilles linéaires, étroites, très allongées; épillets ovoïdes, d'un blanc verdâtre, formant un épi lâche, interrompu; utricules dressés, ovoïdes,

plans-convexes, à bords finement denticulés, dépourvus de bec.
ℐ mai-juin. — R. Marais : Dampierre, Montfort-l'Amaury, Rambouillet.

16. **C. disticha** Huds.—Rhizome longuement rampant ; tiges triquètres, rudes au sommet ; feuilles linéaires, planes, raides ; épillets
ovoïdes, nombreux, les supér. et les infér. femelles, les intermédiaires mâles ou androgynes, formant un épi oblong-cylindrique ;
utricules ovoïdes-allongés, comprimés en dessus, nervés sur los
2 faces, plus longs que les écailles, munis d'une bordure étroite et
terminé par un bec allongé à bords finement denticulés. ℐ mai-juin.
— C. Prés humides.

17. **C. arenaria** L. (Salsepareille d'Allemagne). — Rhizome épais,
longuement rampant, entouré entre les nœuds de longues fibrilles
noirâtres ; tiges dressées, raides, triquètres, scabres supérieurement ; feuilles linéaires, planes ou canaliculées, raides, un peu
étalées ; épillets nombreux, subcylindriques, les infér. femelles, les
intermédiaires mâles au sommet, les supér. entièrement mâles,
formant un épi dense, assez gros, allongé, interrompu à la base ;
utricules ovales-lancéolés, plans-convexes, nervés sur les deux
faces, munis dans leur moitié supér. d'une large bordure membraneuse, finement denticulée et obliquement tronquée à la base,
fortement subéro-spongieux dans leur moitié infér., terminés par
un bec bicuspidé. ℐ juin-juill. — R. Lieux sablonneux : Mortefontaine, Villers-Cotterets, Compiègne, etc.

C. Reichenbachii Ed. Bonn. ; *C. pseudo-arenaria* Rchb. (non Pers.) ;
C. arenaria var *umbrosa* Coss. et Germ. — Rhizome grêle, longuement rampant,
muni aux nœuds de courtes fibrilles ; tiges molles, bien plus grêles et bien plus
longues que dans l'espèce précédente ; feuilles molles, planes, linéaires, étroites, dressées ; épillets fusiformes, mâles au sommet, la plupart monoïques, les infér. mâles à la
base et souv. stériles, formant un épi moins gros et moins dense que dans le *C. arenaria* ; utricules plus allongés et à bec plus longuement atténué que dans l'espèce
précédente. ℐ mai-juin. — T. R, Lieux sablonneux et ombragés de la forêt de
Compiègne.

18. **C. ligerina** Bor. ; *C. ligerica* Gay ; *C. pseudo-arenaria* Coss.
et Germ. (non Rchb. nec Pers.). — Rhizome grêle, longuement
rampant ; tiges grêles, triquètres, rudes supérieurement ; feuilles
linéaires, étroites, planes, longuement acuminées ; épillets fusiformes, d'un jaune roussâtre, dressés, tous androgynes, mâles à la
base, formant un épi oblong, assez compacte ; utricules ovales-
oblongs, plans-convexes, non subéro-spongieux dans leur moitié
infér., entourés d'une étroite bordure membraneuse, finement
dentée. ℐ mai-juin. — T. R. Coteaux sablonneux de Lévy.

19. **C. Schreberi** Schrk.—Rhizome grêle, longuement rampant ;
tiges filiformes, obscurément triquètres, rudes au sommet ; feuilles
étroitement linéaires, courtes, longuement acuminées-subulées ;

épillets ovoïdes, brunâtres, tous androgynes, mâles à la base, formant un épi oblong, assez court; utricules ovales-oblongs, plans-convexes, non subéro-spongieux dans leur moitié infér., munis seulement au sommet d'une membrane très étroite, finement denticulée. ℔ mai-juin. — A. R. Bois sablonneux.

IV. **Jouvella** Ed. Bonn. (1). — *Plusieurs épis de sexe différent, le ou les mâles terminaux, le ou les femelles axillaires; stigmates 3, rar. 2.*

* stigmates 2.

20. **C. vulgaris** Fr.; *C. Goodnoughii* Gay; *C. obesa* All. (non Coss. et Germ.). — Souche grêle, stolonifère, rameuse; tiges dressées, grêles, triquètres, à faces planes, entourées à la base de gaînes entières; feuilles nombreuses, linéaires, planes ou canaliculées; bractée infér. foliacée, plus courte que l'inflorescence; épis dressés, 1-2 mâles, 2-4 femelles, cylindriques, sessiles, verdâtres ou noirâtres; utricules plus longs que les écailles, imbriqués sur 6 rangs, elliptiques, plans-convexes, nervés sur les 2 faces, terminés par un bec court et arrondi. ℔ A. R. mai-juin. — Prés humides, marais et fossés.

21. **C. stricta** Good.; *C. stricta* Gay (non L. nec Good). — Souche cespiteuse, dense, dépourvue de stolons; tiges robustes, dressées, triquètres, à faces canaliculées, entourées à la base de gaînes fibrilleuses; feuilles glaucescentes, linéaires, planes, dressées; bractée infér. foliacée, plus courte que l'inflorescence; épis dressés, 1-2 mâles, 2-3 femelles, sessiles, gros, cylindriques, à écailles noires, à nervure verte; utricules imbriqués sur 8 rangs, ovales-lancéolés, comprimés, nervés, plus longs que les écailles, terminés par un bec court, arrondi et entier. ℔ mai-juin.—C. Marais et étangs.

22. **C. acuta** L. — Souche rampante, stolonifère; tiges triquètres, à faces planes, penchées à l'anthèse, munies à la base de gaînes non fibrilleuses; feuilles larges, planes, molles, penchées-recourbées; bractée infér. foliacée, égalant ou dépassant l'inflorescence; 2-3 épis mâles; 3-5 épis femelles allongés, cylindriques, les infér. pendants; utricules elliptiques, comprimés, convexes et nervés sur les 2 faces, plus court et plus larges que les écailles. ℔ mai-juin. — C. Marais, bords des eaux.

** stigmates 3.

a. Utricules sans bec ou à bec court, cylindrique, tronqué ou bidenté.

1. *Utricules glabres.*

23. **C. glauca** Murr. — Souche rampante, stolonifère; tiges

(1) Les termes *Legitimæ* Kch. et *Eucarices* Godr. sont inexacts, ainsi que l'a prouvé M. Duval-Jouve (*Bull. Soc. Bot. Fr.*, 11, p. 324, en note).

12*

dressées, obscurément trigones; feuilles glauques, linéaires, planes, raides; bractées infér. engaînantes, égalant l'inflorescence; 2-3 épis mâles dressés; 2-3 épis femelles espacés, cylindriques, pédonculés, pendants; utricules ovales-elliptiques, comprimés, convexes et lisses sur les 2 faces, denticulés sur les bords, à peine plus longs que les écailles. ♃ mai-juin. — T. C. Lieux humides.

24. **C. pendula** Huds.; *C. maxima* Scop. — Souche cespiteuse; tiges robustes, dressées, triquètres; feuilles larges, planes, très longues; bractées foliacées, égalant l'inflorescence; épi mâle unique; 3-6 épis femelles compactes, cylindriques-allongés, pendants, le supér. souv. mâle au sommet; utricules petits, elliptiques-lancéolés, subtriquètres, lisses, terminés par un bec scarieux et émarginé. ♃ mai-juin. — R. Bois humides, bords des fossés et des ruisseaux.

25. **C. strigosa** Huds. — Souche rampante, stolonifère; tiges très grêles, obscurément trigones, penchées au sommet; feuilles planes, molles, à nervures prononcées; bractées foliacées, égalant ou dépassant l'inflorescence; un seul épi mâle, linéaire; 3-5 épis femelles linéaires, très lâches, penchés; utricules fusiformes-subtrigones, nervés, à bec tronqué. ♃ juin-juill. — T. R. Forêts de Villers-Cotterets et de Compiègne.

26. **C. pallescens** L. — Souche cespiteuse; tiges, grêles, triquètres, dressées; feuilles linéaires, planes, molles, pubescentes ainsi que les gaînes; bractée infér. engaînante, foliacée, plus longue que l'inflorescence; un seul épi mâle; 2-3 épis femelles ovoïdes, denses, pédonculés, étalés-penchés à la maturité; utricules ovoïdes, renflés, luisants, égalant les écailles, dépourvus de bec. ♃ mai-juin. — C. Bois et prairies humides.

27. **C. panicea** L. — Souche rampante, stolonifère; tiges dressées, lisses, trigones, à faces convexes; feuilles planes, raides, glaucescentes, glabres; bractées engaînantes, foliacées, scarieuses à la base, plus courtes que l'inflorescence; un seul épi mâle dressé; 1-2 épis femelles écartés, cylindriques, un peu lâches, pédonculés dressés ou penchés; utricules ovoïdes, lisses, plus longs que les écailles, terminés par un bec conique et tronqué. ♃ mai-juin. — C. Prairies humides.

28. **C. nitida** Host; *C. obesa.* Coss. et Germ. (non All.) — Souche rampante, stolonifère; tiges triquètres, un peu rudes au sommet; feuilles linéaires, planes-carénées, raides et recourbées en dehors au sommet; bractée infer., foliacée, scarieuse à la base, presque aussi longue que l'inflorescence; épi mâle, unique, oblong; 2-3 épis femelles ovoïdes, denses, dressés; utricules ovoïdes-globuleux, striés, luisants, égalant les écailles, terminés par un bec arrondi et

bidenté. ♃ mai-juin. – T. R. Lieux sablonneux : carrefour du Vert-Galant dans la forêt de Fontainebleau.

2. *Utricules tomenteux ou pubescents.*

29. C. praecox Jacq. — Souche rampante, stolonifère ; tiges grêles, obscurément trigones, dressées ou ascendantes ; feuilles linéaires, planes, raides, courbées-falciformes ; bractée infér. membraneuse, un peu engaînante ; épi mâle unique ; 2-3 épis femelles oblongs, rapprochés, subsessiles, l'infér. brièvement pédonculé ; utricules fauves, piriformes-trigones, pubescents, égalant les écailles, atténués en un bec épais, subémarginé. ♃ avril-juin. — T. C. Prés et pelouses secs.

30. C. tomentosa L. — Souche rampante, stolonifère ; tiges grêles, trigones, dressées ; feuilles linéaires-étroites, molles, glauques en dessous ; bractées non engaînantes, l'infér. foliacée ; épi mâle unique, lancéolé ; 1-3 épis femelles ovoïdes-cylindriques, denses, dressés, sessiles ou l'infér. pédonculé ; utricules blanchâtres, hérissés-tomenteux, subtrigones, dépassant un peu les écailles, à bec subémarginé. ♃ mai-juin. — A. C. Prés et bois.

31. C. polyrrhiza Wallr. ; *C. longifolia* Host. ?—Souche cespiteuse, épaisse ; tiges grêles, dressées, triquètres, entourées à la base de nombreuses fibrilles brunes ; feuilles linéaires-étroites, égalant ou dépassant la tige ; bractée infér. engaînante, foliacée ; épi mâle solitaire ; 1-3 épis femelles ovoïdes-oblongs, rapprochés, sessiles ou un peu pédonculés ; utricules grisâtres, oblongs, subtrigone, atténués aux deux extrémités, égalant les écailles. ♃ mars-mai. — T. R. Bois ombragés : Nemours, Crépy-en-Valois.

32. C. pilulifera L. — Souche cespiteuse ; tiges grêles, triquètres, d'abord dressées, à la fin décombantes ; feuilles planes, linéaires, étroites ; bractée infér. foliacée, non engaînante ; épi mâle unique ; 3-6 épis femelles subglobuleux, sessiles, rapprochés ; écailles femelles, brunes, ovales-acuminées, plus longues que les utricules, terminées par un court mucron ; utricules petits, piriformes, trigones, à bec cylindrique, subémarginé. ♃ avril-mai. — C. Bois et prés secs.

33. C. ericetorum Poll. — Souche rampante, stolonifère ; tiges grêles, dressées, obscurément triquètres, feuilles linéaires, planes, raides, dressées ; bractée infér. membraneuse, courte, non engaînante ; épi mâle solitaire ; 1-3 épis femelles ovoïdes, sessiles, rapprochés ; écailles femelles obovales, obtuses, largement blanches-scarieuses et ciliées sur les bords ; utricules petits, ovoïdes-subtrigones, plus courts que les écailles. ♃ avril-mai.—R. Lieux montueux, prés sablonneux : Fontainebleau, Malesherbes, Nemours, Villers-Cotterets, Compiègne, etc.

34. C. montana L. — Souche cespiteuse, épaisse, oblique; tiges grêles, subtrigones, dressées, à la fin penchées, entourées à la base par les débris des feuilles anciennes; feuilles molles, linéaires, planes, à gaînes purpurines; bractée infér. membraneuse, non engaînante; épi mâle unique; 1-3 épis femelles-ovoïdes, sessiles, rapprochés; écailles femelles obtuses ou émarginées et mucronées; utricules ovoïdes-oblongs, trigones, atténués à la base, plus longs que les écailles. ♃ avril-mai. — T. R. Pentes herbeuses du Mail Henri IV dans la forêt de Fontainebleau.

35. C. humilis Leyss. — Souche cespiteuse, compacte, oblique; tiges très courtes, presque cachées par les feuilles, triquètres, dressées ou ascendantes; feuilles étroites, canaliculées, courbées au sommet, bien plus longues que les tiges; bractées engaînantes, entièrement blanches-membraneuses; épi mâle unique; 2-5 épis femelles 2-3-flores, écartés, presque complètement cachés par les bractées; écailles femelles obtuses-mucronées, largement blanches-scarieuses; utricules obovales-subglobuleux, à 5-7 nervures, égalant les écailles. ♃ mars-avril. — A. R. Coteaux secs, calcaires : Fontainebleau, Malesherbes, Nemours, Villers-Cotterets, etc.

36. C. digitata L. — Souche cespiteuse; tiges grêles, dressées, subtrigones, dépourvues de feuilles, entourées à la base de gaînes d'un rouge-brun; feuilles linéaires, planes, dressées, formant des fascicules latéraux; bractées membraneuses engaînantes; épi mâle unique, grêle; 2-3 épis femelles linéaires, pauciflores, lâches, dressés et espacés; écailles femelles tronquées, mucronulées, brunes, à bordure blanche; utricules oblongs-trigones, uninervés sur 2 faces, égalant les écailles. ♃ avril-mai. — R. Bois ombragés; Fontainebleau, Villers-Cotterets, Compiègne, etc.

b. Utricules à bec allongé, plan-convexe, bidenté ou bicuspidé.

1. *Utricules glabres.*

37. C. silvatica Huds. — Souche cespiteuse; tiges triquètres, dressées ou penchées; feuilles planes, largement linéaires; bractées foliacées, engaînantes, allongées; épi mâle unique, grêle; 3-5 épis femelles linéaires, lâches, écartés, penchés ou pendants, longuement pédonculés; écailles femelles lancéolées-cuspidées; utricules fusiformes-trigones, lisses, dépassant un peu les écailles, à bec étroit, égalant presque l'utricule. ♃ mai-juin. — C. Bois et lieux ombragés.

38. C. depauperata Good. — Souche cespiteuse, épaisse; tiges grêles, dressées, obtusément trigones; feuilles planes, dressées, raides; bractées foliacées, engaînantes, plus courtes que l'inflorescence; épi mâle unique, linéaire; 2-4 épis femelles 5-6-flores, lâches,

espacés, dressés; écailles femelles ovales-lancéolées, acuminées,
à bords scarieux ; utricules assez gros, obovés-renflés, subtrigones,
plus longs que les écailles, munis de nombreuses nervures, terminés
par un bec linéaire, scarieux à l'extrémité. ♃ mai-juin. — R. Bois :
St-Germain, l'Isle-Adam, Compiègne, Fontainebleau, etc.

39. **C. flava** L. — Souche cespiteuse ; tiges grêles, dressées, triquètres ; feuilles linéaires, planes, dressées, d'un vert gai ; bractées
foliacées, un peu engaînantes, étalées ou réfléchies ; épi mâle
unique, linéaire ; 2-3 épis femelles ovoïdes-subglobuleux, denses,
rapprochés, dressés, sessiles ou brièvement pédonculés ; écailles
femelles fauves, ovales-lancéolées, aiguës ; utricules jaunes, obovés-
vésiculeux, étroitement imbriqués, divergents, réfléchis à la maturité,
dépassant longuement les écailles, terminés par un bec scabre, mais
non cilié, à la fin recourbé en bas. ♃ mai-juin. — T. C. Marais,
tourbières et prairies humides.
Var. *lepidocarpa* Gaud. ; *C. lepidocarpa* Tausch ; tiges plus courtes,
souv. rudes au sommet ; épis plus petits, écartés, à écailles femelles
brunes ; utricules de moitié plus petits, à bec presque droit. Avec le
type, mais plus rare.

40. **C. Œderi** Ehrh. ; *C. flava* var. *Œderi* Coss. et Germ. — Souche
émettant toute l'année de nouvelles tiges et de nouveaux fascicules
de feuilles ; tiges de longueur très variable, étalées-dressées, lisses
au sommet ; feuilles d'un vert plus pâle et plus étalées que dans le
précédent ; bractée infér. longuement engaînante ; épis femelles plus
petits que dans le *C. flava*, rapprochés, l'infér. pédonculé, écarté,
placé au milieu ou presque à la base de la tige ; utricules plus petits
que dans le *C. flava*, d'un jaune verdâtre, gonflés-subglobuleux, divariqués mais non réfléchis, brusquement terminés par un bec court,
toujours droit. ♃ Fleurit toute l'année, depuis le mois d'avril
jusqu'aux premiers froids. — A. C. Marais et tourbières.

41. **C. Mairii** Coss. et Germ. — Souche cespiteuse ; tiges grêles,
dressées, obscurément trigones ; feuilles linéaires, planes, raides,
dressées ; bractées foliacées, engaînantes ; épi mâle, unique ; 2-4 épis
femelles ovoïdes-oblongs, compactes, rapprochés, dressés, sessiles,
l'infér. pédonculé ; écailles femelles jaunâtres, ovales-mucronées,
ciliées-denticulées au sommet ; utricules ovales-subvésiculeux,
étalés, plus longs que l'écaille, terminés par un bec droit, bordé de
cils raides. ♃ mai-juin. — A. R. Marais, tourbières, prés humides :
Chaumont-en-Vexin, l'Isle-Adam, Marines, Villers-Cotterets, Malesherbes, etc.

42. **C. Hornschuchiana** Hoppe. — Souche cespiteuse, émettant
de courts stolons ; tiges grêles, triquètres, dressées ; feuilles planes,
linéaires, étroites, d'un vert clair ; bractées foliacées, longuement
engaînantes ; épi mâle unique ; 2-3 épis femelles ovoïdes, compactes,

dressés, espacés, le supér. sessile, les autres brièvement pédonculés; écailles femelles lancéolées-aiguës, brunes avec une bordure blanche-scarieuse; utricules ovoïdes, renflés, dressés, plus longs que les écailles, terminés par un bec denticulé-scabre sur les bords. ♃ mai-juin. A. C. Prairies tourbeuses.

× **C. flavo-Hornschuchiana** A. Br.; *C. fulva* Good.; *C. fulva* var. *sterilis* Coss. et Germ. — Hybride produite par le croisement des *C. flava* et *Hornschuchiana;* diffère de ce dernier dont il a le port et l'aspect, par ses tiges un peu scabres au sommet, par ses feuilles d'un vert jaunâtre, par ses bractées assez longuement engaînantes, par ses utricules jaunâtres, plus renflés que dans le *C. Hornschuchiana,* ne renfermant pas d'achaine. ♃ mai-juin. — A. R. Avec les parents.

43. **C. distans** L. — Souche cespiteuse, oblique, courte, rameuse; tiges trigones, raides, dressées; feuilles d'un vert glauques, planes, raides, un peu étalées; bractées foliacées, longuement engaînantes; épi mâle unique; 2-4 épis femelles ovoïdes ou oblongs, dressés, tous pédonculés, très espacés; écailles femelles fauves, ovales, obtuses-mucronées, munies d'une bordure scarieuse, érodée-subdenticulée; utricules ovoïdes-subtrigones, nervés sur les 2 faces, dressés, plus longs que les écailles, terminés par un bec court, à bords denticulés. ♃ mai-juin. — C. Marécages, prairies humides.

44. **C. lævigata** Sm.; *C. biligularis* DC. — Souche cespiteuse; tiges grêles, obtusément trigones, dressées ou penchées; feuilles planes, linéaires-lancéolées, assez larges, munies de 2 ligules, l'une adnée au limbe, l'autre libre, oppositifoliée; bractées engaînantes, foliacées; épi mâle unique, linéaire; 2-4 épis femelles cylindriques, denses, écartés, pédonculés, dressés, l'infér. penché à la maturité; écailles femelles fauves, lancéolées-mucronées; utricules ovales, convexes et fortement nervés sur les deux faces, plus longs que les écailles, terminés par un bec assez long. ♃ mai-juin. — R. Prairies humides, marais : Gambaiseuil, St-Léger, Villers-Cotterets, etc.

45. **C. Pseudo-Cyperus** L. — Souche cespiteuse; tiges robustes, triquètres, à angles aigus et scabres; feuilles planes, larges, dressées, plus longues que la tige; bractées foliacées, à peine engaînantes, dépassant beaucoup l'inflorescence; épi mâle unique, linéaire; 3-5 épis femelles cylindriques, rapprochés au sommet de la tige, pédonculés, pendants; écailles vertes, linéaires-subulées; utricules ovales-lancéolés, convexes surtout en dessous, étalés-divariqués, égalant les écailles, terminés par un bec long et grêle. ♃ juin-juill. — A. C. Marais et étangs.

46. **C. ampullacea** Good. — Souche rampante, stolonifère; tiges robustes, dressées, trigones, à angles obtus et lisses; feuilles glauques, étroites, canaliculées, égalant ou dépassant la tige; bractées

foliacées, non engaînantes; 2-3 épis mâles, grêles; 2-3 épis femelles, cylindriques, denses, assez gros, espacés, dressés ou penchés, l'infér. pédonculé, à pédoncule lisse; écailles femelles fauves, lancéolées; utricules vésiculeux-subglobuleux, divariqués, plus longs que les écailles, terminés par un bec étroit, profondément bifide. ⹮ mai-juin. — A. C. Marais, bords des ruisseaux.

47. **C. vesicaria** L. — Souche à rhizomes rampants; tiges robustes, dressées, à angles aigus et scabres; feuilles d'un vert gai, larges, planes, égalant ou dépassant la tige; bractées foliacées, non engaînantes; 2-3 épis mâles sublinéaires; 2-3 épis femelles cylindriques, denses, assez gros, espacés, dressés, l'infér. pédonculé et penché, à pédoncule rude; écailles femelles brunâtres, lancéolées-aiguës; utricules ovoïdes-coniques, renflés, dressés, plus longs que les écailles, à bec bicuspidé. ⹮ mai-juin. — C. Étangs, marais, bords des eaux.

48. **C. paludosa** Good. — Souche à rhizomes longuement rampants; tiges assez robustes, dressées, triquètres à angles aigus et rudes; feuilles glaucescentes, linéaires-acuminées, planes, dressées; bractées foliacées, non engaînantes; 3-4 épis mâles oblongs, gros, rapprochés, à écailles brunes, les infér. obtuses; 2-3 épis femelles cylindriques, compactes, dressés, espacés; écailles femelles brunes, lancéolées-aiguës; utricules oblongs, subtrigones, comprimés, étalés-dressés, plus larges que les écailles, terminés par un bec court émarginé. ⹮ mai-juin. — T. C. Marais, étangs.

Var. *Kochiana* Gaud.; *C. Kochiana* DC.; écailles femelles longuement cuspidées, plus longues que les utricules.

49. **C. riparia** Curt. — Souche stolonifère, longuement rampante; tiges épaisses, dressées, triquètres avec 2 angles aigus et rudes; feuilles planes, larges, dressées, glaucescentes à la face infér.; bractées non engaînantes, foliacées; 3-5 épis mâles, oblongs, assez gros, à écailles acuminées-aristées; 3-4 épis femelles cylindriques, compactes, espacés, l'infér. pédonculé, à écailles lancéolées longuement cuspidées; utricules ovoïdes-coniques, renflés, étalés-dressés, égalant ou dépassant l'écaille, terminés par un long bec cuspidé. ⹮ mai-juin. — T. C. Marais, bords des eaux.

2. *Utricules velus-hérissés.*

50. **C. filiformis** L. — Souche à rhizomes longuement rampants; tiges grêles, raides, dressés, obtusément trigones, entourées à la base de gaînes aphylles; feuilles glabres, raides, dressées, enroulées-filiformes; bractée infér. non engaînante, foliacée, égalant ou dépassant l'inflorescence; 1-2 épis mâles grêles; 2-3 épis femelles cylindriques, dressés, espacés, l'infér. pédonculé; écailles femelles lancéolées, cuspidées-aristées; utricules ovoïdes-allongés, bicon-

vexes, dressés, plus longs que les écailles, terminés par un bec
bicuspidé. ℥ mai-juin. — R. Marais: St-Léger, Rambouillet, Malesherbes, Sceaux près Château-Landon, etc.

51. C. hirta L. — Souche à rhizomes longuement rampants ; tiges
dressées, triquêtres, lisses ; feuilles planes, molles, velues, ainsi
que les gaînes ; bractée infér. foliacée, longuement engaînante,
dépassant l'inflorescence ; 2-3 épis mâles rapprochés, à écailles jaunâtres et pubescentes ; 2-3 épis femelles oblongs, espacés, dressés,
à écailles d'un vert blanchâtre, ovales, cuspidées-aristées ; utricules
assez gros, ovoïdes, renflés, nervés, dressés, plus longs que les
écailles, terminés par un bec profondément bifide. ℥ mai-juin. — T.
C. Lieux humides.

Var. *glabra* Gaud.; *C. hirtæformis* Pers.; feuilles et gaînes glabres.

ESPÈCES EXCLUES.

Carex sicyocarpa Lebel, déformation des *C. præcox, muricata,
vulpina* et autres, due à la présence d'une larve dans les utricules
de ces diverses espèces ; *C. Bastardiana* DC., déformation du
C. pilulifera L. par une cryptogame (*Ustilago urceolorum* Tul.) ; *C.
patula* Host, d'après la figure de Host et les échantillons que j'ai re-
çus d'Autriche, ne me paraît qu'une forme allongée du *Œderi* Ehrh.;
C. microstachya Ehrh., indiqué dans la forêt de Rambouillet, où il
n'en a été trouvé qu'un seul individu, n'a plus été revu dans cette
localité ; *C. hordeistichos* Vill., a disparu des localités où il existait
autrefois.

CIX. GRAMINÉES Juss.

Herbes annuelles ou vivaces. Tige (*chaume*) arrondie, fistuleuse,
noueuse. Feuilles alternes, composées d'un limbe étroit, à nervures
parallèles et d'une gaîne fendue, embrassant la tige dans une grande
étendue ; gaîne munie à sa partie supér. d'un appendice membraneux *(ligule)* Fleurs hermaphrodites ou unisexuées, disposées en
épillets, ceux-ci composés d'une ou plusieurs fleurs comprises entre
deux bractées *(glumes)* qui peuvent manquer quelquefois ; chaque
fleur est enveloppée de deux écailles *(glumelles)* opposées, inégales,
dont l'une est insérée plus bas que l'autre. Périanthe nul ou formé
de 2-3 petites écailles *(glumellules)* membraneuses ou charnues.
Étamines 3, rar. 2 ou 6, à filets capillaires et à anthères biloculaires
dorsifixes et oscillantes, ord. incombantes, s'ouvrant en long. Ovaire
supère, uniloculaire, uniovulé ; stigmates 2, rar. 1 ou 3, ord. plumeux. Fruit sec *(caryopse)* indéhiscent, monosperme, à péricarpe
mince ; albumen farineux, très épais, latéral par rapport à l'embryon.

<table>
<tr><td>1</td><td>Epillets monoïques, les mâles en panicule rameuse, terminale, les femelles en épis cylindriques, axillaires, enveloppés de bractées foliacées . . . . Mays (1).
Epillets tous hermaphrodites, ou épillets mâles et femelles non réunis en épis unixués . . . . 2</td></tr>
<tr><td>2</td><td>Epillets disposés dans des excavations du rachis 54
Epillets jamais disposés dans des excavations du rachis . . . . 3</td></tr>
<tr><td>3</td><td>Epillets disposés en épis linéaires, formant au sommet de la tige une panicule digitée 4
Epillets disposés en épi, en thyrse ou en panicule jamais digités . 6</td></tr>
<tr><td>4</td><td>Epillets entourés à la base de longs poils soyeux. Andropogon (15).
Epillets glabres ou seulement ciliés . . . . 5</td></tr>
<tr><td>5</td><td>Racine fibreuse; épillets biflores; glumes très inégales, l'infér. très petite ou nulle . . . . Digitaria (13).
Racine longuement rampante; épillets uniflores; glumes presque égales . . . . Cynodon (14).</td></tr>
<tr><td>6</td><td>Epillets sessiles ou très brièvement pédicellés, disposés en épi dense, en thyrse ou en panicule spiciforme 7
Epillets nettement pédicellés ou disposés en panicule rameuse . . 19</td></tr>
<tr><td>7</td><td>Une seule fleur dans chaque épillet, accompagnée ou non d'une seconde fleur rudimentaire 8
Deux ou plusieurs fleurs dans chaque épillet . . . . 11</td></tr>
<tr><td>8</td><td>Deux glumelles. 9
Glumelle unique, aristée au-dessus de la base. . Alopecurus (8).</td></tr>
<tr><td>9</td><td>Glumes plus courtes que la fleur ou l'égalant. . . Crypsis (6).
Glumes plus longues que la fleur . . . . 10</td></tr>
<tr><td>10</td><td>Epillets disposés en épi cylindrique, serré. . . . Phleum (7).
Epillets en épi linéaire; plante très petite . . . . Mibora (5).</td></tr>
<tr><td>11</td><td>Une seule fleur fertile dans chaque épillet, accompagnée de 1-2 fleurs stériles 12
Deux ou plusieurs fleurs fertiles dans chaque épillet. . . . . 14</td></tr>
<tr><td>12</td><td>Une fleur fertile accompagnée de 2 fleurs stériles dans chaque épillet; ceux-ci réunis en panicule spiciforme. Anthoxanthum (4).
Une fleur fertile accompagnée d'une seule fleur stérile dans chaque épillet. . . . . 13</td></tr>
<tr><td>13</td><td>Fleurs entourées à la base de soies rudes, exsertes. Setaria (11).
Glumelle de la fleur stérile hérissée d'épines crochues.
                                              Tragus (10).</td></tr>
<tr><td>14</td><td>Epillets fertiles entremêlés d'épillets stériles simulant une bractée pinnatipartite. . . . . Cynosurus (41).
Tous les épillets fertiles ou les stériles non bractéiformes . . . 15</td></tr>
<tr><td>15</td><td>Glumelles glabres. 16
Glumelle infér. bordée de longs poils soyeux. . . Melica (56).</td></tr>
<tr><td>16</td><td>Glumelle infér. terminée par une arête assez longue qui naît de la nervure médiane. . . . . Vulpia (42).
Glumelle infér. entière, dentée ou mucronée au sommet, mutique ou très brièvement aristée . . . . 17</td></tr>
<tr><td>17</td><td>Glumelle infér. entière au sommet. 18
Glumelle infér. terminée par 3 dents mucronées . Sesleria (9).</td></tr>
</table>

18 {
Glume infér. 1-nervée ; épillets disposés et grappe spiciforme, rameuse. . . . . *Kœleria* (30).
Glume infér. 3-nervée ; épillets en panicule spiciforme distique.
                                             Festuca (43).
}

19 {
Une seule fleur dans chaque épillet accompagnée ou non de 1-2 fleurs rudimentaires 20
Deux ou plusieurs fleurs dans chaque épillet 26
}

26 {
Epillets dépourvus de glumes. . . . . *Leersia* (2).
Epillets munis de 2 glumes 21
}

21 {
Glumelle infér. longuement poilue à la base. *Calamagrostis* (17).
Glumelle infér. glabre ou brièvement barbue 22
}

22 {
Glumelle infér. brièvement barbue. 23
Glumelle infér. non barbue. 24
}

23 {
Glumes peu inégales, plus longues que la fleur . *Agrostis* (18).
Glumes très inégales, l'infér. plus petite et plus courte que la fleur.
                                             Apera (19).
}

24 {
Glumelle infér. terminée par une arête plumeuse, longue de plus de 10 cent. . . . . *Stipa* (20).
Glumelle infér. mutique. 25
}

25 {
Glumes comprimées-carénées, plus longues que la fleur ; caryopse libre. . . . . *Baldingera* (3).
Glumes arrondies sur le dos, égalant la fleur; caryopse étroitement enveloppé par les glumelles . . . . *Milium* (21).
}

26 {
Une seule fleur fertile dans chaque épillet, accompagnée d'une fleur stérile 27
Deux ou plusieurs fleurs fertiles dans chaque épillet. 29
}

27 {
Glumelle de la fleur stérile couverte d'épines crochues. *Tragus* (10).
Glumelle non épineuse 28
}

28 {
Fleur supér. mâle, l'infér. hermaphrodite. . . . *Holcus* (29).
Fleur supér. hermaphrodite, l'infér. mâle . . *Echinochloa* (12).
}

29 {
Fleurs entourées à la base de longs poils soyeux. *Phragmites* (16).
Fleurs non entourées à la base de poils soyeux. 30
}

30 {
Glumelle infér. aristée 31
Glumelle infér. mutique. 44
}

31 {
Glumelle infér. bifide, bicuspidée ou dentée au sommet. . . . 32
Glumelle infér. entière ou seulement émarginée 39
}

32 {
Arête genouillée et souv. tordue à la base 33
Arête droite, non tordue à la base 34
}

33 {
Glumes presque égales, aussi longues ou plus longues que les fleurs 36
Glumes très inégales, ord. plus courtes que les fleurs. . . . 38
}

34 {
Caryopse libre, plan-convexe, non appendiculé. *Sieglingia* (40).
Caryopse adhérent aux glumelles, courbé en gouttière, appendiculé. 35
}

35 {
Glumelle infér. fusiforme-subulée, carénée sur le dos, la supér. bidentée . . . . *Bromus* (44).
Glumelle infér. demi-cylindrique, arrondie sur le dos, la supér. presque entière. . . . . *Serrafalcus* (45).
}

36 { Glumes inégales; caryopse velu. . . . . *Avena* (26).
     Glumes égales; caryopse glabre 37

37 { Glumelle infér. bifide ; caryopse sillonné, adhérent aux glumelles.
                                                    Aira (24).
     Glumelle infér. tronquée ; caryopse libre, non canaliculé.
                                                    Deschampsia (25).

38 { Caryopse velu au sommet, comprimé par le dos, canaliculé.
                                                    Arrhenatherum (27).
     Caryopse glabre, comprimé latéralement, non canaliculé.
                                                    Trisetum (28).

39 { Arête épaissie au sommet, articulée et munie d'un anneau de
       poils . . . . *Weingærtneria* (23).
     Arête non épaissie au sommet, ni articulée 40

40 { Glumelle infér. carénée, mucronée-cuspidée; épillets rapprochés
       en fascicules compactes, tournés du même côté. *Dactylis* (38).
     Glumelle infér. demi-cylindrique, à nervure médiane prolongée en
       arête courte . . . . *Festuca* (43).

41 { Glumes égales aux fleurs ou plus longues 42
     Glumes plus courtes que les fleurs. 44

42 { Glumelles inégales, l'infér. entière, scarieuse au sommet ; caryopse
       sillonné. . . . . *Melica* (36).
     Glumelles égales ; caryopse non sillonné. 43

43 { Glumelle infér. arrondie sur le dos, trifide ; épillets en grappe
       spiciforme. . . . . *Sieglingia* (40).
     Glumelle infér. carénée, subtrilobée, scarieuse; panicule diva-
       riquée . . . . *Antinoria* (22).

44 { Glumelle infér. arrondie sur le dos. 45
     Glumelle infér. carénée. 48

45 { Glumelle infér. très aiguë . . . . *Festuca* (43).
     Glumelle infér. obtuse ou tronquée 46

46 { Glumelle infér. ventrue, en cœur à la base; épillets en cœur,
       penchés, tremblotants . . . . *Briza* (35).
     Glumelle infér. non ventrue ; épillets étalés ou dressés 47

47 { Glumelle infér. 5-7-nervée, la supér. bidentée. . *Glyceria* (32).
     Glumelle infér. 3-nervée, la supér. obtuse . . . *Molinia* (39).

48 { Caryopse courbé en gouttière, canaliculé, adhérent aux glumelles.
                                                    Scleropoa (37).
     Caryopse libre, non courbé en gouttière ni canaliculé 49

49 { Ligule remplacée par des faisceaux de poils rayonnants.
                                                    Eragrostris (34).
     Ligule plus ou moins courte, jamais remplacée par des faisceaux
       de poils 50

50 { Glumelle infér. tronquée-érodée, la supér. tronquée ou émar-
       ginée ; caryopse obové. . . . . *Catabrosa* (31).
     Glumelle infér. aiguë, la supér. bifide ; caryopse oblong-triquètre.
                                                    Poa (33).

51 { Epillets réunis par 2-3 dans les excavations du rachis. 52
     Epillets solitaires dans les excavations du rachis 53

52 { Epillets ternés, uniflores, avec le rudiment d'une seconde fleur. Hordeum (46).
{ Epillets bi-pluriflores, géminés ou ternés. . . . Elymus (47).

53 { Epillets dépourvus de glumes . . . . Nardus (55).
{ Epillets munis de glumes. 54

54 { Epillets munis d'une glume unique, le supér. seul en possédant
{ deux . . . . Lolium (52).
{ Deux glumes à chaque épillet 55

55 { Epillets réunis en épi compacte 56
{ Epillets en épi distique ou unilatéral. 57

56 { Epillets biflores, avec le rudiment d'une troisième fleur ; caryopse
{ appendiculé au sommet. . . . . Secale (48).
{ Epillets renfermant 3-5 fleurs ; caryopse non appendiculé.
{ Triticum (49).

57 { Epillets nettement sessiles 58
{ Epillets brièvement pédicellés 59

58 { Glumes presque égales ; glumelle infér. demi-cylindrique, mutique
{ ou munie d'une arête droite. . . . . . Agropyrum (50).
{ Glumes très inégales ; glumelle infér. comprimée, munie d'une
{ arête genouillée . . . . Gaudinia (53).

59 { Glumelle supér. arrondie au sommet ; caryopse appendiculé.
{ Brachypodium (51).
{ Glumelle supér. bidentée ; caryopse non appendiculé.
{ Nardurus (54).

**§ I. Épis unisexués et dissemblables, les mâles terminaux,
les femelles axillaires.**

1. MAYS Tourn.; *Zea* L. — Epillets mâles biflores, en panicule
terminale ; épillets femelles uniflores, en épis axillaires enveloppés de
plusieurs bractées foliacées ; style 1, filiforme, très long ; caryopse
lisse, subglobuleux-réniforme.

1. M. Zea Gærtn.; *Zea Mays* L. (Blé de Turquie). — Tige de 1-2
mètres, robuste, dressée ; feuilles larges et planes ; caryopses, contigus, jaunes, luisants, portés sur un gros axe cylindrique et charnu.
⊙ juin-sept. — Communément cultivé ; probablement originaire de
la Nouvelle-Grenade.

**§ II. Épis ou inflorescence hermaphrodites ou polygames, conformes,
jamais unisexués.**

1. *Épillets non disposés dans des excavations du rachis.*

*** Fleurs fermées pendant l'anthèse.**

2. LEERSIA Soland. — Epillets uniflores, comprimés latéralement, disposés en panicule lâche, rameuse ; glumes nulles ; glumelles
égales, mutiques ; caryopse oblong, comprimé latéralement, non
canaliculé.

1. L. oryzoïdes Sw. —Tiges rampantes inférieurement, dressées, à nœuds velus; feuilles et gaînes rudes; panicule lâche, à rameaux filiformes, flexueux, étalés; glumelles fortement ciliées sur les bords et les nervures; épillets très caducs à la maturité. ♃ août-sept. — A. R. Lieux humides, bords des eaux : Jouy, Sartrouville, Villers-Cotterets, Beauvais, Nemours, etc.

3. BALDINGERA Fl. d. Wett. —Epillets comprimés latéralement, disposés en panicule rameuse; glumes égales, carénées, non ailées, contenant 1 fleur hermaphrodite, accompagnée à sa base de 2 fleurs rudimentaires en forme d'écailles; glumelles égales, entières et mutiques; caryopse oblong, comprimé latéralement, non caniculé.

1. B. arundinacea Dumort.; *Phalaris* L. — Racines rampantes; tiges robustes, élevées; feuilles larges, rudes sur les bords; épillets panachés de vert et de violet. ♃ juin-juill. — T. C. Bords des eaux.

4. ANTHOXANTHUM L. (Flouve). — Epillets comprimés latéralement, disposés en thyrse spiciforme dense, chaque épillet composé d'une fleur supér. hermaphrodite et de 2 fleurs infér. réduites à une écaille pubescente, aristée; glumes carénées, très inégales, l'infér. plus petite; glumelles membraneuses, mutiques; caryopse ovale, comprimé latéralement, non caniculé.

1. A. odoratum L. (F. odorante). — Plante cespiteuse, odorante; tiges dressées; feuilles planes, ord. glabres; glumelles poilues, l'infér. munie d'une arête droite, la supér. portant près de sa base une arête longue et genouillée. ♃ mai-juin. — T. C. Bois, pâturages, prairies.

5. MIBORA Adans. — Epillets uniflores, solitaires, disposés en épi filiforme; glumes presque égales, plus longues que la fleur, tronquées au sommet; glumelles membraneuses, mutiques; caryopse obové, chagriné, comprimé latéralement, non caniculé.

1. M. minima Desv.; *Agrostis* L.; *Chamagrostis* Borkh. — Plante très petite, formant de larges touffes; tiges capillaires, feuillées seulement à la base; feuilles obtuses, linéaires-canaliculées; épillets violacés. ⊙ mars-avril. — T. C. Lieux sablonneux-siliceux.

6. CRYPSIS Ait. — Epillets uniflores, comprimés latéralement, réunis en épi dense; glumes égales ou plus courtes que la fleur; glumelles membraneuses, mutiques; caryopse ovale, comprimé latéralement, non caniculé.

1. C. alopecuroides Schrad. — Chaumes inégaux, genouillés, étalés en cercle; feuilles glauques, planes, acuminées; épi cylindrique, obtus au sommet, atténué à la base, d'un brun noirâtre.

⊙ août-sept.—R. Bords des étangs et des rivières : Port à l'Anglais, étang de St-Quentin et de Trou-Salé.

7. **PHLEUM** L. (Phléole). — Épillets uniflores, quelquefois biflores, l'une des fleurs étant alors rudimentaire, comprimés latéralement, disposés en épi compacte ; glumes égales, mucronées, bien plus longues que la fleur ; glumelles mutiques ; caryopse oblong, comprimé latéralement, non canaliculé.

1 { Glumes ciliées sur la carène **2**
{ Glumes ponctuées, tuberculeuses, non ciliées. . . . . *P. viride.*

2 { Plante annuelle . . . . *P. arenarium.*
{ Plante vivace. **3**

3 { Épillets uniflores. . . . . *P. pratense.*
{ Épillets contenant 2 fleurs, l'une rudimentaire . . *P. Bœhmeri.*

1. **P. pratense** L. — Rhizome rampant ; épi cylindrique, allongé obtus ; épillets uniflores ; glumes longuement ciliées sur la carène, tronquées, terminées par une arête courte. ♃ Juin-juill. — T. C. Prés, bois, coteaux.

Var. *bulbosum* Gaud. ; rhizome noueux-tuberculeux, épi court. — Lieux secs.

2. **P. Bœhmeri** Wib. —Épi cylindrique, atténué aux deux extrémités ; épillets contenant deux fleurs, l'une rudimentaire ; glumes tronquées, terminées par une arête courte, ponctuées-tuberculeuses, brièvement ciliées sur la carène. ♃ Juin-juill. — C. Coteaux arides, bords des chemins.

3. **P. viride** All. ; *P. asperum* Jacq. — Épi cylindrique, atténué au sommet ; épillets contenant deux fleurs, l'une rudimentaire ; glumes brusquement contractées au sommet en un court mucron, ponctuées-tuberculeuses, à carène non ciliée. ⊙ avril-mai. —T. R. Coteaux calcaires : Beauvais.

4. **P. arenarium** L. — Épi atténué aux deux extrémités ; épillets contenant deux fleurs, l'une rudimentaire ; glumes lancéolées, aiguës, non ponctuées-tuberculeuses, longuement ciliées sur la carène. ⊙ mai-juin. — A. R. Lieux sablonneux : bois des Champious près Argenteuil, Conflans-Ste-Honorine, Fleurines.

8. **ALOPECURUS** L. (Vulpin). — Épillets uniflores, comprimés latéralement, réunis en épi dense ; glumes presque égales comprimées-carénées, plus ou moins réunies à la base ; glumelle unique, aristée au-dessus de la base ; caryopse ovale, comprimé latéralement, non canaliculé.

1 { Glumes réunies dans leur moitié infér. **2**
{ Glumes très brièvement réunies à la base. **3**

2 { Plante vivace; rameaux de l'épi portant 4-6 épillets. *A. pratensis.*
  { Plante annuelle; rameaux de l'épi portant 1-2 épillets. *A. agrestis.*

3 { Glumelle aiguë, aristée; arête plus longue que les glumes.
  {   *A. geniculatus.*
  { Glumelle obtuse, aristée; arête ne dépassant pas les glumes.
  {   *A. fulvus.*

1. **A. pratensis** L. — Souche épaisse, stolonifère; chaumes dressés; gaîne de la feuille supér. renflée; épis obtus; épillets réunis par 4-6 sur des rameaux courts; glumes réunies dans leur moitié inférieure, longuement ciliées sur la carène; glumelle aristée; arête saillante. ♃ mai-juin. — T. C. Prairies, pâturages, lieux humides.

2. **A. agrestis** L. — Racine fibreuse; tiges grêles; gaîne cylindrique; épi atténué aux deux extrémités; épillets réunis par 1-2 sur des rameaux courts; glumes réunies dans leur moitié infér., brièvement ciliées sur la carène; glumelle aristée; arête saillante. ⊙ juin-juill. — T. C. Lieux cultivés, champs.

3. **A. geniculatus** L. — Racine fibreuse; chaumes genouillés, couchés à la base; gaîne cylindrique; épi obtus; épillets ovales-oblongs; glumes à peine réunies à la base, ciliées sur la carène; glumelle aiguë, aristée; arête longuement saillante. ⊙ mai-août. — T. C. Bords des eaux, lieux humides.

4. **A. fulvus** Sm. — Racine fibreuse; chaumes grêles, genouillés, couchés à la base; gaîne cylindrique; épi aminci au sommet; épillets elliptiques; glumes à peine réunies à la base, ciliées sur la carène; glumelle obtuse, aristée; arête incluse ou à peine saillante; anthères orangées. ⊙ mai-août. — R. Lieux humides, bords des eaux: Meudon.

9. **SESLERIA** Ard. —Épillets comprimés latéralement, sessiles, disposés en épi dense; 2-6 fleurs hermaphrodites dans chaque épillet; glumes presque égales, carénées, aiguës; glumelle infér. terminée au sommet par 3-5 dents mucronées ou légèrement aristées; caryopse convexe sur le dos, déprimé à la face interne, velu au sommet.

1. **S. cœrulea** Ard. — Plante gazonnante; chaumes dressés; feuilles linéaires, planes, obtuses, un peu scabres; épi oblong, luisant, bleuâtre; épillets infér. munis d'une bractée ovale, mucronée, amplexicaule. ♃ mars-avril. - C. Sur les coteaux calcaires: Fontainebleau, Moret, Dreux, Beauvais, Mantes, les Andelys, etc.

10. **TRAGUS** Hall. (Bardanette). — Épillets comprimés par le dos, pédicellés, réunis en panicule spiciforme; 2 fleurs dans chaque épillet, la supér. hermaphrodite, l'infér. neutre; glume unique (supér.), très petite; glumelle de la fleur neutre unique, coriace,

couverte sur le dos de 5-7 rangs d'épines; glumelles de la fleur hermaphrodite, lisses; caryopse convexe sur les deux faces, non caniculé.

1. **T. racemosus** Hall.; *Cenchrus* L.; *Lappago* Willd. — Chaumes nombreux, diffus, rameux; feuilles courtes, rudes, ciliées; épillets à la fin très étalés. ☉ juin-juill. — A. R. Champs et lieux sablonneux-siliceux : Fontainebleau, Malesherbes, Herblay, Conflans-Ste-Honorine, etc.

11. **SETARIA** P. B. — Épillets comprimés par le dos, entourés à la base de plusieurs soies scabres, réunis en épi dense; 2 fleurs dans chaque épillet, la supér. hermaphrodite, l'infér. mâle ou neutre; glumes inégales, mutiques; glumelles presque égales, coriaces, rugueuses, l'infér. mutique ou aristée; caryopse ovale, comprimé par le dos.

1 { Epi rude lorsqu'on le fait glisser entre les doigts. *S. verticillata.*
{ Epi lisse. . . . .

2 { Feuilles longuement ciliées à la base; soies fauves. . *S. glauca.*
{ Feuilles glabres ou à peu près à la base; soies vertes. *S. viridis.*

1. **S. verticillata** P. B. — Chaumes rameux; épi cylindrique, interrompu à la base; soies à denticules dirigées en bas; glumes membraneuses, la supér. égalant la fleur; glumelle infér. finement striée longitudinalement. ☉ juill.-août. — T. C. Lieux cultivés.

2. **S. viridis** P. B. — Chaumes rar. rameux; épi cylindrique, dense, à axe pubescent; soies à denticules dirigées en haut; épillets plus petits que dans le S. *verticillata*; glumes membraneuses, la supér. égalant la fleur; glumelle infér. lisse. ☉ juill.-août. — T. C. Lieux cultivés.

3. **S. glauca** P. B. — Chaumes robustes; feuilles larges, longuement ciliées à la base; épi dense, jaunâtre; soies fauves, à denticules dirigées en haut; glumes membraneuses, la supér. plus courte que la fleur; glumelle infér. fortement ridée en travers. ☉ juill.-août. — A. R. Champs sablonneux.

12. **ECHINOCHLOA** P. B. (Pied de coq.) — Épillets comprimés par le dos, brièvement pédonculés, disposés en épis unilatéraux formant par leur réunion une panicule; 2 fleurs dans chaque épillet, la supér. hermaphrodite, l'infér. mâle ou neutre; glumes très inégales, la supér. mucronée ou aristée; glumelles de la fleur supér. cartilagineuses; glumelle infér. de la fleur stérile, mucronée ou aristée; caryopse comprimé par le dos, plan sur la face antérieure.

1. **E. Crus-Galli** P. B.; *Panicum* L., *Oplismenus* Kunth. — Chaumes robustes, dressés; articulations de la panicule munies de nom-

breux poils sétiformes; épillets hispides; glumelle infér. de la fleur
stérile, mucronée. ⊙ juill.-août. — C. Lieux cultivés.

Var. *aristata* Rchb ; glumelle infér. de la fleur stérile longuement
aristée. Avec le type.

13. **DIGITARIA** Scop. — Épillets comprimés par le dos, brièvement pédonculés, réunis en épis filiformes unilatéraux formant une
panicule digitée; glumes très inégales, l'infér. très petite ou nulle,
la supér. mutique; fleur infér. à une seule glumelle mutique; caryopse convexe sur le dos, muni d'une dépression à la face interne.
(Le reste comme dans le genre précédent.)

1. **D. sanguinalis** Scop ; *Panicum* L. — Chaumes nombreux, étalés en cercle, ascendants; feuilles et gaînes velues; 3-8 épis; épillets
lancéolés-oblongs; glume supérieure de moitié plus courte que
l'épillet. ⊙ juill.-oct. — T. C. Lieux cultivés.

2. **D. glabra** Retz.; *D. filiformis* Kœl. ; *Panicum glabrum* Gaud.
— Chaumes plus nombreux que dans le *D. sanguinalis*, étalés, couchés; feuilles et gaînes glabres; 2-4 épis plus grêles et plus courts;
épillets elliptiques; glume supérieure égalant à peu près l'épillet.
⊙ juill.-oct. — A. C. Lieux et champs sablonneux.

14. **CYNODON** Rich. (Chiendent.) — Épillets uniflores avec le
rudiment d'une seconde fleur, comprimés latéralement et réunis en
épis linéaires, unilatéraux, formant une panicule digitée; glumes
presque égales, carénées, mutiques; glumelles égales , l'infér. unicarénée, mutique, la supér. bicarénée bidentée; caryopse oblong,
comprimé latéralement, non canaliculé.

1. **C. Dactylon** Rich. — Rhizome longuement rampant; tiges
genouillées à la base; feuilles glauques, velues-ciliées; 3-7 épis
digités. ♃ juill.-août. — Champs et lieux incultes, sablonneux.

** Fleurs étalées pendant l'anthèse.

15. **ANDROPOGON** L. (Barbon.) — Épillets comprimés par le
dos, géminés, l'un sessile renfermant 2 fleurs, la supér. hermaphrodite et l'infér. réduite à une écaille, l'autre pédicellé mâle ou neutre;
épillets réunis en épis linéaires formant une panicule digitée; glumes presque égales; glumelle supér. de la fleur hermaphrodite longuement aristée, à arête genouillée; caryopse oblong comprimé par
le dos, non canaliculé.

1. **A. Ischæmum** L. (B. Pied de poule). — Plante cespiteuse; souche rampante; feuilles glauques, poilues ; épis 3-10; rachis et pédicelles des fleurs stériles longuement velus. ♃ juill.-août. — A. R.
Coteaux secs et calcaires.

16. PHRAGMITES Trin. — Épillets comprimés latéralement, réunis en panicule rameuse, diffuse; 3-7 fleurs dans chaque épillet, l'infér. mâle et nue à la base, les autres hermaphrodites, entourées de longs poils à la base; glumes inégales, carénées, plus courtes que les fleurs; glumelle infér. subulée, entière, mutique; styles allongés; caryopse très petit, subfusiforme, non canaliculé.

1. **P. communis** Trin.; *Arundo Phragmites* L. (Roseau à balais.) — Rhizome longuement rampant; chaumes raides, dressés; feuilles larges, d'un vert glauque; panicule violacée, très fournie, à la fin penchée; 4-6 fleurs dans chaque épillet. ♃ août-sept. — T. C. Bords des eaux.

17. CALAMAGROSTIS Adans. — Épillets comprimés latéralement, uniflores, ou avec le rudiment d'une deuxième fleur, réunis en panicule rameuse; fleur entourée à la base de poils aussi longs ou plus longs qu'elle; glumes carénées presque égales, bien plus longues que la fleur; glumelles inégales, l'infér. carénée, tronquée ou dentée au sommet, munie sur le dos d'une arête droite; caryopse linéaire-oblong, comprimé par le dos et légèrement canaliculé à la face interne.

1. **C. Epigeios** Roth. — Chaumes dressés, rudes au sommet et feuillés très haut; feuilles glauques, fermes; panicule compacte, à rameaux fasciculés; glumelle infér. de moitié plus courte que la glume, munie vers le milieu du dos d'une arête droite; poils aussi longs que les glumes. ♃ juill.-août. — T. C. Bois et coteaux sablonneux.

2. **C. lanceolata** Roth. — Chaumes dressés, longuement nus et lisses au sommet; feuilles un peu velues, moins fermes que dans le *C. Epigeios;* panicule lâche à rameaux étalés; glumelle infér. d'un tiers plus courte que la glume, portant dans l'échancrure une arête courte; poils plus courts que les glumes. ♃ juill.-août.—T. R. Lieux humides : Montlignon, marais de Sceaux près Château-Landon.

18. AGROSTIS L. — Épillets uniflores, comprimés latéralement, réunis en panicule rameuse; glumes carénées, inégales, plus longues que la fleur; glumelles inégales, membraneuses, l'infér. carénée, tronquée et dentée au sommet, mutique ou aristée, la supér. très petite ou nulle; étamines 1-3; styles très courts; caryopse fusiforme, légèrement canaliculé à la face interne.

1 { Glumelle supér. nulle ou très petite; feuilles radicales enroulées-sétacées; ligule oblongue; axe et rameaux rudes . *A. canina.*
{ Deux glumelles; feuilles radicales planes; axe et rameaux lisses. . 2

2 { Ligule oblongue; panicule étroite, contractée, à rameaux pourvus de fleurs jusqu'à la base. . . . . *A. alba.*
{ Ligule courte, tronquée; panicule large, étalée, à rameaux nus à la base . . . . *A. vulgaris.*

1. A. alba L. — Panicule ovale-oblongue, très rameuse, contractée après la floraison; rameaux grêles, pourvus de fleurs jusqu'à la base; feuilles courtes, toutes planes; ligule oblongue. ♃ juin-sept. T. C. Champs, bois, bords des chemins.

Var. *gigantea* Mey.; chaumes robustes; panicule grande, compacte, verdâtre. Prés.

Var. *prorepens* Kch.; tiges moins élevées; stolons nombreux, longuement rampants; panicule d'un violet foncé. Avec le type.

2. A. vulgaris With.; *A. stolonifera* L. (pro part.)—Panicule ovoïde, étalée même après la floraison; rameaux capillaires nus à la base; feuilles planes, longuement acuminées; ligule courte, tronquée. ♃ juin-sept. — T. C. Prés, bois, bords des chemins. L'*A. pumila* L. est une forme naine de cette espèce, dont tous les ovaires sont attaqués par une Urédinée, le *Tilletia sphærococca* Fisch. de Waldh.

3. A. canina L. — Chaumes genouillés ou radicants à la base; panicule ovoïde, diffuse; axe et rameaux rudes; feuilles radicales enroulées-sétacées; ligule oblongue; glumelle supér. nulle ou très petite, glumelle infér. aristée, très rar. mutique. ♃ juin-août. — C. Prairies, lieux humides.

Var. *mutica* Gaud.; *A. varians* Thuill.; glumelle infér. mutique. R. Franchart dans la forêt de Fontainebleau.

19. APERA Adans. — Épillets uniflores avec le rudiment d'une seconde fleur; glumelle infér. plus courte que la supér.; glumelles 2, l'infér. munie au-dessous de son sommet d'une arête 4 fois plus longue que l'épillet. (Le reste comme dans le genre *Agrostis*.)

1. A. Spica-venti P. B.; *Agrostis* L. (Épi du vent).—Épillets très petits, disposés en panicule ample, à rameaux étalés horizontalement; feuilles planes; ligule allongée et frangée; glumelle infér. aiguë, munie au-dessous de son sommet d'une arête droite ou flexueuse; anthères linéaires-oblongues. ☉ juin-juill. — C. Champs et terrains sablonneux.

2. A. interrupta P. B.; *Agrostis* L.—Panicule étroite, contractée, lobée, atténuée au sommet, à rameaux dressés; feuilles planes; ligule lancéolée; anthères ovales-orbiculaires. ☉ juin-juill. — A. R. Champs et terrains arides, vieux murs.

20. STIPA L. — Épillets uniflores, réunis en panicule; fleur stipitée; glumes presque égales, plus longues que la fleur, atténuées en un long acumen canaliculé; glumelle infér. coriace, cylindrique, enroulée et enveloppant la supér., terminée à son sommet par une longue arête articulée et tordue dans sa partie infér.; anthères barbues au sommet; caryopse subcylindrique, comprimé latéralement, légèrement canaliculé à la face interne.

1. S. pennata L. —Feuilles glauques, enroulées; panicule pauciflore; glumes 2 fois plus longues que la fleur; glumelle infér. munie inférieurement de 5 lignes poilues et terminée par une arête de 20-30 cent., plumeuse dans ses trois quarts supérieurs. ♃ juill.-août. — R. Coteaux secs : Fontainebleau , Maisse, Malesherbes, les Andelys.

21. MILIUM Tourn. (Millet.) — Épillets comprimés par le dos, uniflores, réunis en panicule rameuse, étalée; fleur sessile; glumes égales, concaves, mutiques; glumelles coriaces, mutiques, l'infér. luisante ovale, arrondie sur le dos, la supér. concave, émarginée; caryopse ovale, comprimé par le dos.

1. M. effusum L. — Souche stolonifère; tiges élevées, glabres; ligule lancéolée; panicule lâche, pyramidale, à rameaux scabres, étalés, puis réfléchis; épillets ovoïdes, obtus, verdâtres ou violacés. ♃ mai-juill. — C. Bois et lieux frais.

22. ANTINORIA Parl. — Épillets petits, comprimés latéralement, réunis en panicule lâche; 2 fleurs fertiles dans chaque épillet, l'une sessile, l'autre stipitée; glumes carénées, presque égales, plus longues que les fleurs; glumelle infér. carénée, trinervée, subtrilobée, mutique; caryopse obové-piriforme, convexe sur la face externe, plan sur la face interne, étroitement enveloppé par les glumelles.

1. A. agrostidea Parl.; *Airopsis* DC. — Souche stolonifère; chaumes grêles, radicants à la base; feuilles glabres, planes, marquées de sillons onduleux et scabres; panicule ovale à rameaux capillaires étalés; glumes glabres, luisantes, panachées de vert et de violet. ♃ juin-juill. — T. R. Mares de Franchart dans la forêt de Fontainebleau.

23. WEINGÆRTNERIA Bernh.; *Corynephorus* P. B.—Épillets comprimés latéralement, réunis en panicule rameuse; 2 fleurs dans chaque épillet, l'infér. sessile, la supér. pédicellée; glumes carénées, presque égales, plus longues que les fleurs; glumelle infér. aiguë, entière, munie sur le dos d'une arête droite, articulée au milieu, renflée en massue au sommet et barbue au niveau de l'articulation; caryopse oblong-obtus, légèrement sillonné à la face interne, étroitement enveloppé par les glumelles.

1. W. canescens Bernh.; *Aira* L.; *Corynephorus* P. B. — Plante formant des touffes compactes; feuilles enroulées-sétacées; panicule spiciforme, dressée, contractée; épillets panachés de blanc et de violet, puis tout à fait blancs. ♃ juill.-août. — C. Coteaux et lieux sablonneux.

24. AIRA L. (Canche.) — Plantes annuelles; épillets comprimés, latéralement, disposés en panicule rameuse; 2 fleurs hermaphrodites et sessiles dans chaque épillet; glumes presque égales, plus longues que les fleurs; glumelle infér. bifide, aristée sur le dos; caryopse fusiforme, légèrement sillonné sur la face interne, adhérent aux glumelles.

1. **A. præcox** L. — Plante très petite; chaumes fasciculés, dressés; panicule thyrsoïde, dense, contractée, à rameaux dressés; épillets d'un blanc jaunâtre; glumes scarieuses, aiguës; arête longuement exserte. ⊙ avril-mai. — C. Clairières, champs sablonneux.

2. **A. caryophyllea** L. — Panicule diffuse à rameaux subtrichotomes, étalés après la floraison; épillets panachés de jaune et de violet; glumes scarieuses, aiguës, brièvement acuminées; arête exserte. ⊙ juin-juill. — C. Lieux secs et sablonneux.

25. **DESCHAMPSIA** P. B — Plantes vivaces; épillets comprimés latéralement, disposés en panicule rameuse; 2 fleurs dans chaque épillet avec le rudiment pédicelliforme d'une troisième, rar. 3 fleurs hermaphrodites, l'infér. sessile, les autres stipitées; glumes presque égales, à peu près de la longueur des fleurs; glumelle infér. tronquée, 3-5 dentée au sommet, munie sur le dos d'une arête tordue inférieurement, rar. mutique; caryopse glabre, fusiforme, non caniculé.

1 { Arête droite, incluse ou subincluse. 2
{ Arête genouillée, longuement exserte. 3

2 { Feuilles vertes et planes; arête insérée à la base de la glumelle. *D. cæspitosa.*
{ Feuilles glauques, enroulées-sétacées; arête insérée dans la moitié supér. de la glumelle . . . . *D. media.*

3 { Ligule courte, tronquée; fleur supér. 4 fois plus longue que son pédicelle . . . . *D. flexuosa.*
{ Ligule allongée, aiguë; fleur supér. 2 fois plus longue que son pédicelle. . . . . *D. discolor.*

1. **D. cæspitosa** P. B.; *Aira* L. — Plante cespiteuse; feuilles vertes, dressées, planes; ligule oblongue; panicule grande, très rameuse, à rameaux munis d'épillets dans une grande partie de leur longueur; épillets plus longs que leur pédicelle, panachés de vert et de violet; arête droite insérée dans la moitié infér. de la glumelle. ♃ juin-juill. — T. C. Bois et prairies.

Var. *vivipara;* épillets tous ou presque tous vivipares. A. R. Lieux humides: Bougival, Ecouen, Champigny, Nemours, etc.

Var. *parviflora; Aira parviflora* Thuill.; tiges moins élevées, plus grêles; épillets de moitié plus petits que dans le type. T. R. Bois: St-Léger.

2. **D. media** R. et S.; *Aira* Gouan. — Tiges fasciculées; feuilles

glauques, enroulées-sétacées; ligule allongée, lacérée; panicule très étalée, à rameaux longuement nus inférieurement; épillets égalant leur pédicelle ou un peu plus longs; arête droite insérée dans la moitié supér. de la glumelle, qui quelquefois est mutique. ♃ juin-juillet. — T. R. Champs secs, et calcaires à la Genevraye où il est assez abondant.

3. **D. flexuosa** Nees; *Aira* L. — Feuilles radicales, fasciculées, glauques, enroulées-sétacées; ligule oblongue, obtuse; panicule penchée à rameaux flexueux; épillets plus courts que leur pédicelle; fleur supér. 4 fois plus longue que son pédoncule; arête genouillée, exserte. ♃ juin-août. — T. C. Bois.

4. **D. discolor** R. et S.; *Aira* Thuill. — Feuilles radicales glauques, sétacées ou planes, très étroites; ligule oblongue, aiguë; panicule dressée, à rameaux à peine flexueux; épillets plus longs que leur pédicelle; fleur supér. 2 fois plus longue que son pédoncule; arête genouillée, exserte. ♃ juin-juill. — R. Marais et lieux humides : Montfort-l'Amaury, le Chêne-Rogneux, St-Léger.

26. **AVENA** Tourn. (Avoine.) — Épillets d'abord cylindriques, puis comprimés, bi-multiflores, disposés en panicule rameuse; glumes inégales, carénées; fleur supér. ord. rudimentaire; glumelle infér. coriace, arrondie sur le dos, bifide ou bicuspidée au sommet, munie, au moins dans les fleurs infér., d'une longue arête dorsale; caryopse fusiforme, velu au sommet, muni d'un sillon étroit, enveloppé par la glumelle infér.

1	Plantes annuelles; épillets pendants	2
	Plantes vivaces; épillets dressés.	4
2	Axe de l'épillet et glumelle infér. glabres ou à peu près.	3
	Axe velu dans toute sa longueur; glumelle poilue dans sa moitié infér. . . . . ***A. fatua.***	
3	Panicule à rameaux étalés en tous sens; arête tordue-genouillée. ***A. sativa.***	
	Panicule unilatérale; arête droite ou seulement flexueuse. ***A. orientalis.***	
4	Panicule à rameaux infér. géminées ou solitaires; axe de l'épillet brièvement barbu sous les fleurs . . . . ***A. pratensis.***	
	Panicule à rameaux infér. verticillés par 4-5; axe de l'épillet longuement barbu dans toute son étendue. . . ***A. pubescens.***	

1. **A. sativa** L. — Panicule grande, étalée en tous sens; épillets pendants, biflores; glumes plus longues que les fleurs; axe de l'épillet muni de quelques poils courts à la base de la fleur infér., glabre dans le reste de sa longueur; glumelle infér. glabre et lisse, munie sur le dos d'une arête genouillée-tordue. ⊙ juin-août. — T. C. Cult.

2. **A. orientalis** Schreb. (Avoine de Hongrie.) — Panicule con-

tractée, unilatérale; épillets pendants, biflores, à axe glabre; glumes plus longues que les fleurs; glumelle infér. glabre, munie sur le dos d'une arête droite ou un peu flexueuse, quelquefois mutique. ⊙ juill.-août. — A. R. Cultivé.

3. **A. fatua** L. (Folle Avoine.) — Panicule grande, étalée en tous sens, épillets pendants, 2-3-flores; glumes plus longues que les fleurs; axe velu dans toute sa longueur; glumelle infér. couverte dans sa moitié infér. de poils jaunâtres, munie sur le dos d'une arête genouillée-tordue. ⊙ juill.-août. — C. Moissons.

4. **A. pubescens** L. — Panicule contractée, peu rameuse, à rameaux infér. réunis par 4-5; feuilles planes, velues ainsi que les gaînes; épillets dressés, à 3-4 fleurs de la longueur des glumes; axe très velu dans toute sa longueur, mais d'un seul côté; glumelle infér. glabre, munie d'une arête dorsale, genouillée-tordue. ♃ mai-juin. — C. Coteaux, prés, bois secs et sablonneux.

5. **A. pratensis** L. — Panicule spiciforme, contractée; rameaux infér. géminés; feuilles un peu enroulées, glabres ainsi que les gaînes; épillets dressés à 4-5 fleurs plus longues que les glumes; axe velu seulement sous les fleurs; glumelle infér. glabre, munie d'une arête dorsale genouillée-tordue. ♃ juin-juill. — A. C. Coteaux, pâturages, bois secs et sablonneux.

27. **ARRHENATHERUM** P. B. — Épillets un peu comprimés latéralement, réunis en panicule rameuse; 2 rar. 3 fleurs dans chaque épillet, l'infér. mâle; glumes carénées très inégales; glumelle infér. bifide, arrondie sur le dos, munie à sa base ou en son milieu, dans la fleur infér., d'une arête genouillée-tordue; caryopse elliptique, velu au sommet, canaliculé.

1. **A. elatius** M. et K.; *Avena elatior* L. (Fromental.) — Chaumes dressés; feuilles planes, à gaînes glabres; ligule courte, ciliée; panicule penchée; épillets dressés, luisants, d'un vert blanchâtre; arête de la fleur mâle longuement exserte. ♃ mai-juin. — T. C. Prés, bois.

Var. *bulbosum* Gaud.; *Avena precatoria* Thuill.; collet de la racine renflé en 2-3 tubercules superposés. C. Champs et lieux secs.

28. **TRISETUM** Pers. — Épillets d'abord cylindriques, puis comprimés, disposés en panicule rameuse; 2-6 fleurs dans chaque épillet, la supér. souv. rudimentaire; glumes carénées, inégales, plus courtes que les fleurs; glumelle infér. carénée, bicuspidée au sommet, munie d'une arête dorsale droite ou genouillée-tordue; caryopse oblong, glabre, comprimé latéralement, non canaliculé.

1. **T. flavescens** P. B.; *Avena* L. — Souche stolonifère; chaumes dressés; feuilles planes, à gaînes pubescentes; panicule dressée ou

un peu penchée; épillets luisants, jaunâtres, rar. panachés de blanc
et de violet, à axe barbu sous les fleurs; arête longement exserte.
♃ juin-juill. — C. Prés, bois.

29. **HOLCUS** L. (Houque). — Épillets comprimés latéralement,
disposés en panicule rameuse; 2 fleurs dans chaque épillet, l'infér.
hermaphrodite et mutique, la supér. mâle et aristée; glumes carénées, presque égales; glumelle infér. obtuse, carénée, munie au-
dessous de son sommet dans la fleur mâle, rar. dans la fleur hermaphrodite, d'une arête droite ou genouillée; caryopse oblong, convexe
sur les 2 faces , non canaliculé.

1. **H. lanatus** L. — Plante cespiteuse; souche fibreuse; chaumes
velus sur les nœuds; feuilles mollement pubescentes, ainsi que les
gaînes; glume supér. à nervures latérales plus rapprochées des
bords que de la nervure médiane; arête incluse, courbée en crochet
et plus courte que la glumelle. ♃ juin-août.—T. C. Prés, bords des
chemins.

2. **H. mollis** L. — Plante non cespiteuse; souche rampante;
feuilles d'abord pubescentes, puis glabres; glume supér., à nervures latérales, plus rapprochée de la médiane que des bords;
arête exserte, droite ou genouillée, non courbée en crochet et plus
longue que la glumelle. ♃ juill.-août. — C. Prés, bois.

30. **KOELERIA** Pers. — Épillets comprimés latéralement , disposés en thyrse spiciforme ou rameux; 2-5 fleurs dans chaque
épillet; glumes carénées, inégales; glumelle infér. carénée, entière
ou bidentée, mutique ou aristée; arête droite, sétacée; styles très
courts; caryopse oblong, plan sur les deux faces, non canaliculé.

1. **K. cristata** Pers.; *Aira* L.; *Poa* Host. — Plante cespiteuse;
chaumes longuement nus au sommet, entourés à la base par les
gaînes entières des anciennes feuilles , celles-ci raides, planes, pubescentes, ainsi que les gaînes; thyrse spiciforme large, interrompu
et lobé à la base. ♃ juin-juill. — R. Coteaux calcaires.

Var. *gracilis* Kch.; *K. gracilis* Pers.; chaumes plus grêles;
feuilles très étroites; thyrse linéaire, serré, allongé, non lobé et à
peine interrompu à la base. — T. C. Champs et bois surtout siliceux.

2. **K. valesiaca** Gaud.; *Aira* All. — Plante cespiteuse; chaumes
entourés à la base par un réseau de filaments provenant des anciennes gaînes; feuilles planes ou enroulées, glabres, ainsi que les
gaînes; thyrse spiciforme, dense, cylindrique; glumes glabres,
scabres seulement sur la carène. ♃ juin-juill. — R. Coteaux calcaires : Épisy, Souppes.

31. **CATABROSA** P. B. — Épillets comprimés latéralement,
disposés en panicule rameuse; 2 fleurs hermaphrodites dans chaque

épillet, l'infér. sessile, la supér. stipitée; glumes inégales, membraneuses, concaves, plus courtes que les fleurs; glumelle infér. carénée mutique, tronquée ou arrondie au sommet; caryopse convexe sur les deux faces, non canaliculé, surmonté par la base des styles.

1. **C. aquatica** P. B.; *Aira* L. — Plante aquatique; souche rampante, stolonifère, souv. nageante; chaumes dressés; feuilles courtes, planes, obtuses, glabres; épillets petits, verdâtres ou violacés. ♃ juin-juill. — A. C. Lieux marécageux, bords des eaux.

32. **GLYCERIA** R. Br. — Épillets d'abord cylindriques, puis un un peu comprimés latéralement, disposés en grappe rameuse ou spiciforme; 3-11 fleurs hermaphrodites dans chaque épillet; glumes très inégales, plus courtes que les fleurs; glumelle infér. convexe sur le dos, entière ou dentée au sommet, à 5-7 nervures; caryopse oblong, plan sur une face, convexe sur l'autre, avec ou sans sillon.

1	Tiges robustes; épillets assez gros; 3 étamines	2
	Tiges grêles; épillets petits; 2 étamines . . . . . *G. nervata.*	
2	Tiges couchées, radicantes à la base; panicule subunilatérale . .	3
	Tiges très robustes, dressées; panicule très fournie, étalée en tous sens. . . . . *G. aquatica.*	
3	Panicule à rameaux infér. géminés ou solitaires; glumelle infér. presque aiguë . . . . *G. fluitans.*	
	Panicule à rameaux infér. disposés par 4-5; glumelle infér. arrondie au sommet . . . . *G. plicata.*	

1. **G. fluitans** R. Br; *Festuca* L. — Tiges couchées-radicantes; jeunes feuilles simplement pliées; panicule subunilatérale, très étalée pendant l'anthèse, à rameaux infér. géminés; épillets comprimés; glumes très inégales, obovales, obtusiuscules; glumelle infér. subaiguë. ♃ juin.-juil. — T. C. Lieux aquatiques.

2. **G. plicata** Fr. — Tiges brièvement couchées à la base; jeunes feuilles plusieurs fois pliées; panicule subunilatérale, dressée pendant l'anthèse, à rameaux infér. disposés par 4-5; épillets presque cylindriques; glumes très inégales ovales, arrondies au sommet; glumelle infér. arrondie au sommet. ♃ juin-juill. — T. R. Lieux aquatiques : Arcueil.

3. **G. aquatica** Wahl.; *Poa* L. — Tiges très robustes, dressées, un peu comprimées; feuilles fermes, planes, brusquement terminées en pointe fine; gaînes finement striées, portant deux taches jaunes au sommet; panicule très grande, très fournie, à rameaux étalés en tous sens; épillets linéaires-oblongs, un peu comprimés; glumes un peu inégales, ovales, obtuses. ♃ juill.-août. — T. C. Bords des eaux, lieux marécageux.

4. **G. nervata** Trin.; *Poa* Willd. — Tiges grêles, dressées, un peu anguleuses ; feuilles molles, planes, linéaires ; panicule lâche, grêle, à rameaux géminés ou ternés, dirigés en tous sens ; épillets petits, ovales, comprimés ; glumelle infér. obtuse, à 7 nervures très prononcées ; étamines 2. ♃ mai-juin. — Originaire de l'Amérique du Nord, naturalisé depuis plus de 30 ans dans le bois de Meudon.

33. **POA** L. (Paturin). — Épillets comprimés latéralement, 2-multiflores, disposés en panicule rameuse ; glumes herbacées, peu inégales, plus courtes que les fleurs ; glumelle infér. carénée, entière, mutique ; style court ; caryopse oblong-trigone, un peu déprimé, non canaliculé à la face interne.

1 { Plante annuelle, rar. bisannuelle ; tiges de moins de 30 cent. *P. annua.*
  { Plante vivace ; tiges de plus de 30 cent. 2

2 { Souche cespiteuse ou à peine traçante 4
  { Souche à rhizomes longuement traçants. 3

3 { Tiges cylindriques ; glumelle infér. aiguë, à nervures saillantes. *P. pratensis.*
  { Tiges comprimées ; glumelle infér. obtuse, à nervures à peine distinctes . . . . *P. compressa.*

4 { Chaumes bulbeux à la base ; panicule à rameaux infér. solitaires ou géminés. . . . . *P. bulbosa.*
  { Chaumes non bulbeux ; panicule à rameaux infér. disposés par 4-6. 5

5 { Gaîne de la feuille supér. plus courte que le limbe ; ligule presque nulle . . . . *P. nemoralis.*
  { Gaîne de la feuille supér. plus longue que le limbe ; ligule oblongue 6

6 { Glumelle infér. à nervures à peine saillantes . . . *P. palustris.*
  { Glumelle infér. à 5 nervures saillantes. . . . . . . *P. trivialis.*

1. **P. annua** L.—Souche fibreuse, sans stolons ; chaumes dressés, glabres, comprimés ; feuilles planes, linéaires, aiguës, molles, d'un vert gai ; ligule oblongue ; panicule lâche, à rameaux infér. solitaires ou géminés ; épillets à 3-7 fleurs. ☉, ②, avril-oct.—T. C. Murs, bords des chemins, lieux cultivés.

2. **P. bulbosa** L.—Plante cespiteuse ; chaumes renflés en bulbe à la base ; feuilles linéaires ; ligule oblongue, aiguë ; panicule contractée, à rameaux scabres, solitaires ou géminés ; épillets à 4-6 fleurs réunies à leur base par des poils entrelacés. ♃ mai-juin. —T. C. Pelouses et coteaux secs, vieux murs.

Var. *vivipara* Rchb ; panicule plus lâche ; épillets vivipares. — T. C. Avec le type.

3. **P. nemoralis** L. — Plante très cespiteuse ; chaumes grêles, dressés ; feuilles linéaires, aiguës, planes ; gaîne de la feuille supér.

plus courte que le limbe; ligule presque nulle; panicule à rameaux
infér. étalés, disposés par 4-5; épillets à 2-7 fleurs; glumes 3-nervées.
♃ juin-juillet.—T. C. Bois.

Var. *firmula* Gaud.; plante d'un vert gai; chaumes raides; gaînes
glabre; panicules dressées; épillets à 3-5 fleurs.— C. avec le type.

4. **P. palustris** L.; *P. serotina* Ehrh.; *P. fertilis* Host·—Souche
fibreuse; chaumes grêles, dressés, rameux; feuilles étroites, planes;
gaînes de la feuille supér. plus longue que le limbe; ligule allongée;
panicule grande, étalée, diffuse; épillets à 3-4 fleurs réunies par des
poils; glumelle infér. obtuse, à nervures à peine saillantes. ♃ juin-
juill. — R. Étangs, lieux aquatiques: Meudon, étang de St-Quentin
près Trappes, Le Perray, Tournan.

5. **P. trivialis** L.—Racine fibreuse; chaumes dressés; feuilles
planes, atténuées en pointe; gaîne de la feuille supér. plus longue
que le limbe; ligule oblongue, aiguë; panicule pyramidale, à
rameaux scabres, les infér. quinés; épillets à 3-4 fleurs, poilues à
la base; glumelle infér. aiguë, à 5 nervures saillantes. ♃ juin-juill.
—T. C. Prés, lieux humides.

6. **P. pratensis** L —Souche à stolons allongés écailleux; chaumes
dressés, cylindriques; feuilles linéaires, aiguës; gaîne de la feuille
supérieure plus longue que le limbe; ligule courte, tronquée; panicule oblongue, étalée, un peu compacte; épillets à 3-5 fleurs; glumelle infér. à 5 nervures saillantes. ♃ juin-juill. — T. C. Prés,
bords des chemins.

Var. *angustifolia* Sm.; feuilles radicales très étroites, enroulées-
sétacées. — A. C. Lieux secs, avec le type.

7. **P. compressa** L. — Souche à stolons allongés, écailleux;
chaumes genouillés-ascendants, comprimés, ancipités; feuilles
courtes, planes; ligule très courte, tronquée; panicule compacte,
contractée, à rameaux inférieurs géminés ou ternés; épillets à 5-9
fleurs; glumelle inférieure obtuse, à nervures à peine distinctes.
♃ juin-juill. — C. Vieux murs, lieux arides.

34. **ERAGROSTIS** P. B. — Épillets comprimés latéralement,
3-multiflores, disposés en panicule très rameuse; ligule remplacée
par des faisceaux de poils rayonnants; glumes membraneuses, carénées, plus courtes que les fleurs; glumelle infér. ventrue, carénée,
obtuse, mutique; caryopse ovoïde ou globuleux, non sillonné,
légèrement déprimé à la face interne.

1. **E. major** Host; *E. vulgaris* Coss. et Germ. — Chaumes nombreux, genouillés-ascendants; feuilles planes, glanduleuses sur les
bords; gaînes glabres; panicule à rameaux étalés, solitaires ou
géminés; épillets linéaires, oblongs, à 6-25 fleurs étroitement im-

briquées. ⊙ juin-sept. — A. R. Lieux cultivés, sablonneux : Le Vésinet, Montlhéry, Fontainebleau, etc.

35. **BRIZA** L. - Epillets comprimés latéralement, 3-multiflores, disposés en panicule lâche et rameuse ; glumes presque égales, membraneuses, concaves, plus courtes que les fleurs ; glumelle infér. ventrue, non carénée, obtuse, mutique ; caryopse non sillonné, convexe d'un côté, concave de l'autre, adhérent à la glumelle supér.

1. **B. media** L. (Amourette). — Chaumes dressés, nus au sommet ; feuilles planes, lancéolées ; ligule courte, tronquée ; panicule lâche, dressée, à rameaux longuement nus ; épillets pendants, ovales, un peu en cœur, à 5-9 fleurs étroitement imbriquées. ⟂ juin-juill. — T. C. Prés, lieux herbeux.

36. **MELICA** L. — Épillets ovoïdes, puis comprimés latéralement, réunis en thyrse spiciforme ou en panicule ; 2-4 fleurs dans chaque épillet, les 2 infér. hermaphrodites, les supér. rudimentaires ; glumes inégales, membraneuses, presque égales aux fleurs ; glumelle infér. entière, cartilagineuse, mutique, arrondie sur le dos ; caryopse elliptique, muni d'un sillon longitudinal sur la face interne.

1 { Thyrse spiciforme compacte ; glumelle infér. longuement poilue. *M. ciliata.*
{ Panicule lâche ; glumelle infér. glabre. 2

2 { Epillets pendants, 3-flores, à 2 fleurs fertiles. . . . *M. nutans.*
{ Epillets dressés, 2-flores, à 1 fleur fertile. . . . . *M. uniflora.*

1. **M. ciliata** L.; *M. nebrodensis* Auct. mult. (non Parl.). — Plante cespiteuse ; chaumes grêles, dressés ; feuilles raides, glauques, enroulées-sétacées ; gaînes striées ; ligule oblongue ; épillets étalés, réunis en thyrse spiciforme, cylindrique ; glumelle infér. couverte de longs poils soyeux. ⟂ mai-juill. — A. R. Coteaux calcaires, vieux murs : de Mantes aux Andelys.

2. **M. nutans** L. — Souche émettant des stolons longuement rampants ; chaumes grêles, dressés ; feuilles planes ; ligule très courte, arrondie ; panicule à rameaux courts, contractée, unilatérale, dressée puis penchée ; épillets panachés de violet et de blanc, pendants, à 3 fleurs, la supér. stérile. ⟂ mai-juin. — R. Forêt de Halatte, de Coye, de Compiègne.

3. **M. uniflora** Retz. — Plante grêle ; feuilles planes ; ligule lancéolée, acuminée, opposée à la feuille ; panicule très lâche, dressée, à rameaux allongés, nus à la base ; épillets petits, dressés à 2 fleurs dont une seule fertile. ⟂ mai-juin. — C. Bois.

37 **SCLEROPOA** Griseb. — Épillets comprimés latéralement, à 5-11 fleurs, disposées en panicule subunilatérale ; glumes herbacées,

carénées, presque égales, plus courtes que les fleurs; glumelle infér. carénée, entière ou émarginée, mutique ou mucronulée; caryopse oblong, courbé en gouttière, canaliculé.

1. **S. rigida** Griseb.; *Poa* L.; *Festuca* Knth. — Plante glabre, glaucescente; chaumes dressés, rameux; feuilles linéaires, à la fin enroulées; ligule lacérée; panicule oblongue, raide, serrée, subunilatérale; épillets oblongs, dressés, verdâtres; glumelle infér. souv. mucronulée. ⊙ mai-juill. — A. C. Lieux incultes, vieux murs.

38. **DACTYLIS** L. — Épillets comprimés latéralement, disposés en panicule rameuse, unilatérale; 3-5 fleurs dans chaque épillet; glumes inégales, carénées, mucronées, inéquilatères, plus courtes que les fleurs; glumelle infér. carénée, entière ou émarginée, mucronée, aristée, la supér. bicarénée, ciliée sur les carènes; styles courts; caryopse oblong, subtrigone, comprimé, canaliculé à la face interne.

1. **D. glomerata** L. — Souche cespiteuse; chaumes dressés ou ascendants; feuilles linéaires; gaînes comprimées; ligule allongée, acuminée; épillets réunis en fascicules compactes et tournés du même côté; glumelle infér. 5-nervée, scabre-ciliée. ♃ mai-juill. — T. C. Prés, bords des chemins.

39. **MOLINIA** Schrk. — Épillets cylindriques, puis comprimés latéralement, disposés en panicule rameuse; 2-5 fleurs hermaphrodites dans chaque épillet; glumes inégales, membraneuses, plus courtes que les fleurs; glumelle infér. entière, obtuse, convexe sur le dos, mutique; caryopse oblong-cylindrique, muni d'un sillon à la face interne.

1. **M. cœrulea** Mœnch; *Aira* L.; *Festuca* DC. — Souche cespiteuse; chaumes de 50 cent. à 1 mètre, raides, dressés, longuement nus; feuilles raides, planes, très allongées, acuminées; ligule nulle; panicule allongée, étroite, dressée, contractée, à rameaux filiformes, flexueux; épillets petits, renfermant 2-4 fleurs, la supér. stérile. ♃ juill.-sept. — T. C. Prés, bois.

40. **SIEGLINGIA** Bernh.; *Danthonia* DC. — Épillets cylindriques, puis comprimés latéralement, disposés en grappe spiciforme; 2-6 fleurs dans chaque épillet, la supér rudimentaire; glumes égales, un peu ventrues, aussi longues que les fleurs; glumelle infér. convexe sur le dos, bifide et aristée ou trifide et mutique; caryopse ovale, plan-convexe.

1. **S. decumbens** Bernh.; *Triodia* P. B.; *Danthonia* DC. — Chaumes décombants puis redressés pendant l'anthèse; feuilles linéaires planes, acuminées; grappe spiciforme, contractée, à épillets peu

nombreux, assez longuement pédonculés. ♃ juin-juill. — C. Pelouses et clairières des bois.

41. **CYNOSURUS** L. (Crételle). — Épillets comprimés latéralement, réunis en thyrse spiciforme, compacte et unilatéral, les uns fertiles, à 3-5 fleurs hermaphrodites, les autres stériles bractéiformes, multiflores, à fleurs distiques réduites à la glumelle infér. ; glumes des épis fertiles presque égales, plus courtes que les fleurs; glumelle infér. convexe sur le dos, bidentée, aristée entre les dents; caryopse convexe sur le dos légèrement canaliculé à la face interne.

1. **C. cristatus** L. — Chaumes fasciculés, dressés; feuilles étroites, linéaires, planes; ligule courte, tronquée; thyrse spiciforme, dense; glumelle des épillets stériles mucronée, finement ciliée sur les carènes. ♃ juin-juill. — C. Prairies.

42. **WULPIA** Gmel. — Épillets 3-multiflores, d'abord cylindriques, subulés, puis comprimés latéralement et dilatés au sommet, disposés en grappe spiciforme, subunilatérale; glumes très inégales, membraneuses, acuminées; glumelle infér. fusiforme-subulée, entière, rar. bidentée, prolongée au sommet en arête; caryopse linéaire, oblong, canaliculé, terminé au sommet par un appendice blanc.

<table>
<tr><td rowspan="2">1</td><td>Glume infér. très courte ou nulle, la supér. 10 fois plus longue, aristée. . . . . V. bromoïdes.</td></tr>
<tr><td>Glume infér. 2-3 fois plus courte que la supér. qui est mutique . 2</td></tr>
<tr><td rowspan="2">2</td><td>Grappe allongée, arquée, très rapprochée de la gaîne supér. V. pseudo-myuros.</td></tr>
<tr><td>Grappe courte, dressée, éloignée de la gaîne supér. V. sciuroïdes.</td></tr>
</table>

1. **V. pseudo-myuros** S. W.; *Festuca myuros* L. Herb. non Spec.—Plante gazonnante; chaumes grêles, dressés, feuillés jusque sous la panicule; feuilles étroites, à la fin carénées-sétacées; gaîne de la feuille supér. très rapprochée de la panicule, ou embrassant même la base de la panicule qui est allongée, étroite et penchée au sommet; glume supér. triple de l'infér., obscurément 3-nervée, égalant la moitié de la fleur contiguë, moins son arête. ⊙, mai-juin. —T. C. Lieux sablonneux.

2. **V. sciuroïdes** Gmel.; *Festuca* Roth.—Chaumes grêles, dressés, longuement nus au sommet; panicule courte, dressée, éloignée de la gaîne de la fleur supér.; glume supér. double de l'infér., nettement 3-nervée, égalant presque la longueur de la fleur contiguë moins son arête. ⊙ mai-juin.— T. C. Lieux sablonneux.

3. **V. bromoïdes** Rchb.; *Festuca* L. — Chaumes dressés; feuilles étroites, à la fin carénées-sétacées; gaîne de la feuille supér. très rapprochée de la panicule qui est dressée, lâche, unilatérale, à pédicelles épaissis au sommet; glume supér. 10 fois plus longue

que l'infér., prolongée en une arête fine, dressée, plus courte que celle des fleurs. ☉ mai-juin.—C. Lieux sablonneux.

43. **FESTUCA** L.—Épillets cylindriques, puis comprimés latéralement, 2-multiflores, disposés en panicule rameuse; glumes inégales, plus courtes que les fleurs; glumelle infér. semi-cylindrique, convexe sur le dos, non carénée, aiguë, entière, mutique ou prolongée en une arête courte; caryopse oblong, glabre, canaliculé, adhérent à la glumelle supér.

1 { Toutes les feuilles ou au moins les radicales enroulées-sétacées. . 2
  { Toutes les feuilles planes. 5
2 { Toutes les feuilles enroulées-sétacées. 3
  { Feuilles radicales enroulées-sétacées, les caulinaires planes. . . . 4
3 { Feuilles longues, enroulées-sétacées, grêles et scabres; glumelle infér. mutique ou très brièvement aristée . . . . . *F. ovina.*
  { Feuilles courtes, enroulées-carénées, un peu épaisses, lisses ou à peu près; glumelle infér. aristée . . . . *F. duriuscula.*
4 { Souche longuement stolonifère; épillets elliptiques-oblongs, à 5-10 fleurs . . . . *F. rubra.*
  { Souche fibreuse non stolonifère; épillets oblongs, à 4-5 fleurs. *F. heterophylla.*
5 { Glumelle infér. munie d'une arête égalant 2 fois sa longueur. *F. gigantea.*
  { Glumelle infér. mutique ou à arête très courte. 6
6 { Panicule à rameaux très courts, appliqués contre l'axe; glume supér. 5-7 nervée. . . . . *F. loliacea.*
  { Panicule à rameaux très inégaux, étalés; glume supér. 3-nervée. . 7
7 { Souche rampante; panicule très grande, à rameaux infér. portant de 5-15 épillets. . . . . *F. arundinacea.*
  { Souche fibreuse; panicule spiciforme, à rameaux infér. portant de 1-4 épillets . . . . *F. elatior.*

1. **F. ovina** L. — Souche très cespiteuse; chaumes dressés, anguleux au sommet; feuilles toutes enroulées-sétacées, non carénées, grêles et scabres; panicule oblongue, étalée; épillets petits, oblongs; glumelle infér. brièvement aristée. ♃ mai-juin. — R. Prés, lisière des bois.

Var. *tenuifolia* Coss. et Germ.; *F. tenuifolia* Sibth.; panicule contractée, étroite; épillets petits, ovales; glumelle infér. mutique. — C. Avec le type.

2. **F. duriuscula** L. — Souche cespiteuse; chaumes dressés, striés, non anguleux; feuilles enroulées-carénées, lisses ou à peu près; panicule oblongue, contractée; épillets ellipsoïdes; glumelle infér. acuminée, terminée par une arête de moitié moins longue qu'elle-même ♃ mai-juin. — T. C. Pâturages, lieux arides.

Var. *glauca* Koch.; *F. glauca* Schrad.; feuilles glauques, courtes, raides, souv. arquées. — Avec le type.

3. **F. rubra** L. —Souche cespiteuse, stolonifère; chaumes dressés, longuement nus au sommet; feuilles radicales étroitement enroulées-carénées, les caulinaires larges et planes; panicule dressée, unilatérale, à rameaux inférieurs bifurqués; épillets oblongs, à 5-10 fleurs; glumelle infér obscurément 5-nervée, aristée. ♃ mai-juin. — C. Prés, bords des bois.

4. **F. heterophylla** Lam. — Plante très gazonnante; souche non stolonifère; chaumes dressés, striés; feuilles radicales nombreuses, enroulées-carénées, les caulinaires larges et planes; panicule lâche, souvent penchée, à rameaux infér. géminés; épillets oblongs, à 4-5 fleurs; glumelle infér. obscurément nervée, aristée. ♃ juin-juill. — C. Bois, taillis.

5. **F. arundinacea** Schreb. — Souche rampante; feuilles assez longues, larges et planes, scabres sur les bords; panicule très grande, diffuse, penchée, à rameaux inférieurs géminés, portant de 5-15 épillets; glumelle infér. étroitement scarieuse sur les bords, obscurément nervée, mutique ou aristée. ♃ juin-juill. — C. Lieux humides, bords des eaux.

6. **F. pratensis** Huds. — Souche fibreuse; feuilles linéaires, planes, les supér. scabres; panicule spiciforme, penchée, à rameaux infér. scabres, géminés, portant de 1-4 épillets; glumelle infér. largement scarieuse au sommet, obscurément nervée, mutique ou aristée. ♃ juin-juill. — C. Prés, lieux humides.

7. **F. gigantea** Vill. — Souche fibreuse; chaumes glabres, dressés; feuilles larges, rudes sur les bords; panicule très grande, très lâche, penchée, à rameaux inférieurs très longs, géminés; épillets d'un vert blanchâtre; glumelle infér. munie d'une arête flexueuse égalant 2 fois sa longueur. ♃ juin-août. — A. R. Bois : Meudon, Montmorency, Villers-Cotterets, Compiègne, etc.

8. **F. loliacea** Huds. — Souche fibreuse; chaumes dressés; feuilles linéaires, planes, finement nervées; panicule spiciforme, allongée, distique; épillets linéaires-oblongs, solitaires, à pédoncules très courts, appliqués contre l'axe; glumelle infér. mutique, acuminée, 3-nervée, la supér. à 5-7 nervures saillantes. ♃ mai-juin. — T. R. Prairies: St-Gratien, Thury-en-Valois.

44. **BROMUS** L. (Brome).—Épillets 3-multiflores, cylindriques, puis très comprimés latéralement, disposés en panicule rameuse; glumes inégales; glumelle infér. fusiforme-subulée, carénée, bifide ou bidentée, aristée un peu au-dessous du sommet, rar. mutique; stigmates sessiles ou subsessiles; caryopse adhérent à la glumelle supér., oblong, canaliculé, terminé au sommet par un appendice velu.

1 { Plante annuelle ; épillets élargis au sommet après l'anthèse ; arête plus longue que la glumelle. 2
Plante vivace ; épillets non élargis au sommet ; arête plus courte que la glumelle. 3

2 { Chaumes glabres supérieurement ; panicule étalée en tous sens ; glumelle infér. à nervures très prononcées. . . . *B. sterilis.*
Chaumes pubescents au sommet ; panicule unilatérale ; glumelle infér. faiblement nervée. . . . . *B. tectorum.*

3 { Panicule dressée ; feuillles radicales étroites, pliées en carène, les supér. 2 fois plus larges. . . . . *B. erectus.*
Panicule penchée ; feuilles toutes planes, conformes. . *B. asper.*

1. **B. sterilis** L. — Chaumes dressés, glabres au moins au sommet ; feuilles linéaires, planes, pubescentes ; gaînes glabres ou à peine velues ; panicule étalée en tous sens, penchée, à rameaux rudes ; épillets glabres, élargis au sommet après l'anthèse ; glumelle infér. à nervures très prononcées, terminée par une arête plus longue qu'elle. ☉ mai-sept. — T. C. Bords des chemins, lieux incultes.

2. **B. tectorum** L. — Chaumes dressés, grêles, pubescents au sommet ; feuilles linéaires, planes, velues, ainsi que les gaînes ; panicule unilatérale, penchée, à rameaux lisses ; épillets pubescents, élargis au sommet après l'anthèse ; glumelle infér. à nervures peu prononcées, terminée par une arête plus longue qu'elle. ☉ mai-juin. — T. C. Vieux murs , lieux incultes.

3. **B. asper** Murr. — Chaumes dressés, robustes, pubescents ; feuilles très grandes, linéaires-lancéolées, planes, à gaînes pubescentes ; panicule grande, lâche, penchée au sommet, à rameaux grêles , allongés ; épillets non élargis au sommet après l'anthèse ; glumelle infér. 3-5-nervée, terminée par une arête de moitié plus courte qu'elle. ♃ juin-juill. — T. C. Bois, lieux ombragés.

4. **B. erectus** Huds. — Plante cespiteuse ; chaumes raides , dressés ; feuilles radicales étroites, pliées en carène, ciliées, les caulinaires planes, 2 fois plus larges, glabres ; panicule étroite, dressée , un peu contractée, à rameaux inférieurs courts, semi-verticillés ; épillets non élargis au sommet après l'anthèse ; glumelle infér. à 3 nervures saillantes, terminée par une arête de moitié plus courte qu'elle. ♃ mai-juin. — C. Lieux secs, pelouses et pâturages.

45. **SERRAFALCUS** Parl. ; *Bromus* L. — Épillets multiflores, cylindriques, aigus , puis comprimés latéralement , disposés en panicule rameuse ; glumes presque égales, l'infér. à 3-5 nervures, la supér. à 7-9 nervures ; glumelle infér. un peu ventrue, convexe sur le dos , entière, bifide, aristée un peu au-dessous du sommet ; glumelle supér. presque entière, ciliée. (Caryopse comme dans le genre *Bromus*.)

1 { Glumelle supér. égalant l'infér. 2
  { Glumelle supér. plus courte que l'infér. 3

2 { Épillets linéaires-lancéolés, à fleurs se recouvrant par leurs bords
     à la maturité. . . . . *S. arvensis.*
  { Épillets ovales-oblongs à fleurs ne se recouvrant pas par leurs
     bords à la maturité. . . . . *S. secalinus.*

3 { Glumelle infér. à 7-9 nervures très prononcées . . . *S. mollis.*
  { Glumelle infér. obscurément 7-nervée 4

4 { Panicule égale, dressée; glumelle infér. à bords régulièrement
     courbés en arc. . . . . *S. racemosus.*
  { Panicule unilatérale, à la fin penchée; glumelle infér. à bords
     présentant au-dessus du milieu un angle saillant, obtus.
                      S. commutatus.

1. S. secalinus Bab.; *Bromus* L. — Chaumes dressés, glabres excepté sur les nœuds; feuilles planes; gaînes glabres; panicule grande, lâche, à la fin penchée et unilatérale, à rameaux grêles allongés; épillets ovales-oblongs, à 5-15 fleurs écartées après l'anthèse et ne se recouvrant pas par leurs bords; glumelle infér. émarginée ou bifide, mutique ou aristée, égalant la supérieure. ⊙ mai-juill. — C. Moissons.

2. S. arvensis Godr.; *Bromus* L. — Chaumes dressés, glabres et lisses; feuilles molles, velues ainsi que les gaînes; panicule grande, lâche, dressée, à rameaux fins, longuement nus, les inférieurs semi-verticillés, égalant la moitié de la longueur de la panicule; épillets linéaires-lancéolés, à fleurs imbriquées se recouvrant par leurs bords même à la maturité; glumelle infér. terminée par une arête aussi longue qu'elle. ② juin-juill. — C. Moissons.

3. S. racemosus Parl.; *Bromus* L. — Chaumes dressés, pubescents au sommet; feuilles velues ainsi que les gaînes; panicule égale, dressée, d'abord étalée, puis contractée; épillets ovales, à fleurs imbriquées, se recouvrant par leurs bords même à la maturité; glumelle infér. à bords régulièrement courbés en arc de cercle et munie d'une arête fine, aussi longue qu'elle. ⊙ mai-juill. — C. Moissons.

4. S. commutatus Godr.; *Bromus* Schrad. — Plante plus robuste que la précédente; panicule plus grande, étalée, à la fin unilatérale et penchée; épillets lancéolés, aigus, à fleurs imbriquées se recouvrant par leurs bords même à la maturité; glumelle infér. à bords présentant au-dessus de leur milieu un angle saillant, obtus; arête fine, aussi longue que la glumelle. ② mai-juill. — T. R. Bois : Thury en Valois.

5. S. mollis Parl.; *Bromus* L. — Chaumes dressés, pubescents au sommet; feuilles molles, pubescentes ainsi que les gaînes; panicule dressée, contractée, à rameaux courts, pubescents; épillets ovales-oblongs, mollement pubescents, rar. glabrescents, à fleurs imbriquées même à la maturité; glumelle infér. à bords présentant audessus de leur milieu un angle saillant, obtus; arête dressée, moins longue que la glumelle. ② mai-juill. — T. C. Bords des chemins.

2. *Épillets disposés dans des excavations du rachis.*

46. **HORDEUM** Tourn. (Orge). — Épillets uniflores avec le rudiment pedicelliforme d'une seconde fleur, plans-convexes, réunis par 3 dans des excavations du rachis et disposés en épi dense; glumes presque égales, lancéolées, subulées, placées dans le même plan que la fleur; glumelle infér. lancéolée, convexe sur le dos, aristée au moins dans l'épillet médian de chaque groupe; caryopse oblong, convexe sur le dos, plan et sillonné à la face interne.

1 { Épillets tous hermaphrodites ou les 2 latéraux de chaque groupe mâles et toujours mutiques 2
{ Épillets tous aristés, les 2 latéraux mâles ou neutres 4

2 { Épillets tous hermaprodites 3
{ Épillets latéraux mâles et mutiques, celui du centre hermaphrodite et aristé . . . . *H. distichum.*

3 { Épillets disposés sur 6 rangs dont 4 plus proéminents à la maturité. *H. vulgare.*
{ Épillets disposés sur 6 rangs tous également proéminents à la maturité . . . . *H. hexasticum.*

4 { Plante annuelle; tous les épillets longuement aristés. *H. murinum.*
{ Plante vivace; épillets latéraux de chaque groupe brièvement aristés. . . . . *H. secalinum.*

1. **H. vulgare** L. (Orge, Escourgeon). — Épi oblong, un peu tétragone; épillets tous hermaphrodites, les médians de chaque groupe aristés, les latéraux mutiques, disposés sur 6 rangs dont 4 proéminents et deux opposés peu saillants. ⊙, ② mai-juill. — T. C. Cult.

2. **H. hexastichum** L. (Orge carré). — Épi plus court que dans l'espèce précédente; épillets tous hermaphrodites, disposés sur 6 rangs tous également proéminents à la maturité. ⊙ mai-juill. — A. R. Cult.

3. **H. distichum** L. (Paumelle). — Épi allongé, comprimé; épillets disposés sur 6 rangs dont 2 plus saillants, les latéraux de chaque groupe mâles et mutiques, celui du centre hermaphrodite et aristé. ⊙ mai-juill. — A. R. Cult.

4. **H. murinum** L. — Chaumes dressés, gazonnants, feuillés jusque près de l'épi; feuilles planes, molles, pubescentes; gaînes glabres; épi comprimé à rachis fragile; épillets disposés sur 6 rangs,

les latéraux de chaque groupe mâles et pédicellés, celui du centre hermaphrodite et sessile, tous longuement aristés ; glumes des épis hermaphrodites linéaires, lancéolées, ciliées. ⊙ mai-août. — T. C. Bords des chemins, lieux incultes.

5. **H. secalinum** Schreb. — Chaumes plus élevés que dans l'espèce précédente, grêles, longuement nus au sommet; feuilles étroites, scabres sur les 2 faces; gaînes infér. pubescentes; épi plus allongé, comprimé; épillets latéraux bien plus brièvement aristés que celui du centre; glumes toutes sétacées, non ciliées. ♃ juin-juill. — C. Prés.

47. **ELYMUS** L.—Épillets plans-convexes, bi-multiflores, réunis par 2-3 dans des excavations du rachis et disposés en épi dense; glumes lancéolées, presque égales, mutiques ou aristées, placées dans le même plan que la fleur; glumelle infér. lancéolée, acuminée, convexe sur le dos, mutique ou aristée; caryopse convexe sur le dos, largement canaliculé sur la face interne.

1. **E. europæus** L.; *Hordeum* All. — Plante d'un vert gai; chaumes dressés, raides; feuilles linéaires, planes, un peu velues en dessus; gaînes pubescentes; épillets biflores, ternés, formant un épi cylindrique, dressé, à rachis non fragile; glumes linéaires subulées, aristées; glumelle infér. terminée par une arête plus longue que celle de la glume. ♃ juin-juill.—T. R. Forêt de Villers-Cotterets.

48. **SECALE** Tourn. (Seigle). — Épillets plans-convexes, solitaires dans des excavations du rachis, réunis en épi dense; 2 fleurs dans chaque épillet avec le rudiment pédicelliforme d'une troisième fleur; glumes presque égales, subulées, 1-nervées, plus courtes que les fleurs; glumelle infér. inéquilatère, lancéolée, acuminée, mutique ou aristée; caryopse oblong, convexe sur le dos, étroitement sillonné à la face interne, terminé au sommet par un appendice velu.

1. **S. cereale** L. — Chaumes dressés, un peu glauques; feuilles planes, rudes sur les 2 faces; épi allongé, comprimé, à la fin penché, à rachis fragile; glumelle infér. ciliée sur la carène et sur les bords. ⊙, ② mai-juill.—T. C. Cult.

49. **TRITICUM** Tourn. (Froment, Blé).—Épillets plans-convexes, solitaires dans des excavations du rachis, réunis en épi dense; 2-5 fleurs dans chaque épillet, les supér. mâles; glumes égales, ventrues, plurinervées, carénées, tronquées ou arrondies au sommet, plus courtes que les fleurs; glumelle infér. ovale, inéquilatère, très concave, ventrue, mucronée ou aristée; caryopse obscurément tri-tétragone, étroitement sillonné à la face interne, non appendiculé,

1 { Rachis de l'épi fragile à la maturité ; caryopse adhérent à la glu-
melle. . . . . *T. monococcum.*
Rachis non fragile ; caryopse libre. 2

2 { Épi tétragone ; glume à carène peu saillante. . . . *T. sativum.*
Épi comprimé ; glume à carène très saillante presque ailée.
T. turgidum.

1. T. sativum Lam. — Chaumes dressés ; épi tétragone, un peu comprimé, à rachis non fragile ; épillets largement ovales ; glumes obliquement tronquées , émarginées et carénées seulement au sommet. ⊙, ② juin-juill.—T. C. Cult.

2. T. turgidum L. (Blé-barbu, Poulard). — Diffère du précédent par ses glumes pubescentes, très ventrues ; tronquées et brièvement mucronées au sommet, à carène très saillante inférieurement, presque ailée dans toute sa longueur ; glumelle infér. toujours aristée, à arête étalée. ⊙ juin-juill.—C. Cult.

3. T. monococcum L. (Locular , Petit-Épeautre). — Chaumes dressés ; épi étroit, fortement comprimé, à rachis fragile ; épillets oblongs ; glumes obliquement tronquées , bidentées au sommet, à carène aiguë, prolongée jusqu'à la base ; caryopse adhérent à la glumelle. ⊙, ② juin-juill.—A. R. Cult.

50. AGROPYRUM P. B. — Épillets comprimés latéralement, solitaires dans des excavations du rachis, appliqués par l'une de leurs faces contre le rachis et disposés en épi distique ; 3-10 fleurs dans chaque épillet , les deux supér. ordinairement mâles ; glumes presque égales, oblongues, non ventrues, carénées, plurinervées, aiguës ou obtuses, plus courtes que les fleurs ; glumelle infér. linéaire-lancéolée, semi-cylindrique, mutique ou aristée ; caryopse linéaire-oblong, largement canaliculé et terminé au sommet par un appendice velu.

1 { Souche longuement rampante ; feuilles rudes en dessus. 2
Souche fibreuse ; feuilles rudes sur les deux faces . *A. caninum.*

2 { Feuilles à nervures saillantes, contiguës ; glumes égalant la moitié
de la longueur de l'épillet . . . . *A. campestre.*
Feuilles à nervures fines, écartées ; glumes égalant les deux tiers
de la longueur de l'épillet. . . . . *A. repens.*

1. A. campestre Godr. et Gren.—Souche longuement rampante ; chaumes dressés, entremêlés de tiges stériles ; feuilles glauques, rudes en dessus, à nervures saillantes, contiguës ; épi lâche, allongé, dressé, à rachis scabre ; épillets oblongs, comprimés, à 5-9 fleurs ; glumes égalant environ la moitié de l'épillet, oblongues, subaiguës, mucronées ou brièvement aristées , à 5-7 nervures qui atteignent le sommet ; glumelle infér. obtuse, mucronée. ♃ juin-juill. — A. R.

13*

Lieux secs, bords des chemins : Point-du-Jour, Courbevoie, St-Germain, Nogent, La Genevraye, etc.

2. **A. repens** P. B.; *Triticum* L. (Chiendent). — Souche longuement rampante; chaumes dressés; feuilles d'un vert gai, molles, un peu rudes en dessus, à nervures fines, écartées; épi comprimé-allongé, à rachis scabre; épillets ovales-rétrécis, à 4-5 fleurs; glumes égalant environ les deux tiers de l'épillet; lancéolées, subulées ou un peu aristées, à 5-7 nervures atteignant le sommet; glumelle infér. acuminée, mutique ou aristée. ♃ juin-juill. — T. C. Champs, bords des chemins.

3. **A. caninum** R. et S.; *Triticum* Schreb. — Souche fibreuse; chaumes dressés; feuilles planes, linéaires, acuminées, rudes sur les deux faces; épi grêle, allongé, penché au sommet, à rachis scabre; épillets oblongs, à 4-5 fleurs; glumes lancéolées, acuminées, aristées, à 3-5 nervures; glumelle infér. acuminée, aristée; arête plus longue que la fleur. ♃ juin-juill. — C. Haies et bois.

51. **BRACHYPODIUM** P. B. — Épillets multiflores, très brièvement pédonculés, solitaires dans des excavations du rachis, d'abord cylindriques, puis linéaires-lancéolés, comprimés, appliqués par une de leur face contre le rachis et disposés en épis distique; glumes inégales, lancéolées, plurinervées, plus courtes que les fleurs; glumelle infér. linéaire-lancéolée, équilatère, mutique ou aristée; caryopse linéaire-oblong, convexe sur le dos, canaliculé sur la face interne, terminé par un appendice velu.

1. **B. silvaticum** R. et S.; *Triticum* Mœnch. — Souche fibreuse; chaumes dressés, fasciculés, longuement nus au sommet; feuilles molles, planes, courbées en arc en dehors, glabres ou velues; épi lâche, allongé, penché, à rachis scabre; épillets à 5-10 fleurs, glabres ou pubescents; glumelle infér. aiguë, plus longue que la supér., terminée par une arête aussi longue qu'elle, les arêtes formant par leur réunion une sorte de pinceau au sommet de l'épillet. ♃ juin-août. — C. Bois et buissons.

2. **B. pinnatum** P. B.; *Bromus* L.; *Triticum* Mœnch. — Souche rampante; chaumes moins élevés que dans le *B. silvaticum*, mais plus raides; feuilles dressées, moins rudes; épi raide, dressé; épillets plus nettement pédonculés; glumelle infér. plus courte que la supér. ou l'égalant, terminée par une arête plus courte qu'elle-même. ♃ juin-août. — C. Prés, bois.

52. **LOLIUM** L. (Ivraie). — Épillets 3-multiflores, sessiles et solitaires dans des excavations du rachis contre lequel ils sont appliqués par le côté, d'abord cylindriques, puis comprimés-lancéolés, disposés en épi distique; 2 glumes dans l'épillet terminal, une seule dans les autres, lancéolée, plurinervée, mutique plus courte

que les fleurs ; glumelle infér. concave, arrondie sur le dos, mutique ou aristée au-dessous du sommet ; caryopse oblong largement canaliculé, terminé par un appendice glabre.

1
- Plante vivace, produisant des faisceaux de feuilles stériles. 2
- Plante annuelle ou bisannuelle, dépourvue de faisceaux de feuilles stériles 3

2
- Feuilles pliées en deux dans leur jeunesse ; épillets appliqués contre l'axe pendant l'anthèse. . . . . *L. perenne.*
- Feuilles enroulées par les bords dans leur jeunesse ; épillets étalés pendant l'anthèse. . . . . *L. italicum.*

3
- Epillets lancéolés, étalés pendant l'anthèse : glume égalant le tiers de l'épillet . . . . *L. multiflorum.*
- Epillets oblongs appliqués contre l'axe pendant l'anthèse ; glume plus longue que l'épillet . . . . *L. temulentum.*

1. **L. perenne** L. (Ray-grass.) — Souche vivace, produisant de nombreux faisceaux de feuilles planes, pliées en deux dans leur jeunesse ; épillets appliqués contre l'axe même pendant l'anthèse ; glume plus courte que l'épillet, linéaire-lancéolée, fortement nervée ; glumelle infér. lancéolée, mutique, à 5 nervures, dont les 2 latérales plus saillantes. ♃ juin-oct. — T. C. Prés, bords des chemins.

2. **L. italicum** A. Br. (Ray-grass). — Diffère du *L. perenne* par ses feuilles enroulées par les bords dans leur jeunesse, par ses épillets étalés presque à angle droit pendant l'anthèse, par sa glumelle infér. pourvue, au moins dans les fleurs supér., d'une arête fine, naissant sous son sommet. ♃ juin-juillet. — A. R. Prés ; souv. cultivé.

3. **L. multiflorum** L. — Souche annuelle, sans faisceaux de feuilles stériles ; chaumes robustes, dressés ; feuilles planes, scabres sur les bords ; épillets lancéolés, à 12-20 fleurs, étalés pendant l'anthèse ; glume égalant environ le tiers de l'épillet ; glumelles infér. toutes, ou au moins celles des fleurs supér. aristées, rar. mutiques. ☉ juin-juill. — A. R. Champs, bords des chemins : Trappes, Guillon, Enghien, etc.

4. **L. temulentum** L. (Ivraie). — Plante robuste ; racine fibreuse, sans faisceaux de feuilles ; chaumes raides, dressés ; feuilles planes, scabres et d'autant plus larges qu'elles sont plus élevées sur la tige ; épi dressé, à rachis scabre ; épillets oblongs à 3-8 fleurs, dressés, appliqués contre l'axe, même pendant l'anthèse ; glume plus longue que l'épillet ; glumelle infér. elliptique, aristée, rar. mutique. ☉ juin-juill. — C. Champs et moissons.
Var. *macrochæton* A. Br. ; épillets à 3-5 fleurs ; glumelle infér. munie d'une arête droite, plus longue qu'elle.
Var. *leptochæton* A. Br. ; *L. speciosum* Kch. ; épillets à 6-8 fleurs très brièvement aristées, les supér. souv. mutiques.

53. GAUDINIA P. B. — Épillets à 4-11 fleurs, sessiles et solitaires dans des excavations du rachis contre lequel ils sont appliqués par l'une de leurs faces, d'abord cylindriques, puis comprimés, disposés en épi lâche, distique; glumes très inégales, plus courtes que les fleurs; glumelle infér. comprimée latéralement, largement scarieuse, inéquilatère, carénée, bicuspidée, munie sur le dos d'une arête genouillée; caryopse linéaire-oblong, largement canaliculé, contracté en un stipe cilié au sommet.

1. G. fragilis P. B.; *Avena* L. — Chaumes nombreux, dressés ou ascendants; feuilles molles, planes, velues ainsi que les guîines; épi flexueux, à rachis fragile; glumelle infér. terminée par 2 soies et munie sur le dos d'une arête genouillée-tordue, plus longue qu'elle même. ⊙ juin-juill. — R. Lieux herbeux, bords des chemins et des champs: St-Cloud, St-Germain, Versailles, La Ferté-Millon, etc.; toujours introduit.

54. NARDURUS Rchb. — Épillets ovales, comprimés latéralement, à 3-7 fleurs, sessiles et solitaires dans des excavations du rachis contre lequel ils sont appliqués par une de leurs faces, disposés en épi distique ou unilatéral; glumes inégales, carénées, 1-3-nervées, plus courtes que les fleurs; glumelle infér. herbacée, oblongue, concave, équilatère, mutique ou aristée; caryopse oblong, profondément canaliculé, adhérent aux glumelles, non appendiculé.

1. N. tenellus Rchb.; *Festuca unilateralis* Schrad. — Chaumes nombreux, dressés ou ascendants; feuilles étroites, glabres ou pubescentes, d'abord planes puis enroulées; épi simple, grêle, unilatéral, dressé ou arqué, à rachis anguleux, flexueux; épillets à 3-7 fleurs, dressés, étroitement appliqués contre l'axe; glumes linéaires, acuminées; glumelle infér. acuminée, très aiguë, mutique ou aristée. ⊙ juin-juill. — C. Lieux secs et incultes, vieux murs.
Var. *aristatus* Parl.; *Triticum Nardus* DC.; glumelle infér. terminée par une arête aussi longue ou plus longue qu'elle.

2. N. Lachenalii Godr.; *Festuca Poa* Knth. — Chaumes raides, nombreux, dressés ou ascendants; feuilles courtes, étroites, pubescentes à la face supér., d'abord planes, puis enroulées; épi simple, dressé, raide, distique; épillets à 5-8 fleurs, appliqués contre l'axe; glume supér. obtuse; glumelle infér. atténuée aux deux extrémités, un peu obtuse, mutique, rar. aristée. ⊙ juin-juill. — T. R. Dhuison près La Ferté-Aleps, Nemours; sur la silice.
Var. *aristatus* Boiss.; *Triticum tenuiculum* Lois.; glumelle infér. terminée par une arête aussi longue qu'elle.

55. NARDUS L. Épillets uniflores, subulés, sessiles et solitaires dans des excavations du rachis, disposés en épi lâche, unilatéral; glumes nulles; glumelle infér. linéaire-subulée, carénée, aristée;

stigmate unique; caryopse linéaire-trigone, canaliculé à la face interne.

1. **N. stricta** L.—Plante formant des gazons compactes; chaumes dressés, raides; feuilles glaucescentes, raides, enroulées-subulées; épi filiforme, dressé; épillets violacés, d'abord appliqués contre l'axe, puis un peu écartés. ♃ mai-juin.—A. R. Bruyères, coteaux sablonneux: Montfort-l'Amaury, St-Léger, Rambouillet, etc.

ESPÈCES EXCLUES.

Alopecurus utriculatus Pers., *Avena strigosa* Schreb., *Cynosurus echinatus* L., *Ægilops ovata* L. et *Æ. triuncialis* L., espèces étrangères à la région parisienne, observées accidentellement au voisinage des cultures; *Psamma arenaria* R. et S., semé dans les sables, à Malesherbes d'où il a disparu; *Phalaris canariensis* L., *Setaria italica* P. B. et *Panicum miliaceum* L., cultivés quelquefois pour les oiseaux; *Eragrostis pilosa* P. B. et *E. pœoides* P. B., observés accidentellement à Fontainebleau et à Paris dans les cours du Muséum et du Ministère de la guerre, n'appartiennent pas à la Flore parisienne; *Hordeum Zeocriton* L. et *Triticum Spelta* L. ne sont plus cultivés dans la région parisienne; *Lolium strictum* Presl., indiqué à Andilly, double emploi du *L. multiflorum* Lam.

C. CONIFÈRES.

CX. ABIÉTINÉES Rich.

Arbres ord. élevés, à rameaux verticillés, à feuilles aciculaires, éparses ou fasciculées, souv. persistantes. Fleurs monoïques, rar. dioïques. en chatons; les mâles à écailles portant chacune 2 anthères uniloculaires, introrses, les femelles formées d'écailles nombreuses, étroitement imbriquées, chacune portant à sa base 2 rar. 1-3 ovaires, supères, uniloculaires, (ovules de beaucoup d'auteurs), et munie extérieurement d'une bractée plus ou moins accrescente. A la maturité, les chatons femelles deviennent des cônes à écailles coriaces ou ligneuses qui s'écartent pour laisser échapper des fruits (graines de beaucoup d'auteurs) petits, à enveloppe testacée, prolongée en une aile membraneuse, persistante ou caduque. Albumen charnu, entourant un embryon central, ord. polycotylédoné.

1. **PINUS** Tourn. (Pin). — Arbres à rameaux régulièrement verticillés; feuilles fasciculées par 2-5, persistantes, entourées d'une

gaîne à la base; fleurs monoïques; chatons mâles solitaires ou en grappe spiciforme, terminaux ou placés à la base des jeunes pousses de l'année ; cônes ovoïdes-coniques ou oblongs-coniques, à écailles persistantes, terminées par un sommet épaissi, rhomboïdal (*écusson*), mucroné ou ombiliqué au centre.

1. **P. silvestris** L. — Feuilles géminées, longues de 5-6 cent. ; cônes ovoïdes-coniques, solitaires, géminés ou ternés, réfléchis ; écailles ovales, à écusson convexe, mameloné au centre, caréné transversalement; aile arrondie au sommet, trois fois plus longue que le fruit. ♄ mai. — T. C. Bois; toujours planté.

2. **P. austriaca** Hœss ; *P. Laricio* var. *austriaca* Auct. — Feuilles géminées, longues de 10 cent.; cônes ovales-coniques, solitaires ; géminés ou ternés, étalés presque horizontalement; écailles ovales à écusson convexe, ombiliqué au centre, caréné transversalement; aile arrondie au sommet, trois fois plus longue que le fruit. ♄ mai. — Planté avec le précédent, mais plus rarement.

3. **P. maritima** Lam.; *P. Pinaster* Soland. — Feuilles géminées, longues de 10-15 cent. ; cônes ovoïdes-oblongs ou oblongs-coniques, solitaires, géminés ou verticillés, réfléchis, bien plus gros que dans les deux espèces précédentes; écailles obovées à écusson pyramidal, caréné transversalement, muni au centre d'un mamelon court, épais, pyramidal; aile large, obliquement tronquée au sommet, 4-5 fois plus longue que le fruit. ♄ mai. — T. C. Bois, toujours planté.

2. **ABIES** Tourn. (Epicéa). — Arbres à rameaux primaires, verticillés, les autres opposés ou solitaires; feuilles solitaires, persistantes, éparses ou distiques; fleurs monoïques; chatons mâles solitaires, terminaux ou axillaires ; cônes oblong-cylindriques à écailles persistantes, minces, concaves, non épaissies au sommet.

1. **A. excelsa** DC. ; *Pinus Abies* L. — Arbre à rameaux pendants; feuilles subtétragones-aciculaires, disposées sans ordre autour des rameaux; cônes assez gros, pendants, à écailles rhomboïdales, tronquées ou échancrées au sommet; aile arrondie au sommet, 2-3 fois plus longue que le fruit. ♄ mai. — Souv. planté dans les bois, mais en moins grande quantité que les *Pinus silvestris* et *maritima*.

ESPÈCES EXCLUES.

Le *Pinus Laricio* Poir. et plusieurs autres espèces de Pins, le *Larix europœa* DC. (Mélèze) et l'*Abies pectinata* (Sapin) sont souv. plantés dans les parcs, mais ne sont pas dans notre région plantés en grand comme les espèces précédentes.

CXI. CUPRESSINÉES Rich.

Arbres ou arbustes à rameaux épars, à feuilles aciculaires, persistantes, éparses, opposées ou verticillées. Fleurs monoïques ou dioïques en chatons : les mâles à écailles peltées, portant chacune 3-12 anthères uniloculaires, introrses ; chatons femelles courts, formés d'écailles peu nombreuses, imbriquées, dépourvues de bractées, chacune portant à sa base 1-2 ou plusieurs ovaires supères, uniloculaires (ovules de beaucoup d'auteurs). Cônes courts, subglobuleux, à écailles ligneuses et libres, ou charnues et soudées. Fruits (graines de beaucoup d'auteurs) à enveloppe testacée, dépourvus d'aile. Albumen charnu, entourant un embryon central.

1. **JUNIPERUS** Tourn. (Genévrier). — Arbuste ord. très rameux ; fleurs ord. dioïques : les mâles en chatons globuleux, très petits, les femelles à écailles infér. stériles, les 3 supér. accrescentes ; cônes subglobuleux, bacciformes, ombiliqués au sommet, formés par les écailles accrescentes et soudées.

1. **J. communis** L. — Feuilles verticillées par 3, nombreuses, rapprochées sur les rameaux, terminées par une pointe vulnérante ; cônes persistants, noirs à la maturité, couverts d'une poussière glauque. ♃ fl. avril-mai ; fr. octobre. — T. C. Bois et coteaux.

ESPÈCES EXCLUES.

Les *Juniperus Sabina* L., *Taxus baccata* L. et plusieurs espèces appartenant aux genres *Thuya* et *Cupressus*, sont souvent plantés dans les parcs.

II. SPOROPHYTES

(CRYPTOGAMES OU ACOTYLÉDONÉES)

CXII. ÉQUISÉTACÉES Rich.

Herbes vivaces, à rhizome allongé, traçant, souv. rameux. Tiges simples ou munies de rameaux verticillés, aphylles, fistuleuses, sillonnées, articulées, munies au niveau des articulations de gaînes membraneuses, dentées, intérieures par rapport aux rameaux lorsqu'ils existent, ces derniers présentant la même constitution que la tige. Sporanges tous semblables, membraneux, uniloculaires, s'ouvrant par une fente longitudinale, placés à la face infér. de réceptacles en forme d'écailles peltées, pédicellées, disposées sur plusieurs verticilles rapprochés en forme de cône ou d'épi au sommet de la tige ou des rameaux. Spores nombreuses, libres, subsphériques, munies chacune à leur base de 2 filaments (*élatères*) disposés en croix et dilatés en spatule à leurs extrémités libres, enroulés en spirale autour de la spore sous l'influence de l'humidité, se déroulant avec élasticité par la sécheresse.

EQUISETUM Tourn. (Prêle). — Caractères de la famille.

1 — Tiges de 2 formes, les fertilles simples ou munies de rameaux rudimentaires, décolorées-blanchâtres ou rougeâtres, les stériles vertes, rameuses 2
— Tiges toutes semblables, fertiles ou stériles, vertes, rameuses ou quelquefois simples 4

2 — Tiges fertiles précoces, naissant avant les stériles, marescentes après la sporose; tiges stériles à rameaux ord. simples; gaînes à 8-30 dents. 3
— Tiges fertiles naissant en même temps que les stériles, persistant après la sporose et émettant des rameaux rameux comme les tiges stériles; gaînes à 3-4 dents . . . . . . *E. silvaticum.*

3 — Tiges stériles vertes, souv. peu élevées; rameaux tétragones; gaînes à 8-12 dents; épis minces, assez courts. . *E. arvense.*
— Tiges stériles blanches, robustes, élevées (1 mètre); rameaux à 8-10 angles; gaînes à 20-30 dents; épis gros, allongés. *E. maximum.*

4 { Tiges presque lisses, facilement compressibles ; gaînes vertes à la
base ; épis obtus au sommet.   5
Tiges très rudes, très dures ; gaînes munies d'un cercle noir à la
base ; épis acuminés-mucronés au sommet . . . *E. hiemale.*

5 { Tiges à 6-8 sillons profonds ; rameaux tétragones ; gaînes lâches,
élargies, à dents blanches, scarieuses sur les bords ; épis cylindriques, lâches. . . . . *E. palustre.*
Tiges à 10-20 sillons peu profonds ; rameaux nuls ou à 5 angles ;
gaînes cylindriques, appliquées, à dents brunes ; épis ovoïdes,
serrés. . . . . *E. limosum.*

1. E. arvense L. — Tiges peu élevées, de deux sortes : les fertiles précoces, blanchâtres ou rougeâtres, paraissant avant les
stériles, marcescentes après la sporose, munies de gaînes sub-
infundibuliformes, divisées en 8-12 dents très profondes ; tiges
stériles vertes, plus grêles, tardives, persistant pendant l'été,
munies aux articulations de gaînes à 3-4 dents et de rameaux
tétragones ; épi mince, un peu court, cylindro-conique, lâche.
♃ mars-avril. — T. C. Champs et lieux humides.

2. E. maximum Lam.; *E. Telmateia* Ehrh.; *E. fluviatile* Auct.
mult. (non L.). — Tiges de deux formes : les fertiles précoces, d'un
blanc rougeâtre, paraissant avant les stériles, marcescentes après
la sporose, munies de gaînes grandes, rapprochées, infundibuliformes, divisées en 20-30 dents allongées ; tiges stériles blanches,
robustes, élevées (1 mètre et plus), tardives, persistant pendant
l'été, munies aux articulations de gaînes plus courtes et moins
élargies et de rameaux grêles, allongés, à 8-10 angles ; épi gros,
allongé, cylindrique-oblong, assez serré. ♃ mars-avril. — C. Lieux
marécageux, bords des eaux.

3. E. silvaticum L. — Tiges de deux formes, mais paraissant à
la même époque : les fertiles blanchâtres ou rougeâtres, persistant
après la sporose et se développant comme les tiges stériles, munies
de gaînes lâches, allongées, divisées en 3-4 dents ; tiges stériles
vertes, dressées, munies aux articulations de rameaux grêles, très
rameux, quadrangulaires, arqués et pendants ; épi court, ovoïde.
♃ avril-mai. — T. R. Places humides de la route de Chavigny dans
la forêt de Villers-Cotterets.

4. E. palustre L. — Tiges persistantes, les fertiles périssant à
l'automne, toutes semblables, vertes, grêles, creusées de 6-8 sillons
profonds, munies aux articulations de rameaux tétragones, étalés-
dressés et de gaînes lâches, élargies, à 6-12 dents acuminées,
brunes, blanches-scarieuses sur les bords ; épi court, cylindrique,
lâche, obtus au sommet. ♃ mai-août. — T. C. Marais, champs et
prairies humides.

5. E. limosum L. — Tiges persistantes, les fertiles périssant à

l'automne, toutes semblables vertes, dressées, lisses, munies de
10-20 sillons peu profonds , complètement nues ou quelquefois
pourvues dans leur partie supér. de rameaux courts, pentagones
(*E. fluviatile* L.); gaînes cylindriques, appliquées contre la tige, à
10-12 ou rar. 20 dents acérées, brunes, non scarieuses; épi court,
ovoïde, serré, obtus au sommet. ⁊ mai-août. — C. Marécages, bords
des eaux.

6. **E. hiemale** L. (Prêle des tourneurs). — Tiges toutes semblables, persistant pendant l'hiver, d'un vert glauque, dressées, très
dures, très rudes, munies de 14-20 sillons, nues ou très rar. pourvues
de rameaux assez robustes et à 8-10 angles; gaînes cylindriques,
appliquées contre la tige, blanches avec un cercle noir à la base,
à 15-20 dents aiguës, noires, terminées par une extrémité blanche,
caduque; épi court, ovoïde, serré, acuminé-mucroné au sommet.
⁊ avril-sept. — R. Lieux humides et marécageux, bord des eaux :
Étang-Neuf près St-Léger, Valvins, Nemours, Compiègne.

CXIII. FOUGÈRES Juss.

Herbes vivaces, à rhizome court ou plus ou moins allongé, souv.
plus ou moins subligneux. Feuilles (*frondes*) éparses ou naissant
au sommet du rhizome, plus ou moins divisées, rar. entières, à pétiole (*rachis*) ord. muni à sa base d'écailles membraneuses ou de
poils scarieux, enroulées en crosse dans la préfoliaison, très rar.
non enroulées (Ophioglossées). Sporanges sessiles ou pédicellés, se
déchirant régulièrement ou irrégulièrement, naissant ord. à la face
infér. des frondes par groupes (*sores*), nus ou recouverts d'un prolongement de l'épiderme (*indusium*); plus rar. disposés en épi ou
en panicule sur des frondes entièrement ou seulement en partie
modifiées et différentes des frondes stériles. Spores libres, nombreuses dans chaque sporange.

1 { Sporanges disposés en épi ou en panicule distincts de la fronde ou
la terminant 2
Sporanges situés à la face infér. des frondes. 4

2 { Fronde stérile entière ; sporanges disposés en épi linéaire et distique . . . . *Ophioglossum* (2).
Fronde stérile pennatiséquée ; sporanges disposés en panicule. . . 3

3 { Frondes stériles grandes, nombreuses ; sporanges pédicellés, disposés au sommet de la fronde fertile, transformée seulement dans
sa partie supér. . . . . *Osmunda* (3).
Fronde stérile petite, solitaire ; sporanges sessiles portés sur une
fronde complètement modifiée, à rachis engaîné dans une grande
partie de sa longueur par la fronde stérile. . *Botrychium* (4).

4 { Frondes toutes semblables 5
Frondes de deux sortes : les fertiles plus allongées, fortement contractées, à segments étroitement linéaires. . . . *Lomaria* (11).

5 { Frondes lancéolées, entières, cordées à la base; sores linéaires-allongés, parallèles entre eux et obliquement transversaux.
Scolopendrium (10).
Frondes plus ou moins découpées ou très étroites ; sores arrondis, oblongs ou brièvement linéaires, non disposés comme ci-dessus. 6

6 { Sores entremêlés de nombreuses écailles scarieuses, brunâtres, luisantes et recouvrant toute la face infér. des frondes.
Ceterach (4).
Sores distincts, non entremêlés d'écailles scarieuses et ne recouvrant pas entièrement la face infér. des frondes 7

7 { Sores toujours nus et dépourvus d'indusium. . *Polypodium* (5).
Sores recouverts par un indusium (au moins dans leur jeunesse). 8

8 { Sores linéaires, continus, occupant tout le bord des pinnules un peu enroulé et continu avec l'indusium. . . . . *Pteris* (12).
Sores interrompus, ne bordant pas la marge des pinnules ; indusium non continu avec le bord plan des pinnules. 9

9 { Sores linéaires ou oblongs ; indusium soudé par son bord externe, libre par son bord interne qui se renverse en dehors.
Asplenium (9).
Sores plus ou moins arrondis ; indusium fixé par son centre ou par un point de sa circonférence, libre dans son pourtour ou sur son bord externe 10

10 { Fronde grêle, petite, délicate; indusium ovale ou lancéolé, fixé par son bord continu avec la nervure, libre sur son bord externe, disparaissant à la maturité . . . . *Cystopteris* (8).
Fronde plus ou moins robuste ; indusium orbiculaire ou subréniforme, fixé par son centre ou par un pli déprimé, persistant à la maturité 11

11 { Indusium orbiculaire, pelté, stipité, fixé par son centre, libre dans tout son pourtour. . . . . *Aspidium* (6).
Indusium subréniforme, fixé par le centre et par un pli déprimé qui va du centre à la circonférence, libre dans le reste de son pourtour . . . . *Polystichum* (7).

Trib. I. Ophioglossées. — Frondes non roulées en crosse dans la préfoliaison, dimorphes, l'une stérile foliacée, l'autre fertile réduite au rachis et portant des sporanges sessiles, bivalves, disposés en épi ou en panicule ; indusium nul.

1. BOTRYCHIUM Sw. — Fronde stérile pennatiséquée ; sporanges libres, disposés en panicule.

B. Lunaria Sw.; *Osmunda* L. — Plante basse; fronde stérile à segments réniformes ou semilunaires, à pétiole engaînant dans une partie de sa longueur la fronde fertile, qui dépasse ord. la fronde stérile. ♃ mai-juill. — R. Pelouses sèches et pâturages : Château-Fort près Versailles, Larchant, Bouray, Fontainebleau, Magny, Malesherbes, Beauvais, etc.

2. **OPHIOGLOSSUM** Tourn. (Ophioglosse). — Fronde stérile entière; sporanges soudés entre eux, disposés en épi distique.

O. vulgatum L. (Langue de serpent, Herbe sans couture). — Plante basse : fronde stérile à limbe ovale ou lancéolé, à pétiole engaînant dans une partie de sa longueur la fronde fertile terminée par un épi linéaire qui dépasse longuement, à la maturité, la fronde stérile. ♃ mai-juill. — A. R. Prés et lieux herbeux un peu humides : fossés des fortifications près le bois de Boulogne, Meudon, Montmorency, Fontainebleau, La Génevraye, Nemours, etc.

Var. *ambiguum* Coss. et Germ.; *O. vulgatum* var. *intermedium* Milde; plante naine, ord. très petite, à rhizome émettant 2 stipes du même nœud; frondes stériles lancéolées, longuement atténuées à la base. — T. R. Pelouses où l'eau a séjourné pendant l'hiver : la Tour de Pocancy près Lardy, Bellecroix près Fontainebleau.

Trib. II. Osmondées. — Frondes roulées en crosse pendant la préfoliaison, dimorphes, les unes stériles, les autres fertiles portant dans leur partie supér. contractée des sporanges stipités, bivalves, disposés en panicule; indusium nul.

3. **OSMUNDA** Tourn. (Osmonde). — Frondes bipennatiséquées; sporanges libres, globuleux, réticulés.

O. regalis L. (Osmonde, Fougère royale). — Frondes élevées, dressées, très grandes, à rachis canaliculé, à segments lancéolés, finement serrulés, tronqués obliquement à la base, réduits dans la partie supér. des frondes fertiles, à la nervure qui porte tout autour les sporanges réunis en panicule terminale. ♃ juin-juill. — A. R. Bois humides : Montmorency, St-Léger, Villers-Coterets, Compiègne, Malesherbes, etc.; manque sur le calcaire.

Trib. III. Polypodiées. — Frondes roulées en crosse dans la préfoliaison, toutes conformes ou rar. à peine contractées; sporanges formant des sores placés à la face infér. des frondes, s'ouvrant transversalement et irrégulièrement, nus ou couverts d'un indusium.

4. **CETERACH** C. B. — Sores oblongs ou linéaires, dépourvus d'indusium, entremêlés de nombreuses écailles, scarieuses, brunâtres, luisantes, recouvrant toute la face infér. de la fronde.

C. officinarum Willd.; *Asplenium Ceterach* L.; *Grammitis* Sw. (Herbe dorée). — Frondes nombreuses, réunies en touffes, courtes, épaisses, pennatiséquées, à segments arrondis, alternes, confluents, vertes à la face supér., d'un roux brunâtre à la face infér. ♃ mai-sept. — R. Vieux murs et rochers : Lardy, Mennecy, Villarceau, Provins, Boursonne, etc.

5. **POLYPODIUM** Tourn. (Polypode). — Sores arrondis, dépourvus d'indusium, épars ou disposés en série régulière.

1. **P. vulgare** L. (Polypode, Réglisse de montagne). — Rhizome épais, charnu, sucré; frondes ovales-lancéolées, pennatiséquées, à segments lancéolés, alternes, un peu confluents à la base, à nervures secondaires épaissies au sommet et n'atteignant pas le bord du segment; sores disposés sur 2 lignes parallèles à la nervure médiane. ♃ mars-juill. — C. Bois montueux, rochers et vieux murs.

2. **P. Dryopteris** L. — Rhizome grêle; frondes molles, glabres, triangulaires, 2-3-pennatiséquées, à segments lancéolés, opposés, les supér. confluents, les moyens et les infér. pennatipartits ou pennatiséqués, à nervures secondaires non épaissies, atteignant le bord des segments; sores placés sur les nervures secondaires des segments. ♃ juin-sept.—R. Bois ombragés : Satory, Villers-Cotterets, Pierrefonds.

Var. *calcareum* Gren. et Godr.; *P. calcareum* Sm.; *P. Robertianum* Hoffm.; rhizome plus épais; frondes raides, un peu coriaces, pubescentes-glanduleuses. — R. Vieux murs et rochers calcaires : abreuvoir de Marly, Sénart, Compiègne, Nemours, etc.

6. **ASPIDIUM** R. Br. — Sores arrondis, épars ou disposés en séries régulières, recouverts d'un indusium orbiculaire, pelté, fixé seulement par son centre et libre dans tout son pourtour.

A. aculeatum Dœll; *Polypodium* L.; *Polystichum* Roth.— Souche très épaisse; pétiole assez court, garni de nombreuses écailles brunes, membraneuses; frondes assez robustes, raides, oblongues-lancéolées; 2-pennatiséquées, à segments lancéolés, pennatiséqués; segments secondaires ovales-obliques ou un peu en croissant, dentés-mucronulés, un peu confluents à la base; sores disposés en 2 séries parallèles à la nervure moyenne. ♃ juin-sept. — R. Bois et forêts : Marly, Senlisse, Montmorency, Villers-Cotterets, Pierrefonds, etc.

Var. *vulgare* Gren.; *A. aculeatum*, var. *aculeatum* Coss. et Germ.; *A. Pluckenetii* Lois.; segments des divisions infér. seuls prolongés en oreillette latérale.

Var. *angulare* Gren.; *A. aculeatum* var. *angulare* Coss. et Germ.; *A. angulare* Willd.; segments plus petits, tous prolongés à la base en oreillette latérale.

7. **POLYSTICHUM** Roth. — Sores suborbiculaires, épars ou disposés en série régulière, recouverts d'un indusium subréniforme, fixé par son centre et par un pli déprimé allant du centre à la circonférence.

1 { Rachis plus ou moins garni d'écailles ou de poils squammiformes bruns. 2
{ Rachis dépourvu d'écailles et de poils squammiformes 4

$$\left\{\begin{array}{l}\text{2}\end{array}\right.$$ Segments secondaires à divisions pennatifides ou pennatiséquées à dents cuspidées-spinuleuses. . . . . *P. spinulosum.*
Segments secondaires crénelés-dentés, à dents mutiques ou mucronées, mais non cuspidées-spinuleuses. 8

$$\left\{\begin{array}{l}\text{3}\end{array}\right.$$ Fronde plane; sores occupant seulement la base des segments secondaires à dents mutiques. . . . . *P. Filix-mas.*
Fronde pliée longitudinalement; sores occupant toute la face inférieure des segments secondaires à dents mucronées.
P. cristatum.

$$\left\{\begin{array}{l}\text{4}\end{array}\right.$$ Souche épaisse, cespiteuse; frondes munies en dessous de glandes résineuses, jaunes, brillantes. . . . . *P. montanum.*
Souche grêle, allongée, traçante; fronde dépourvue de glandes résineuses. . . . . *P. Thelypteris.*

1. **P. Thelypteris** Roth; *Polypodium* L.; *Nephrodium* Stremp.— Souche grêle, allongée, traçante; frondes oblongues-lancéolées, non glanduleuses en dessous, à pétiole et à rachis nus, à segments primaires linéaires-lancéolés, pennatiséqués, à segments secondaires entiers, aigus, confluents à la base; sores presque confluents, bisériés parallèlement à la nervure médiane. ♃ juin-sept. — A. R. Prés et bois tourbeux.

2. **P. montanum** Roth.; *P. Oreopteris* DC.; *Polypodium Oreopteris* Ehrh. — Souche épaisse, cespiteuse; frondes oblongues-lancéolées, parsemées à la face infér. de glandes résineuses, jaunes, brillantes, à pétiole et à rachis nus, à segments primaires linéaires-lancéolés, pennatiséqués, à segments secondaires entiers, obtus, largement confluents à la base; sores, bisériés, marginaux. ♃ juill.-sept. — T. R. Bois siliceux humides : forêt de Marly, de Halatte, de Villers-Cotterets.

3. **P. Filix-mas** Roth.; *Polypodium* L.; *Nephrodium* Stremp. (Fougère mâle). — Souche très épaisse, cespiteuse; frondes grandes, oblongues-lancéolées, non glanduleuses en dessous, à rachis garni d'écailles brunes, membraneuses, à segments primaires lancéolés, pennatipartits, à segments secondaires oblongs, crénelés, obtus, confluents seulement vers le sommet des segments primaires; sores peu nombreux, obscurément bisériés, occupant seulement la base des segments secondaires. ♃ juin-sept. — T. C. Bois et forêts.

4. **P. cristatum** Roth; *Polypodium* L.; *Nephrodium* Mich.; *Polystichum Callipteris* DC. — Souche épaisse, cespiteuse; frondes moins grandes que dans l'espèce précédente, lancéolées, atténuées aux deux extrémités, à rachis garni d'écailles brunes, membraneuses, à segments primaires lancéolés, pennatipartits, à segments secondaires arrondis, dentés-mucronés, confluents à la base; sores bisériés, occupant toute la face infér. des segments secondaires. ♃ juin-sept. — R. Bois humides et lieux marécageux : St-Léger, étang de Grand-Moulin aux Vaux de Cernay, Mortefontaine.

5. P. spinulosum DC. ; *Polypodium* Retz. ; *Nephrodium* Desv. — Souche épaisse, cespiteuse ; frondes assez grandes, 2-3-pennatiséquées, oblongues, non atténuées à la base, à rachis garni d'écailles brunes, membraneuses, à segments primaires triangulaires-lancéolées ; à segments secondaires pennatifides ou pennatiséqués, à divisions garnies de dents cuspidées-spinuleuses ; sores bisériés parallèlement à la nervure moyenne. ♃ juin-sept. — Bois montagneux et humides.

Var. *vulgare* Gren. et Godr. ; *Polystichum spinulosum* Roth. ; divisions inférieures des segments seules distinctes, les moyennes et les supérieures confluentes.

Var. *dilatatum* Gren. et Godr. ; *Polystichum tanacetifolium* DC. ; *Aspidium dilatatum* Willd. ; frondes plus larges ; segments à divisions presque toutes distinctes.

8. CYSTOPTERIS Bernh. — Sores oblongs-arrondis ou suborbiculaires, épars ou disposés en série régulière, recouverts d'un indusium mince, promptement fugace, lancéolé ou subréniforme, fixé par l'un de ses bords à la nervure, libre sur son bord marginal.

C. fragilis Bernh. ; *Cyathea* Sm. ; *Polypodium fragile* L ; *Aspidium* Sw. — Souche épaisse, écailleuse, un peu trançante ; frondes ord. assez courtes, grêles, minces, délicates, oblongues-lancéolées, 2-pennatiséquées ; segments primaires ovales-lancéolés ; segments secondaires alternes, écartés, ovales, à divisions obovales, denticulées-crénelées, rar. entières. ♃ juin-sept. — R. Vieux murs et rochers humides : Marly, Magny près Versailles, Fontainebleau, Pierrefonds, etc.

9. ASPLENIUM L. (Doradille). — Sores linéaires ou oblongs, épars sur les nervures secondaires, recouvert d'un indusium linéaire ou oblong, fixé par son bord marginal, libre sur son bord interne (correspondant à la nervure) qui se renverse en dehors.

1	Frondes pennatiséquées ou 2-pennatiséquées, à segments ord. nombreux, plus ou moins élargis et parfaitement distincts. **2**
	Frondes divisées au sommet en 2-3 segments linéaires, allongés, qui semblent la continuation des pétioles. . *A. septentrionale.*
2	Frondes linéaires, pennatiséquées, à segments ovales-arrondis, à pétioles bordés d'une aile très étroite et finement crénelée. *A. Trichomanes.*
	Frondes 2-pennatiséquées, oblongues, lancéolées ou triangulaires, à segments jamais ovales-arrondis, à pétiole non ailé **3**
3	Frondes triangulaires, les segments diminuant de longueur de la base au sommet de la fronde **4**
	Frondes atténuées aux deux extrémités, les segments étant plus courts au sommet et à la base de la fronde que vers son milieu. **6**
4	Frondes assez grandes, à segments nombreux, lancéolés-allongés, pennatiséqués . . . . *A. Adiantum-nigrum.*
	Frondes petites, à segments peu nombreux, cunéiformes ou obovales, entiers, crénelés ou 2-3-partits. **5**

5 { Pétioles bruns à la base ; frondes minces, lancéolées, à segments
      cunéiformes. . . . . *A. Breynii.*
    Pétioles verts ; frondes épaisses, triangulaires, ovales, à segments
      obovales ou oblongs . . . . *A. Ruta-muraria.*

6 { Frondes grandes à segments primaires très allongés , à segments
      secondaires lancéolés ; indusium à bord fimbrié. *A. Filix-fæmina.*
    Frondes assez courtes, à segments primaires courts , à segments
      secondaires obovales, élargis ; indusium à bord entier.
                                              A. lanceolatum.

1. A. Trichomanes L. (Capillaire).—Souche cespiteuse; frondes
linéaires, pennatiséquées, atténuées aux deux extrémités, à segments
ovales-arrondis, crénelés-dentés, tronqués à la base, à rachis d'un
brun-noir, bordé d'une aile très étroite et finement crénelée; sores
linéaires, obliques, distiques. ♃ mai-sept. — T. C. Rochers et
vieux murs humides.

2. A. septentrionale Sw.; *Acrostichum* L. — Souche très cespiteuse; frondes courtes, petites, divisées au sommet en 2-3 segments
allongés , étroitement linéaires, aigus, entiers ou bifurqués au
sommet; pétioles allongés, bruns à la base; sores linéaires, allongés,
devenant confluents et recouvrant toute la surface des segments.
♃ juin-sept. — R. Rochers : Samoreau près Fontainebleau, env.
de Nemours, Provins ; manque sur le calcaire.

3. A. Breynii Retz.; *A. germanicum* Weiss ; *A. septentrionali-
Trichomanes* Lor. et Barr. — Souche cespiteuse ; frondes courtes,
lancéolées, 2-pennatiséquées à la base et pennatiséquées au sommet,
à 5-9 segments oblongs-cunéiformes, 2-3-fides ou 2-3-partits, les
supér. entiers; pétioles allongés, bruns à la base; sores linéaires,
allongés, à la fin confluents, mais ne recouvrant pas le segment
jusqu'au sommet. ♃ juin-sept. — T. R. Rochers de Samoreau près
Fontainebleau où il n'a pas été revu récemment.

4. A. Ruta-muraria L. (Rue des murailles). — Souche cespiteuse; frondes courtes, petites, triangulaires-ovales, 3-pennati-
séquées, à pétioles verts plus ou moins allongés, à segments primaires épais, peu nombreux, à segments secondaires obovales ou
oblongs, entiers ou crénelés, atténués à la base; sores allongés, à la
fin confluents; à indusium fimbrié. ♃ mai-sept. — T. C. Rochers
et vieux murs.

  Var. *angustatum* Coss. et Germ.; var. *pseudo-germanicum* Heufler?;
frondes souv. pennatiséquées à segments cunéiformes-allongés. —
T. R. Rochers de Bagneaux près Nemours.

5. A. Adiantum-nigrum L. — Souche cespiteuse; frondes
assez grandes, triangulaires-lancéolées, 2-3-pennatiséquées, acuminées, à pétioles bruns à la base et luisant, à segments nombreux,
les primaires lancéolés, les secondaires alternes, ovales, incisés-

dentés, atténués à la base ; sores linéaires-oblongs, à la fin confluents ; indusium à bord entier. ♃ mai-sept. — A. C. Rochers et vieux murs humides ; rare sur le calcaire.

6. **A. lanceolatum** Huds. — Souche cespiteuse ; frondes ord. peu nombreuses et assez courtes, 2-pennatiséquées, oblongues-lancéolées, atténuées aux deux extrémités, à pétioles bruns à la base ou complètement verts, à segments primaires ovales-lancéolés, à segments secondaires obovales-cunéiformes, dentés-acuminés ; sores arrondis ou oblongs, non confluents ; indusium à bord entier. ♃ juin-juill. — R. Rochers humides : Fontainebleau, Itteville, La Ferté-Aleps, Malesherbes ; manque sur le calcaire.

7. **A. Filix-fœmina** Bernh. ; *Polypodium* L. ; *Athyrium* Roth. ; *Aspidium* Sw. ; *Polypodium Leseblii* Mérat (Fougère femelle). — Souche épaisse, cespiteuse ; frondes grandes, oblongues-lancéolées, 2-pennatiséquées, à pétioles courts, à segments primaires allongés, lancéolés-acuminés, à segments secondaires lancéolés, dentés-sub-pennatifides, à dents aiguës ; sores oblongs ou subarrondis, non confluents, bisériés ; indusium fimbrié. ♃ juin-sept. — A. C. Bois humides.

10. **SCOLOPENDRIUM** Sm. (Scolopendre). — Sores linéaires, allongés, parallèles, obliquement transversaux entre la nervure médiane et la marge du limbe, recouverts d'un indusium membraneux qui s'ouvre en son milieu suivant une ligne longitudinale.

S. vulgare Symons ; *S. officinale* Sm. ; *Asplenium Scolopendrium* L. (Langue de cerf). — Souche épaisse, cespiteuse ; frondes très longues, oblongues-lancéolées, entières ou très rar. bilobées au sommet (*S. dædaleum* Hort., forme monstrueuse), un peu contractées et cordées-auriculées à la base. ♃ juin-sept. — A. R. Rochers humides, vieux puits.

11. **LOMARIA** Willd. — Frondes de deux sortes, les unes stériles, les autres fertiles, centrales, plus longues, fortement contractées ; sores linéaires, parallèles à la nervure moyenne, d'abord distincts puis confluents et recouvrant toute la face infér. des segments, munis d'un indusium qui se renverse en dehors au moment de la déhiscence.

L. Spicant Desv. ; *Osmunda* L. ; *Blechnum* Roth. — Souche épaisse, cespiteuse ; frondes oblongues-lancéolées, pennatiséquées, atténuées aux deux extrémités, les stériles à segments lancéolés, élargis, rapprochés et confluents à la base, les fertiles à segments linéaires, écartés, légèrement décurrents à la base. ♃ juin-sept. — A. R. Bois et prairies humides : Meudon, Montmorency, St-Léger, Villers-Cotterets, Compiègne, etc.

12. PTERIS L. — Frondes toutes fertiles; sores linéaires, disposés en série continue sur le bord des segments, recouverts d'un indusium continu avec la marge des segments, libre sur son côté interne.

P. aquilina L.; *Paesia* St-Hil. (Grande Fougère, Fougère à l'aigle). — Plante élevée, à rhizome allongé; frondes très grandes, ovales-triangulaires, 2-3-pennatiséquées, à pétiole robuste, longuement nu dans sa partie infér.; segments primaires subopposés, pétiolés; segments tertiaires oblongs, obtus, entiers, coriaces, rapprochés, pubescents à la face infér., à bords un peu enroulés en dessous. ♃ juill.-sept. — T. C. Bois, bruyères et pâturages sablonneux; manque sur le calcaire.

ESPÈCE EXCLUE.

Asplenium Halleri DC., observé une seule fois en 1835 à Franchard, n'y a pas été retrouvé depuis cette époque.

CXIV. LYCOPODIACÉES Rich.

Herbes vivaces, à tige très feuillée, rameuse-dichotome, couchée-radicante à la base. Feuilles très nombreuses, petites, persistantes, simples, uninervées, sessiles ou décurrentes, rapprochées-imbriquées et disposées en spirale sur la tige. Sporanges tous semblables, ord. nombreux, ovoïdes ou réniformes, un peu aplatis (*microsporanges, coniothèques*), sessiles ou subsessiles, s'ouvrant régulièrement par une fente transversale et contenant une grande quantité de spores très petites (*microspores*), sphériques, lisses, qui se sont d'abord produites par groupes de quatre dans des cellules-mères à la fin résorbées; les sporanges sont placés soit à l'aisselle des feuilles dans toute la longueur ou seulement au sommet de la tige, soit à l'aisselle de bractées et réunis en épis terminaux.

LYCOPODIUM Dill. (Lycopode).—(Caractères de la famille.)

1 { Sporanges placés à l'aisselle des feuilles sur toute la longueur des rameaux et ne formant pas d'épis distincts. . . . . *L. Selago.*
Sporanges placés à l'aisselle des feuilles ou de bractées et formant toujours des épis distincts, solitaires ou agglomérés, sessiles ou pédonculés. 2

2 { Sporanges placés à l'aisselle de feuilles non modifiées, formant des épis solitaires et sessiles au sommet des rameaux. *L. inundatum.*
Sporanges placés à l'aisselle de bractées, formant des épis réunis par 2-6 au sommet d'un pédoncule commun 3

3 { Tige cachée par les feuilles très rapprochées, molles, finement denticulées sur les bords et terminées par un long poil blanc.
L. clavatum.

Tige non cachée par les feuilles lâchement éparses, coriaces, entières sur ses bords, dépourvues de poil au sommet.
L. Chamæcyparissus.

1. L. Selago L.—Tiges couchées-ascendantes, rameuses, cachées par les feuilles, celles-ci coriaces, raides, lancéolées, acuminées, entières ou subdenticulées, dressées ou subétalées, étroitement imbriquées; sporanges placés à l'aisselle des feuilles sur presque toute la longueur des rameaux. ♃ juill.-sept.—T. R. Pentes boisées : St-Cyr, Villers-Cotterets.

2. L. inundatum L. — Tiges rampantes et radicantes, peu rameuses, cachées par les feuilles, à rameaux simples, dressés; feuilles un peu molles, linéaires-acuminées, entières, subétalées; sporanges placés à l'aisselle de feuilles non modifiées, formant des épis cylindracés, solitaires et sessiles au sommet des rameaux. ♃ juill.-sept. — R. Marais et lieux tourbeux : St-Léger, Senlisse, vallée de Bray, Neufmoulin près Chantilly, environs de Beauvais, etc.

3. L. Chamæcyparissus A. Br.; *L. complanatum* Auct. gall. (non Schrk.).—Tiges couchées, ascendantes, très rameuses, non cachées par les feuilles lâchement éparses, à rameaux dichotomes, très feuillés; feuilles coriaces, raides, lancéolées, aiguës, entières, dressées-appliquées contre les rameaux; sporanges placés à l'aisselle de bractées membraneuses, rhomboïdales, formant des épis cylindracés réunis par 3-6 au sommet d'un pédoncule commun plus ou moins allongé. ♃ juill.-sept. — T. R. Bois du Belloy près Beauvais.

4. L. clavatum L. (Lycopode). — Tiges allongées, couchées, rampantes, très rameuses, cachées par les feuilles rapprochées, à rameaux ascendants; feuilles molles, minces, linéaires, aiguës, finement denticulées sur les bords, terminées par un long poil blanc, étalées-arquées; sporanges placés à l'aisselle de bractées membraneuses, ovales, formant des épis cylindracés, réunis par 2-3 au sommet d'un pédoncule commun allongé. ♃ juill.-sept.— A. R. Bois humides : Meudon, Ville-d'Avray, Versailles, St-Cyr, Mortefontaine, Montmorency, etc.

CXV. RHIZOCARPÉES Batsch.

Herbes aquatiques, vivaces, à rhizome, rampant, rameux, court ou plus ou moins allongé. Feuilles (*frondes*) alternes, roulées ou non en crosse dans la préfoliaison, linéaires-subulées et réduites au rachis ou à limbe quadrilobé, à segments opposés par paires au sommet du rachis. Fruits (*sporocarpes*) sessiles ou stipités, naissant sur le rhizome à l'aisselle des frondes, formés d'un involucre (*conceptacle*) globuleux ou ovoïde, divisé en 2-4 loges ou quelquefois plus, s'ouvrant à la maturité plus ou moins complètement par 2-4 valves; chaque loge contient des sporanges de deux sortes : les uns plus gros (*macrosporanges*) ord. placés à la partie infér. de la loge, les autres plus petits (*microsporanges*) occupant la partie supér.

PILULARIA Vaill. (Pilulaire). — Frondes linéaires-subulées; sporocarpes globuleux, subsessiles, solitaires à l'aisselle des frondes, quadriloculaires, s'ouvrant au sommet par 4 petites valves en forme de dents.

P. globulifera L. — Rhizome filiforme, allongé; frondes cylindriques, filiformes, dressées, ou plus rar. nageantes, très allongées, (*P. natans* Mér.); sporocarpes de la grosseur d'un petit pois, recouverts d'un feutrage brunâtre. ♃ juin-sept. — R. Marécages, bords des mares et des étangs des terrains siliceux : Sénart, Fontainebleau, St-Léger, Montfort-l'Amaury, etc.

CXVI. CHARACÉES Rich.

Herbes annuelles ou vivaces, aquatiques, submergées, souv. douées d'une odeur fétide et encroûtées de sels calcaires qui les rendent fragiles, munies dans leur partie infér. de racines (*rhizoïdes*) grêles, simples. Tiges lisses ou papilleuses, translucides ou opaques, simples ou rameuses, composées d'articles cylindriques formés d'une seule cellule tubuleuse, allongée, solitaire, ou recouverte d'une couche corticale de cellules plus étroites disposées en spirales; articulations munies de ramuscules ou rayons (*feuilles* de quelques auteurs) verticillés, formés d'entre-nœuds constitués comme la tige et munis eux-mêmes de verticilles de ramuscules ou rayons secondaires (*folioles* de quelques auteurs). Organes reproducteurs des deux sexes (*anthéridie* et *oogemme*) rapprochés sur le même individu (*plante monoïque*) ou portés par des individus différents (*plante dioïque*), placés soit à la face interne des ramuscules et entourés d'un verticille incomplet de 4-8 ramuscules (*bractées* de quelques auteurs) secondaires, soit au sommet ou au niveau de la bifurcation des ramuscules secondaires. Anthéridies (*globules* des anciens auteurs) globuleuses, d'abord vertes, puis rouges ou orangées, formées de 8 cellules triangulaires à bords dentés et s'engrenant l'une avec l'autre, s'isolant à la maturité pour laisser échapper un nombre considérable d'anthérozoïdes. Oogemmes (*sporanges, nucules* des anciens auteurs) ovoïdes ou ovoïdes-subglobuleux, formés d'une cellule centrale (*oosphère*) recouverte d'une enveloppe composée de 5 cellules tubuleuses, soudées entre elles, contournées en spirale et prolongées au-dessus de la cellule centrale en 5 dents ou tubercules plus ou moins distincts (*coronule*).

1. **CHARA** Vaill. (Charagne). — Plantes monoïques ou dioïques; tiges ord. opaques et incrustées de sels calcaires, à articles formés d'une cellule tubuleuse centrale, entourée d'une couche corticale de cellules disposées en spirale; très rar. les articles sont composés d'une cellule solitaire dépourvue de couche corticale; verticilles de ramuscules munis à leur base de papilles involucrales plus ou moins développées; coronule saillante, formée de 5 dents persistantes, à une seule cellule; anthéridies placées au-dessus des oogemmes dans les espèces monoïques.

1 { Tiges opaques, fragiles, à articles formés d'un tube central entouré d'une couche corticale. 2

Tiges diaphanes, flexibles, à articles formés d'un tube dépourvu de couche corticale 7

2 { Plante dioïque. 3

Plante monoïque 4

3 { Articulations infér. munies de 2-4 bulbilles; tiges hérissées supérieurement de longues papilles; ramuscules verticillés par 6-8; anthéridies solitaires; oogemmes à 10-12 tours de spire.
C. aspera.

Articulations infér. dépourvues de bulbilles; tiges inermes; ramuscules verticillés par 7-10; anthéridies géminées ou ternées; oogemmes à 14-17 tours de spire. . . . . . . C. connivens.

4 { Tiges épaisses, fortement striées, couvertes au moins dans leur partie supér. de papilles aiguës et très nombreuses. C. hispida.

Tiges grêles, faiblement striées, inermes ou munies de papilles obtuses et peu nombreuses 5

5 { Tiges vertes, peu incrustées, complètement dépourvues de papilles.
C. fragilis.

Tiges d'un blanc grisâtre, fortement incrustées, munies de papilles dans leur partie supér. 6

6 { Côtes primaires de la tige déprimées; papilles placées dans les sillons; bractées toutes ou au moins les deux intér. bien plus longues que les oogemmes. . . . . C. vulgaris.

Côtes primaires saillantes; papilles placées sur les côtes; bractées dépassant peu les oogemmes. . . . . C. contraria.

7 { Plante dioïque, dépourvue dans sa partie infér. de verticilles de ramuscules, ceux-ci remplacés par de petites masses étoilées, blanchâtres, crustacées . . . . C. stelligera.

Plante monoïque, munie dans sa partie infér. de ramuscules verticillés et dépourvue d'étoiles blanchâtres . . . . C. Braunii.

§. **Polysiphonicées.** — Articles formés d'un tube central entouré d'une couche corticale.

* Plantes monoïques.

1. C. **fragilis** Desv.; *C. globularis* Thuill.; *C. pulchella* Wallr. —

Tiges grêles, vertes, opaques, fragiles, peu incrustées, finement striées, dépourvues de papilles; bractées égalant ou dépassant l'oogemme, celui-ci à 12-15 tours de spire. Juill.-sept. — C. Fossés, rivières et étangs.

Var. *barbata* Gant.; *C. fragilis* var. *longibracteata* Rabenh.; bractées 2-3 fois aussi longues que les oogemmes.

Var. *capillacea* Coss. et Germ.; *C. capillacea* Thuill.; *C. setacea* Chevall.; tiges grêles, flexibles; ramuscules égalant ou dépassant les entre-nœuds; bractées dépassant l'oogemme.

Var. *Hedwigii* Crép.; *C. Hedwigii* Ag.; tiges plus robustes, allongées ainsi que les ramuscules; bractées égalant l'oogemme ou un peu plus courtes.

2. **C. hispida** L.; *C. equisetina* Kutz. — Tiges épaisses, d'un gris verdâtre, opaques, fragiles, fortement sillonnées, ord. très incrustées, munies, au moins dans leur partie supér., de papilles nombreuses et allongées, à côtes primaires (correspondant à la base des ramuscules), déprimées; bractées dépassant longuement l'oogemme, celui-ci à 12-15 tours de spire. Juill.-sept.—C. Fossés, rivières et étangs.

Var. *pseudo-crinita* Coss. et Germ.; *C. polyacantha* A. Br.; tiges plus grêles, hérissées de papilles dans presque toute leur longueur, à côtes primaires saillantes.—A. R.

3. **C. vulgaris** L.; *C. funicularis* et *C. batrachosperma* Thuill.; *C. fœtida* A. Br. (Herbe à écurer). — Tiges plus ou moins grêles, grisâtres, opaques, fragiles, superficiellement sillonnées, ord. très incrustées, inermes ou munies de papilles peu nombreuses, à côtes primaires déprimées; bractées toutes ou au moins les 2 antér. dépassant longuement l'oogemme, celui-ci à 12 tours de spire. Juin-sept.—T. C Fossés, mares et étangs.

Var. *longibracteata* Kutz.; tiges presque complètement dépourvues de papilles; bractées dépassant longuement l'oogemme.

Var. *papillata* Wallm.; *C. fœtida*, var. *subhispida* A. Br.; tiges couvertes de nombreuses papilles caduques; côtes primaires saillantes.

C. contraria A. Br.; *C. fœtida* var. *contraria* Coss. et Germ. — Diffère du précédent, dont il n'est peut-être qu'une variété, par ses tiges à côtes primaires saillantes, ord. munies de papilles placées sur les côtes et non dans les sillons et par ses bractées dépassant peu les oogemmes. Juin-sept. — T. R. Mares de la forêt de Fontainebleau.

** Plantes dioïques.

4. **C. connivens** Salzm. — Tiges vertes, opaques, fragiles, inermes, plus ou moins incrustées, à articulations infér. dépourvues de bulbilles; ramuscules verticillés par 7-10; anthéridies géminées ou ternées; bractées plus courtes que les oogemmes, ceux-ci à 14-17 tours de spire. Juin-sept. — T. R. Étang de St-Quentin près Trappes.

5. C. aspera Willd.; *C. delicatula* et *C. intertexta* Desv.; *C. fallax* Ag. — Tiges grisâtres, opaques, fragiles, ord. très incrustées, hérissées dans leur partie supér. de papilles allongées; articulations infér. munies de 2-4 bulbilles; ramuscules verticillés par 6-8; anthéridies solitaires; bractées plus longues que les oogemmes, ceux-ci à 10-12 tours de spire. Juin-sept. — R. Fossés, mares et étangs : Versailles, Mortefontaine, Sceaux près Château-Landon.

§§ **Monosiphonicées. — Articles formés d'un tube solitaire et dépourvu de couche corticale.**

6. C. stelligera Bauer; *Nitella* Coss. et Germ. — Dioïque; tiges vertes, diaphanes, flexibles, dépourvues dans leur partie infér. de ramuscules verticillés, ceux-ci remplacés par de petites masses étoilées, blanchâtres, crustacées; bractées bien plus longues que les oogemmes, ceux-ci à 5 tours de spires. Juill.-sept. — T R. Dans la Marne près Créteil, dans le canal du Loing entre Moret et Nemours.

7. C. Braunii Gmel.; *C. coronata* Ziz. — Monoïque; tiges verdâtres, diaphanes, flexibles, munies aux articulations infér. de ramuscules verticillés par 9-10 et dépourvues d'étoiles blanchâtres; bractées plus courtes que les oogemmes ou les égalant, ceux-ci à 8-9 tours de spire. Juill.-sept.—T. R. Étang de St-Quentin près Trappes.

2. NITELLA Ag. — Plantes monoïques ou dioïques; tiges ord. transparentes, flexibles, peu ou pas incrustées de sels calcaires, à articles formés d'une cellule tubuleuse, solitaire et non entourée d'une couche corticale; ramuscules dépourvus à leur base de papilles involucrales; coronule peu distincte, formée de 5 dents ord. caduques, à 2 cellules superposées; anthéridies placées au-dessus des oogemmes dans les espèces monoïques.

1	Plante dépourvue dans sa partie infér. de ramuscules verticillés, ceux-ci remplacés par de petites masses étoilées, blanchâtres, crustacées. . . . . Voyez *Chara stelligera*.
	Plante munie dans sa partie infér. de ramuscules verticillés et dépourvue d'étoiles blanchâtres. 2
2	Ramuscules irrégulièrement divisés, munis au niveau de leurs articulations de deux ou plusieurs ramuscules secondaires plus courts et plus grêles que l'extrémité des ramuscules 3
	Ramuscules régulièrement bifurqués, dépourvus au niveau de leurs articulations de ramuscules 4
3	Ramuscules à terminaison obtuse, les stériles simples ou 1-2 fois divisés, dépassant peu les glomérules fructifères. *N. glomerata.*
	Ramuscules à terminaisons aiguës, les stériles plusieurs fois divisés, dépassant longuement les glomérules fructifères. *N. intricata.*
4	Plante monoïque 5
	Plante dioïque 10

$$5 \begin{cases} \text{Ramuscules simples ou bifurqués ; oogemmes géminés ou ternés. } 6 \\ \text{Ramuscules 3-5-furqués ; oogemmes solitaires . . . . } 7 \end{cases}$$

$$6 \begin{cases} \text{Tiges assez épaisses, d'un beau vert ; ramuscules simples, obtus} \\ \text{au sommet et terminés par 1-3 petites pointes aciculées.} \\ \hfill N.\ translucens. \\ \text{Tiges assez grêles, d'un vert foncé ; ramuscules bifurqués, aigus} \\ \text{au sommet et dépourvus de pointes aciculées. . . } N.\ flexilis. \end{cases}$$

$$7 \begin{cases} \text{Tiges capillaires ; ramuscules courts, en verticilles formant des} \\ \text{glomérules compactes, subglobuleux, entourés de mucilage,} \\ \text{espacés comme les grains d'un chapelet . . . } N.\ tenuissima. \\ \text{Tiges non capillaires ; verticilles non disposés en glomérules com-} \\ \text{pactes comme ci-dessus et dépourvus de mucilage. . . . . . . } 8 \end{cases}$$

$$8 \begin{cases} \text{Ramuscules à divisions simples, à article terminal non cloisonné.} \\ \hfill N.\ flexilis. \\ \text{Ramuscules à divisions 2-4-furquées, à article terminal cloisonné. } 9 \end{cases}$$

$$9 \begin{cases} \text{Ramuscules à divisions capillaires, étalées-divergentes, aiguës,} \\ \text{mais non mucronées au sommet. . . . . } N.\ gracilis. \\ \text{Ramuscules à divisions non capillaires, dressées, terminées par un} \\ \text{mucron allongé. . . . . } N.\ mucronata. \end{cases}$$

$$10 \begin{cases} \text{Ramuscules grêles, transparents, d'un beau vert ; anthéridies et} \\ \text{oogones entourés de mucilage. . . . . } N.\ syncarpa. \\ \text{Ramuscules épais, opaques, d'un vert sombre ; anthéridies et} \\ \text{oogones dépourvus de mucilage. . . . . } N.\ opaca. \end{cases}$$

§ **Tolypella.** — Ramuscules irrégulièrement divisés, munis au niveau de leurs articulations de deux ou plusieurs ramuscules secondaires plus courts que l'extrémité des ramuscules primaires.

1. **N. glomerata** Chevall.; *Chara nidifica* Sm.; *C. glomerata* Desv.; *Tolypella glomerata* Leonh. — Monoïque ; ramuscules verticillés par 6-12, à article terminal obtus, les stériles simples ou 1-2 fois divisés, dépassant peu les glomérules fructifères ; anthéridies solitaires ; oogemmes agrégés par 2-5 sous l'anthéridie. Avril-juin. — T. R. Fossés, mares et étangs ; indiqué à Antony et à Bondy, où il n'a pas été retrouvé depuis plusieurs années.

2. **N. intricata** Ag.; *N. polysperma* Kutz.; *Chara intricata* Roth ; *C. fasciculata* Amici; *Tolypella intricata* Leonh. — Monoïque ; ramuscules verticillés par 6-10, à article terminal aigu, les stériles plusieurs fois divisés, dépassant longuement les glomérules fructifères ; anthéridies solitaires ou géminées ; oogemmes agrégés par 2-8 autour des anthéridies. Mars-juin. — T. R. Fossés, mares et eaux dormantes : bois de Lognes près Lagny.

§ **Nitella.** — Ramuscules régulièrement bifurqués, à divisions égales et semblables entre elles, dépourvus au niveau de leurs articulations de ramuscules secondaires.

* Ramuscules à articulation terminale cloisonnée.

3. **N. tenuissima** Kutz.; *Chara* Desv.; *C. stellata* S.-F. Gray. —

Monoïque; tiges capillaires d'un vert sombre; ramuscules courts, réunis en verticilles compactes, subglobuleux, entourés de mucilages et espacés le long des tiges comme les grains d'un chapelet; oogemmes solitaires, à 8-9 tours de spire. Mai-août. — R. Mares et eaux dormantes: Sénart, Itteville, Épizy.

4. **N. gracilis** Ag.; *Chara* Sm.; *C. exilis* Amici.—Monoïque; tiges très grêles, d'un beau vert; ramuscules capillaires, 3-4 fois divisés, à divisions étalées-divergentes, aiguës ou brièvement mucronées, non entourés de mucilage; oogemmes solitaires à 6-7 tours de spire. Juin-août. — T. R. Mares, étangs et fossés : étang de Grand-Moulin près Dampierre.

5. **N. mucronata** Kutz.; *Chara fuscata* Amici; *C. mucronata* A. Br.; *C. Barbieri* Bals. Criv.; *C. norvegica* Wallm. — Monoïque; tiges un peu grêles, d'un beau vert; ramuscules grêles, mais non capillaires, 1-2 rar. 3 fois divisés, à divisions dressées, terminées par un mucron très allongé, conique; oogemmes solitaires, à 7-8 tours de spires. Juin-sept. — A. R. Fossés, étangs et rivières : dans la Seine à Billancourt et au Bas-Meudon, Trou-Salé, Sénart, Ermenonville, Nemours, Thurelles près Dordives.
Var. *heteromorpha* A. Br.; ramuscules 1 fois divisés, les fructifères courts, en glomérules un peu serrés.

6. **N. translucens** Ag.; *Chara* Pers. — Monoïque; tiges assez épaisses, luisantes, d'un beau vert; ramuscules simples, obtus au sommet et terminés par 1-3 petites pointes aciculées; oogemmes géminés ou ternés, à 7-8 tours de spire. Juin-sept. — A. R. Mares, étangs et eaux tranquilles : Meudon, Sénart, Fontainebleau, etc.

** Rameaux à articulation terminale non cloisonnée.

7. **N. flexilis** Ag.; *N. Brongniartiana* Coss. et Germ.; *Chara flexilis* L.; *C. furculata* Rchb. — Monoïque; tiges un peu grêles, non luisantes, d'un vert assez foncé; ramuscules bifurqués, plus rar. simples, aigus au sommet et dépourvus de pointes aciculées; oogemmes solitaires, géminés ou ternés, à 5-7 tours de spire. Juin-sept. — R. Fossés et étangs : étangs de Guipereux et de Gambaiseuil près Montfort-l'Amaury.

8. **N. opaca** Ag.; *Chara* Ag.; *C. syncarpa* Auct. mult (non Thuill.); *C. capitata* var. *opaca* A. Br. — Dioïque; tiges un peu épaissies, ord. opaques, d'un vert sombre; ramuscules 2-3-furqués; anthéridies et oogemmes non entourés de mucilage; anthéridies solitaires, plus rar. géminées ou ternées; oogemmes solitaires, géminés ou ternés, à 5-6 tours de spire saillants. Mai-juill. — R. Fossés, mares et étangs : Trou-Salé, St-Quentin près Trappes, Fontainebleau.

9. **N. syncarpa** Chevall.; *N. capitata* Wallm. (non Ag.); *Chara*

syncarpa Thuill. — Dioïque; tiges ord. grêles, transparentes, d'un beau vert; ramuscules simples ou 2-3-furquées; anthéridies et oogemmes réunis en glomérules denses et entourés de mucilage; oogemmes à 5-7 tours de spire superficiels. Juill.-sept. — T. R. Fossés, mares et étangs : Sénart, Malenoue près Lagny, étang de la Grange près Rosoy-en-Brie.

TABLEAU ANALYTIQUE DES FAMILLES

I. SPERMATOPHYTES (PHANÉROGAMES OU COTYLÉDONÉES)

Plantes portant des fleurs formées d'étamines et de pistils ou seulement de l'un de ces organes. Embryon à un, deux ou plusieurs cotylédons, contenu dans une graine.

A. DICOTYLÉDONÉES.

Plantes herbacées ou ligneuses. Tige formée de couches concentriques, traversées par des rayons médullaires et entourant une moelle centrale. Feuilles simples ou composées, à nervures ord. divergentes, ramifiées et anastomosées en réseau. Périanthe à folioles (lorsqu'elles existent) disposées sur 2 rangs ord. en nombre quinaire. Embryon muni de 2 cotylédons, rar. plus.

1 { Périanthe composé de deux enveloppes (calice et corolle), l'extér. ord. herbacée et l'intér. colorée. 2
Périanthe nul ou formé d'une seule enveloppe herbacée ou pétaloïde. 114

2 { Corolle formée de pétales libres entre eux. 3
Corolle formée de pétales plus ou moins connés entre eux. . . . 65

3 { Pétales et étamines sans aucune adhérence avec le calice ; ovaire toujours supère. 4
Pétales et étamines plus ou moins adhérents au calice, l'ovaire étant supère, ou paraissant insérés au sommet de l'ovaire, celui-ci étant infère. 38

4 { Fruit sec. 5
Fruit bacciforme 34

5 { Sépales 2, très caducs ; pétales 4 6
Sépales 4-5 ; pétales 4-5 ou plus. 7

6 { Fleurs régulières ; étamines nombreuses, libres.
           Papavéracées (p. 20).
Fleurs irrégulières ; étamines 6, réunies par leurs filets en deux faisceaux. . . . . *Fumariacées* (p. 22).

7 { Fruit composé de carpelles plus ou moins nombreux, entièrement libres et distincts, ou réunis seulement par la base 8
Fruit formé d'un seul carpelle ou de plusieurs carpelles réunis entre eux et composant un fruit unique. 12

8 { Etamines 12 ou moins. 9
    Plus de 12 étamines. 11

9 { Arbrisseaux épineux; fruit bacciforme. . . *Berbéridées* (p. 18).
    Herbes non épineuses; fruit sec. 10

10 { Fleurs blanches ou jaunes; fruit composé d'achaines nombreux disposés en épis ou en capitules. . . . *Renonculacées* (p. 1).
    Fleurs roses ou purpurines; fruit composé de 5 carpelles surmontés d'une longue languette, verticillés autour d'un prolongement de l'axe dont ils se détachent avec élasticité.
                      Géraniacées (p. 93).

11 { Fleurs munies d'un calicule; étamines réunies en un tube qui entoure les styles . . . . *Malvacées* (p. 86).
    Fleurs dépourvues de calicule; étamines libres.
                      Renonculacées (p. 1).

12 { Fleurs régulières 13
    Fleurs irrégulières. 27

13 { Etamines 12 ou moins. 14
    Plus de 12 étamines. 23

14 { Pétales 4 opposés en croix; étamines 6, inégales, 4 grandes et 2 plus courtes; le fruit est une silique ou une silicule.
                      Crucifères (p. 25).
    Pétales 4-5, non opposés en croix; étamines égales, le fruit n'est ni une silique ni une silicule 15

15 { Fruit sec, uniloculaire. 16
    Fruit sec ou bacciforme, pluriloculaire 17

16 { Tiges plus ou moins feuillées, très rar. tout à fait nues; placentation centrale; graines réniformes ou scutiformes.
                      Caryophyllées (p. 59).
    Tiges complètement nues; placentation pariétale; graines à testa prolongé aux extrémités opposées en forme d'arille.
                      Droséracées (p. 55).

17 { Arbres ou arbustes à calice gamosépale 18
    Plantes herbacées à calice dialysépale ou plus rar. gamosépale à la base 20

18 { Fruit déhiscent, rouge à la maturité; graines enveloppées d'un arille charnu et coloré . . . . *Célastrinées* (p. 104).
    Fruit indéhiscent, n'étant pas rouge à la maturité; graines dépourvues d'arille charnu et coloré 19

19 { Arbres plus ou moins élevés; fruit sec, composé de 2 samares réunies par leur base. . . . . *Acérinées* (p. 98).
    Arbustes sarmenteux; fruit bacciforme, succulent, subglobuleux.
                      Ampélidées (p. 102).

20 { Pétales prolongés au-dessous de leur insertion en éperon court; anthères uniloculaires, s'ouvrant par une fente semi-circulaire.
                      Monotropées (p. 253).
    Pétales non prolongés en éperon; anthères biloculaires, s'ouvrant en long ou par des pores terminaux 21

21 { Feuilles coriaces disposées en rosette radicale ; anthères extrorses, s'ouvrant par des pores terminaux. . . . *Pyrolacées* (p. 252).
Feuilles non coriaces ni disposées en rosette radicale ; anthères introrses s'ouvrant en long. . . . . 24 bis.

24 bis { Plantes aquatiques ; anthères à filets libres ; graines cylindriques, plus ou moins arquées . . . . *Elatinées* (p. 78).
Plantes terrestres ; anthères à filets plus ou moins réunis à la base ; graines comprimées 22

22 { Feuilles simples, alternes ou opposées ; graines dépourvues d'arille. *Linées* (p. 84).
Feuilles trifoliolées, éparses ; graines entourées d'un arille charnu. *Oxalidées* (p. 97).

23 { Etamines brièvement réunies par la base des filets en 3-5 faisceaux oppositipétales. . . . . *Hypéricinées* (p. 89).
Etamines à filets libres et non réunis en faisceaux 24

24 { Fruit déhiscent. 25
Fruit indéhiscent. 26

25 { Corolle en préfloraison imbriquée, à pétales nectarifères ; styles libres . . . . *Renonculacées* (p. 1).
Corolle en préfloraison contournée, à pétales non nectarifères ; styles réunis. . . . . *Cistinées* (p. 47).

26 { Herbes aquatiques ; fleurs solitaires, dépourvues de bractées ; fruit herbacé, multiloculaire, polysperme. . *Nymphéacées* (p. 191).
Arbres élevés ; inflorescences accompagnées d'une large bractée membraneuse ; fruit subligneux, uniloculaire, 1-2 sperme. *Tiliacées* (p. 88).

27 { Une ou plusieurs pièces du calice ou de la corolle prolongées en éperon au-dessous de leur insertion. 28
Aucune pièce du calice ou de la corolle n'est prolongée en éperon. 32

28 { Herbes charnues d'un jaune pâle, dépourvues de feuilles ; tous les pétales sont prolongés en éperons courts. *Monotropées* (p.253).
Herbes verdoyantes, munies de feuilles ; un seul sépale ou un seul pétale est prolongé en éperon. 29

29 { Sépales 2 ; étamines 6, réunies par leurs filets en 2 faisceaux. *Fumariacées* (p. 22).
Sépales 5 ; étamines libres. 30

30 { Calice pétaloïde, à sépales caducs très inégaux, le postérieur prolongé en éperon 31
Cal. herbacé à sépales persistants, presque égaux, tous appendiculés à leur base, mais non prolongés en éperon. *Violariées* (p. 50).

31 { Fleurs jaunes ; étamines à filets élargis à la base et à anthères cohérentes ; fruit capsulaire à 5 loges , s'ouvrant avec élasticité par 5 valves . . . . *Balsaminées* (p. 98).
Fleurs jamais jaunes ; étamines à filets non élargis et à anthères non cohérentes ; le fruit est un follicule. *Renonculacées* (p. 1).

32 { Arbres élevés ; calice gamosépale ; fruit charnu-coriace, ord. hérissé de pointes et s'ouvrant par 3 valves. *Hippocastanées* (p. 99).
Plantes herbacées ; calice dialysépale ; fruit sec ou membraneux, inerme, s'ouvrant au sommet ou par 2 valves 33

33 { Etamines libres, à anthères biloculaires s'ouvrant en long; capsule uniloculaire, polysperme. . . . . . *Résédacées* (p. 54).
Etamines réunies en 2 faisceaux par leurs filets; anthères uniloculaires, s'ouvrant par un pore; capsule à loges monospermes. *Polygalées* (p. 57).

34 { Feuilles 2-3-ternatiséquées; pétales très petits. *Renonculacées* (p. 1).
Feuilles simples, entières ou lobées; pétales très visibles. 35

35 { Etamines 10 ou moins, libres. 36
Plus de 10 étamines, réunies par la base de leurs filets en 3-5 faisceaux oppositipétales. . . . . . . *Hypéricinées* (p. 89).

36 { Herbes à tiges faibles, rampantes ou grimpantes; feuilles toutes opposées; fleurs blanches. . . . . *Caryophyllées* (p. 59).
Arbrisseaux ou arbustes à feuilles toutes ou au moins les supér. alternes ou fasciculées; fleurs jaunes ou verdâtres. 37

37 { Rameaux épineux, non sarmenteux ni grimpants; stipules nulles; baie oblongue, rouge. . . . . *Berbéridées* (p. 48).
Rameaux sarmenteux-grimpants, inermes; stipules membraneuses; baies globuleuses, verdâtres, violacées ou noires. *Ampélidées* (p. 102).

38 { Ovaire supère ou semi-infère 39
Ovaire infère. 55

39 { Fleurs irrégulières; étamines 10, réunies en tube par leurs filets, ou 9 réunies et la dixième libre . . . *Papilionacées* (p. 103).
Fleurs régulières; étamines libres. 40

40 { Ovaires plus ou moins nombreux, composés de carpelles distincts, libres entre eux, ou insérés à la surface du réceptacle ou renfermés dans le calice. 41
Ovaire unique, formé d'un seul carpelle ou de plusieurs carpelles réunis entre eux 45

41 { Etamines 10 ou moins. 42
Etamines 12 ou plus. 43

42 { Feuilles charnues; fruit capsulaire composé de 5, rar. 4-6-8 follicules . . . . *Crassulacées* (p. 80).
Feuilles non charnues; fruit capsulaire composé de 2 follicules. *Saxifragées* (p. 160).

43 { Carpelles monospermes, plus ou moins nombreux, rar. 1-2, insérés sur un réceptacle sec ou charnu ou renfermés dans une induvie charnue ou indurée . . . . *Rosacées* (p. 130).
Carpelles polyspermes. 44

44 { Feuilles entières, épaisses-charnues; fleurs purpurines; une écaille glanduliforme dentée à la base de chaque carpelle. *Crassulacées* (p. 80).
Feuilles pennatiséquées, non charnues; fl. blanches, pas d'écailles glanduliformes à la base des carpelles . . *Rosacées* (p. 130).

45 { Etamines 10 ou moins. 46
Etamines 12 ou plus ou plus. . . . . . . *Rosacées* (p. 130).

46 { Fruit bacciforme ou drupacé. 47
Fruit capsulaire 48

47 { Arbrisseaux sarmenteux-grimpants, munis de vrilles rameuses ; fleurs en grappes composées, opposées aux feuilles.

Ampélidées (p. 102).

Arbustes non sarmenteux ni grimpants, dépourvus de vrilles ; fleurs en fascicules axillaires . . . . *Rhamnées* (p. 100).

48 { Capsule uniloculaire ou divisée seulement à la base par des cloisons incomplètes. 49

Capsule pluriloculaire. 54

49 { Capsule indéhiscente, renfermée dans le tube du calice persistant.

Paronychiées (p. 75).

Capsule déhiscente 50

50 { Capsule s'ouvrant circulairement par un opercule.

Portulacées (p. 77).

Capsule s'ouvrant par des valves. 51

51 { Capsule monosperme, s'ouvrant par des valves libres à la base et cohérentes au sommet. . . . . *Paronychiées* (p. 75).

Capsule polysperme ou oligosperme, s'ouvrant par des valves du sommet à base. 52

52 { Pétales entiers ; capsule s'ouvrant par 3 ou 5 valves. 53

Pétales bifides ou bipartites ; capsule s'ouvrant par 6 valves.

Caryophyllées (p. 59).

53 { Pétales un peu inégaux, réunis à la base ; étamines ord. 3, rar. 4-5 ; capsule 3-sperme. . . . . *Portulacées* (p. 77).

Pétales égaux et tout à fait libres ; étamines 5-10 ; capsule polysperme . . . . *Caryophyllées* (p. 59 .

54 { Arbustes ; calice à 4-5 sépales ; anthères extrorses ; capsule à 3-5 loges ; graines munies d'un arille charnu, rougeâtre.

Célastrinées (p. 101).

Herbes ; calice à 8-12 divisions sur 2 rangs ; anthères introrses ; capsule à 2 loges ; graines dépourvues d'arille.

Lythrariées (p. 152).

55 { Etamines 10 ou moins. 56

Etamines 12 au plus . . . . *Rosacées* (p. 130).

56 { Fruit bacciforme ou drupacé. 57

Fruit sec, capsulaire. 60

57 { Arbrisseaux parasites sur les autres arbres, à tige noueuse-articulée ; étamines à anthères sessiles et s'ouvrant par plusieurs pores.

Loranthacées (p. 338).

Arbrisseaux non parasites, à tige ni noueuse, ni articulée ; étamines a filets libres et à anthères s'ouvrant en long. 58

58 { Fleurs solitaires, géminées ou en grappes ; styles 2 ; fruit pulpeux-succulent ; placentation pariétale. . *Grossulariées* (p. 159).

Fleurs en ombelles ou en cymes ; style unique ; fruit charnu ; placentation axile. 59

59 { Arbrisseaux grimpants, à tiges munies de nombreux crampons ; calice et corolle à 5 divisions ; fruit à 5 noyaux.

Araliacées (p. 181).

Arbrisseaux non grimpants ; calice et corolle à 4 divisions ; fruit à un seul noyau . . . . *Cornacées* (p. 182).

60 { Corolle à 2 pétales; étamines 2 . . . . . Onagrariées (p. 153).
Corolle à 4-5 pétales; étamines 4-8 ou 10. 61

61 { Fruit à loges déhiscentes et polyspermes. 62
Fruit à loges indéhiscentes et monospermes. 64

62 { Fleurs en capitule oblong ou subglobuleux, très dense; corolle à
5 pétales linéaires, réunis à la base. Campanulacées (p. 244).
Fleurs solitaires, en cymes, en corymbes, en épi ou en grappe
lâche; corolle à 4-5 pétales entièrement libres. 63

63 { Feuilles opposées ou éparses; étamines 4-8; capsule à 4 loges.
Onagrariées (p. 153).
Feuilles alternes, rar. opposées; étamines 10; capsule biloculaire.
Saxifragées (p. 160).

64 { Plantes nageantes ou submergées; fleurs en épi, en verticilles ou
en fascicules axillaires; fruit 4-loculaire. Haloragées (p. 158).
Plantes terrestres ou des lieux humides, très rar. submergées;
fleurs en ombelles; fruit composé de 2 achaines se séparant
l'un de l'autre à la maturité. . . . . Ombellifères (p. 161).

65 { Corolle entièrement libre et sans aucune adhérence avec le calice;
ovaire supère, très rar. infère. 66
Corolle adhérente dans une partie de sa longueur au calice et paraissant insérée sur lui; ovaire toujours infère. 101

66 { Fleurs toutes rapprochées et insérées sur un réceptacle commun et
entourées d'un involucre polyphylle. 67
Fleurs non rapprochées ni insérées sur un réceptacle commun,
dépourvues d'involucre commun. 68

67 { Fleurs régulières; étamines 5. . . . . . . Plombaginées (p. 324).
Fleurs irrégulières; étamines 4. . . . . . Globulariées (p. 159).

68 { Fleurs régulières. 69
Fleurs irrégulières. 89

69 { Etamines réunies par leurs filets en un tube qui enveloppe le
pistil 70
Etamines libres ou à peine réunies à la base. 71

70 { Etamines très nombreuses; fruit composé de carpelles nombreux,
verticillés autour de l'axe; graines sans aigrette.
Malvacées (p. 86).
Etamines 5; fruit formé de 2 follicules polyspermes; graines munies d'une aigrette. . . . . Asclépiadées (p. 260).

71 { Fruit bacciforme ou drupacé 72
Fruit sec. 74

72 { Feuilles très coriaces, à dents spinescentes; étamines 3 ou 6; fruit
drupacé. . . . . Ilicinées (p. 102).
Feuilles peu ou pas coriaces, inermes; étamines 2 ou 5; fruit
bacciforme. 73

73 { Fleurs en thyrses; corolle infundibuliforme; étamines 2.
Oléacées (p. 259).
Fleurs en cymes ou en grappes; corolle rotacée; étamines 5, rar.
plus. Solanées (p. 274).

74 { Etamines en nombre double de celui des lobes de la corolle . . . 75
   { Etamines en nombre égal à celui des lobes de la corolle ou en
       nombre moindre.. 77

75 { Feuilles très épaisses-charnues ; fruit composé de 6-20 follicules.
                                      Crassulacées (p. 80).
   { Feuilles coriaces ou peu charnues ; fruit capsulaire unique. . . . 76

76 { Fleurs jaunes ; fruit s'ouvrant circulairement par un opercule.
                                      Portulacées (p. 77).
   { Fleurs jamais jaunes ; fruit s'ouvrant par des valves.
                                      Ericacées (p. 250).

77 { Etamines en nombre égal à celui des lobes de la corolle. 78
   { Etamines (2) en nombre moindre que celui des lobes de la
       corolle (4) . . . . *Oléacées* (p. 259).

78 { Fruit composé de 4 achaines indéhiscents, monospermes, libres ou
       plus rar. adhérents entre eux. . . . . *Boraginées* (p. 267).
   { Fruit n'étant pas composé de 4 achaines monospermes, indéhiscents. 79

79 { Fruit composé de 2 follicules s'ouvrant par la suture ventrale.
                                      Apocynées (p. 260).
   { Fruit n'étant pas formé de follicules.. 80

80 { Fruit uniloculaire. 81
   { Fruit bi-pluriloculaire. 83

81 { Fleurs monoïques ; fruit osseux, monosperme , indéhiscent.
                                      Plantaginées (p. 322).
   { Fleurs hermaphrodites ; fruit capsulaire, polysperme et déhiscent. 82

82 { Etamines opposées aux lobes de la corolle ; placentation centrale.
                                      Primulacées (p. 255).
   { Etamines alternes avec les lobes de la corolle ; placentation axile
       ou pariétale. . . . . *Gentianées* (p. 262).

83 { Fruit s'ouvrant circulairement par un opercule 84
   { Fruit indéhiscent ou ne s'ouvrant pas circulairement par un oper-
       cule.. 85

84 { Plantes à odeur vireuse-fétide ; fleurs en grappes scorpioïdes, uni-
       latérales, arquées. . . . . *Solanées* (p. 274).
   { Plantes à odeur nulle ou non vireuse-fétide ; fleurs solitaires, en
       glomérules ou en corymbes. 85

85 { Herbes parasites, décolorées , à tiges volubiles, dépourvues de
       feuilles ; styles 2. . . . . *Convolvulacées* (p. 265).
   { Herbes vertes, non parasites, ni volubiles ; munies de feuilles au
       moins radicales ; style unique. . . . *Plantaginées* (p. 322).

86 { Capsule à loges 1-2-spermes. 87
   { Capsule à loges polyspermes.. 88

87 { Tige volubile ; style simple ou bifide ; capsule indéhiscente ; graines
       trigones . . . . *Convolvulacées* (p. 265).
   { Tige non volubile ; styles 3-5 ; capsule déhiscente par des valves ;
       graines comprimées.. . . . . *Linées* (p. 84).

88 { Fleurs solitaires dans la bifurcation des rameaux ; capsule s'ou-
       vrant par 4 valves . . . . *Solanées* (p. 274).
   { Fleurs en corymbes ou en cymes dichotomes ; capsule s'ouvrant
       par 2 valves . . . . *Gentianées* (p. 262).

89 { Étamines libres. 90
{ Étamines réunies par les filets ou par les anthères. 98

90 { Étamines nombreuses; calice pétaloïde; le fruit est un follicule.
{   *Renonculacées* (p. 1).
{ Étamines 5 ou moins; calice ord. herbacé; fruit composé de 4
{   achaines, ou capsulaire s'ouvrant par des valves ou des pores. . 91

91 { Étamines 2-4 ou 5, égales ou à peu près. 92
{ Étamines 4 didynames. 95

92 { Étamines 4-5 93
{ Étamines 2 94

93 { Anthères biloculaires; fruit composé de 4 achaines, rar. 2, libres
{   ou réunis entre eux. . . . . *Boraginées* (p. 267).
{ Anthères uniloculaires; fruit capsulaire s'ouvrant par 2 valves.
{   *Verbascées* (p. 278).

94 { Corolle prolongée en éperon à sa base; anthères uniloculaires.
{   *Lentibulariées* (p. 253).
{ Corolle non prolongée en éperon à sa base; anthères biloculaires.
{   *Scrophularinées* (p. 283).

95 { Plantes parasites, dépourvues de chlorophylle; tige aphylle et
{   munie d'écailles. . . . . *Orobanchées* (p. 298).
{ Plantes vertes, ord. non parasites; tige munie de feuilles et
{   dépourvue d'écailles. 96

96 { Le fruit est une capsule s'ouvrant par des valves ou par des
{   pores. . . . . *Scrophularinées* (p. 283).
{ Fruit composé de 4 achaines distincts à la maturité. 97

97 { Style terminal . . . . *Verbenacées* (p. 320).
{ Style gynobasique . . . . *Labiées* (p. 302).

98 { Étamines à anthères cohérentes et coiffant l'ovaire.
{   *Balsaminées* (p. 98).
{ Étamines réunies par leurs filets en 2 faisceaux égaux ou inégaux. 99

99 { Corolle papilionacée; étamines 10, réunies en 2 faisceaux : l'un
{   de 9 étamines et l'autre d'une seule. . *Papilionacées* (p. 103).
{ Corolle non papilionacée; étamines 6 ou 8, réunies, en 2 faisceaux
{   composés chacun d'un même nombre d'étamines 100

100 { Sépales 2, égaux; corolle prolongée en éperon court à sa base;
{   étamines 6. . . . . *Fumariacées* (p. 22).
{ Sépales 5, inégaux; corolle non prolongée en éperon; étamines 8.
{   *Polygalées* (p. 57).

101 { Fleurs toutes ou au moins les mâles rapprochées et insérées sur
{   un réceptacle commun et entourées d'un involucre commun . 102
{ Fleurs non insérées sur un réceptacle commun, ni entourées d'un
{   involucre commun. 104

102 { Fleurs unisexuées, les mâles nombreuses, entourées d'un invo-
{   lucre polyphylle; les femelles solitaires ou géminées dans un
{   involucre gamophylle-capsuliforme. . *Ambrosiacées* (p. 243).
{ Fleurs hermaphrodites ou polygames, toutes entourées d'un invo-
{   lucre polyphylle, jamais capsuliforme. 103

103 { Feuilles opposées ; étamines à anthères libres.   *Dipsacées* (p. 196).
    { Feuilles ord. alternes ; étamines à anthères réunies en un tube
      qui entoure le style. . . . .   *Composées* (p. 199).

104 { Étamines plus ou moins réunies par leurs filets. 105
    { Étamines à filets complètement libres. 107

105 { Fleurs unisexuées, régulières, à corolle rosacée ou subcampanulée ;
      fruit charnu . . . .   *Cucurbitacées* (p. 244).
    { Fleurs irrégulières ; corolle papilionacée ou bilabiée ; fruit sec. . 106

106 { Feuilles 3-foliolées ; corolle papilionacée ; étamines diadelphes ; le
      fruit est une gousse.. . . . .   *Papilionacées* (p. 103).
    { Feuilles simples ; corolle bilabiée ; étamines monadelphes ; fruit
      capsulaire couronné par le périanthe persistant.
                                            Lobéliacées (p. 244).

107 { Fruit bacciforme ou drupacé. 108
    { Fruit sec. 110

108 { Arbrisseaux ou plus rar. herbes à tige arrondie, lisse et inerme ;
      feuilles opposées ou alternes. 109
    { Herbes à tige quadrangulaire, fortement aiguillonnée-accrochante
      sur les angles ; feuilles verticillées. . . .   *Rubiacées* (p. 185).

109 { Feuilles opposées, non coriaces ; étamines 5, rar. 4 ; styles 2-5.
                                            Caprifoliacées (p. 183).
    { Feuilles alternes, coriaces ; étamines 8-10 ; style simple.
                                            Vacciniées (p. 249).

110 { Étamines 6-12 ; capsule s'ouvrant circulairement par un opercule.
                                            Portulacées (p. 77).
    { Étamines 4-5 ; fruit indéhiscent ou s'ouvrant par des valves ou
      par des pores 111

111 { Fruit indéhiscent, formé de 1-2 carpelles monospermes. 112
    { Fruit déhiscent par des valves ou par des pores, à une ou plusieurs
      loges polyspermes.. 113

112 { Feuilles opposées ou en rosette radicale ; fleurs solitaires ou en
      cymes 2-3-chotomes ; étamines 1-3. . .   *Valérianées* (p. 193).
    { Feuilles verticillées ; fleurs en glomérules ou en grappes axillaires ;
      étamines 4-5 . . . .   *Rubiacées* (p. 185).

113 { Feuilles opposées ; fruit uniloculaire , 3-sperme.
                                            Portulacées (p. 77).
    { Feuilles alternes ; fruit à 2-3 ou rar. 5 loges polyspermes.
                                            Campanulacées (p. 244).

114 { Fleurs ord. munies d'un périanthe, non disposées en chatons. . . 115
    { Fleurs mâles ord. dépourvues de périanthe et disposées en chatons. 146

115 { Ovaire supère. 116
    { Ovaire infère 138

116 { Fruit composé d'un ou de plusieurs achaines distincts 117
    { Fruit n'étant pas composé d'achaines.. 118

117 { Achaines 1-3, inclus dans le tube du calice persistant et induré.
                                            Rosacées (p. 130).
    { Achaines plus ou moins nombreux, jamais renfermés dans le tube
      du calice . . . .   *Renonculacées* (p. 1).

118 { Fruit composé de coques distinctes et monospermes. 119
Fruit n'étant pas composé de coques 121

119 { Plantes aquatiques, nageantes ou submergées ; fruit composé de 4 coques. . . . . *Callitrichinées* (p. 347).
Plantes terrestres ou des lieux humides, non nageantes ni submergées ; fruit composé de 2-3 coques ou capsulaire s'ouvrant par 3 valves 120

120 { Arbuste à bois jaune ; feuilles coriaces, persistantes ; capsule subglobuleuse, surmontée de 3 pointes, à 2-3 loges 2-spermes, s'ouvrant par des valves . . . . *Buxacées* (p. 401).
Plantes herbacées ; capsule formée de 2-3 coques monospermes, s'ouvrant suivant la nervure dorsale. *Euphorbiacées* (p. 342).

121 { Le fruit est une silicule. . . . . *Crucifères* (p. 25).
Le fruit n'est pas une silicule. 122

122 { Fruit bacciforme. 123
Fruit non bacciforme. 124

123 { Arbrisseaux à feuilles simples ; 2-4 noyaux dans chaque baie. *Rhamnées* p. 100).
Herbes à feuilles 2-3-ternatiséquées ; graines nombreuses dans chaque baie. . . . . *Renonculacées* (p. 1).

124 { Feuilles suborbiculaires-réniformes ; fruits composés de plusieurs follicules polyspermes. . . . . *Renonculacées* (p. 1).
Feuilles non suborbiculaires-réniformes ; fruit capsulaire unique. 125

125 { Fruit uniloculaire, toujours monosperme 127
Fruit 1-2 loculaire, toujours polysperme 126

126 { Feuilles linéaires ; capsule uniloculaire s'ouvrant par des valves. *Caryophyllées* (p. 59).
Feuilles obovales ; capsule biloculaire se déchirant irrégulièrement. . . . . *Lythrariées* (p. 152).

127 { Arbres élevés ; fruit comprimé, ailé (samare). 128
Herbes ou sous-arbrisseaux ; fruit non comprimé, ni ailé. . . . 129

128 { Feuilles simples ; samares obovales, ailées dans leur pourtour. *Ulmacées* (p. 354).
Feuilles imparipennées ; samares oblongues, ailées seulement dans leur partie supérieure. . . . . *Oléacées* (p. 259).

129 { Plantes submergées ; feuilles verticillées. *Cératophyllées* (p. 348).
Plantes jamais submergées ; feuilles alternes ou opposées. . . . 130

130 { Feuilles munies de stipules ou de gaînes 134
Feuilles dépourvues de stipules et de gaînes 135

131 { Feuilles munies de gaînes membraneuses entourant la tige. *Polygonées* (p. 330).
Feuilles dépourvues de gaînes membraneuses et munies de stipules. 132

132 { Stipules adnées au pétiole. . . . . *Rosacées* (p. 130.
Stipules libres ou adnées entre elles 133

133 { Fleurs hermaphrodites ; fruit capsulaire. *Paronychiées* (p. 75).
Fleurs monoïques, dioïques ou polygames ; le fruit est un achaine. 134

134 { Périanthe à 4 divisions ; étamines 4 ; stigmate 1, capité ou en pinceau. . . . . *Urticées* (p. 349).
Périanthe à 5 divisions ; étamines 5 ; stigmates 2, allongés-subulés. *Cannabinées* (p. 350).

135 { Feuilles connées-scarieuses à la base ; styles 2, filiformes, distincts. *Paronychiées* (p. 75).
Feuilles jamais connées à la base ; styles nuls, uniques ou 2-4 réunis dans une partie de leur longueur. 136

136 { Étamines 8-10 ; embryon droit ; albumen nul ou presque nul. *Daphnoïdées* (p. 340).
Étamines 5 ou moins ; embryon annulaire ou semi-annulaire périphérique, entourant un albumen central. 137

137 { Fleurs munies de bractéoles ; périanthe plus ou moins scarieux. *Amarantacées* (p. 324).
Fleurs dépourvues de bractéoles ; périanthe herbacé. *Salsolacées* (p. 326).

138 { Périanthe régulier, entier ou lobé. 139
Périanthe tubuleux-oblique, dilaté et prolongé en languette unilatérale . . . . *Aristolochiées* (p. 341).

139 { Feuilles verticillées. 140
Feuilles alternes, opposées ou toutes radicales. 141

140 { Périanthe à limbe entier ; étamine 1 ; fruit monosperme. *Hippuridées* (p. 159).
Périanthe à limbe 4-partit ; étamines 4-8 ; fruit composé de 4 coques. *Haloragées* (p. 158).

141 { Fruit uniloculaire 142
Fruit capsulaire, pluriloculaire ou composé d'achaines. 144

142 { Arbrisseau parasite sur les rameaux des autres arbres ; fruit bacciforme, mucilagineux-visqueux. . . . *Loranthacées* (p. 338).
Herbes non parasites ou parasites sur les racines des graminées ; fruit sec 143

143 { Feuilles linéaires ; étamines 5 ; style simple ; fruit indéhiscent. *Santalacées* (p. 339).
Feuilles suborbiculaires ou semi-orbiculaires ; étamines 8-10 ; styles 2 ; fruit capsulaire s'ouvrant par 2 valves. *Saxifragées* (p. 160).

144 { Feuilles réniformes, coriaces ; étamines 12 ; fruit à 6 loges, s'ouvrant irrégulièrement. . . . . *Aristolochiées* (p. 341).
Feuilles non réniformes, ni coriaces ; étamines 4-5 ; fruit à 2-4 loges, indéhiscent 145

145 { Plante aquatique ; fleurs hermaphrodites ; fruit capsulaire, non épineux, à 4 loges polyspermes. . . . *Onagrariées* (p. 153).
Plante terrestre, monoïque ; fruit composé de 2 achaines renfermés dans un involucre capsuliforme, épineux et birostré. *Ambrosiacées* (p. 243).

146 { Tiges grêles, sarmenteuses, volubiles ; fleurs femelles disposées par paires à l'aisselle de bractées scarieuses formant un cône. *Cannabinées* (p. 350).
Arbres ou sous-arbrisseaux à tiges ni sarmenteuses, ni volubiles ; fleurs femelles non disposées en cône. 147

147 { Fleurs mâles et fleurs femelles disposées en chatons; ovaire supère. 147
Fleurs mâles seules disposées en chatons ; ovaire infère. . . . 151

148 { Fleurs monoïques; fruit indéhiscent, 1-2-sperme. 149
Fleurs dioïques ; fruit capsulaire, déhiscent, polysperme.
                     Salicinées (p. 356).

149 { Sous-arbrisseaux à feuilles oblongues, parsemées ainsi que les fruits
de points résineux-aromatiques. . . . *Myricées* (p. 364).
Arbres plus ou moins élevés; feuilles jamais oblongues, dépourvues ainsi que les fruits de points résineux. 150

150 { Chatons globuleux très compactes; fruits subclaviformes, entourés
à la base de poils articulés. . . . *Platanées* (p. 352).
Chatons cylindriques ou ovoïdes; fruits comprimés, dépourvus de
poils à la base. . . . . *Bétulacées* (p. 362).

151 { Feuilles imparipennées; le fruit est une noix s'ouvrant en 2 valves
et entourée d'un brou charnu-fibreux. *Juglandées* (p. 353).
Feuilles simples; fruit indéhiscent plus ou moins enveloppé dans un
involucre accru, foliacé, coriace ou ligneux. *Cupulifères* (p. 353).

B. MONOCOTYLÉDONÉES.

*Plantes herbacées, très rar. ligneuses dans notre région. Tiges
dépourvues de couches concentriques et de rayons médullaires.
Feuilles ord. entières, rar. divisées, à nervures presque toujours
simples, parallèles et non anastomosées. Périanthe à folioles (lorsqu'elles existent) ord. disposées sur 2 rangs en nombre ternaire.
Embryon muni d'un seul corylidon.*

1 { Ovaire supère. 2
Ovaire infère 19

2 { Périanthe à divisions disposées sur 2 rangs, toutes ou les internes
seulement pétaloïdes, rar. toutes herbacées-scarieuses. . . . 3
Périanthe à divisions disposées sur un seul rang, herbacées, scarieuses ou nulles 14

3 { Plusieurs ovaires distincts, libres ou plus ou moins réunis à la
base 4
Ovaire unique. 9

4 { Périanthe à divisions extérieures herbacées, les intérieures pétaloïdes. 5
Périanthe à divisions toutes herbacées ou toutes pétaloïdes. . . . 6

5 { Fleurs blanches; fruit capsulaire, composé de carpelles 1-2-sper-
mes. . . . . *Alismacées* (p. 364).
Fleurs rosées ; fruit capsulaire, formé de carpelles polyspermes. . . . . *Butomées* (p. 366).

6 { Périanthe à divisions toutes pétaloïdes, purpurines, rosées ou
lilacées. 7
Périanthe à divisions toutes plus ou moins herbacées et verdâtres. 8

7 { Fleurs en ombelle sur une tige naissant d'un rhizome ; étamines 9;
fruit composé de 6 carpelles. . . . . *Butomées* (p. 366).
Fleurs solitaires ou géminées, naissant d'une bulbe; étamines 6;
fruit composé de 3 carpelles . . . . . *Colchicacées* (p. 375).

8 { Plantes nageantes ou submergées ; périanthe à 4 divisions ; fruit composé de carpelles libres entre eux, indéhiscents. *Potamées* (p. 369).

Plantes jamais nageantes ni submergées ; périanthe à 6 divisions ; fruit composé de 3 carpelles réunis, s'ouvrant par la suture ventrale. . . . . *Joncaginées* (p. 369).

9 { Périanthe à divisions toutes pétaloïdes. 10

Périanthe à divisions toutes herbacées ou scarieuses, à peine pétaloïdes 12

10 { Fruit bacciforme-charnu, indéhiscent. . *Asparaginées* (p. 389).

Fruit capsulaire, déhiscent, à 3 loges. 11

11 { Styles 3 ; capsule 3-lobée au sommet. . . *Colchicacées* (p. 375).

Style unique ; capsule entière, non lobée au sommet. *Liliacées* (p. 391).

12 { Feuilles engaînantes ; périanthe à divisions plus ou moins scarieuses ; fruit capsulaire unique, s'ouvrant par 3 valves. *Joncées* (p. 397).

Feuilles non engaînantes ; périanthe herbacé ou à peine pétaloïde ; fruit bacciforme, indéhiscent ou formé de 3 carpelles qui se séparent à la maturité. 13

13 { Périanthe à 6 divisions ; étamines 6 ; fruit capsulaire, déhiscent. *Joncaginées* (p. 369).

Périanthe à 8 divisions ; étamines 8 ; fruit bacciforme, indéhiscent. *Asparaginées* (p. 389).

14 { Plantes submergées ou nageantes 15

Plantes ni submergées, ni nageantes 16

15 { Plantes réduites à de petites frondes flottant librement sur l'eau ; fleurs naissant dans une fente au bord de la fronde. *Lemnacées* (p. 373).

Plantes composées de tiges munies de feuilles et de racines ; fleurs placées à l'aisselle des feuilles. . . . . . *Najadées* (p. 373).

16 { Fleurs sessiles et agglomérées autour d'un spadice plus ou moins charnu 17

Fleurs en épis ou en épillets, solitaires chacune à l'aisselle d'une bractée ou de 2 écailles distiques 18

17 { Feuilles à nervures ramifiées ; spadice entouré d'une spathe ample, colorée ; fruits bacciformes. . . . . . *Aroidées* (p 405).

Feuilles à nervures parallèles ; spadice entouré d'une spathe membraneuse ou nulle ; fruits non bacciformes. *Typhacées* (p. 404).

18 { Tige non interrompue par des nœuds ; gaînes des feuilles tubuleuses, non fendues ; le fruit est un achaine. *Cypéracées* (p. 406).

Tige interrompue par des nœuds ; gaînes des feuilles ord. fendues dans toute leur longueur et à bords libres ; le fruit est un caryopse. . . . . *Graminées* (p. 428).

19 { Fleurs régulières ; étamines et styles libres 20

Fleurs irrégulières ; étamines réunies en colonne avec le style. *Orchidées* (p. 377).

20 { Périanthe à divisions toutes ou au moins les intér. pétaloïdes ; tige non volubile ; fruit capsulaire. 21
Tige volubile ; périanthe à divisions toutes herbacées ; fruit bacciforme. . . . . *Dioscorées* (p. 391).

21 { Plantes terrestres ; feuilles linéaires ou ensiformes ; périanthe à divisions toutes pétaloïdes. 22
Plantes nageantes ; feuilles suborbiculaires-réniformes ; périanthe à divisions extér. herbacées. . . . *Hydrocharidées* (p. 367).

22 { Etamines 3, à anthères extrorses ; stigmates dilatés-pétaloïdes.
Iridées (p. 374).
Etamines 6, à anthères introrses ; stigmates non dilatés-pétaloïdes.
Amaryllidées (p. 376).

C. CONIFÈRES.

Arbres ou arbustes à feuilles éparses ou fasciculées, ord. aciculaires et persistantes. Fleurs monoïques, rar. dioïques, dépourvues de périanthe, disposées en chatons, rar. les femelles solitaires ou réunies par 2-3. Fleurs mâles formées de 2-12 anthères uniloculaires, portées sur une écaille qui tient lieu de connectif ; fleurs femelles constituées par 1 ou plusieurs ovaires (ovules de beaucoup d'auteurs) placés à la base interne d'une écaille souvent munie d'une bractée extérieure. Embryon ord. polycotylédoné.

{ Ecailles des fleurs mâles, portant chacune 2 loges d'anthères ; cône plus ou moins allongé, à écailles ligneuses ou coriaces ; fruits ailés. . . . . *Abiétinées* (p. 461).
Ecailles des fleurs mâles, portant chacune 3-8 loges d'anthères ; cône petit, subglobuleux-charnu ; fruits non ailés.
Cupressinées (p. 463).

II. SPOROPHYTES (CRYPTOGAMES OU ACOTYLÉDONÉES).

Plantes ne portant pas de fleurs, toujours dépourvues d'étamines et de pistils. Embryon sans cotylédons, contenu dans une spore.

1 { Fructifications globuleuses, naissant à la base des feuilles et paraissant sessiles sur le rhizome. . . . . *Rhizocarpées* (p. 475).
Fructifications naissant sur des frondes normales ou modifiées, à l'aisselle des feuilles ou des bractées, sur des écailles ou sur des ramuscules, jamais sur un rhizome. 2

2 { Plantes submergées ; organes reproducteurs de 2 sortes, les uns mâles, les autres femelles, placés sur des ramuscules ou à leur bifurcation, réunis sur le même individu ou portés par des individus différents. . . . . *Characées* (p. 476).
Plantes terrestres ou des lieux marécageux, jamais submergées ; organes reproducteurs tous semblables, portés par des frondes, des écailles ou des bractées. 3

3 { Plantes dépourvues de tige aérienne; frondes naissant sur une souche souterraine; fructifications naisssant sur des frondes normales ou modifiées et quelquefois réduites au rachis.
Fougères (p. 466).
Plantes munies d'une tige aérienne, feuillée ou aphylle; fructifications naissant à l'aisselle des feuilles, de bractées ou à la face infér. d'écailles peltées et rapprochées en épi 4

4 { Tige rameuse dichotome munie de feuilles très petites, rapprochées-imbriquées; corps reproducteurs placés soit à l'aisselle des feuilles dans toute la longueur ou au sommet de la tige, soit à l'aisselle de bractées réunies en épis terminaux.
Lycopodiacées (p. 474).
Tige aphylle, simple ou munie de rameaux verticillés, sillonnés, articulés et munis de gaînes au niveau des articulations; corps reproducteurs placés à la face infér. d'écailles peltées et rapprochées en forme de cônes ou d'épis. . . . *Equisétacées* (p. 464).

VOCABULAIRE.

A

Acaule ; qui paraît dépourvu de tige aérienne.

Accrescent ; qui continue à se développer après la floraison.

Achaine ; fruit sec, monosperme, indéhiscent.

Aciculaire ; feuille en forme d'aiguille.

Acicule ; petite pointe fine comme une aiguille.

Aculéole ; très-petit aiguillon.

Acumen ; pointe.

Acuminé ; terminé en pointe effilée.

Adné ; adhérent à un autre organe dans la totalité ou dans une partie de sa longueur.

Agglutiné ; paraissant collé, mais non soudé.

Aigrette ; faisceau de poils ou de soies qui couronnent quelques graines.

Aile ; expansion membraneuse plus ou moins saillante.

Amplexicaule ; embrassant une partie de la circonférence de la tige.

Ancipité ; comprimé sur deux faces opposées et tranchant sur les bords.

Androgyne ; fleurs mâles et fleurs femelles réunies sur un pédoncule commun, les mâles occupant ord. la partie supérieure.

Anthèse ; épanouissement des fleurs.

Aphylle ; qui semble dépourvu de feuilles.

Apiculé ; terminé en pointe courte.

Apprimé ; couché sur, appliqué contre.

Aptère ; dépourvu d'aile.

Aranéeux ; couvert de poils fins, allongés et entrelacés comme une toile d'araignée.

Arête ; appendice plus ou moins allongé en forme de pointe grêle.

Arille ; expansion ou appendice charnu ou membraneux du cordon ombilical ou du micropyle de certaines graines.

Aristé ; muni d'une arête.

Article ; une portion d'un organe formé de pièces spontanément séparables.

Articulé ; qui peut se détacher spontanément ou qui est composé d'articles.

Ascendant ; d'abord étalé ou couché à la base puis redressé.

Atténué ; graduellement et insensiblement rétréci.

Auriculé ; pourvu d'oreillettes.

Axillaire ; placé à l'aisselle d'une feuille ou d'une bractée.

Axillante ; feuille ou bractée qui porte à son aisselle un rameau ou une inflorescence.

B

Bacciforme ; en forme de baie.

Baie ; fruit à péricarpe complètement charnu, contenant plusieurs graines.

Bandelette ; voy. p. 162.

Bec ; prolongement en pointe de certains fruits.

Bractée ; feuille modifiée qui accompagne la fleur ou l'inflorescence.

Bractéoles ; petites bractées.

Bulbille ; bourgeon aérien ou souterrain qui se développe à la place des fleurs ou à l'aisselle des feuilles et qui peut reproduire l'espèce.

Bursicule ; voy. p. 378.

C

Calathide ; voy. p. 199

Calicule ; ensemble de bractées simulant un calice infér.

Calleux ; muni d'un point induré, ord. un peu saillant.

Campanulé; en forme de cloche

Canaliculé ; plié longitudinalement en forme de gouttière.

Capillaire ; délié comme un cheveu.

Capité ; terminé en tête arrondie ou globuleuse.

Carène ; arête saillante et longitudinale, située sur la face d'un organe, à la face opposée correspond souv. une dépression; voy. en outre p. 103.

Caréné ; muni d'une carène.

Caroncule ; épaississement limité des téguments de la graine de même nature que l'arille.

Carpophore ; voy p. 86 et 162.

Caryopse ; fruit sec, monosperme, indéhiscent, à péricarpe mince et étroitement appliqué sur l'endocarpe

Cérébriforme ; muni d'éminences sinueuses comme les circonvolutions du cerveau.

Claviforme ; en forme de massue.

Cohérent ; collé ou agglutiné, mais non soudé.

Collatéraux ; placés l'un à côté de l'autre.

Columelle ; voy. p. 162.

Commissure ; ligne ou surface d'union ou de contact de deux organes.

Concolore ; d'une seule couleur.

Condupliqué ; plié longitudinalement.

Conforme ; de même forme.

Conjoint ; réuni ou soudé.

Conné ; réuni par une adhérence congénitale.

Connectif ; petit corps de forme variable qui réunit les loges des anthères biloculaires.

Connivent ; rapproché par le sommet.

Contracté ; resserré.

Convoluté ; roulé en cornet.

Coque ; voy. p. 342.

Cordé, cordiforme ; en forme de cœur de carte à jouer.

Coronule ; petite couronne.

Couronne ; appendices pétaloïdes, libres ou réunis, placés à la gorge de certaines corolles.

Crustacé ; de consistance fragile, mais dure et sèche.

Cuculllé, cuculliforme ; en forme de capuchon.

Cunéiforme ; en forme de coin.

Cupuliforme ; en forme de coupe ou de cupule.

Cuspidé ; en pointe allongée et aiguë.

Cyathiforme ; en forme de coupe.

D

Décombant ; replié ou retombant sur la terre par suite de son poids.

Décurrente ; feuille dont les bords du limbe se prolongent sur la tige au-dessous de son insertion

Déprimé ; comprimé dans le sens vertical

Dichotome ; formé d'une suite de rameaux opposés deux par deux.

Didyme ; formé par la réunion de deux parties globuleuses.

Diffus ; rameaux étalés et entrecroisés sans ordre.

Digité ; disposé comme les doigts étalés

Dimorphe ; de deux formes.

Discolore ; de deux couleurs différentes.

Disque ; corps charnu, plus ou moins glanduleux, donnant ord. insertion à un ou plusieurs verticilles de la fleur ; dans les Corymbifères, le disque est la partie centrale de la calathide, formée de fleurons.

Distique ; inséré en deux rangs opposés sur un axe commun.

Divariqué ; qui s'écarte ord. à angle droit.

Dorsifixe ; fixé ou attaché par le dos.

Drupacé ; de la nature de la drupe.

E

Echinulé ; hérissé de petites pointes raides et très fines.

Emarginé ; échancré.

Embrassant ; voy. amplexicaule.

Emergé ; situé en partie hors de l'eau.

Endocarpe ; couche de consistance très variable, formant la paroi interne du péricarpe.

Engaînant ; entourant la tige ou un autre organe par une sorte de tube ou de gaîne.

Ensiforme ; en forme de glaive.

Epigé ; placé à la surface du sol.

Epillet ; petit groupe de fleurs contenues entre des glumes et réunis ord. en épi.

Equitante ; feuille ployée suivant son axe et embrassant dans ce pli la feuille voisine.

Equilatère ; à côtés égaux.

Erodé ; irrégulièrement et inégalement denté.

Estival ; qui se développe en été.

Exondé ; placé accidentellement hors de l'eau.

Exsert ; qui fait plus ou moins saillie au dehors.

Extraaxillaire ; qui paraît situé en dessus ou en dehors de l'aisselle de la feuille.

F

Falciforme ; en forme de faux ou de faucille.

Fasciculé ; réuni en faisceau.

Fastigié ; rapproché et dressé.

Fimbrié ; frangé.

Fistuleux ; cylindrique et creux

Flabelliforme ; en forme d'éventail.

Fleuron ; voy. p. 199.

Flosculeux ; composé de fleurons réguliers.

Foliiforme ; ressemblant à une feuille.

Follicule ; fruit résultant d'un ovaire supère, formé d'un seul carpelle membraneux, polysperme, s'ouvrant par la suture ventrale.

Fronde ; voy. p. 466.

Funicule ; cordon ombilical de l'ovule

Fusiforme ; en forme de fuseau.

G

Gaîne ; partie basilaire du pétiole élargie et embrassant la tige.

Géminés ; rapprochés deux à deux.

Géniculé, genouillé ; plié en angle ord. au niveau d'un nœud.

Gibbeux ; muni d'une bosse.

Gibbosité ; bosse.

Glabre ; totalement dépourvu de poils.

Glabrescent ; presque glabre.

Glaucescent ; d'un aspect glauque ou qui tend à devenir glauque.

Glochidié ; se dit des poils raides, ord. rameux et courbés en crochet à leur extrémité.

Glomérule ; inflorescence en tête, qui s'épanouit du centre à la circonférence.

Glumes, glumelles ; voy. p. 428

Glumoïde; qui a l'aspect et la consistance d'une glume.

Gorge; entrée du tube d'un périanthe gamopétale ou gamosépale.

Graminiforme; feuille ressemblant à une feuille de Graminée.

Gueule; corolle qui représente grossièrement le mufle d'un animal, comme celle des Mufliers.

Gynobasique; style ord. renflé dans sa partie infér. et paraissant naître de la base de l'ovaire.

Gynandre; (dans les carex), épi androgyne avec les fleurs mâles à la base.

Gynophore; voy. p. 59.

H

Hampe; pédoncule nu et paraissant radical.

Hasté; en forme de fer de lance muni à la base de deux lobes aigus et divergents.

Hypocratériforme; en forme de coupe large et peu profonde.

Hypogé; situé dans le sol.

Hypogyne; inséré sous le pistil.

I

Imbriqué; se recouvrant comme les tuiles d'un toît.

Imparipenné; feuille composée-pennée, terminée par une foliole impaire.

Inclus; qui ne fait pas saillie hors du tube de la corolle.

Incombante; anthère dressée et appliquée dans une partie de sa longueur contre le filet.

Indusium; voy. p. 466.

Induvié; enveloppé par le calice persistant.

Inéquilatère; à côtés inégaux.

Inerme; dépourvu de pointes, d'épines et d'aiguillons.

Infundibuliforme; en forme d'entonnoir.

Involucelle; voy. p. 161.

L

Labelle; voy. p. 377.

Lâche; formé de parties très écartées.

Lactescent; d'apparence laiteuse.

Ligule; voy. p. 199 et 428.

Linéole; ligne très petite.

Loculicide; dont chaque loge s'ouvre longitudinalement au milieu de sa portion dorsale.

Lomentacé; voy. p. 104.

Lyrée; feuille obovale, divisée infér. jusqu'à la nervure en lobes latéraux plus petits que le terminal.

M

Marcescent; qui persiste et se dessèche sur place.

Marginal; placé sur le bord.

Marginé; bordé, entouré d'un rebord.

Masses polliniques; voy. p. 261 et 377.

Mérithalle; intervalle qui s'étend entre l'insertion de deux verticilles foliaires ou de deux feuilles alternes.

Mésocarpe; portion plus ou moins charnue du fruit, placée entre l'épicarpe et l'endocarpe.

Moniliforme; en forme de chapelet.

Monocarpique; qui ne fructifie qu'une seule fois.

Monocéphale; qui ne porte qu'un seul capitule.

Monophylle; à une seule feuille, ou formé d'une seule pièce.

Monosperme; qui ne contient qu'une seule graine.

Mucron; petite pointe raide et terminale.

Mucronulé; terminé par un mucron peu saillant.

Multi...; beaucoup, en nombre indéfini.

Muriqué ; garni de pointes courtes et robustes.

Muriculé; diminutif du précédent.

Mutique ; dépourvu d'arête, de pointe ou de piquant.

N

Napiforme ; renflé en forme de navet.

Nectaire ; partie glanduleuse de certaines fleurs qui sécrète le nectar.

Nectarifère ; qui sécrète un liquide sucré ou nectar.

Neutre; fleur stérile par avortement des étamines et des pistils.

Nœud ; articulation de la tige renflée au niveau de l'insertion des feuilles.

Nucule ; voy. p. 302 et 476.

O

Ob...; placé devant un qualificatif indique que la forme désignée par ce qualificatif est en sens inverse de sa position normale.

Oligocéphale ; composé d'un petit nombre de capitules.

Oligosperme; qui ne contient qu'un petit nombre de graines.

Ombellule; voy. p. 161.

Ombiliqué ; muni d'une dépression centrale.

Onglet; base rétrécie d'un pétale à l'extrémité de laquelle se trouve le point d'insertion.

Onguiculé ; muni d'un onglet.

Opercule ; pièce en forme de couvercle qui ferme l'orifice de certains fruits et qui se détache à la maturité.

Oreillettes ; appendices foliacés de certains pétioles.

Osseux; qui a la consistance de l'os.

P

Paillette; voy. p. 199.

Paléiforme ; qui a l'aspect d'une paillette.

Paléole ; très petite paillette.

Palais ; saillie qui ferme l'entrée du tube dans les corolles en gueule.

Palmatifide ; feuille divisée jusqu'au milieu en lobes aigus, disposés comme les doigts de la main.

Palmatilobée; feuille palmée, à lobes arrondis, élargis et souv peu profonds.

Palmé ; divisé et disposé comme les doigts de la main ouverte.

Panduriforme ; oblong avec un étranglement dans la partie médiane, qui rappelle la forme d'un violon.

Papyracé; qui a la consistance du papier.

Partim; indique qu'un auteur a confondu plusieurs espèces sous un même nom.

Pariétal; fixé à la paroi; qui appartient aux parois.

Partit; divisé presque jusqu'à la base ou jusqu'à la nervure médiane.

Pauciflore; qui ne porte qu'un petit nombre de fleurs.

Pectiné; à divisions étroites et disposées comme les dents d'un peigne.

Pédatilobée; feuille à lobes parallèles, le moyen libre, les latéraux plus ou moins réunis à la base.

Pédicule ; support fin et grêle.

Pelté; de forme orbiculaire et fixé par le centre.

Pennatifide, pennatipartit, pennatilobé; à segments, à lobes, à divisions, disposés comme les barbes d'une plume.

Pentamère; composé de cinq pièces ou de cinq parties.

Pérennant; vivace.

Perfoliée; feuille alterne, amplexicaule, paraissant traversée par la tige.

Pétaloïde; qui a l'aspect d'un pétale.

Pétiolule; petit pétiole de chaque foliole d'une feuille composée.

Pinnule; foliole ou segment d'une fronde de Fougère.

Piriforme; en forme de poire.

Poly...; beaucoup; en nombre indéfini.

Polygame; à fleurs mâles, femelles et hermaphrodites réunies sur le même individu ou dans le même capitule.

Polysperme; à graines nombreuses.

Pore; orifice très petit.

Porrigé; dressé ou dirigé en avant.

Prémorse; souche dont l'extrémité postér. se détruit et paraît rongée.

Pro parte; voy. partim.

Q

Quiné; réunis ou rapprochés par 5.

R

Racémiforme; en forme de grappe.

Rachis; axe de l'épi des Graminées; pétiole des feuilles des Fougères.

Radical; qui naît de la racine.

Radicant; qui émet des racines.

Ramassé; rapproché.

Rampant; étalé sur le sol et radicant.

Rayonnant; disposé autour d'un axe comme les rayons d'une roue; inflorescence dont les fleurs les plus extérieures ont des pétales inégaux, les externes étant plus grands que les internes; calathide dont les fleurs extér. sont ligulées.

Réfléchi; recourbé et rabattu en dehors.

Réfracté; brusquement réfléchi.

Réniforme; en forme de rein ou de haricot.

Réticulé; disposé en réseau.

Rétinacle; voy. p. 377.

Rétus; tronqué avec une légère dépression.

Roncinée; feuille pennatifide à lobes aigus et recourbés vers la base.

Rotacé; plan, étalé et arrondi comme une roue.

S

Sagitté; en forme de fer de flèche.

Scabre; rude.

Scape; hampe.

Scapiforme; qui a l'apparence d'un scape.

Scarieux; mince, sec et transparent; qui a l'apparence d'une écaille.

Scorpioïde; roulé en forme de queue de scorpion.

Scrobiculé; creusé de petites fossettes.

Scutelliforme; diminutif du suivant.

Scutiforme; en forme d'écusson ou de bouclier.

Segment; partie, division.

Semi; demi, à moitié.

Septifrage; qui s'ouvre ou se rompt près des cloisons celles-ci étant persistantes.

Sessile; dépourvu de support.

Sétacé; fin et raide comme une soie de porc.

Sous-frutescent; ligneux seulement à la base de la tige.

Spathe; enveloppe foliacée ou membraneuse de certaines inflorescences.

Spathiforme; qui a l'apparence d'une spathe.

Spathulé; rétréci à la base, élargi et arrondi au sommet en forme de spathule.

Spiciforme; en forme d'épi.

Spinescent ; qui a la forme d'une épine ; qui se termine en épine.

Spinuleux ; couvert d'épines très petites et très fines.

Sporose ; dissémination des spores.

Squammiforme ; en forme d'écaille.

Squammules ; très petites écailles.

Squarreux ; hérissé et rude.

Staminode ; étamine stérile et plus ou moins modifiée.

Stipe ; tige, support.

Stipité ; porté sur un support.

Strophiole ; épaississement celluleux du raphé, formant une sorte de crête.

Stylopode ; voy. p. 161.

Sub... ; (précédant un adjectif) presque, à peine.

Subéreux ; de la nature et de la consistance du liège.

Subulé ; en forme d'alène.

T

Terné ; disposé par trois.

Tétramère ; à quatre parties.

Tomenteux ; couvert d'un duvet cotonneux.

Tortile ; qui se tord, qui s'entortille ou qui se roule en spirale.

Toruleux ; formé d'une série de renflements séparés par des étranglements.

Trichotome ; composé d'une série successive de trois parties ou à trois divisions.

Triquètre ; triangulaire.

Tristique ; disposé sur trois rangs.

Tronqué ; terminé par une ligne horizontale ou par un plan.

Tubériforme ; en forme de tubercule.

Turbiné ; en forme de toupie ou de poire renversée.

U

Unciné ; courbé en crochet ou en forme de hameçon.

Urcéolé ; en forme de grelot.

V

Valve ; partie extér. d'une loge d'un fruit déhiscent.

Veiné ; muni de nervures peu saillantes.

Vernation ; disposition des feuilles dans le bourgeon.

Verruqueux ; hérissé de verrues.

Versatile ; anthère insérée par son milieu et très mobile.

Volubile ; qui s'enroule en spirale.

Nota. — On trouvera, dans la description des familles, l'explication d'un certain nombre de termes qui, pour cette raison, n'ont pas été inscrits dans le présent vocabulaire.

MEMENTO

DES HERBORISATIONS PARISIENNES.

NOTA. — Dans le présent Memento, je n'ai pas eu l'intention de donner un tableau complet des herborisations parisiennes, j'ai seulement voulu aider le débutant en lui indiquant un certain nombre de courses intéressantes qu'il peut faire facilement et sans être obligé de consacrer plus d'une journée à chacune. L'itinéraire de chaque excursion est imprimé en lettres normandes; les plantes les plus intéressantes sont énumérées à la suite et le plus habituellement dans l'ordre même de l'itinéraire, en évitant cependant des répétitions inutiles. L'élève pourra compléter ce Memento en cherchant dans la Flore la station et l'époque de floraison de chacune des espèces mentionnées.

LES ANDELYS. — **Station de Gaillon ; Courcelles ; Vézillon ; le Petit-Andelys ; Rocher St-Jacques ; Château-Gaillard :** Orobanche cruenta, Anacamptis pyramidalis, Sempervirum tectorum, Arabis arenosa, Lathyrus sativus, Dipsacus Fullonum, Isatis tinctoria, Anchusa italica, Anemone pulsatilla, Melica ciliata, Allium sphærocephalum, Sinapis alba, Sesleria cærulea, Helianthemum polifolium et canum, Ononis Natrix et subocculta, Polygala calcarea, Euphorbia Esula, Amelanchier vulgaris, Orobanche minor, Phelipæa cærulea, Biscutella lævigata, Thlaspi montanum, Digitalis lutea var. hirsuta, Genista Halleri, Dianthus Caryophyllus, Sedum corsicum, Daphne Laureola, Ophrys pseudo-speculum.

ARCUEIL. — **Station d'Arcueil-Cachan ; Gentilly ; Poterne de Gentilly :** Salvia verticillata, Carduus acanthoides, Falcaria Rivini, Chenopodium opulifolium, Erucastrum Pollichii, Lathyrus palustris, Salix Smithiana, Salvia verbenaca.

ARGENTEUIL. — **Bois des Champions :** Phleum arenarium, Medicago cinerascens.

BALLANCOURT ; BOURAY. — **Tourbière de Ballancourt ; bords de la Juine ; bois, coteaux et rochers d'Iteville ; coteaux de Bouray et Lardy ; tour de Pocancy ; sablonnière de Bouray :** Cirsium eriophorum et rigens, Gentiana pneumonanthe, Typha angustifolia, Ranunculus lingua, Alisma ranunculoides, Nymphæa alba var. minor, Peucedanum palustre, Selinum carvifolium, Œnanthe Lachenalii, Carex paradoxa, canescens, Polygala serpyllacea, Dianthus superbus, Lychnis Viscaria, Orobanche amethystea, Spergula pentandra, Sedum hirsutum, Illecebrum verticillatum, Juncus capitatus et squarrosus, Bulliarda Vaillantii, Tillæa muscosa, Spergularia segetalis, Antennaria dioica, Asplenium lanceolatum, Limodorum abortivum, Orchis ustulata et Simia, Ophrys myodes, apifera, fuciflora et la majeure partie des Orchidées parisiennes, Linaria Pelliceriana, Cerastium brachypetalum, Ranunculus flabellatus var. acutilobus, Carduncellus mitissimus, Teucrium montanum, Coronilla minima, Micropus erectus, Anemone Pulsatilla, Polygala amarella, Ononis subocculta, Botrychium Lunaria, Andropogon Ischæmum, Fumana vulgaris, Alsine setacea, Trigonella monspeliaca, Geranium lucidum (vieux murs à Lardy).

+ **CHARENTON. — Pont de Charenton; bords de la Marne et du Canal :** Lepidium latifolium, Draba et virginicum, Leersia oryzoides, Nepeta Cataria, Allium Scorodoprasum et oleraceum, Najas major, Caulinia fragilis, Limnanthemum peltatum, Vallisneria spiralis, Batrachium divaricatum et fluitans, Salix hippophaefolia et undulata, Cucubalus baccifer, Euphorbia Gerardiana, Reseda Phyteuma, Lathyrus sphæricus, Xanthium spinosum.

(**FONTAINEBLEAU. — Le Montceau :** Carex montana et humilis. — **Bois de la Madeleine :** Carex digitata, Euphorbia dulcis. — **Les Palis :** Peucedanum gallicum, Laserpitium asperum. — **Murs de la Faisanderie :** Allium flavum. — **Route de Nemours :** Marrubium Vaillantii, Verbascum nothum. — **Mail Henri IV et Mont Merle :** Goodyera repens, Carex ericetorum et montana, Sesleria cœrulea, Sorbus latifolia, Ranunculus gramineus, Phyteuma orbiculare, Thalictrum minus, Asperula tinctoria, Amelanchier vulgaris, Hypochœris maculata, Helianthemum umbellatum, Arenaria triflora, Euphorbia Esula et Esuloides, Viola arenicola. — **Carrefour du Vert-Galant :** Carex nitida, Alyssum montanum. — **Champ de manœuvres :** Scabiosa suaveolens. — **Franchard :** Batrachium tripartitum et hololeucos, Antinoria agrostidea, Sorbus latifolia, Asplenium lanceolatum, Sagina nodosa. — **Bellecroix :** Batrachium tripartitum et hololeucos, Ranunculus nodiflorus, Scirpus fluitans, Eleocharis multicaulis, Juncus pygmæus et squarrosus, Sedum villosum, Illecebrum verticillatum, Bulliarda Vaillantii, Tillæa muscosa, Polygonum minus, Pilularia globulifera, Veronica scutellata, Helosciadium inundatum, Alisma natans, Elatine hexandra, Montia fontana, Elodes palustris, Trifolium strictum, Ranunculus flabellatus var. acutilobus, Euphorbia Esula, Stipa pennata, Sorbus latifolia, Mespilus germanica, Rosa pimpinellifolia.

IVRY. — Champs et moissons : Turgenia latifolia, Galium spurium, Vicia purpurascens, Gagea arvensis.

L'ISLE ADAM. — Champs, bois et coteaux aux environs de l'Isle Adam; marais de Nesle : Trigonella monspeliaca, Myosotis stricta, Crepis tectorum, Orchis simia, galeata et la majeure partie des Orchidées parisiennes ; Orobanche Galii, Epipactis atrorubens, Thalictrum minus, Euphorbia Gerardiana, Polygala comosa, Asclepias Cornuti, Carex maxima et Mairii, Orchis incarnata, Trifolium patens, Thalictrum aquilegifolium.

MAISSE — Coteaux derrière la station; route de Milly : Kœleria gracilis, Sesleria cœrulea, Rosa pimpinellifolia var. floribus roseis, Stipa pennata, Alyssum montanum, Scorzonera austriaca, Ranunculus gramineus, Euphorbia Esula, Trinia vulgaris, Limodorum abortivum, Seseli annuum, Gentiana germanica, Brunella grandiflora, Vicia lutea, Veronica præcox, Alsine setacea, Phalangium ramosum, Phyteuma orbiculare.

MALESHERBES. — Environs immédiats de Malesherbes : Anchusa italica, Specularia hybrida, Asperula arvensis, Linaria arvensis, Thymelæa Passerina, Fumaria Vaillantii, Arenaria viscidula, Nardurus tenellus, Medicago ambigua, Heracleum stenophyllum. — **Butte de la Justice :** Linum Leonii, Cytisus supinus, Spiræa hypericifolia, Carduncellus mitissimus, Teucrium montanum, Limodorum abortivum, Coronilla minima, Ononis subocculta, Rosa fraxinifolia, Thalictrum minus, Inula hirta, Daphne Laureola, Satureja montana, Hyssopus officinalis, Gentiana germanica. — **Bois de Chateaugay :** Iris fœtidissima, Rubia peregrina, Lithospermum purpureo-cœruleum. — **Château de Malesherbes :** Parietaria erecta, Scabiosa ucranica. — **Roncevaux :** Scabiosa ucranica (T. C.). — **Buthiers :** Tragus racemosus, Polygonum Bellardi? — **Marais d'Auxy :** Cladium mariscus, Schœnus nigricans, Scirpus compressus, Cyperus flavescens et fuscus, Eleocharis multicaulis, Utricularia neglecta, minor et intermedia, Ranunculus lingua, Batrachium circinatum et Drouetii, Menyanthes trifoliata, Epilobium palustre, Drosera longifolia, Carex dioica, lepidocarpa, filiformis, Mairii, paradoxa et teretiuscula, Pedicularis palustris, Sparganium natans, Liparis Lœselii, Gymnadenia conopea et odoratissima, Ophioglonum vulgatum, Trifolium elegans. — **Coteau d'Auxy, chemin aux Vaches :** Stipa pennata, Andropogon Ischæmum, Alsine setacea, Ranunculus flabellatus var. acutilobus, Bulliarda Vaillantii, Tillœa muscosa, Geranium sanguineum, Osmunda regalis.

MANTES. — Follainville; moulin à vent de Follainville; ermitage de St-Sauveur; coteau des Célestins : Fumaria densiflora, Globularia Willkommii, Ophrys apifera, aranifera et fuciflora, Anacamptis pyramidalis, Limodorum abortivum, Orchis ustulata et la majeure partie des Orchidées parisiennes ; Orobanche Galii et cruenta, Astragalus monspessulanus, Helianthemum canum et Chamæcisto-polifolium, Rosa andegavensis, Melica ciliata, Epipactis atro-rubens, Sesleria cærulea, Ononis subocculta, Thesium humifusum, Crepis pulchra.

MARCOUSSIS. — Senecio adonidifolius, Galeopsis dubia.

MEUDON. — **Bois; étangs de Trivaux, des Fonceaux, du Tronchet; carrefour de Vélizy** : Hypericum Desetangsii var. imperforatum, Peucedanum gallicum, Alopecurus fulvus, Carex paniculata et pulicaris, Poa palustris, Rumex maritimus, Veronica scutellata, parmularia et persica, Glyceria nervata, Scutellaria Columnæ, Ophioglossum vulgatum, Lomaria Spicant, Silene nutans, Isopyrum thalictroides.

+-MONTIGNY - SUR - LOING. — **Montigny; bords du Loing; canal du Loing; La Genevraye; marais d'Epizy; Ecuelles; Mores** : Tordylium maximum, Nephrodium Thelypteris, Orchis ustulata, Gymnadenia conopea et odoratissima, Ranunculus polyanthemoides, Agropyrum campestre, Polycnemum arvense, Sanguisorba officinalis, Euphorbia verrucosa, Cucubalus baccifer, Deschampsia media, Micropus erectus, Linum Leonii, Kœleria valesiaca, Orchis laxiflora, Euphorbia platyphyllos et androsæmifolia, Juncus anceps, Pedicularis palustris, Liparis Lœselii, Nitella tenuissima, Gratiola officinalis, Trifolium patens, Senecio aquaticus, Valeriana excelsa, Stachys germanica, Teucrium montanum, Odontites Jaubertiana, Nigella arvensis.

+-MONTMORENCY. — **Forêt de Montmorency; château de la Chasse; trou du Tonnerre; Domont** : Myosurus minimus, Vaccinium Myrtillus, Stachys alpina, Ophioglossum vulgatum, Phyteuma spicatum, Primula elatior, Calamagrostis lanceolata, Osmunda regalis, Cineraria lanceolata, Allium ursinum, Lysimachia nemorum, Asperula odorata, Pyrola minor et rotundifolia, Lomaria Spicant, Orchis alata.

+ NEMOURS. — **Vieux murs** : Cochlearia glastifolia. — **Route de Montargis** : Cynoglossum pictum. — **Canal du Loing** : Cyperus longus, Calepina Corvini, Euphorbia verrucosa. — **Rochers St-Pierre** : Gagea arvensis, Polycneum arvense, Alsine setacea, Phelipæa arenaria. — **Rochers de Fromonceau et de Hagneaux** : Asplenium septentrionale, Andropogon Ischæmum, Buxus sempervirens, Stachys germanica, Linum Leonii, Teucrium montanum. — **Chaintreauville, moulin Doyers** : Verbascum virgatum, Œnanthe peucedanifolia, Ophioglossum vulgatum , Carex paradoxa et teretiuscula, Valeriana excelsa, Isnardia palustris ? — **Rocher Vert et coteaux dominant la route de Montargis :** Sinapis Cheiranthus, Festuca Poa, Phelipæa arenaria, Hutchinsia petræa, Carex humilis, Bupleurum aristatum, Linaria Pelliceriana. — **Lapinière de Darvault et Bois de l'Abbesse :** Satureja montana, Thymus vulgaris, Thalictrum minus, Inula hirta, Hypochœris maculata, Cytisus supinus, Genista germanica, Asperula tinctoria. — **Rochers de la Barandière :** Trifolium' strictum , Ranunculus flabellatus var. acutilobus , R. nodiflorus , Sedum villosum, Bulliarda Vaillantii, Limosella aquatica , Juncus capitatus, Stipa pennata, Antennaria dioica.

POLIGNY. — **Vallée de l'Avocat :** Iropyrum thalictroides. — **Marchais Muet :** Gagea saxatilis. — **Bois de la Mare :** Orchis sambucina. — **Bois de Villiers :** Aster Amellus.

SAINT-LÉGER. — **Station du Perray; St—Léger; marais et moulin des Planets ; carrefour de la Croix—Patée :** Bidens radiata, Poa palustris, Chrysanthemum segetum, Sedum pruinatum, Arnoseris minima, Elodes palustris , Drosera rotundifolia et intermedia , Rhynchospara alba et fusca, Lycopodium inundatum, Eleocharis multicaulis, Scirpus pauciflorus, Juncus squarrosus, Carex elongata, Pinguicula vulgaris, Viola palustris, Potomogeton polygonifolius et heterophyllus, Alisma ranunculoidesˌet natans, Lobelia urens, Myrica Gale , Salix repens, Scutellaria minor; Epilobium roseum et obscurum, Nadus stricta, Erica ciliaris et vagans ?

SAINT-QUENTIN. — **Station de Trappes ; étang de St— Quentin; Trou—Salé; St—Cyr :** Fumaria capreolata, Elatine Alsinastrum, Poa palustris, Rumex maritimus et palustris, Potamogeton pusillus, acutifolius et obtusifolius, Bidens cernua et radiata, Elatine hexandra et hydropiper, Damasonium stellatum, Littorella lacustris, Nitella opaca et mucronata, Chara Braunii et connivens, Scirpus supinus, Potentilla supina, Crypsis alopecuroides, Eleocharis ovata, Stellaria glauca, Bupleurum tenuissimum , Gypsophila muralis, Veronica persica, Lycopodium clavatum et Selago.

SÉNART. — **Champrosay ; forêt de Sénart ; mares des Uzelles ; Brunoy :** Hieracium tridentatum, Phyteuma spicatum, Nitella translucens et mucronata, Typha media, Potomogeton gramineus, Carex tomentosa, Scutellaria minor , Cicendia pusilla et filiformis, Campanula Cervicaria, Dianthus deltoides.

VERNON. — **Coteaux de Port—Villez; Jeufosse; Bonnières :** Geranium pyrenaicum, Linaria Cymbalaria, Digitalis lutea var. hirsuta, Anemone Hepatica, Arabis arenosa, Rubia peregrina, Arum italicum, Scolopendrium officinale, Doronicum plantagineum, Ophrys Pseudo-speculum , Cerastium brachypetalum , Orchis mascula , Sesleria cærulea, Polygala amarella, Anemone pulsatilla, Cytisus Laburnum.

LE VÉSINET; SAINT-GERMAIN. — Bois du Vésinet, rives de la Seine, Le Pecq, terrasse et forêt de St—Germain : Potentilla splendens, Muscari neglectum, Ajuga genevensis, Tragopogon dubius, Thesium humifusum, Trigonella monspeliaca, Carex Schreberi, Lappula Myosotis, Crepis tectorum , Bidens cernua, Salix rubra, hippophaefolia et undulata, Nepeta Cataria, Myosotis hispida, Lepidium Draba, Conium maculatum, Plantago minima, Bunium bulbocastanum , Fumaria capreolata , Ophioglossum vulgatum , Polygala amarella, Arum italicum , Carex depauperata , Ruscus aculeatus, Juncus tenuis, Doronicum plantagineum, Festuca gigantea, Euphorbia dulcis, Fragaria collina, Epilobium spicatum, Orobanche Teucrii, Trifolium ochroleucum et elegans, Veronica præcox, verna et montana, Ranunculus flabellatus var. acutilobus.

VILLERS-COTTERETS. — Gare de Villers—Cotterets ; route Tortue; laie de Chavigny; buisson de Cresne ; marais de Silly—la—Poterie; La Ferté—Milon : Lappa pubens, Trifolium elegans, Alchemilla vulgaris , Hypericum Desctangsii var. genuinum, Equisetum silvaticum, Chrysosplenium oppositifolium et alternifolium , Polystichum Oreopteris, Ceterach officinarum, Polypodium dryopteris, Epilobium palustre, spicatum, montanum, roseum, obscurum et Lamyi, Cicuta virosa, Impatiens Noli-tangere, Elymus europæus, Cirsium hybridum, Rosa tomentosa, Aconitum Napellus, Polygala amara, Utricularia minor, Drosera longifolia, Carex Davalliana, Valeriana excelsa, Pinguicula vulgaris, Swertia perennis, Parnassia palustris, Corydallis lutea, Dianthus Caryophyllus.

NOMS DES AUTEURS CITÉS ET ABRÉVIATIONS.

A. Br. Alex. Braun.
Adans. Adanson.
Ag. Agardh.
Ait. Aiton.
All. Allioni.
And. Anderson.
Andrz. Andraz.
Ard. Arduini.
Auct. Auctorum.
Auct. gall. Auctorum gallicorum.
Auct. mult. Auctorum multorum.
Auct. paris. Auctorum parisiensium.

Bab. Babington.
Balb. Balbis
Bals. Criv. Balsamo-Crivelli
Bartl. Bartling.
Bast. Bastard.
Bauh. Bauhin.
Benth Bentham.
Bernh. Bernhardi.
Bert. Bertoloni.
Bess. Besser.
Biasol. Biasoletto.
Bœnn. Bœnninghausen.
Boiss. Boissier.
Bor. Boreau.
Borkh. Borkhausen.
Bréb. Brébisson.
Bromf. Bromfiel.
Brong. Brongniart.

Camb. Cambessèdes.
C. B. C. Bauhin.
Cass. Cassini.
Cham. et Schlecht. Chamisso et Schlechtendal.
Chaub. Chaubard.
Chevall. Chevallier.
Clairv. Clairville.
Coss. et Germ. Cosson et Germain.
Crép. Crépin.
Curt. Curtis.

Dal. Daléchamp.

DC. de Candolle.
Desne. Decaisne.
Delarb. Delarbre.
Desf. Desfontaines.
Desp. Desportes
Desr. Desrousseau.
Desv. Desvaux.
Dietr. Dietrich.
Dill. Dillen.
Dub. Duby.
Duch. Duchesne.
Dumort. Dumortier.
Dun. Dunal.

Ed Bonn. Ed. Bonnet.
Ehrh. Ehrhart.
Endl. Endlicher.

Fisch. de Waldh. Fischer de Waldheim.
Fisch. et Mey. Fischer et Meyer.
Fl. d. Wett. Flora der Wetterau.
Forst Forster.
Foug. Fougeroux
Franch. Franchet.
Frank. Frankenius.
Fr. Fries.

Gærtn. Gærtner.
Gant. Ganterer.
Gaud. Gaudin.
Gke. Garke.
Gmel. Gmelin.
Godr. Godron.
Good. Goodenough.
Gren. et Godr. Grenier et Godron.
Griseb. Grisebach.
Guers. Guersant.
Guss. Gussone.

Haberl. Haberle.
H. Bn. H. Baillon.
Hall. Haller.
Hall. fil. Haller fils.
Hamm. Hammar.
Haw. Haworth.

Herm. Hermann.
Hoffm. Hoffmann.
Hoffms. Hoffmannsegg.
Horn. Hornemann.
Hort. Hortulanorum.
Huds. Hudson.

Jacq. Jacquin.
Jord. Jordan.
Juss. de Jussieu.

Kch. Koch.
Kit. Kitaibel.
Kuth. Kunth.
Kœl. Kœler.
Krock. Krocker.
Krnck. Kœrnicke.
Kutz. Kützing.

L. Linné.
Lag. Lagasca.
Lah. Laharpe.
Lam. Lamarck.
Lap. Lapeyrouse.
Lat. Latourette.
Lec. Lecoq.
Lehm. Lehmann.
Lej. Lejeune.
Leonh. Leonhardi.
Leyss. Leysser.
Lestib. Lestiboudois.
L. f. Linné fils.
Lge. Lange.
L'Hérit. L'Héritier
Lightf. Lightfoot.
Lindl. Lindley.
Lob. Lobel.
Lois. Loiseleur.
Lorr. et Barr. Lorret et Barrandon.
Lour. Loureiro.

Martr. Don. de Martrin-Donos.
Math. Mathiole.
M. B. Marschall von Bieberstein.
Medic. Medicus.
Mér. Mérat.

Mey.	Meyer.	Reich.	Reichard.	Sw.	Swartz.
Mich.	Micheli.	Retz.	Retzius.	Thuill.	Thuillier.
Michal.	Michalet.	Reut.	Reuter.	Timb.	Timbal-Lagrave.
Mill.	Miller.	Reyn.	Reynier.	Tourn.	Tournefort.
Mirb.	Mirbel.	Rich.	Richard.	Trin.	Trinius.
M. et K.	Mertens et Koch.	Riv.	Rivinus.	Tul.	Tulasne.
Moq.	Moquin-Tandon.	R. et S.	Rœmer et Schultes.	Turcz.	Turczaninow.
Murr.	Murray.			Turp.	Turpin.
Mut.	Mutel.	Salisb.	Salisbury.		
		Salzm.	Salzmann.	Vaill.	Vaillant.
Nœg.	Nœgeli.	St-Am.	Saint-Amans.	Vauch.	Vaucher.
Nestl.	Nestler.	St-Hil.	Saint-Hilaire.	Vent.	Ventenat.
Nutt.	Nuttal.	Schk.	Schkuhr.	Vill.	Villars.
Nym.	Nyman.	Schlecht.	Schlechtendal.	Vis.	Visiani.
		Schleid.	Schleiden.	Viv.	Viviani.
Oth.	Otth.	Schltz.	Schultz.		
		Schm.	Schmidt.	Wahl.	Wahlenberg.
P. B.	Palisot de Beau-	Schousb.	Schousboe.	Wallm.	Wallman.
	vois.	Schrad.	Schrader.	Wallr.	Walroth.
P. Br.	Patrick Brown.	Schreb.	Schreber.	Walp.	Walpers.
Pall.	Pallas.	Schrk.	Schrank.	Wedd.	Weddel.
Panz.	Panzer.	Schult.	Schultes.	Weig.	Weigel.
Parl.	Parlatore.	Schw.	Schweigger.	Wend.	Wenderoth.
Pers.	Persoon.	Scop.	Scopoli.	Wib.	Wibel.
Poir.	Poiret.	S et M.	Sebastiani et Mauri.	Wigg.	Wiggers.
Poit. et Turp.	Poiteau et Turpin.	Ser.	Seringe.	Wikstr.	Wikstrœm.
Poll.	Pollich.	Sibth.	Sibthorp.	Willd.	Willdenow.
Pourr.	Pourret.	Sm.	Smith.	Wimm.	Wimmer.
		Soland.	Solander.	Wirtg.	Wirtgen.
Raben.	Rabenhorst.	Spenn.	Spenner.	With.	Withering.
Rafin.	Rafinesque.	Steud.	Steudel.	W. et K.	Waldstein et Ki-
R. Br.	Robert Brown.	Sternb.	Sternberg.		taibel.
Rchb.	Reichenbach.	Stremp.	Strempel.	W. et N.	Weihe et Nees.
		S. W.	Soyer-Willemet.		

Ant.	Antérieur, antérieurement.	Supér.	Supérieur, supérieurement.
Ap.	Apud.	Var.	Variété.
Cent.	Centimètre.	T. C.	Très commun.
Cult.	Cultivé.	A. C.	Assez commun.
Extér.	Extérieur, extérieurement.	C.	Commun.
Fl.	Floraison.	A. R.	Assez rare.
Fr.	Fructification.	R.	Rare.
Infér.	Inférieur, inférieurement.	T. R.	Très rare.
L. c.	Loco citato.	⊙	Annuel.
M.	Mètre.	②	Bisannuel.
Monocarp.	Monocarpique.	♃	Vivace.
Ord.	Ordinairement.	♄	Ligneux.
Postér.	Postérieur, postérieurement.	⨯	Signe d'hybridité.
Rar.	Rarement.	?	Signe de doute.
Souv.	Souvent.	!	Signe de certitude.
Subsp.	Subspontané.		

TABLE SYNONYMIQUE

DES FAMILLES, DES GENRES ET DES NOMS VULGAIRES.

Abies	462	Alcea	88
Abiétinées	461	Alchemilla	146
Abricotier	134	Alchémille	146
Acacia	120	Alisier	151
Acer	99	Alisma	365
Aceras	384	Alismacées	364
Acérinées	98	Alleluia	97
Achillea	210	Alliaria	33
Achillée	210	Alliaire	33
Aconit	17	Allium	394
Aconitum	17	Alnus	363
Acorus	406	Alopecurus	434
Acrostichum	472	Alsine	69
Actæa	5	Alsinées	66
Actée	5	Althæa	87
Adenoscilla	393	Althea	88
Adonide	7	Alyssum	40
Adonis	7	Amandier	133
Adoxa	183	Amarantacées	324
Ægilops	461	Amarante	325
Ægopodium	176	Amarantus	325
Æsculus	100	Amaryllidées	376
Æthusa	171	Ambrosiacées	243
Agraphis	393	Amelanchier	151
Agrimonia	146	Ammi	181
Agripaume	311	Amourette	448
Agropyrum	457	Ampélidées	102
Agrostemma	66	Ampelopsis	103
Agrostis	438	Amsinkia	274
Aigremoine	146	Amygdalus	133
Aiguillon	178	Anacamptis	383
Ail	394	Anagallis	258
Aira	440	Anchusa	269
Airelle	249	Ancolie	17
Airopsis	440	Andropogon	437
Ajonc	105	Androsæmum	90
Ajuga	317	Anemone	5

Anémone 5
Anethum 181
Angelica. 168
Angélique 168
Ansérine. 327
Antennaria. 214
Anthemis.. 210
Anthericum 396
Anthriscus. 178
Anthoxanthum. 433
Anthyllis 109
Antinoria 440
Antirrhinum 285
Apera 439
Aphanes.. 147
Apium. 181
Apocynées. 260
Aquilegia 17
Arabette. 36
Arabis 36
Araliacées. 181
Arbre de Judée 130
Arctium. 229
Arenaria. 70
Argentine 138
Aristoloche. 341
Aristolochia. 341
Aristolochiées 341
Armeniaca. 134
Armeria. 322
Armoise. 207
Armoracia. 42
Arnica 217
Arnoseris 231
Aroidées. 405
Arrenatherum. 443
Arroche. 327
Artemisia 207
Artichaut 229
Arum 406
Arundo. 438
Asarum. 341
Asclépiadées 260
Asclepias 261
Asparaginées 389
Asparagus 389
Asperge. 389
Asperugo 273
Asperula. 186
Aspérule. 186
Aspidium 469

Asplenium. 471
Aster. 204
Astragale 120
Astragalus. 120
Astrocarpus. 55
Athamanta. 169
Athyrium 473
Atriplex. 327
Atropa. 276
Aubépine 148
Aubergine. 277
Aune. 363
Aunée 212
Avena 442
Avoine. 442
Avoine de Hongrie. . . . 442

Baldingera. 433
Ballota. 312
Balsaminées. 98
Barbarea 35
Barbarée 35
Bardane. 226
Barbon. 437
Bardanette. 272, 435
Barbeau. 226
Barckhausia. 239
Bassin d'or. 13
Batrachium. 8
Baume. 304
Belladona 276
Belladone 276
Bellis. 207
Benoite. 136
Berberis. 48
Berce 170
Berle. 178
Berula 178
Beta. 327
Bétoine. 315
Betonica. 315
Bette. 327
Betterave 327
Betula 363
Bétulacées 362
Bidens 211
Biscutella 46
Bistorte. 335
Blé 456
Blé barbu 457
Blé de vache 290

Blé de Turquie 432
Blechnum 473
Bleuet 226
Blitum 329
Bois gentil 340
Bonnet carré 101
Bonnet de prêtre 101
Boraginées 267
Borago 268
Botrychium 467
Boucage 176
Bouillon blanc 279
Bouleau 363
Boule de neige 185
Bourache 268
Bourdaine 100
Bourgène 100
Bourreau du lin 267
Bourse à pasteur 42
Brachypodium 458
Brassica 30
Braya 34
Breslinge 140
Briza 448
Brome 452
Bromus 452
Brugnon 133
Brunella 316
Brunelle 316
Bruyère 250
Bryone 249
Bryonia 249
Bugle 317
Buglosse 269
Bugrane 108
Buis 102
Bulliarda 80
Bunias 47
Bunium 177
Bupleurum 173
Buplèvre 173
Butomées 366
Butomus 367
Buxacées 101
Buxus 102

Cabaret 341
Calamagrostis 438
Calament 308
Calamintha 308
Calendula 217

Calepina 47
Calla 406
Callitriche 347
Callitrichinées 347
Calluna 252
Caltha 16
Calystegia 265
Camelina 41
Cameline 41
Camomille 209
Camomille romaine . . . 210
Campanula 245
Campanule 245
Campanulacées 244
Canche 440
Cannabinées 350
Cannabis 350
Capillaire 472
Capiton 140
Caprifoliacées 183
Capron 140
Capsella 42
Capsicum 277
Carafée 35
Cardamine 36
Cardaria 44
Cardère 198
Cardiaque 311
Cardon 229
Carduncellus 223
Carduus 222
Carex 413
Carillon 248
Carlina 228
Carline 228
Carotte 166
Carpinus 356
Carthamus 223, 227
Carum 177
Caryophyllées 59
Casse lunettes 226, 288
Cassis 160
Castanea 354
Catabrosa 444
Caucalis 165
Caulinia 373
Célastrinées 104
Céleri 184
Cenchrus 436
Centaurea 223
Centaurée 223

Centenille.	257
Centranthus	195
Centrophyllum	227
Centunculus	257
Cephalanthera.	387
Céraiste.	72
Cerastium	72
Cerasus.	134
Ceratophyllées.	348
Ceratophyllum	348
Cercis	130
Cerfeuil	179
Cerfeuil bâtard	180
Cerise aigre	135
Ceterach	468
Chamagrostis	433
Chamæmelum.	209
Chamomille	209
Chanvre	350
Chanvre aquatique. . . .	202
Chanvre d'eau	211
Chara	477
Charagne	477
Characées.	476
Char de Vénus	17
Chardon	222
Chardon aux ânes . . .	249
Chardon étoilé	227
Chardon à foulon	198
Chardon hémorrhoïdal . .	222
Chardon Marie	219
Chardon Roland . . .	184
Chardon rouland . . .	184
Charme	356
Chasse bosse	257
Chataigne d'eau. . . .	159
Chaitaignier	354
Chataire	310
Chausse trape	227
Cheiranthus	35
Chélidoine	22
Chelidonium.	22
Chêne	355
Chêne Rouvre.	355
Chenopodium	327
Cheveux de Vénus . . .	48
Chèvrefeuille.	184
Chicoracées	230
Chiendent. . . . 437, 458	
Choin	408
Chlora.	263
Chœrophyllum	179
Chondrilla	238
Chou	30
Chrysanthème.	209
Chrysanthemum	209
Chrysosplenium. . . .	160
Cicendia	263
Cicer	130
Cichorium	232
Cicuta.	177
Cicutaire.	177
Ciguë.	180
Ciguë aquatique . . .	177
Ciguë vireuse	177
Cineraria.	207
Cinéraire.	207
Circæa.	157
Circée.	157
Cirse	219
Cirsium	217
Cistinées	47
Cistus	48
Citrouille.	249
Cladium	408
Clematis	3
Clématite.	3
Clinopodium.	309
Cnicus.	229
Cnidium.	181
Cochlearia	42
Cocriste.	290
Cognassier	149
Colchicacées	375
Colchicum	376
Colchique.	376
Colutea	130
Colza	31
Comarum.	139
Composées	199
Concombre	249
Conium	180
Conopodium.	179
Conringia.	35
Consoude.	269
Convallaria	390
Convolvulacées	265
Convolvulus	265
Conyza	213
Coquelicot	21
Coquelourde.	6
Coqueret	276

Corbeille d'or	. . . . .	47
Coreopsis.	. . . . .	211
Coriandre.	. . . . .	181
Coriandrum	. . . . .	181
Cormier	. . . . . .	150
Cornacées.	. . . . .	182
Corne de cerf	. . . . .	46
Cornichon.	. . . . .	249
Cornifle	. . . . . .	348
Cornouille	. . . . .	182
Cornus	. . . . . .	182
Coronilla.	. . . . .	129
Coronille.	. . . . .	129
Coronopus	. . . . .	45
Corrigiola.	. . . . .	76
Corvisartia	. . . . .	212
Corydallis.	. . . . .	23
Corylus.	. . . . .	355
Corymbifères.	. . . .	199
Corynephorus	. . . .	440
Cotonnière	. . . . .	215
Coucou.	 256,	377
Coudrier	. . . . . .	355
Couleuvrée	. . . . .	249
Cracca.	. . . . . .	124
Crambe	. . . . . .	47
Crapaudine	. . . . .	314
Crassula	. . . . . .	82
Crassulacées.	. . . .	80
Cratægus.	. . . . .	148
Crepis.	. . . . . .	239
Cresson alénois	. . . .	45
Cresson des prés	. . . .	37
Cresson de fontaine	. . .	39
Cretelle	. . . . . .	450
Crocus.	. . . . . .	375
Croisette	 189,	263
Croquette.	. . . . .	290
Crucifères.	. . . . .	25
Crypsis.	. . . . . .	433
Cucubalus	. . . . .	63
Cucumis	. . . . . .	249
Cucurbita	. . . . .	249
Cucurbitacées	. . . .	248
Cupressinées.	. . . .	463
Cupularia	. . . . .	213
Cupulifères	. . . . .	353
Curage	. . . . . .	336
Cuscuta	. . . . . .	266
Cuscute	. . . . . .	266
Cyathea	. . . . . .	471

Cyclamen.	. . . . . .	259
Cydonia	. . . . . .	149
Cymbalaire	. . . . .	286
Cynara.	. . . . . .	229
Cynarocéphales	. . . .	218
Cynodon	. . . . . .	437
Cynoglosse	. . . . .	272
Cynoglossum.	. . . .	272
Cynosurus.	. . . . .	450
Cypéracées	. . . . .	406
Cyperus	. . . . . .	407
Cystopteris	. . . . .	471
Cytise	. . . . . .	108
Cytisus.	. . . . . .	108
Dactylis.	. . . . . .	449
Damasonium.	. . . .	366
Dame d'onze heures.	. . .	396
Danthonia.	. . . . .	449
Daphne.	. . . . . .	340
Daphnoidées.	. . . .	340
Datura.	. . . . . .	277
Daucus	. . . . . .	166
Dauphinelle	. . . . .	17
Delphinium	. . . . .	17
Dentaria	. . . . . .	37
Dentaire	. . . . . .	37
Deschampsia.	. . . .	441
Dianthus	. . . . . .	60
Digitale.	. . . . . .	297
Digitalis.	. . . . . .	297
Digitaria	. . . . . .	437
Dioscorées.	. . . . .	394
Diplotaxis.	. . . . .	32
Dipsacées	. . . . .	196
Dipsacus	. . . . . .	198
Dompte-venin	. . . .	261
Doradille	. . . . . .	471
Dorine.	. . . . . .	162
Doronicum.	. . . . .	204
Douce-amère.	. . . .	275
Doucette	. . . . . .	194
Draba.	. . . . . .	40
Drave	. . . .	40
Drosera	. . . . . .	55
Droséracées	. . . . .	55
Echinops	. . . . . .	229
Echinochloa	. . . . .	436
Echinospermum	. . . .	272
Echium.	. . . . . .	268

Ecuelle d'eau. 180
Eglantier 145
Elatine. 79
Elatinées . . . . . . , 79
Elodea. 368
Elodes. 92
Elymus. 456
Endymion. 393
Engelmannia. 267
Epervière 240
Epiaire. 313
Epicea. 462
Epi du vent. 439
Epilobe. 154
Epilobium. 154
Epinard. 330
Epine noire. 134
Épine vinette. 19
Epipactis 387
Epurge. 346
Equisetacées 464
Equisetum. 464
Érable. 99
Eragrostis. 447
Eranthis. 18
Erica 250
Ericinées 250
Erigeron 203
Eriophorum 408
Erodium 96
Erophila 40
Eruca. 32
Erucastrum 34
Ervum. 124
Eryngium. 481
Erysimum. 35
Erythræa 264
Escourgeon 455
Esparcette 430
Esule 345
Eupatoire. 202
Eupatorium 202
Euphorbiacées 342
Euphorbe. 342
Euphorbia. 342
Euphrasia. 288
Euphraise. 288
Euxolus 325
Evonymus. 101
Exacum 264

Faba. 125
Fagopyrum 338
Fagus 354
Falcaria. 177
Faux sycomore. 99
Fenouil. 172
Fer à cheval. 430
Festuca. 454
Fève. 125
Fèverolle 125
Ficaire. 45
Ficaria 45
Filago 215
Filipendule. 135
Fléchière 366
Fleur de coucou. 65
Flouve 433
Fluteau. 365
Fœniculum. 172
Foirolle. 347
Folle avoine. 443
Fougères 466
Fougère à l'aigle. 474
Fougère femelle 473
Fougère mâle. 470
Fougère royale 468
Fragaria. 139
Fragon. 391
Fraisier. 139
Framboisier 441
Frangula 400
Fraxinus 259
Frêne 259
Fromagère. . . . . , . 87
Froment. 456
Fromental 443
Fumana. 49
Fumaria. 23
Fumariacées 22
Fumeterre. 23
Fusain 101

Gagea 396
Galanthus. 376
Galega. 430
Galeobdolon 312
Galeopsis 315
Galium. 487
Gaillet. 487
Gamochæta 244
Gantelée 246

Gants de Notre-Dame	297	Grisard.	362
Garance.	192	Groseiller	159
Garou	340	Groseiller à maquereau.	160
Garousse	127	Grossulariées.	159
Gaude.	54	Guède.	46
Gaudinia	459	Guepinia	45
Genestrolle.	107	Gueule de loup	285
Genêt	106	Gui.	338
Genêt des teinturiers.	107	Guimauve.	87
Genévrier.	463	Gymnademia.	383
Genista.	106	Gypsophila.	62
Gentiana	262		
Gentiane	262	Haloragées	158
Gentianées.	262	Haricot.	120
Géraniacées.	93	Hecatonia.	15
Geranium.	93	Hedera.	182
Germandrée	319	Hedysarum	130
Gesse.	126	Hélianthème.	48
Geum	136	Helianthemum	48
Girarde.	34	Helianthus	217
Giraumon.	249	Héliotrope	273
Giroflée.	35	Heliotropium.	273
Githago.	66	Hellébore.	16
Glaucium.	22	Helleborus.	16
Glechoma.	310	Helminthia	234
Globulaire.	321	Helosciadium.	175
Globularia.	321	Hepatica	6
Globulariées	321	Heraclenm	170
Glouteron.	243	Herbe aux blattes	282
Glyceria.	445	Herbe aux chantres.	33
Gnaphalium	214	Herbe aux chats.	340
Gnavelle	76	Herbe à la coupure.	82
Goodyera	386	Herbe dorée	468
Gouet.	406	Herbe à écurer.	478
Graminées.	428	Herbe à l'esquinancie	186
Grammitis.	468	Herbe à éternuer.	211
Grande Berle	178	Herbe aux femmes battues.	391
Grande Chamomille	209	Herbe aux goutteux.	170
Grande Ciguë	180	Herbe à la magicienne.	157
Grande Fougère.	474	Herbe au pauvre homme.	284
Grande Marguerite	208	Herbe aux perles.	270
Grande Ortie.	349	Herbe aux porcs	291
Grand Plantin.	323	Herbe aux puces	323
Grande Scrofularia.	284	Herbe à Robert.	96
Grassette.	254	Herbe de Sainte-Barbe.	35
Grateron	191	Herbe de St-Jacques.	206
Gratiola.	284	Herbe de St-Roch.	243
Gratiole.	284	Herbe sans couture.	468
Grémil.	270	Herbe du siège.	284
Grenouillette.	8	Herbe de la Trinité.	6
Griottier.	434	Herbe au vent.	6

Herminium	384
Herniaire	76
Herniaria	76
Herniole	76
Hesperis	34
Hêtre	354
Hibiscus	88
Hieracium	243
Hippocastanées	99
Hippocastanum	100
Hippocrepis	129
Hippuridées	159
Hippuris	159
Holcus	444
Holosteum	69
Homme pendu	384
Hordeum	455
Hottonia	258
Houblon	351
Houque	444
Houx	102
Humulus	351
Hutchinsia	48
Hyacinthus	393
Hydrocharidées	367
Hydrocharis	368
Hydrocotyle	180
Hyoscyamus	277
Hypericinées	89
Hypericum	90
Hypochœris	232
Hypopytis	253
Hysope	308
Hyssopus	308
Iberis	42
Ilex	102
Ilicinées	102
Illecebrum	76
Immortelle	229
Impatiens	98
Inula	212
Iridées	374
Iris	375
Iris gigot	375
Iris des marais	375
Isatis	46
Isnardia	157
Ivraie	458
Jacée	225
Jasione	248
Jeannette	377
Jarosse	127
Joncaginées	369
Jonc	397
Joncées	397
Jonc fleuri	367
Joubarbe	84
Juglandées	353
Juglans	353
Julienne	34
Juncus	397
Juniperus	463
Jusquiame	277
Kentrophyllum (voy. Centrophyllum)	227
Knautia	198
Kohlrauschia	69
Kœleria	444
Labiées	302
Lactuca	235
Laiche	413
Laiteron	227
Laitue	235
Lamier	311
Lamium	311
Lampourde	243
Langue de cerf	473
Langue de serpent	468
Lappa	229
Lappago	436
Lappula	272
Lapsana	231
Larbrea	72
Larix	462
Laser	167
Laserpitium	167
Lathræa	304
Lathyrus	126
Lauréole	340
Laurier St Antoine	155
Leersia	432
Lemna	374
Lemnacées	373
Lens	125
Lentibulariées	253

Lenticule 374
Lentille. 125
Lentille d'eau. 374
Leontodon. 233
Leonurus 311
Lepidium. 43
Leucanthemum 208
Libanotis 171
Lierre 182
Lierre terrestre 310
Ligustrum. 259
Lilas. 260
Liliacées. 391
Limnanthemum 264
Limodorum 388
Limosella. 297
Limoselle. 297
Lin. 85
Linaigrette 408
Linaire. 285
Linaria. 285
Linées. 84
Linosyris 203
Linum. 85
Liondent 233
Liparis. 388
Lis des étangs. 19
Liseron. 265
Listera. 386
Lithospermum. 270
Littorella. 324
Lobelia. 244
Lobeliacées 244
Locular. 457
Logfia 216
Lolium. 458
Lomaria. 473
Lonicera. 184
Loranthacées. 338
Loroglossum 384
Lotier. 119
Lotus. 119
Lunetière. 46
Lupuline. 111
Luzerne. 109
Luzula. 402
Luzule. 402
Lychnis. 65
Lyciet 276
Lycium. 276
Lycopersicum 277

Lycopode 474
Lycopodiacées 474
Lycopodium 475
Lycopsis 269
Lycopus 305
Lysimachia 257
Lysimaque 257
Lythrariées 152
Lythrum. 152

Mâche. 197
Mâcre. 159
Madia 217
Maianthemum 390
Malachium 74
Malaxis. 388
Malva 86
Malvacées. 86
Mancienne 184
Maroute 210
Maronnier d'Inde. . . . 100
Marrube 315
Marrube aquatique. . . . 306
Marrube blanc 316
Marrube noir. 312
Marrubium 315
Marsault 360
Massette 404
Matricaire 209
Matricaria 209
Mauve. 86
Mays . . , ... 432
Medicago. 109
Melampyrum. 289
Melandryum. 65
Mélèze. 462
Melica. 448
Mélilot. 112
Melilotus 112
Melissa. 309
Mélisse. 309
Mélisse des bois. 316
Melittis 316
Mentha 304
Menthe 304
Menyanthes 264
Mercuriale 346
Mercurialis 346
Mespilus 148
Mibora. 433
Microcala 264

Micropus 246
Mignonnette 111
Milium 440
Millepertuis 89
Millet 440
Minette 111
Miroir de Vénus 245
Mœhringia 70
Mœnchia 73
Molène 278
Molinia 449
Monotropa 253
Monotropées 253
Montia 78
Morène 368
Morelle 275
Morelle noire 275
Morgeline 71
Moscatelline 183
Mouron 258
Mouron d'eau 259
Mouron des oiseaux . . . 71
Moutarde 30
Mufle de veau 285
Muflier 285
Muguet 390
Muscari 393
Myagrum 46
Mycelis 235
Myosanthus 74
Myosotis 271
Myosoton 74
Myosurus 7
Myrica 364
Myricées 364
Myriophyllum 158
Myrtille 250

Najadées 373
Najas 373
Narcisse 377
Narcissus 377
Nardosma 217
Nardurus 460
Nardus 460
Nasturtium 38
Navet 31
Navet du diable 249
Navette 31
Néflier 148
Negundo 99

Ne m'oubliez pas 271
Nénuphar 19
Neottia 386
Nepeta 310
Nephrodium 470
Nerprun 100
Neslia 46
Nez coupé 101
Nicotiana 277
Nid d'oiseau 386
Nielle 66
Nigella 16
Nitella 479
Nivéole 376
Noisetier 355
Nonnea 274
Noyer 353
Nuphar 19
Nymphæa 19
Nymphéacées 19

Obier 484
Odontites 288
OEillet 60
OEillet des jardins 61
OEnanthe 172,481
OEnothera 156
Oléacées 259
Ombellifères 161
Omphalodes 274
Onagrariées 153
Onagre 156
Onobrychis 130
Ononis 108
Onopordon 219
Ophioglosse 468
Ophioglossum 468
Ophrys 384
Ophrys abeille 385
Ophrys araignée 385
Ophrys mouche 385
Oplismenus 436
Oporinia 233
Orchidées 377
Orchis 379
Oreille de lièvre 174
Orge 455
Orge carré 455
Origan 307
Origanum 307
Orlaya 167

Orme 351
Ormenis 210
Ornithogalum 395
Ornithogale 395
Ornithopodium 129
Ornithopus 129
Orobanche 299
Orobanchées 298
Orobus. 128
Orpin 81
Ortie 349
Ortie blanche. 342
Ortie rouge. 342
Oseille. 334
Osier blanc. 360
Osier jaune. 358
Osier rouge 359
Osier vert. 360
Osmonde 468
Osmunda 468
Oxalidées 97
Oxalis 97
Oxycoccos. 250

Paesia. 474
Pain de coucou 97
Palimbia 168
Panais. 169
Panicaut 181
Panicum 436, 437
Papaver. 20
Papavéracées. 20
Papilionacées. 103
Pâquerette 207
Parelle. 334
Pariétaire. 349
Parietaria. 349
Paris 390
Parisette 390
Parnassia 56
Parnassie. 56
Paronychiées. 75
Pas d'âne. 203
Passerage. 43
Passerina 340
Passerine 340
Pastel 46
Pastinaca 169
Patience 334
Paturin. 446
Paumelle 455

Pavot. 20
Pêcher. 133
Pedicularis. 290
Peigne de Vénus 178
Peplis. 153
Perce-feuille. 174
Perce-neige 376
Perce-pierre 160
Persicaire. 336
Persil 175
Pervenche 260
Pervinca 260
Pesse 159
Petasites 202
Petite Buglosse 269
Petite Centaurée. 264
Petit Chêne 349
Petite Ciguë 172
Petite Douve. 12
Petit Epautre. 457
Petit Houx. 391
Petite Ortie 349
Petite Oseille. 334
Petroselinum. 175
Peucédan. 168
Peucedanum. 168
Peuplier 361
Peuplier de Hollande . . . 362
Peuplier d'Italie. 362
Peuplier suisse 362
Phalangium 396
Phalaris 433, 461
Phascolus. 129
Phelipæa 298
Phellandre 173
Phléole. 434
Phleum. 434
Phragmites 438
Physalis. 276
Phyteuma. 248
Picris. 233
Pied d'alouette 17
Pied de chat 214
Pied de coq 14, 436
Pied de griffon 16
Pied de lièvre. 115
Pied de lion 147
Pied d'oiseau. 129
Pied de poule 14, 437
Pigamon 3
Pilosella 241

Piloselle 241	Potamées 369
Pilulaire 476	Potamogeton 369
Pilularia 476	Potamot 369
Piment. 277	Potentilla 436
Piment royal 364	Potentille 136
Pimpinella. 476	Poterium 147
Pimprenelle. 147	Potiron. 249
Pin. 461	Poulard 457
Pinus 461	Poule grasse 328
Pinguicula. 254	Pouliot. 304
Pirus 149	Pourpier 77
Pissenlit. 238	Prêle 464
Pisum 125	Prêle des tourneurs . . . 466
Plantago 323	Primevère. 256
Plantaginées 322	Primula 256
Plantain. 323	Primulacées 255
Plantain bâtard. 323	Prismatocarpus 245
Plantain d'eau. 365	Prunellier. 134
Platane. 352	Prunier. 133
Platanées 352	Prunus. 133
Platanthera 382	Psamma 461
Platanus. 352	Pteris 473
Plombaginées 324	Pterotheca. 243
Phœnopus 235	Pulegium 304
Poa. 446	Pulicaire 243
Podospermum. 235	Pulicaria 243
Poirier. 149	Pulmonaire 269
Poirier Sauger. 150	Pulmonaria 269
Pois. 125	Pulsatilla 6
Pois chiche 130	Pulsatille 6
Pois de serpent 128	Pyramidale. 248
Poivre d'eau 336	Pyrethrum. 209
Polycarpon. 77	Pyrola. 252
Polycnemum 325	Pyrolacées 252
Polygala 57	Pyrole. 252
Polygalées. 57	
Polygonatum 390	Quercus. 355
Polygonées. 330	Queue de souris. 7
Polygonum. 334	Quintefeuille 138
Polypode 468	
Polypodium. 468	Radiola. 85
Polystichum 469	Radis 29
Pomme épineuse 277	Raiponce 247
Pomme de terre 276	Raisin de renard 391
Pommier 150	Ranunculus. 10
Populage 15	Rapette. 273
Populus 364	Raphanus 29
Porcelle 232	Rapistrum 47
Porillon. 377	Rave. 31
Portulaca 77	Ravenelle 29
Portulacées. 77	Ray-grass 459

Réglisse de montagne . . .	469
Réglisse sauvage.	120
Reine des prés	135
Renonculacées	1
Renoncule.	10
Renouée	334
Reprise.	82
Reseda.	54
Résédacées	54
Réveil-matin	343
Rhamnées.	100
Rhamnus	100
Rhinanthus	290
Rhizocarpées	475
Ribes	159
Robinia.	120
Robinier	120
Rocambole.	395
Ronce	140
Roquette	32
Roripa.	39
Rosa.	143
Rosacées	130
Roseau à balais	438
Rose trémière.	88
Rosier	143
Rosmarinus	320
Rossolis.	55
Rouche.	408
Rougeole	290
Ruban d'eau	405
Rubanier	405
Rubia	192
Rubiacées.	185
Rubus	140
Rue des murailles	472
Rumex.	334
Ruscus.	391
Sabline.	70, 71
Safran	375
Sagesse des chirurgiens . .	34
Sagina.	68
Sagittaire	366
Sagittaria	366
Sainfoin	130
Salicaire	152
Salicinées.	356
Salix	356
Salsepareille d'Allemagne. .	420
Salsifis.	234
Salsolacées	326
Salvia	306
Sambucus.	183
Samolus	258
Sanguisorba	147
Sanicle.	180
Sanicula	180
Santalacées	339
Sapin	462
Saponaria.	62
Saponaire.	62
Sarothamnus.	106
Sarrasin	338
Sarrette	227
Sarriette	310
Satureia	310
Satyrium	383
Saule	356
Saule gris.	360
Saule pleureur	358
Saxifraga	160
Saxifrage	160
Saxifragées	160
Scabieuse	196
Scabiosa	196
Scandix	178
Sceau de Notre-Dame . . .	394
Sceau de Salomon	390
Schœnus	408
Scilla	392
Scille	392
Scirpe	409
Scirpus.	409
Sclarée.	306
Scleranthus	76
Scleropoa	448
Scolopendre	473
Scolopendrium	473
Scorzonera.	234
Scorzonère	234
Scrofulaire	284
Scrophularia	284
Scrophulariées	283
Scutellaria	317
Secale	456
Sedum.	81
Seigle	456
Selinum	167
Sempervivum.	84
Senebiera	45
Senecio.	204

Seneçon.	204	Symphytum	269
Serpolet.	307	Syringa.	269
Serrafalcus.	453		
Serratula	227	Tabac	277
Seseli	171	Tabouret	43
Sesleria.	435	Tamus	394
Setaria	436	Tanacetum.	208
Sherardia	186	Tanaisie.	208
Sibthorpia	297	Taraxacum.	238
Sieglingia	449	Taxus	463
Silaus	170	Teesdalia	45
Silene	63	Teigne	267
Silybum	218	Telmatophace	374
Sinapis.	30	Terre-noix	177,179
Sison	176	Tête d'alouette.	225
Sisymbrium	33	Tetragonolobus.	419
Sium	178	Teucrium	349
Solanées	274	Thalictrum.	3
Solanum	275	Thlaspi.	43
Solidago	203	Thesium.	339
Sonchus	237	Thrincia.	233
Sorbier.	150	Thymelæa.	340
Sorbier des oiseaux	151	Thym.	307
Sorbus	150	Thymus.	307
Souchet.	407	Thysselimum.	169
Souci d'eau	10	Tillæa	80
Sparganium	405	Tilia.	88
Spargoute	67	Tiliacées.	88
Spartium	106	Tilleul	88
Specularia	245	Tithymale	345
Spergella	69	Tolypella.	480
Spergula	67	Tomate.	277
Spergularia	67	Toque.	317
Spinacia	330	Tordylium	170
Spiranthes	386	Torilis.	166
Spiræa	135	Tormentille.	137
Spirée	135	Tourette.	38
Stachys.	313	Tournesol.	273
Staphylea	104	Toute bonne.	306
Stellaria	74	Tragopogon.	234
Stellera.	340	Tragus.	435
Stipa	439	Traînasse.	337
Stramoine.	277	Trapa	159
Stratiotes	368	Trèfle	113
Sucepin	253	Trèfle incarnat.	115
Succisa.	197	Trèfle d'eau.	264
Succise.	197	Tremble.	361
Sureau	183	Trichera.	197
Swertia.	263	Trifolium.	113
Sylvie	6	Triglochin.	369
Symphoricarpus	185	Trigonella.	112

Trigonelle 112
Trinia 174
Triodia. 449
Trique-madame. 82
Trisetum. 443
Triticum. 456
Troëne. 259
Troscart. 369
Tue-chien 376
Tulipa 392
Tulipe 392
Tunica. 60
Turgenia 165
Turquette 76
Turritis. 38
Tussilage 202
Tussilago 202
Typha 404
Typhacées 404

Ulex. 495
Ulmacées 354
Ulmus 354
Urtica 349
Urticées. 349
Utriculaire. 254
Utricularia. 254

Vacciniées. 249
Vaccinium 249
Valeriana. 193
Valériane 193
Valerianella 194
Valérianelle 194
Valérianées 193
Vallisneria. 367
Vallisnérie. 367
Veilleuse 376
Veillotte 376
Vélar 33, 35
Verbascées. 278
Verbascum. 278
Verbénacées 320

Verge d'or. 203
Vergerette. 203
Veronica 291
Véronique femelle . . . 294
Véronique mâle. 294
Véronique. 291
Verveine 321
Vesce 121
Vesce commune. 122
Vesce sauvage 123
Vesicaria 47
Viburnum. 184
Vicia 121
Vigne 103
Villarsia 265
Vinca. 260
Vincetoxicum 261
Vinettier 18
Viola 50
Violariées. 50
Violette. 50
Vipérine 268
Viscaria. 66
Viscum. 338
Vitis. 103
Volant d'eau. 158
Vrillée. 266
Vulnéraire 109
Vulpia. 450
Vulpin. 434
Vulvaire 328

Wahlenbergia 247
Weingaertneria 440
Wolffia 374

Xanthium. 243
Xeranthemum 229

Yèble 184

Zannichellia 373
Zea 432

CORRECTIONS ET ADDITION.

Page 32, ligne 11, *ajoutez :* carrières abandonnées entre Arcueil et
Bagneux (Cuisin).
» 36, » 5, arcuta, *lisez :* arcuata.
» 72, » 11, Alsina, *lisez :* Alsine.
» 72, » 26, Larbrœa, *lisez :* Larbrea.
» 133, » 21, P. lævis, *lisez :* Persica lævis.
» 142, » 36, Borckh., *lisez :* Borkh.
» 229, » 9, Kruck., *lisez :* Krnck.
» 324, » 26, Amaranthacées, *lisez :* Amarantacées.

Caen, Typ. F. Le Blanc-Hardel.